Wireshark
数据包分析实战详解

王晓卉　李亚伟　编著

清华大学出版社
北　京

内 容 简 介

本书由浅入深，全面系统地介绍了 Wireshark 数据抓包和数据包分析。本书提供了大量实例，供读者实战演练 Wireshark 的各项功能。同时，对抓取的数据包按照协议层次，逐层讲解各个协议在数据包中的体现。这样，读者就可以掌握数据包抓取到信息获取的每个环节。

本书共分 3 篇。第 1 篇介绍 Wireshark 的各项功能，包括基础知识、Wireshark 的定制、捕获过滤器和显示过滤器的使用、数据包的着色、导出和重组等；第 2 篇介绍基于 Wireshark 对 TCP/IP 协议族中常用协议的详细分析，如 ARP、IP、UDP、TCP、HTTP、HTTPS 和 FTP 等；第 3 篇介绍借助 Wireshark 分析操作系统启动过程中的网络通信情况。

本书涉及面广，内容包括工具使用、网络协议和应用。本书适合各类读者群体，如想全面学习 Wireshark 的初学者、网络管理员、渗透测试人员及网络安全专家等。对于网络数据分析人士，本书更是一本不可多得的案头必备参考书。

图书在版编目（CIP）数据

Wireshark 数据包分析实战详解 / 王晓卉，李亚伟编著. —北京：清华大学出版社，2015（2025.1 重印）
ISBN 978-7-302-38871-5

Ⅰ. ①W… Ⅱ. ①王… ②李… Ⅲ. ①统计数据－统计分析－应用软件 Ⅳ. ①O212.1-39

中国版本图书馆 CIP 数据核字（2015）第 004772 号

责任编辑：杨如林
封面设计：欧振旭
责任校对：徐俊伟
责任印制：宋 林

出版发行：清华大学出版社
网 址：https://www.tup.com.cn, https://www.wqxuetang.com
地 址：北京清华大学学研大厦 A 座 **邮 编：**100084
社 总 机：010-83470000 **邮 购：**010-62786544
投稿与读者服务：010-62776969，c-service@tup.tsinghua.edu.cn
质量反馈：010-62772015，zhiliang@tup.tsinghua.edu.cn
印 装 者：涿州市般润文化传播有限公司
经 销：全国新华书店
开 本：185mm×260mm **印 张：**26.25 **字 数：**656 千字
版 次：2015 年 3 月第 1 版 **印 次：**2025 年 1月第15次印刷
定 价：79.00 元

产品编号：062969-01

前　言

网络的普及给人们的生活带来了极大的便利，同时网络的安全问题也成为公众热点。网络数据抓包和分析作为网络管理和监控最有效的措施，越来越受到网络管理人员和网络安全人员的重视。

Wireshark 作为一款开源的专业数据抓包和分析工具，深受业内人士欢迎。它提供了强大的数据抓取功能和丰富的数据分析方式。面对 Wireshark 强大的功能和海量的数据包，初学者往往无从下手。

笔者结合网络数据传输及安全方面存在的各种问题，经过分析及总结，编写了本书。本书通过专业的数据抓包流程，逐步讲解 Wireshark 各项强大的功能。同时，基于 Wireshark 抓取的数据包，以层层剥茧的形式，讲解常见的各种网络协议。这样读者可以更直接地掌握各种协议类型的数据包。

通过本书的学习，读者不仅可以轻松掌握 Wireshark 的使用，踏入网络数据分析的大门，还可以更为直观地理解 TCP/IP 各个协议，以及这些协议在数据包中的表现。掌握这些技术，再加以充分的练习，就可以轻松应对网络数据分析等各项工作。

本书特色

1．内容全面、系统、深入

本书介绍了 Wireshark 的基础知识、捕获过滤器和显示过滤器的使用、对数据包进行导出或重组等。然后，介绍了使用 Wireshark 对各种协议的详细分析。最后，还详细分析了操作系统启动过程的数据包。

2．贴近实际，专业讲解

本书按照 Wireshark 专业使用流程，对其功能进行详细讲解，帮助读者掌握最高效的数据抓包、分析技术，以解决各种复杂的网络问题。同时，针对围绕海量数据包处理问题，本书详细介绍相关技术，如抓取过滤器、显示过滤器、着色规则等功能。

3．直观讲解网络协议

对于网络数据包涉及的网络协议，本书给以最直观的讲解。首先分析协议的工作原理以及相关数据包的构成，然后对照 Wireshark 数据包视图进行逐条比对，帮助读者以最直观的形式学习和掌握各个网络协议。

4．提供多种学习和交流的方式

为了方便大家学习和交流，我们提供了多种方式。读者可以在论坛 www.wanjuanchina.

net 上发帖讨论 Wireshark 相关技术；也可以通过 QQ 群 336212690 转入对应的 Wireshark 技术群；还可以就图书阅读中遇到的问题致信 book@wanjuanchina.net 或 bookservice2008@163.com，以获得帮助。

本书内容及体系结构

第1篇　Wireshark应用篇（第1～9章）

本篇主要内容包括：Wireshark 的基础知识、设置 Wireshark 视图、捕获过滤器技巧、显示过滤器技巧、着色规则和数据包导出、构建图表、重组数据、添加注释等。通过本篇的学习，读者可以掌握 Wireshark 的基本操作，灵活地使用捕获过滤器和显示过滤器，并可以对 Wireshark 中的数据进行重组构建图表等。

第2篇　网络协议分析篇（第10～20章）

本篇主要内容包括：ARP 协议抓包分析、互联网协议（IP）抓包分析、UDP 协议抓包分析、TCP 协议抓包分析、ICMP 协议抓包分析、DHCP 数据抓包分析、DNS 抓包分析、HTTP 协议抓包分析、HTTPS 协议抓包分析、FTP 协议抓包分析和电子邮件抓包分析。通过本篇的学习，读者可以掌握 TCP/IP 协议族中每层中包括的协议、协议的格式及传输的数据等。

第3篇　实战篇（第21章）

本篇主要内容包括：操作系统启动过程抓包分析。通过本篇的学习，读者可以掌握一个操作系统启动过程中会自动开启哪些服务、获取地址的过程及启动的一些应用程序等。

本书配套资源获取方式

本书涉及的源程序、工具及接线图等资源需要读者自行下载。请登录清华大学出版社的网站 http://www.tup.com.cn，搜索到本书页面后按照提示下载即可。另外，读者也可以到 www.wanjuanchina.net 社区的相关版块下载。

本书读者对象

- Wireshark 初学者；
- 想全面学习 Wireshark 的人员；
- 各种兴趣爱好者；
- 网络管理员；
- 专业的安全渗透测试人员；
- 大中专院校的学生；
- 社会培训班学员。

本书作者

本书由王晓卉、李亚伟编写，其中营口职业技术学院的王晓卉负责编写第 1～9 章，李亚伟负责编写第 10～21 章。其他参与编写的人员有陈刚、陈世琼、黄点点、黄海力、黄绍斌、蒋春蕾、李国良、李俊娜、李晓娜、刘永纯、王书勇、王挺、王文强、张伟、张小华、胡丹萍、王以荣、徐阳。

阅读本书的过程中若有任何疑问，都可以发邮件或者在论坛和 QQ 群里提问，会有专人为您解答。最后顺祝各位读者读书快乐！

编者

目　　录

第 1 篇　Wireshark 应用篇

第 2 篇 网络协议分析篇

第 3 篇 实战篇

第 1 篇　Wireshark 应用篇

第 1 章　Wireshark 的基础知识

Wireshark（前称 Ethereal）是一个网络包分析工具。该工具主要是用来捕获网络包，并显示包的详细情况。本章将介绍 Wireshark 的基础知识。

1.1　Wireshark 的功能

在学习 Wireshark 之前，首先介绍一下它的功能。了解它的功能，可以帮助用户明确借助该工具能完成哪些工作。本节将介绍 Wireshark 的基本功能。

1.1.1　Wireshark 主窗口界面

在学习使用 Wireshark 之前，首先需要了解该工具主窗口界面中每部分的作用。Wireshark 主窗口界面如图 1.1 所示。

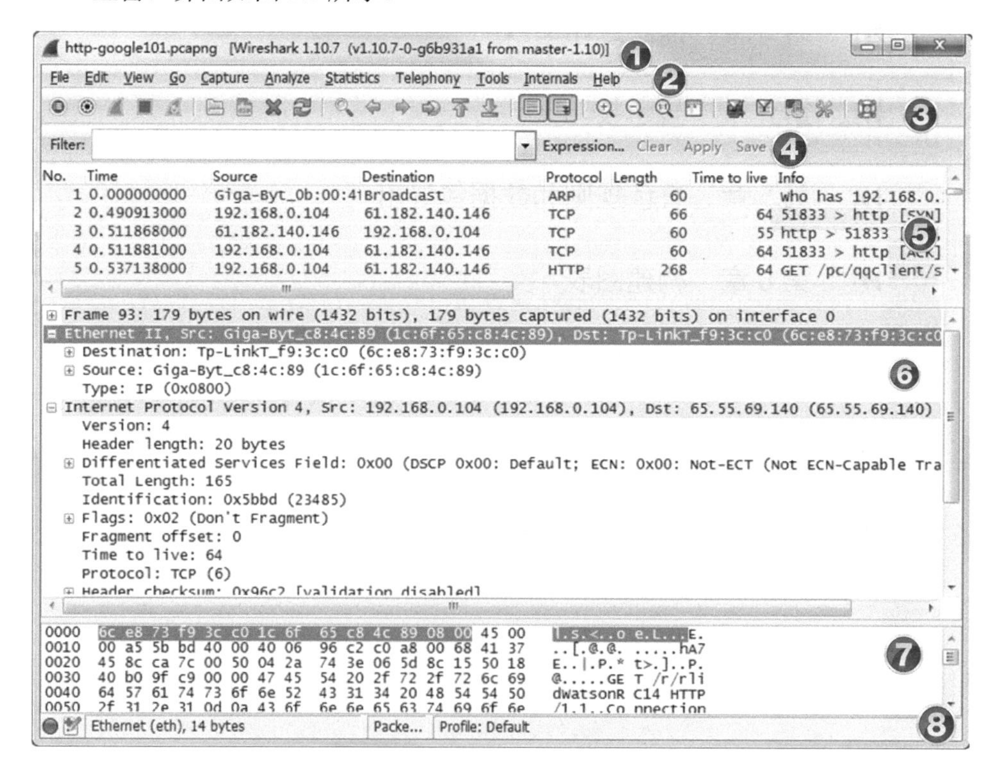

图 1.1　Wireshark 主窗口界面

在图 1.1 中，以编号的形式已将 Wireshark 主窗口每部分标出。下面分别介绍每部分的含义，如下所示。

- ① 标题栏——用于显示文件名称、捕获的设备名称和 Wireshark 版本号。
- ② 菜单栏——Wireshark 的标准菜单栏。
- ③ 工具栏——常用功能快捷图标按钮。
- ④ 显示过滤区域——减少查看数据的复杂度。
- ⑤ Packet List 面板——显示每个数据帧的摘要。
- ⑥ Packet Details 面板——分析封包的详细信息。
- ⑦ Packet Bytes 面板——以十六进制和 ASCII 格式显示数据包的细节。
- ⑧ 状态栏——专家信息、注释、包数和 Profile。

1.1.2　Wireshark 的作用

Wireshark 是一个广受欢迎的网络数据包分析软件。网络数据包分析软件的功能是截取网络数据包，并尽可能显示出最为详细的网络数据包数据。它是一个最知名的开源应用程序安全工具。Wireshark 可以运行在 Windows、MAC OS X、Linux 和 UNIX 操作系统上，它甚至可以作为一个 Portable App 运行。本小节将介绍 Wireshark 的常用功能。使用 Wireshark 可以快速分析一些任务，如下所示。

1. 一般分析任务

- 找出在一个网络内发送数据包最多的主机。
- 查看网络通信。
- 查看某个主机使用了哪些程序。
- 基本正常的网络通信。
- 验证特有的网络操作。
- 了解尝试连接无线网络的用户。
- 同时捕获多个网络的数据。
- 实施无人值守数据捕获。
- 捕获并分析到/来自一个特定主机或子网的数据。
- 通过 FTP 或 HTTP 查看和重新配置文件传输。
- 从其他捕获工具导入跟踪文件。
- 使用最少的资源捕获数据。

2. 故障任务

- 为故障创建一个自定义的分析环境。
- 确定路径、客户端和服务延迟。
- 确定 TCP 问题。
- 检查 HTTP 代理问题。
- 检查应用程序错误响应。
- 通过查看图形显示的结果，找出相关的网络问题。

- ❑ 确定重载的缓冲区。
- ❑ 比较缓慢的通信到正常通信的一个基准。
- ❑ 找出重复的 IP 地址。
- ❑ 确定 DHCP 服务或网络代理问题。
- ❑ 确定 WLAN 信号强度问题。
- ❑ 检测 WLAN 连接的次数。
- ❑ 检查各种网络配置错误。
- ❑ 确定应用程序正在加载一个网络片段。

3. 安全分析（网络取证）任务

- ❑ 为网络取证创建一个自定义分析环境。
- ❑ 检查使用非标准端口的应用程序。
- ❑ 确定到/来自可疑主机的数据。
- ❑ 查看哪台主机正在尝试获取一个 IP 地址。
- ❑ 确定 phone home 数据。
- ❑ 确定网络侦查过程。
- ❑ 全球定位和映射远程目标地址。
- ❑ 检查可疑数据重定向。
- ❑ 检查单个 TCP 或 UDP 客户端和服务器之间的会话。
- ❑ 检查到恶意畸形的帧。
- ❑ 在网络数据中找出攻击签名的关键因素。

4. 应用程序分析任务

- ❑ 了解应用程序和协议如何工作。
- ❑ 了解图形应用程序的带宽使用情况。
- ❑ 确定是否将支持应用程序的链接。
- ❑ 更新/升级后检查应用程序性能。
- ❑ 从一个新安装的应用程序中检查错误响应。
- ❑ 确定哪个用户正在运行一个特定的应用程序。
- ❑ 检查应用程序如何使用传输协议，如 TCP 或 UDP。

1.2　安装 Wireshark

在大部分操作系统中，默认是没有安装 Wireshark 工具的。如果要使用该工具，首先需要学习安装 Wireshark。Wireshark 对主流操作系统都提供了支持，本节将介绍在 Windows 和 Linux 下安装 Wireshark 的方法。

1.2.1　获取 Wireshark

Wireshark 的所有操作系统版本都可以从官方网站获取，Wireshark 的官方网站是

http://www.wireshark.org，如图 1.2 所示。该工具目前最新的稳定版本是 1.10.7。

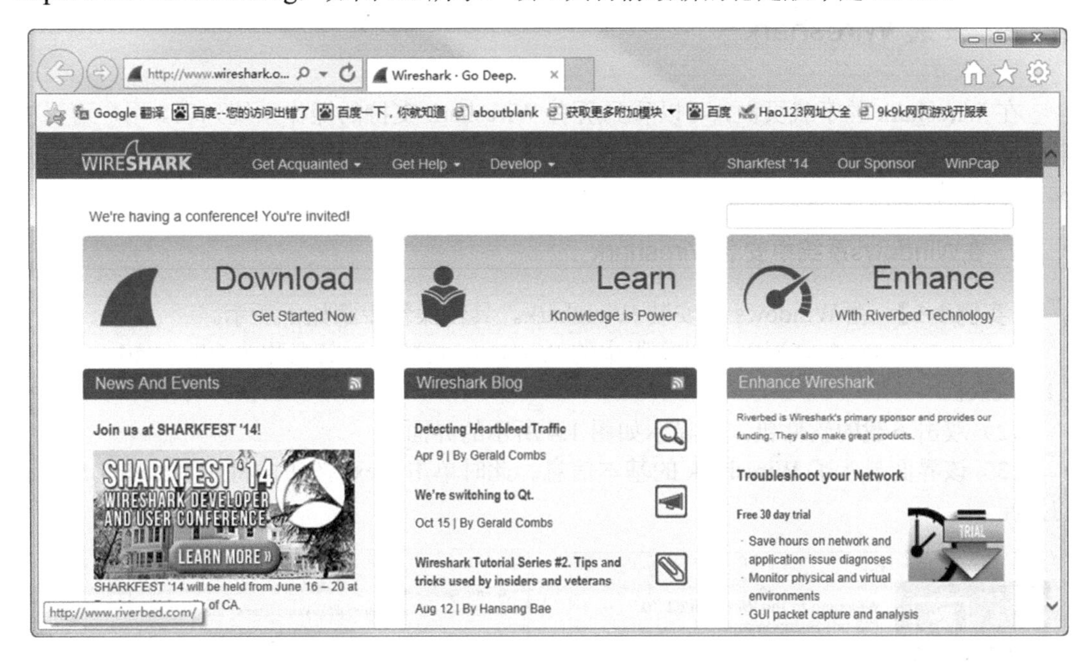

图 1.2　Wireshark 官方网站

在该界面单击 Download 按钮，将显示如图 1.3 所示的界面。

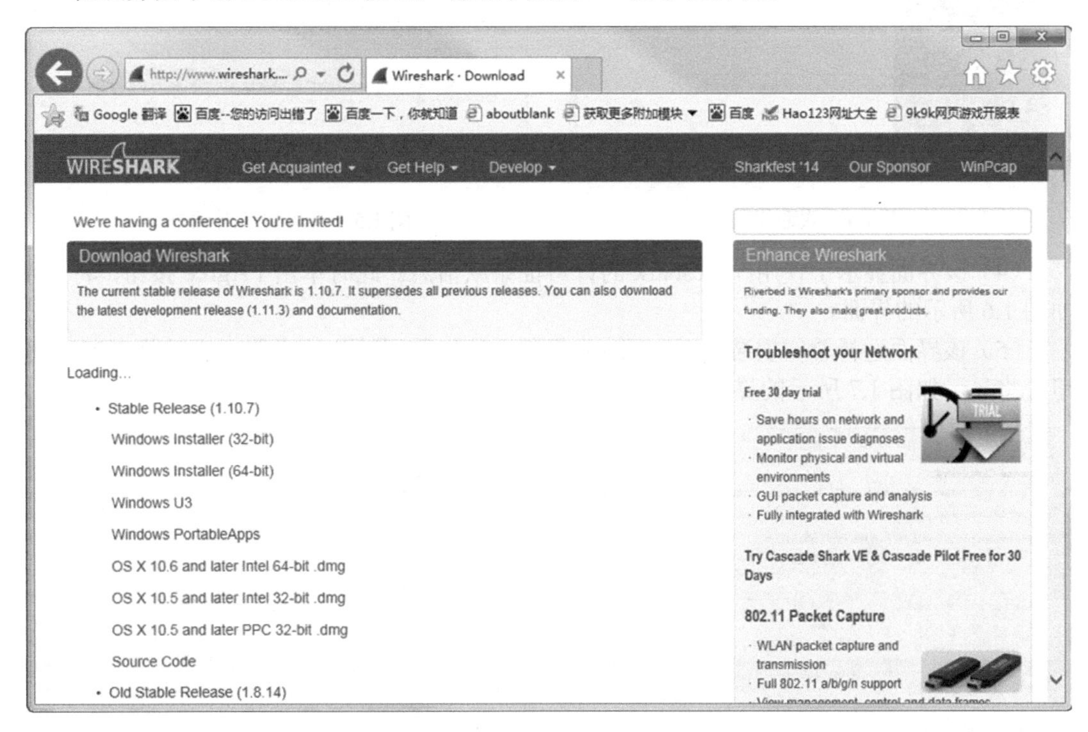

图 1.3　Wireshark 下载界面

从该界面可以看到，Wireshark 目前最新的版本是 1.10.7。该网站提供了 Windows、OS X 和源码包的下载地址。用户可根据自己的操作系统，下载相应的软件包。

1.2.2　安装 Wireshark

在 Wireshark 的下载页面，可以看到所有 Wireshark 支持的操作系统列表。用户可以根据自己的操作系统，选择下载对应的软件包。本小节将介绍分别在 Windows 和 Linux 上安装 Wireshark。

1. 在Windows系统中安装Wireshark

【实例 1-1】 在 Windows 中安装 Wireshark。具体操作步骤如下所示。

（1）从 Wireshark 官网下载最新版本的 Windows 安装包，其名称为 Wireshark-win32-1.10.7.exe。

（2）双击下载的软件包，将显示如图 1.4 所示的界面。

（3）该界面显示了 Wireshark 的基本信息。此时单击 Next 按钮，将显示如图 1.5 所示的界面。

图 1.4　欢迎界面

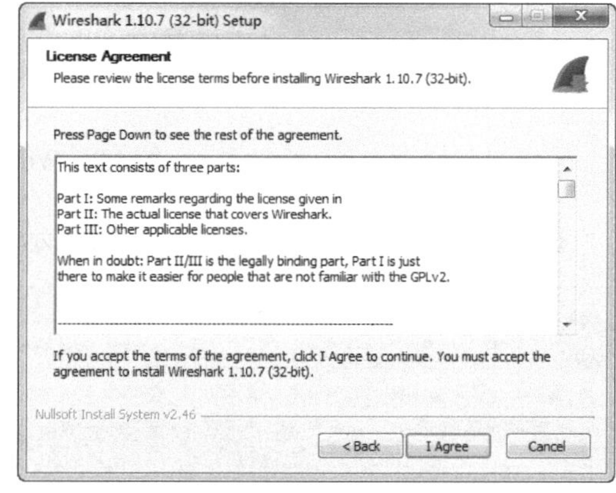

图 1.5　许可协议对话框

（4）该界面显示了使用 Wireshark 的许可证条款信息。此时单击 I Agree 按钮，将显示如图 1.6 所示的界面。

（5）该界面选择希望安装的 Wireshark 组件，这里使用默认的设置。然后单击 Next 按钮，将显示如图 1.7 所示的界面。

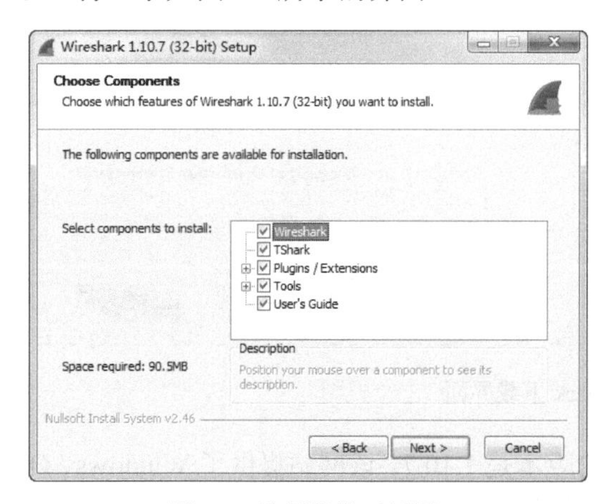

图 1.6　选择组件对话框

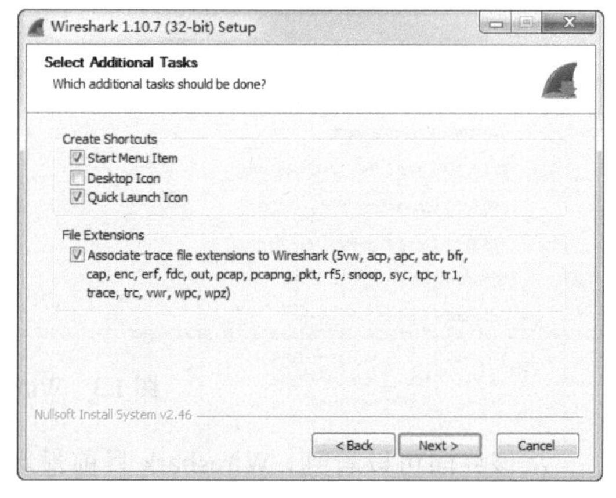

图 1.7　Additional Tasks 对话框

（6）该界面用来设置创建快捷方式的位置和了解文件扩展名。设置完后单击 Next 按钮，将显示如图 1.8 所示的界面。

（7）在该界面选择 Wireshark 的安装位置。然后单击 Next 按钮，将显示如图 1.9 所示的界面。

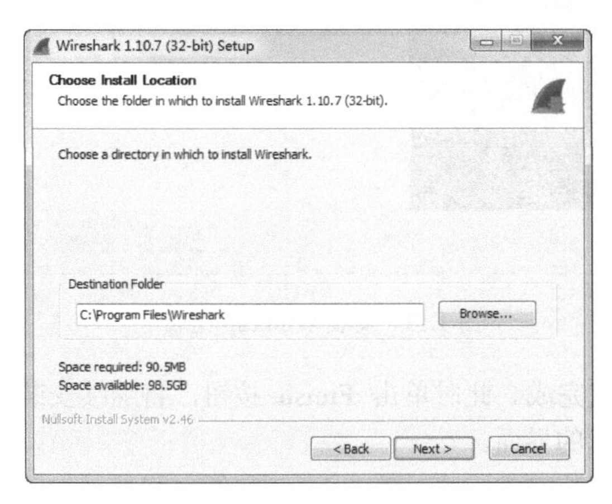

图 1.8　安装位置对话框

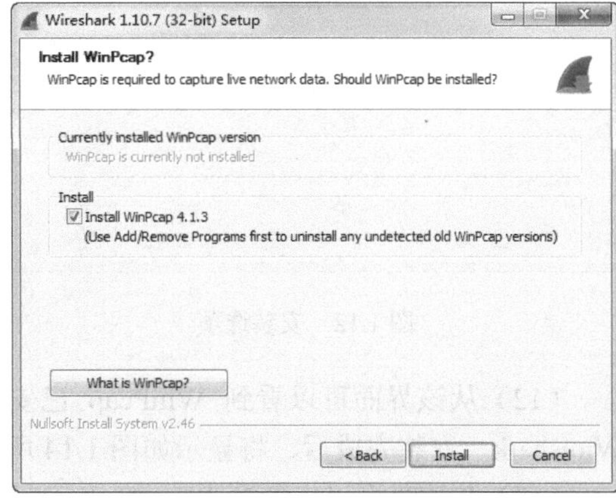

图 1.9　安装 WinPcap 对话框

（8）该界面提示是否要安装 WinPcap。如果要使用 Wireshark 捕获数据，必须要安装 WinPcap。所以这里必须将 Install WinPcap 4.1.3 复选框勾上，然后单击 Install 按钮，Wireshark 将开始安装。等 Wireshark 安装过程进行了大约一半的时候，将弹出如图 1.10 所示的界面。

（9）该界面显示了 WinPcap 基本信息。此时单击 Next 按钮，将显示如图 1.11 所示的界面。

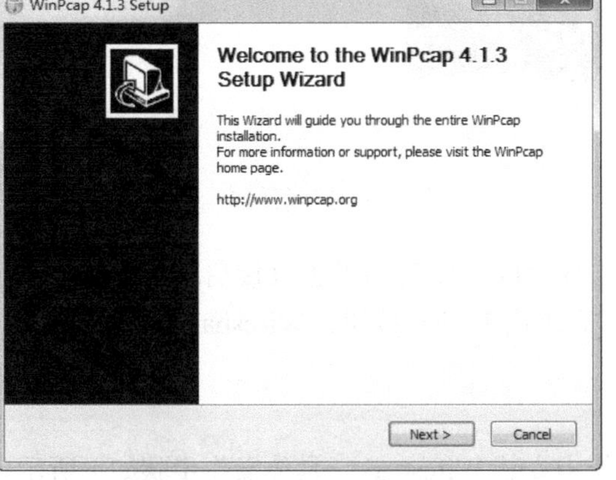

图 1.10　WinPcap 欢迎界面

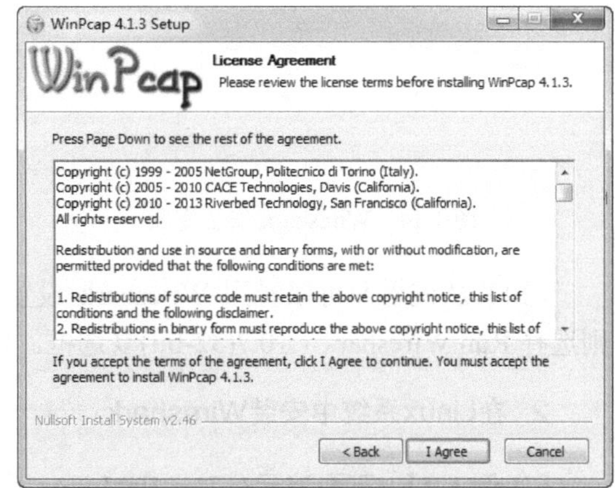

图 1.11　WinPcap 许可证条款对话框

（10）该界面显示了 WinPcap 许可证条款信息。此时单击 I Agree 按钮，将显示如图 1.12 所示的界面。

（11）在该界面显示了安装 WinPcap 的选项，然后单击 Install 按钮，将显示如图 1.13 所示的界面。

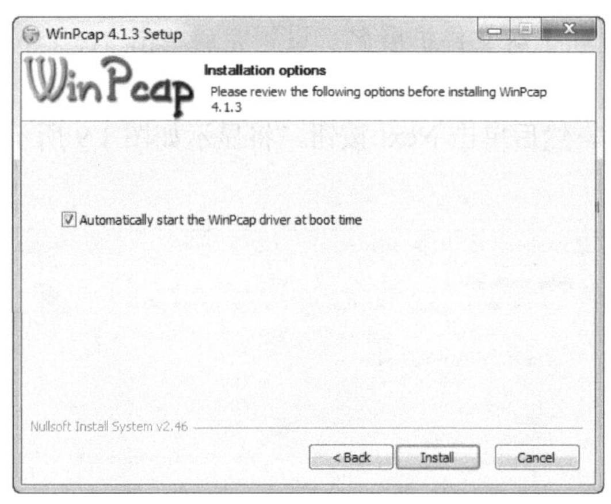

图 1.12　安装选项

图 1.13　安装 WinPcap 完成

（12）从该界面可以看到 WinPcap 已安装完成。此时单击 Finish 按钮，将继续安装 Wireshark。安装完成后，将显示如图 1.14 所示的界面。

（13）从该界面可以看到 Wireshark 已经安装完成。此时单击 Next 按钮，将显示如图 1.15 所示的界面。

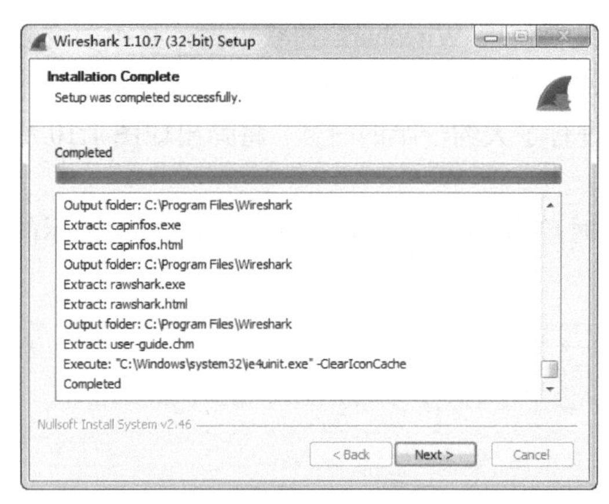

图 1.14　Wireshark 安装完成

图 1.15　完成界面

（14）从该界面可以看到 Wireshark 设置向导完成。此时如果想直接启动 Wireshark，则选择 Run Wireshark 1.10.7(32-bit)复选框。然后单击 Finish 按钮，Wireshark 即可启动。

2. 在Linux系统中安装Wireshark

【实例 1-2】 下面演示在 Red Hat Linux 系统中安装 Wireshark。具体操作步骤如下所示。

（1）从 Wireshark 官网下载 Wireshark 的源码包，其软件名为 wireshark-1.10.7.tar.bz2。

（2）解压 Wireshark 软件包。执行命令如下：

```
[root@localhost ~]# tar jxvf wireshark-1.10.7.tar.bz2 -C /usr/
```

执行以上命令后，Wireashark 将被解压到/usr/目录中。

（3）配置 Wireshark 软件包。执行命令如下：

```
[root@localhost ~]# cd /usr/wireshark-1.10.7/
```

```
[root@localhost wireshark-1.10.7]# ./configure
```

（4）编译 Wireshark 软件包。执行命令如下：

```
[root@localhost wireshark-1.10.7]# make
```

（5）安装 Wireshark 软件包。执行命令如下：

```
[root@localhost wireshark-1.10.7]# make install
```

以上过程成功执行完后，表示 Wireshark 软件已成功安装。

接下来就可以使用 Wireshark 工具了。在终端输入命令 wireshark，启动该工具。如下：

```
[root@localhost ~]# wireshark
```

执行以上命令后，将显示如图 1.16 所示的界面。

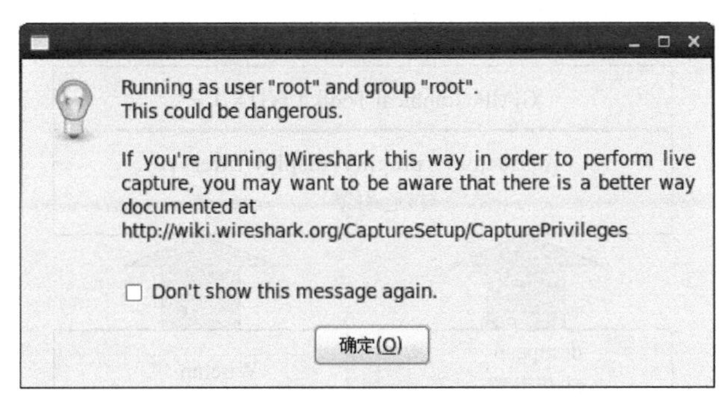

图 1.16　警告信息

该界面提示当前系统使用 root 用户启动了 Wireshark 工具，可能是危险的。可以直接单击“确定”按钮启动 Wireshark，如图 1.17 所示。如果不想让该窗口再次弹出，将 Don't show this message again 前面的复选框勾上。

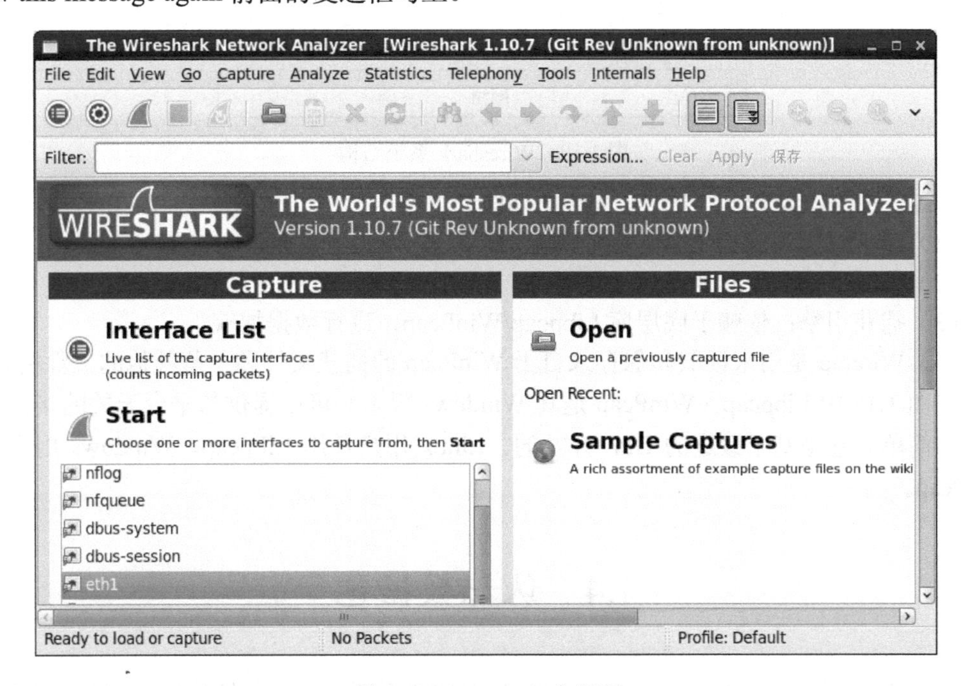

图 1.17　Wireshark 主界面

该界面显示了 Wireshark 的相关信息。该界面显示了 Wireshark 的四部分，由于截图原因，所以将该界面缩小。每部分内容中的命令，都可以使用鼠标单击打开进行查看。在该界面选择将要捕获数据的接口，单击 Interface List 命令或者在 Start 命令下的方框中选择接口，然后单击 Start 命令开始捕获数据。

1.3　Wireshark 捕获数据

当用户的计算机连接到一个网络时，它依赖一个网络适配器（如以太网卡）和链路层驱动（如 Atheros PCI-E 网卡驱动）来发送和接收数据包。Wireshark 为了捕获和分析数据包，也是依赖网络适配器和网卡驱动来传递数据。本节将介绍 Wireshark 捕获数据的工作流程。Wireshark 的系统结构如图 1.18 所示。

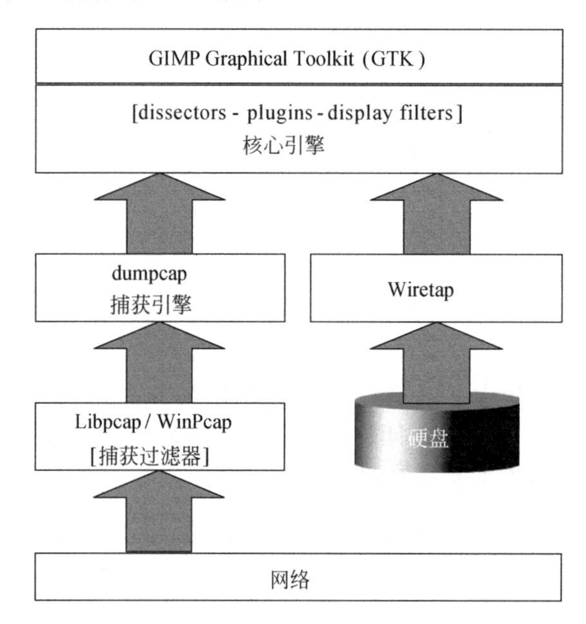

图 1.18　Wireshark 系统结构

在 Wireshark 系统结构中，各模块的功能如下所示。

（1）GTK：图形窗口工具，操控所有的用户输入/输出界面。

（2）核心引擎：将其他模块连接起来，起到综合调度的作用。

（3）捕获引擎：依赖于底层库 Libpcap/WinPcap，进行数据捕获。

（4）Wiretap 是用来读取和保存来自于 WinPcap 的捕获文件和一些其他的文件格式。

在图 1.18 中 Libpcap（WinPcap 是其 Windows 版本）可以提供与平台无关的接口，而且操作简单。它是基于改进的 BPF 开发的。Linux 用户使用 Libpcap，Windows 用户使用 WinPcap。

1.4　认识数据包

Wireshark 将从网络中捕获到的二进制数据按照不同的协议包结构规范，显示在 Packet

Details 面板中。为了帮助用户能够清楚地分析数据，本节将介绍识别数据包的方法。

在 Wireshark 中关于数据包的叫法有 3 个术语，分别是帧、包、段。下面通过分析一个数据包，来介绍这 3 个术语。在 Wireshark 中捕获的一个数据包，如图 1.19 所示。每个帧中的内容展开后，与图 1.19 显示的信息类似。

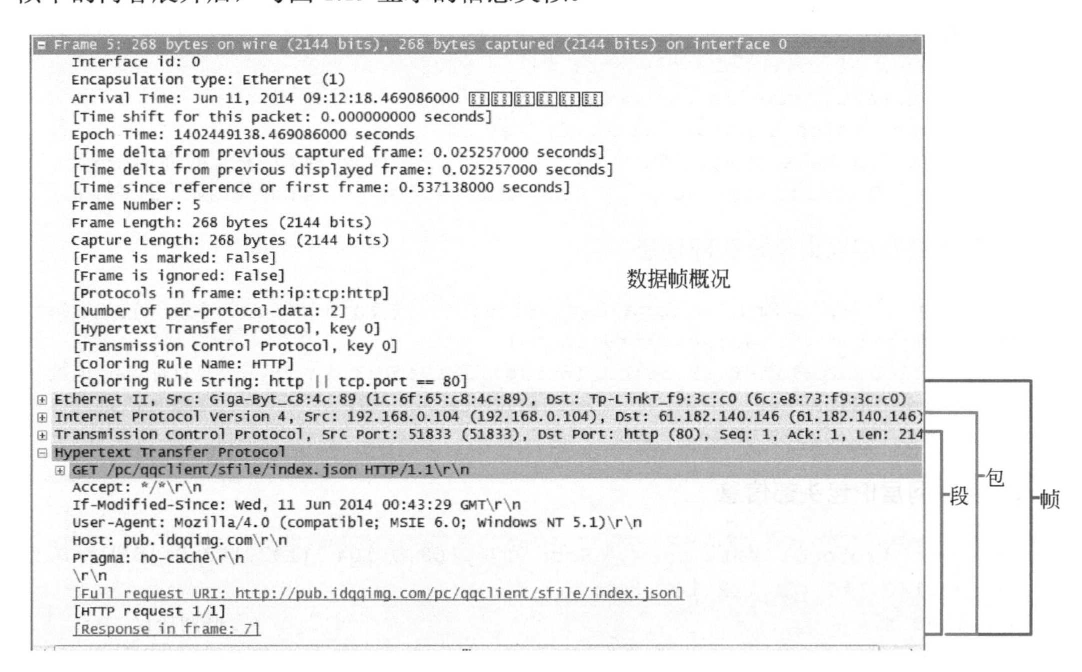

图 1.19　数据包详细信息

从该界面可以看出显示了 5 行信息，默认这些信息是没有被展开的。各行信息如下所示。

- Frame：物理层的数据帧概况。
- Ethernet II：数据链路层以太网帧头部信息。
- Internet Protocol Version 4：互联网层 IP 包头部信息。
- Transmission Control Protocol：传输层的数据段头部信息，此处是 TCP 协议。
- Hypertext Transfer Protocol：应用层的信息，此处是 HTTP 协议。

下面分别介绍在图 1.19 中，帧、包和段内展开的内容。如下所示。

1. 物理层的数据帧概况

```
Frame 5: 268 bytes on wire (2144 bits), 268 bytes captured (2144 bits) on
interface 0                                #5 号帧，线路 268 字节，实际捕获 268 字节
    Interface id: 0                                                  #接口 id
    Encapsulation type: Ethernet (1)                                 #封装类型
    Arrival Time: Jun 11, 2014 09:12:18.469086000 中国标准时间
                                                                     #捕获日期和时间
    [Time shift for this packet: 0.000000000 seconds]
    Epoch Time: 1402449138.469086000 seconds
    [Time delta from previous captured frame: 0.025257000 seconds]
                                                          #此包与前一包的时间间隔
    [Time since reference or first frame: 0.537138000 seconds]
                                                          #此包与第一帧的时间间隔
```

```
    Frame Number: 5                                   #帧序号
    Frame Length: 268 bytes (2144 bits)               #帧长度
    Capture Length: 268 bytes (2144 bits)             #捕获长度
    [Frame is marked: False]                          #此帧是否做了标记：否
    [Frame is ignored: False]                         #此帧是否被忽略：否
    [Protocols in frame: eth:ip:tcp:http]             #帧内封装的协议层次结构
    [Number of per-protocol-data: 2]
    [Hypertext Transfer Protocol, key 0]
    [Transmission Control Protocol, key 0]
    [Coloring Rule Name: HTTP]                        #着色标记的协议名称
[Coloring Rule String: http || tcp.port == 80]        #着色规则显示的字符串
```

2. 数据链路层以太网帧头部信息

```
Ethernet  II,  Src:  Giga-Byt_c8:4c:89  (1c:6f:65:c8:4c:89),  Dst:
Tp-LinkT_f9:3c:c0 (6c:e8:73:f9:3c:c0)
Destination: Tp-LinkT_f9:3c:c0 (6c:e8:73:f9:3c:c0)          #目标 MAC 地址
    Source: Giga-Byt_c8:4c:89 (1c:6f:65:c8:4c:89)           #源 MAC 地址
    Type: IP (0x0800)
```

3. 互联网层IP包头部信息

```
Internet  Protocol  Version  4,  Src:  192.168.0.104  (192.168.0.104),  Dst:
61.182.140.146 (61.182.140.146)
Version: 4                                                     #互联网协议 IPv4
    Header length: 20 bytes                                    #IP 包头部长度
    Differentiated Services Field: 0x00 (DSCP 0x00: Default; ECN: 0x00:
Not-ECT (Not ECN-Capable Transport))                           #差分服务字段
    Total Length: 254                                          #IP 包的总长度
    Identification: 0x5bb5 (23477)                             #标志字段
    Flags: 0x02 (Don't Fragment)                               #标记字段
    Fragment offset: 0                                         #分的偏移量
    Time to live: 64                                           #生存期 TTL
    Protocol: TCP (6)                                  #此包内封装的上层协议为 TCP
    Header checksum: 0x52ec [validation disabled]              #头部数据的校验和
    Source: 192.168.0.104 (192.168.0.104)                      #源 IP 地址
    Destination: 61.182.140.146 (61.182.140.146)               #目标 IP 地址
```

4. 传输层TCP数据段头部信息

```
Transmission Control Protocol, Src Port: 51833 (51833), Dst Port: http (80),
Seq: 1, Ack: 1, Len: 214
Source port: 51833 (51833)                                     #源端口号
    Destination port: http (80)                                #目标端口号
    Sequence number: 1    (relative sequence number)           #序列号（相对序列号）
    [Next sequence number: 215    (relative sequence number)] #下一个序列号
    Acknowledgment number: 1    (relative ack number)          #确认序列号
    Header length: 20 bytes                                    #头部长度
    Flags: 0x018 (PSH, ACK)                                    #TCP 标记字段
    Window size value: 64800                                   #流量控制的窗口大小
    Checksum: 0x677e [validation disabled]                     #TCP 数据段的校验和
```

1.5　捕获 HTTP 包

在网络中，所有数据的通信都是基于 TCP/IP 协议的。HTTP 也是 TCP/IP 协议中的一种，而且该类数据包也是用户通常最关注的。本节将介绍捕获 HTTP 包的一个过程。

捕获 HTTP 包的实验环境如图 1.20 所示。在该环境中，包括一个客户机、两个交换机、一个标准路由器和一个网络地址转换路由器和服务器。

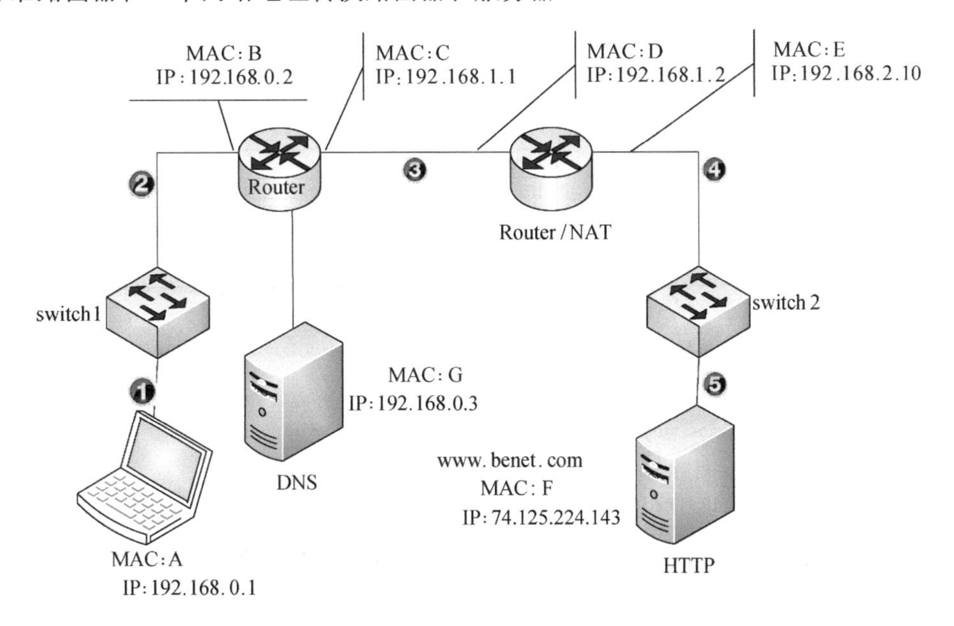

图 1.20　捕获 HTTP 工作流程

（1）所有设备在 MAC 头部中只能发送本地主机的硬件地址。这个 MAC 头部将沿着第一个路由器的线路剥去，这个 MAC 头部仅临时使用，为了获取包的下一跳。如图 1.21 所示，在 IP 头部中，包的地址是从 192.168.0.1（客户端）到 74.125.224.143（服务器）。

（2）真实的交换机不影响数据帧的内容。交换机 1 将简单地查看目标 MAC 地址，为了判断主机是否连接在交换机的其中一个端口上。当交换机找到与 MAC 地址 B 关联的交换端口时，交换机转发数据帧到适当的交换端口，如图 1.22 所示。

（3）根据数据帧的接收，经过检查确保数据帧不是恶意的，并且数据帧是路由器的 MAC 地址，路由器除去了以太网头部。路由器检查数据包（现在被认为是包，不是帧）的目标 IP 地址，并且查询它的路由表找出如何处理该数据包。如果路由器不知道怎样得到目标 IP 地址（发送的数据包中没有默认网关），该路由器将丢弃该包并发送一个消息返回给发送者。这表明有一个路由问题。用户能使用 Wireshark 捕获这些错误消息，并检查哪个路由器不能够将数据转发到目的地。

如果路由器有请求转发数据包的消息时，IP 头部的 TTL（跳数）字段值将减 1，如图 1.23 所示。并且应用新的以太网报头的包才将其发送给路由器/NAT 设备。

（4）如图 1.24 所示，这个路由器/NAT 设备使用与之前的路由相同的过程转发该数据包。此外，路由器/NAT 设备改变源 IP 地址（网络地址转换）和源端口号，同时注意原始的 IP 地址和源端口号。这个路由器/NAT 设备将这些信息及最近分配出去的 IP 地址和端口号结合，如图 1.25 所示。

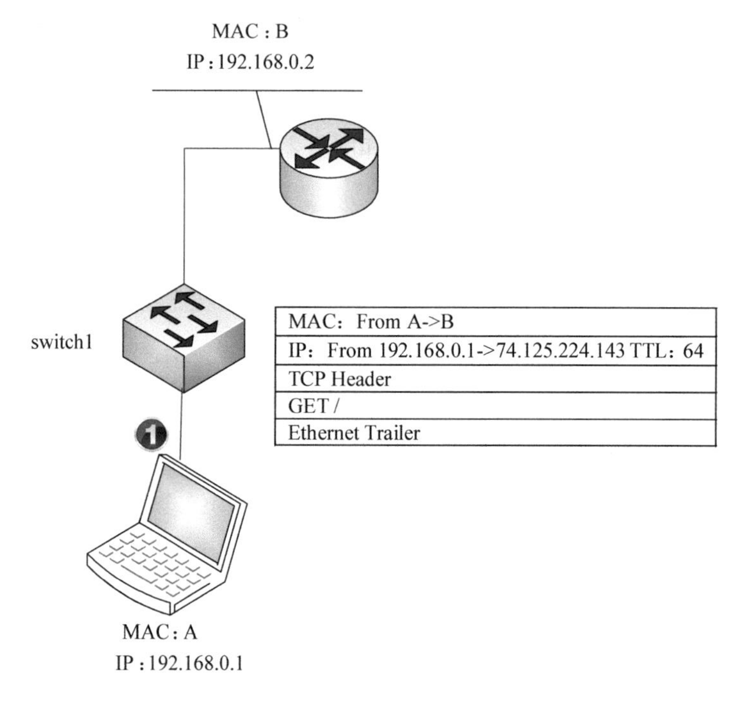

图 1.21　客户端查找本地路由器的 MAC 地址

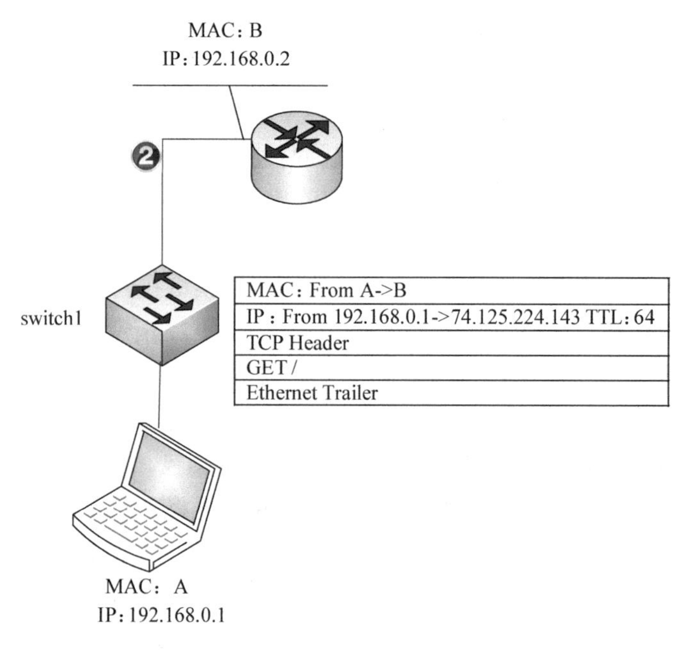

图 1.22　交换机查找关联的端口

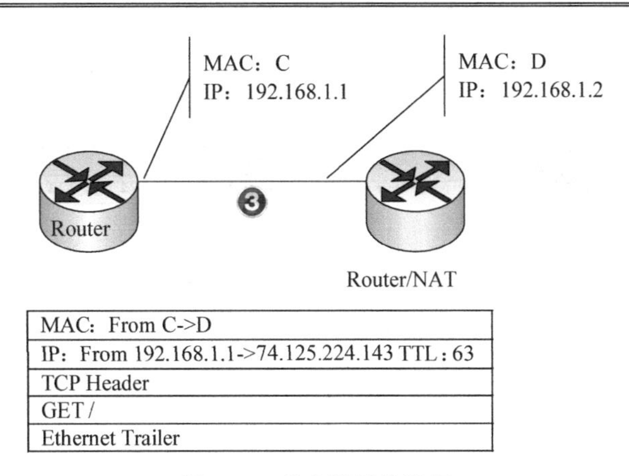

图 1.23　路由器转发数据

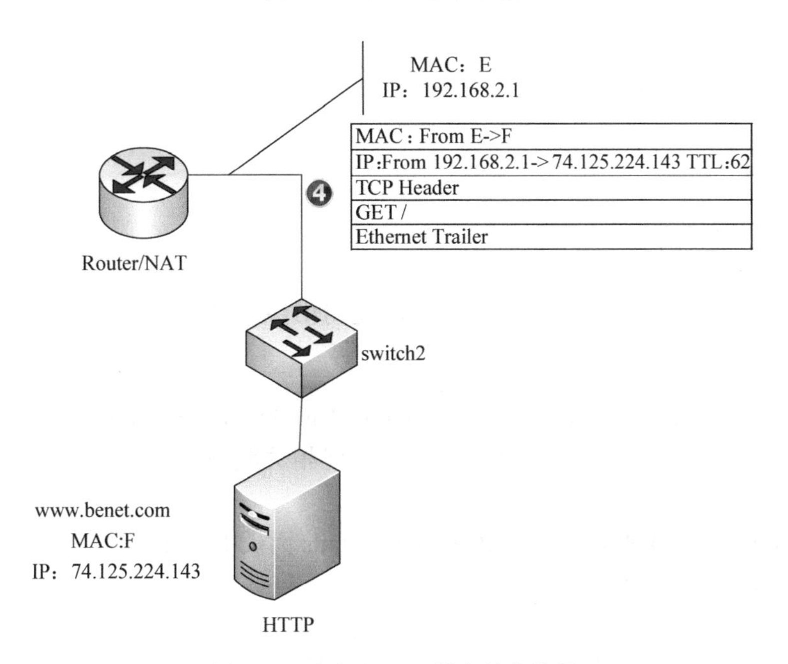

图 1.24　路由器/NAT 设备转发数据

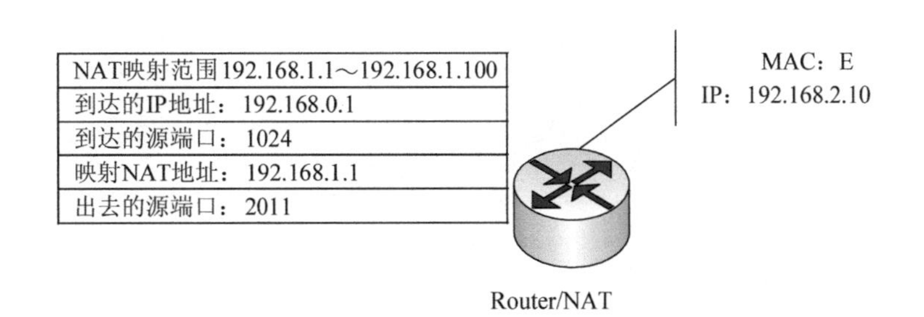

图 1.25　路由器/NAT 结合 IP 和端口信息

（5）如图 1.26 所示，从该图中可以看到与第（4）步的数据帧相同。因为交换机不能改变数据帧的内容。

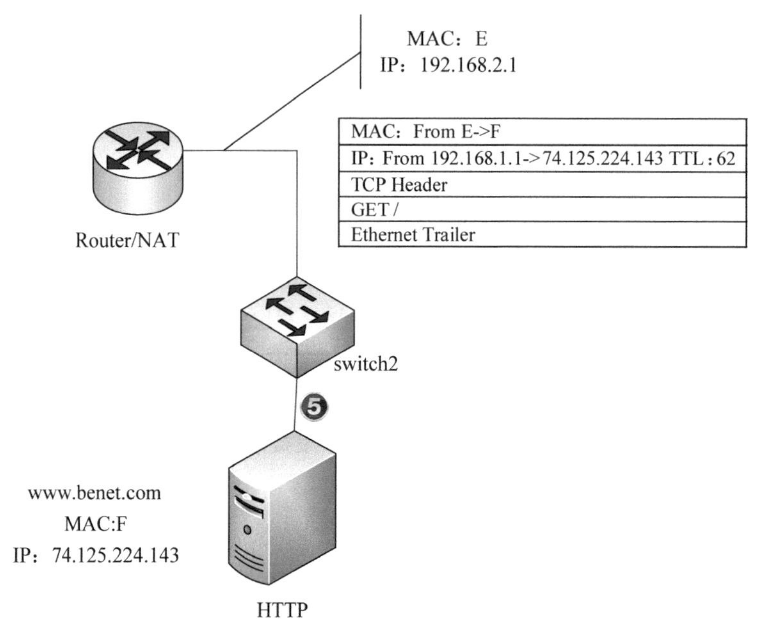

图 1.26　交换机 2 查找匹配的交换端口

1.6　访问 Wireshark 资源

在 Wireshark 中可以通过选择 Wiki Protocol Page 命令，访问 Wireshark 相关的信息。用户也可以添加协议或程序名到 URL 中，访问相关联的协议信息。本节将介绍访问 Wireshak 资源。

启动 Wiki Protocol Page 页面，在 Packet Details 面板中右键单击任何协议即可启动。如图 1.27 所示。

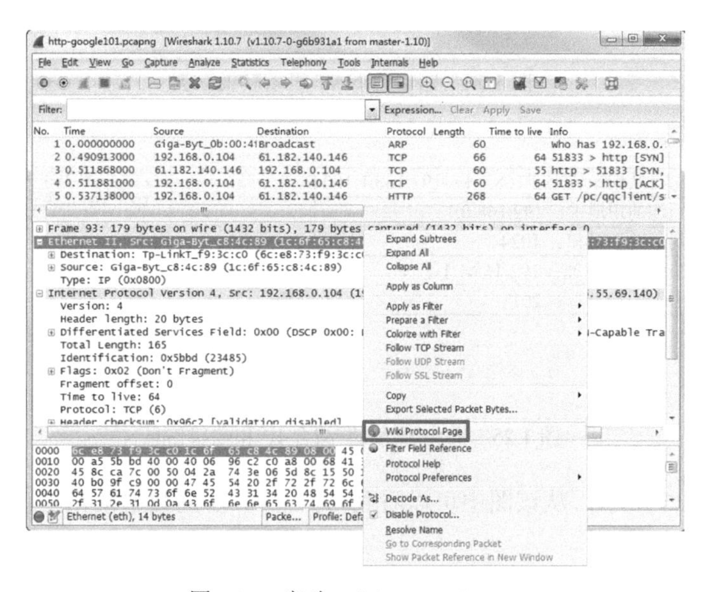

图 1.27　启动 Wiki Protocol Page

在该界面单击 Wiki Protocol Page 命令，将显示如图 1.28 所示的界面。

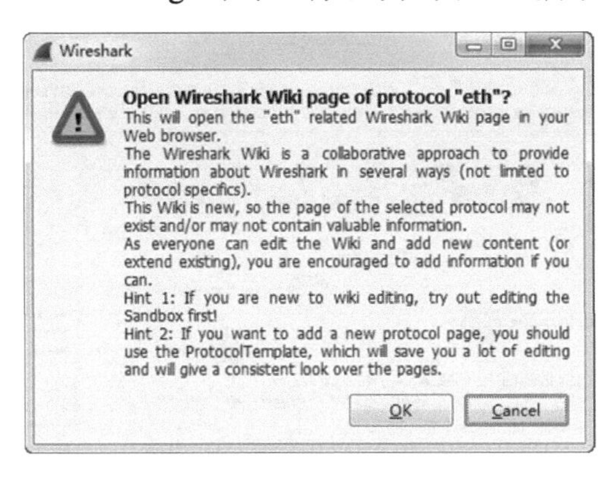

图 1.28　打开 eth 协议页面

该界面提示是否要打开 eth 协议页面。这里单击 OK 按钮，将显示如图 1.29 所示的界面。

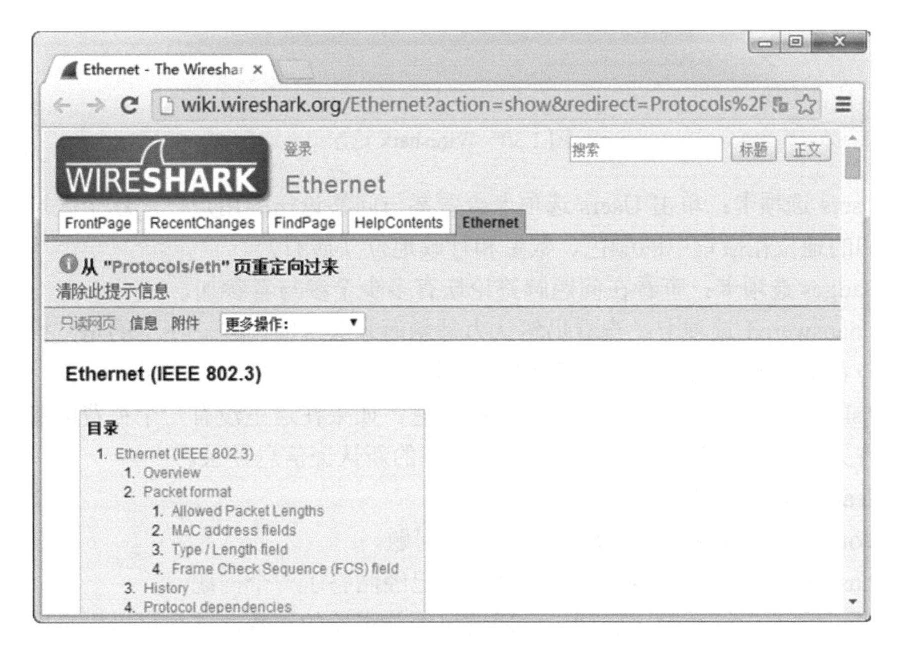

图 1.29　eth 协议页面

从该界面可以看到，此时访问的是 Ethernet 协议页面。

Wireshark 的创始人 Gerald Combs 为 Wireshark 用户开启了一个 Q&A 的论坛，在该论坛上可以提问或回答与 Wireshark 相关的问题。用户可以在 ask.wireshark.org 网站上，讨论与 Wireshark 相关的问题。但是在该网站提问题时，必须要注册一个免费用户。下面将介绍下该论坛中每个区域的作用。

打开 ask.wireshark.org 网站，显示界面如图 1.30 所示。

在该界面使用不同的序号，将每个区域分开。下面分别进行介绍。

- questions 选项卡：单击 questions 后返回所有问题，如图 1.29 所示。
- Tags 选项卡：单击 Tags 选项卡查看 Tags 相关问题的列表——单击 Tags 有关感兴

趣的话题，看是否有有帮助的信息。

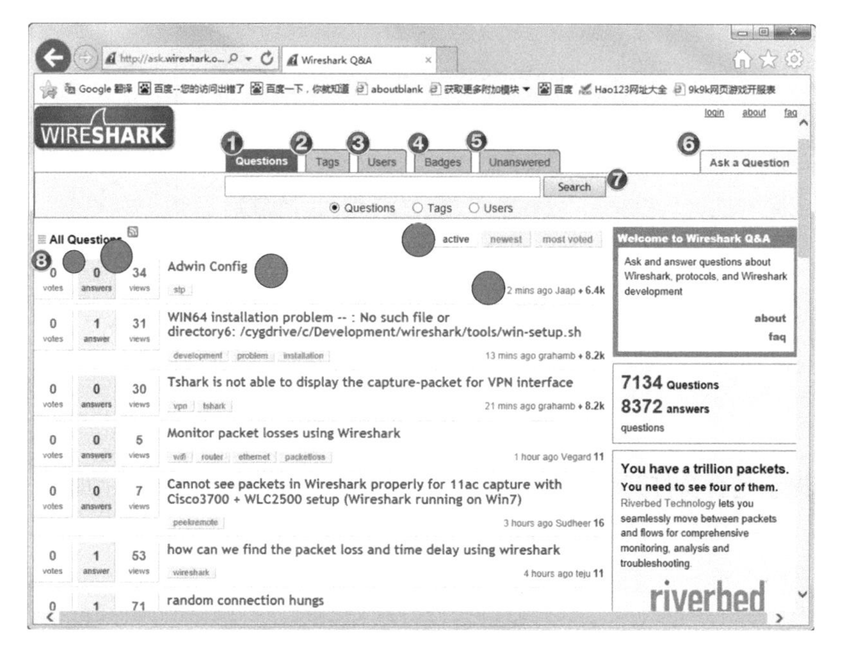

图 1.30　Wireshark 论坛

- ❑ Users 选项卡：单击 Users 选项卡查看参与问答论坛的用户——这个区域还包括他们的地位在徽章中的颜色、数量和行政地位（砖石）。
- ❑ Badges 选项卡：查看在问题解答论坛有多少个参与者参加。
- ❑ Unanswered 选项卡：查看仍然认为是悬而未解决的问题。不幸的是，许多问答参与者不标记问题，即使他们已经“回答”。
- ❑ Ask a Question 选项卡：提问用户的问题。如果在这里没有一个免费的账户，问题将另存为你创建的一个账号，并使用你的新认证信息登录。
- ❑ Search 按钮：搜索用户感兴趣的话题。
- ❑ Vote 账户：论坛用户可以投票表决的问题。
- ❑ Answer 账户：这个数字表明有多少人已经回答了一个问题。
- ❑ View 账户：这个数字表明一个问题已经被浏览的次数。这个可以用来确定最热门的主题。
- ❑ 问题标题和标签：单击问题标题跳转到问题页面。该标签包括有问题的主题。
- ❑ 跳转按钮：单击任何按钮跳转到活动问题的列表、最新的问题或投票最多的问题。
- ❑ 最后活跃时间：这个区域显示一个问题存在多长时间，最近回答问题的用户和最后回答问题的用户。回答问题的用户信息包括业力级别和它们的管理层次。

1.7　Wireshark 快速入门

当用户成功地在系统中安装好 Wireshark 后，就可以开始熟悉使用它了。为了帮助用户轻松掌握 Wireshark 的使用，本节将详细介绍 Wireshark 的入门知识。

【实例 1-3】 Wireshark 的使用。具体操作步骤如下所示。

（1）本例中以 Windows 操作系统为例，介绍 Wireshark 的使用。在启动菜单栏中单击 Wireshark 图标，启动该工具，启动界面如图 1.31 所示。如果已经有捕获好的文件，单击图中的（打开文件）按钮，选择要打开的捕获文件。

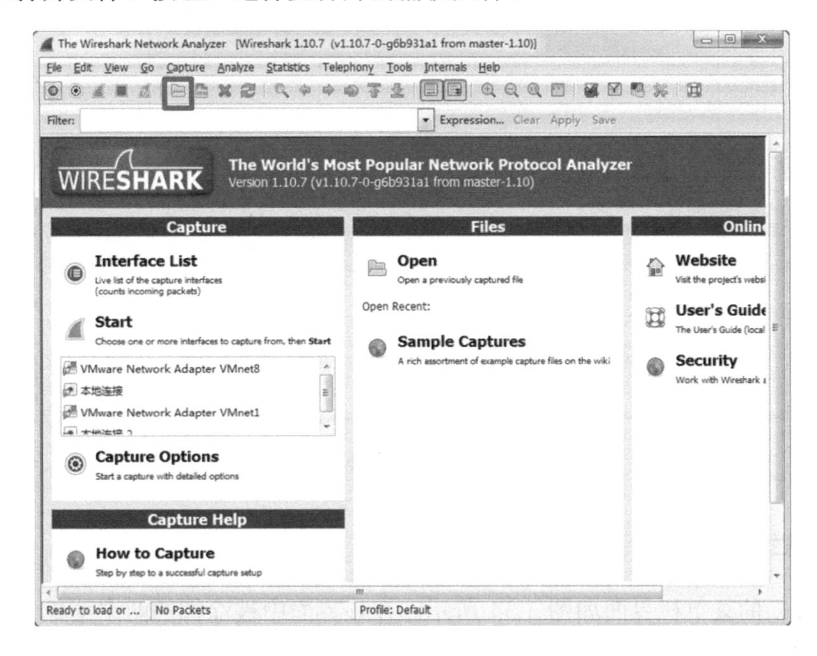

图 1.31　Wireshark 主界面

（2）在该界面单击 Interface List 命令选择接口，如图 1.32 所示。用户也可以在该界面 Start 按钮下的方框中，选择接口，然后单击 Start 按钮，将开始捕获数据。

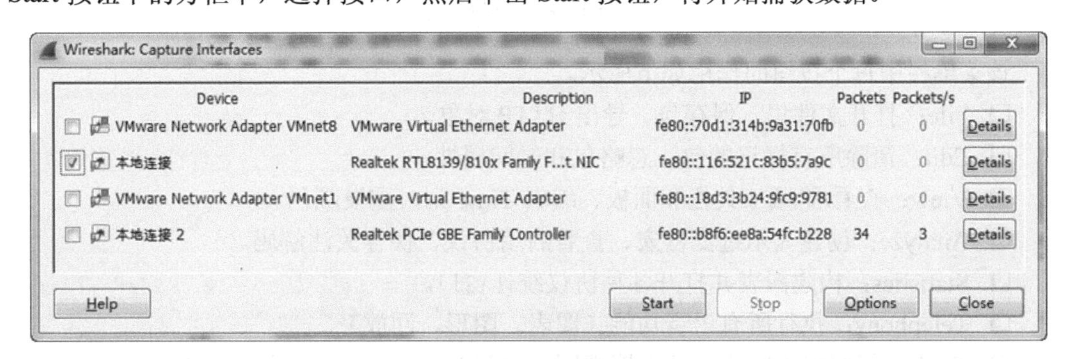

图 1.32　捕获接口列表

（3）从该界面可以看到，共有 4 个接口可以捕获数据。这里选择本地连接，然后单击 Start 按钮，将显示如图 1.33 所示的界面。

（4）该界面显示了捕获数据的过程。如果要停止捕获，单击■（停止捕获）按钮。该界面就是 Wireshark 的主窗口界面，在该界面可以对数据进行各种操作。如过滤、统计、着色、构建图表等。关于 Wireshark 主窗口界面每部分的含义，在第 1.1.1 小节已经介绍。下面将分别依次介绍每部分的作用。

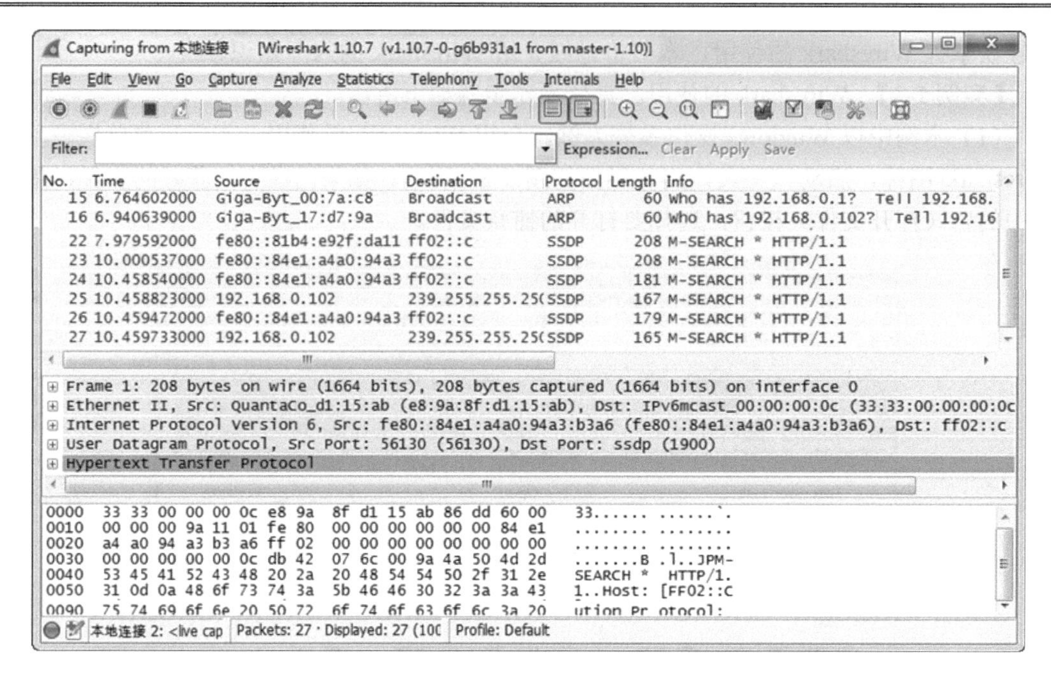

图 1.33　捕获数据过程

1. 菜单栏

Wireshark 的菜单栏界面如图 1.34 所示。在该界面中被涂掉的两个菜单，在工具栏中进行介绍。

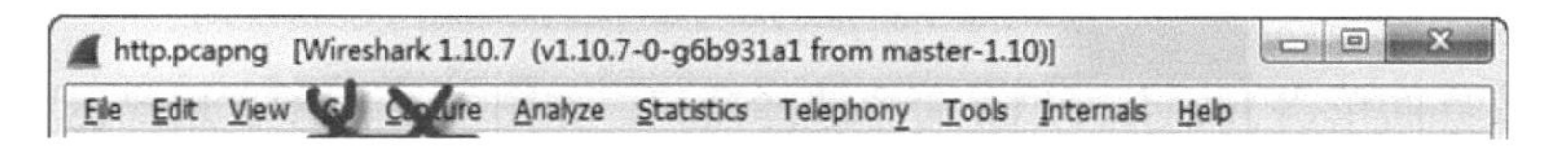

图 1.34　菜单栏

该菜单栏中每个按钮的作用如下所示。

- File：打开文件集、保存包、导出 HTTP 对象。
- Edit：清除所有标记的包、忽略包和时间属性。
- View：查看/隐藏工具栏和面板、编辑 Time 列、重设颜色。
- Analyze：创建显示过滤器宏、查看启用协议、保存关注解码。
- Statistics：构建图表并打开各种协议统计窗口。
- Telephony：执行所有语音功能（图表、图形、回放）。
- Tools：根据包内容构建防火墙规则、访问 Lua 脚本工具。
- Internals：查看解析器表和支持协议的列表。
- Help：学习 Wireshark 全球存储和个人配置文件。

2. 工具栏

当用户详细了解工具栏中每个按钮的作用后，用户就可以快速地进行各种操作。在工具栏中，每个按钮的作用如图 1.35 所示。

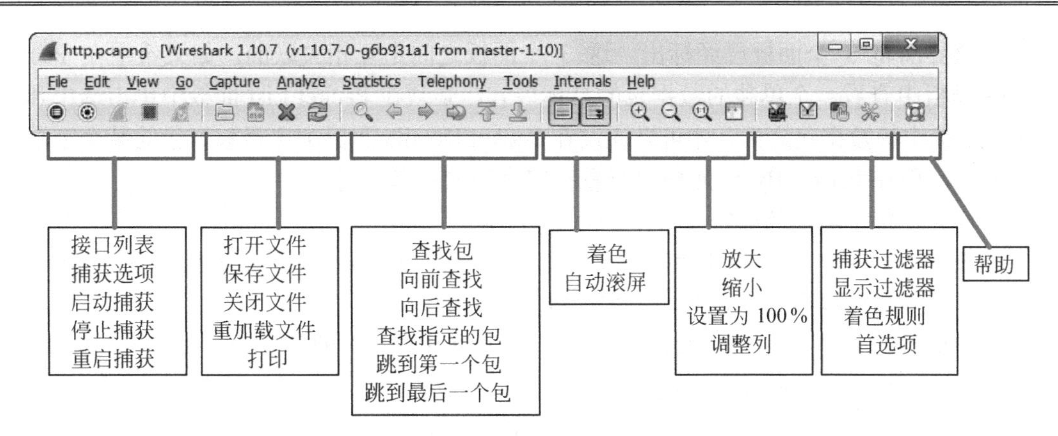

图 1.35　工具栏

3. 显示过滤器区域

当用户面对大量需要处理的数据时，可以通过使用显示过滤器快速地过滤自己需要的数据。在显示过滤器区域中的每部分作用如图 1.36 所示。

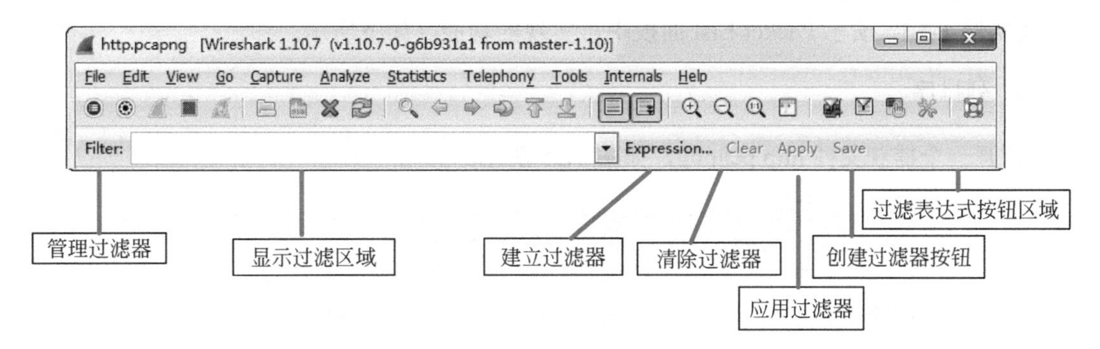

图 1.36　显示过滤器区域

4．Wireshark面板

Wireshark 有 3 个面板，分别是 Packet List 面板、Packet Details 面板和 Packet Bytes 面板。这 3 个面板的位置，如图 1.37 所示。

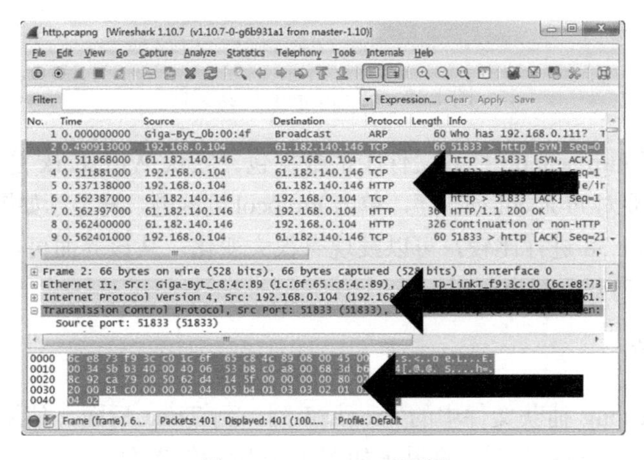

图 1.37　Wireshark 面板

在该界面将 3 个面板已经标出。这 3 个面板之间是互相关联的，如果希望在 Packet Details 面板中查看一个单独的数据包的具体内容，必须在 Packet List 面板中单击选中那个数据包。选中该数据包之后，才可以通过在 Packet Details 面板中选择数据包的某个字段进行分析，从而在 Packet Bytes 面板中查看相应字段的字节信息。

下面介绍每个面板的内容。

Packet List 面板：该面板用表格的形式显示了当前捕获文件中的所有数据包。从图 1.37 中，可以看到该面板中共有 7 列，每列内容如下所示。

- No（Number）列：包的编号。该编号不会发生改变，即使使用了过滤也同样如此。
- Time 列：包的时间戳。时间格式可以自己设置。
- Source 和 Destination 列：显示包的源地址和目标地址。
- Protocol 列：显示包的协议类型。
- Length 列：显示包的长度。
- Info 列：显示包的附加信息。

在该面板中，可以对面板中的列进行排序、调整列位置、隐藏列、显示列、重命名或删除列等操作。下面以例子的形式分别介绍在该面板中可操作的功能。

【实例 1-4】 演示 Packet List 面板中可实现的功能。如下所示。

1. 列排序

打开一个捕获文件 http.pcapng，如图 1.38 所示。

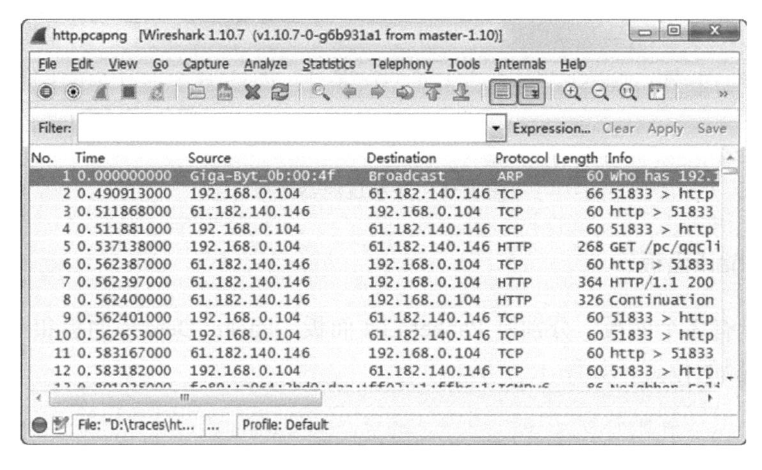

图 1.38　http.pcapng 捕获文件

该界面显示了 http.pcapng 捕获文件中的数据包。默认 Wireshark 是按数据包编号由低到高排序。例如，要对 Protocol 列排序，单击 Protocol 列标题，将显示如图 1.39 所示的界面。

将该界面与图 1.38 进行比较，可以发现有很大变化。从该界面可以看到 No 列的顺序发生了变化，协议列开始都为 ARP。

2. 移动列位置

如移动 http.pcapng 捕获文件中的 Protocol 列，到 Time 后面。使用鼠标选择 Protocol 列，然后拖曳该列到 Time 后面，将显示如图 1.40 所示的界面。

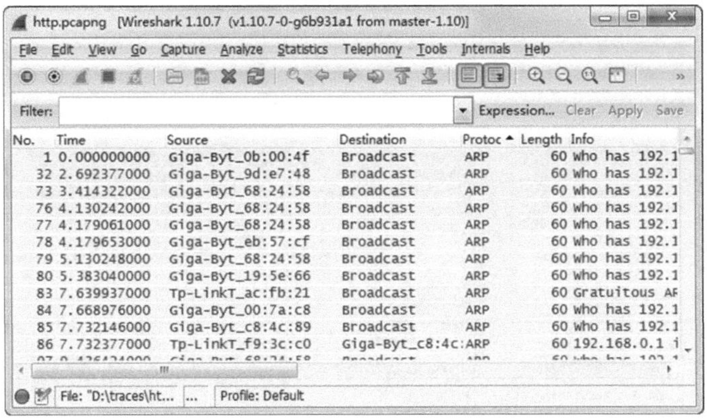

图 1.39　排序 Protocol 列

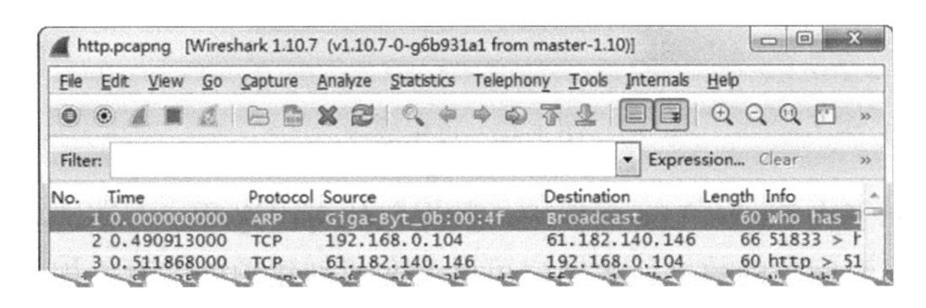

图 1.40　移动 Protocol 列

3. 隐藏、显示、重命名、删除列

在捕获文件 http.pacpng 中，右键单击操作的列标题（如隐藏 Length 列），将弹出一个下拉菜单，如图 1.41 所示。

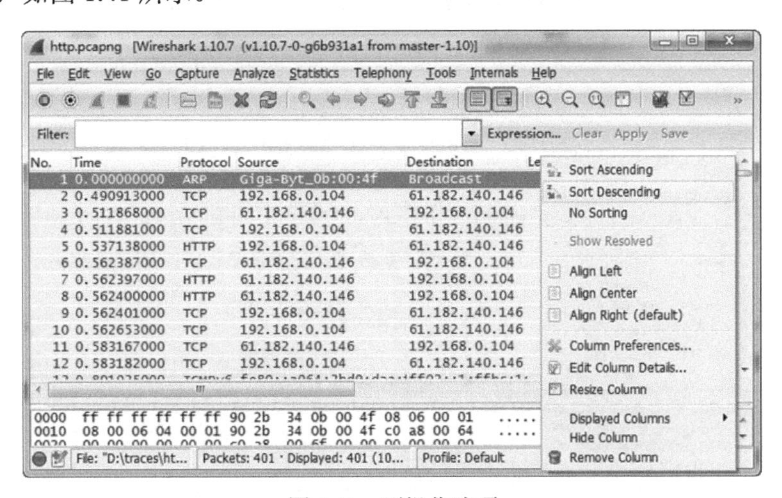

图 1.41　列操作选项

在弹出的菜单中选择 Hide Column 选项。在该菜单中可以选择 Edit Column Details、Displayed Columns 和 Remove Column 选项，分别做重命名、显示列和删除列操作。

在 Wireshark 中，还可以对 Packet List 面板中所有数据包进行许多操作。如应用过滤器、着色、重发数据等。用户可以通过右键单击任何一个数据包，查看可用的选项，如图 1.42 所示。

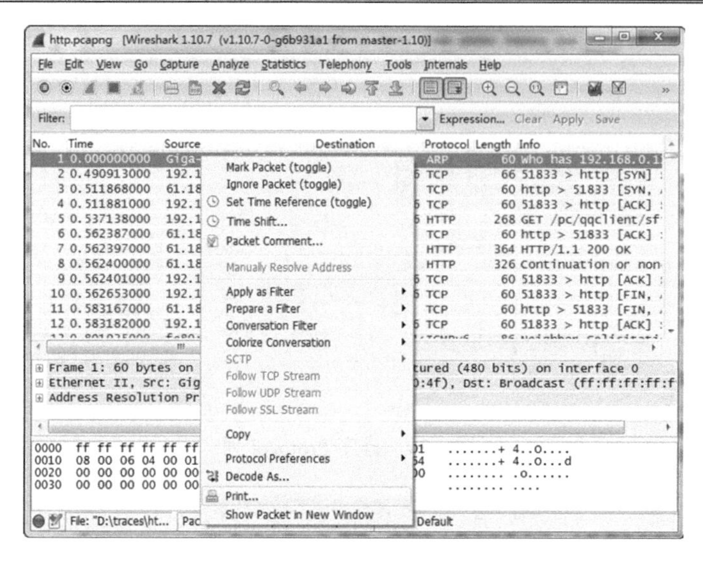

图 1.42　可用选项

在该界面显示了在 Packet List 面板中，数据包的可用选项。在该选项中，使用着色功能可以快速地找出有问题的数据包。用户可以改变或创建额外的着色规则，提醒出现不正常的数据。

Packet Details 面板：该面板分层次地显示了一个数据包中的内容，并且可以通过展开或收缩来显示这个数据包中所捕获到的全部内容。

在 Packet Details 面板中，默认显示的数据的详细信息都是合并的。如果要查看，可以单击每行前面的+号展开帧的会话。用户也可以选择其中一行并单击右键，在弹出的菜单中选择 Expand All 或 Expand Subtrees 展开所有会话或单个会话。展开帧会话，如图 1.43 所示。

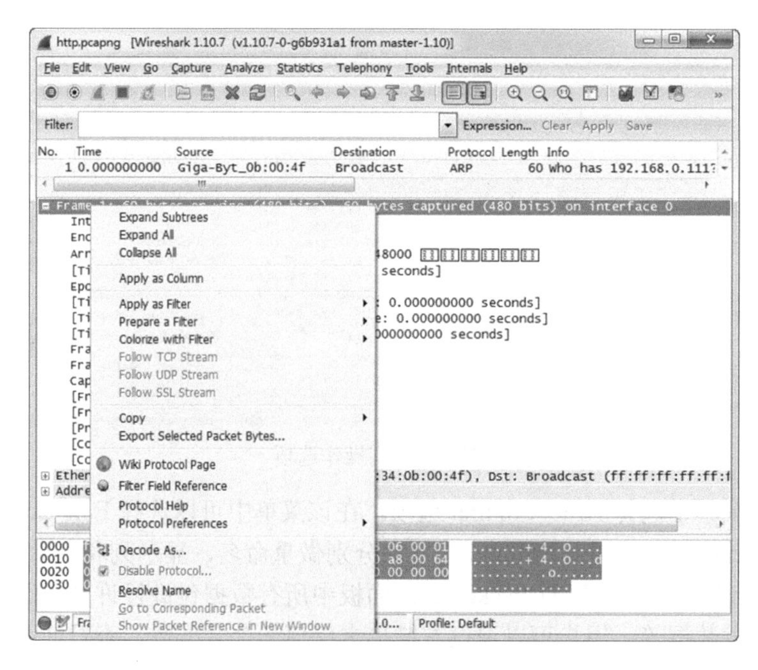

图 1.43　展开单个会话

从该界面可以看到帧会话被展开了。如果要展开所有，则在该菜单中选择 Expand All 选项。

Packet Bytes 面板：该面板中的内容可能是最令人困惑的。因为它显示了一个数据包未经处理的原始样子，也就是其在链路上传播时的样子。

在该面板中的数据是以十六进制和 ASCII 格式显示了帧的内容。当在 Packet Details 面板中选择任意一个字段后，在 Packet Bytes 面板中包含该字段的字节也高亮显示。如果不想看到 Packet Bytes 面板的话，可以在菜单栏中依次选择 View|Packet Bytes 命令将其关闭。当查看的时候，使用同样的方法将其打开。

4. 状态栏

状态栏是由两个按钮和三列组成的。其中，这三列的大小在必要时可以调整。状态栏中每部分含义如图 1.44 所示。

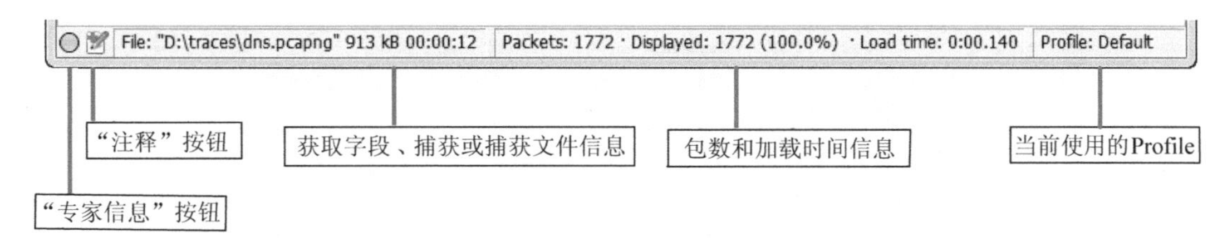

图 1.44　状态栏

下面分别详细介绍状态栏中每部分的作用，如下所示。

- ：该按钮是"专家信息"按钮。该按钮的颜色是为了显示包含在专家信息窗口中最高水平的信息。专家信息窗口可以提醒用户，在捕获文件中的网络问题和数据包的注释。
- ：该按钮是捕获文件"注释"按钮。单击该按钮，可以添加、编辑或查看一个捕获文件的注释。该功能只可以在以.pcapng 格式保存的捕获文件中使用。
- 第一列（获取字段、捕获或捕获文件信息）：当在捕获文件中选择某个字段时，在状态栏中将可以看到文件名和列大小。如果单击 Packet Bytes 面板中的一个字段，将在状态栏中显示其字段名，并且 Packet Details 面板也在发生着变化。
- 第二列（包数）：当打开一个捕获文件时，在状态栏中的第二列将显示该文件的总包数。在图 1.44 中，显示了捕获的数据包数量、显示包数和加载时间。如果当前捕获文件中有包被标记，则状态栏中将会出现标记包数。
- 第三列（当前使用的 Profile）：表示当前使用的 Profile。在图 1.44 中，表示正在使用 Default Profile。Profiles 可以创建，这样就可以自己定制 Wireshark 的环境。

1.8　分析网络数据

在 Wireshark 中的数据包，都可以称为是网络数据。每个网络都有许多不同的应用程序和不同的网络数据。但是一些常见的包中，通常都会包括一些登录程序和网络浏览会话。

本节将介绍分析网络数据的方法。

1.8.1　分析 Web 浏览数据

通常在访问 Web 服务器过程中，会涉及到 DNS、TCP 和 HTTP 3 种协议。由于此过程中来回发送的数据包较为复杂，所以下面将介绍分析 Web 浏览数据。

【实例 1-5】 分析访问 Web 浏览数据。具体操作步骤如下所示。

（1）捕获访问 www.baidu.com 网站的数据包，并保存该文件名为 http-wireshar.pcapng。本例中捕获的文件如图 1.45 所示。

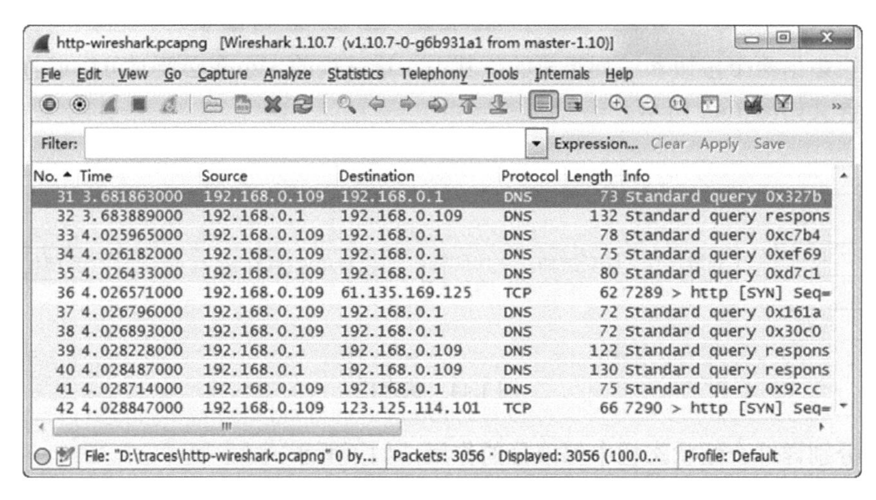

图 1.45　http-wireshar.pcapng 捕获文件

（2）接下来通过该捕获文件中的数据，分析访问 Web 的整个过程。在该捕获过程中，将包含 DNS 请求、响应和 TCP 三次握手等数据。如图 1.46 所示，在该界面显示了在访问网站之间的 DNS 解析过程。

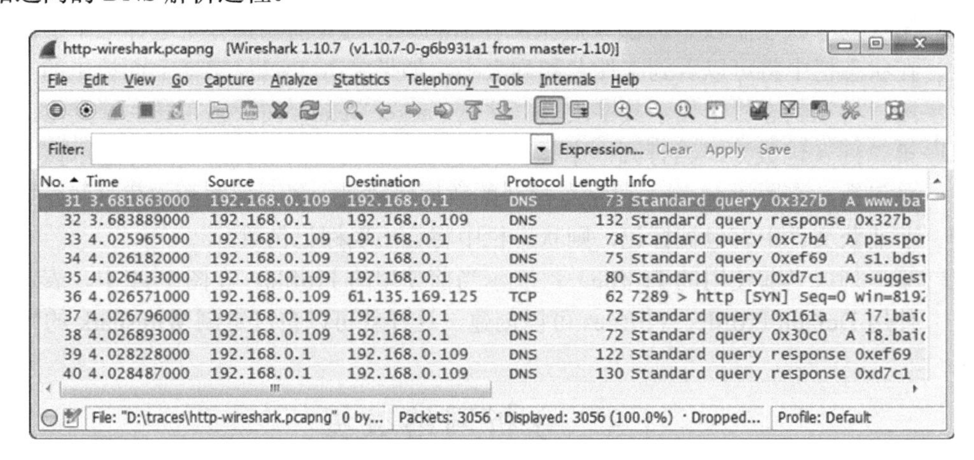

图 1.46　DNS 解析

（3）在该界面 31 帧，是 DNS 将 www.baidu.com 解析为一个 IP 地址的数据包（被称为一个“A”记录）。32 帧表示返回一个与主机名相关的 IP 地址的 DNS 响应包。如果客户端支持 IPv4 和 IPv6，在该界面将会看到查找一个 IPv6 地址（被称为“AAAA”记录）。此时，DNS 服务器将响应一个 IPv6 地址或混杂的信息。

（4）如图 1.47 所示，在该界面看客户端和服务器之间 TCP 三次握手（36、63、64 帧）和客户端请求的 GET 主页面（65 帧）。然后服务器收到请求（74 帧）并发送响应包（75 帧）。此时，服务器将发送主页面给客户端（77 帧）。

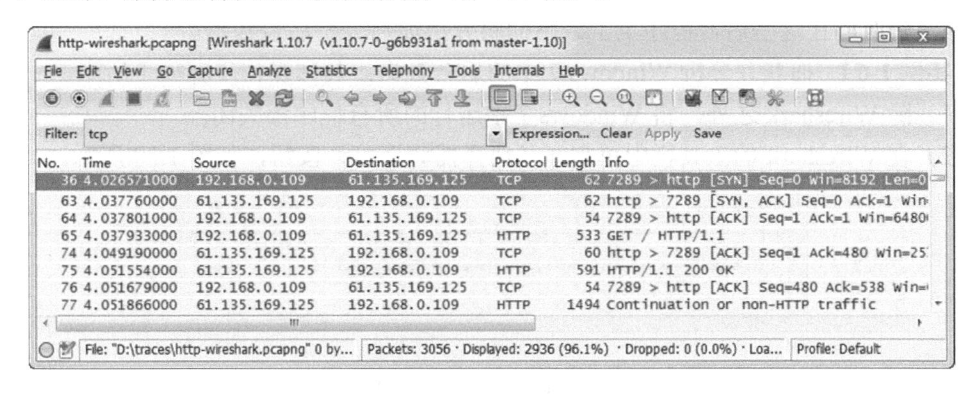

图 1.47　TCP 三次握手

（5）当客户端从相同的服务器上再次请求访问另一个链接时，将会再次看到一个 GET 数据包（100 帧），如图 1.48 所示。

http-wireshark.pcapng [Wireshark 1.10.7 (v1.10.7-0-g6b931a1 from master-1.10)]

Filter: tcp

No.	Time	Source	Destination	Protocol	Length	Info
98	4.062679000	221.204.160.40	192.168.0.109	TCP	66	http > 7297 [SYN, ACK] S
99	4.062711000	192.168.0.109	221.204.160.40	TCP	54	7297 > http [ACK] Seq=1
100	4.064989000	192.168.0.109	221.204.160.40	HTTP	399	GET /r/www/cache/static/
101	4.068273000	221.204.160.40	192.168.0.109	TCP	60	http > 7297 [ACK] Seq=1
102	4.078685000	221.204.160.40	192.168.0.109	HTTP	1474	HTTP/1.1 200 OK [Unreass
103	4.078687000	221.204.160.40	192.168.0.109	HTTP	1474	Continuation or non-HTTP

File: "D:\traces\http-wireshark.pcapng" 0 by... Packets: 3056 · Displayed: 2936 (96.1%) · Dro... Profile: Default

图 1.48　请求另一个元素

此外，如果链接另一个 Web 站点时，客户端将再次对下一个站点进行 DNS 查询（166、167、168、169、170 帧），如图 1.49 所示。

http-wireshark.pcapng [Wireshark 1.10.7 (v1.10.7-0-g6b931a1 from master-1.10)]

No.	Time	Source	Destination	Protocol	Length	Info
166	7.328517000	192.168.0.109	192.168.0.1	DNS	75	Standard query 0xff1d A tieba
167	7.328517000	192.168.0.109	192.168.0.1	DNS	76	Standard query 0x1ca2 A tb1.b
168	7.328666000	192.168.0.109	192.168.0.1	DNS	73	Standard query 0x1ac8 A img.b
169	7.328890000	192.168.0.109	192.168.0.1	DNS	80	Standard query 0x1bfd A image.
170	7.328907000	192.168.0.109	192.168.0.1	DNS	74	Standard query 0x25b2 A m.tiel
171	7.329237000	Giga-Byt_9d:e7:48	Broadcast	ARP	60	Who has 192.168.0.107? Tell 1
172	7.329626000	Giga-Byt_0b:00:4f	Broadcast	ARP	60	Who has 192.168.0.3? Tell 192.
173	7.330550000	192.168.0.1	192.168.0.109	DNS	166	Standard query response 0xff1d
174	7.330868000	192.168.0.1	192.168.0.109	DNS	120	Standard query response 0x1ca2
175	7.330868000	192.168.0.1	192.168.0.109	DNS	181	Standard query response 0x1bfd
176	7.330868000	192.168.0.1	192.168.0.109	DNS	135	Standard query response 0x1ac8

File: "D:\traces\http-wireshark.pcapng" 0 by... Packets: 3056 · Displayed: 3056 (100.0%) · Dropped... Profile: Default

图 1.49　请求下一个站点

1.8.2　分析后台数据

后台数据是由操作系统运行自动产生的。在后台数据中可以查看到，Java 查找更新、病毒检测工具查找更新或 Dropbox 检查等。如果对后台数据很熟悉的话，诊断网络问题时就不用浪费时间在这些后台程序上了。下面将介绍如何分析后台数据。

【实例 1-6】 捕获并分析 Windows 7 中的后台数据。具体操作步骤如下所示。

（1）除 Wireshark 之外，将 Windows 7 中运行的所有程序都关闭。

（2）在 Wireshark 的工具栏中单击◉（选择捕获接口）按钮，如图 1.50 所示。

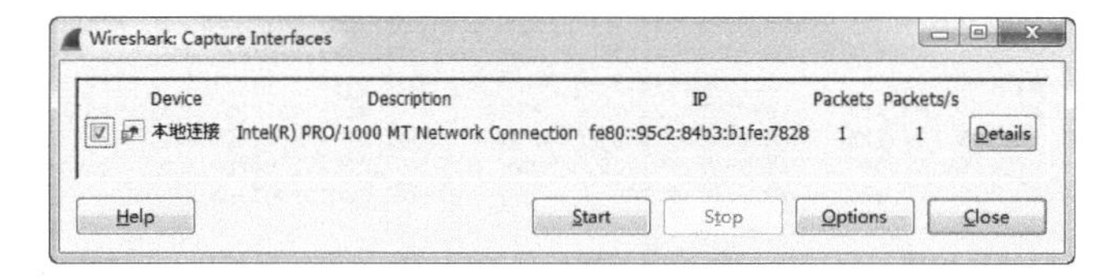

图 1.50　选择捕获接口

（3）在该界面选择捕获接口，然后单击 Start 按钮。将显示如图 1.51 所示的界面。

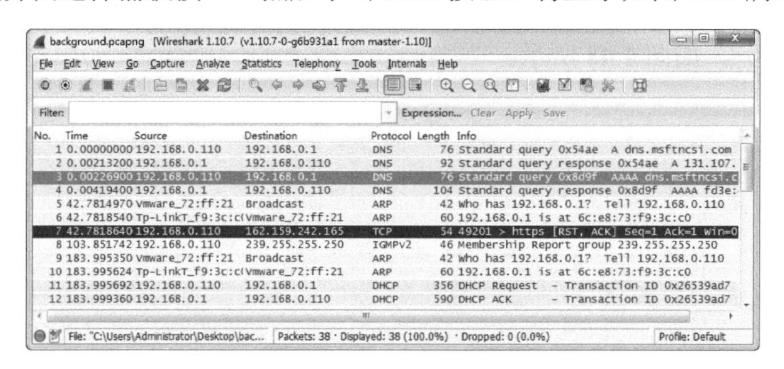

图 1.51　捕获的后台程序

（4）等待 Wireshark 捕获几分钟后，单击 Stop Capture 按钮停止捕获。

（5）如果要保存捕获的文件，在工具栏中单击 Save 按钮，指定保存的位置和文件名。这里将该文件保存为 background.pcapng。

（6）现在分析 background.pcapng 捕获文件中的后台数据，如下所示。

在该捕获文件中可以看到第 1～4 帧是 DNS 数据包。其中，1、3 帧是 DNS 查询包、2、4 帧是 DNS 响应包。从图 1.52 中可以看到，该数据包中第 1 帧是请求查询的 DNS 地址 dns.msftncsi.com，2 帧是响应 DNS 的数据包。3、4 帧和 1、2 帧作用是一样的，唯一不同的是这两个数据包是请求解析为 IPv6 地址，1、2 帧请求解析的地址是 IPv4。该 DNS 查询数据包是由 Windows 系统发送的，用来判断网络是否连通，也就是说是否能够访问网站。如果 dns.msftncsi.com 能解析成功，则说明网络连通正常，也就是捕获文件中看到的第 2 帧。还有一种方法判断网络是否连通，就是访问 http://www.msftncsi.com/ncsi.txt。如果访问成功，则网络连通正常。

5、6 帧是 ARP 广播包和响应包。之所以捕获到该包，是因为 ARP 表是通过内建的 SNMP 管理的，不管 SNMP 服务是否开启，都会产生 ARP 包。所以，就会有第 6 帧中的 ARP 响应包。

7 帧表示访问 162.159.242.165 网站错误产生的数据包。

8 帧是 IGMPv2 包。IGMPv2 表示是 IGMP 协议的第二个版本。该协议包含了离开信息，允许迅速向路由协议报告组成员终止情况，这对高带宽组播组或易变型组播组成员是非常重要的。从该包的目的地址可以看到是发送给 239.255.255.250，该地址是一个多播地址。该数据包是由于电脑中可能装了某个播放器插件产生的。

11、12 帧是 DHCP 请求和确认包。之所以有 DHCP 包是因为，本机使用了 DHCP 自动获取的方法。DHCP 有一定的租期，当租期一到，主机会自动向服务器请求 IP 地址。

1.9　打开其他工具捕获的文件

Wireshark 被认为是一个标准的数据包捕获和分析工具，使用它还可以打开其他工具捕获的文件。所以用户需要知道哪些工具可以与 Wireshark 交互操作。本节将介绍如何在 Wireshark 下打开其他工具捕获的文件。

在 Wireshark 下打开一个捕获文件，通常是在菜单栏中依次选择 File|Open 命令，选择要打开的捕获文件。Wireshark 可以使用 Wiretap 库转化文件的格式。例如，使用 Sun Snoop 工具捕获的文件（该文件后缀名是.snoop），如果要使用 Wireshark 打开，Wireshark 的 Wiretap 库会执行输入/输出功能处理该数据包。

打开一个捕获文件。在菜单栏中依次选择 File|Open 命令（或单击工具栏中的 File Open 按钮），将显示如图 1.52 所示的界面。

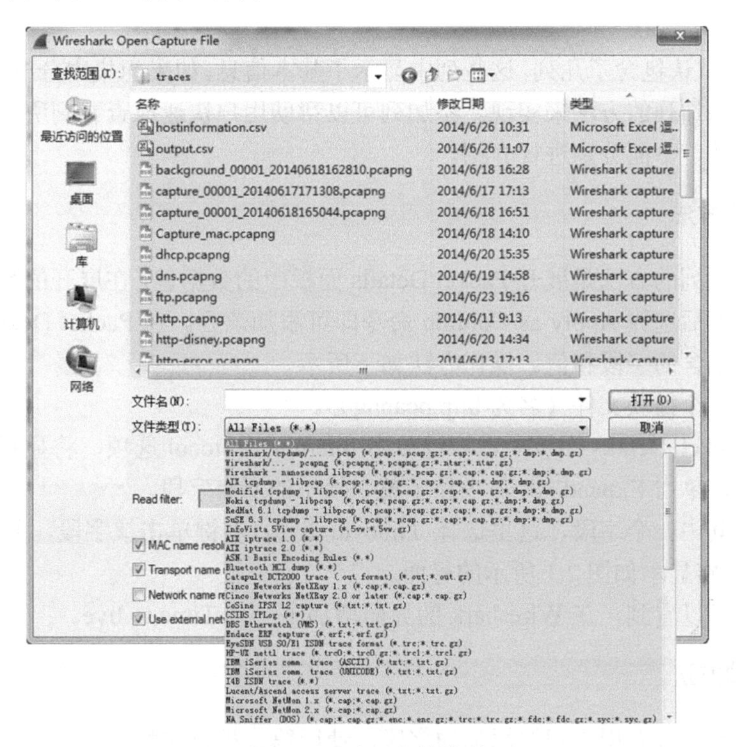

图 1.52　选择文件类型

在该界面可以看到 Wireshark 中支持的所有文件类型。选择相应的文件类型，然后单击“打开”按钮，即可打开捕获文件。

第 2 章　设置 Wireshark 视图

Wireshark 默认界面显示了一些基本的信息。如果用户想查看更详细的信息，可以手动设置 Wireshark 的视图。例如，在 Packet List 面板中添加列，设置 Packet Details 面板的显示信息，设置 Profile 等。本章将介绍设置 Wireshark 视图的方法。

2.1　设置 Packet List 面板列

在 Wireshark 的 Packet List 面板中默认包含了几列，如 No、Time、Source 和 Destination 等。用户也可以手动地添加、删除、隐藏或编辑显示的列。本节将介绍设置 Packet List 面板列。

2.1.1　添加列

Wireshark 默认包含了几列，这些列中显示了基本信息。如果想集中分析一个特定问题，往往需要使用添加列的方法来实现。添加列可以帮助用户快速地查看到所需要的信息。添加列有两种方法，下面分别进行介绍。

1. 第一种方法

第一种添加列的方法是展开 Packet Details 面板中的数据包，在展开的数据包中右键单击某个字段，然后选择 Apply as Column 命令即可添加该列。在 Packet Details 面板中，显示了数据帧中包含的字段和值。操作方法如下所示。

（1）打开一个捕获文件（名为 http.pcapng）。

（2）在 Packet Details 面板中，右键单击 Internet Protocol 选项，将显示一个菜单栏。在该菜单栏中，单击 Expand All 命令显示整个帧中的所有字段。

（3）选择其中一个字段，这里选择 Time to live。右键单击该字段，并选择 Apply as Column 命令，将显示如图 2.1 所示的界面。

从该界面可以看到，在 Wireshark 的界面增加了一列 Time to live。

2. 第二种方法

如果包中不包含有用户想要添加的字段，使用第一种方法将无法实现。这就需要使用第二种方法来实现。在 Wireshark 的菜单栏中，依次选择 Edit|Preferences|Columns 命令，将显示如图 2.2 所示的界面。

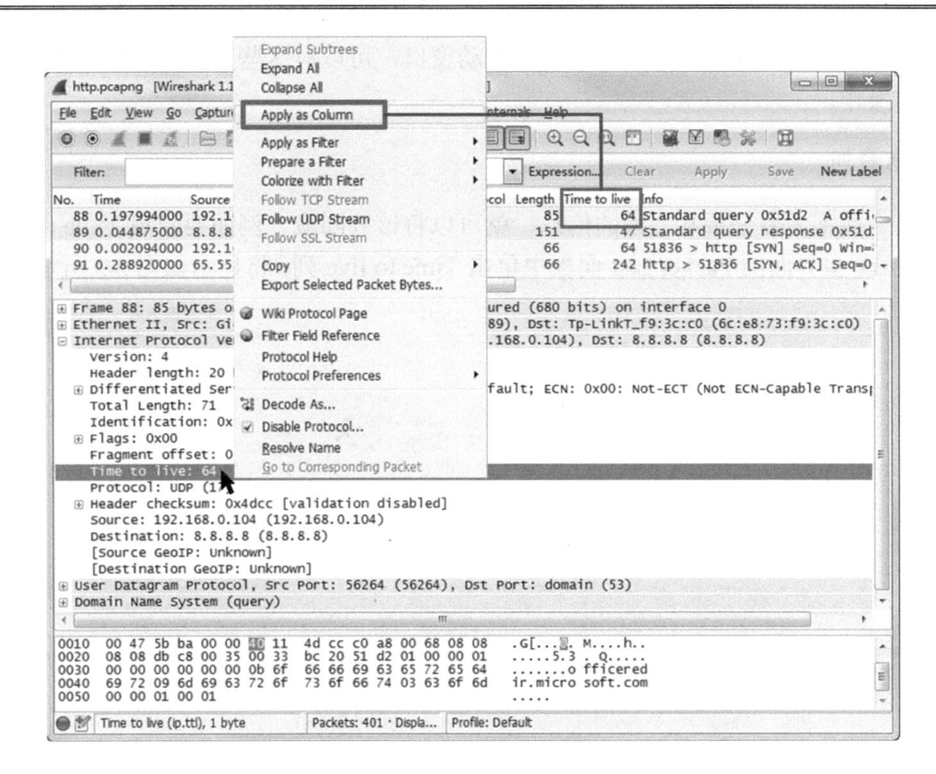

图 2.1　添加列的方法

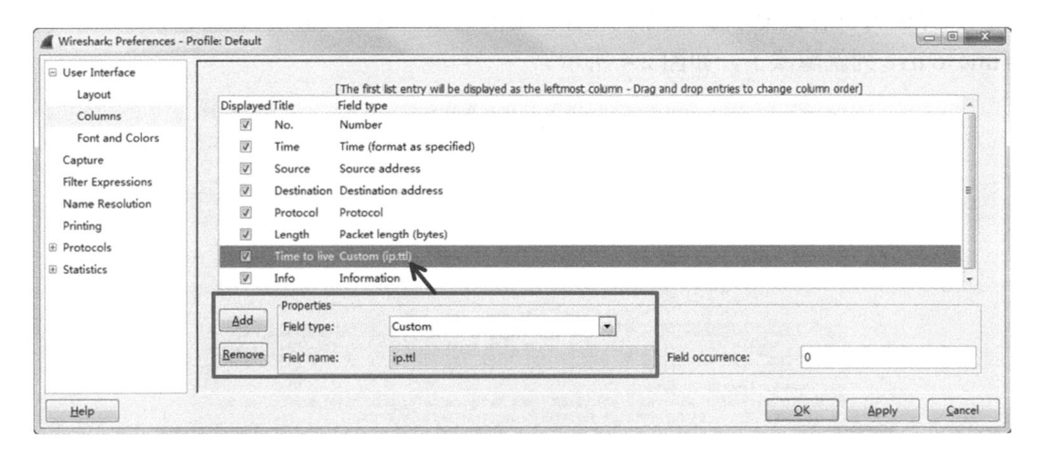

图 2.2　创建列

从该界面中，可以看到 Wireshark 已存在的列。此时可以单击 Field type 区域中的任何字段，通过鼠标拖曳来调整列的顺序，并添加列。在该界面显示的标题也可以重命名，单击鼠标即可修改默认的标题名。如果要添加列，则单击 Add 按钮。

2.1.2　隐藏、删除、重新排序及编辑列

用户可以在首选项窗口对列进行各种操作，如隐藏列、删除列和编辑列等。将鼠标靠近 Packet List 面板中的列窗口，右键单击某一列，就可以实现编辑列标题、暂时隐藏（或

显示）列或删除列。使用鼠标向左或向右拖动窗口，可以对这些列重新排序。本小节将介绍对列的操作。

1. 隐藏列

如果当前不需要分析某一列的信息，就可以将该列隐藏。例如要隐藏 Time to live 列，在 Wireshark 主界面的 Packet List 面板中单击 Time to live 列，将显示如图 2.3 所示的界面。

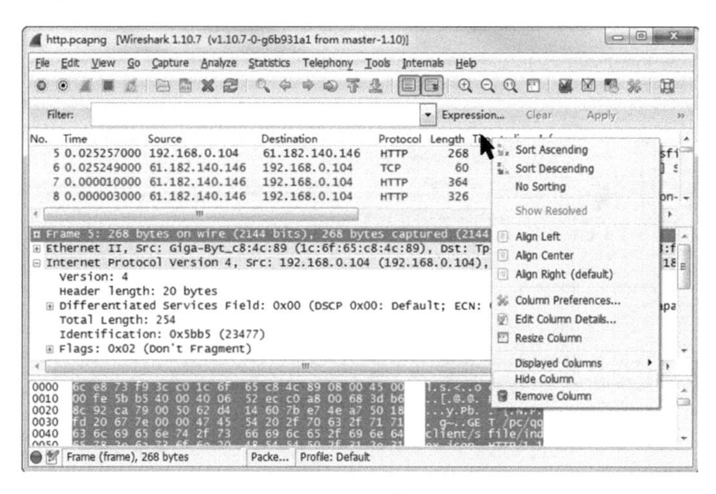

图 2.3　隐藏列

从该界面可以看到显示了该列中所有可用的选项。这里，单击 Hide Columns 命令。此时 Time to live 列就隐藏了，如图 2.4 所示。

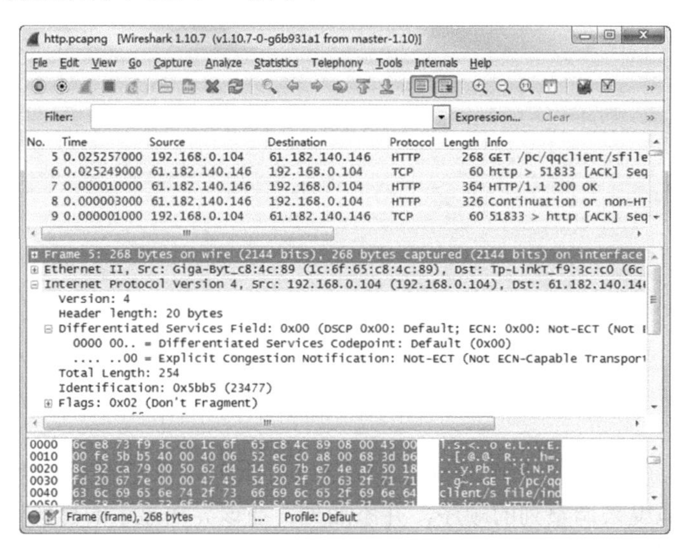

图 2.4　隐藏 Time to live 列

从该界面可以看到 Time to live 列不存在了，说明该列已隐藏。当使用该列时，可以单击 Displayed Columns 命令，选择隐藏的列。

2. 删除列

如果不再使用 Time to live 列，可以将该列删除。在如图 2.3 所示的菜单栏中，选择

Remove Column 命令，将显示如图 2.5 所示的界面。

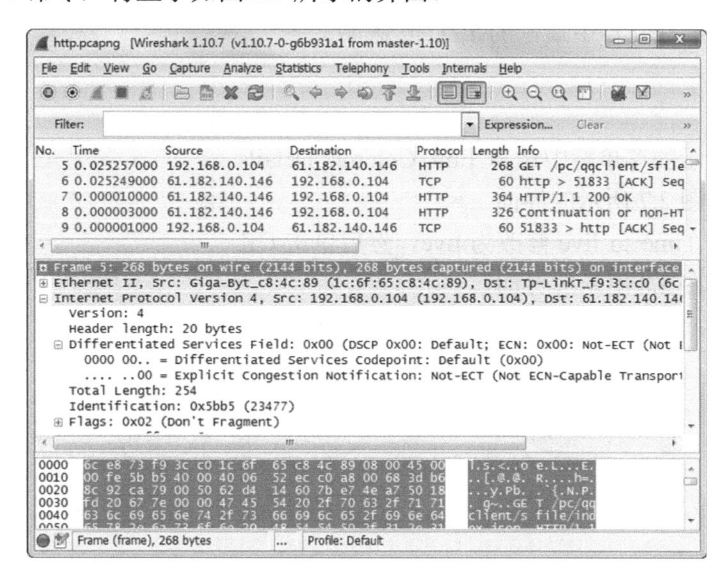

图 2.5　删除 Time to live 列

从该界面可以看到 Time to live 列已经被删除。这里可以看到该界面与图 2.4 所示的界面一样。但是实际上是不同的，因为删除该列后，在 Displayed Columns 中将不会存在。如果想再查看该列，需要重新创建才可以。

3. 排序列内容

通过排序列可以使用户更快地分析数据。这里以 http.pcapng 文件为例，对 Time to live 列内容进行排序。打开该文件后，使用鼠标单击 Time to live 列标题就可以了。对该列排序后，该列的数据将从低到高排序，如图 2.6 所示。如果再次单击该列，将从高到低排序。

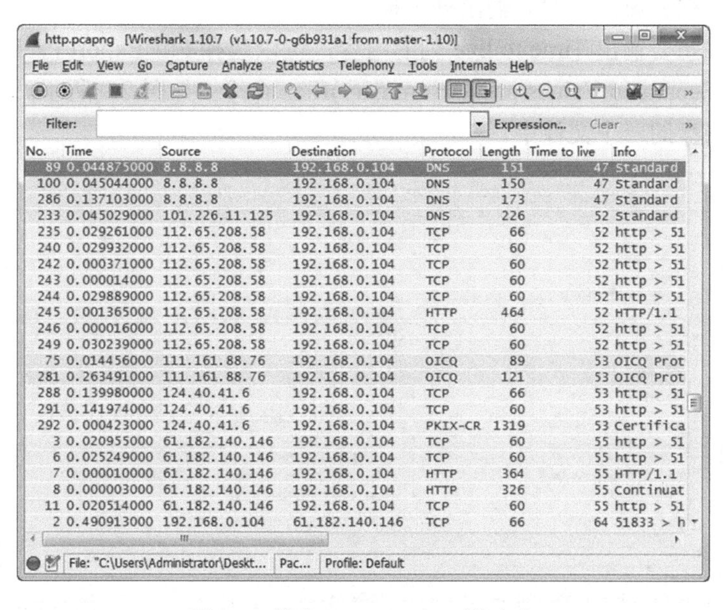

图 2.6　排序 Time to live 列的内容

从该界面可以看到 Time to live 列，是从低到高排序。此时将鼠标滚动到 Wireshark 的顶部，可以看到捕获文件中最低的 TTL 值是 47。

4．编辑列

在图 2.3 所示的菜单栏中选择 Edit Column Details 命令，将显示如图 2.7 所示的界面。

这里将标题 Time to live 修改为 live，然后单击 OK 按钮，将显示如图 2.8 所示的界面。

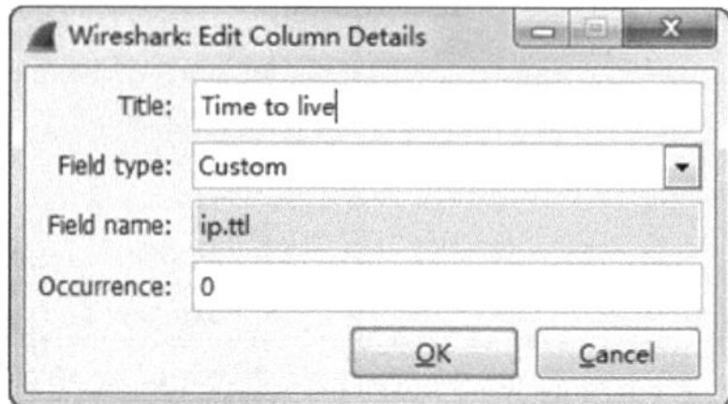

图 2.7　编辑列页面

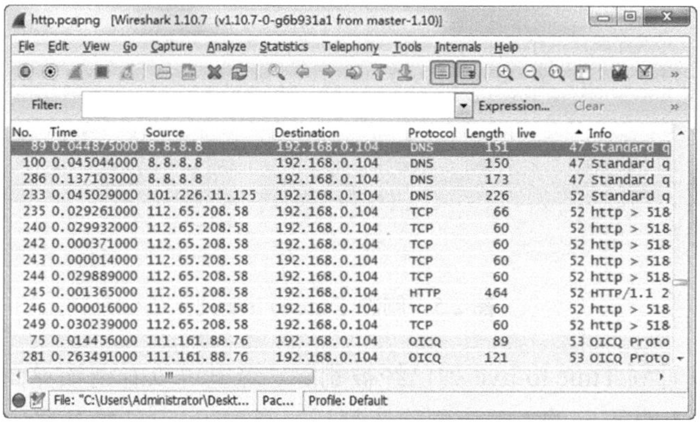

图 2.8　编辑列

从该界面可以看到原来的标题列 Time to live 已经变成 live。

5．输出列数据

如果要想使用其他工具分析 Wireshark 捕获的数据，可以将 Wireshark 的列数据输出。用户添加列到包列表窗口，然后输出列数据。

例如，如果想要输出 Time to live 列的内容，可以选择 File|Export Packet Dissections|as "CSV"(Comma Separated Values packet summary)file...命令，如图 2.9 所示。然后，将这些数据保存到本地磁盘的一个文件中。

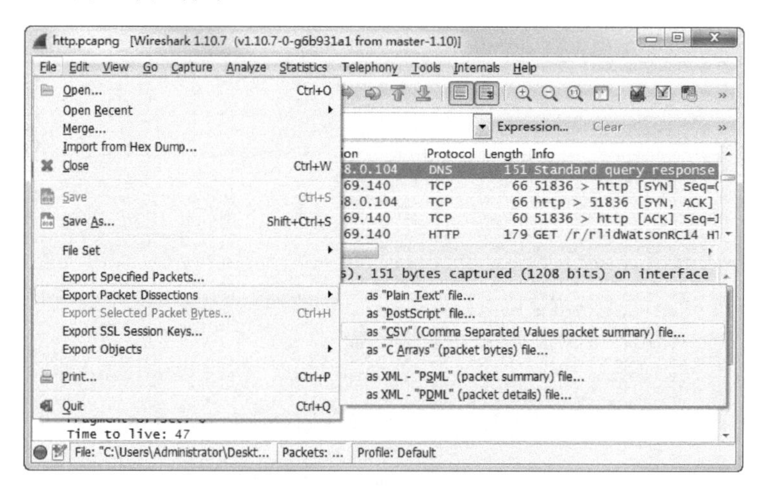

图 2.9　输出列数据

保存的文件中，显示了所有列中的数据。这些列之间使用逗号分隔，此时打开这个 CSV 文件可以进一步操作数据。例如，使用 Microsoft Excel 打开 CSV 文件，将显示如图 2.10 所示的界面。

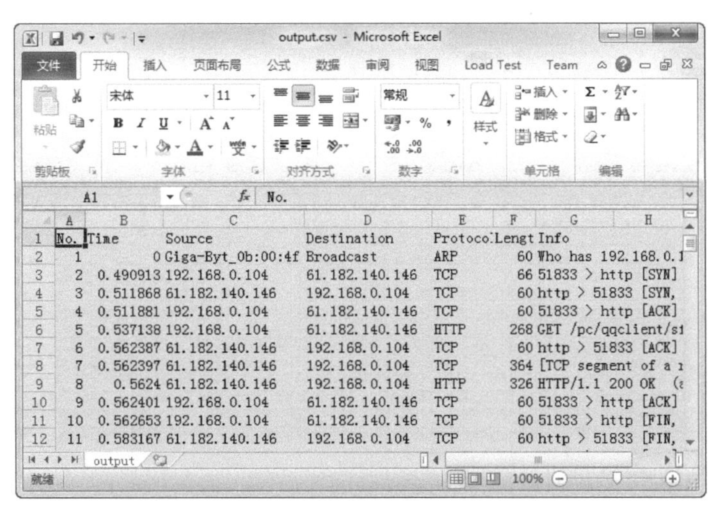

图 2.10　CSV 文件

从该界面可以看到在 Wireshark 中的每列信息。

【实例 2-1】 下面演示添加 HTTP 协议的 Host 字段作为一列。具体操作步骤如下所示。

（1）在 Wireshark 的工具栏中单击（打开一个捕获的文件）按钮，打开 http.pcapng 文件。

（2）在包列表窗口中，向下滚动鼠标选择 59 帧。

（3）在包详细窗口中显示了 59 帧中的详细内容。单击 Hypertext Transfer Protocol 前面的加号（+），展开 59 帧的会话，如图 2.11 所示。

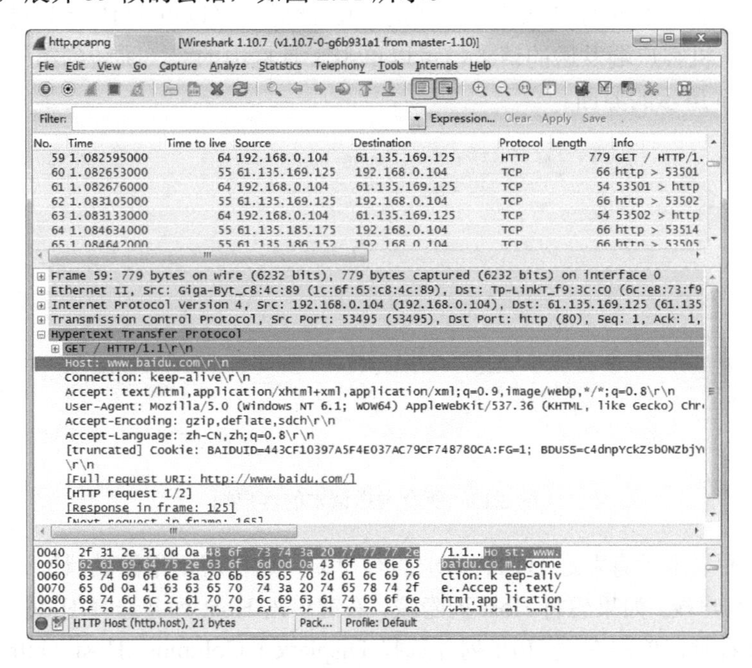

图 2.11　59 帧中的详细内容

（4）在该界面右键单击 Host 行（包含 www.baidu.com\r\n），并选择 Apply as Column 命令，Host 列将被添加到 Info 列的左边，如图 2.12 所示。此时可以通过单击并拖动列，将列的边缘扩大。

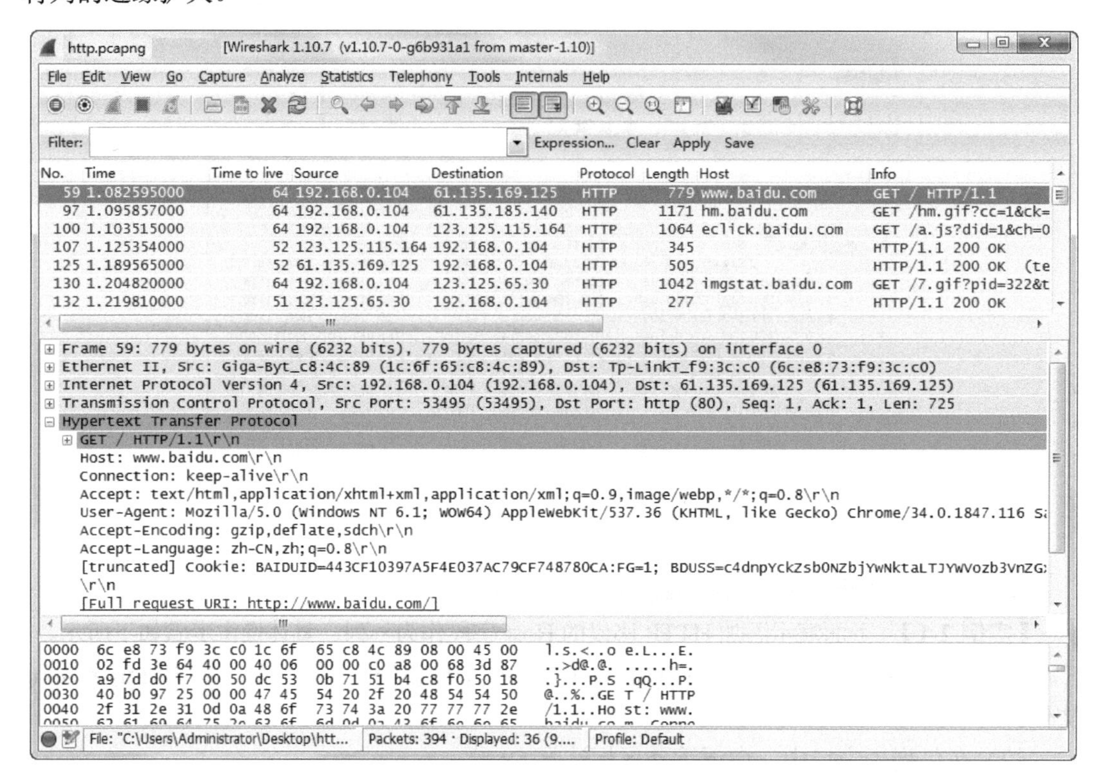

图 2.12　添加的 Host 列

（5）从该界面可以看到 Host 列被成功添加。此时，可以单击 Host 列进行排序。如果想要查看所有主机客户端发送的请求，可以单击工具栏中的（跳转到第一个包）按钮，将显示如图 2.13 所示的界面。

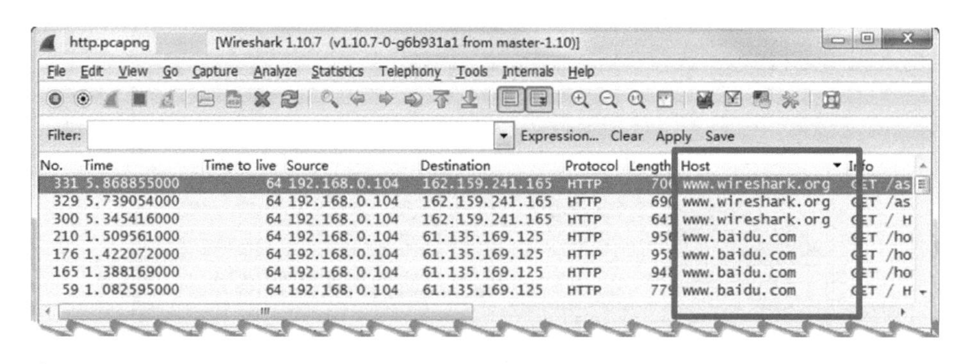

图 2.13　所有发送请求的客户端

（6）该界面显示所有发送 HTTP 请求的客户端，这样就不用滚动鼠标一个个查找发送 HTTP 请求的客户端。如果想将 Host 列隐藏，右键单击 Host 列并选择 Hide Column 即可实现。当再次查看时，单击右键 Host 列并选择 Displayed Columns |Host（http.host）命令，

Host 列将再次被添加到 Wireshark 的窗口列表中。

2.2　Wireshark 分析器及 Profile 设置

Wireshark 分析数据的过程中，通常会经过 5 个分析器。在 Wireshark 中的所有配置都保存在 Profile 中，Profile 实际是一个目录。用户可以手动创建和切换 Profile。本节将介绍 Wireshark 的分析器及 Profile 的相关设置。

2.2.1　Wireshark 分析器

分析包是 Wireshark 最强大的功能之一。分析数据流过程就是将数据转换为可以理解的请求、应答、拒绝和重发等。帧包括了从捕获引擎或监听库到核心引擎的信息。Wireshark 中的格式由成千上万的协议和应用程序使用，它可以调用各种各样的分析器，以可读的格式将字段分开并显示它们的含义。下面将介绍详细分析 Wireshark 的包信息。

例如，一个以太网网络中的主机向 Web 网站发送 HTTP GET 请求时，这个包将由 5 个处理器进行处理，分别如下所示。

1. 帧分析器

帧分析器用来检测和显示捕获文件的基本信息，如每个帧的时间戳，如图 2.14 所示。然后帧分析器传递帧给以太网分析器。

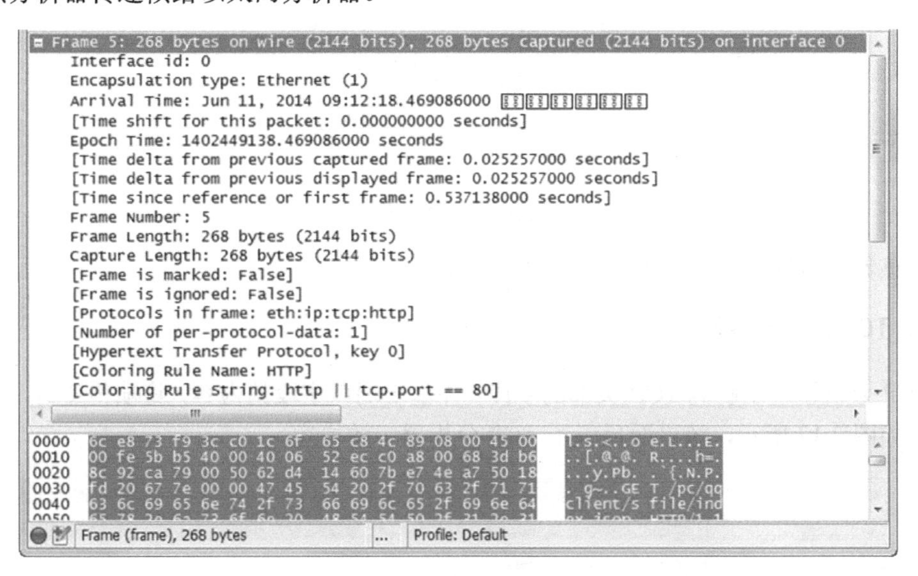

图 2.14　帧分析器

从该界面可以看到第 5 帧中的一些基本信息。例如，帧的编号为 5（捕获时的编号），帧的大小为 268 个字节，帧被捕获的日期和时间，该帧和前一个帧的捕获时间差以及和第一个帧的捕获时间差等。

2. 以太网分析器

以太网分析器用来解码、显示以太网帧（Ethernet II）头部的字段和字段类型的内容等。然后传递给下一个分析器，也就是 IPv4 分析器。如图 2.15 所示，该字段类型值为 0x0800，0x0800 表示是一个 IP 头部。

```
⊟ Ethernet II, Src: Giga-Byt_c8:4c:89 (1c:6f:65:c8:4c:89), Dst: Tp-LinkT_f9:3c:c0 (6c:e8:
  ⊞ Destination: Tp-LinkT_f9:3c:c0 (6c:e8:73:f9:3c:c0)
  ⊞ Source: Giga-Byt_c8:4c:89 (1c:6f:65:c8:4c:89)
    Type: IP (0x0800)
```

图 2.15　以太网分析器

从该界面可以看到在以太网帧头部中封装的信息，包括发送方的源 MAC 地址和目标 MAC 地址。

3. IPv4分析器

IPv4 分析器用来解码 IPv4 头部的字段，并基于协议字段的内容传递包到下一个分析器。如图 2.16 所示，该界面显示了 IPv4 分析器中的内容。

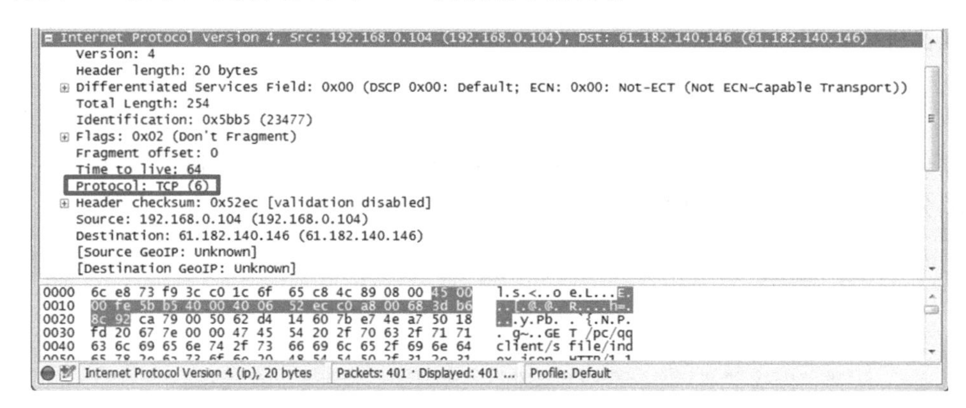

图 2.16　IPv4 分析器

从该界面可以看到 TCP 协议字段的值为 6。

4. TCP分析器接管

TCP 分析器用于解码 TCP 头部的字段，并基于端口字段的内容，将帧传递给下一个分析器。如图 2.17 所示，该界面显示了 TCP 分析器中的内容。

```
⊟ Transmission Control Protocol, Src Port: 51833 (51833), Dst Port: http (80), Seq: 1, Ack: 1, Len: 214
    Source port: 51833 (51833)
    Destination port: http (80)
    [Stream index: 0]
    Sequence number: 1    (relative sequence number)
    [Next sequence number: 215    (relative sequence number)]
    Acknowledgment number: 1    (relative ack number)
    Header length: 20 bytes
  ⊞ Flags: 0x018 (PSH, ACK)
    Window size value: 64800
    [Calculated window size: 64800]
    [Window size scaling factor: -2 (no window scaling used)]
  ⊞ Checksum: 0x677e [validation disabled]
  ⊞ [SEQ/ACK analysis]
```

图 2.17　TCP 分析器

从该界面可以看到，目标端口为 HTTP 协议的 80 端口。在下一小节，将介绍 Wireshark 如何处理运行在非标准端口上的流量。

5．HTTP分析器接管

在本例中，HTTP 分析器解码 HTTP 包的字段。在该包中没有嵌入式的协议或应用程序，所以这是帧中应用的最后一个分析器，如图 2.18 所示。

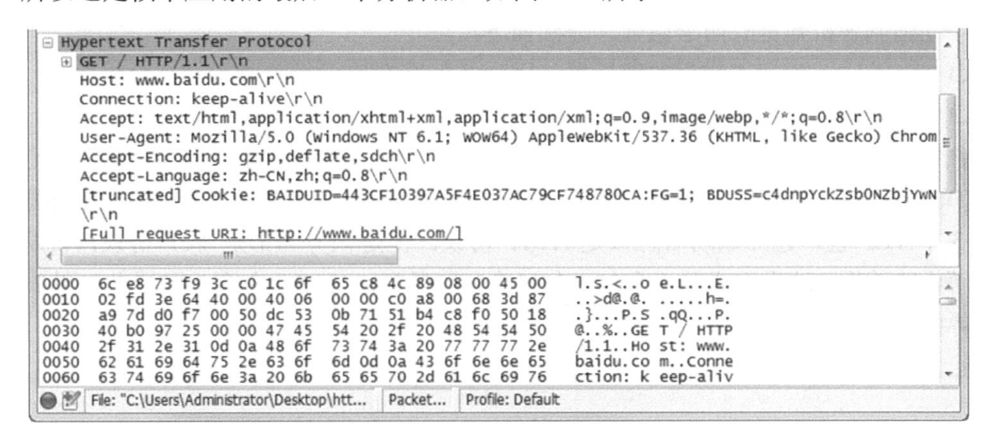

图 2.18　HTTP 分析器

从该界面可以看到，客户端口请求了 www.baidu.com 网站。

2.2.2　分析非标准端口号流量

应用程序运行使用非标准端口号总是网络分析专家最关注的。关注该应用程序是否有意涉及使用非标准端口，或暗中想要尝试通过防火墙。

1．分配给另一个程序的端口号

当某数据包使用非标准端口时，如果被 Wireshark 识别出是使用另一个程序，则说明 Wireshark 可能使用了错误的分析器，如图 2.19 所示。

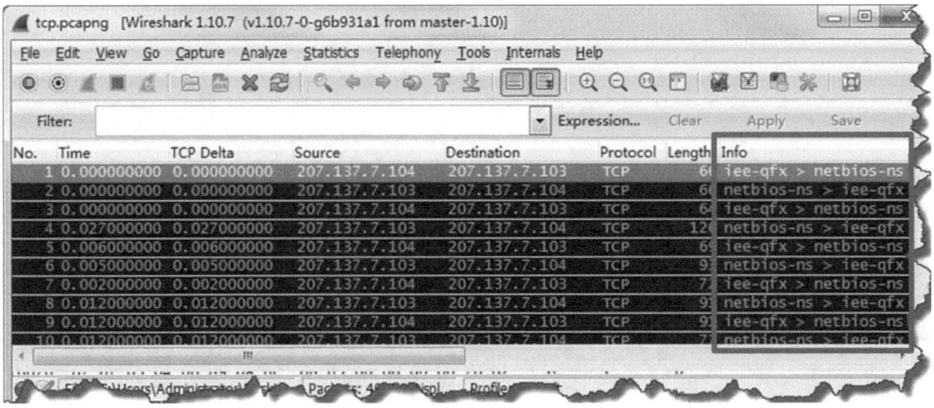

图 2.19　使用非标准端口

从该界面 Packet List 面板中的 Info 列，可以看到显示了 NetBIOS 的信息。但正常的 NetBIOS 流量看起来不是这样的。当 Info 列的端口区域显示 netbios-ns 时，Protocol 列显示都使用的是 TCP 协议。此时查看该文件，发现 Info 列不包含正常的 NetBIOS 名称服务细节。

2. 手动强制解析数据

手动强制解析数据有两个原因，分别如下：

- ❑ Wireshark 使用了错误的解析器，因为非标准端口已经关联了一个分析器。
- ❑ Wireshark 不能为数据类型启动解析器。

强制解析器解析数据，右键单击在 Packet List 面板中的不能解析的/解析错误的包，并选择 Decode AS。如图 2.19 所示，通常 TCP 建立连接使用 3 次握手。客户端与服务器端之间共 3 个 TCP 包，建立成功后应该是 HTTP 协议。但是该界面都是 TCP 协议，说明有未正确解析的数据。这里选择第 4 个包，右键单击选择 Decode AS 命令，将弹出如图 2.20 所示的界面。

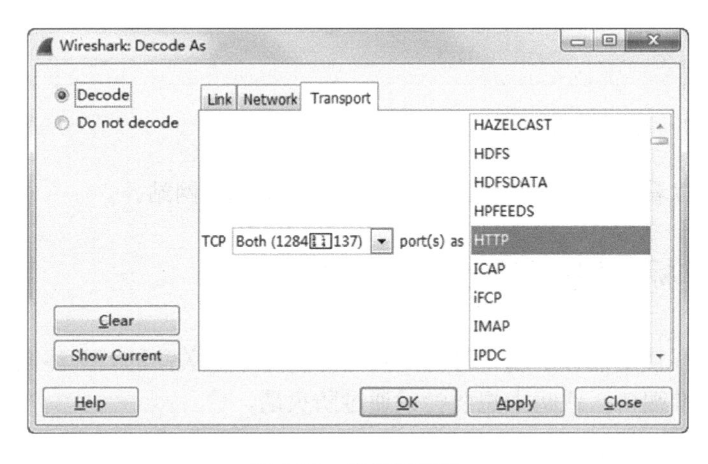

图 2.20　选择解码器

在该界面选择正确的解码协议（这里选择 HTTP），然后单击 OK 按钮。这时，正确解码后显示的界面如图 2.21 所示。

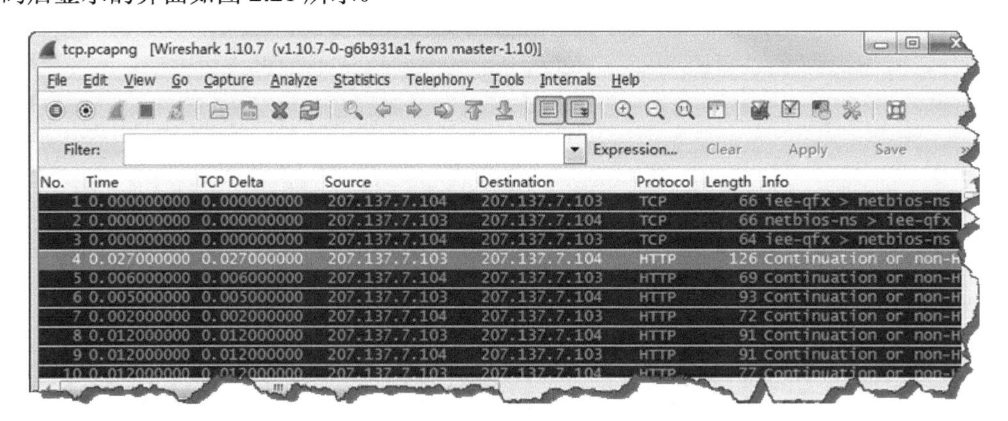

图 2.21　使用 HTTP 解码器

从该界面可以看到 Protocol 和 Info 列的信息都发生了变化。

3. 怎样启动解析器

启动解析器的过程如图 2.22 所示。

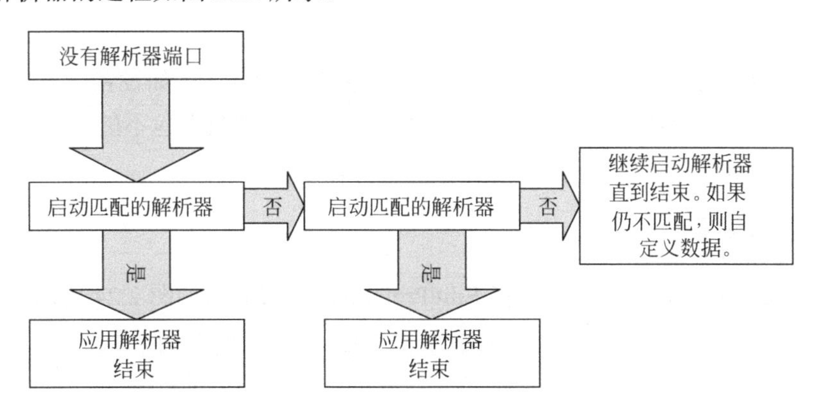

图 2.22　启动解析器过程

启动解析器过程如下所示。

（1）Wireshark 将数据传递给第一个可用的启动器。如果该解析器中没有解析器端口，则传递给下一个匹配的解析器。

（2）如果该解析器能解析发送来数据的端口，则使用该解析器。如果不能解析，则再传递给下一个匹配的解析器。

（3）如果该解析器匹配，则使用并结束解析。如果仍然不能解析，则再次将数据传递。依次类推，直到结束。

（4）如果直到结束仍不匹配，则需要自定义数据。

4. 调整解析器

如果确定在网络中运行了非标准端口的数据，此时可以在 HTTP 协议的首选项设置中添加该端口。例如，用户想要 Wireshark 解析来自 81 端口号的 HTTP 数据。添加过程如下。

（1）在工具栏中依次选择 Edit|Preferences|Protocols|HTTP，将显示如图 2.23 所示的界面。

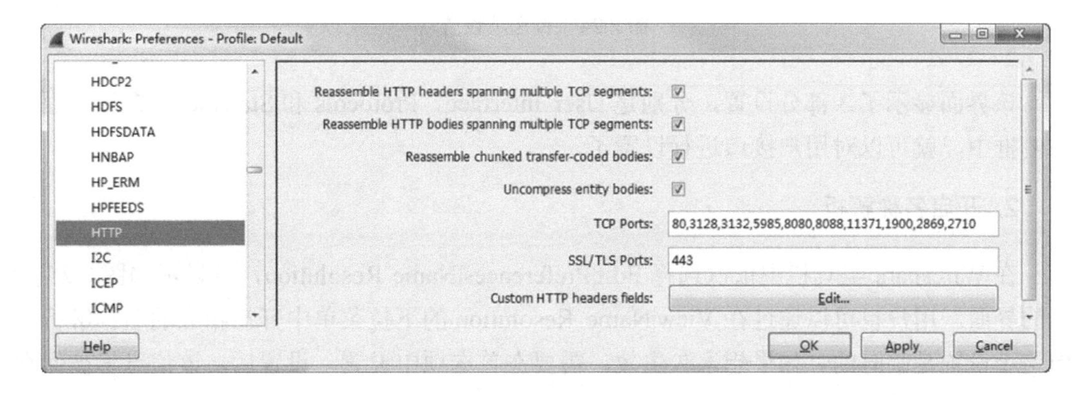

图 2.23　HTTP 协议首选项

（2）在该界面右侧，可以看到默认设置的端口号。在 TCP Ports 对应的文本框中，添加 81 端口号。添加完后，单击 OK 按钮。

2.2.3　设置 Wireshark 显示的特定数据类型

Wireshark 提供了首选项设置，用户可以根据需要进行设置，如设置用户接口、名称解析、过滤器表达式。但是只设置首选项中的配置，仍然有些数据包不能显示。如果想更详细地了解一个数据包，可以设置 Wireshark 特定的数据类型。

1. 用户接口设置

在 Wireshark 的工具栏中依次选择 Edit|Preference，将显示如图 2.24 所示的界面。

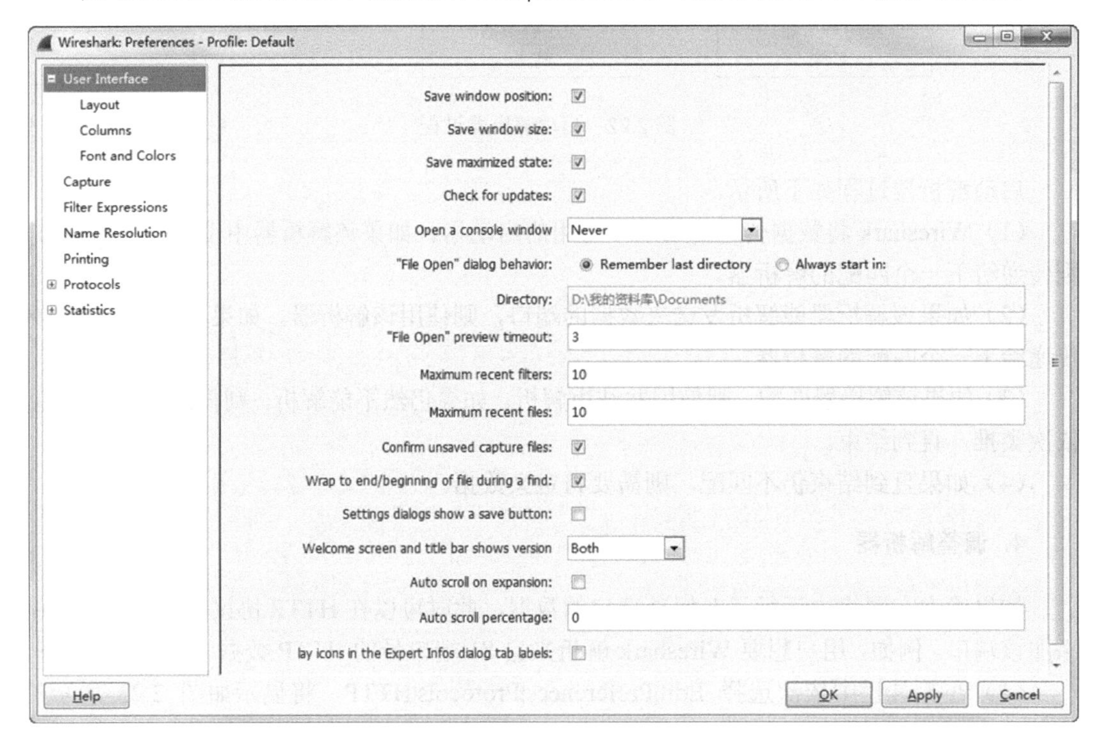

图 2.24　首选项设置

该界面显示了 3 部分设置，分别是 User Interface、Protocols 和 Statistics。在该界面的右侧框中，就可以对用户接口进行设置了。

2. 开启名称解析

在 Wireshark 工具栏中依次选择 Edit|Preferences|Name Resolution，将显示如图 2.25 所示的界面。用户也可以通过在 View|Name Resolution 的下拉菜单中开启相应的名称解析，但这个设置是临时的。如果想永久生效，需要在首选项中设置。设置后，该信息将被保存在当前配置文件中。

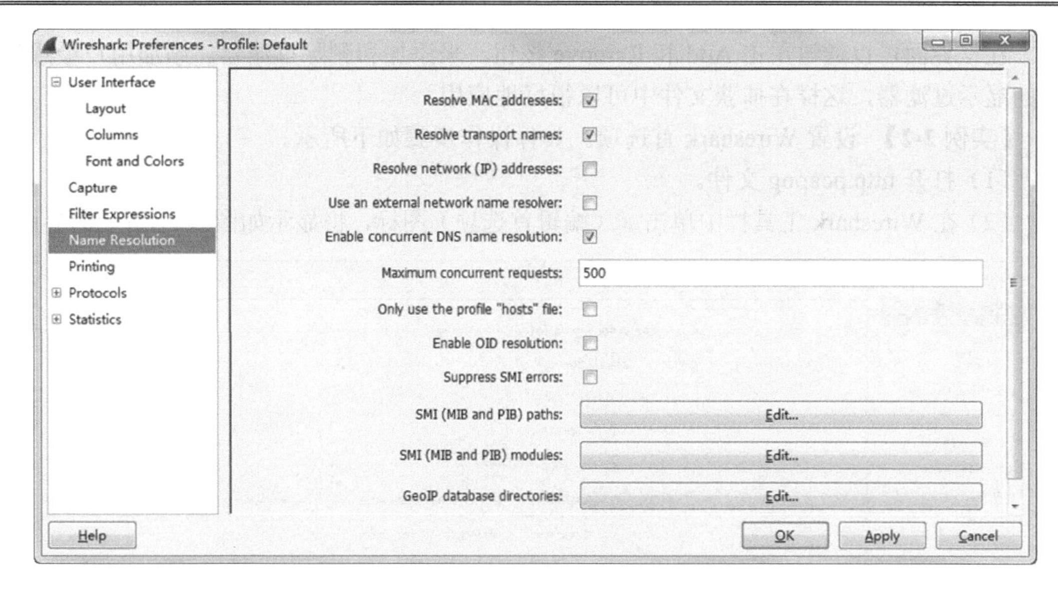

图 2.25　名称解析设置

从该界面可以看到有 3 种类型的名字解析可用。这 3 种名字解析的含义如下所示。

- MAC 地址解析（Resolve MAC address）：这种类型的名字解析使用 ARP 协议，试图将数据链路层 MAC 地址（如 00:09:5B:01:02:03）转换为网络层地址（如 10.100.12.1）。如果这种转换尝试失败，Wireshark 会使用程序目录中的 ethers 文件尝试进行转换。Wireshark 最后的方法就是将 MAC 地址的前 3 个字节转换到设备的 IEEE 指定制造商名称，例如 Netgear_01:02:03。
- 传输名称解析（Resolve transport names）：这种类型的名称解析尝试将一个端口转换成一个与其相关的名称。例如，可以将端口 80 显示为 http。
- 网络地址解析（Resolve network(IP)address）：这种类型的名称解析试图将一个网络层地址（如 192.168.1.50 这个 IP 地址），转换为一个易读的 DNS 名称（如 MarketingPC1.domain.com）。

如果要开启名称解析，只需要将相应名字解析前的复选框勾上即可。

3. 过滤器表达式

在 Wireshark 工具栏中依次选择 Edit|Preferences|Filter Expressions 命令，将显示如图 2.26 所示的界面。

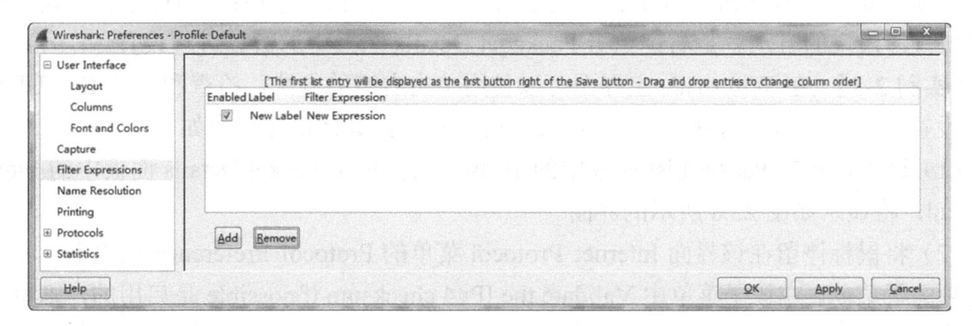

图 2.26　设置过滤器表达式

在该界面可以通过单击 Add 和 Remove 按钮，来添加和删除过滤器。添加用户最想使用的显示过滤器，这样在捕获文件中可以很好地应用。

【实例 2-2】 设置 Wireshark 首选项。具体操作步骤如下所示。

（1）打开 http.pcapng 文件。

（2）在 Wireshark 工具栏中单击（编辑首选项）图标，将显示如图 2.27 所示的界面。

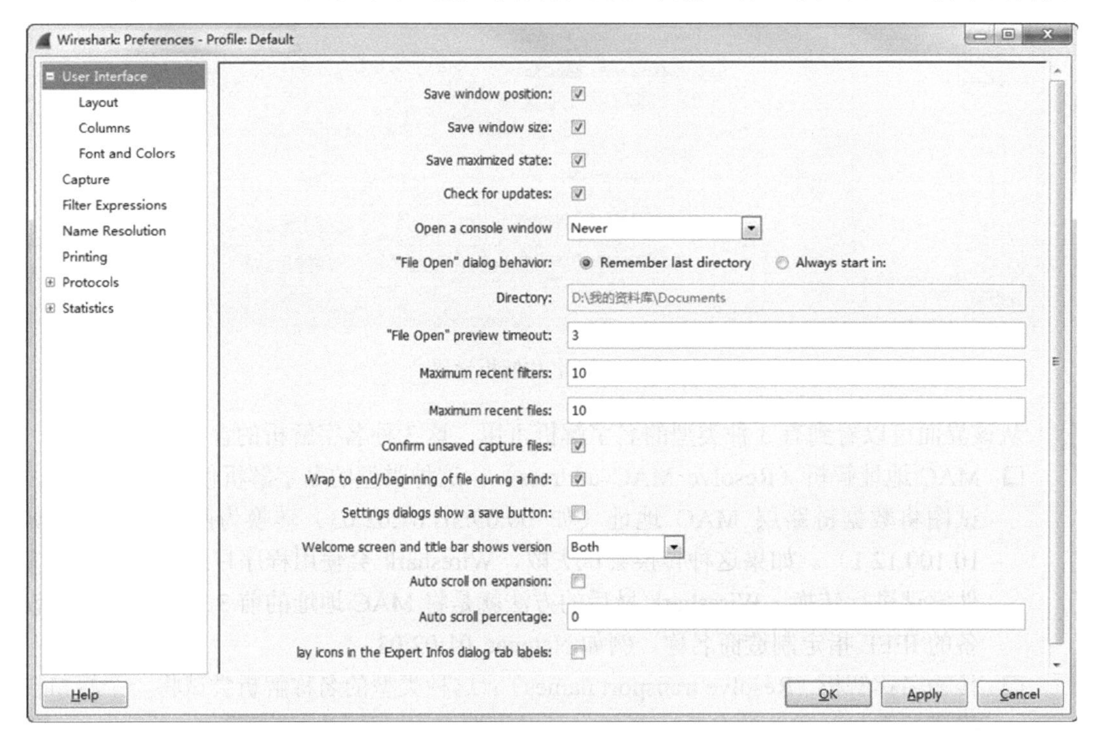

图 2.27　编辑首选项

（3）在该界面修改 Maximum recent filters 和 Maximum recent files 的默认设置，修改为 30。修改这两个设置后，用户能够快速地调用更多最近使用过的过滤器和文件。

（4）单击 OK 按钮，将返回 Wireshark 主界面。

4. 设置协议和应用程序

用户可以在首选项设置中，查看 Wireshark 包含的所有可编辑设置的协议和应用程序。在首选项设置中，单击 Protocols 前面的加号（+），即可查看所有应用程序和协议。对于定义协议，最快的方法就是右键单击 Packaget Details 面板中的数据进行设置。

【实例 2-3】 在 Wireshark 主界面可以使用单击右键的方法，检查和修改 IP、UDP 和 TCP 设置。下面介绍禁用 IP、UDP 和 TCP 校验验证。具体操作步骤如下所示。

（1）这里选择在 Packet List 面板中的 19 帧，右键单击 Packet Details 面板中的 Internet Protocol，将显示如图 2.28 所示的界面。

（2）将鼠标停留在该界面 Internet Protocol 菜单的 Protocol Preference 选项上，将出现该选项的子菜单。在该子菜单中 Validate the IPv4 checksum if possible 是启用的，则单击该选项将其禁用。

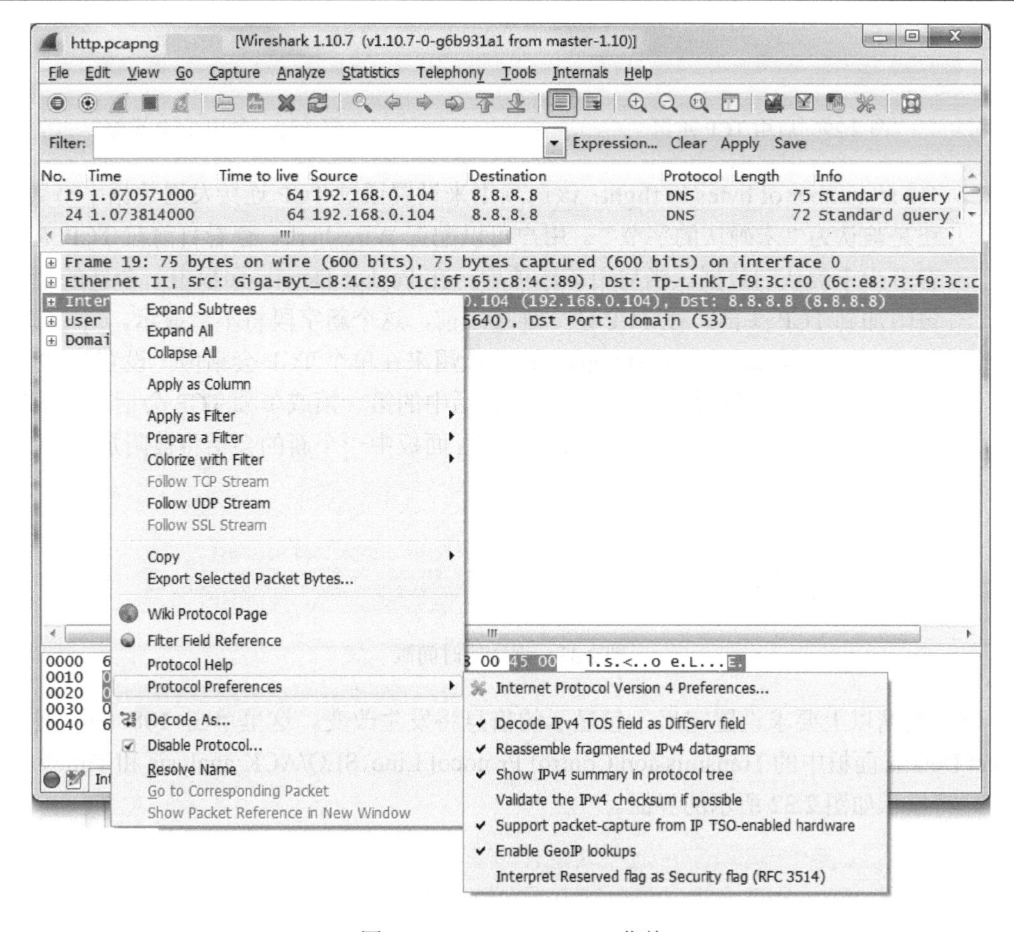

图 2.28　Internet Protocol 菜单

（3）再次选择 19 帧右键单击 Packet Details 面板中的 User Datagram Protocol，在弹出的菜单中依次选择 Protocol Preference|Validate the UDP checksum if possible 命令，将该选项禁用。

（4）在 Packet List 面板中选择 59 帧。右键单击 Packet Details 面板中的 Transmission Control Protocol 选项，在弹出的菜单中依次选择 Protocol Preference|Validate the TCP checksum if possible 命令，将该选项禁用。此外，还需要设置额外的几个选项，如下所示。

- 禁用 Allow subdissector to reassemble TCP streams 选项。
- 启用 Track number of bytes in flight 选项。
- 启用 Calculate conversation timestamps 选项。

以上 3 个协议的含义如下所示：

- Allow subdissector to reassemble TCP streams：该选项默认设置是启用的。但是当分析 HTTP 数据时，它可能带来一定的困扰。例如，一个 HTTP 服务使用响应码（如 200 OK）响应客户端请求，并且它包括一些请求的文件包。这时，Wireshark 就不能显示响应码。相反，Wireshark 将显示[TCP Segment of a Reassembled PDU]（协议数据单元）。启用该选项和不启用该选项，显示的结果分别如图 2.29 和图 2.30 所示。

图 2.29　启用 TCP 重组　　　　图 2.30　禁用 TCP 重组

- ❑ Track number of bytes in flight：该选项用来设置通过 TCP 连接发送数据字节数，但还是被认为“未确认的字节”。用户可以配置 Wireshark，查看目前在 TCP 通信中有多少未确认的数据。当启用该选项后，在 Packet Details 面板中一个新的会话将被附加到 TCP 头部。在 TCP 建立连接之前，这个新字段将不会显示。
- ❑ Calculate coversation timestamps：该选项用来在单个 TCP 会话内，设置 TCP 时间戳。这使用户可以获得基于单个 TCP 会话中的第一帧或单独 TCP 会话前一帧的时间戳。当启用该选项后，在 Packet Details 面板中一个新的会话将被附加到 TCP 头部，如图 2.31 所示。

```
⊟ [Timestamps]
     [Time since first frame in this TCP stream: 0.029828000 seconds]
     [Time since previous frame in this TCP stream: 0.000000000 seconds]
⊞ Hypertext Transfer Protocol
```

图 2.31　添加的时间戳

（5）根据以上要求设置完后，包显示的信息将发生改变。这里单击 108 帧，展开在 Packet Details 面板中的 Transmission Control Protocol Line、SEQ/ACK analysis 和 Timestamps 会话，将显示如图 2.32 所示的界面。

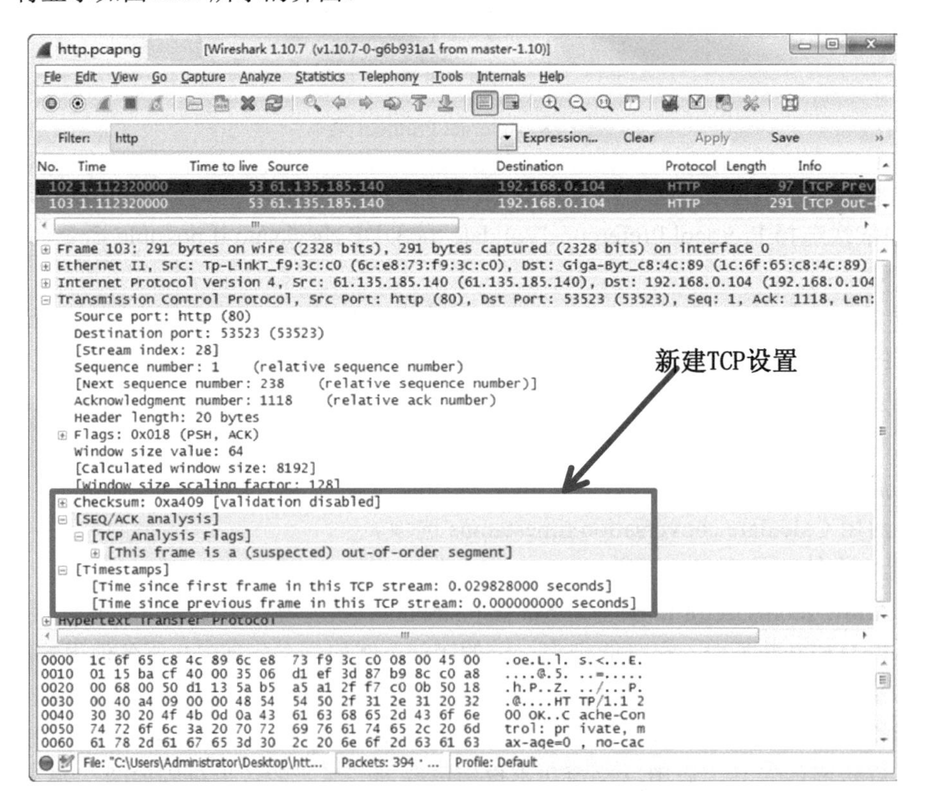

图 2.32　改变的 TCP 设置

2.2.4　使用 Profile 定制 Wireshark

Wireshark 有些特定的特征适合故障诊断任务。而某些定义设置的特征，可能适合网络取证任务。Profile 允许用户为不同的分析过程定制单独的 Wireshark 配置。下面将介绍使用 Profile 定制 Wireshark。

1. 基本的Profiles

Profiles 是一个目录。该目录中包含了多个 Profile 目录。每个 Profile 目录包含了 Wireshark 运行时加载的配置和支持文件。例如，用户可以创建一个 Profile，用来关注安全问题。这个安全的“Profile”可能包含有显示过滤器、首选项设置以及着色规则。

2. 创建新的Profile

创建 Profile 有两种方法，如下所示。

（1）右击 Profile 列进行创建。

在 Wireshark 界面的底部，右击 Profile 列，将弹出如图 2.33 所示的菜单。在该界面单击 New 命令，将显示如图 2.34 所示的对话框。

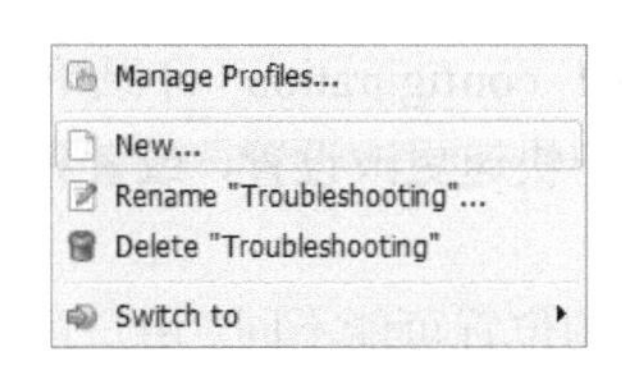

图 2.33　Profile 菜单

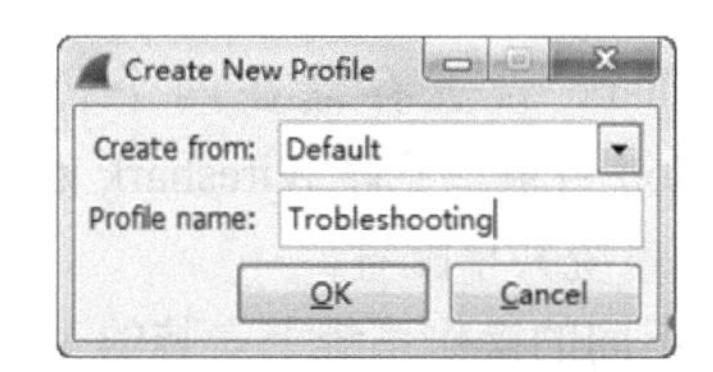

图 2.34　创建新的 Profile

在该对话框的 Create from 的下拉列表中选择可用的 Profile，并设置新建的 Profile 名称，这里分别设置为 Default 和 Troubleshooting。然后单击 OK 按钮，将看到当前的 Profile 变为 Troubleshooting，如图 2.35 所示。这样，我们就基于 Default Profile 创建了一个新的 Profile，并命名为 Troubleshooting。

图 2.35　新建的 Profile

现在所有的捕获过滤器设置、显示过滤器设置、颜色规则和首选项设置，都将被保存到 Trobuleshooting Profile 中。

（2）通过工具栏中的选项创建。

在工具栏中依次选择 Edit|Configuration Profiles 命令，将显示如图 2.36 所示的界面。

在该界面可以看到默认已经添加的 Profile。此时单击 New 按钮，将显示如图 2.37 所示的界面。

从该界面可以看到新建的 Profile，其默认的名称是 New profile。该名称可以进行修改，设置成自己想使用的名称。设置完后，单击 OK 按钮。

图 2.36　配置 Profiles

图 2.37　新建 Profile

2.2.5　查找关键的 Wireshark Profile

Wireshark 设置存储在两个位置，分别是 global configuration 目录和 personal configuration 目录。了解 Wireshark 的存储设置，能使用户快速更改设置，或者和其他人及 Wireshark 系统共享配置。

对于不同的操作系统上安装的 Wireshark，这些目录的位置可能不同。用户可以在菜单栏中依次选择 Help|About Wireshark|Folders 命令，查看这些目录的位置，如图 2.38 所示。

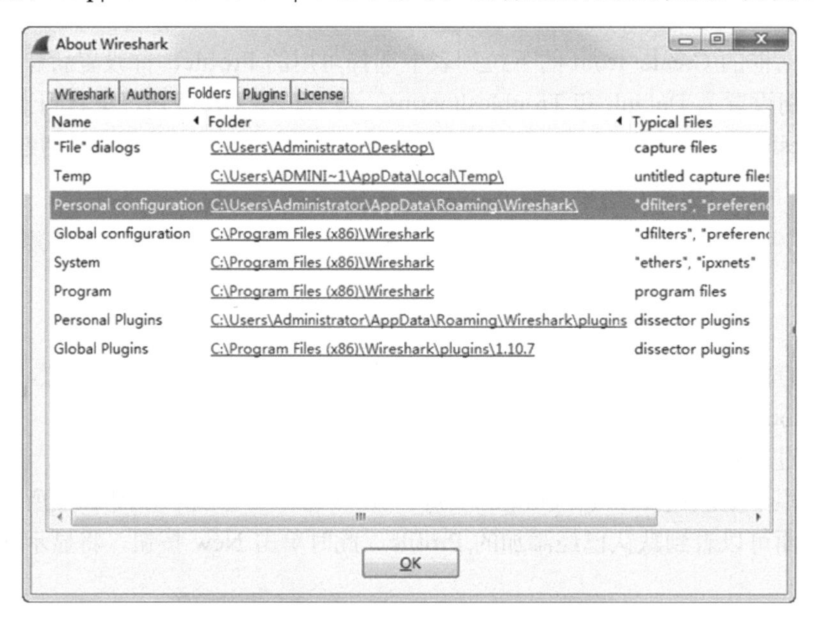

图 2.38　Wireshark 的配置文件位置

从该界面可以看到 global configuration 和 personal configuration 的目录位置。

【实例 2-4】 下面导入一个 DNS/HTTP 错误 Profile。具体操作步骤如下所示。

（1）从前言中提供的网址中下载资源文件。该 Profile 目录被压缩为一个单个文件。

（2）通过选择 Help|About Wireshark|Folders 命令，双击查看 personal configuration folder 的目录结构。

（3）将 Wireshark 创建的 Profile 目录，作为第一个定义的 Profile。如果没有看见 Profiles 目录，用户可以手动创建一个。打开 Profiles 目录，如图 2.39 所示。

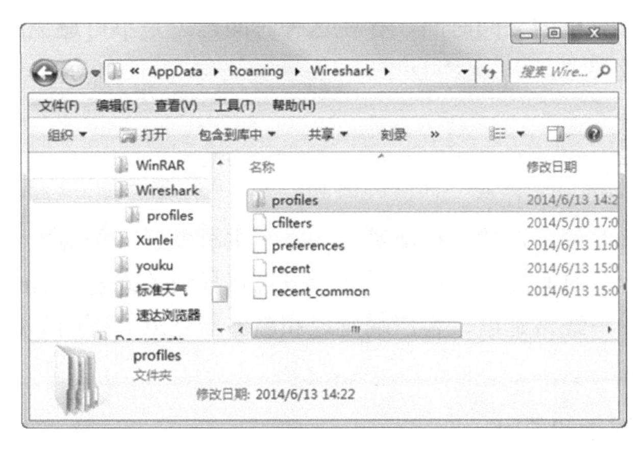

图 2.39　Profiles 目录

（4）解压 httpdnsprofile.zip 文件，进入该文件将看到有一个名为 HTTP-DNS_Erros 的目录。将该目录移动到 Profiles 目录中。

（5）返回到 Wireshark，单击 Profile 列，将显示如图 2.40 所示的界面。

（6）在该菜单栏中，选择 HTTP-DNS_Errors profile 测试新建的 Profile。

- Default
- HTTP-DNS_Errors
- New profile
- Trobleshooting
- Troubleshooting
- New from Global ▸

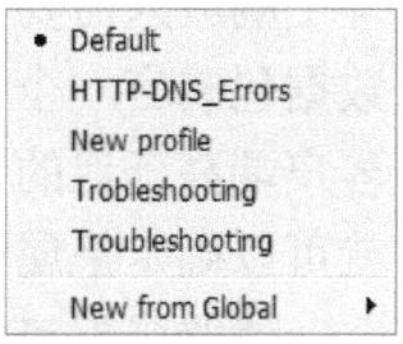

图 2.40　Profile 列

（7）此时打开一个捕获的文件，将看到使用了新建的 Profile HTTP-DNS_Errors，效果如图 2.41 所示。

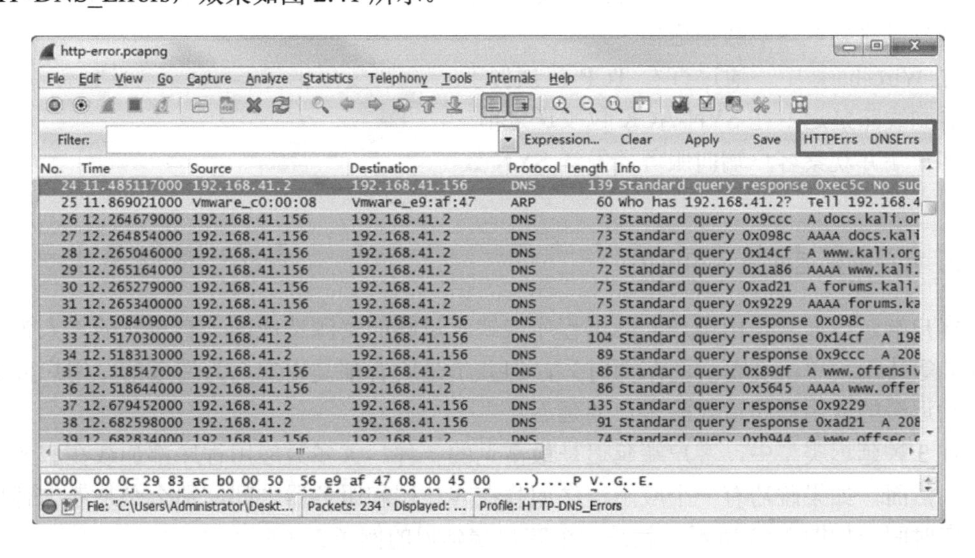

图 2.41　Profile HTTP-DNS_Errors

（8）从该界面可以看到在显示过滤区域，增加了 HTTPErrs 和 DNSErrs 两个按钮。

2.3　数据包时间延迟

数据包时间延迟是指一个数据包从用户的计算机发送到网站服务器，然后再立即从网站服务器返回用户计算机的来回时间。存在这种时间延迟是不可避免的，本节将介绍数据包时间延迟的原因及类型。

2.3.1　时间延迟

延迟是用于定义时间延迟的一种衡量。当一个主机发送一个请求并等待回复时，总有一些延迟。如果延迟的时间过长，可能是路径或端点导致的问题。Time 和 Info 列可以查看延迟的 3 种类型——线路延迟、客户端延迟和服务器延迟。下面分别介绍延迟的这 3 种类型。

1. 线路延迟的显示和原因

线路延迟通常被称为往返时间（RTT）延迟。根据数据包传输的特性，可以判断是否是线路延迟。当服务器收到一个 SYN 数据包时，由于不涉及任何传输层以上的处理，发送一个响应只需要非常小的处理量。即使服务器正承受巨大的负载，通常也会迅速地向 SYN 数据包响应一个 SYN/ACK，这样就排除了服务器导致高延迟的可能性。同时也可以排除客户端高延迟的可能性。因为它在此时除了接收 SYN/ACK 数据包以外什么也没做。这样，就可以确定是属于线路延迟。

线路延迟可能是由一些基础设施设备造成的，如企业路由器。当在一个网络上存在瓶颈的时候，也可能造成路径延迟和数据包丢失。如图 2.42 所示，当用户发送 SYN 包时，开始建立 TCP 连接。如果在收到服务器返回的 SYN/ACK 数据包之前有很长的延迟，则说明是受到线路延迟影响数据通信。

在 Wireshark 中，通过查看 TCP 三次握手可以看到线路延迟。在 SYN-ACK 包发送之前，查看客户端并观察客户端向服务器发送 SYN 数据包。

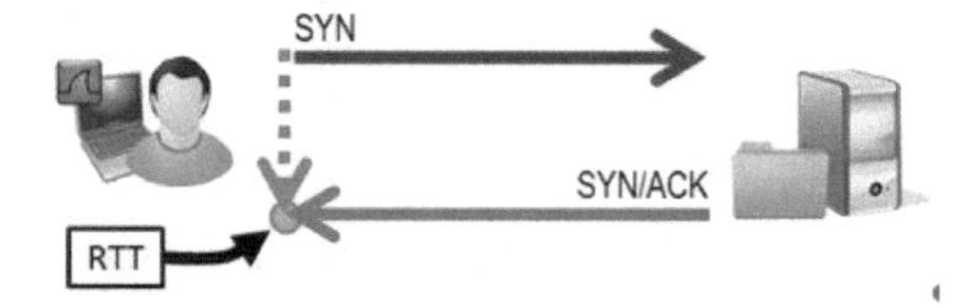

图 2.42　线路延迟

2. 客户端延迟的显示和原因

客户端延迟通常是由用户、应用程序或缺乏足够的资源造成的。有自然的“人为”延迟（当等待用户单击屏幕上的东西时），但并不是所有都是用户人为造成的。用户应该查找行动迟缓的应用程序造成的客户端延迟。

在 3 种延迟类型中，客户端延迟是最常见的一种。大多数应用程序都加载在服务器端通信。然而，如果碰巧有一个应用程序加载在客户端和服务器之间，那么必须考虑客户端的响应时间。如图 2.43 所示，就是一个客户端延迟的例子。

当客户端发送 TCP 三次握手最后一个 ACK 包给服务器时，同时也向服务器发送了一个请求，但是该请求的速度较慢，服务器只响应了客户端的确认包，无法响应客户端发送的请求。

3. 服务器延迟的显示和原因

服务器延迟发生在服务器缓慢响应发送来的请求时。这可能是因为服务器无法处理一个错误的应用程序或受其他类型干扰，需要请求另一个服务器来处理该问题。这样将会导致服务器延迟响应。如图 2.44 所示是服务器延迟的例子。

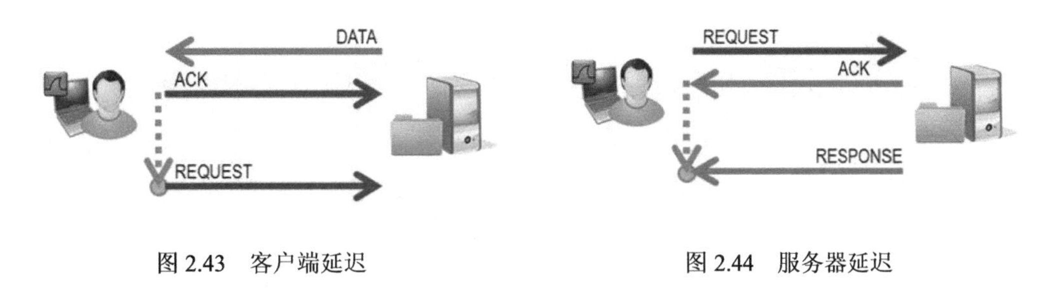

图 2.43　客户端延迟　　　　图 2.44　服务器延迟

4. 延迟定位框架

上面根据数据包成功地定位了从客户端到服务器的网络高延迟的原因。为了更快速地解决延迟问题，下面使用图解的形式进行介绍，如图 2.45 所示。

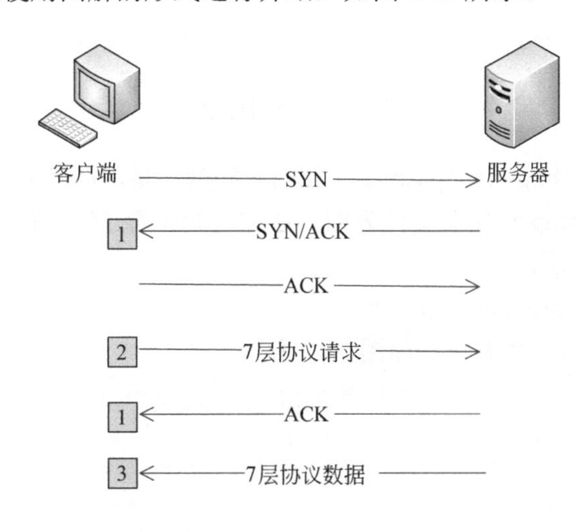

图 2.45　判断延迟问题

在该图中，数字 1 表示线路延迟；数字 2 表示客户端延迟；数字 3 表示服务器延迟。结合前面介绍的数据包，可以使用这张图快速地解决自己的延迟问题。

2.3.2　检查延迟问题

默认时间列的设置类型为 Seconds Since Beginning of Capture。其实，Wireshark 标志的第一个数据包的捕获时间是 0.000000000。对于第一个包后的每个包的时间列值，都显示

的是捕获过程经过多长时间捕获到的。用户可以依次选择 View|Time Display Format|Seconds Since Previous Displayed Packet 命令，查看到差量时间最高的值（从一个数据包到下一个包）。设置完成后，该设置信息将被保存在正在使用的 Profile 中。

以上设置完成后，单击 Time 列两次，将从高到低按时间进行排序。如图 2.46 所示，该界面显示了设置 Time 列后的排序形式。

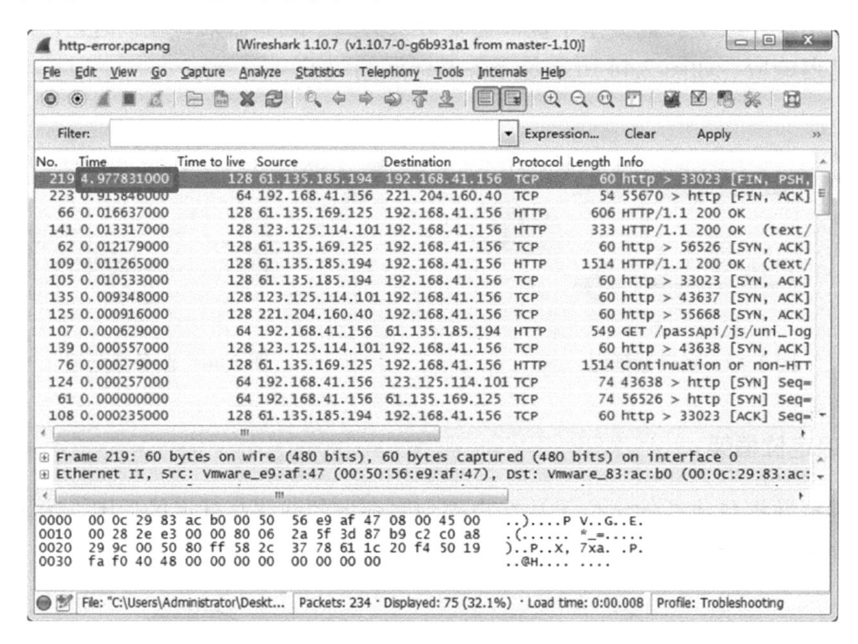

图 2.46　时间排序

从该界面可以看到 http-error.pcapng 文件的时间列，是从高到低排序的。

下面以 http-error.pcapng 捕获文件为例，通过过滤查看 TCP 协议的数据包，来判断时间延迟的问题。如下所示。

（1）打开 http-error.pcapng 捕获文件。

（2）查看 TCP 协议的数据包，如图 2.47 所示。

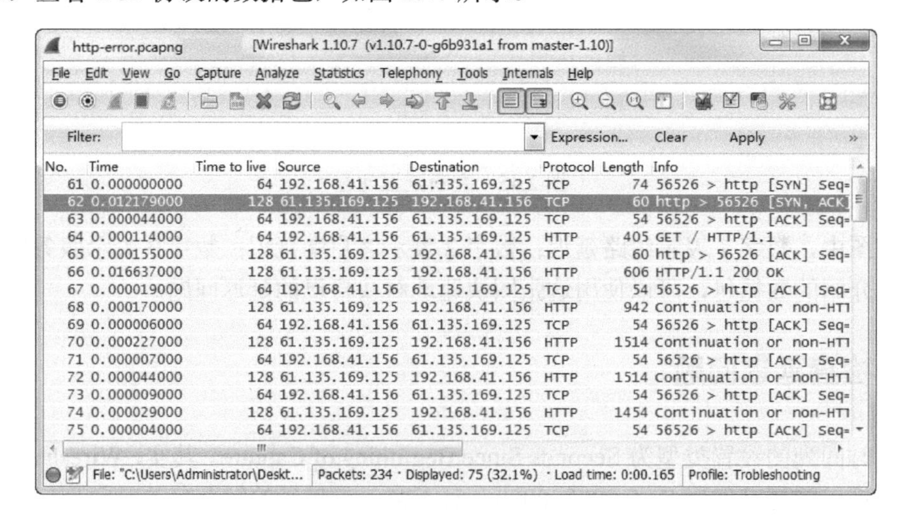

图 2.47　捕获文件的数据包

（3）从该界面可以看到 TCP 的三次握手过程。其中 61、62、63 为 TCP 的三次握手，这 3 个数据包中时间延迟最长的是 62。62 包为 TCP 的第二次握手，也是服务器发送的确认包。该捕获文件是在客户端上的，由此可以判断出这是一个路径延迟。

2.3.3　检查时间差延迟问题

在首选项中设置 Protocols|TCP 协议，启用 Calculate conversation timestamps 选项，并设置使用默认的 Profile。设置完成后，现在来学习如何创建一个时间差列。添加 TCP 时间差列，具体操作步骤如下所示。

（1）展开 TCP 头部，右击 Time since previous frame in the TCP stream 部分，并选择 Apply as Column 命令，如图 2.48 所示。

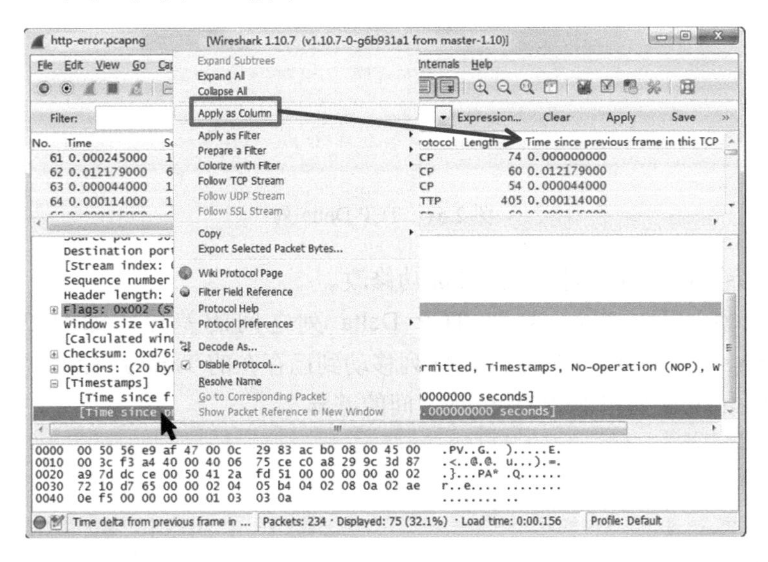

图 2.48　添加列

（2）从该界面可以看到，在 Packet List 面板中新添加了一列。新添加的列名太长，将该名重命名。右击新添加的列名，并选择 Edit Column Details 命令，如图 2.49 所示。单击 Edit Column Details 命令后，将显示如图 2.50 所示的界面。

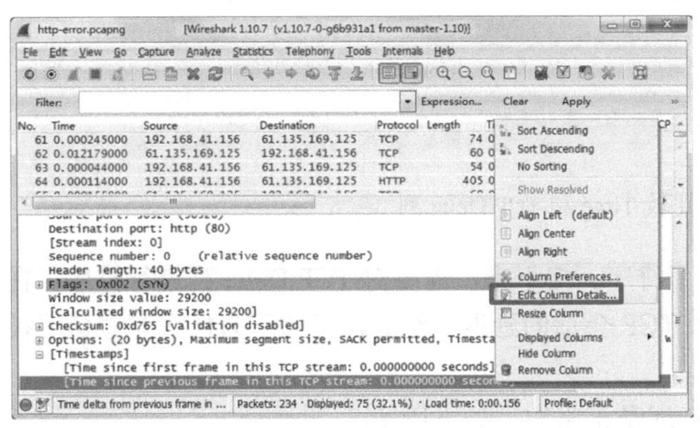

图 2.49　编辑列

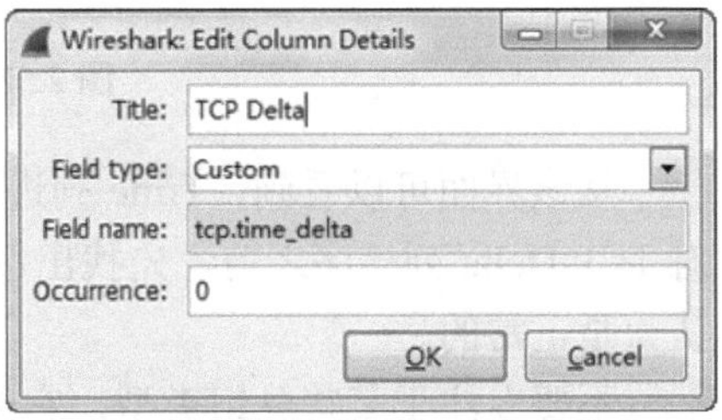

Wireshark: Edit Column Details
Title: TCP Delta
Field type: Custom
Field name: tcp.time_delta
Occurrence: 0
OK　Cancel

图 2.50　重命名

（3）这里将原来的名称修改为 TCP Delta，如图 2.50 所示。然后单击 OK 按钮，将显示如图 2.51 所示的界面。

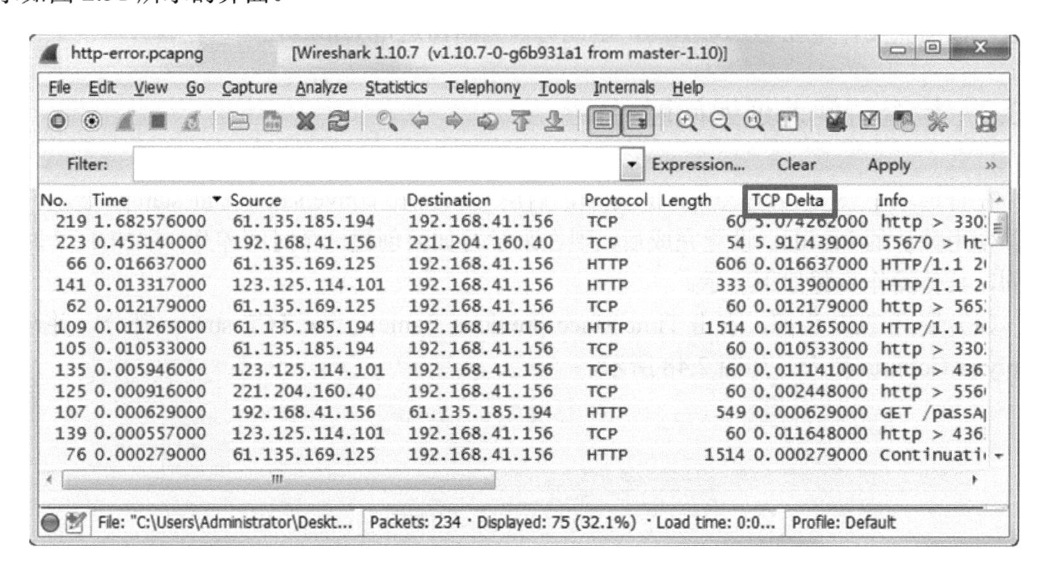

图 2.51　TCP Delta 列

（4）从该界面可以看到列名已经被成功修改。

现在来观察一下，Time 列和 TCP Delta 列之间的差异。如图 2.52 所示，将 http-error.pcapng 文件中新建的 TCP Delta 列移动到已存在的 Time 列右边。将 Time 列从高到低排序，查看 Time 列和 TCP Delta 列之间的差异。

No.	Time	TCP Delta	Source	Destination	Protocol	Info
219	1.682576000	5.074262000	61.135.185.194	192.168.41.156	TCP	http > 33023 [FIN,
223	0.453140000	5.917439000	192.168.41.156	221.204.160.40	TCP	55670 > http [FIN,
66	0.016637000	0.016637000	61.135.169.125	192.168.41.156	HTTP	HTTP/1.1 200 OK
141	0.013317000	0.013900000	123.125.114.101	192.168.41.156	HTTP	HTTP/1.1 200 OK (
62	0.012179000	0.012179000	61.135.169.125	192.168.41.156	TCP	http > 56526 [SYN,
109	0.011265000	0.011265000	61.135.185.194	192.168.41.156	HTTP	HTTP/1.1 200 OK (
105	0.010533000	0.010533000	61.135.185.194	192.168.41.156	TCP	http > 33023 [SYN,
135	0.005946000	0.011141000	123.125.114.101	192.168.41.156	TCP	http > 43637 [SYN,
125	0.000916000	0.002448000	221.204.160.40	192.168.41.156	TCP	http > 55668 [SYN,
107	0.000629000	0.000629000	192.168.41.156	61.135.185.194	HTTP	GET /passApi/js/un
139	0.000557000	0.011648000	123.125.114.101	192.168.41.156	TCP	http > 43638 [SYN,
76	0.000279000	0.000279000	61.135.169.125	192.168.41.156	HTTP	Continuation or no

图 2.52　比较 Time 和 TCP Delta 列

从该界面可以看到，Time 列进行了排序。接下来，需要对 TCP Delta 列进行排序。在对 TCP Delta 列排序之前，先找出每个 TCP 会话的延迟。然后，考虑下为什么有些延迟被认为是正常的。

不要专注于某些分组类型，它们延迟是正常的。如下所示。

- .ico file requests：该包表示打开浏览器时，在浏览标签上的一个图标。

- ❑ SYN packets：该包是用来建立 TCP 连接的。该包第一次捕获到后，将会让用户连接到一个 Web 服务器。TCP 连接的第一个包前（SYN 包），会有一个延迟。
- ❑ FIN，FIN/ACK，RST or RST/ACK packets：该包是用来终止 TCP 连接的。当用户单击另一个标签或最近没有访问一个网站，或浏览会话配置加载页面后自动关闭时，浏览器将发送这些包。
- ❑ GET requests：当用户单击请求下一个页面的连接时，生成该包。其他时候，一些 GET requests 可能由后台进程启动（如.ico 文件 GET 请求）。
- ❑ DNS queries：该包是在一个 Web 浏览会话期间，在不同时间发送的，如许多个超链接在客户端上加载同一个页面时。
- ❑ TLSv1 encrypted alerts：该包通常是在关闭连接过程前看到的（TCP 重置）。即使加密，但此警报可能是一个 TLS 关闭请求。

此时将 TCP Delta 列从高到低排序，如图 2.53 所示。

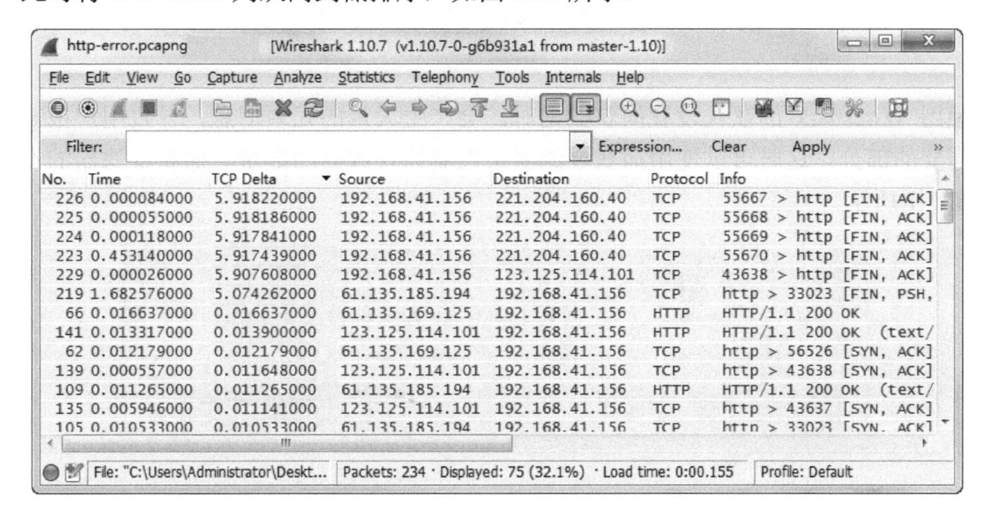

图 2.53　TCP Delta 排序

从该界面可以看到前 6 个包都是 FIN/ACK 包，这几个包出现延迟是正常的。而且，它们的延迟时间较长。

第 3 章　捕获过滤器技巧

捕获过滤器用于决定将什么样的信息记录在捕获文件中。在使用 Wireshark 捕获数据时，捕获过滤器是数据经过的第一层过滤器，它用来控制捕获数据的数量。通过设置捕获过滤器，可以避免产生过大的捕获文件。本章将介绍使用捕获过滤器的技巧。

3.1　捕获过滤器简介

使用 Wireshark 的默认设置捕获数据时，会产生大量的冗余信息，导致用户很难找到自己需要的部分。这时可以使用捕获过滤器来控制捕获数据的数量。捕获过滤器的设置界面如图 3.1 所示。

图 3.1　捕获选项

在该图中，每部分的含义如下所示。

- ❑ Interface 列表：选择一个或多个接口（捕获多个适配器）。

- Manage Interfaces 按钮：单击该按钮可以添加或删除接口。
- Capture Filter 下拉列表：显示被应用的捕获过滤器（双击可以修改、删除或添加捕获过滤器）。
- Capture File(s)选项框：设置保存多个文件、循环缓冲区大小和基于文件数量自动停止的条件。
- Display Options 选项框：设置捕获数据时，自动滚动显示捕获的数据包。
- Stop Capture 选项框：设置自动停止条件，如基于包数、数据捕获的数量或运行时间。
- Name Resolution 选项框：为 MAC 地址、IP 地址和端口号启动/禁用名称解析。

当以上捕获选项设置完成后，就可以单击 Start 按钮捕获数据了。捕获数据保存时，Wireshark 的图标显示为绿色，如图 3.2 所示。

图 3.2　Wireshark 运行界面

3.2　选择捕获位置

使用 Wireshark 分析网络数据时，首先要确认 Wireshark 捕获数据的正确位置。如果没有在正确的位置启动 Wireshark，则导致用户可能花费很长的时间处理一些与自己无关的数据。所以在使用 Wireshark 之前，需要确认它的位置。

如图 3.3 所示，该图代表了一个简单的网络环境。在捕获过程中，可以检测到往返延迟时间、丢包、错误信息及其他主机之间传输的问题。如果在捕获过程中，发现访问网页速度慢，则说明 Wireshark 捕获工具可能是来自客户端。

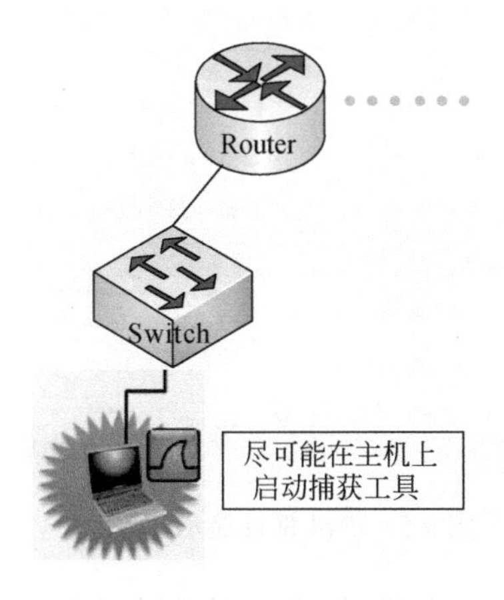

图 3.3　捕获工具的位置

当出现以上的情况时，就需要考虑将 Wireshark 捕获工具移动到其他位置。如发现大量丢包时，可以在路由器或交换机上开启 Wireshark 工具，以确定哪个设备存在大量丢包。

3.3　选择捕获接口

在使用 Wireshark 捕获数据前，首先要选择捕获接口。在一台计算机上可能存在多个网卡，包括有线和无线网卡。Wireshark 可能无法检测到所有的本地接口和远程可用的网络接口，只能列出可用的网络接口。本节将介绍如何选择捕获接口。

3.3.1　判断哪个适配器上的数据

在工具栏中单击◉按钮或在菜单栏中依次选择 Capture|Interfaces 命令，可以快速地判断哪个接口捕获数据和每个接口连接的网络。捕获接口界面，如图 3.4 所示。

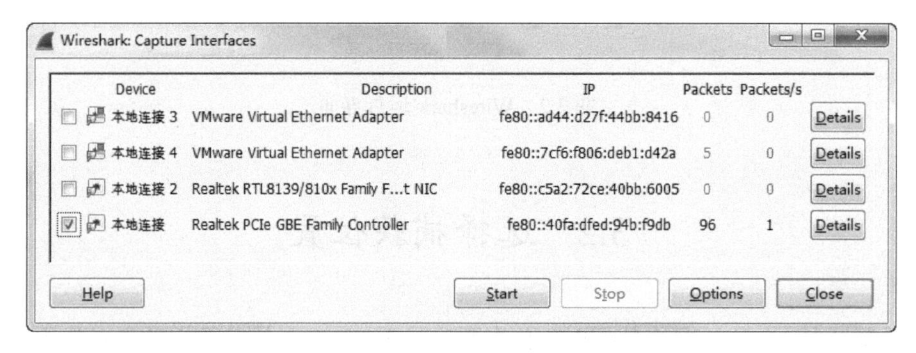

图 3.4　捕获接口

如果主机使用了双协议栈（IPv4 和 IPv6），Wireshark 默认将显示每个适配器的 IPv6 地址。如果存在 IPv4 地址，单击 IPv6 地址将可以看到 IPv4 地址（以本地连接为例），如图 3.5 所示。

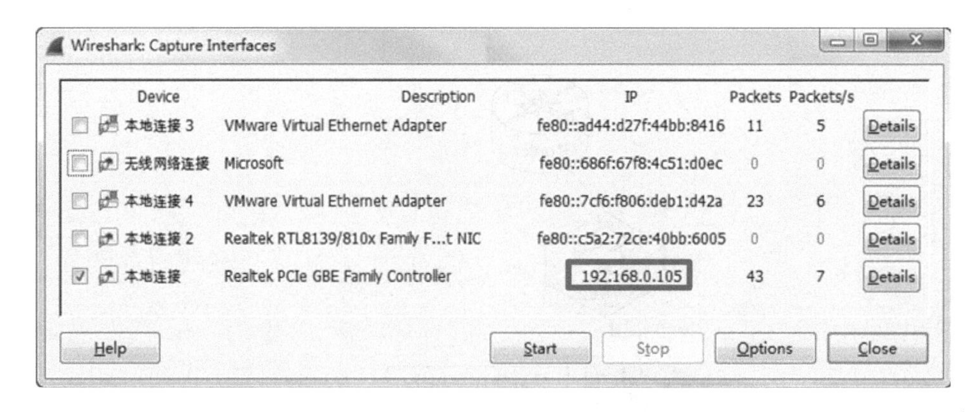

图 3.5　IPv4 地址显示

从该界面可以看到本地连接接口的 IP 由 IPv6 的地址（fe80::40fa:dfed:94b:f9db）变成了 IPv4 地址（192.168.0.105）。

如果想捕获某个接口上的数据，只需将图 3.4 中设备前面的复选框勾上，然后单击 Start 按钮，将开始捕获该接口上的数据。

3.3.2　使用多适配器捕获

从 Wireshark 1.8 开始，可以同时捕获两个或更多个接口。如果想要同时捕获有线和无线网络数据，这个功能是有用的。例如，如果用户正试图解决在网络上的 WLAN 客户端的问题，可以同时捕获客户端的 WLAN 适配器和无线网络，如图 3.6 所示。

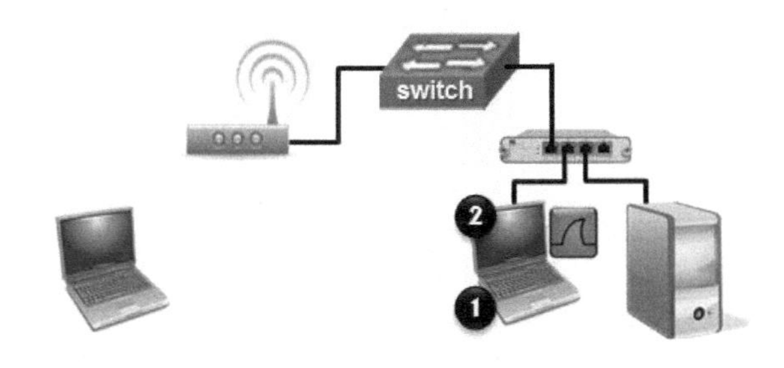

图 3.6　同时捕获有线和无线数据

3.4　捕获以太网数据

用户可以使用多种方法来捕获以太网上的数据。尽管有多种方法，但并不都是最有效的方法。最有效的捕获方法有 3 种，分别是直接在主机上捕获数据、映射主机的交换端口和设置一个测试访问点。下面将分别介绍这 3 种方法。

第 1 种：直接在主机上捕获数据

如果在主机上安装捕获工具，这可能是最好的选择。这样用户可以不用安装 Wireshark，使用一个简单的包捕获工具（如 tcpdump）就可以了，如图 3.7 所示。

第 2 种：端口映射

如图 3.8 所示，该图中的交换机支持端口映射，并且用户有权配置交换机和设置交换机来复制所有数据到用户交换端口下的 Wireshark 端口。然而，需要注意的一个问题是，交换机不会向链路层发送错误数据包，所以可以不看性能相关的所有数据。

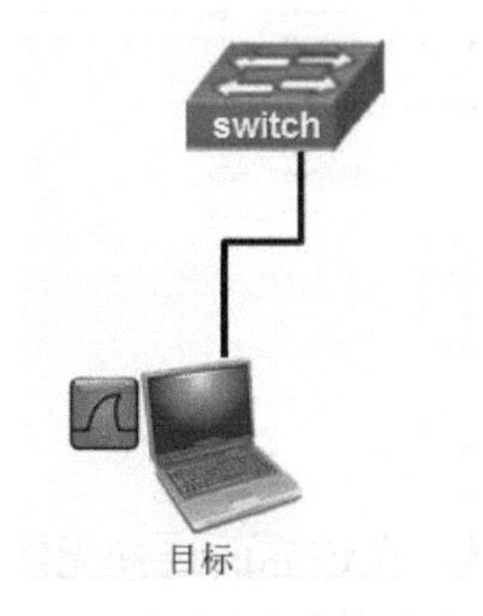

图 3.7　在主机捕获数据

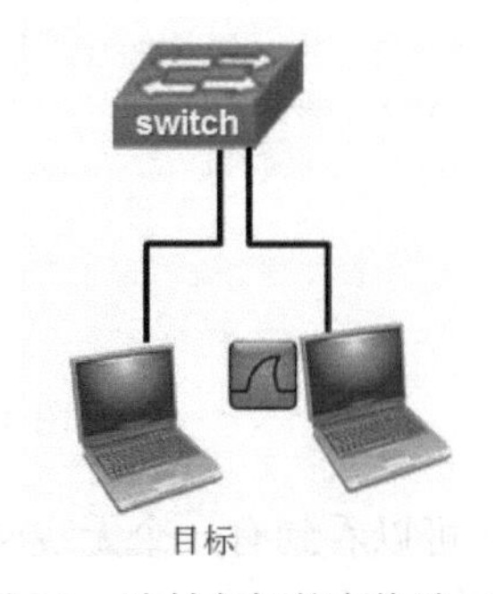

图 3.8　映射主机的交换端口

第 3 种：设置一个测试访问点（TAP）

测试访问点是全双工设备，它安装在主机和交换机之间，如图 3.9 所示。默认情况下，测试访问点向前发送所有网络数据，包括链路层错误。尽管测试访问点可能是昂贵的，如果用户想监听所有流量或来自一个主机的流量，它们可以节约大量的时间。

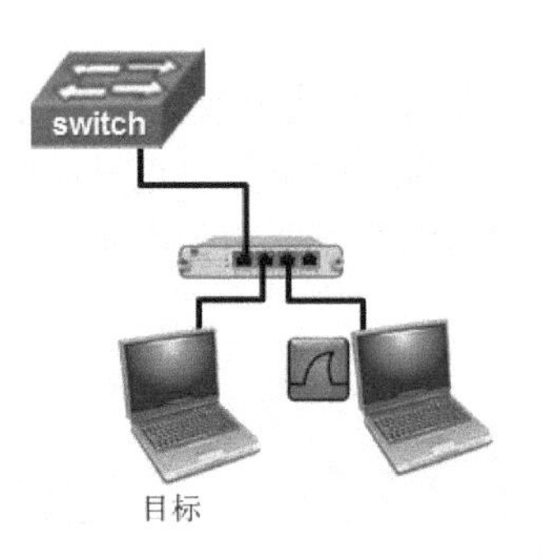

图 3.9　设置测试访问点

3.5　捕获无线数据

使用 Wireshark 捕获无线网络数据，可以帮助用户了解无线网络怎样工作和分析家庭网络性能慢的原因。如果要捕获无线网络数据，捕获之前需要做些准备工作。例如，确定无线局域网适配器是否正运行在 Wireshark 上。本节将介绍捕获无线网络数据。

3.5.1　捕获无线网络数据的方式

无线网络数据捕获方式类似于以太网数据捕获，只是端口选择不同。下面简要介绍一下。

【实例 3-1】捕获无线局域网适配器数据。具体操作步骤如下所示。

（1）在工具栏中依次选择 Capture|Interfaces 命令，将显示如图 3.10 所示的界面。

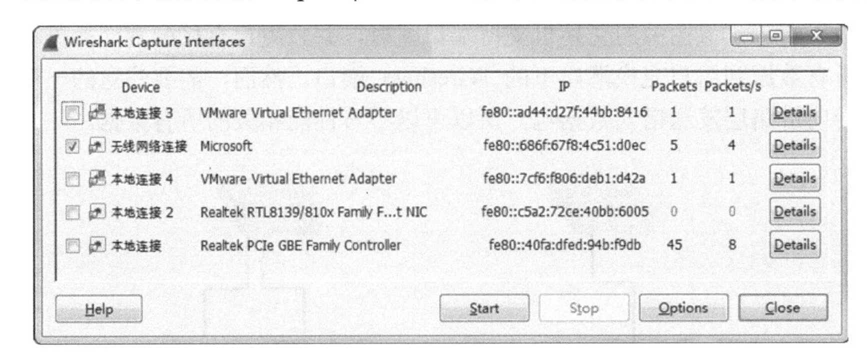

图 3.10　捕获接口

（2）从该界面可以看到有一个无线网络适配器，在该界面选择无线网络连接接口的复选框，如图 3.10 所示。然后单击 Start 按钮，开始捕获数据，如图 3.11 所示。

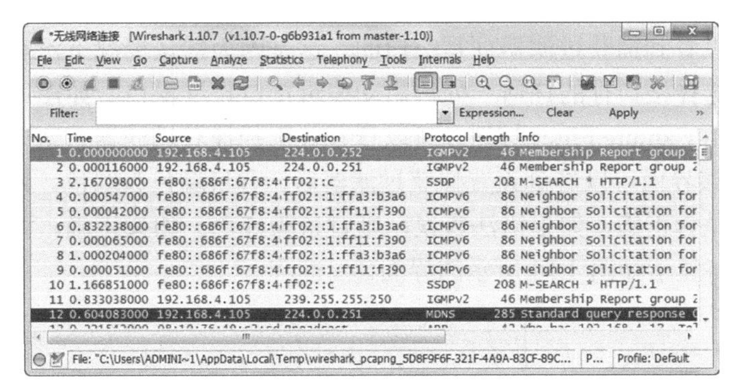

图 3.11　无线网络数据

（3）该捕获文件中捕获的数据都是来自无线接口上的数据。

3.5.2　使用 AirPcap 适配器

AirPcap 适配器是专门设计用于捕获所有类型的 WLAN 数据，应用 WLAN 解密密钥，并添加捕获数据帧的元数据。AirPcap 适配器可以捕获 802.11 控制、管理和数据帧。此外，这些适配器运行在监听模式（也称为射频监控或 RFMON 模式）下，使适配器捕获所有数据，而不必结合特定的访问点。这意味着 AirPcap 适配器可以捕获任何 802.11 网络流量，而不仅仅是一个本地主机接口上的数据。

3.6　处理大数据

在 Wireshark 的默认设置情况下，将会捕获各种协议的数据。当用户分析时，这样的大数据将会带来很大的困扰。本节将介绍如何处理这些大数据。

3.6.1　捕获过滤器

捕获过滤器是数据经过的第一层过滤器，它用于控制捕捉数据的数量，可以避免产生过大的捕获文件。这样在使用 Wireshark 捕获之前，就可以通过指定捕获过滤器获取到自己需要的数据。下面将介绍捕获过滤器的使用。

在菜单栏中依次选择 Capture|Options...命令，打开捕获选项窗口。打开界面，如图 3.12 所示。

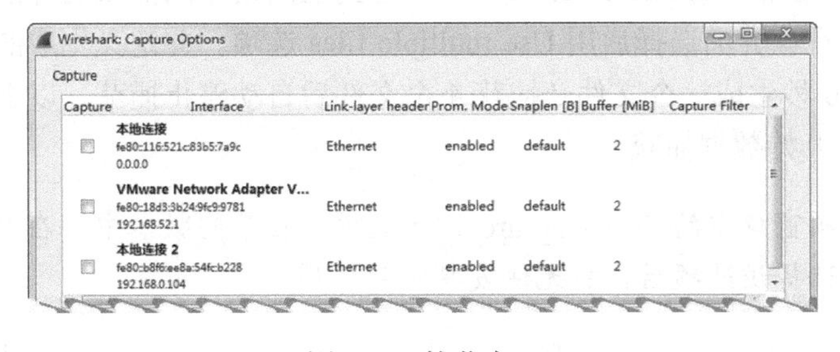

图 3.12　捕获窗口

在该界面可以看到捕获过滤器列是空白的。这是因为默认情况下没有使用任何的过滤器。此时，双击选择接口行的任何一处，启动编辑接口设置窗口，如图 3.13 所示。

在该界面单击 Capture Filter 按钮，可以查看并选择捕获过滤器。这里选择 port 53，如图 3.13 所示。从该界面可以看到设置捕获过滤器后，背景颜色为绿色。通过该背景色可以判断使用的语法是否正确，如果语法错误，则背景为红色；如果正确，背景为绿色。然后单击 OK 按钮，将显示如图 3.14 所示的界面。

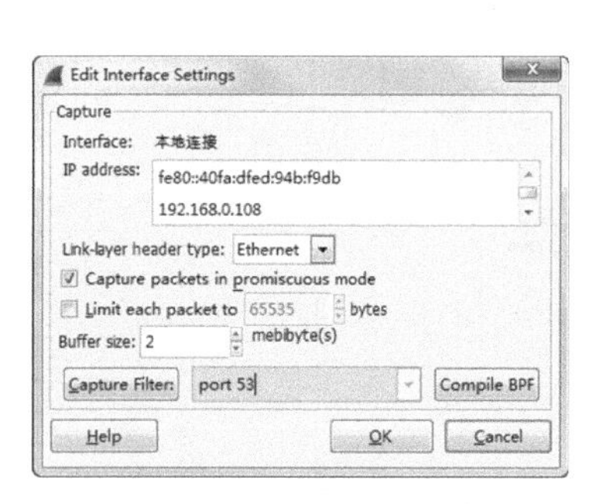

图 3.13 编辑接口设置

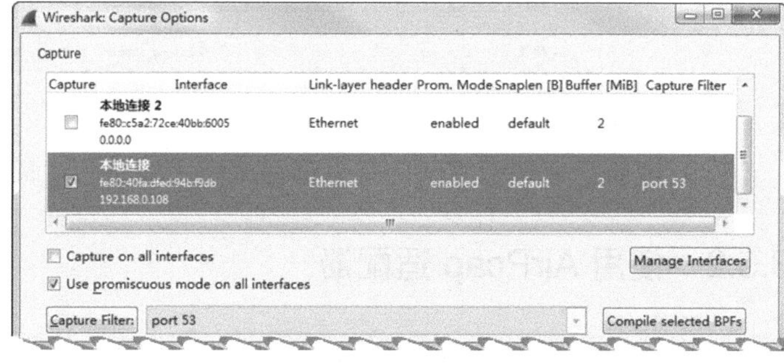

图 3.14 捕获选项

在该界面的 Capture filter 列可以看到，设置的捕获过滤器为 port 53。Wireshark 捕获过滤器使用的是伯克利数据包过滤器（Berkeley Packet Filtering）语法。用户也可以直接在捕获过滤器区域，输入捕获过滤器的语法。然后单击 Start 按钮，开始捕获数据。

3.6.2 捕获文件集

文件集就是多个文件的组合。在 Wireshark 中，使用文件集的方法可以将一个大数据文件分成好几个小文件。在捕获选项窗口中，可以设置每个文件的大小及每隔多长时间保存一个文件。这样也可以帮助用户快速地处理数据。下面将介绍捕获文件集。

【实例 3-2】 捕获文件集。具体操作步骤如下所示。

（1）在主菜单栏中单击◉（显示捕获选项）按钮，将打开如图 3.15 所示的界面。

（2）在该界面的 Capture 选项框中，选择连接到 Internet 网络适配器前的复选框。这里选择“本地连接”接口。

（3）在 Capture Files 部分，单击 Browse 按钮选择保存捕获文件的路径和文件名。这里设置文件名为 capture.pcapng，如图 3.16 所示。然后单击 OK 按钮，将返回到捕获选项界面。

（4）在捕获界面的 Capture Files 部分，将看到上面指定的捕获文件的路径和文件名，如图 3.17 所示。在该界面选择启用 Use multiple files 选项，并定义生成的捕获文件每个大小为 1MB、每 10 秒生成一个文件及捕获 4 个文件后自动停止捕获。以上信息设置完后，单击 Start 按钮，开始数据捕获。

注意： 捕获选项窗口中的 Stop Capture after 选项，在某些版本中存在 Bug。在 1.10.7 版本中，选择该选项后，将无法发挥它的作用。

（5）现在通过访问 www.openoffice.org 网站，产生流量。大概访问几秒，然后返回到

Wireshark 查看状态栏的文件区域。将会看到文件名发送了变化，文件名后面添加了文件编号（本例中是_00004）、时间和时间戳，如图 3.18 所示。

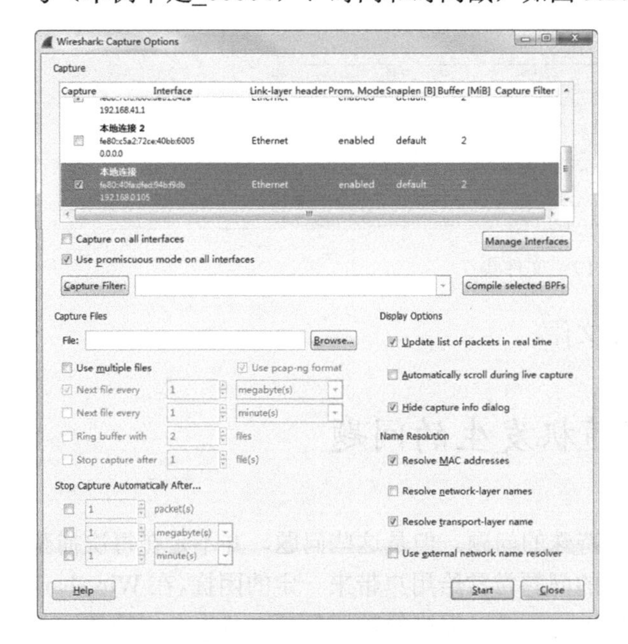

图 3.15 捕获选项界面

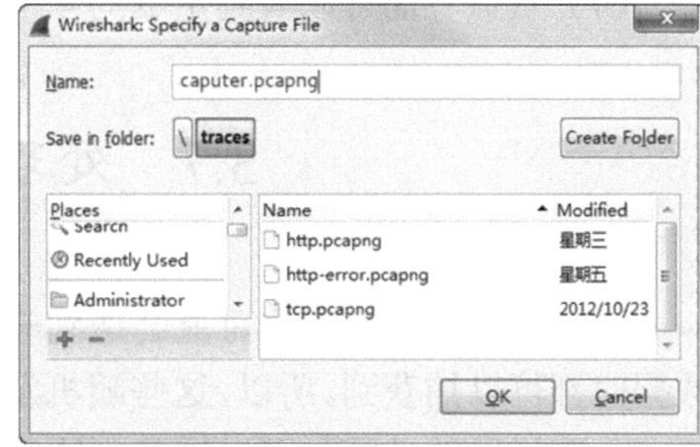

图 3.16 保存的文件

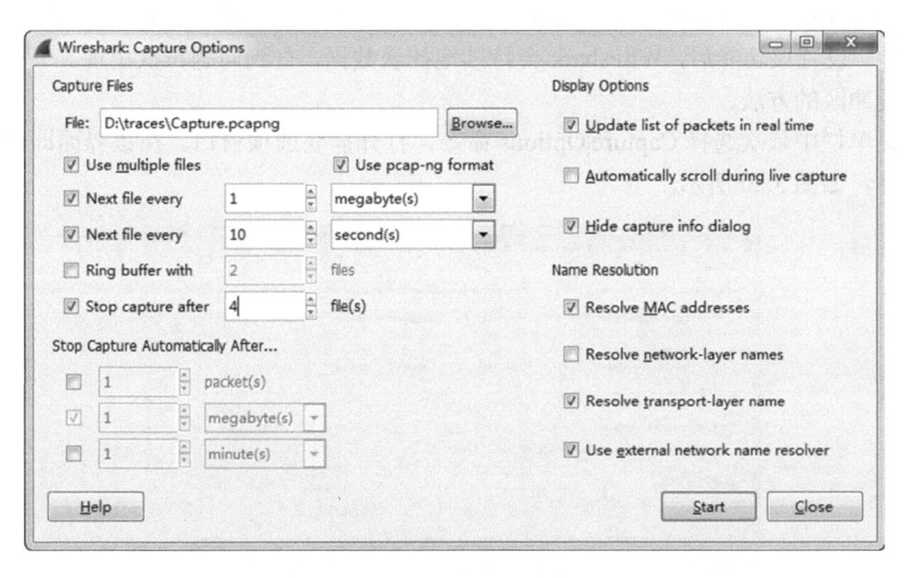

图 3.17 设置文件集

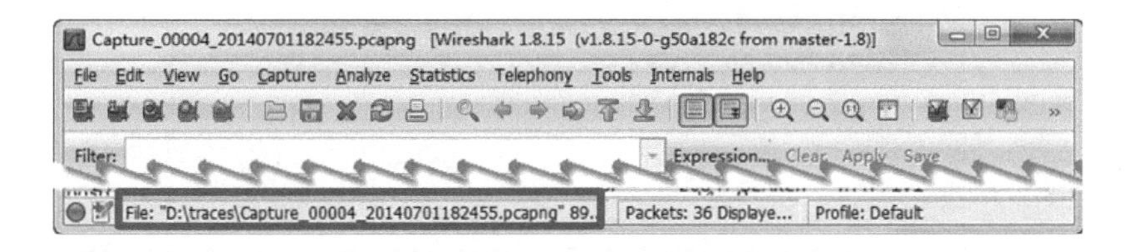

图 3.18 文件名变化

（6）用户也可以通过在工具栏中依次选择 File|File Set|List Files 命令，查看文件集中的所有文件，如图 3.19 所示。

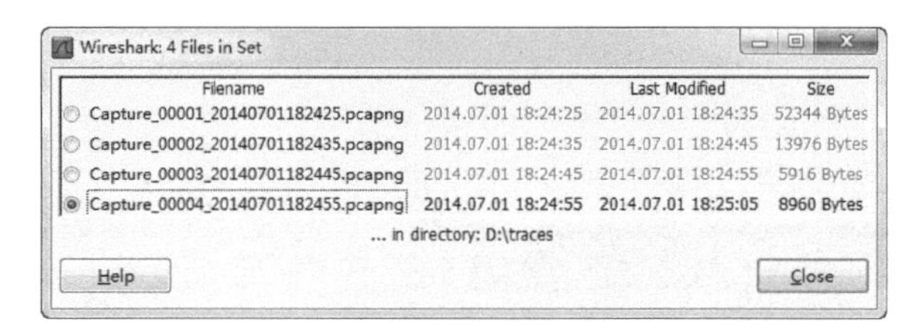

图 3.19　文件集

（7）从该界面可以看到生成的 4 个小文件。

3.7　处理随机发生的问题

在捕获数据时，用户可能会遇到一些特殊的问题。但是这些问题，并不是在每次捕获数据时都可以捕获到。所以，这些随机发生的问题常常给用户带来一定的困扰。在 Wireshark 中有一些特殊的功能，可以捕获到这些烦人的、难以捉摸的数据包。本节将介绍处理这些随机发生的问题。

在 Wireshark 中可以通过设置使用文件集，并且使用循环缓冲区的功能来处理随机发生的问题。设置该功能后，Wireshark 会持续地捕获数据，直到问题再次出现。下面介绍设置循环缓冲区的方法。

在菜单栏中依次选择 Capture|Options 命令，打开捕获选项窗口。在该界面即可设置缓冲区文件，如图 3.20 所示。

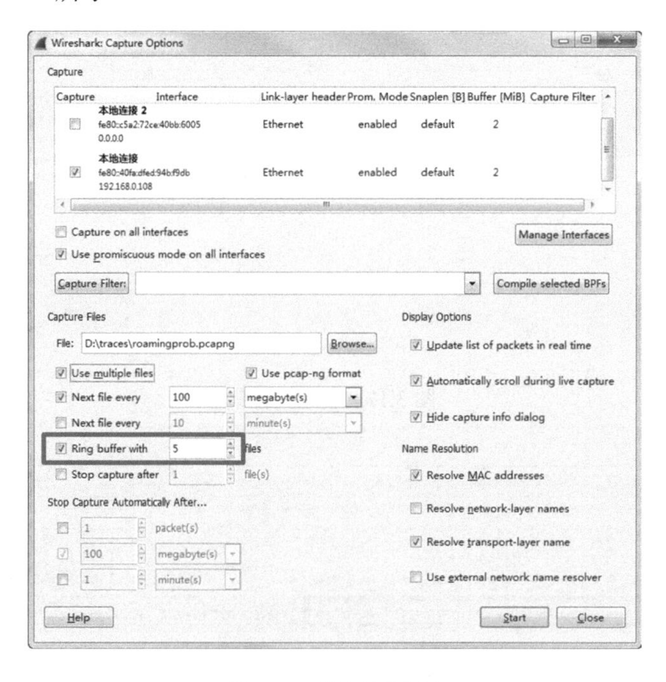

图 3.20　设置缓冲区

以上的设置表示当 Wireshark 完成捕获第 5 个 100MB 的文件后，将删除第一个 100MB 的文件，并创建第 6 个文件，使 Wireshark 继续运行。

【实例 3-3】 使用设置循环缓冲区的方法节约磁盘空间。具体操作步骤如下所示。

（1）在主菜单栏中单击◉（显示捕获选项）按钮。

（2）在该界面的 Capture 部分，选择连接到 Internet 网络适配器前的复选框。这里选择“本地连接”接口。

（3）在 Capture Files 部分，单击 Browse 按钮选择保存捕获文件的路径和文件名。这里设置文件名为 capturese.pcapng，如图 3.16 所示。然后单击 OK 按钮，将返回到捕获选项界面。

（4）在捕获界面的 Capture Files 部分，将看到上面指定的捕获文件的路径和文件名。在该界面选择启用 Use multiple files 选项，设置生成文件集中的每个文件大小为 10MB、每 30 秒生成一个文件、缓冲区最多保存 3 个文件，如图 3.21 所示。以上信息设置完后，单击 Start 按钮，将开始数据捕获。

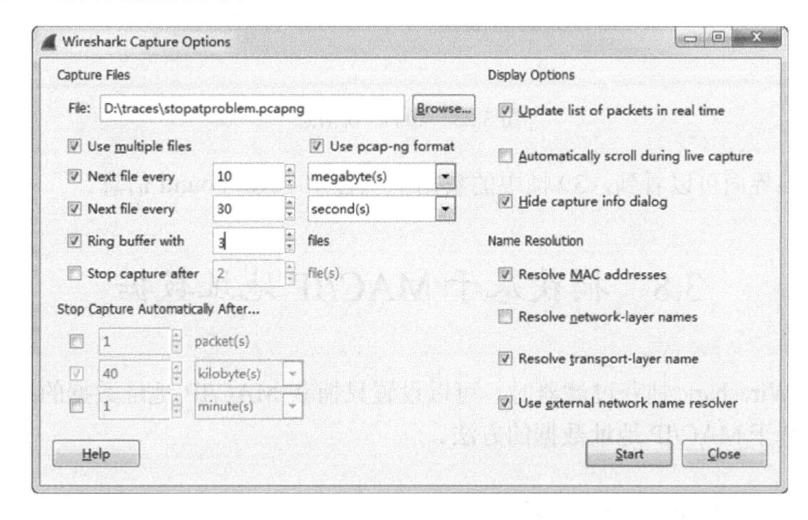

图 3.21　捕获选项

（5）此时打开浏览器，访问 www.wireshark.org 网站产生流量。大概访问 30 秒该网站。然后再访问一下 www.chappellu.com/nothere.html 网站，将会出现 404 错误，因为该网站不存在。当出现 404 错误后，快速返回到 Wireshark 界面，单击■（停止捕获）按钮。

（6）查看 Wireshark 状态栏的文件区域，将看到许多文件编号已经被分配。当查看保存捕获文件目录或查看文件集时，仅能看到 3 个文件，如图 3.22 所示。因为在前面的循环缓存区设置了仅保存最后 3 个文件。

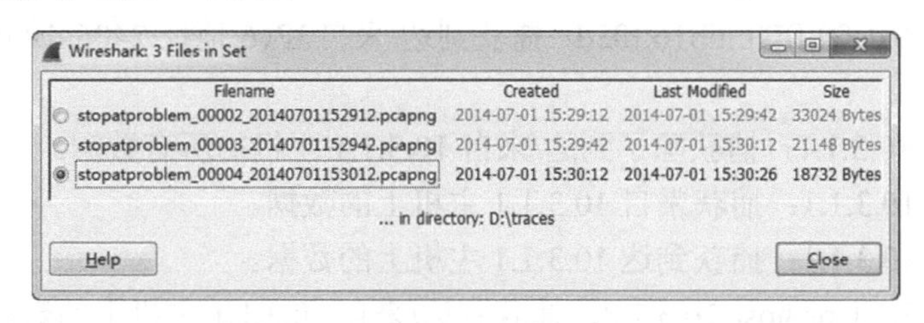

图 3.22　文件集

（7）在该界面从文件名的编号（_00002、_00003、_00004）可以看出目前保存的 3 个文件。由于缓存文件设置仅能保存 3 个文件，所以第 1 个文件（编号为_00001）被删除了。这样就可以节约磁盘空间。现在单击 Close 按钮，返回到 Wireshark 主界面。将能够快速地找出 404 的错误信息，如图 3.23 所示。

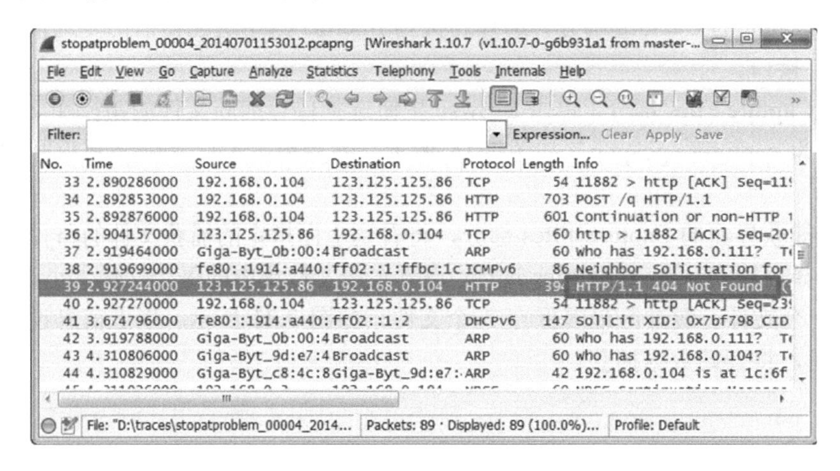

图 3.23　404 错误信息

（8）从该界面可以看到，39 帧中的数据中包含 404 Not Found 信息。

3.8　捕获基于 MAC/IP 地址数据

在使用 Wireshark 捕获过滤器时，可以设置只捕获 MAC/IP 地址数据的过滤器。本节将介绍捕获基于 MAC/IP 地址数据的方法。

3.8.1　捕获单个 IP 地址数据

IP 地址是 IP 协议提供的一种统一的地址格式，它为互联网上的每一个网络和每一台主机分配了一个逻辑地址。通常 IP 地址分为 IPv4 和 IPv6 两大类。现在大部分使用的都是 IPv4 地址，该地址是一个 32 位的二进制数。通常在捕获数据时，用户会通过 IP 地址的方式来判断是哪台主机上的数据。下面将介绍捕获单个 IP 地址数据的方法。

下面看几个 IP 地址捕获过滤器的例子。

- host 10.3.1.1：捕获到达/来自 10.3.1.1 主机的数据。
- host 2406:da00:ff00::6b16:f02d：捕获到达/来自 IPv6 地址 2406:da00:ff00::6b16:f02d 的数据。
- not host 10.3.1.1：捕获除了到达/来自 10.3.1.1 主机的所有数据。
- src host 10.3.1.1：捕获来自 10.3.1.1 主机上的数据。
- dst host 10.3.1.1：捕获到达 10.3.1.1 主机上的数据。
- host 10.3.1.1 or host 10.3.1.2：捕获到达/来自 10.3.1.1 主机上的数据，和到达/来自 10.3.1.2 主机的数据。

- host www.espn.com：捕获解析 www.espn.com 的 IP 地址上的数据。

【实例 3-4】 仅捕获到达/来自 192.168.0.112 主机的数据包。具体操作步骤如下所示。

（1）在工具栏中单击◉按钮，打开捕获选项界面，如图 3.24 所示。

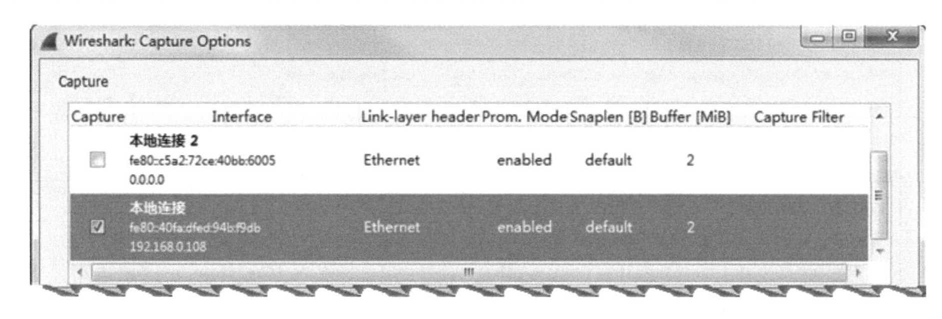

图 3.24 捕获选项

（2）在该界面的捕获区域，选择捕获数据的接口（本地连接）的复选框。在这个捕获区域双击选择接口行的任何一处，启动编辑接口设置窗口，如图 3.25 所示。

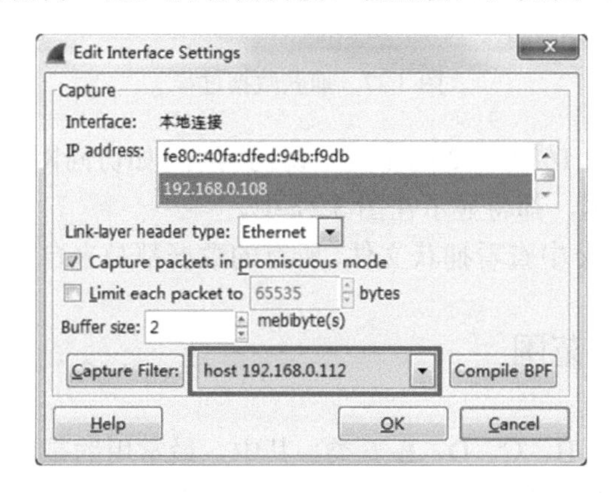

图 3.25 编辑接口设置

（3）从该界面可以看到本地连接接口的 IP 地址，此时就可以根据该地址信息创建相应的捕获过滤器。在该界面的捕获过滤器区域，输入 host x.x.x.x（x.x.x.x 表示指定捕获的 IP 地址，本例中使用的地址是 192.168.0.112）来过滤 IPv4 地址的数据。如果捕获 IPv6 地址的话，则输入 host xxxx:xxxx:xxxx:xxxx:xxxx:xxxx:xxxx:xxxx。然后单击 OK 按钮，将看到如图 3.26 所示的界面。

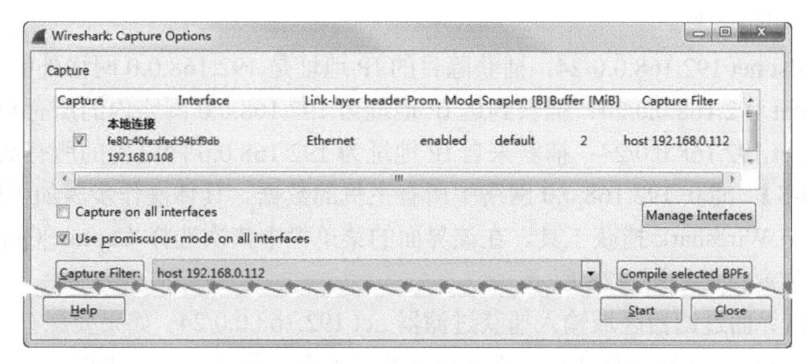

图 3.26 捕获过滤器

（4）从该界面可以看到，本地连接接口的捕获过滤器中显示了一条信息。在该界面不要启动 Use multiple files，此时就可以捕获数据了。单击 Start 按钮，将开始捕获过程，如图 3.27 所示。

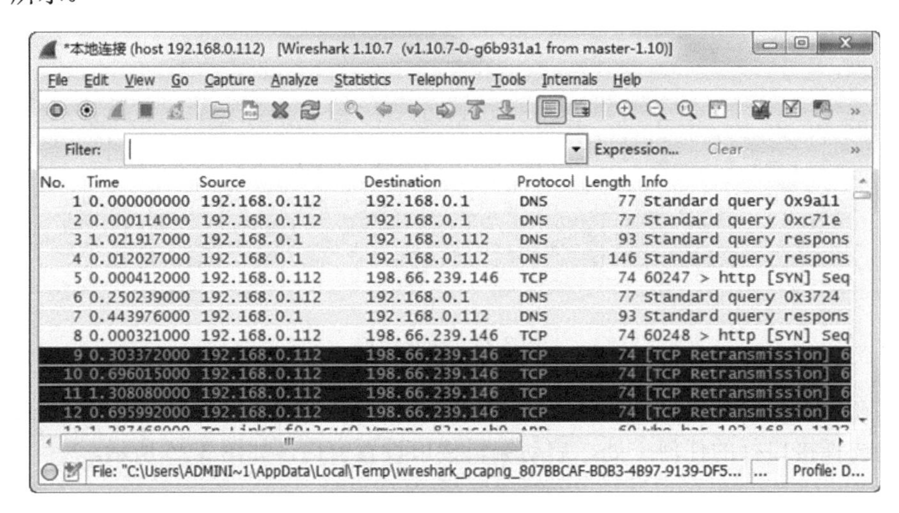

图 3.27　捕获数据过程

（5）在 IP 地址为 192.168.0.112 的主机上访问网络（如访问网站 www.chappellu.com），以产生数据。所有的数据，都将显示在图 3.27 中。

（6）返回到 Wireshark 中查看捕获文件，所有的数据都是来自/到达 192.168.0.112 主机。

3.8.2　捕获 IP 地址范围

IP 地址一共分为 A、B、C、D、E 五类。其中，最常用的是前三类地址。IP 地址根据网络位和主机位，将其分为五类。为了节约地址，CIDR（Classless Interdomain Routing）将好几个 IP 网络结合在一起。通过使用掩码值，表示了一个 IP 地址范围。

下面看几个 IP 地址范围捕获过滤器的例子。

- net 192.168.0.0/24：捕获到达/来自 192.168.0.0 网络中任何主机的数据。
- net 192.168.0.0 mask 255.255.255.0：捕获到达/来自 192.168.0.0 网络中任何主机的数据。
- ip6 net 2406:da00:ff00::/64：捕获到达/来自 2406:da00:ff00:0000（IPv6）网络中任何主机的数据。
- not dst net 192.168.0.0/24：捕获除目的 IP 地址是 192.168.0.0 网络外的所有数据。
- dst net 192.168.0.0/24：捕获到达 IP 地址为 192.168.0.0 网络内的所有数据。
- src net 192.168.0.0/24：捕获来自 IP 地址为 192.168.0.0 网络内的所有数据。

【实例 3-5】 捕获 192.168.0.0 网络中所有主机的数据。具体操作步骤如下所示。

（1）启动 Wireshark 捕获工具。在该界面的菜单栏中依次选择 Capture|Options 选项，打开捕获选项窗口，如图 3.28 所示。

（2）在该界面过滤器区域输入捕获过滤器 net 192.168.0.0/24。如果要保存该捕获文件，则单击 Browse 按钮选择保存捕获文件的位置和文件名。设置完后，如图 3.29 所示。

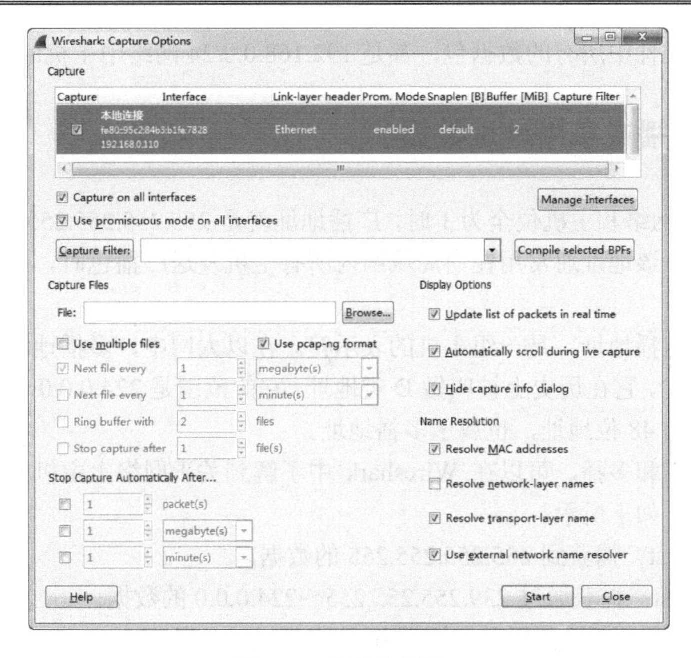

图 3.28　捕获选项窗口

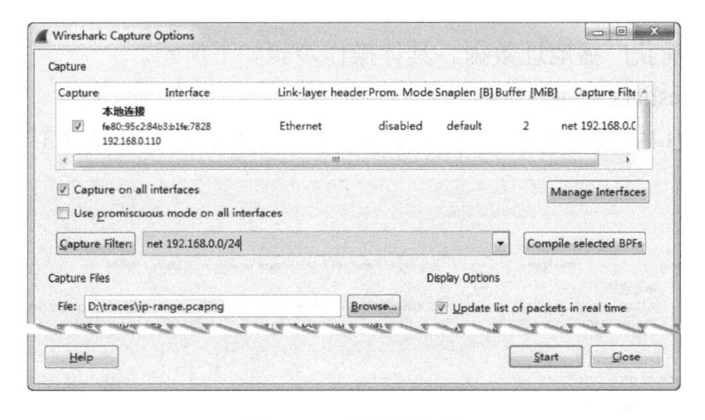

图 3.29　设置过滤器

（3）从该界面可以看到目前设置的过滤器及文件保存位置。然后单击 Start 按钮，将开始捕获数据，如图 3.30 所示。

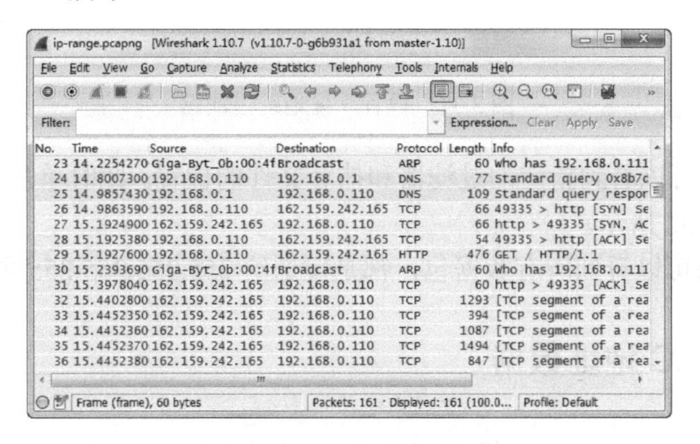

图 3.30　捕获的数据包

（4）该捕获文件中所有的数据包，都是 192.168.0.0/24 网络中主机的数据。

3.8.3　捕获广播或多播地址数据

当 IP 地址的网络和主机位全为 1 时，广播地址就是 255.255.255.255。该地址应用于网络内的所有主机。该地址通常用在向局域网内所有主机发送广播包时，其目的地址就是广播地址。

多播地址即组播地址，是一组主机的表示符。在以太网中，多播地址是一个 48 位的标示符。在 IPv4 中，它在历史上被叫做 D 类地址，它的范围是 224.0.0.0～239.255.255.255。广播地址全为 1 的 48 位地址，也属于多播地址。

通过监听广播和多播，可以在 Wireshark 中了解到关于网络上主机的数据。下面列出几个常用的例子，如下所示。

- ip broadcast：捕获到 255.255.255.255 的数据。
- ip multicast：捕获通过 239.255.255.255～224.0.0.0 的数据。
- dst host ff02::1：捕获所有主机到 IPv6 多播地址的数据。
- dst host ff02::2：捕获所有路由到 IPv6 多播地址的数据。

如果只想捕获所有 IP 或 IPv6 的数据，使用 IP 或 IPv6 捕获过滤器。

【实例 3-6】 捕获广播地址数据。具体操作步骤如下所示。

（1）启动 Wireshark 捕获工具。

（2）在捕获窗口中设置捕获过滤器为 ip 255.255.255.255，如图 3.31 所示。

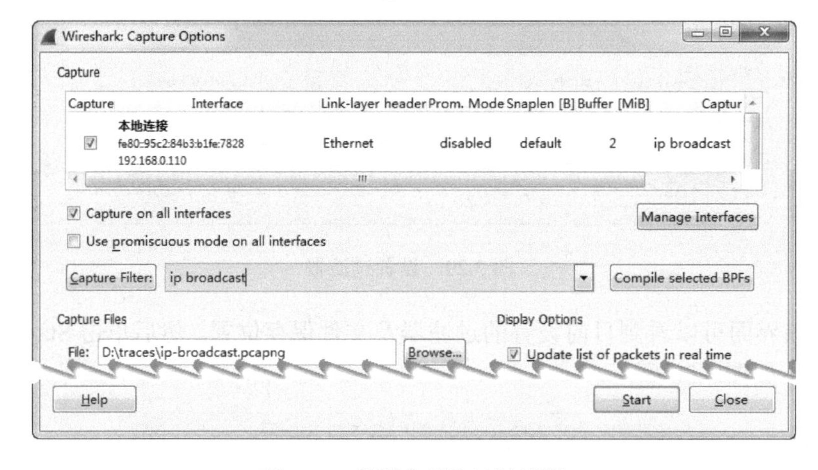

图 3.31　设置广播地址过滤器

（3）从该界面可以看到指定的过滤器和捕获文件的位置。此时单击 Start 按钮，将开始捕获数据，如图 3.32 所示。

（4）从该界面可以看到所有数据包，都是发送给 255.255.255.255 主机的。

3.8.4　捕获 MAC 地址数据

当想要捕获到达/来自一个主机 IPv4 或 IPv6 的数据时，可以创建一个基于主机的 MAC

地址捕获过滤器。由于 MAC 头部被剥去，并且通过路由器的路径被应用。这样确保了网络片段和目标主机片段一样。

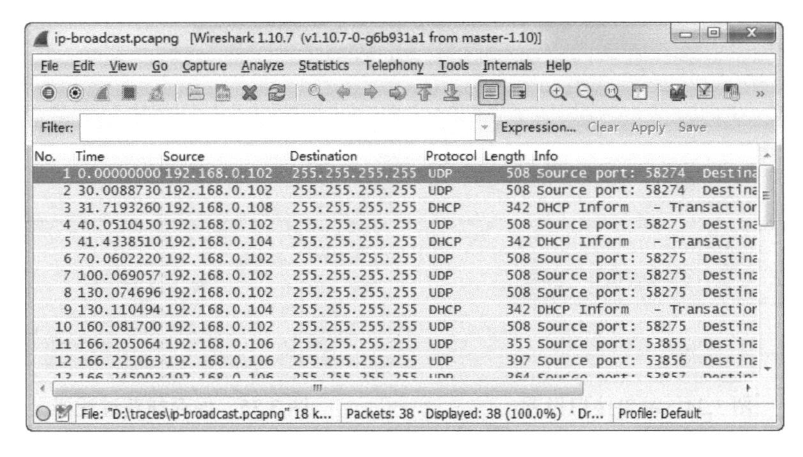

图 3.32　捕获的广播地址数据

- ether host 00:08:15:00:08:15：捕获到达/来自 00:08:15:00:08:15 主机的数据。
- ether src 02:0A:42:23:41:AC：捕获来自 02:0A:42:23:41:AC 主机的数据。
- ether dst 02:0A:42:23:41:AC：捕获到达 02:0A:42:23:41:AC 主机的数据。
- not ether host 00:08:15:00:08:15：捕获到达/来自除了 00:08:15:00:08:15 的任何 MAC 地址的流量。

【实例 3-7】 仅捕获到达/来自其他 MAC 地址的数据。具体操作步骤如下所示。

（1）使用 ipconfig 或 ifconfig 命令，查看活跃接口的 MAC 地址。

（2）在工具栏中单击◉按钮，打开捕获选项界面，如图 3.33 所示。

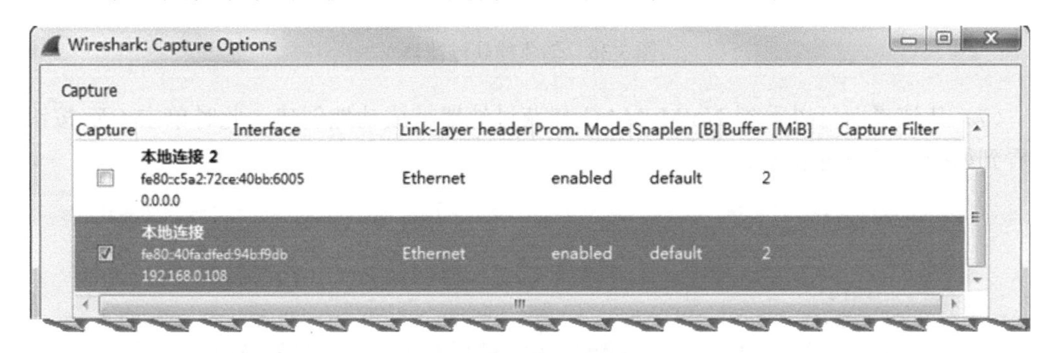

图 3.33　捕获选项

（3）在该界面的捕获区域，勾选捕获数据的接口（本地连接）的复选框。在这个捕获区域双击选择接口行的任何一处，启动编辑接口设置窗口，如图 3.34 所示。

（4）在该界面输入 not ether host xx.xx.xx.xx.xx.xx（以太网地址），如图 3.34 所示。

（5）为了方便以后使用该过滤器，这里将保留此过滤器。单击 Capture Filter 按钮，将显示如图 3.35 所示的界面。

（6）在该界面修改过滤器名字，设置为 NotMyMAC。然后单击 New 按钮，该过滤器创建成功，如图 3.36 所示。

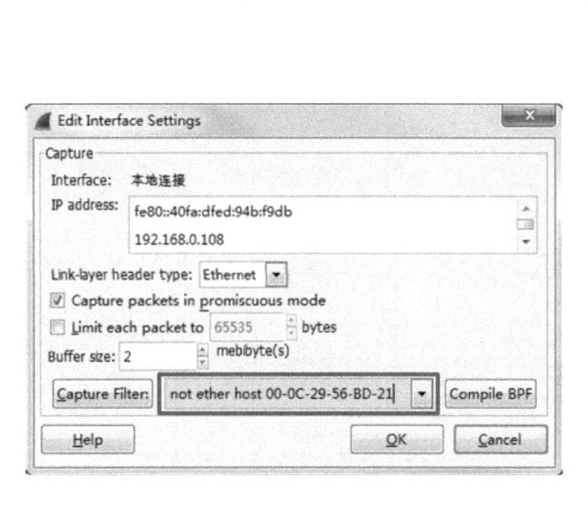

图 3.34 编辑接口设置

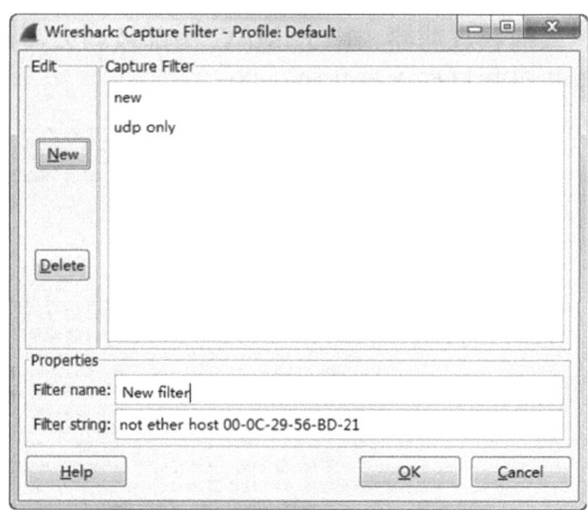

图 3.35 保存捕获过滤器

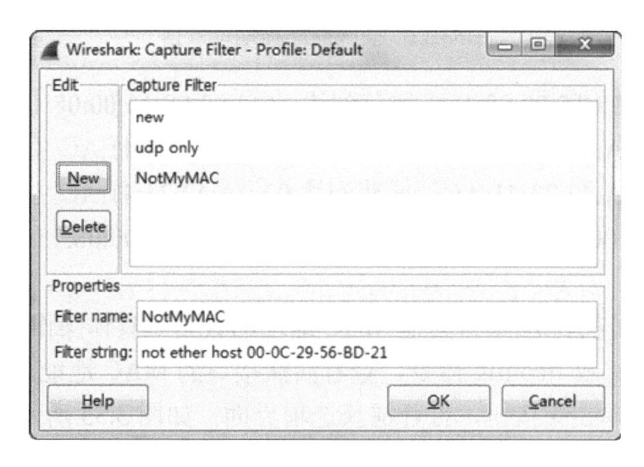

图 3.36 创建捕获过滤器

（7）从该界面可以看到 NotMyMAC 捕获过滤器被成功地创建。此时单击 OK 按钮，将看到如图 3.37 所示的界面。

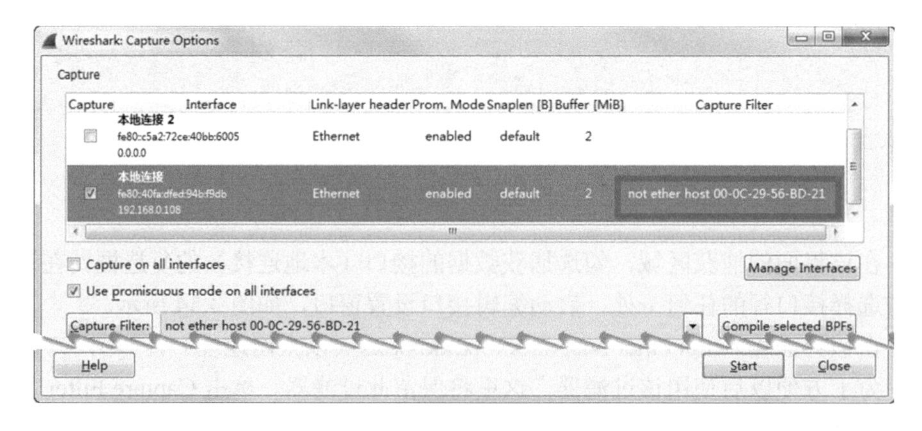

图 3.37 创建的捕获过滤器

（8）从该界面可以看到新创建的捕获过滤器。现在单击 Start 按钮，将开始捕获。

（9）此时，用户可以在非 MAC 地址为 00-0C-29-56-BD-21 的所有主机上进行操作。通过访问各种网站、登录服务器或发生邮件，产生主机间的数据流量。

（10）返回到 Wireshark 主界面，单击■（停止捕获）按钮。捕获到的数据如图 3.38 所示。

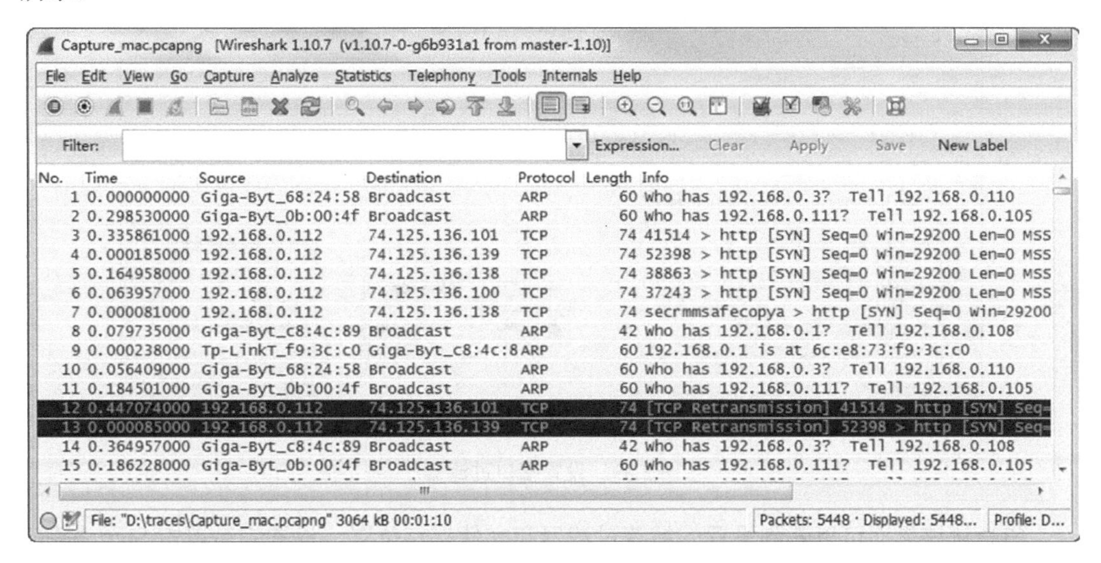

图 3.38　捕获的数据

（11）在该界面通过滚动鼠标，查看捕获的所有数据。在该捕获文件中，将不会出现 MAC 地址为 00-0C-29-56-BD-21 主机的数据。

3.9　捕获端口应用程序数据

在 Wireshark 中想要使用捕获过滤器捕获应用程序的数据时，需要使用端口过滤器。本节将介绍捕获端口应用程序数据。

3.9.1　捕获所有端口号的数据

在网络中，大部分的应用程序都有相应的端口号，如 DNS、HTTP、FTP。下面列出了一些最常用的应用程序捕获过滤器，如下所示。

- port 53：捕获到达/来自端口号为 53 的 UDP/TCP 数据（典型的 DNS 数据）。
- not port 53：捕获除到达/来自端口号为 53 的所有 UDP/TCP 数据。
- port 80：捕获到达/来自端口号为 80 的 UDP/TCP 数据（典型的 HTTP 数据）。
- udp port 67：捕获到达/来自端口号为 67 的 UDP 数据（典型的 DHCP 数据）。
- tcp port 21：捕获到达/来自端口号为 21 的 TCP 数据（典型的 FTP 命令行）。
- portrange 1-80：捕获到达/来自 1～80 端口号的 UDP/TCP 数据。
- tcp portrange 1-80：捕获到达/来自 1～80 端口号的 TCP 数据。

【实例 3-8】 捕获端口为 80 的所有数据包。具体操作步骤如下所示。

（1）启动 Wireshark 工具。

（2）在捕获选项窗口中设置捕获 80 端口数据的过滤器，并保存该文件，如图 3.39 所示。

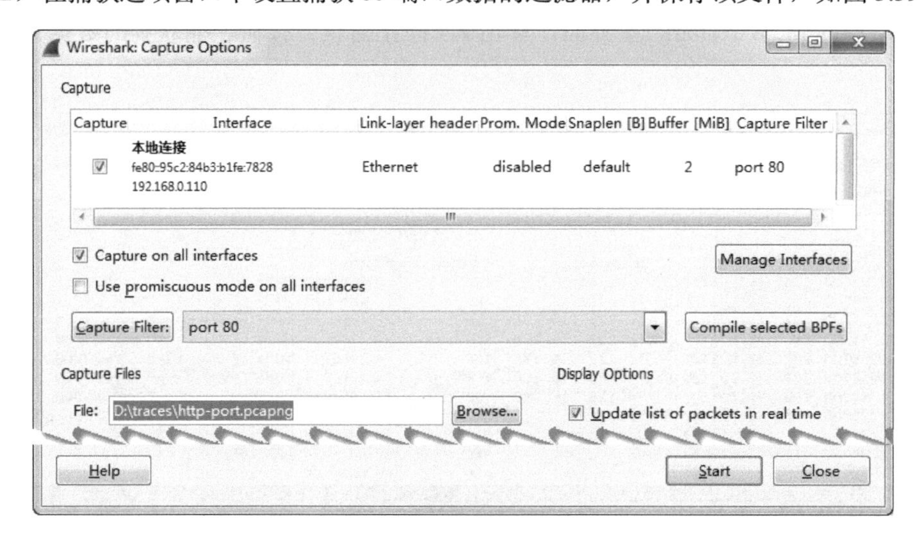

图 3.39　设置端口过滤器

（3）从该界面可以看到设置的捕获过滤器和文件保存位置。设置完后单击 Start 按钮，将显示如图 3.40 所示的界面。

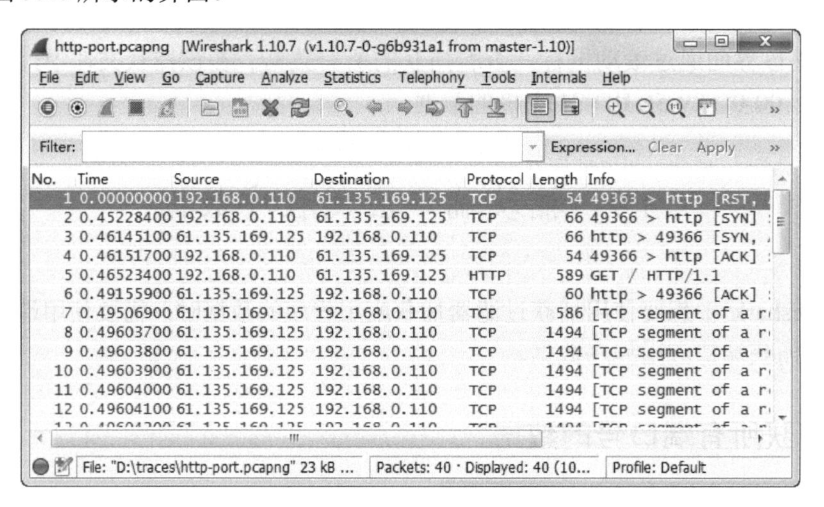

图 3.40　捕获 80 端口的数据

（4）从该捕获文件的 Protocol 列可以看到所有的协议都为 TCP 和 HTTP。这两种协议的数据包，都是来自 80 端口的。

3.9.2　结合基于端口的捕获过滤器

当用户想要捕获到达/来自各种非连续端口号的数据，可以通过组合各种逻辑运算符来实现，如下所示。

- port 20 or port 21：捕获到达/来自 20 或 21 端口号的所有 UDP/TCP 数据。

- host 10.3.1.1 and port 80：捕获到达/来自端口号为 80，并且是到达/来自 10.3.1.1 主机的 UDP/TCP 数据。
- host 10.3.1.1 and not port 80：捕获到/来自 10.3.1.1 主机，并且是非 80 端口的 UDP/TCP 数据。
- udp src port 68 and udp dst port 67：捕获来自端口为 68，目标端口号为 67 的所有 UDP 数据（典型的 DHCP 客户端到 DHCP 服务器的数据）。
- udp src port 67 and udp dst port 68：捕获来自端口号为 67，目标端口号为 68 的所有 UDP 数据（典型的 DHCP 服务器到 DHCP 客户端的数据）。

提示： 尽可能不要使用捕获过滤器。当捕获大量的数据时，可以通过使用显示过滤器过滤特定的数据。

【实例 3-9】 捕获 192.168.0.110 主机上非 80 端口的数据。具体操作步骤如下所示。

（1）启动 Wireshark 工具。

（2）在捕获选项窗口中设置捕获主机 192.168.0.110 上非 80 端口数据的过滤器，并保存该文件，如图 3.41 所示。

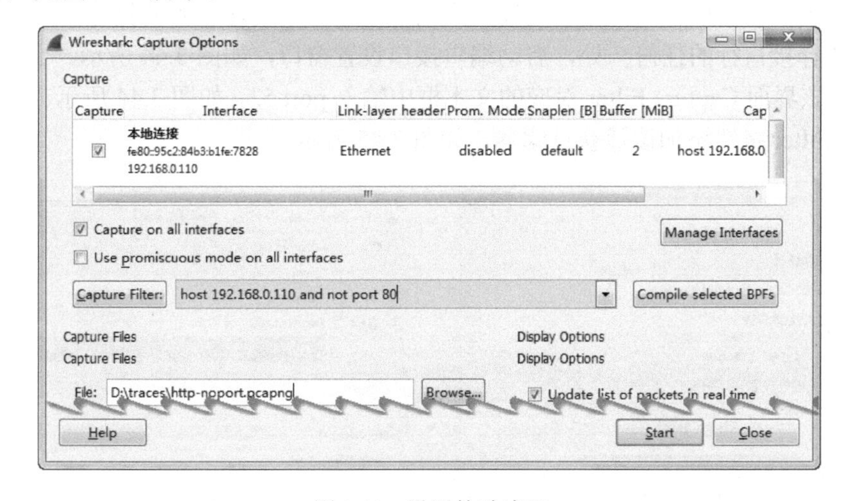

图 3.41　设置的过滤器

（3）在捕获过滤器区域设置捕获过滤器后，单击 Start 按钮，将显示如图 3.42 所示的界面。

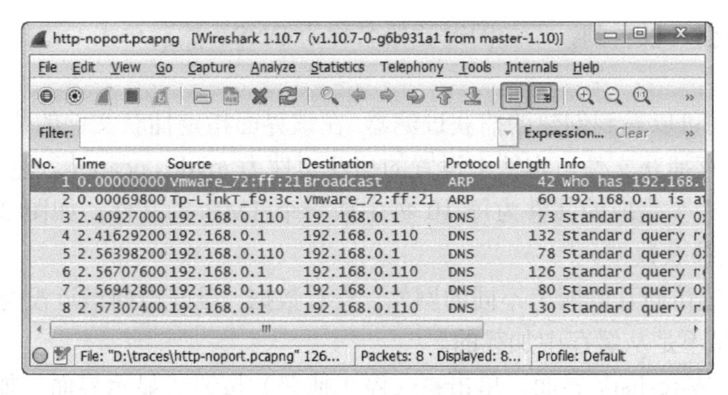

图 3.42　捕获的数据

（4）此时，在该捕获文件中的 Protocol 列，将不会看到有 TCP 和 HTTP 的数据。因为 TCP 和 HTTP 协议的数据包，端口号是 80。

【实例 3-10】 创建、保存并应用一个 DNS 捕获过滤器。具体操作步骤如下所示。

（1）在工具栏中单击◉按钮，打开捕获选项界面，如图 3.43 所示。

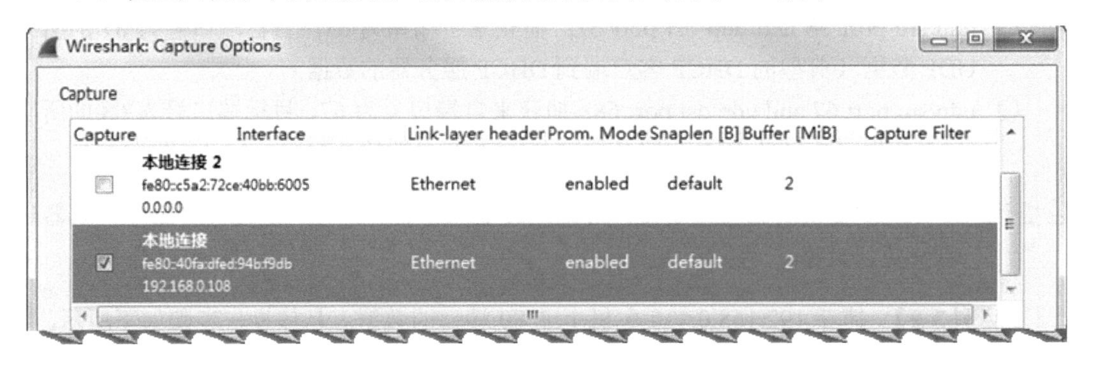

图 3.43　捕获选项

（2）在该界面的捕获区域，勾选捕获数据的接口（本地连接）的复选框。在这个捕获区域双击选择接口行的任何一处，启动编辑接口设置窗口，如图 3.44 所示。

（3）在该界面 Capture Filter 对应的文本框中输入 port 53，如图 3.44 所示。此时通过单击 Capture Filter 按钮添加该捕获过滤器，如图 3.45 所示。

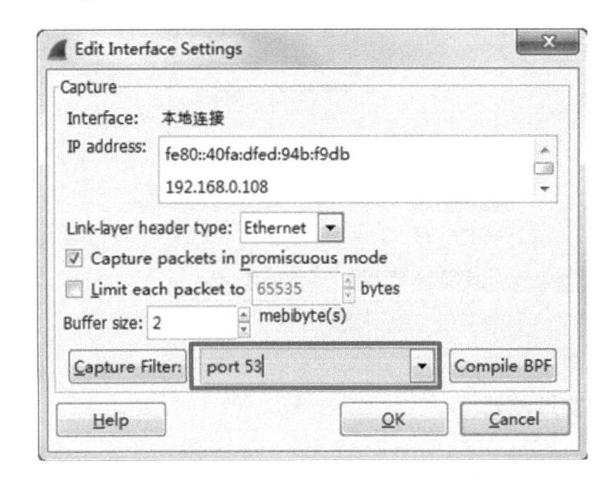

图 3.44　接口设置界面

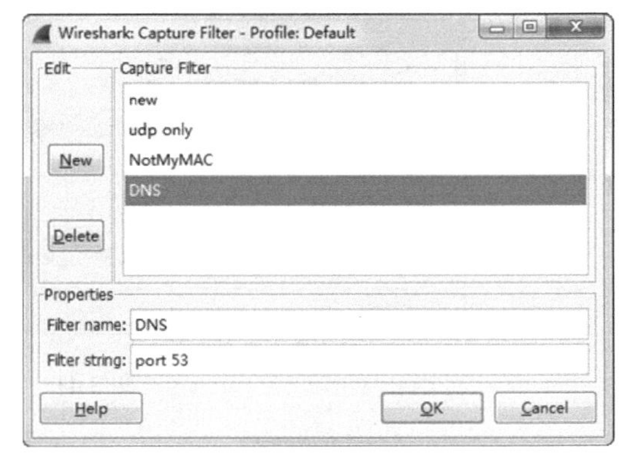

图 3.45　创建捕获过滤器

（4）从该界面可以看到，添加的过滤器名称为 DNS。然后单击 OK 按钮，将显示如图 3.46 所示的界面。

（5）从该界面可以看到创建的捕获过滤器。在该界面指定捕获文件的位置，单击 Browse 按钮，选择并保存捕获文件。本例中设置的捕获文件为 mydns.pcapng。然后设置使用多个文件，并定义下一个生成的文件为每 10 秒生成一个 1MB 的文件，如图 3.46 所示。单击 Start 按钮，开始捕获数据。

（6）此时通过访问互联网上不同的网站，查看数据。最好访问最近没有访问过的网站，以确保 DNS 信息不是从缓存中加载的。

（7）返回到 Wireshark 界面，单击■（停止捕获）按钮。显示界面，如图 3.47 所示。

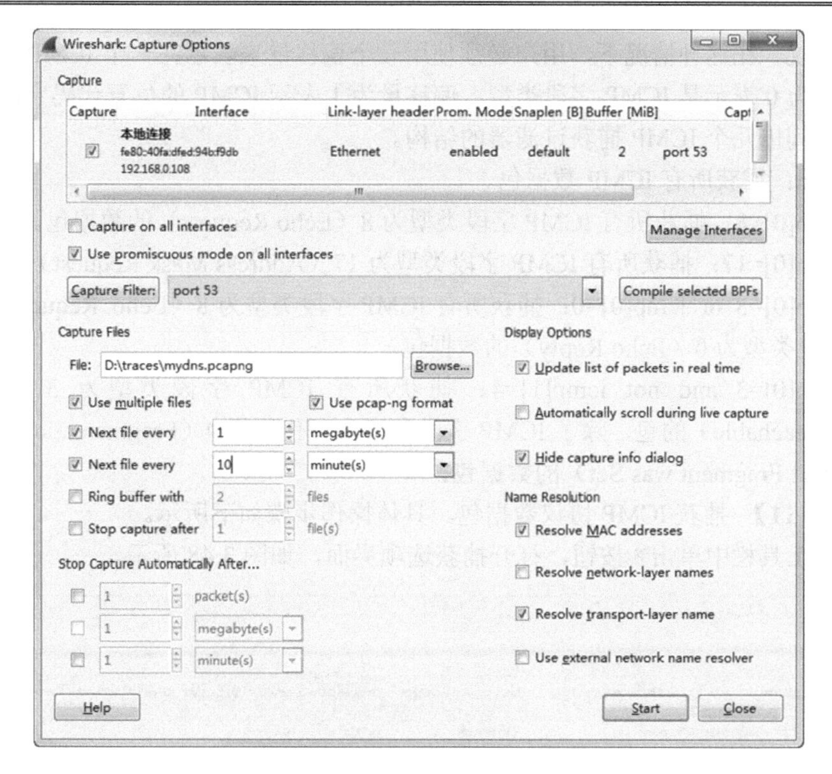

图 3.46　捕获选项

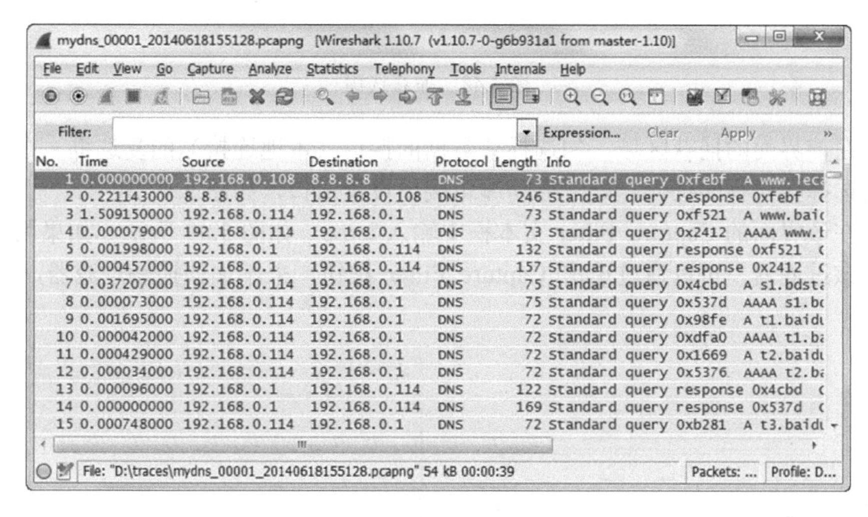

图 3.47　捕获的数据

（8）从该界面可以看到，所有的数据都是 DNS。此时可以通过滚动鼠标，查看捕获文件过程中访问过的网站。

3.10　捕获特定 ICMP 数据

互联网控制消息协议（ICMP）是一种协议。当一个网络中出现性能或安全问题时，将会看到该协议。在这种情况下，用户必须使用一个偏移量来表示在一个 ICMP 中字段的位置。偏移量为 0 表示是 ICMP 字段类型；偏移量为 1 表示 ICMP 的位置代码字段。

下面将列出几个 ICMP 捕获过滤器的结构。

- icmp：捕获所有 ICMP 数据包。
- icmp[0]=8：捕获所有 ICMP 字段类型为 8（Echo Request）的数据包。
- icmp[0]=17：捕获所有 ICMP 字段类型为 17（Address Mask Request）的数据包。
- icmp[0]=8 or icmp[0]=0：捕获所有 ICMP 字段类型为 8（Echo Request）或 ICMP 字段类型为 0（Echo Reply）的数据包。
- icmp[0]=3 and not icmp[1]=4：捕获所有 ICMP 字段类型为 3（Destination Unreachable）的包，除了 ICMP 字段类型为 3/代码为 4（Fragmentation Needed and Don't Fragment was Set）的数据包。

【实例 3-11】 捕获 ICMP 协议数据包。具体操作步骤如下所示。

（1）在工具栏中单击◉按钮，打开捕获选项界面，如图 3.48 所示。

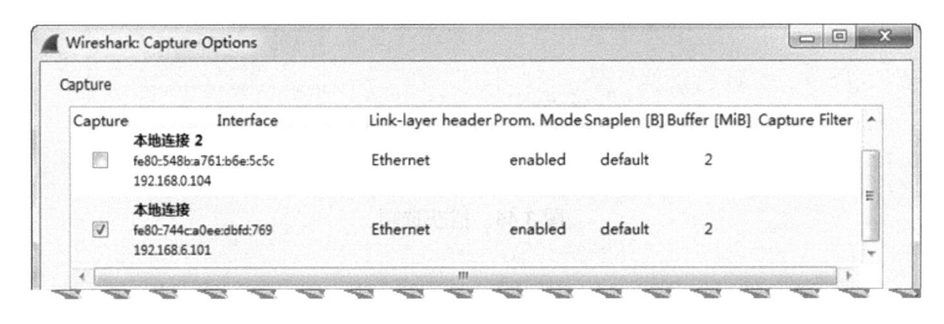

图 3.48　捕获选项

（2）在该界面的捕获区域，勾选捕获数据的接口（本地连接）的复选框。在这个捕获区域双击选择接口行的任何一处，启动编辑接口设置窗口，如图 3.49 所示。

（3）在该界面的 Capture Filter 文本框中输入 icmp，如图 3.49 所示。如果用户在后面还要使用该过滤器，可以通过单击 Capture Filter 按钮，来添加该捕获过滤器，如图 3.50 所示。

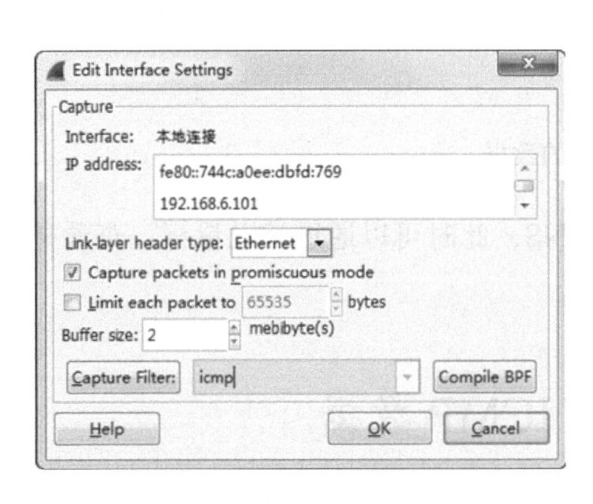

图 3.49　接口设置界面

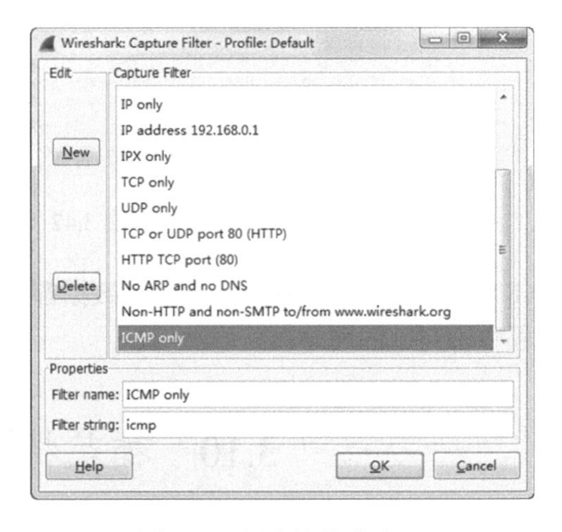

图 3.50　创建捕获过滤器

（4）在该界面设置过滤器的名称（这里设置名称为 ICMP only），单击 New 按钮添加该过滤器。然后单击 OK 按钮，将显示如图 3.51 所示的界面。

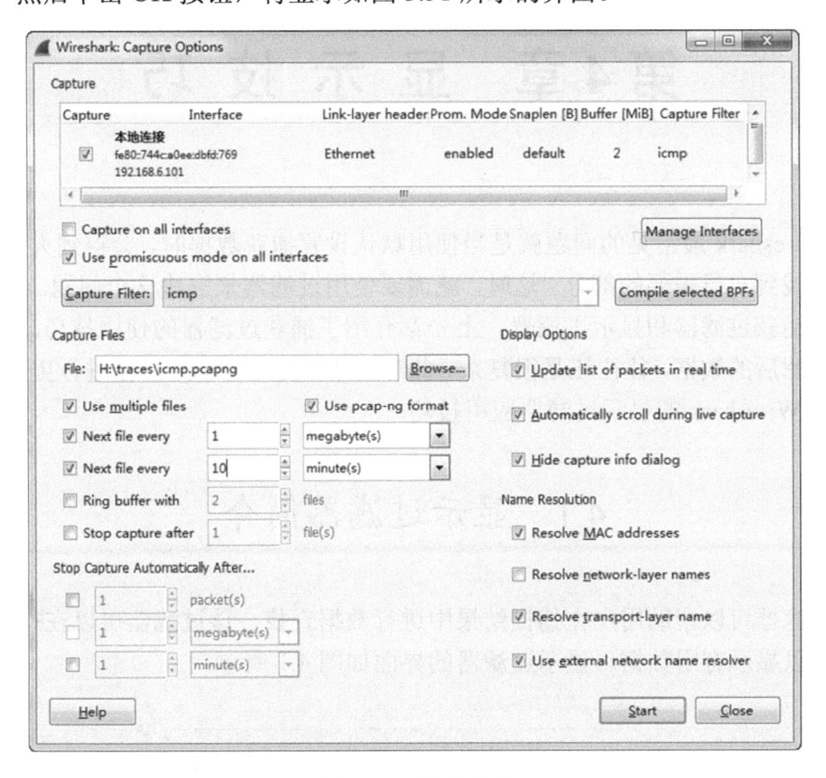

图 3.51　捕获选项

（5）从该界面可以看到创建的捕获过滤器。在该界面指定捕获文件的位置，单击 Browse 按钮，选择并保存捕获文件。本例中设置的捕获文件为 icmp.pcapng。然后设置使用多个文件，并定义下一个生成的文件为每 10 秒生成一个 1MB 的文件，如图 3.51 所示。单击 Start 按钮，开始捕获数据。

（6）此时通过执行 ping 命令，以产生供 Wireshark 捕获的数据。

（7）返回到 Wireshark 界面，单击■（停止捕获）按钮。显示界面，如图 3.52 所示。

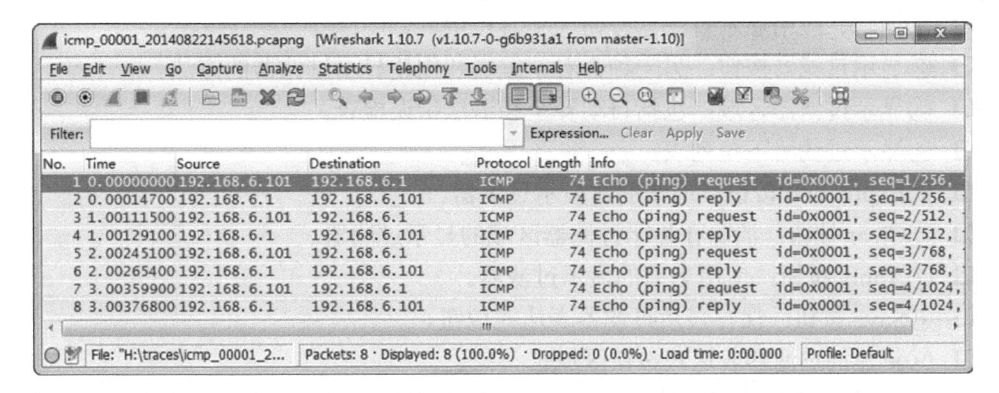

图 3.52　捕获的 ICMP 数据包

（8）从该界面可以看到，捕获的所有数据包的 Protocol 列为 ICMP。

第 4 章　显 示 技 巧

使用 Wireshark 最常见的问题就是当使用默认设置捕获数据时，会得到大量冗余信息，以至于很难找到自己需要的部分。这时，就需要使用过滤器来解决这个问题。在 Wireshark 中，提供了捕获过滤器和显示过滤器。上一章介绍了捕获过滤器的使用技巧。通常经过捕获过滤器过滤后的数据，往往还是很复杂。此时，可以使用显示过滤器进行更细致的过滤。本章将介绍 Wireshark 的显示过滤器应用技巧。

4.1　显示过滤器简介

显示过滤器可以帮助用户在捕捉结果中进行数据查找。该过滤器可以在得到的捕捉结果中修改，以显示有用数据。显示过滤器的界面如图 4.1 所示。

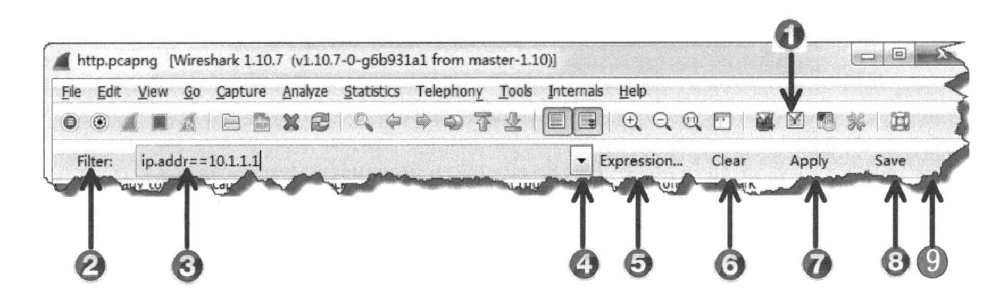

图 4.1　显示过滤器界面

在该图中，每部分的含义如下所示。

- ①编辑、应用显示过滤器按钮（工具栏中）。
- ②显示过滤器按钮：另一种查看、编辑和创建显示过滤器的方法。
- ③显示过滤器区域：包括自动补全和语法错误检查。
- ④显示过滤器下拉列表。
- ⑤Expression 按钮：用来创建显示过滤器。
- ⑥Clear 按钮：清除在显示过滤器区域的显示过滤器。
- ⑦Apply 按钮：应用当前的显示过滤器。
- ⑧Save 按钮：保存显示过滤器表达式按钮。
- ⑨新建的过滤器表达式按钮区域。

捕获过滤器仅支持协议过滤，而显示过滤器既支持协议过滤也支持内容过滤。所以，显示过滤器和捕获过滤器使用的语法也不同。下面将介绍显示过滤器的语法。

显示过滤器语法格式如下：

```
Protocol String1 String2 Comparison operator Value Logical Operations Other expression
```

以上各选项的含义如下所示。

- Protocol（协议）：该选项用来指定协议。该选项可以使用位于 OSI 模型第 2～7 层的协议。
- String1，String2（可选项）：协议的子类。
- Comparison operators：指定比较运算符。可以使用 6 种比较运算符，如表 4-1 所示。

表 4-1　比较运算符

英文写法	C 语言写法	含　义
eq	==	等于
ne	!=	不等于
gt	>	大于
lt	<	小于
ge	>=	大于等于
le	<=	小于等于

- Logical expressions：指定逻辑运算符。可以使用 4 种逻辑运算符，如表 4-2 所示。

表 4-2　逻辑运算符

英文写法	C 语言写法	含　义
and	&&	逻辑与
or	||	逻辑或
xor	^^	逻辑异或
not	!	逻辑非

4.2　使用显示过滤器

显示过滤器是网络分析师分析数据的必要工具。通过创建、编辑和保存显示过滤器，可以大大节约查询数据所需的时间。捕获过滤器和显示过滤器使用的语法完全不同。捕获过滤器使用 BPF 语法，而显示过滤器使用 Wireshark 专有格式。本节将介绍使用显示过滤器。

4.2.1　显示过滤器语法

显示过滤器是基于协议、应用程序、字段名或特有的过滤器。显示过滤器是区分大小写的，但大部分的显示过滤器使用的是小写字符。下面分别介绍这几种过滤器的语法格式。

1. 协议过滤器

- arp：显示所有 ARP 流量，包括免费 ARP、ARP 请求和 ARP 应答。
- ip：显示所有 IPv4 流量，包括有 IPv4 头部嵌入式的包（如 ICMP 目标不可达的数据包，返回到 ICMP 头后进入到 IPv4 头部）。

- ipv6：显示所有 IPv6 流量，包括 IPv4 包和有 IPv6 头部嵌入式的包。
- tcp：显示所有基于 TCP 的流量数据。

【实例 4-1】 过滤 TCP 协议数据包。过滤方法如图 4.2 所示。

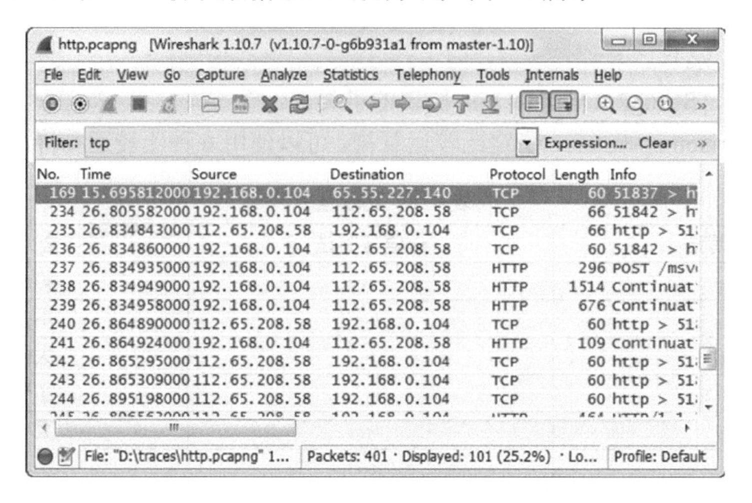

图 4.2　协议过滤器

2. 应用过滤器

- bootp：显示所有 DHCP 流量（基于 BOOTP）。
- dns：显示所有 DNS 流量，包括基于 TCP 传输和 UDP 的 DNS 请求和响应。
- tftp：显示所有 TFTP（简单文件传输协议）流量。
- http：显示所有 HTTP 命令、响应和数据传输包。但是不显示 TCP 握手包、TCP 确认包或 TCP 断开连接的包。
- icmp：显示所有 ICMP 流量。

如使用应用过滤器，查看 DNS 数据，过滤的方法如图 4.3 所示。

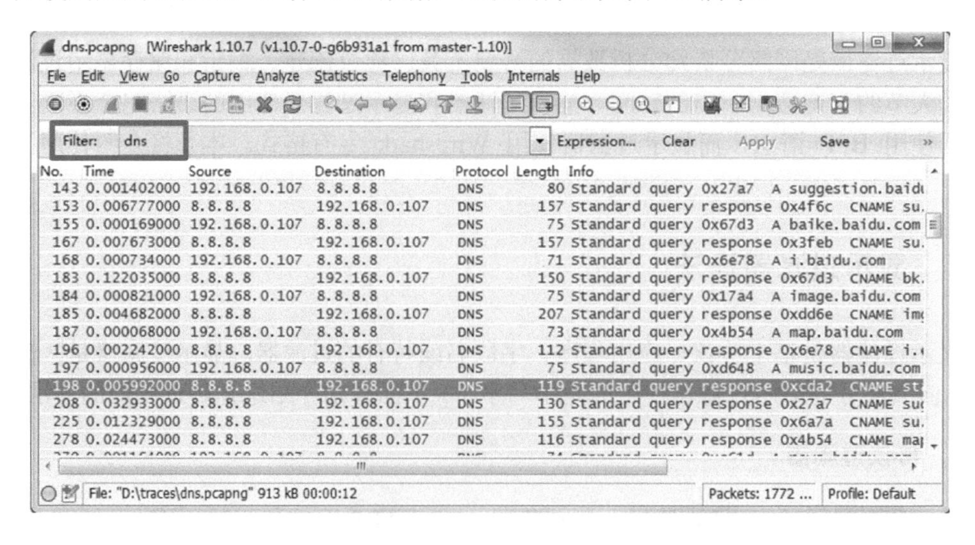

图 4.3　应用过滤器

⚠注意：显示过滤器是区分大小写的。当查询 DNS 数据时，输入的是 dns，而不是 DNS。如果输入 DNS，Wireshark 显示过滤器的背景将显示为红色，表示该过滤器不能运行。

3．字段存在过滤器

- bootp.option.hostname：显示所有 DHCP 流量，包含主机名（DHCP 是基于 BOOTP）。
- http.host：显示所有包含有 HTTP 主机名字段的 HTTP 包。该包通常是由客户端发送给一个 Web 服务器的请求。
- ftp.request.command：显示所有 FTP 命令数据，如 USER、PASS 或 RETR 命令。

4．特有的过滤器

- tcp.analysis.flags：显示所有与 TCP 标识相关的包，包括丢包、重发或者零窗口标志。
- tcp.analysis.zero_window：显示被标志的包，来表示发送方的缓冲空间已满。

4.2.2　检查语法错误

在使用 Wireshark 时，可以通过过滤器的背景色来判断使用的语法是否正确。显示过滤器判断语法是否正确有 3 种背景色，分别是红色、绿色和黄色。下面将分别介绍这 3 种背景色的区别。

1．过滤器背景为红色

当显示过滤器背景色为红色时，表示该过滤器不能运行。当单击 Apply 按钮时，Wireshark 将出现一个错误提示窗口。

【实例 4-2】 下面演示使用一个错误的表达式。

（1）在过滤器中输入表达式 ip.addr=10.2.2.2，将显示如图 4.4 所示的界面。

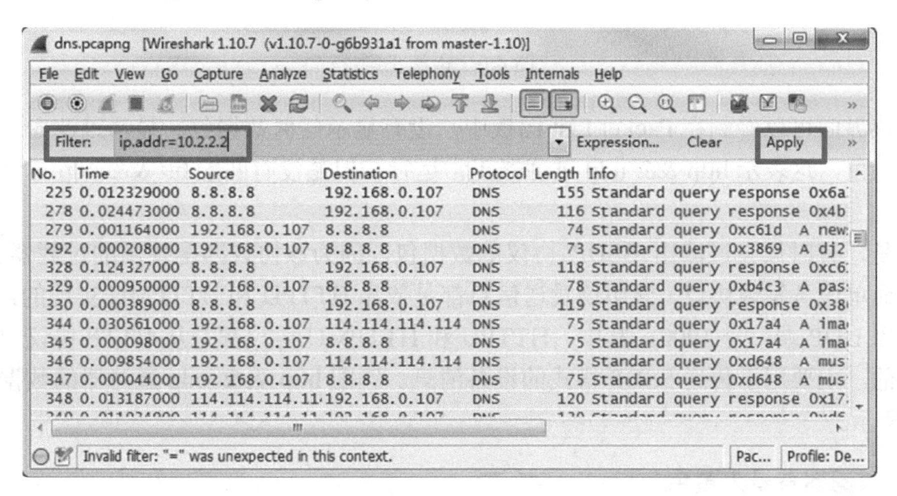

图 4.4　语法错误

（2）从该界面可以看到，显示过滤器的背景色为红色，表示该过滤器不能运行。如果单击 Apply 按钮，将显示如图 4.5 所示的界面。

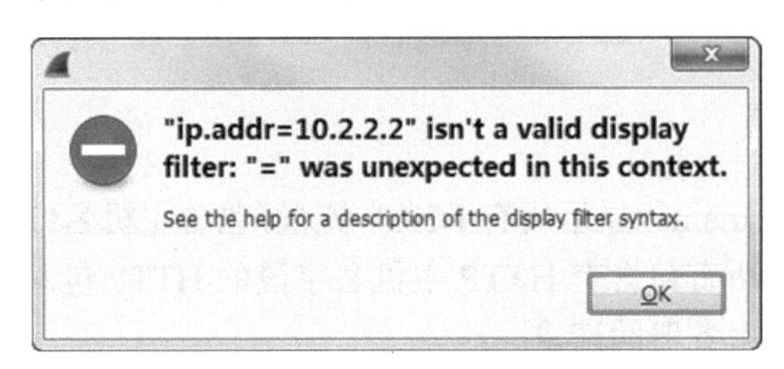

图 4.5　错误提示

（3）从该界面可以看到提示 ip.addr=10.2.2.2 不是一个有效的显示过滤器。

2．过滤器背景为绿色

当显示过滤器背景为绿色时，表示该过滤器语法正确并可以运行。

注意：Wireshark 并不会检查逻辑表达式。

例如，对于 http && udp 表达式，通常 HTTP 会话使用的是 TCP 协议，而不是 UDP 协议。所以如果在显示过滤器中输入 http && udp，通常没有匹配的数据包。尽管该过滤器是不合理的，但是 Wireshark 能处理。因为它通过了语法检查。验证 http && udp 过滤器，将显示如图 4.6 所示的界面。

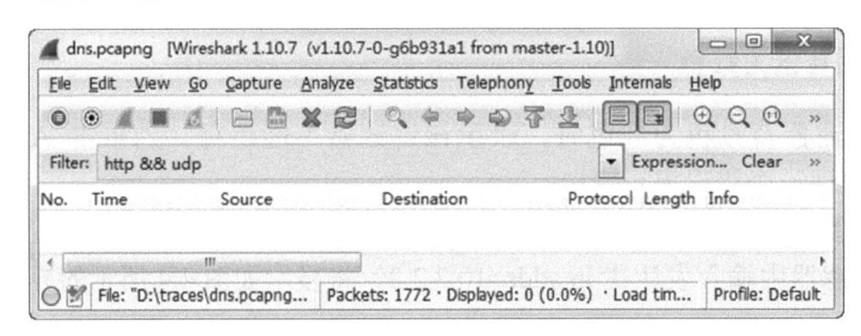

图 4.6　语法正确

从该界面可以看到在 Packet List 面板中，没有显示任何数据包。显示过滤器区域的背景色为绿色，这表示 http && udp 过滤器正常运行，但是没有匹配 htt && udp 过滤器的数据包。

但是，有时候会过滤出 SSDP 协议的数据包，因为该协议匹配使用的过滤器。SSDP 是一个简单服务发现协议，该协议发送信息都是依靠 HTTPU 和 HTTPMU 实现的，并且传输时使用 UDP 端口号 1900。其中，HTTPU 和 HTTPMU 协议都是从 HTTP 协议中派生定义出来的。主要用于传送 SSDP 格式的设备消息。匹配 http && udp 过滤器的数据包，如图 4.7 所示。

3．过滤器背景为黄色

当显示过滤器背景为黄色时，表示该过滤器语法正确。但是，可能不会过滤出用户想要过滤的数据包。当在显示过滤器表达式中输入!=比较运算符后，该颜色将会自动触发。这是为了避免指定一个字段名时，可能匹配一个包中的两个字段。例如 ip.addr 过滤器，表示过滤源和目标为 IPv4 地址的字段。再比如 tcp.port 过滤器，表示过滤源和目标端口的字段。

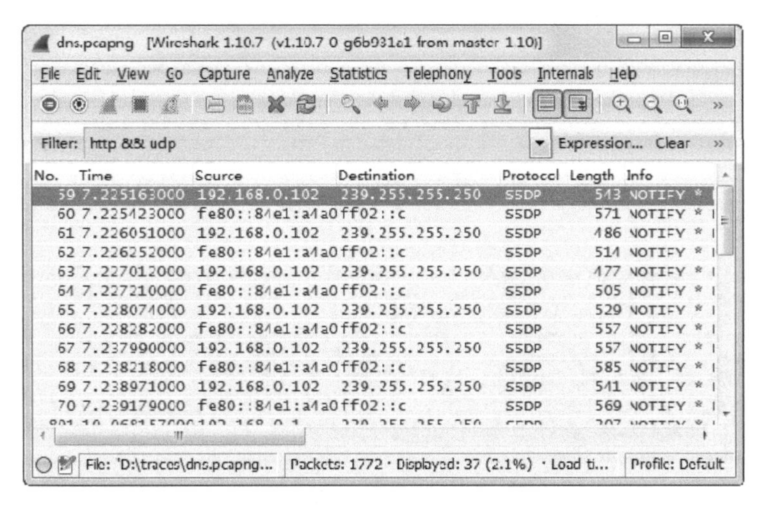

图 4.7　过滤的 SSDP 包

【实例 4-3】下面是过滤器背景颜色为黄色的例子。在过滤器中输入 ip.src !=192.168.0.102 表达式，将显示如图 4.8 所示的界面。

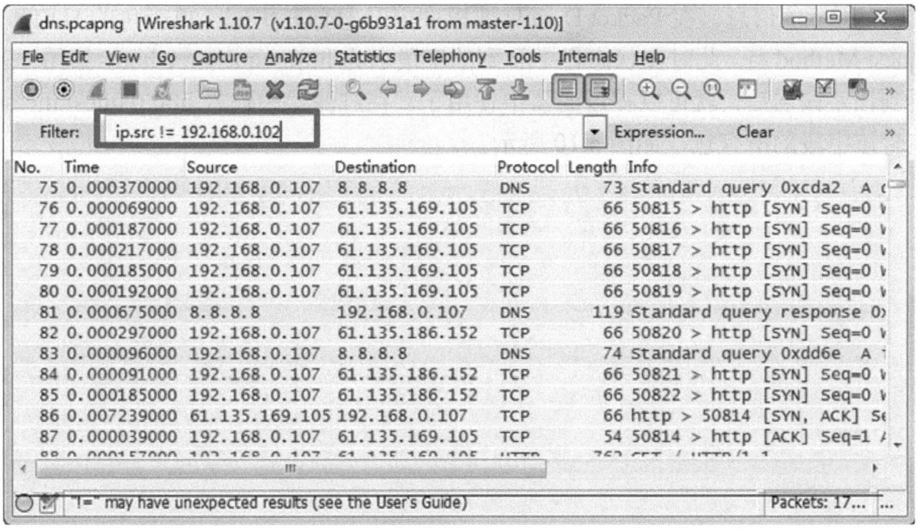

图 4.8　警告

从该界面可以看到过滤器的背景色为黄色，表示仅有一个字段可以匹配该过滤器。

4.2.3　识别字段名

许多显示过滤器都是基于字段名来使用的，如 http.host。由于字段名较多，用户往往很难记住所需要信息对应的字段名。这时，用户可以在包显示列表中选择要过滤的字段，然后在状态栏中找到该字段对应的字段名。下面来看一个字段名，如图 4.9 所示。

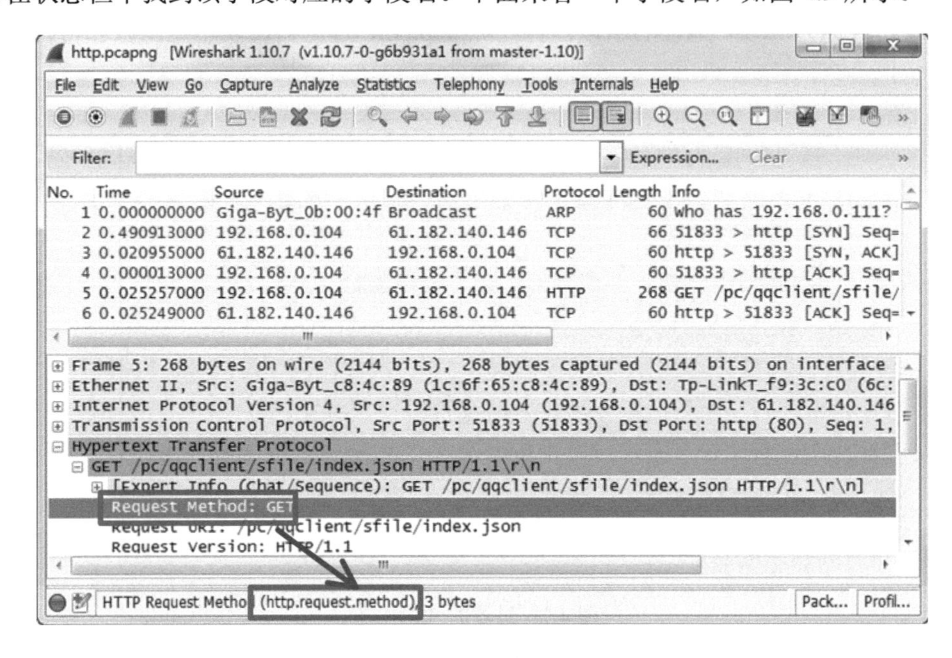

图 4.9　识别字段名

这里以 Packet List 面板中的第 5 帧为例。单击第 5 帧，将会在 Packet Details 面板中看到如图 4.9 所示的信息。在 Packet Details 面板中展开 HTTP 头部，单击包的 HTTP 会话中的 Request Method 行。此时在状态栏中看到的字段名为 http.request.method，如图 4.9 所示。

看到该字段名后，就可以在过滤器中使用了。在过滤器中输入 http.request.method，将显示包含该字段的所有包，如图 4.10 所示。

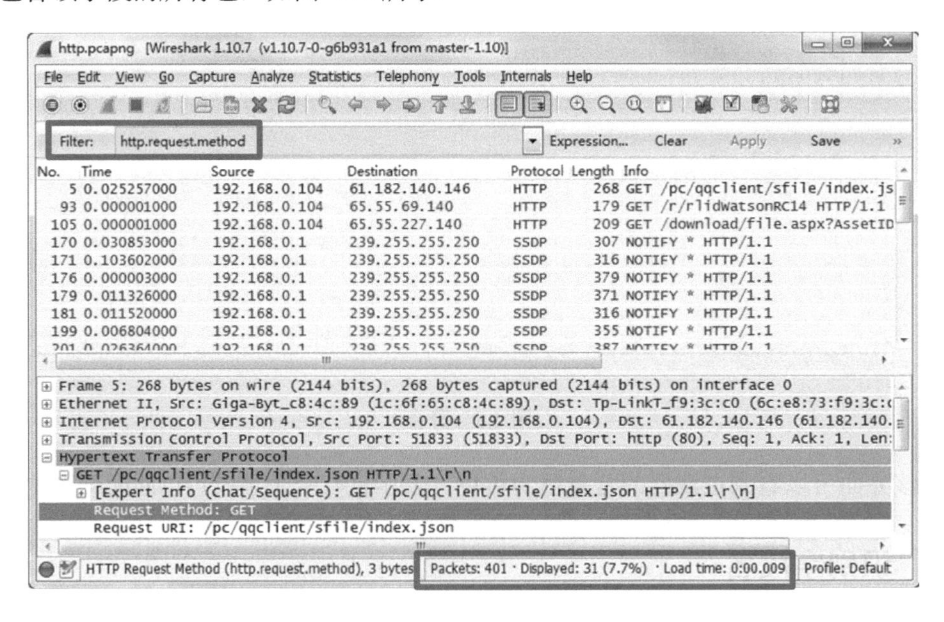

图 4.10　http.request.method 过滤器

该界面显示了使用 http.request.method 过滤器后，显示的所有数据包。在状态栏中显示了捕获文件 http.pcapng 过滤出的信息，该包文件中包含 401 个包，并且仅有 31 个包匹配该过滤器。

4.2.4　比较运算符

Wireshark 支持许多个比较运算符。用户可以通过比较运算符来创建过滤器，这样，过滤器可以搜索到特定的字段值。下面列出 Wireshark 中可用的几种比较运算符。

1．等于==或eq

ip.src == 10.2.2.2：表示显示来自 10.2.2.2 的所有 IPv4 数据。

2．不等于!=或ne

tcp.srcport != 80：表示显示来自除 80 端口外的所有 TCP 数据。

3．大于>或gt

frame.time_relative > 1：在捕获文件中，显示时间差超过 1 秒的数据。

4．小于< or lt

tcp.windows_size < 1460：显示 TCP 接收窗口小于 1460 个字节的数据。

5．大于等于>= or ge

dns.count.answers >= 10：显示 DNS 响应包，要求该包中至少包含 10 个响应包。

6．小于等于<= or lt

ip.ttl < 10：显示 TTL 字段值小于 10 的数据。

7．包含contains

http contains "GET"：显示 HTTP 客户端发送给 HTTP 服务器的所有 GET 请求数据。

8．匹配matches

ftp.request.arg matches "admin"：显示匹配 admin 字符串的数据。

提示：在操作符的两边不需要有空格。如过滤器 ip.src==10.2.2.2 和 ip.src == 10.2.2.2 是一样的。

4.2.5　表达式过滤器

如果不知道如何使用过滤器，可以查看 Wireshark 默认定义的表达式。单击显示过滤器工具栏上的 Expression 按钮，即可查看默认的表达式过滤器。在表达式过滤器窗口中，选择应用程序或协议的名称后会自动跳转到想要查看的数据包位置。下面将介绍表达式过滤器。

【实例 4-4】 下面演示使用表达式过滤器。具体操作步骤如下所示。

（1）打开过滤器表达式窗口。在显示过滤器工具栏中，单击 Expression 按钮，如图 4.11 所示。

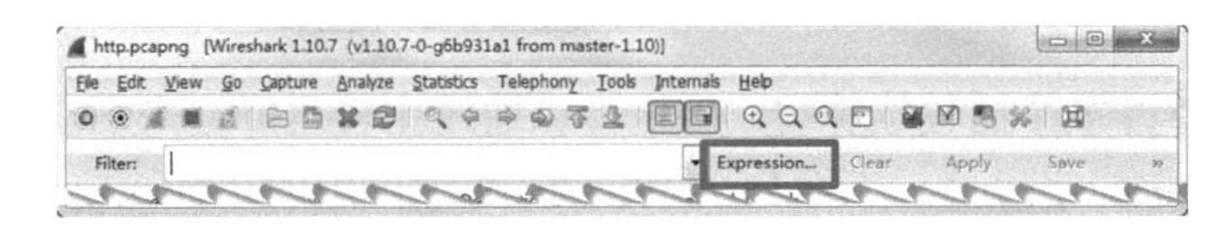

图 4.11　打开表示式窗口

（2）在该界面单击 Expression 按钮后，将显示如图 4.12 所示的界面。

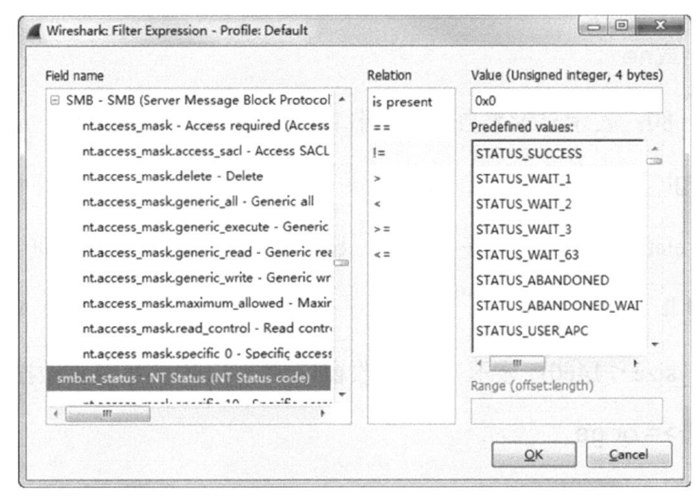

图 4.12　过滤器表达式窗口

（3）从该界面可以看到过滤器表达式窗口分为三部分。其中左边显示的是预先定义好的字段名；中间显示的是比较运算符；右边显示的是字段值。本例中选择使用 smb.nt_status 字段、!=运算符和预先定义的 STATUS_SUCCESS 值。Wireshark 显示了 NT Status 字段的值为 0x0，表示响应成功。然后单击 OK 按钮，将显示如图 4.13 所示的界面。

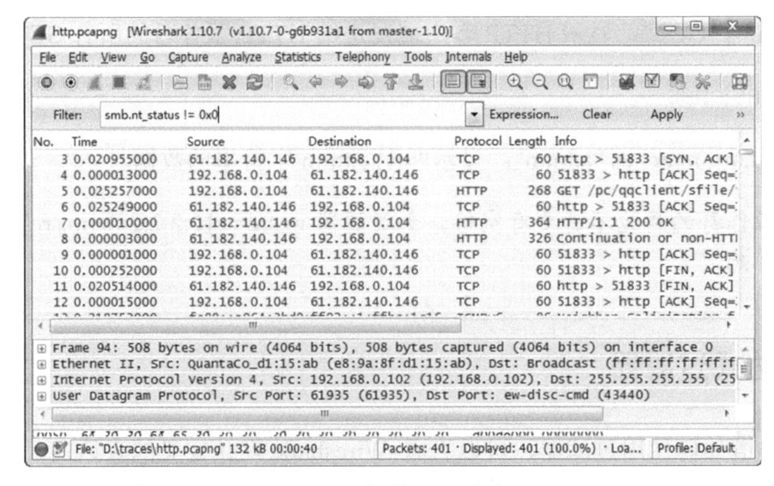

图 4.13　添加的显示过滤器

（4）从该界面可以看到并没有响应 SMB 相关的信息。因为，在过滤器表达式窗口单击 OK 按钮后，Wireshark 不会自动运行该过滤器，只是将该过滤器添加到过滤器区域。此时，需要单击 Apply 按钮后才可以过滤 SMB 数据。

4.2.6 使用自动补全功能

使用表达式显示过滤器时，也可以通过自动补全的方法来实现。使用自动补全的功能，可以快速找到可用的显示过滤器。例如，使用 http.request.method 过滤器时，当用户输入 http.（包括小数点）后，将会看到以 http.开头的所有显示过滤器的列表。继续输入 http.requests.时，将看到以该短语开头的过滤器，如图 4.14 所示。

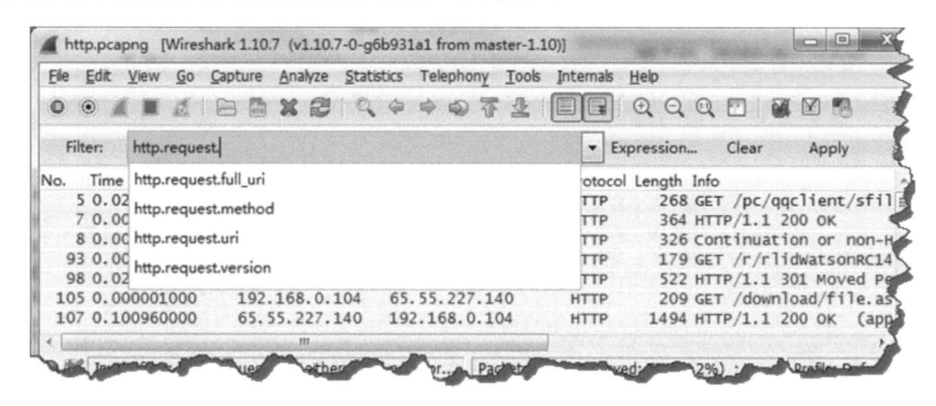

图 4.14　自动补全表达式

【实例 4-5】 使用自动补全功能查看指定 HTTP 服务的数据。操作步骤如下所示：

（1）打开一个捕获文件，名为 http-host.pcapng。该文件是通过访问 www.baidu.com 网站捕获到的大量 DNS 和 HTTP 数据。

（2）在显示过滤器中，对 http-host.pcapng 捕获文件使用自动补全功能。首先使用 http 过滤器查看捕获到的 HTTP 数据，在显示过滤器区域输入 http，并按下 Apply 按钮，将显示如图 4.15 所示的界面。

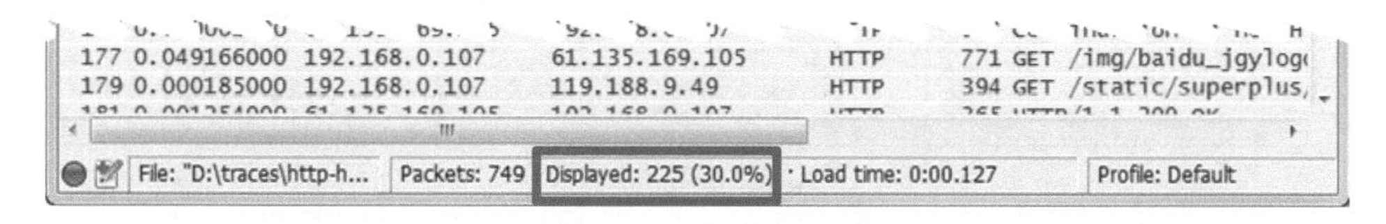

图 4.15　HTTP 数据

从该界面的状态栏中可以看到，匹配过滤器的数据有 225 个。如果将 TCP 首选项中的 Allow subdissector to reassemble TCP streams 选项启用后，显示匹配过滤器的数据为 68 个。

（3）在显示过滤器 http 后添加一个“（点）”，将显示所有以 http.样式开头的匹配过滤器列表，如图 4.16 所示。

（4）在该界面向下滚动鼠标找到 http.host 过滤器。然后双击该过滤器，将显示如图 4.17 所示的界面。

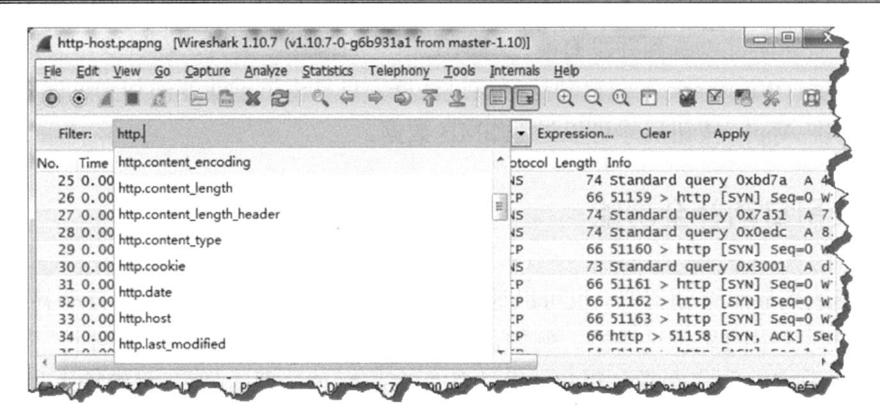

图 4.16　自动补全功能

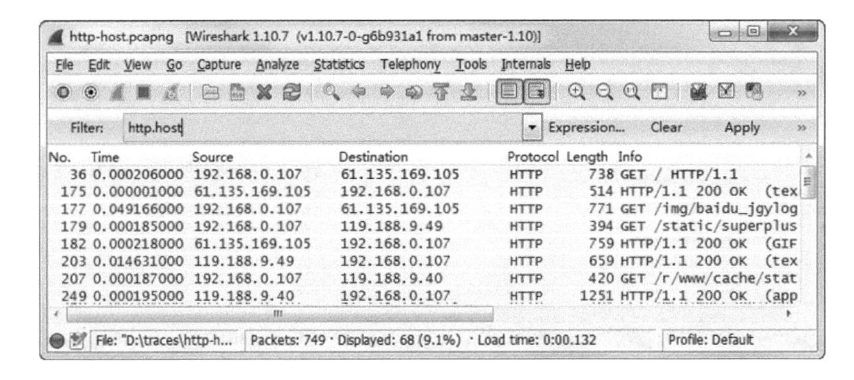

图 4.17　添加的过滤器

（5）从该界面可以看到在显示过滤器中，添加了 http.host 过滤器。此时，单击 Apply 按钮，将显示如图 4.18 所示的界面。

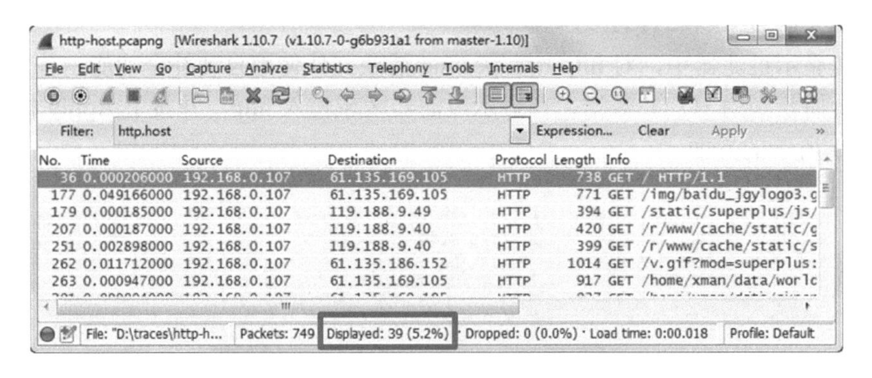

图 4.18　匹配 http.host 过滤器的数据

（6）该界面显示了匹配 http.host 过滤器的所有数据，从状态栏中可以看到共有 39 个数据包。这些包中都包含有一个 HTTP Host 字段。

4.2.7　手动添加显示列

如果过滤后的数据包仍然很多，通过滚动鼠标查看每个包的 HTTP Host 字段显然有点麻烦。这时可以为该字段添加一列，这样就可以很容易地查看到连接的主机。

在前面已经介绍过添加列的方法，如果在前面将添加的 Host 列隐藏的话，只需要右键单击任何一列选择 Displayed Columns|Host(http.host)命令显示 Host 列。如果没有添加 Host 列的话，在 Package Details 面板中展开 Hypertext Transfer Protocol 会话，右键单击 Host 字段并选择 Apply as Column 选项。添加完后，界面如图 4.19 所示。

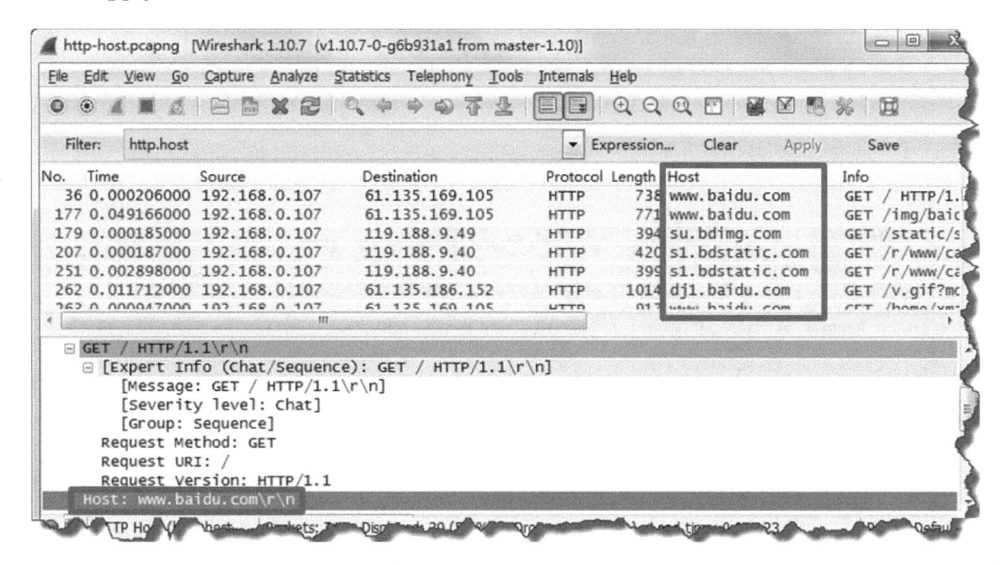

图 4.19　添加了 Host 列

从该界面可以看到添加的 Host 列。通过查看该捕获文件，可以发现在访问 Web 网站时，有很多主机（客户端请求）字段。这时候可以通过 Host 列，分析访问的 Web 站点。分析 Host 列时，可以使用过滤器搜索到客户端发送给一个特定服务器的信息。如上例中提到的 www.baidu.com 站点，这里搜索 baidu 关键字。在显示过滤器中输入 http.host contains "baidu"，然后单击 Apply 按钮，将显示如图 4.20 所示的界面。

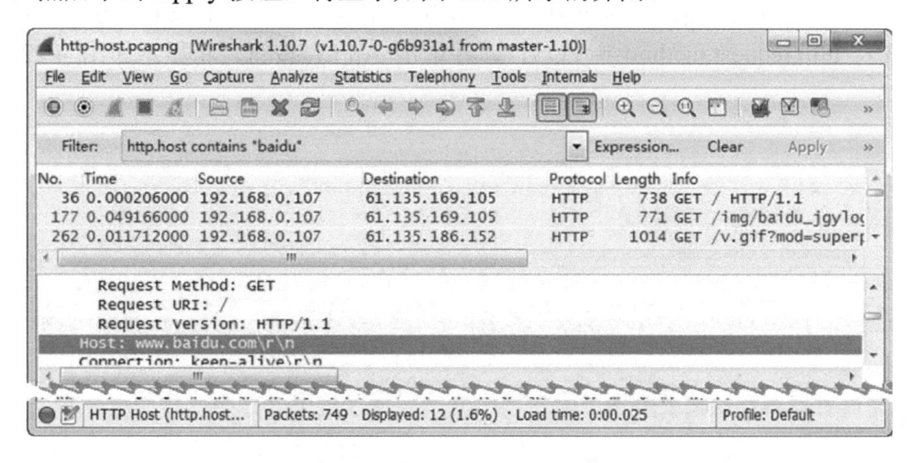

图 4.20　搜索 baidu 关键字的包

从该界面可以看到匹配 http.host contains "baidu"过滤器的所有数据，从状态栏中可以看到共有 12 个包匹配该过滤器。

接下来就可以查看一个特定的命令了（如 POST、GET）。这里选择查看 POST 命令，具体操作步骤如下所示。

（1）查看 Packet Details 面板中任意一个包的 HTTP 会话，确定 HTTP 会话被完整展开，如图 4.21 所示。

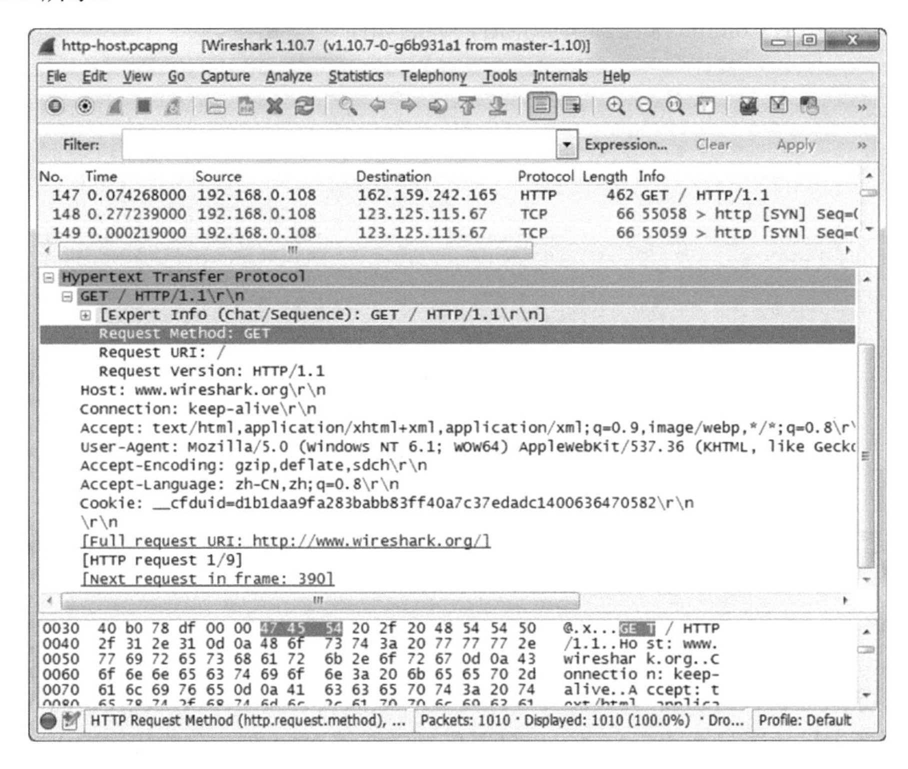

图 4.21　HTTP 会话

（2）从展开的 HTTP 会话中，找到 Request Method 字段。单击该字段，将会在状态栏中看到该字段名为 http.request.method。这里使用该字段查找一个 POST 请求，在显示过滤器区域输入 http.request.method=="POST"，并单击 Apply 按钮，将显示如图 4.22 所示的界面。

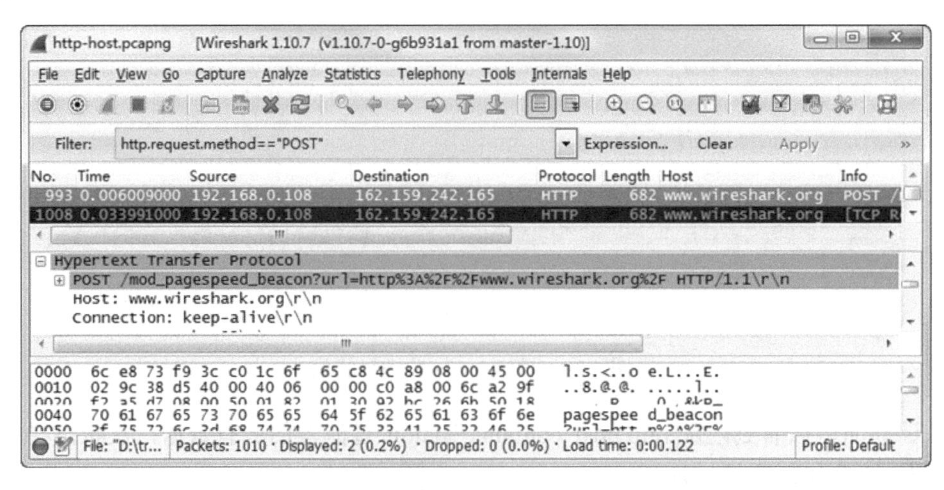

图 4.22　搜索到的 POST 命令包

（3）从该界面可以看到有两个包匹配 http.request.method=="POST"显示过滤器。从 Packet Details 面板中，可以看到该包的详细信息。

4.3　编辑和使用默认显示过滤器

Wireshark 包括 15 个默认显示过滤器。用户可以使用其中一个作为参考，来创建新的显示过滤器。使用这些默认显示过滤器，可以更高效地分析抓包数据。本节将介绍编辑和使用默认显示过滤器。

打开显示过滤器窗口，可以通过单击 Filter 按钮（显示过滤器区域左边的按钮），或单击工具栏中的 （编辑/使用显示过滤器）按钮来实现，如图 4.23 所示。

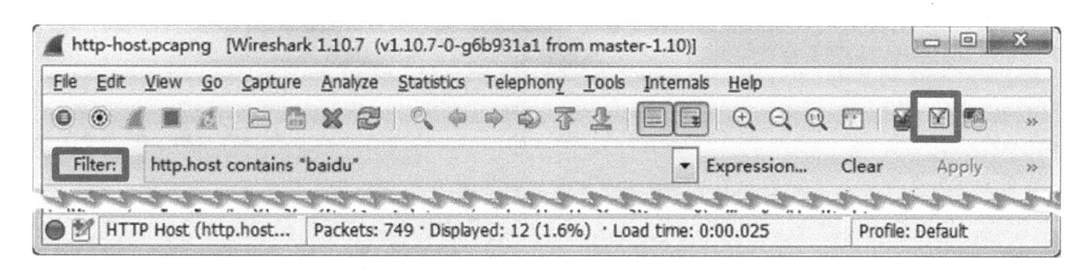

图 4.23　打开显示过滤器窗口

使用以上的其中一种方法打开显示过滤器，界面如图 4.24 所示。

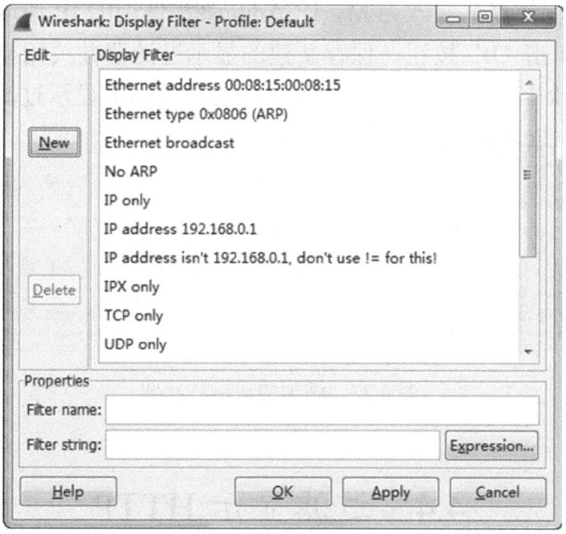

图 4.24　显示过滤器窗口

在该界面显示了 Wireshark 的默认显示过滤器列表。如果要使用这些过滤器，在显示过滤器列表中选择其中一个，然后单击 OK 按钮即可。

在使用默认显示过滤器之前，需要确定这些默认过滤器的以太网或 IP 地址是否匹配自己的网络。如果不匹配的话，必须要编辑该过滤器或使用根据该过滤器的格式创建自己的以太网或 IP 地址过滤器。

【实例 4-6】 根据默认过滤器的格式，创建新的过滤器。具体操作步骤如下所示。

（1）使用 ipconfig 或 ifconfig 命令获取主机的 IP 地址。

（2）单击 Filter 按钮，打开显示过滤器窗口，如图 4.25 所示。

（3）在该界面选择默认过滤器 IP address 192.168.0.1，如图 4.25 所示。这时单击 New 按钮，创建新的过滤器。新建的过滤器将显示在过滤器列表的最后一行，如图 4.26 所示。如果不想单击 New 按钮创建，也可以直接编辑默认的过滤器。

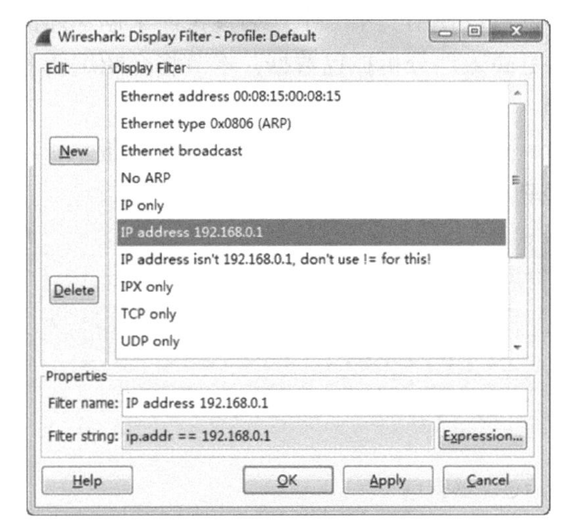

图 4.25　显示过滤器窗口

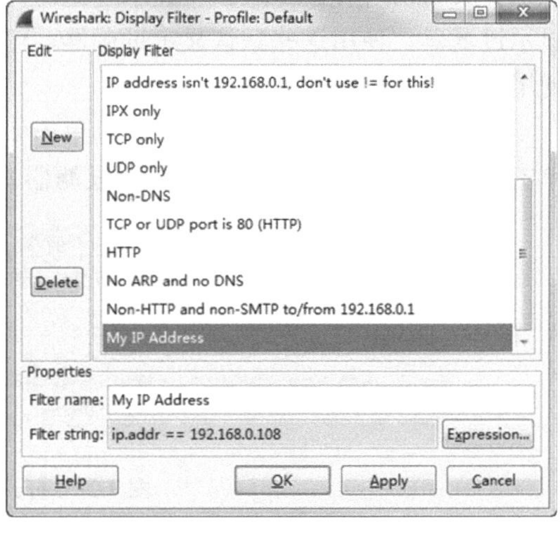

图 4.26　新建显示过滤器

（4）在该界面将过滤器名修改为 My IP Address，使用的 IP 地址为 192.168.0.108，如图 4.26 所示。然后单击 OK 按钮，保存新建的显示过滤器并关闭显示过滤器窗口。单击 OK 按钮后，Wireshark 自动地将新建的显示过滤器添加到了显示过滤器区域。如果不想使用该过滤器，可单击 Clear 按钮，如图 4.27 所示。

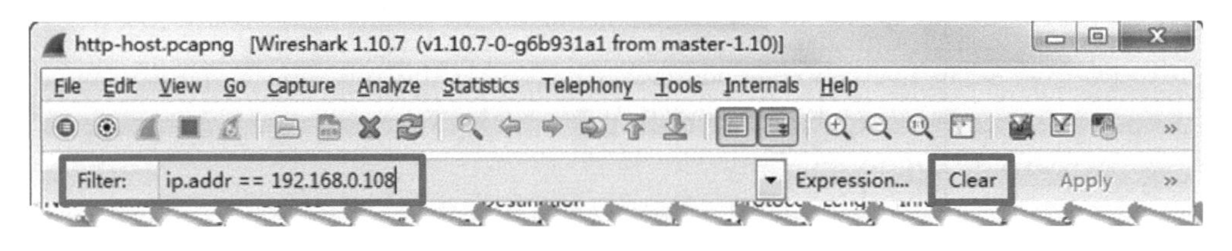

图 4.27　添加的显示过滤器

4.4　过滤显示 HTTP

当查看 HTTP 包时，使用正确的过滤流量器是非常重要的。例如发现自己访问网站很慢时，可以通过过滤显示 HTTP 包，来判断问题的原因。通常分析一个 HTTP 包时，需要分为两个阶段。由于捕获 HTTP 时会有两个过程，首先通过 TCP 三次握手建立连接，然后再发生 HTTP GET 请求，才可连接到 Web 服务器。由于这样的过程，此时也需要通过两步来过滤显示 HTTP 数据包。本节将分别进行介绍。

【实例 4-7】 演示捕获访问 www.baidu.com 网站的数据包。具体操作步骤如下所示。

（1）启动 Wireshark 工具，如图 4.28 所示。

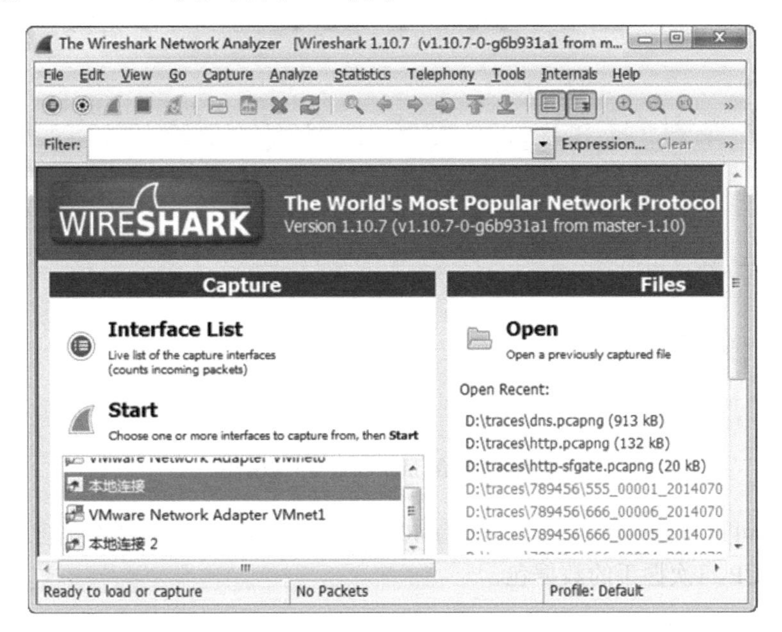

图 4.28　Wireshark 主界面

（2）在该界面选择捕获接口，然后单击 Start 按钮，将开始捕获数据，如图 4.29 所示。

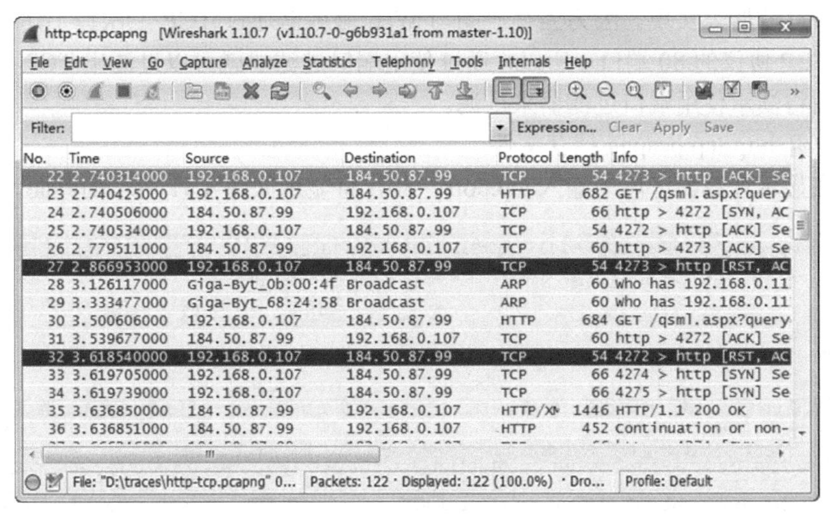

图 4.29　开始捕获数据

（3）此时通过浏览器访问 www.baidu.com 网站。访问成功后停止 Wireshark 捕获，并保存该文件名为 http-tcp.pcapng。

（4）打开捕获文件 http-tcp.pcapng 后，将会看到在该捕获文件中有很多数据包。如果要查看需要的 HTTP 数据包，就必须使用显示过滤器。

接下来分别使用应用程序过滤器和端口过滤器，查看捕获 HTTP 过程的数据包。

1．使用应用程序过滤器

当用户查看 HTTP 包时，通常会使用应用程序过滤器 http，过滤后结果如图 4.30 所示。

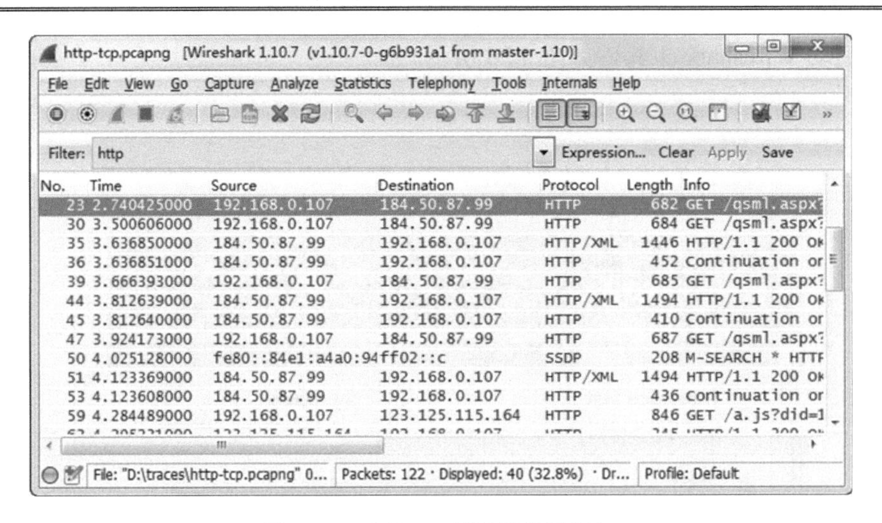

图 4.30　匹配 http 过滤器的数据包

从该界面可以看到匹配过滤器的包有 40 个。这些包的 Protocol 列都包含了 HTTP 协议，而无法看到 TCP 三次握手的数据包。

2. 使用端口过滤器

如果要想查看 TCP 相关的数据包（如 TCP 连接、TCP 重发或 TCP 错误包），就必须要使用端口过滤器来实现。因为当客户端与 Web 服务器通过 TCP 三次握手建立连接时，使用的是 TCP 协议的 80 端口。所以，通过使用端口过滤器就可以过滤出 TCP 三次握手的过程。下面将演示使用端口过滤器来过滤。

（1）打开 http-tcp.pcapng 捕获文件。

（2）在显示过滤器区域中输入 tcp.port==80，将显示如图 4.31 所示的界面。

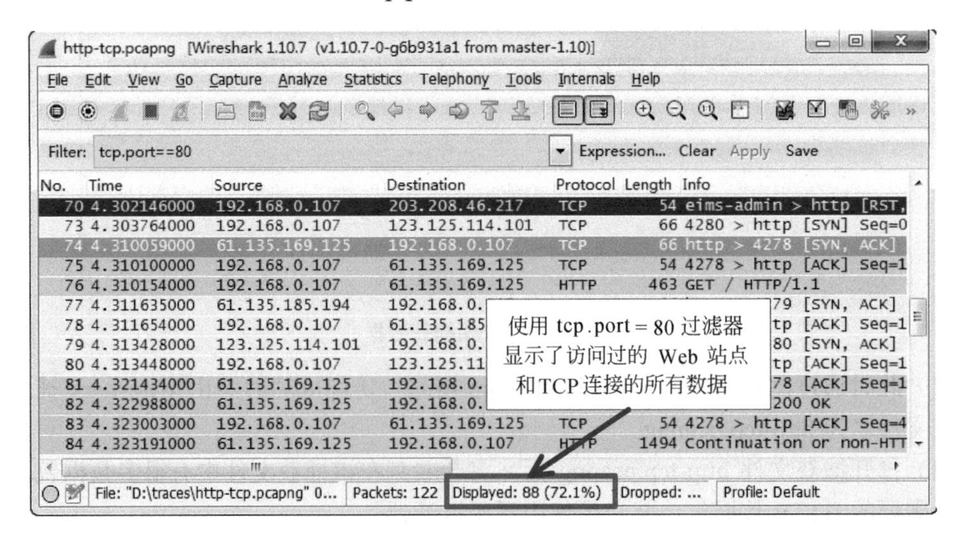

图 4.31　过滤的数据

（3）在该界面显示了一个完整的 Web 会话。从该界面的状态栏中可以看到该捕获文件中共有 122 个包，其中匹配 tcp.port==80 过滤器的包有 88 个。在该界面 Packet List 面板的

Protocol 列中，可以看到 73、74、75 帧的协议为 TCP。这 3 帧表示是 TCP 三次握手。其中，73 帧表示客户端向服务器发送 SYN 包，请求建立连接；74 帧表示服务器响应客户端的请求，发送了 SYN ACK 包；75 帧表示客户端发送了 ACK 包，确认已成功与服务器建立连接。

（4）客户端通过 TCP 三次握手与服务器成功建立连接后，就可以向服务器发送 HTTP GET 请求了。在图 4.31 中，76 帧就是客户端发送的 GET 请求，请求访问 www.baidu.com 网站。

4.5　过滤显示 DHCP

过滤器显示 DHCP 数据，同样需要使用应用过滤器实现。但是过滤 DHCP 时，使用的过滤器不是 dhcp，而是 bootp。这是因为 DHCP 的前身是 BOOTP。本节将介绍过滤显示 DHCP。如果在显示过滤器中输入 dhcp，则显示过滤器的背景将变为红色。这表明该语法错误，显示界面如图 4.32 所示。

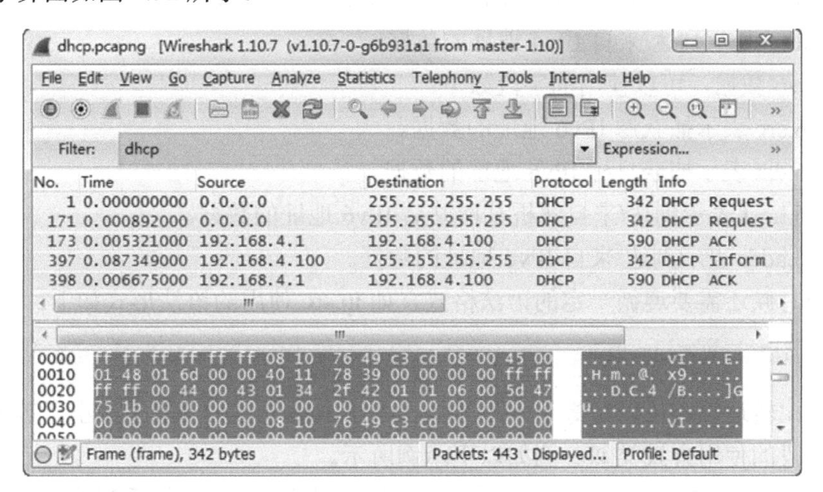

图 4.32　dhcp 语法错误

从该界面可以看到 Packet List 面板中，Protocol 列显示的是 DHCP。但是输入 dhcp 过滤器，将不能运行。正确的显示过滤器语法应该是 bootp，如图 4.33 所示。

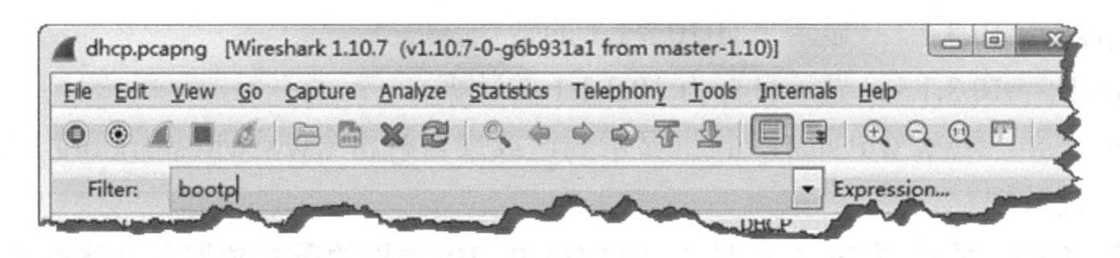

图 4.33　过滤显示 DHCP

从该界面可以看到在显示过滤器区域输入 bootp 后，过滤器的背景色为绿色。这表示 bootp 语法正确。如果想过滤 DHCPv6 数据，则使用 dhcpv6 过滤器（DHCPv6 不是基于 BOOTP 的）。

4.6　根据地址过滤显示

根据地址过滤显示，可以更好地查看某台主机的数据。因此，IP 地址显示过滤器是使用最广泛的过滤器。使用显示过滤器查看一个 IP 地址、地址范围或子网的数据时，有很多选项可以使用。本节将详细讲解地址过滤显示。

4.6.1　显示单个 IP 地址或主机数据

根据使用的协议不同，抓取的数据通常有 IPv4 数据和 IPv6 数据。IPv4 和 IPv6 表示 IP 地址的两个版本。对于 IPv4 数据，可以使用的字段如下：

- ip.src 表示捕获源 IPv4 地址的数据。
- ip.dst 表示捕获目标 IPv4 地址的数据。
- ip.host 表示到达/来自解析某网站后 IPv4 地址的数据。
- ip.addr 表示到达/来自 IPv4 地址的数据

对于 IPv6 数据，可以使用的字段如下：

- ipv6.src 表示捕获源 IPv6 地址的数据。
- ipv6.dst 表示捕获目标 IPv6 地址的数据。
- ipv6.host 表示到达/来自解析某网站后 IPv6 地址的数据。
- ipv6.addr 表示到达/来自 IPv6 地址的数据。

使用的时候还需要遵循一定的语法格式，如 ip.src 使用的语法形式如下：

```
ip.src 比较运算符 IP 地址
```

其中，比较运算符可以是等于、不等于、大于、小于、大于等于或小于等于。

其他字段的使用方式类似。例如以下示例所示。

- ip.addr==10.3.1.1：显示 IP 源或目标地址字段为 10.3.1.1 的所有数据。
- !ip.addr==10.3.1.1：显示 IP 源或目标地址除 10.3.1.1 的所有数据。
- ipv6.addr==2406:da00:ff00::6b16:f02d：显示所有到达/来自 2406:da00:ff00::6b16:f02d 的所有数据。
- ip.src==10.3.1.1：显示来自 10.3.1.1 的数据。
- ip.dst==10.3.1.1：显示目标为 10.3.1.1 的数据。
- ip.host==www.wireshark.org：显示到达或来自解析 www.wireshark.org 网站后的 IP 地址数据。

【实例 4-8】 捕获源 IPv4 地址为 192.168.0.110 主机的所有数据。具体操作步骤如下所示。

（1）启动 Wireshark 工具，如图 4.34 所示。

（2）在该界面的菜单栏中依次选择 Capture|Options 命令，打开捕获选项窗口，如图 4.35 所示。

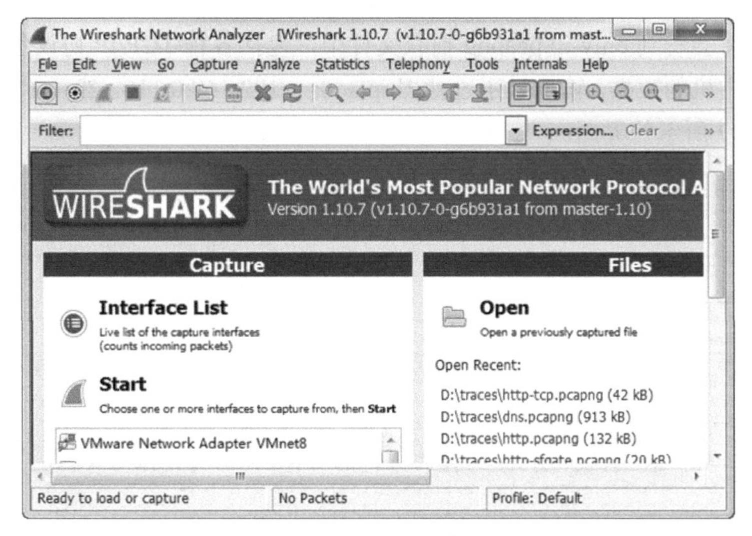

图 4.34　Wireshark 主界面

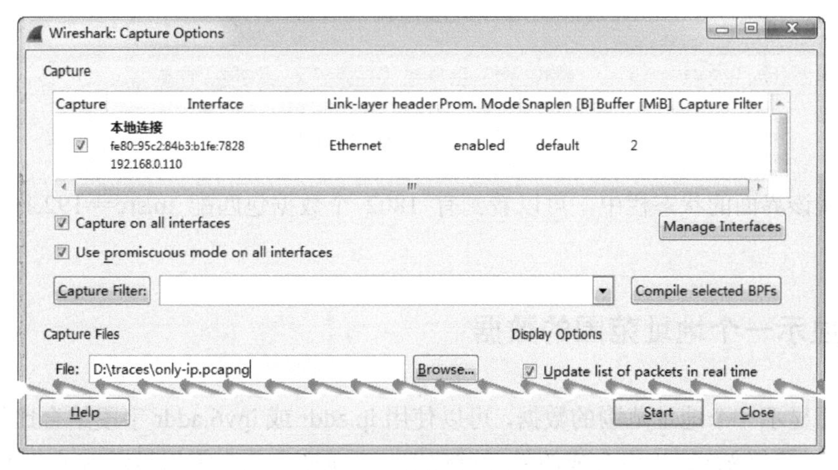

图 4.35　捕获选项窗口

（3）在该界面选择捕获接口，并指定捕获文件的位置和文件名。然后通过访问某个网站，产生一些数据。然后停止 Wireshark 捕获，将显示如图 4.36 所示的界面。

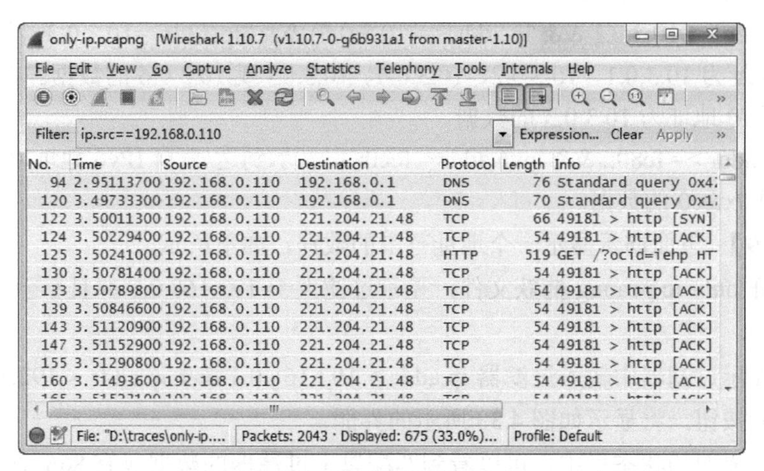

图 4.36　捕获的数据

（4）此时将会看到 only-ip.pcapng 捕获文件中，包括各种 TCP/IP 协议包。如现在过滤 192.168.0.110 主机的数据，输入显示过滤器 ip.addr==192.168.0.110。然后单击 Apply 按钮，将显示如图 4.37 所示的界面。

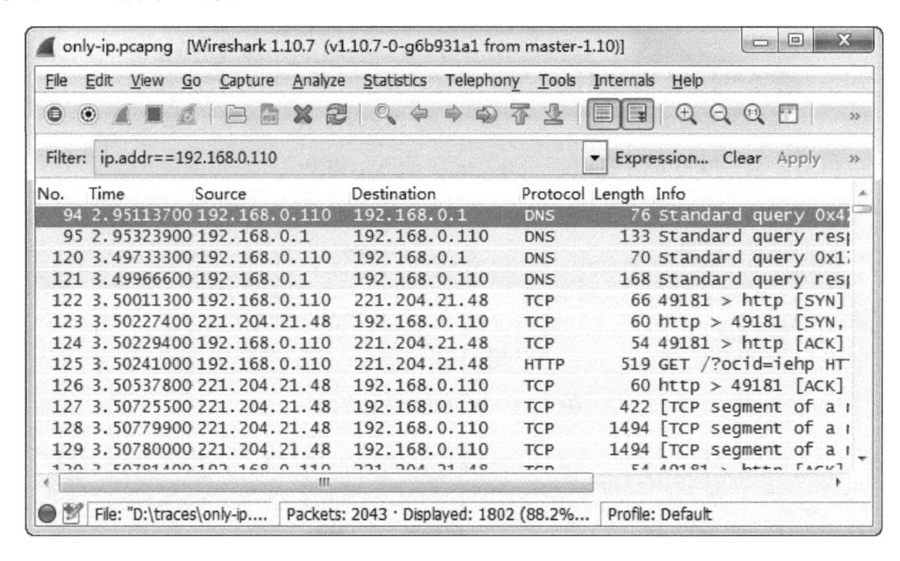

图 4.37　过滤后的数据包

（5）从该界面的状态栏中，可以看到有 1802 个数据包匹配 ip.src==192.168.0.110 过滤器。

4.6.2　显示一个地址范围的数据

如果想显示一个地址范围的数据，可以使用 ip.addr 或 ipv6.addr 字段结合比较运算符>或<和逻辑运算符&&(and)组合成的显示过滤器。下面列出几个常用显示地址范围数据的过滤器表达式。

- ip.addr > 10.3.0.1 && ip.addr < 10.3.0.5：显示到达/来自 IP 地址 10.3.0.2、10.3.0.3 或 10.3.0.4 主机的数据。
- (ip.addr >= 10.3.0.1 && ip.addr <= 10.3.0.6) && !ip.addr==10.3.0.3：显示到达/来自 IP 地址为 10.3.0.1、10.3.0.2、10.3.0.4、10.3.05 或 10.3.0.6 的数据。在这个范围内，除了 IP 地址为 10.3.0.3 的数据。
- ipv6.addr >= fe80:: && ipv6.addr < fec0::：显示到达/来自 IPv6 地址以 0xfe80 开始，直到 0xfec0 的数据。

【实例 4-9】 下面演示显示一个地址范围的数据，如下所示。

（1）打开 only-ip.pcapng 捕获文件，显示过滤大于 192.168.0.1 并且小于 192.168.0.110 的数据。

（2）在显示过滤器中输入过滤器 ip.addr > 192.168.0.1 && ip.addr < 192.168.0.110，然后单击 Apply 按钮，将显示如图 4.38 所示的界面。

（3）从该界面的状态栏中，可以看到匹配以上过滤器的数据包有 866 个。

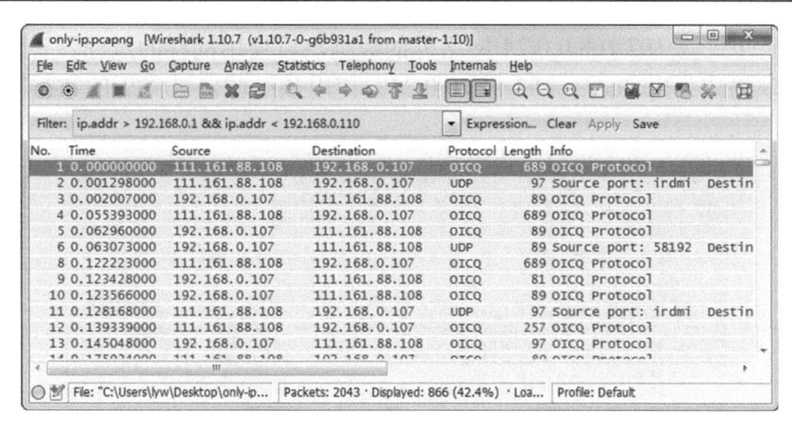

图 4.38　显示地址范围的数据

4.6.3　显示一个子网 IP 的数据

捕获一个子网 IP 的数据，用户可以以 CIDR（无类型域间选路）格式使用 ip.addr 字段名定义一个子网过滤器。CIDR 格式是通过使用 IP 地址，并在 IP 地址后跟一个斜杠和数字。该斜杠和数字分别定义 IP 地址的网络部分和掩码位数。

下面介绍几个 CIDR 格式的例子，如下所示。

- ip.addr==10.3.0.0/16：显示 IP 地址从 10.3 开始的源 IP 地址字段和目标 IP 地址字段的所有数据。
- ip.addr==10.3.0.0/16 && !ip.addr==10.3.1.1：显示 IP 地址从 10.3 开始的源 IP 地址字段和目标 IP 地址字段的数据，除了 10.3.1.1 地址。
- !ip.addr==10.3.0.0/16 && !ip.addr==10.2.0.0/16：显示除了以 10.3 或 10.2 开头的源 IP 地址字段和目标 IP 地址字段的数据。

【实例 4-10】 过滤到达/来自 192.168.0.0/24 网络的所有数据。具体操作步骤如下所示。

（1）打开 only-ip.pcapng 捕获文件，过滤 192.168.0.0/24 网络内的所有数据。

（2）在显示过滤器中输入 ip.addr==192.168.0.0/24，然后单击 Apply 按钮，将显示如图 4.39 所示的界面。

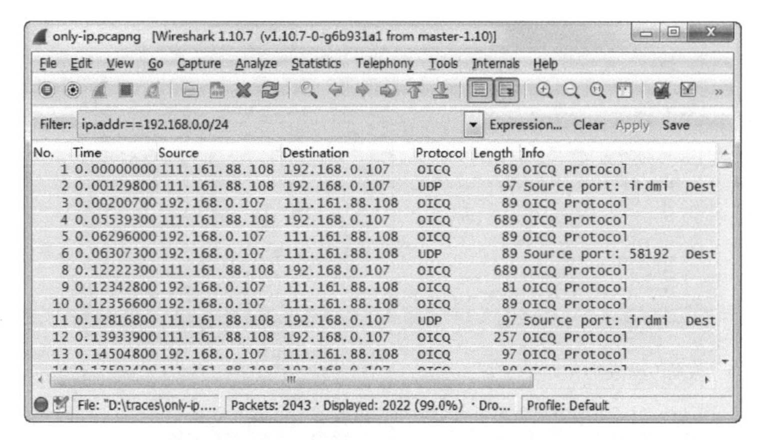

图 4.39　过滤 192.168.0.0/24 网络的数据

（3）从该界面的状态栏中可以看到，匹配 ip.addr==192.168.0.0/24 过滤器的数据包共有

2022 个。如果想过滤 192.168.0.0/24 网络外的数据，可使用同样的过滤器。但是需要在前面加一个!号，格式为!ip.addr==192.168.0.0/24。使用该过滤器过滤后的数据，显示结果如图 4.40 所示。

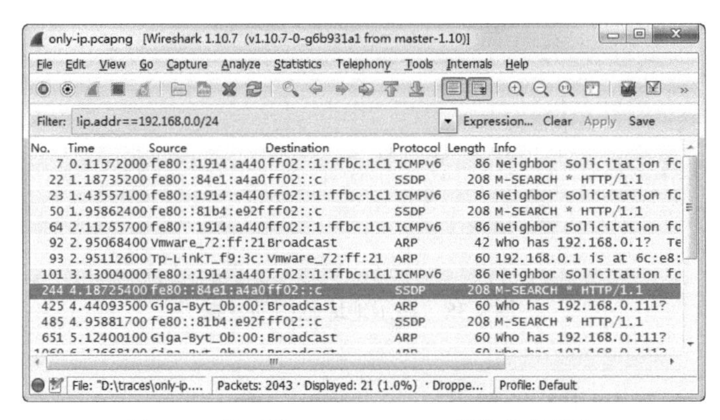

图 4.40　显示除 192.168.0.0/24 网络外的数据

4.7　过滤显示单一的 TCP/UDP 会话

当用户想要分析一个客户端应用程序和一个服务器进程的会话时，可以通过过滤单一的 TCP/UDP 会话实现。该会话基于 IP 地址、客户端应用程序的端口号和服务器进程。通常捕获文件包含成千上万条会话，如果想快速地定位和过滤想要查看的会话，需要快速地分析过程。本节将介绍过滤显示单一的 TCP/UDP 会话。

过滤显示单一的 TCP/UDP 会话，有 4 种方法。下面分别做详细介绍。

1．选择Conversation Filter|TCP命令

当用户想要从捕获包中快速过滤一个 TCP 会话时，在 Packet List 面板中右键单击任何一个包，并依次选择 Conversation Filter|TCP 命令，如图 4.41 所示的界面。

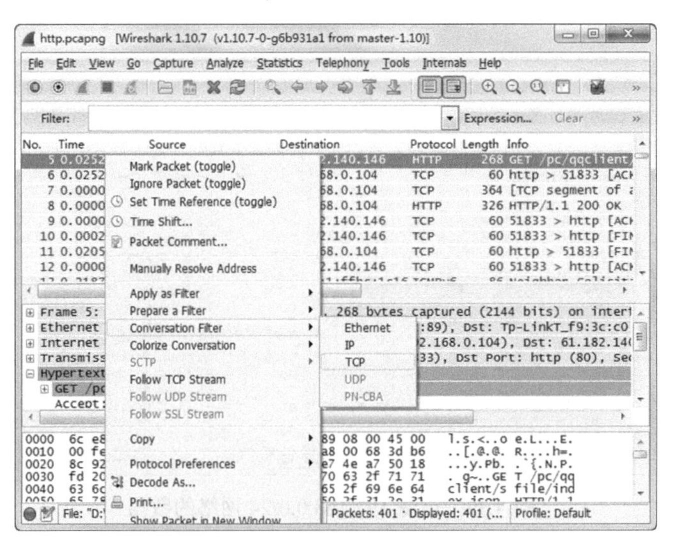

图 4.41　过滤单一的 TCP 会话

从该界面可以看出选择了 http.pcapng 捕获文件中的第 5 个数据包，右键单击该数据包并选择 Conversation Filter|TCP 命令。这时 Wireshark 将创建并应用下面显示过滤器的数据：

```
(ip.addr eq 192.168.0.104 and ip.addr eq 61.182.140.146) and (tcp.port eq
51833 and tcp.port eq 80)
```

用户可以使用相同的方法，过滤基于 IP 地址、以太网地址或 UDP 地址/端口号结合的一个会话。

2．选择Follow [TCP|UDP] Stream命令

如果在一个会话中，想要查看应用程序命令和数据交换及应用会话过滤器。可以通过右键单击 Packet List 面板中任何一个包，并选择 Follow [UDP|TCP]Stream 命令就可以实现。如果选择 Follow UDP Stream，显示过滤器将过滤 IP 地址和端口号。如果选择 Follow TCP Stream，显示过滤器将过滤 TCP 流数据。

在 http.pcapng 捕获文件中，选择 Follow TCP Stream 选项，将显示如图 4.42 所示的界面。

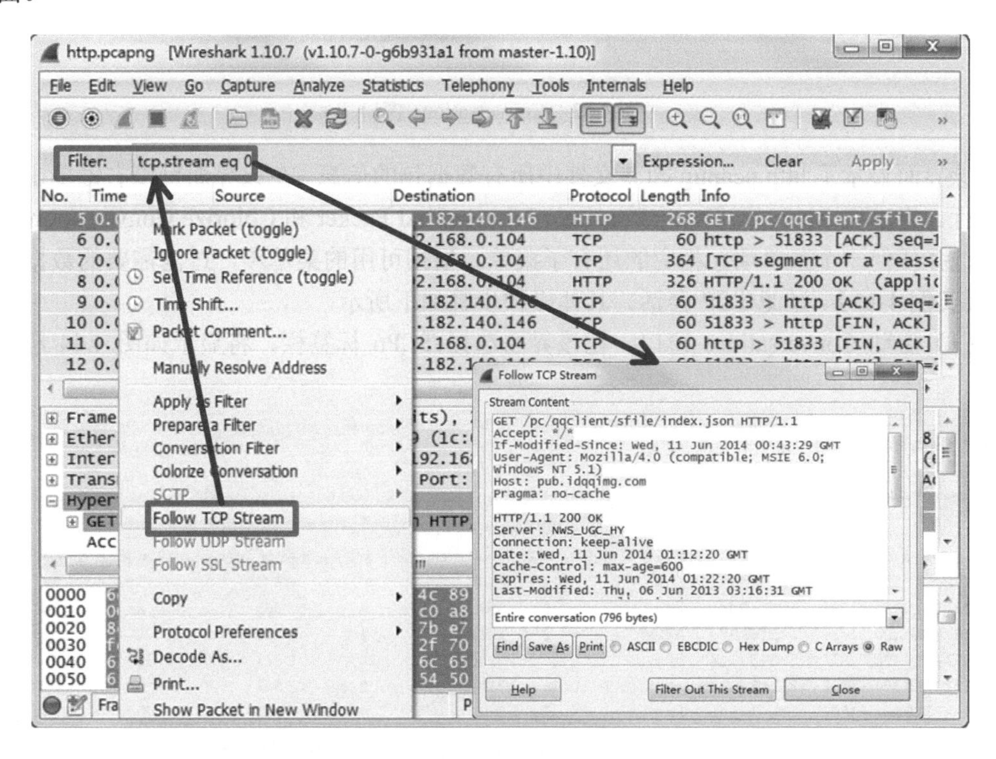

图 4.42　TCP Stream

从该界面可以看到单击 Follow TCP Stream 后，Wireshark 会自动创建一个基于该包的过滤器，本例中是 tcp.stream eq 0。同时还显示了一个单独的窗口，该窗口中显示了该包的详细信息。

3．选择Statistics|Conversations命令

打开一个捕获文件，可以通过在工具栏中依次选择 Statistics|Conversations 命令查看、

排序并快速地过滤数据。选择 Statistics|Conversations 命令后，将显示如图 4.43 所示的界面。

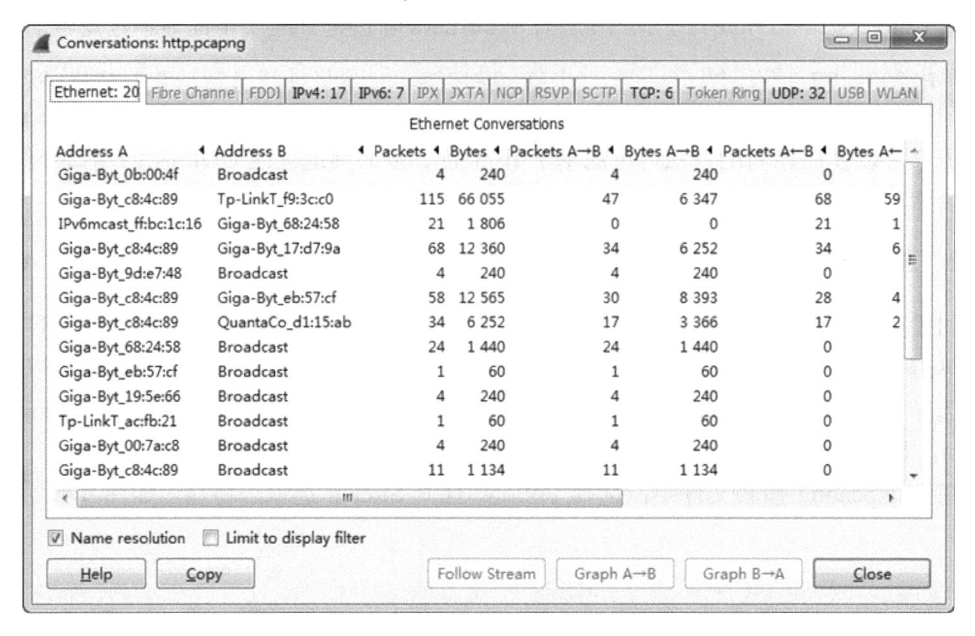

图 4.43　Conversations 窗口

该界面显示了 http.pcapng 捕获文件中所有数据包的信息。在该界面可以右键单击一个会话行，将出现 Apply as filter、Prepare a Filter、Find Packet 和 Colorize Conversation 菜单项。选择任何一个菜单项，相应的还有子菜单。根据可用的菜单项，过滤需要的数据包。

【实例 4-11】 过滤 TCP 会话。具体操作步骤如下所示。

（1）启动 Conversations 窗口，在该界面选择 TCP6 标签栏，将显示如图 4.44 所示的界面。

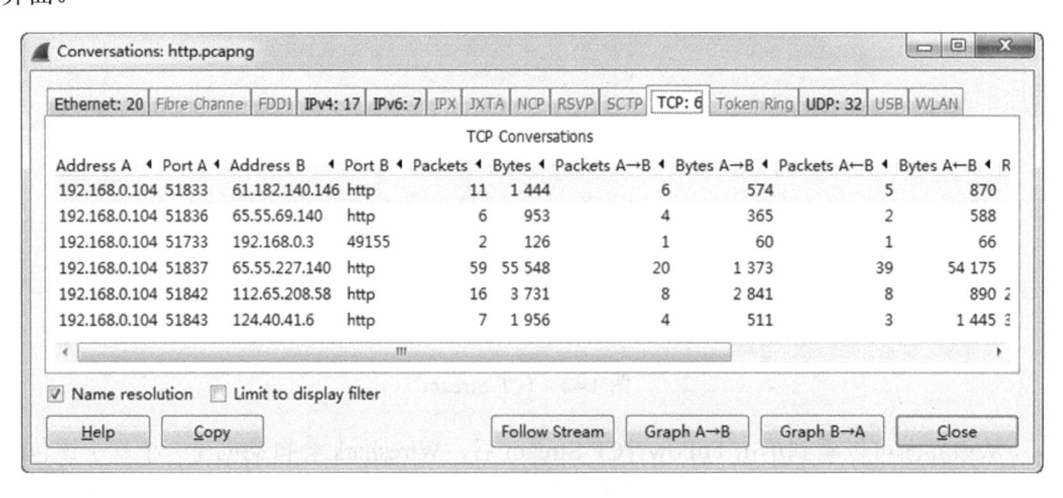

图 4.44　TCP6 标签栏

（2）在该界面单击 Packets 列，将会进行排序。排序后，界面如图 4.45 所示。

（3）从该界面可以看到 Packets 列由低到高进行了排序。然后选择第一行，单击右键将看到弹出的菜单栏，如图 4.46 所示。

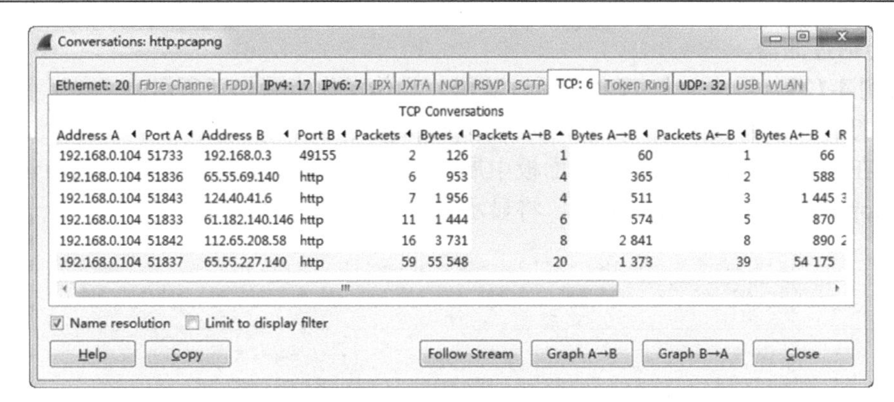

图 4.45　排序 Packets 列

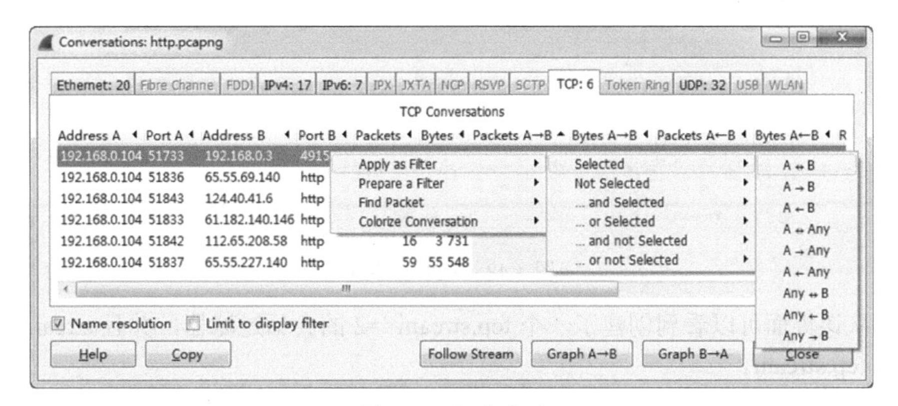

图 4.46　标准选项

（4）在该界面选择 Apply as Filter|Selected|A-B，将显示如图 4.47 所示的界面。

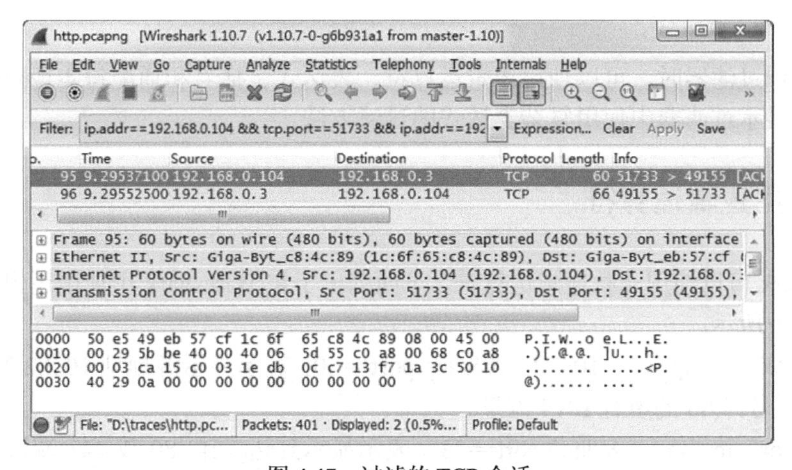

图 4.47　过滤的 TCP 会话

（5）从该界面可以看到显示了两条 TCP 会话，并且应用了以下过滤器：

ip.addr==192.168.0.104 && tcp.port==51733 && ip.addr==192.168.0.3 && tcp.port==49155

4．基于Stream index number

在 TCP 头部，可以通过右键单击 stream index 字段并选择 Apply as Filter 命令，创建一个 TCP 会话过滤器。

【实例 4-12】 创建一个 TCP 会话过滤器。具体操作步骤如下所示。

（1）打开一个捕获文件，文件名为 http.pcapng。

（2）在该界面的 Packet Details 面板中展开 TCP 头部信息，右键单击 stream index 字段并选择 Apply as Filter|Selected 命令，将显示如图 4.48 所示的界面。

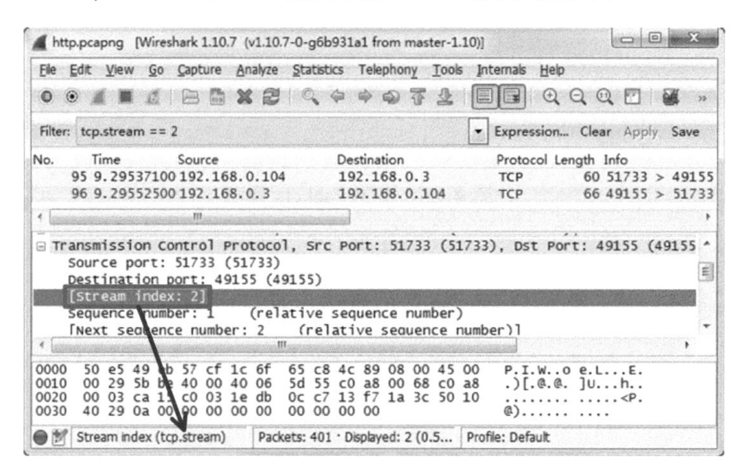

图 4.48　TCP 流字段

（3）从该界面可以看到创建了一个 tcp.stream==2 的会话过滤器，并且 stream index 的字段名为 tcp.stream。

4.8　使用复杂表达式过滤

使用显示过滤器时，可以使用逻辑运算符、表达式、括号和通配符实现数据过滤。本节将介绍在显示过滤器中使用复杂表达式的过滤方法。

4.8.1　使用逻辑运算符

Wireshark 可以使用 4 种逻辑运算符。下面列出了在 Wireshark 中使用逻辑运算符的几个例子，如下所示。

- &&或 and：ip.src==10.2.2.2 && tcp.port==80，表示显示源地址 10.2.2.2 主机，并且端口号为 80 的所有 IPv4 流量。
- ||或 or：tcp.port==80||tcp.port==43，表示显示到达/来自 80 或 443 端口的所有 TCP 数据。
- !或 not：!arp，表示查看除 ARP 外的所有数据。
- !=或 ne：tcp.flags.syn != 1，表示查看 TCP SYN 标志位不是 1 的 TCP 数据帧。

使用!=逻辑运算符时，有两种情况可能导致 Wireshark 无法运行。下面分别介绍一下。

1．使用ip.addr !=无法运行

当使用!=逻辑运算符指定地址时，通常发现 Wireshark 不能运行。例如过滤地址时，

使用 ip.addr != 10.2.2.2 过滤器的语法是错误的。正确的语法应该是!ip.addr == 10.2.2.2。下面分别介绍这两个语法的区别。

```
ip.addr != 10.2.2.2
```

以上过滤器表示显示 IP 源或目标地址字段非 10.2.2.2 的数据包。如果一个包的源或目标 IP 地址字段中不包含 10.2.2.2，则显示该数据包。在该语法中使用了一个隐含或，并且不会过滤掉任何数据包。

```
!ip.addr == 10.2.2.2
```

以上过滤器表示显示在 IP 源和目标地址字段不包含 10.2.2.2 的数据包。当排除到达/来自一个特定 IP 地址的数据时，这是一个合适的过滤器语法。

2．使用!tcp.flags.syn==1无法运行

在以上语法中，将!和=分开是错误的。如果这样查看所有 TCP 包的 SYN 位不等于 1 时，该过滤器将无法运行。正确的语法应该是 tcp.flags.syn != 1。下面将介绍!tcp.flags.syn==1 和 tcp.flags.syn != 1 语法之间的区别。

```
!tcp.flags.syn==1
```

以上过滤器表示显示 TCP SYN 标志位不等于 1 的所有 TCP 包和其他协议包，如 UDP、ARP 数据包将匹配该过滤器。因为，UDP 和 ARP 协议中没有 TCP SYN 标志位为 1 的数据包。

```
tcp.flags.syn != 1
```

以上过滤器仅显示包括 SYN 设置为 0 的 TCP 包。

【实例 4-13】 下面演示显示源地址为 192.168.0.110，并且是 80 端口的数据。具体操作步骤如下所示。

（1）启动 Wireshark 工具。

（2）在菜单栏中依次选择 Capture|Options 命令，打开捕获选项对话框。在该界面选择捕获接口，并设置捕获文件的位置和文件名，如图 4.49 所示。

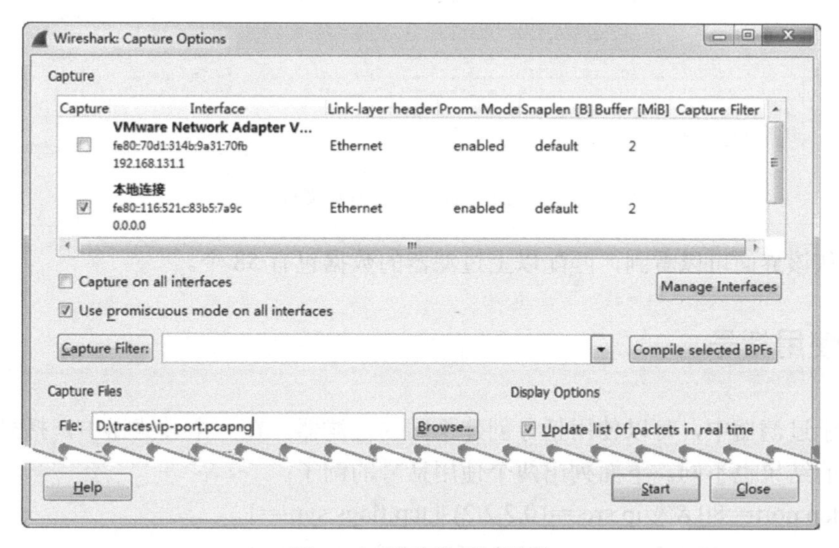

图 4.49　捕获选项对话框

（3）以上信息设置完后，单击 Start 按钮，将开始捕获数据。

（4）此时通过访问网站 www.wireshark.org，产生一些数据。然后返回到 Wireshark 界面，停止 Wireshark 捕获，将显示如图 4.50 所示的界面。

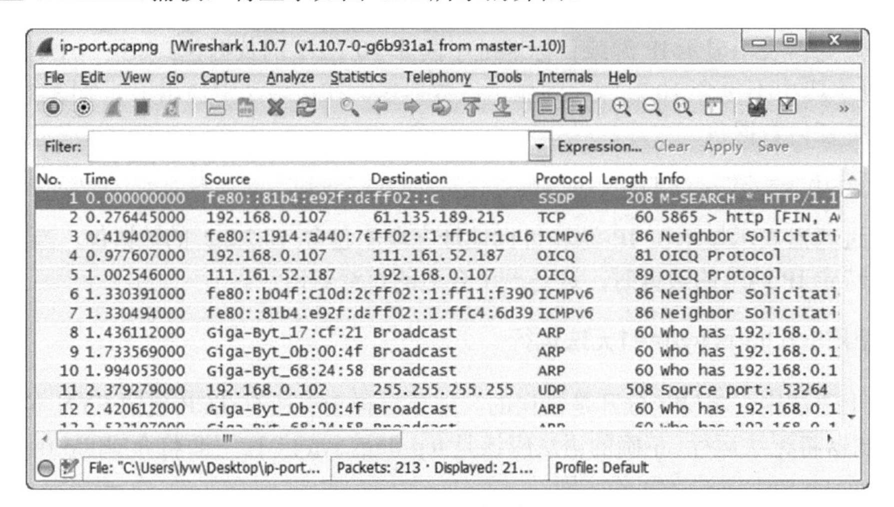

图 4.50　捕获的数据

（5）在显示过滤器区域输入 ip.src==192.168.0.110 && tcp.port==80 过滤器，然后单击 Apply 按钮，将显示如图 4.51 所示的界面。

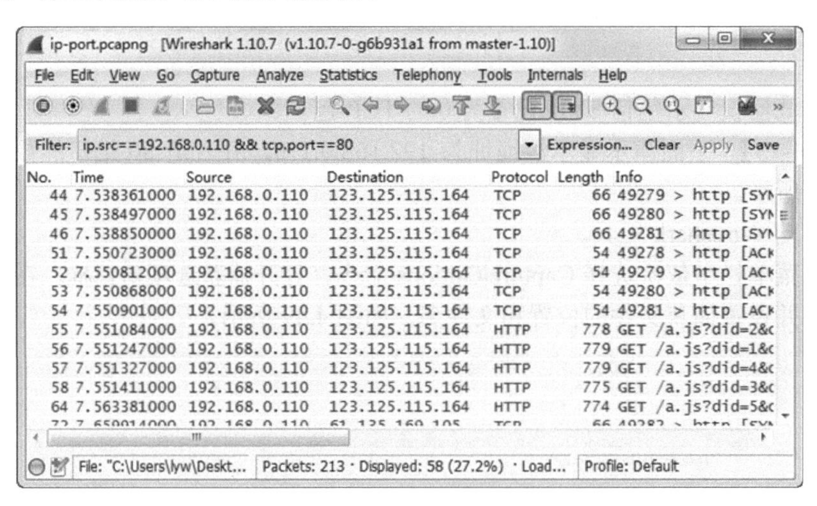

图 4.51　显示过滤捕获文件

（6）从该界面可以看到，匹配以上过滤器的数据包有 58 个。

4.8.2　使用括号

在显示过滤器中，可以使用括号创建不同的过滤器。在一个过滤器中，括号的位置不同，过滤的结果也不同。下面列出两个使用括号的例子：

- (tcp.port==80 && ip.src==10.2.2.2) || tcp.flags.syn==1。
- Tcp.port==80 && (ip.src==10.2.2.2 || tcp.flags.syn==1)。

以上两个过滤器中括号的位置改变了这两个过滤器的含义。

在第一个例子中，表示将显示来自 10.2.2.2 主机上 80 端口的数据。此外，所有 TCP 握手的第一个包也将被显示。

在第二个例子中，表示显示 80 端口的所有数据。此外，所有来自 10.2.2.2 主机上 TCP 握手的第一个包也将被显示。

【实例 4-14】 显示一个 TCP 连接过程。具体操作步骤如下所示。

（1）打开 tcp-connection.pcapng 捕获文件，如图 4.52 所示。

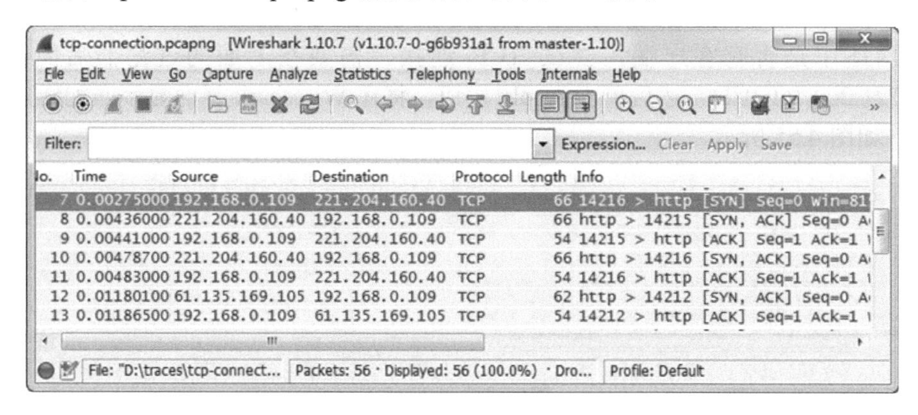

图 4.52　tcp-connection.pcapng 捕获文件

（2）如果想要查看 TCP 连接，需要首先找到 TCP 标志位区域。如图 4.52 所示，在捕获文件中第 7 帧是 TCP 连接请求，在 Info 列显示的标志位是[SYN]。在 Info 列中标志位为[SYN，ACK]，表示响应请求。

（3）在 Packet Details 面板中，展开第 7 帧的 TCP 头部，并右键单击 Flags 行。选择 Prepare a Filter|Selected 命令，如图 4.53 所示。

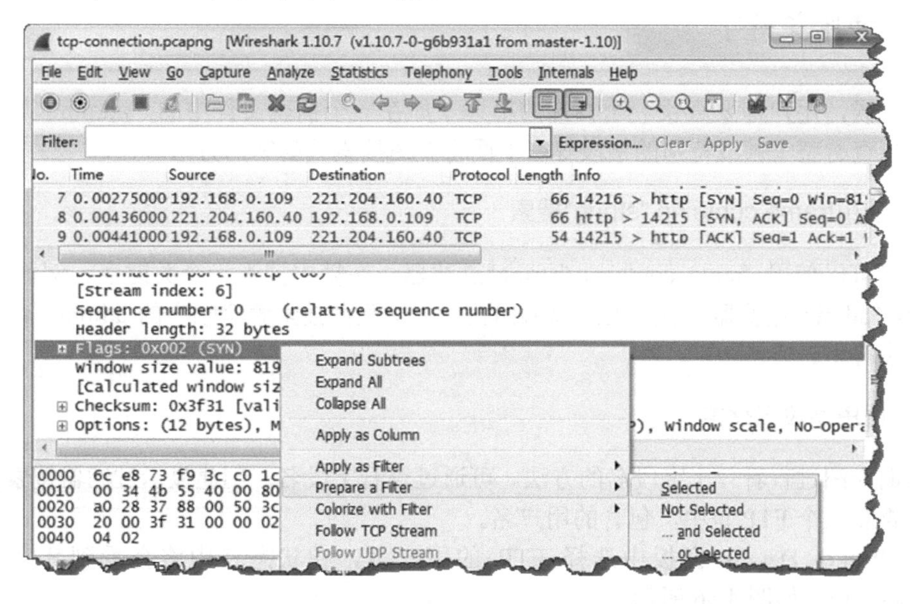

图 4.53　使用过滤器

（4）在该界面选择 Selected 命令后，将显示如图 4.54 所示的界面。

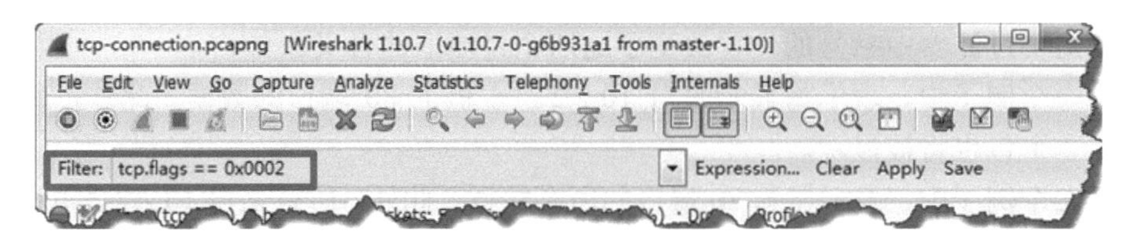

图 4.54　添加过滤器

（5）从该界面可以看到 Wireshark 自动创建了一个过滤器 tcp.flags==0x0002。此时单击 Apply 按钮，查看过滤的数据。但是，仅使用该过滤器还不能实现我们的目标。如想要查看这个网络中是否有客户端，尝试 TCP 连接，需要在上面的过滤器后面添加&& ip.dst==221.204.160.0/24，然后单击 Apply 按钮，将在 Wireshark 界面显示匹配新建过滤器的数据，如图 4.55 所示。

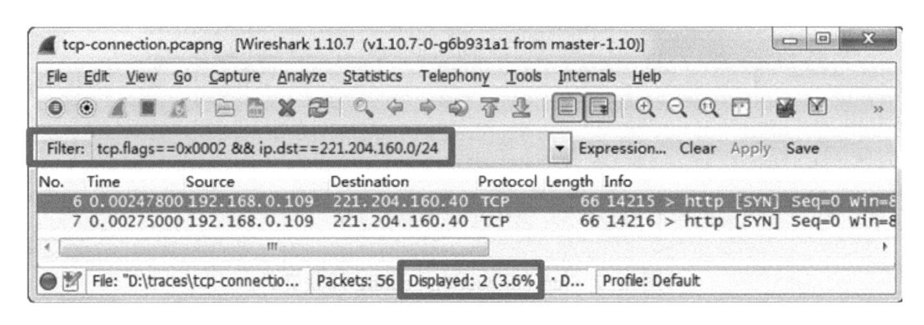

图 4.55　匹配的数据

（6）从该界面可以看到匹配 tcp.flags==0x0002 && ip.dst==221.204.160.0/24 过滤器的数据包有两个。从这两个数据包中，可以看到客户端 192.168.0.109 正尝试连接到 221.204.160.40 服务器。

4.8.3　使用关键字

有时候，用户需要查找一个特殊的单词（如在一个捕获文件中的“admin”）。但是用户也想查看整个帧或特别的字段等。下面将介绍搜索关键字的方法。

1．使用frame contains "string"搜索

用户可以使用 frame contains "string"过滤器，在帧中搜索一个关键字。例如，frame contains "admin"过滤器，表示通过以太网在以太网头部搜索整个帧中的 admin（都是小写字母）字符串。

2．使用字段名搜索

前面介绍过查看一个字段名的方法。可通过查看字段名，创建显示过滤器搜索数据。例如，查看一个 FTP 包中，包含的用户名。

在 Packet Details 面板中选择 FTP 的用户名，在状态栏中将会看到其字段名为 ftp.request.arg，如图 4.56 所示。

从该界面可以看到 FTP 用户的字段名为 ftp.request.arg。现在就可以使用在过滤器中输入 ftp.request.arg contains "admin" 在 FTP 请求参数字段中搜索“admin”。

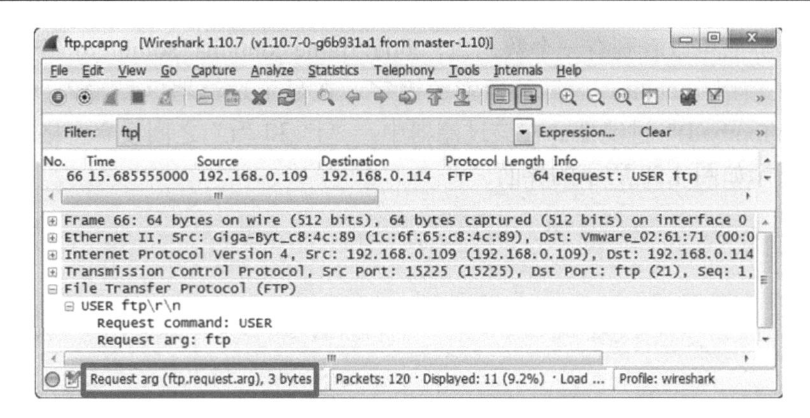

图 4.56　识别字段名

3．搜索关键字时不区分大小写

在 Wireshark 的显示过滤器中，可以使用正则表达式。正则表达式是特殊的文字字符串，用来定义一个搜索模式。如果想要过滤一个字符串，以大写或小写形式过滤。此时，就可以使用正则表达式和匹配操作符实现。

如使用首字母为大写或小写搜索 Admin，可以使用 ftp.request.arg contains "admin" 或 ftp.request.arg contains "Admin" 过滤器。

如果在 FTP 参数字段中搜索 admin 不区分大小写，可以使用 ftp.request.arg matches "(?i) admin" 过滤器实现。在该过滤器中，matches 运算符表示正在使用正则表达式；(?i)表示搜索不区分大小写。

4．搜索多个单词

使用正则表达式可以搜索多个单词。搜索多个单词时，可以将括号和|结合使用。例如，如果在一个捕获文件中查找 cat 或 dog（不区分大小写），就可以使用过滤器 frame matches "(?i)(cat|dog)"。

【实例 4-15】 在一个捕获文件中过滤一组关键字。具体操作步骤如下所示。

（1）打开 http-pictures.pcapng 捕获文件。

（2）在该捕获文件中搜索一个简单的关键字 sombrero。在显示过滤器中输入过滤器 frame contains "sombrero" 并单击 Apply 按钮，将显示如图 4.57 所示的界面。

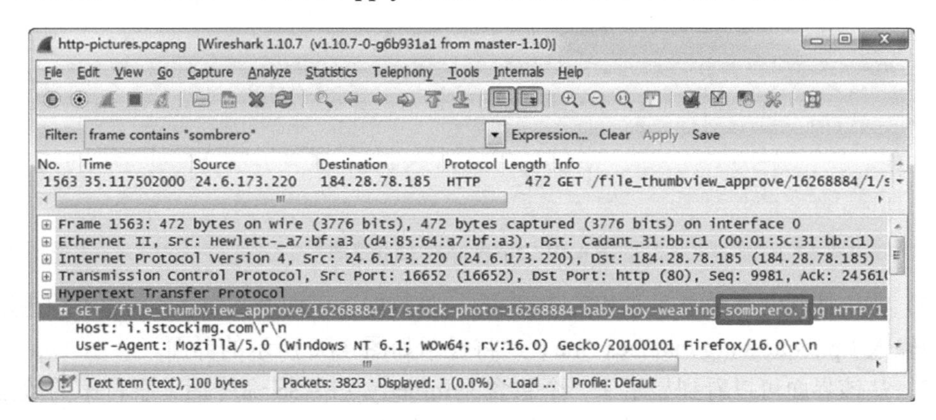

图 4.57　搜索关键字

（3）从该界面可以看到有一个数据包，匹配 frame contains "sombrero" 过滤器。

（4）现在使用 matches 运算符搜索关键字。在显示过滤器区域输入 frame matches "(?i)(sombrero|football)" 过滤器。在该过滤器中，“)”和“(”之间没有空格。应用以上过滤器后，将显示如图 4.58 所示的界面。

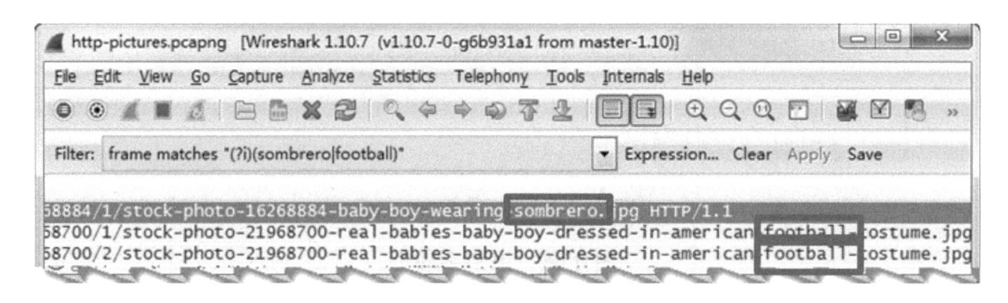

图 4.58　正则表达式搜索关键字

（5）从该界面可以看到，搜索到 3 个匹配过滤器的数据包。

4.8.4　使用通配符

有时候可能需要查询一个变化的字符串。在这种情况下，就需要在显示过滤器中使用一个通配符。本小节将介绍在显示过滤器中使用通配符。

1．使用正则表达式“.”

在 Wireshark 中，可以使用正则表达式中的匹配操作符来表示一个可变的字符串。在正则表达式中，“.”表示除了换行符和回车外的其他任何字符。当查找文字时，必须使用反斜杠（“\”）来分割它。

【实例 4-16】 过滤 me.r 字符。具体操作步骤如下所示。

（1）打开 ftp.pcapng 文件，如图 4.59 所示。

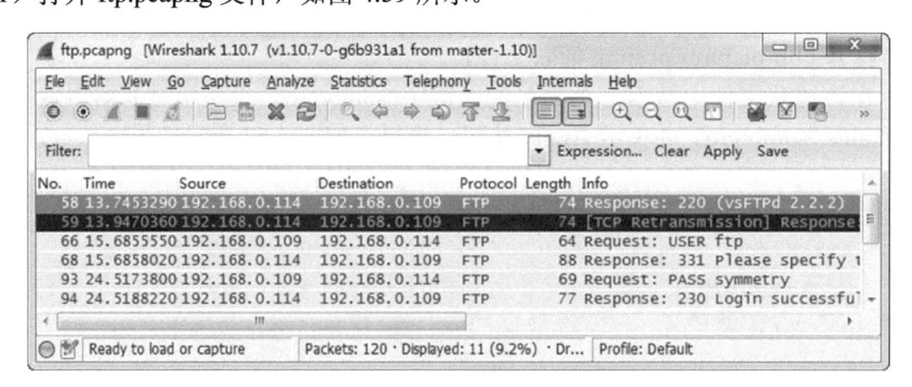

图 4.59　ftp.pcapng 捕获文件

（2）在该捕获文件中显示了相关 FTP 的一些数据。下面查找 me.r 字符串，在显示过滤器中输入 ftp.request.arg matches "me.r"，将显示如图 4.60 所示的界面。

（3）从该界面可以看到显示了一个包含 symmetry（PASS 命令后）字符串的数据包。用户也可以改变这个过滤器，在字符之间使用两个通配符，如“me..r”。

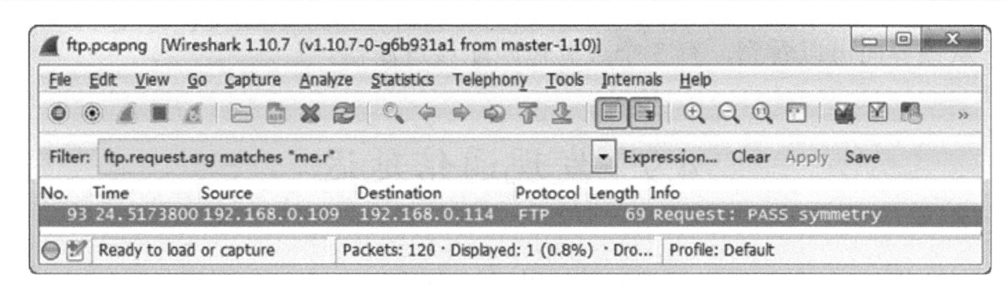

图 4.60　使用通配符

2. 匹配指定字符多次重复的表达式

如果一个包过长，想要同时过滤出两个单词，就可以使用匹配指定字符多次重复的表达式实现。如想要搜索 3 次“me.r”，可以使用 ftp.request.arg matches "me.{1,3}r" 过滤器。该过滤器将搜索在 me 和 r 之间出现 1 个字符、2 个字符或 3 个字符的字符串。如果搜索的字符串不区分大小写，可以在 me 前面添加(?i)。

【实例 4-17】 在两个单词之间使用通配符过滤。具体操作步骤如下所示。

（1）打开捕获文件 http-pictures.pcapng。

（2）使用显示过滤器 http.request.uri matches "baby.{1,3}smiling"，过滤匹配的包，显示的界面如图 4.61 所示。

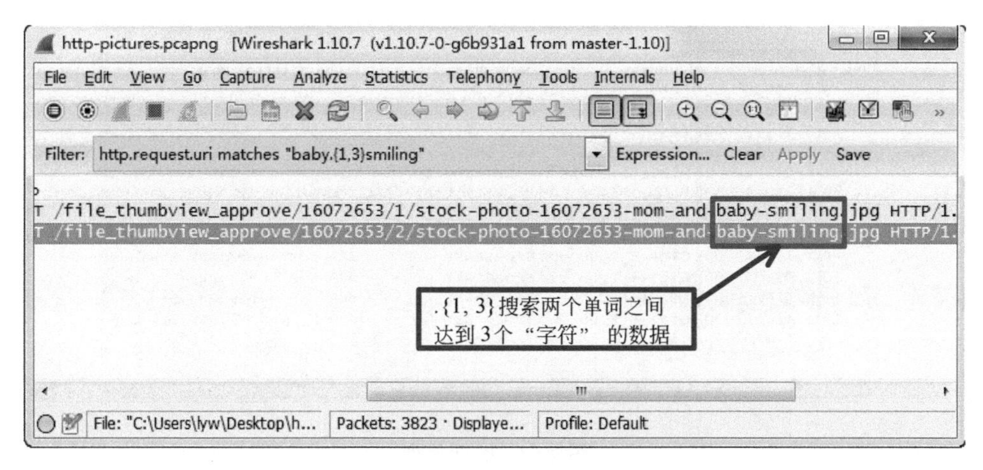

图 4.61　循环使用通配符

（3）如果搜索 baby 和 smiling 达到 1～20 个字符的字符串，可将{1,3}修改为{1,20}，并应用新的过滤器。应用该过滤器后，显示界面如图 4.62 所示。

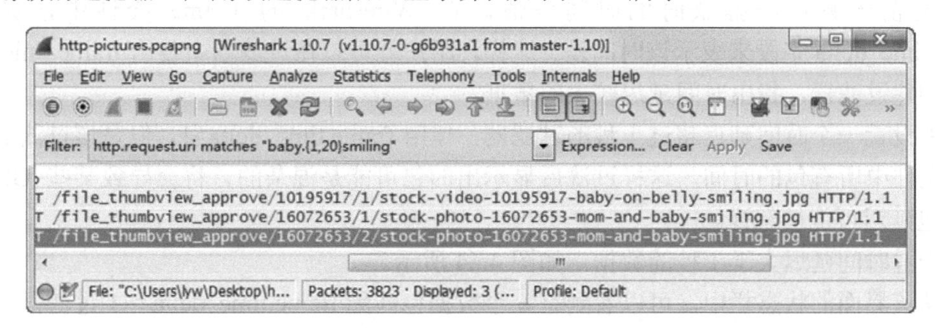

图 4.62　改变通配符长度

（4）从该界面可以看到，有 3 个数据包匹配该过滤器。

4.9　发现通信延迟

当发现访问 Web 服务器比较慢时，可以通过查看包之间的时间差，来判断是属于路径延迟、客户端延迟还是服务器延迟。解决该问题的最快方法就是，创建时间过滤器。在一个捕获文件中可以使用时间差或 TCP 时间差两种过滤方法，来判断数据包高延迟。本节将介绍判断通信延迟的方法。

4.9.1　时间过滤器（frame.time_delta）

在 Wireshark 中，默认添加了 Time 列。该列显示的时间是，捕获该数据帧所用的时间。在 Wireshark 中，每个包都有抓取的时间，如图 4.63 所示。

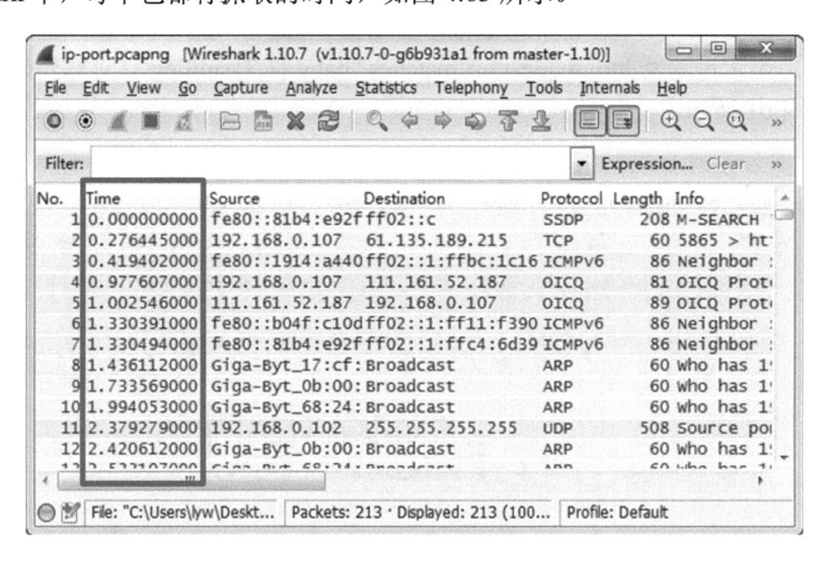

图 4.63　时间差列

在该界面显示的时间是，每个数据帧和第 1 帧的时间差。在 Wireshark 中，默认第 1 个数据帧的时间为 0.000000000。在 Packet Details 面板中展开 Frame 会话部分，将会看到此帧与前一帧和与捕获时的时间差值。在 Wireshark 的 Frame 会话中，提供了 frame.time_delta 字段来表示该时间差。这样，用户就可以在过滤器中使用 frame.time_delta 字段创建过滤器，找出时间延迟较大的数据。

如设置一个时间延迟超过 1 秒的过滤器，使用 frame.time_delta>1。但是该过滤器显示捕获文件中所有包的时间，这样过滤后显示出的包可能是混杂的，将会导致某些 UDP 或 TCP 包延迟可能被忽视。

查看时间延迟大于 1 秒的数据，如图 4.64 所示。

从该界面的状态栏中，可以看到有 6 个数据包匹配 frame.time_delta > 1 过滤器。此时过滤出的数据包中，各种匹配过滤器的协议包都会显示。

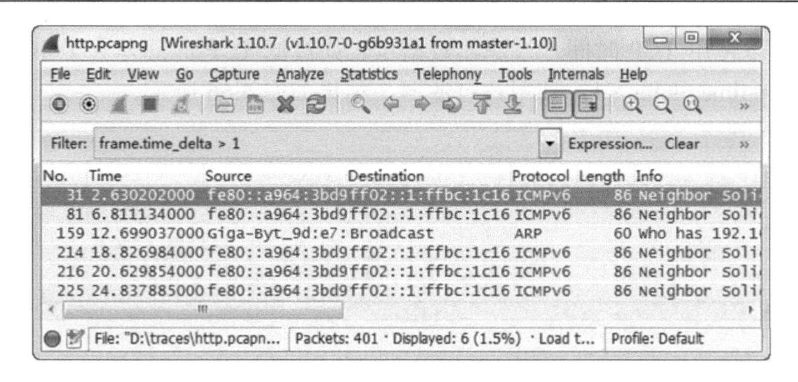

图 4.64　过滤高延迟数据

如果想要过滤 UDP 应用程序故障，可以通过依次选择 File|Export Specified Packets 命令过滤 UDP 包，并保存到一个新捕获文件。然后再在新捕获文件中，使用 frame.time_delta 过滤器。如果用户想要只过滤 TCP 时间高延迟的数据包，可以使用 tcp.time_delta 字段创建过滤器。

4.9.2　基于 TCP 的时间过滤（tcp.time_delta）

tcp.time_delta 字段和 frame.time_delta 字段的功能类似。只是使用 frame.time_delta 字段，过滤出的数据包包括各种协议的包。如果使用 tcp.time_delta 字段过滤，只会过滤出 TCP 协议的数据包。用户通过 TCP 时间差值可以判断出各种网络延迟，进而处理网络高延迟问题。

tcp.time_delta 字段包含在 TCP 头部中。如果要查看该字段名，必须启用 TCP Preference 菜单中的 Calculate conversation timestamps 选项才可以。用户可以通过选择 Edit|Preferences|Protocols|TCP，检查 Calculate conversation timestamps 选项是否启用。一旦启用该选项，时间戳会话将被添加到 Packet Details 面板中每个展开的 TCP 头部的结尾处，如图 4.65 所示。

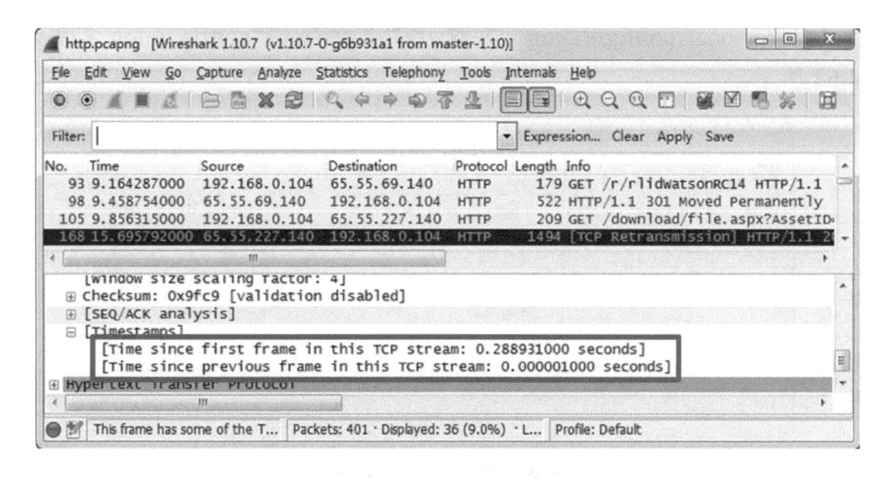

图 4.65　添加的时间戳

如果要想添加 TCP 时间差列，右键单击时间戳的第二行，并选择 Apply as Column 选项。现在就可以使用 TCP 时间差过滤器数据包。如过滤 TCP 时间差大于 1 秒的数据，输入过滤器为 tcp.time_delta > 1。使用该过滤器，结果如图 4.66 所示。

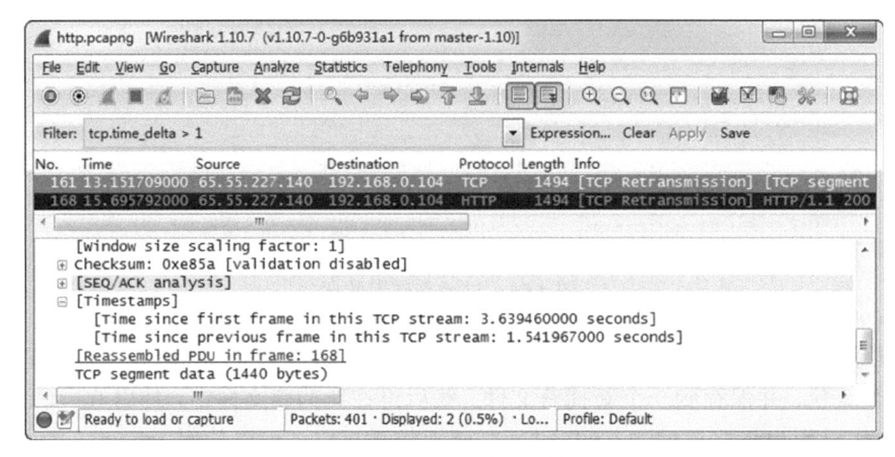

图 4.66　TCP 时间差过滤

从该界面的状态栏中可以看到，有两个包匹配 tcp.time_delta > 1 过滤器。

使用 Wireshark 分析数据包，显示过滤器是必不可少的。当用户需要添加多个显示过滤器时，如果一条一条添加可能会觉得很麻烦。这时候用户可以将所有的过滤器保存在一个文本文件中，然后使用 Wireshark 的导入功能一起将所有的显示过滤器导入到使用的 Profile 中。下面演示导入显示过滤器的方法。

【实例 4-18】 导入显示过滤器到 Profile 中。具体操作步骤如下所示。

（1）在状态栏中查看当前使用的 Profile，本例中使用新创建的 Profile wireshark，如图 4.67 所示。

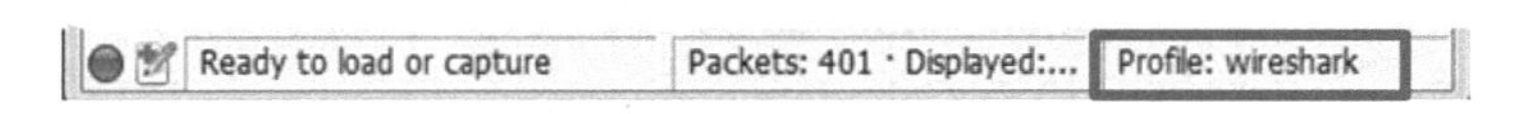

图 4.67　使用 wireshark Profile

（2）从该界面可以看到，目前使用的 Profile 是 wireshark。接下来通过选择 Help|About Wireshark|Folder|Personal configuration，并双击打开 personal configuraton 文件夹。打开的界面如图 4.68 所示。

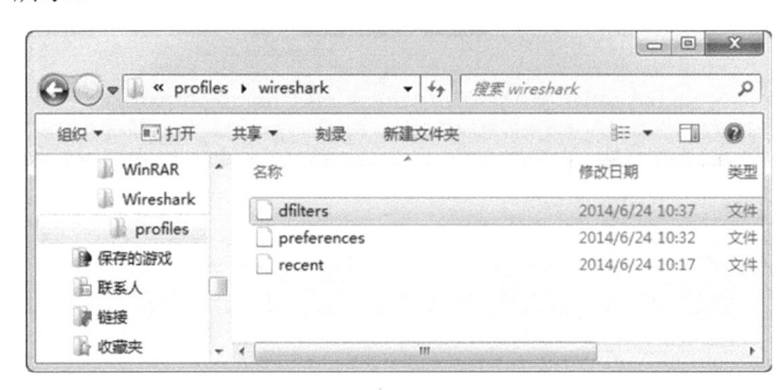

图 4.68　wireshark 中的文件

（3）从该界面可以看到，有 3 个文件。其中，dfilters 文件是用来保存该 Profile 中可用的过滤器的。如果目前使用的 Profile 没有创建过滤器的话，是不会存在 dfilters 文件的。

关于如何创建显示过滤器，在前面已经介绍，这里就不再赘述。本例中使用www.wiresharkbook.com中编写好的过滤器文件为例，演示导入到目前存在的dfilters文件中。

（4）从www.wiresharkbook.com网站下载dfilters_sample.txt文件。该文件内容，如图4.69所示。

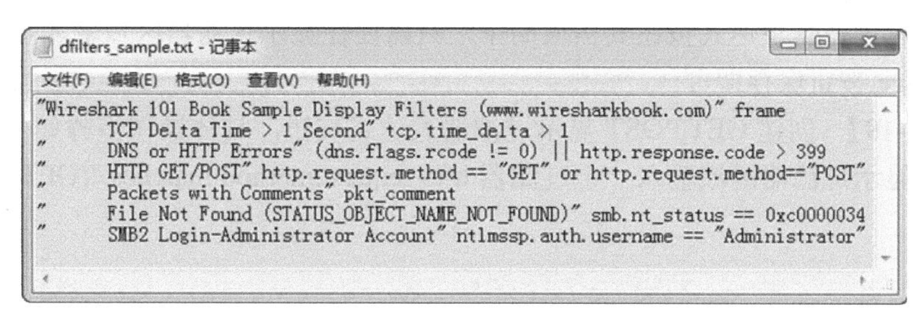

图4.69　dfilters_sample.txt文件

（5）从该界面可以看到样品文件dfilters_sample.txt中，定义了6个过滤器。这里将该文件中的全部内容复制到dfilters文件中。

（6）返回到Wireshark主界面，重新加载profile，使得wireshark profile生效。然后在显示过滤器区域单击Filter按钮，将查看到导入的显示过滤器列表，如图4.70所示。

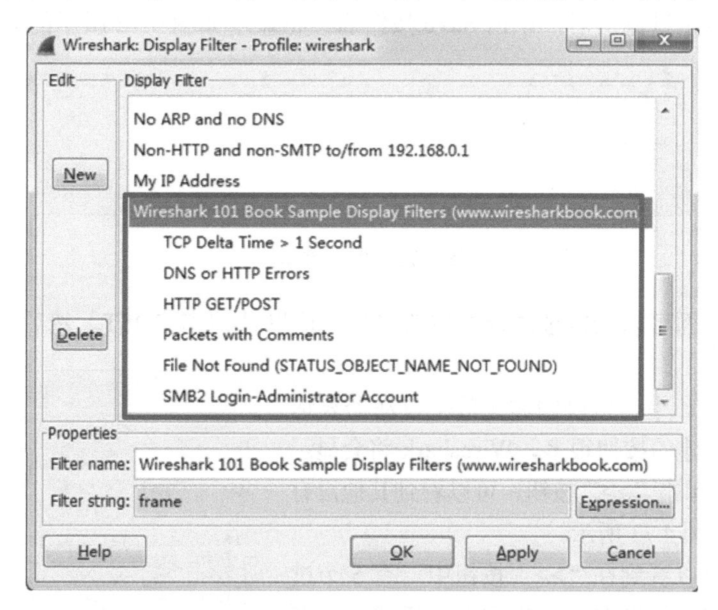

图4.70　导入的显示过滤器

（7）从该界面可以看到被导入的显示过滤器。

4.10　设置显示过滤器按钮

在Wireshark设置显示过滤器按钮，可以提高分析数据包的速度。用户可以手动地添加、编辑或删除显示过滤器按钮。本节将介绍设置显示过滤器按钮。

4.10.1　创建显示过滤器表达式按钮

创建显示过滤器表达式按钮后，用户就可以直接使用添加的过滤器了，而不需要每次过滤时都输入一次过滤器表达式。下面将介绍创建显示过滤器表达式按钮的方法。

创建显示过滤器表达式按钮其实很简单，只需要在显示过滤器区域输入显示过滤器，然后单击 Save 按钮保存即可。

【实例 4-19】 创建 GET|POST 显示过滤器表达式按钮，具体操作步骤如下所示。

（1）在显示过滤器区域输入一个过滤器 http.request.method matches "(GET|POST)"，如图 4.71 所示。

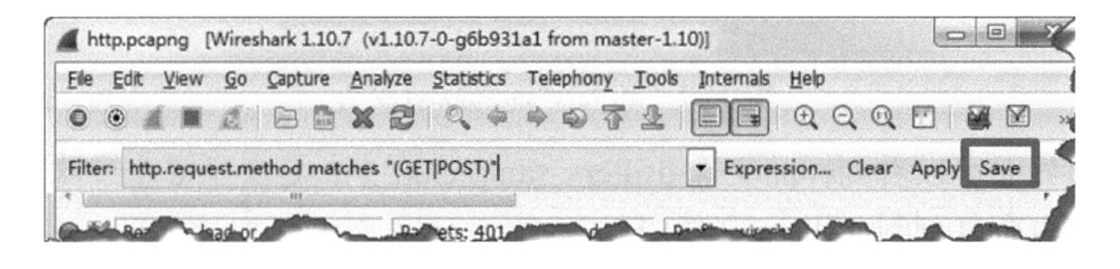

图 4.71　添加显示过滤器按钮

（2）输入以上过滤器后，单击 Save 按钮后，将显示如图 4.72 所示的界面。

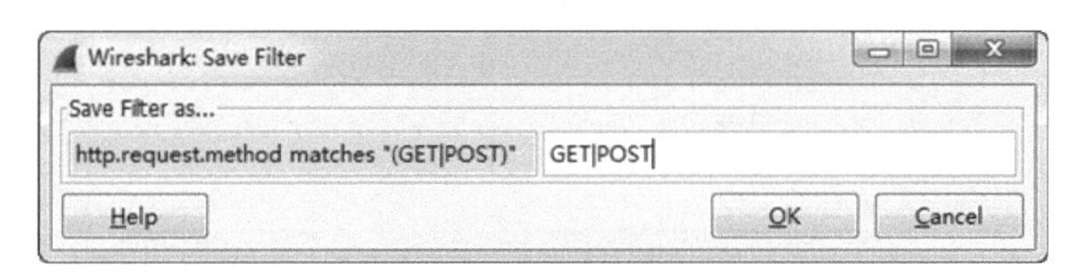

图 4.72　保存过滤器

（3）在该界面可以指定过滤器的按钮名称，这里是 GET|POST。然后，单击 OK 按钮将完成添加。

在 Wireshark 中，可以创建无数个过滤器表达式按钮。如果创建的按钮很多，Wireshark 将会显示为“>>”按钮。单击“>>”按钮，可以看到其他没有显示的按钮，如图 4.73 所示。

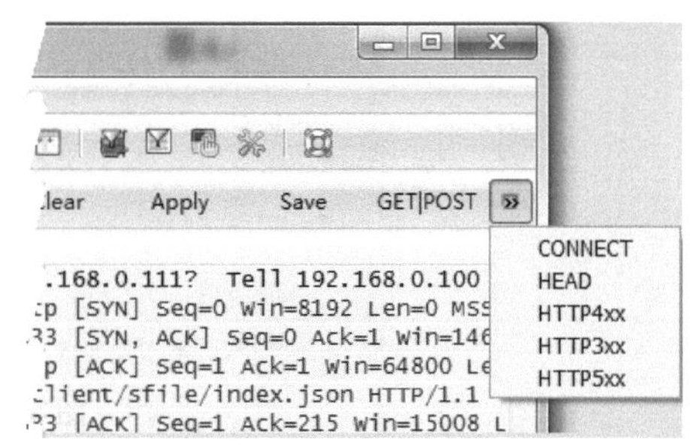

图 4.73　显示过滤器按钮

从该界面可以看到在“>>”按钮中，有 5 个过滤器表达式按钮。如果在“>>”列表中仍然有很多按钮，Wireshark 将有一个向下箭头，滚动鼠标可以查看所有的过滤器表达式按钮。

4.10.2　编辑、添加、删除显示过滤器按钮

有时候需要对新建的过滤器表达式按钮进行编辑、添加或删除。在显示过滤器区域只有 Save 按钮，没有 Edit 按钮。如果想要进行编辑、添加或删除显示过滤器按钮，需要在首选项中设置。下面将介绍编辑、添加、删除显示过滤器按钮的方法。

在 Wireshark 的工具栏中依次选择 Edit|Preferences，将打开如图 4.74 所示的界面。

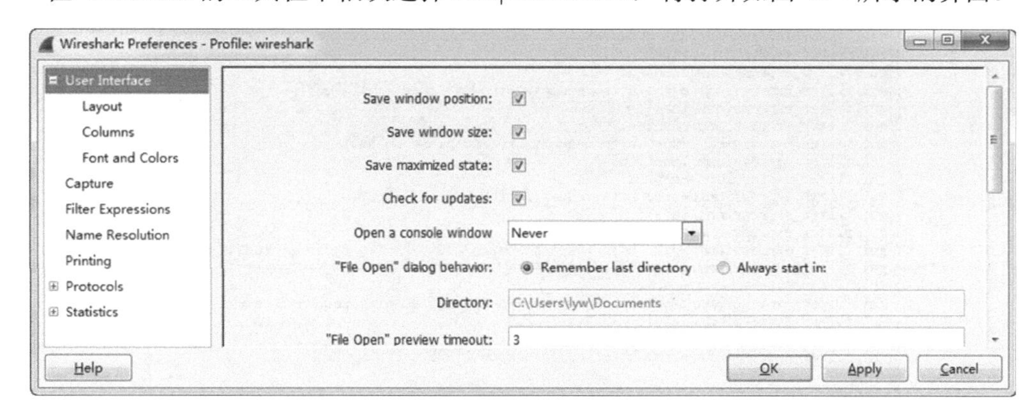

图 4.74　首选项设置

在该界面选择 Filter Expressions 选项，将显示如图 4.75 所示的界面。

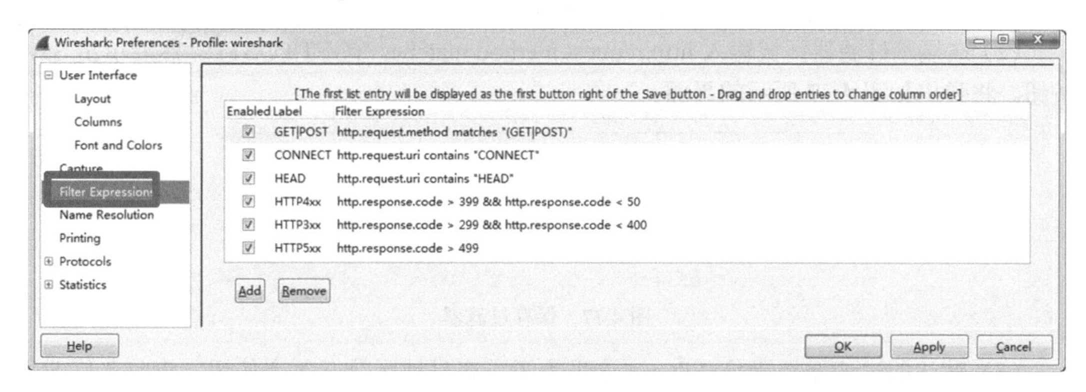

图 4.75　过滤器表达式

在该界面可以看到已经添加的显示过滤器表达式。此时，就可以编辑、添加或删除表达式过滤器了。在该界面通过单击 Add 和 Remove 按钮，可添加和删除显示过滤器表达式按钮。如果要编辑过滤器表达式按钮，使用鼠标单击按钮名，即可修改。

4.10.3　编辑 preferences 文件

在 Wireshark 中，每个 Profile 的保存目录中都存在一个 preferences 文件。该文件中保存了显示过滤器表达式按钮。在 Wireshark 的状态栏中，可以看到当前使用的 Profile。通过选择 Help|About Wireshark 命令，在该界面双击 Personal Configuration 文件夹，进入当前使用的 Profile 目录中。

preferences 文件是一个文本文件，它可以直接使用文本编辑器打开。过滤器表达式按钮设置，保存在该文件的 Filter Expressions 区域。下面看一个显示 preferences 文件的例子，如图 4.76 所示。

如图 4.76 所示是使用记事本打开 preferences 文件的界面，从该界面可以看到定义的显示过滤器表达式按钮。如 GET|POST、CONNECT、HEAD 和 HTTP4xx 等。

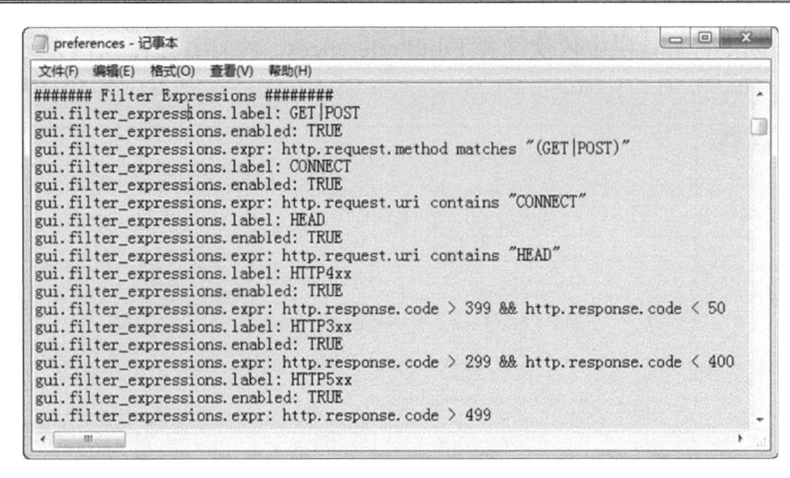

图 4.76　preferences 文件

【**实例 4-20**】 创建并导入 HTTP 过滤器表达式按钮。具体操作步骤如下所示。

（1）打开一个捕获文件，名为 http.pcapng。

（2）在显示过滤器区域输入 http.request.method matches "(GET|POST)"，然后单击 Save 按钮，将弹出如图 4.77 所示的界面。

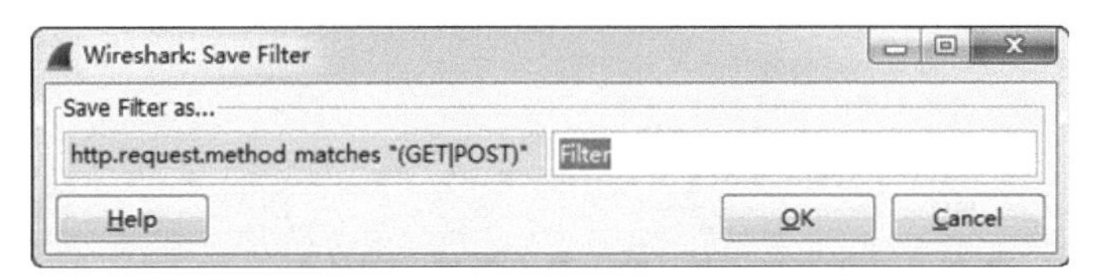

图 4.77　保存过滤器

（3）默认的过滤器按钮是 Filter，这里为了更容易地区分开每个按钮，将此名修改为 GET|POST，如图 4.78 所示。

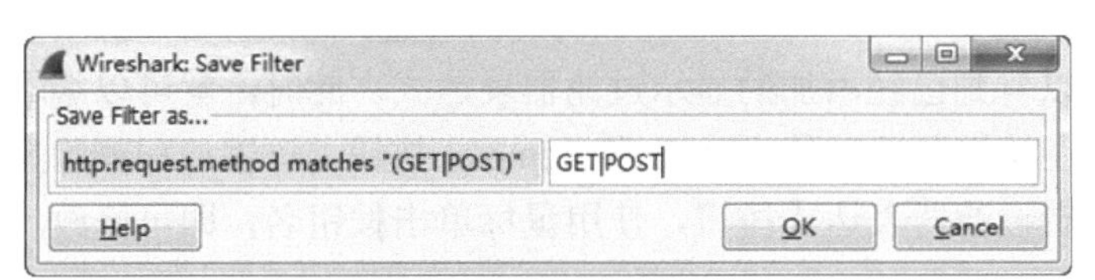

图 4.78　修改过滤器名

（4）修改按钮名称后，单击 OK 按钮，将显示如图 4.79 所示的界面。

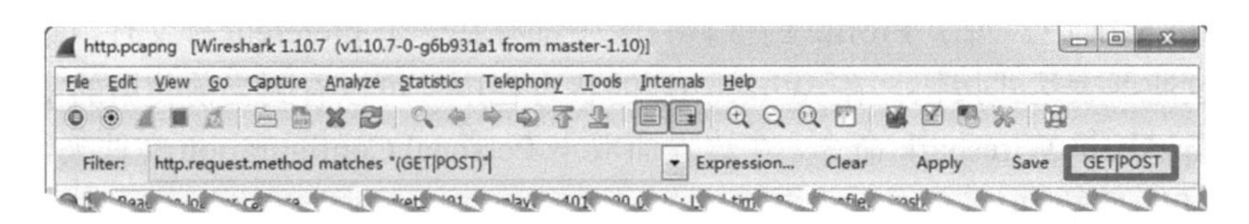

图 4.79　新建的过滤器按钮

（5）现在就可以单击 GET|POST 按钮，过滤匹配该过滤器的数据包。本例中，匹配 GET|POST 过滤器的数据包如图 4.80 所示。

（6）从该界面可以看到有 5 个数据包匹配 GET|POST 过滤器。使用该按钮可以快速地查看 Web 请求或发送给 Web 服务器的信息。

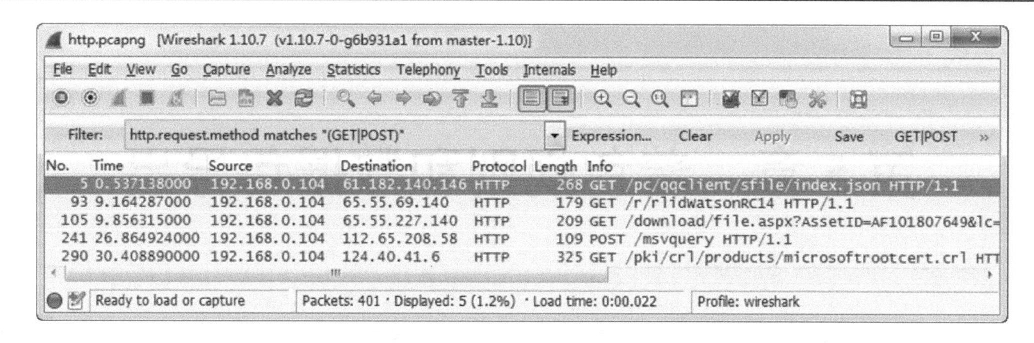

图 4.80　匹配 GET|POST 过滤器的数据

上面是添加单个过滤器表达式按钮的标准过程。接下来将介绍直接导入一系列过滤器表达式按钮到 Profile wiresharkd 的 preferences 文件。具体操作步骤如下所示。

（1）使用文本编辑器（如 WordPad），打开 preferences 文件（包含在 Profile wireshark 目录）。如果不知道 wireshark 目录的位置，选择 Help|About Wireshark|Folders 命令，并双击 personal configuration 文件夹。然后进入 profiles 中，即可看到 wireshark 目录。

（2）使用文本编辑器的查询功能，定位到 preferences 文件中的 Filter Expressions 部分，将会看到有一个 GET|POST 过滤器表达式按钮条目，如图 4.81 所示。

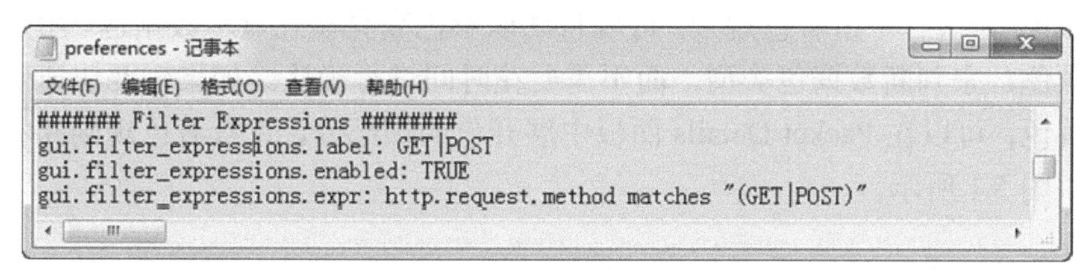

图 4.81　显示过滤器表达式按钮

（3）从该界面可以看到已添加的 GET|POST 过滤器表达式按钮条目。本例中使用 www.wiresharkboot.com 中的 filterexpressions101.txt 文件为例，将该文件中的内容导入到 preferences 中。

（4）打开 filterexpressions101.txt 文件，复制该文件中的所有内容，粘贴到 preferences 中####### Filter Expressions ########区域下新建的 GET|POST 条目下边。然后，保存并关闭 preferences 文件。

（5）重新加载 wircshark Profilc，将看到新建的过滤器表达式按钮，如图 4.82 所示。

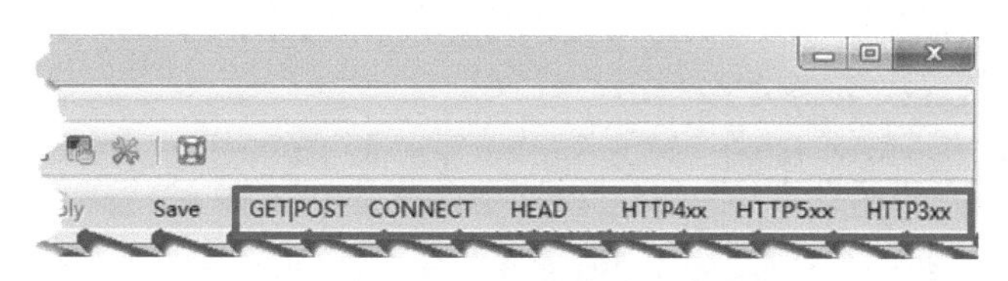

图 4.82　导入的过滤器表达式按钮

（6）从该界面可以看到导入的过滤器表达式按钮。以后使用这几个过滤器时，就不需要每次都输入过滤器的表达式了。如果不想保留这些过滤器表达式按钮，可以单击 Edit Preferences 按钮，并选择 Filter Expressions，取消不使用的过滤器表达式复选框的对勾就可以了。然后单击 OK 按钮，保存设置。

第 5 章　着色规则和数据包导出

在前面章节中分别介绍了使用捕获过滤器、显示过滤器过滤捕获文件中的数据包。通过使用显示过滤器，可过滤到所有有用的数据包。但是为了使自己需要的包更加突出显示，可以通过创建着色规则来实现。由于使用显示过滤器过滤出的包，在下次打开捕获文件时还需要再次过滤。为了节约时间，可以将过滤后的数据包导出。本章将介绍着色规则和数据包导出。

5.1　认识着色规则

Wireshark 默认有一组着色规则，可以自动以彩色高亮模式显示数据包。用户可以根据每个包的颜色，来判断数据包类型，而不需要花时间进行确认。如果想要快速确定为什么一个包被着色，可以在 Packet Details 面板中展开包的帧部分，查看着色规则和着色规则字符串行，如图 5.1 所示。

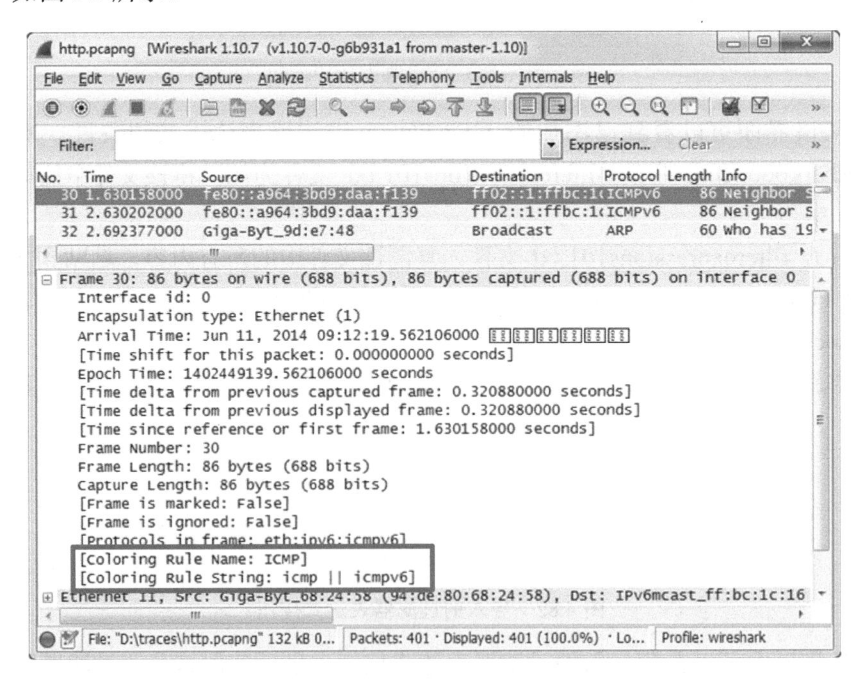

图 5.1　查看包着色规则名

从该界面可以看到 30 帧的着色规则名是 ICMP、着色规则字符串是 icmp || icmpv6。

【实例 5-1】使用着色规则添加一列。具体操作步骤如下所示。

（1）打开 http.pcapng 捕获文件。

（2）在工具栏中单击（定位包的编号）按钮切换到 65 帧，如图 5.2 所示。

（3）在该界面输入定位包的编号 65，然后单击 Jump to 按钮，将显示如图 5.3 所示的界面。

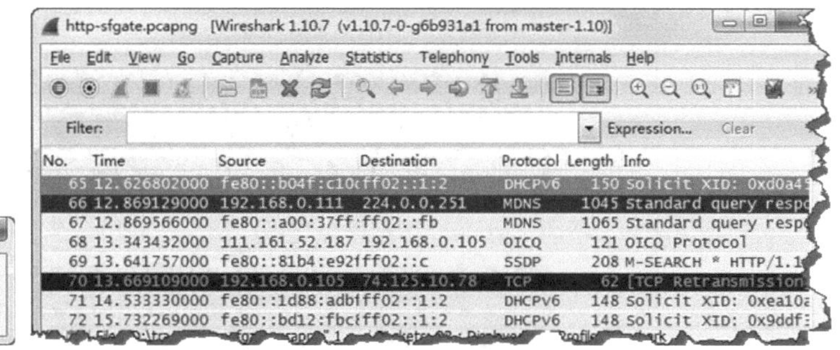

Wireshark: Go To Packet

Packet number: 65

Help　Jump to　Cancel

图 5.2　切换包　　　　图 5.3　不同着色规则

（4）从该界面可以看到该捕获文件的区域，有 4 种不同的着色规则。注意，在该界面深蓝色高亮的包不是使用了任何彩色着色规则，而是因为选择了该包。

（5）在 Packet Details 面板中展开 65 帧，在展开的信息中右键单击 Coloring Rule Name 字段，并选择 Apply as Column 命令，将显示如图 5.4 所示的界面。

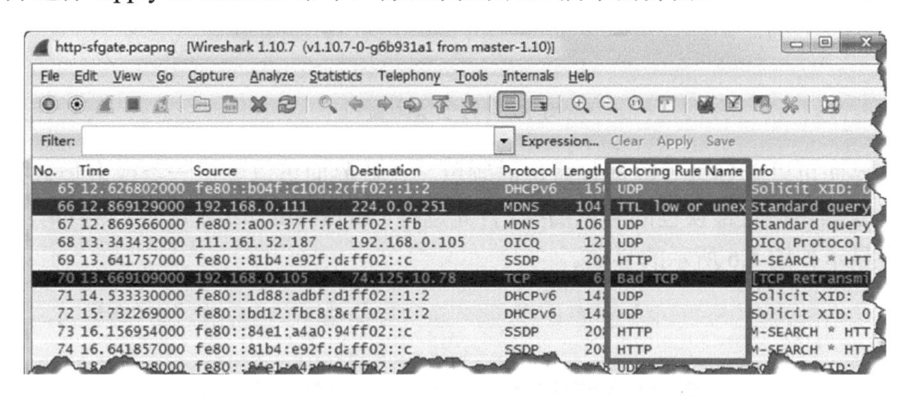

图 5.4　添加着色规则列

（6）从该界面可以看到成功地添加了着色规则列，默认的列名称为 Coloring Rule Name。

5.2　禁用着色规则

有时候在一个页面中，标记有多种颜色会让人觉得很反感。所以，需要禁用这些着色规则。本节将介绍禁用着色规则的方法。

5.2.1　禁用指定类型数据包彩色高亮

Wireshark 通过 Coloring Rules（着色规则）窗口可以很容易地查看每个协议所对应的

颜色。在着色规则窗口中，还可以对着色规则进行更多的操作。如新建、编辑、禁用和启用等。下面介绍禁用个别类型数据包彩色高亮。

在工具栏中单击（编辑着色规则）按钮，打开着色规则窗口，如图 5.5 所示。

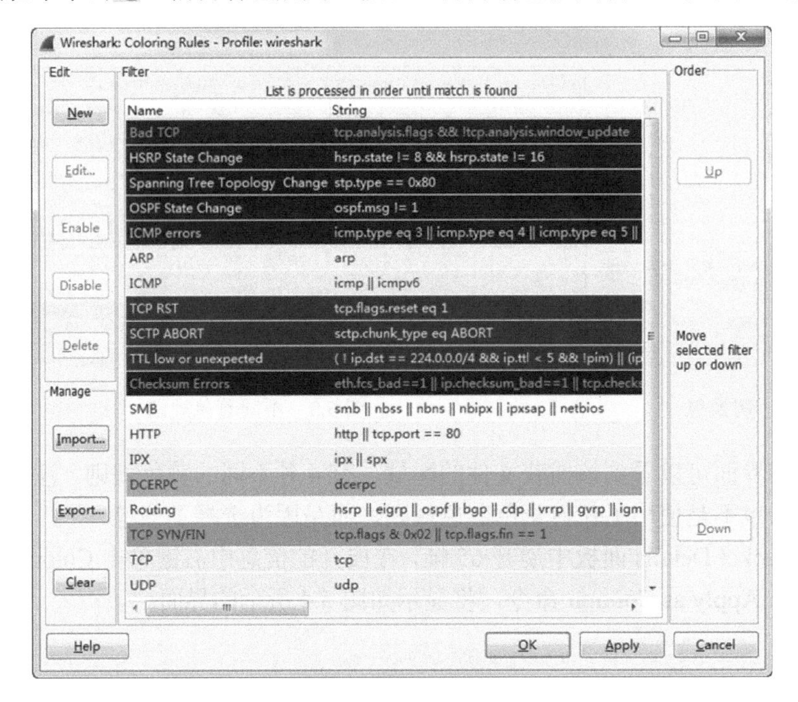

图 5.5　着色规则窗口

在该界面可以看到每种数据包默认的颜色。在该界面可以禁用一类或多类数据包彩色高亮。例如，禁用检查错误包的彩色高亮，首先选择 Checksum Errors 颜色，然后单击 Disable 按钮，将显示如图 5.6 所示的界面。

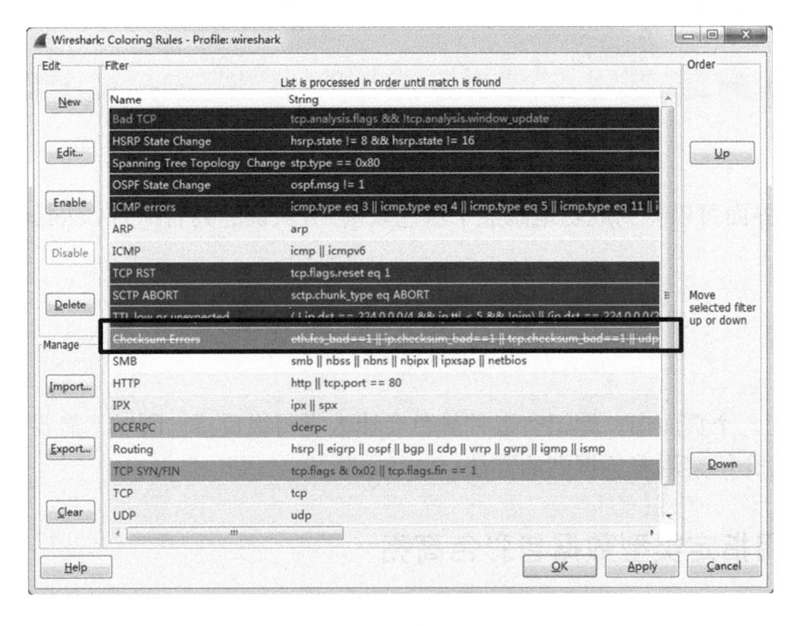

图 5.6　禁用个别数据包彩色高亮

从该界面可以看到 Checksum Errors 包彩色高亮已被禁用。

5.2.2　禁用所有包彩色高亮

如果用户不喜欢显示数据包的彩色规则，可以在工具栏中选择 View|Colorize Packet List 命令或▤（Colorize Packet List）按钮，开启或关闭所有着色规则。禁用所有包彩色高亮后，显示界面如图 5.7 所示。

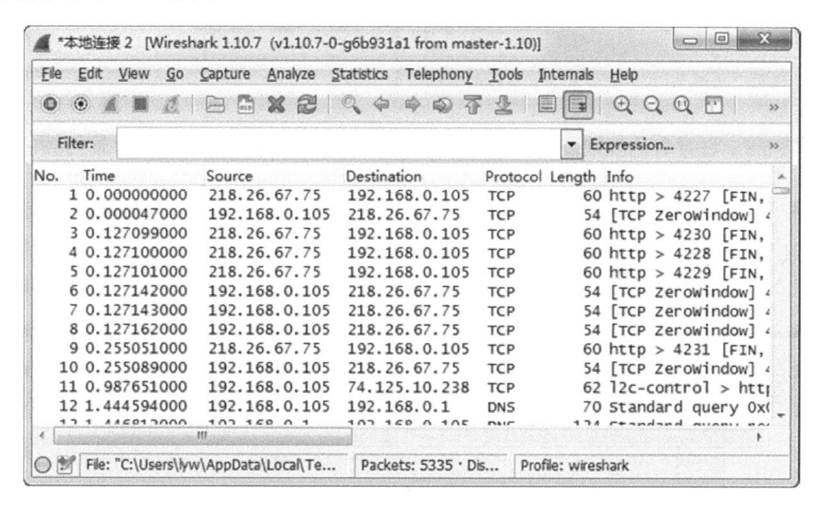

图 5.7　禁用所有包彩色高亮

5.3　创建用户着色规则

当用户访问 Web 服务器发现速度慢时，通常会查找导致该问题的原因。这时候就需要查看在访问 Web 服务器过程中，延迟时间最长的数据包。为了能更明显地找出这些包，用户可以手动创建延迟着色规则。本节将介绍创建延迟着色规则的方法。

5.3.1　创建时间差着色规则

当用户发现访问 Web 服务器速度非常慢时，可以使用过滤器查看通信延迟。用户可以使用类似的技术来创建一个单一的着色规则，彩色高亮时间差的包。着色规则字符串与显示过滤器语法相同。当创建着色规则时，用户可以通过复制显示过滤器到着色规则字符串区域来实现。

【实例 5-2】创建时间差着色规则。具体操作步骤如下所示。

（1）在工具栏中依次选择 View|Coloring Rules 命令，打开着色规则窗口，如图 5.5 所示。

（2）在该界面单击 New 按钮，将显示如图 5.8 所示的界面。

（3）在该界面输入着色规则名和字符串，如图 5.8 所示。如果想设置背景色，则单击

Background Color 按钮，将显示如图 5.9 所示的界面。

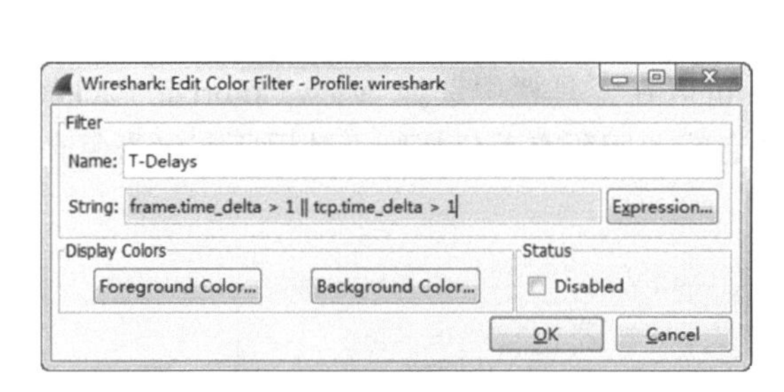

图 5.8　设置着色规则

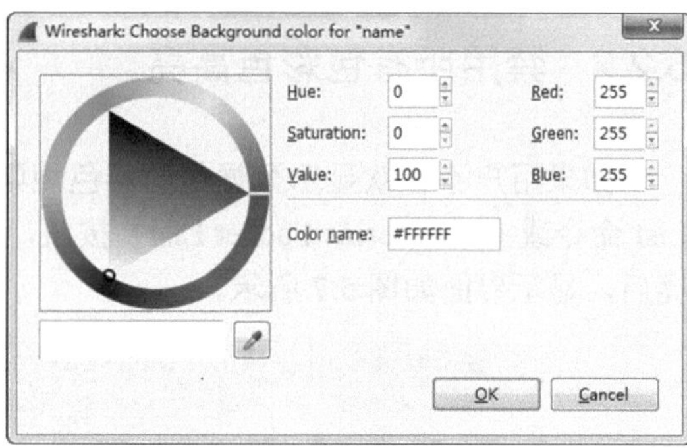

图 5.9　选择背景色颜色

（4）在该界面选择想要使用的背景色（本例中设为黄色），将颜色中的圈指到使用的颜色上就可以了。然后单击 OK 按钮，将得到如图 5.10 所示的界面。

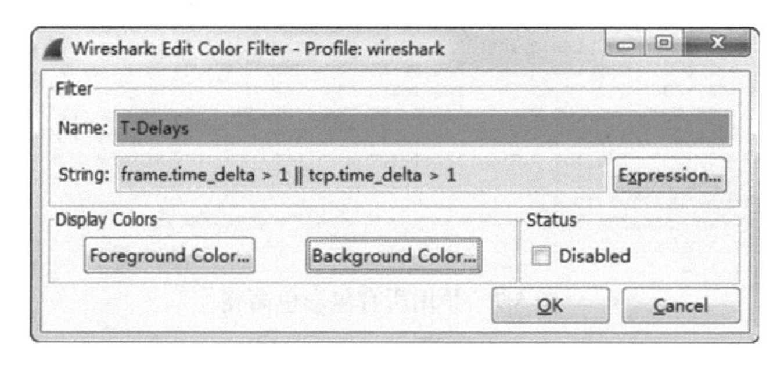

图 5.10　设置背景色

（5）从该界面可以看到过滤器名称的背景色设置成了黄色。这里还可以单击 Foreground Color 按钮，设置前景色。此时单击 OK 按钮，将返回到着色规则窗口，如图 5.11 所示。

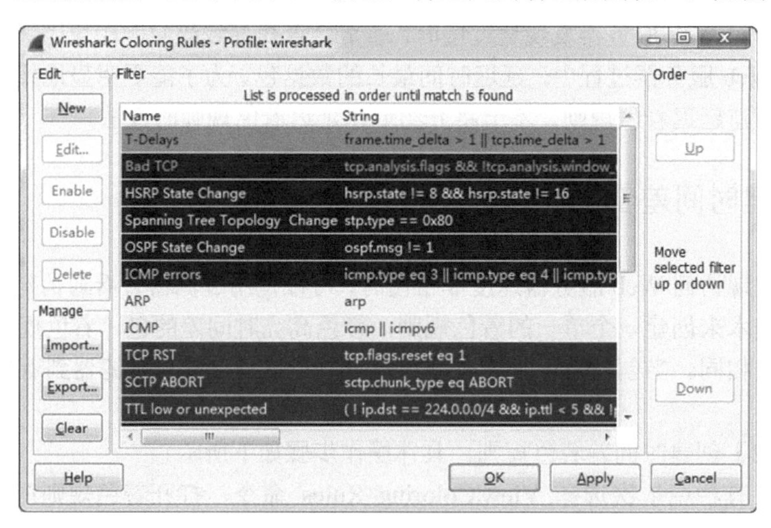

图 5.11　创建的着色规则

（6）从该界面可以看到，新创建的着色规则被添加在着色规则列表的第一行。

5.3.2　快速查看 FTP 用户名密码着色规则

由于 FTP 是使用明文的方式传输数据的，所以可以使用 Wireshark 捕获到 FTP 传输过程中的所有信息。通常人们查看 FTP 数据时，比较关注登录的用户名和密码。当捕获到的 FTP 数据过多时，很难一下就可以找到自己需要的数据。这里可以通过创建着色规则，快速地定位到 FTP 的用户名和密码。

【实例 5-3】创建彩色高亮 FTP 用户名、密码类型等着色规则。具体操作步骤如下所示。

（1）打开 ftp.pcapng 捕获文件。在该捕获文件 Packet List 面板的 Info 列中，找到 Request:PASS symmetry 信息，如图 5.12 所示。

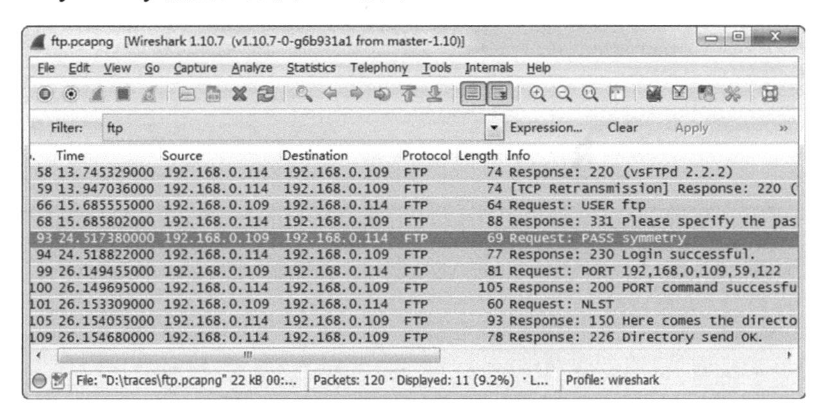

图 5.12　Request:PASS symmetry 信息

（2）从该界面可以看到 Request:PASS symmetry 信息，保存在 ftp.pcapng 捕获文件的 93 帧。在 93 帧的 Packet Details 面板中，展开 File Transfer Protocol（FTP）行。在展开的界面有两个会话，如图 5.13 所示。

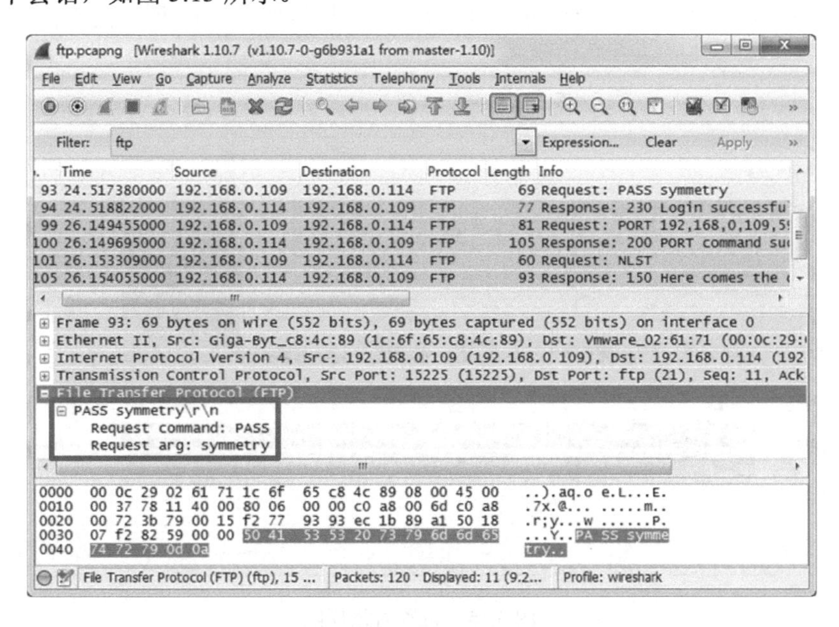

图 5.13　展开的会话

（3）从该界面可以看到两个会话，分别是 Request command 和 Request arg。此时选择 Request arg 行单击右键，并选择 Colorize With Filter|New Coloring Rule 命令，如图 5.14 所示。

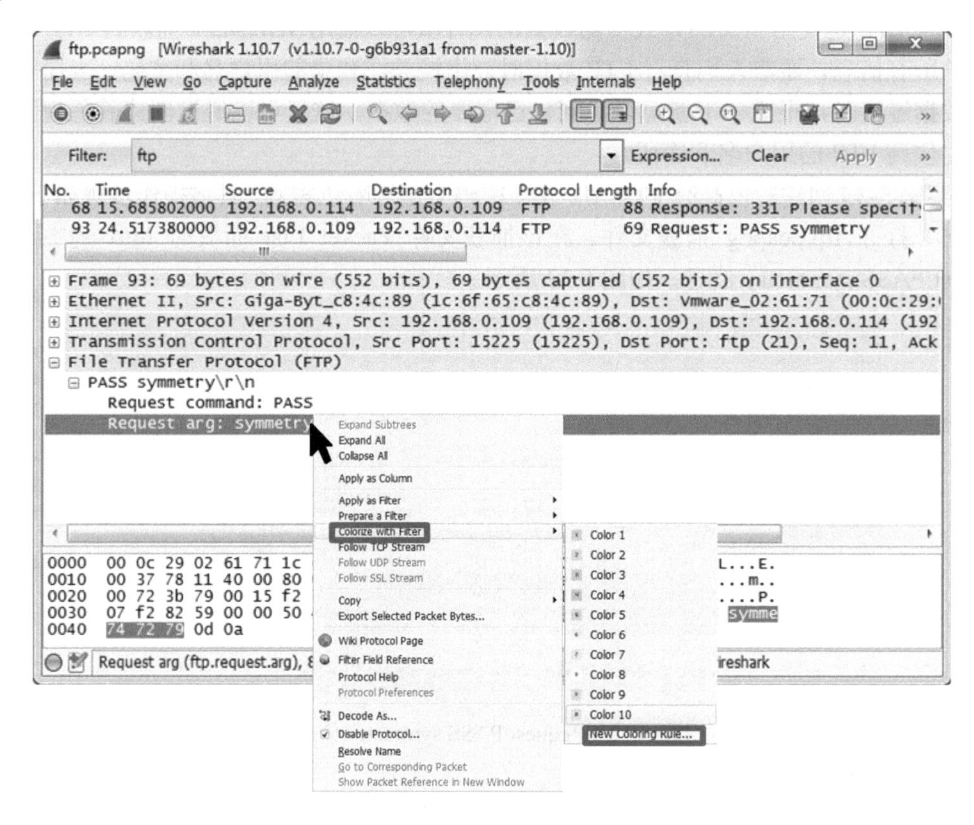

图 5.14　新建着色规则

（4）在该界面单击 New Coloring Rule 命令，将显示如图 5.15 所示的界面。

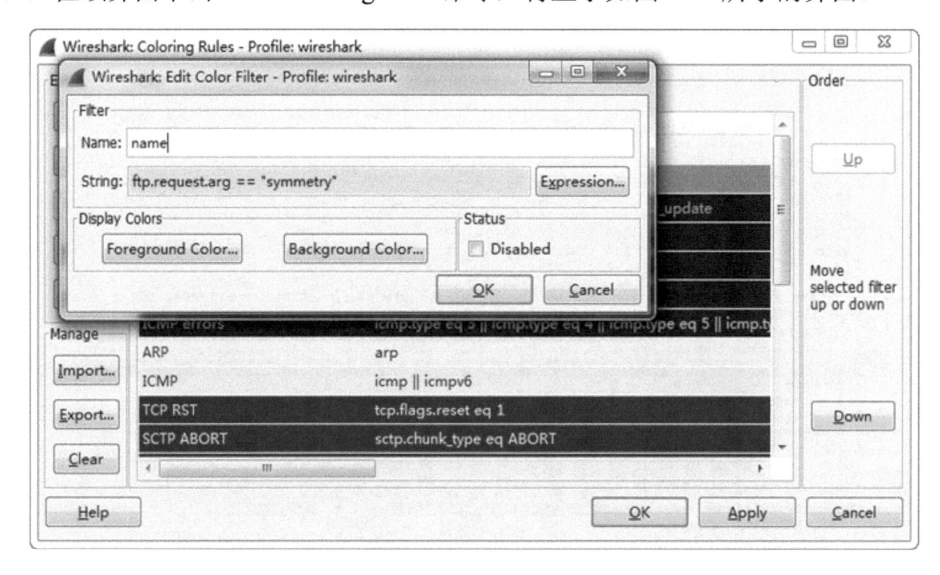

图 5.15　设置着色规则

(5)在该界面将着色规则名设置为 S-FTP Arguments，着色字符串设置为 ftp.request.arg。然后分别将背景色和前景色设置为红色和白色。设置后，界面如图 5.16 所示。

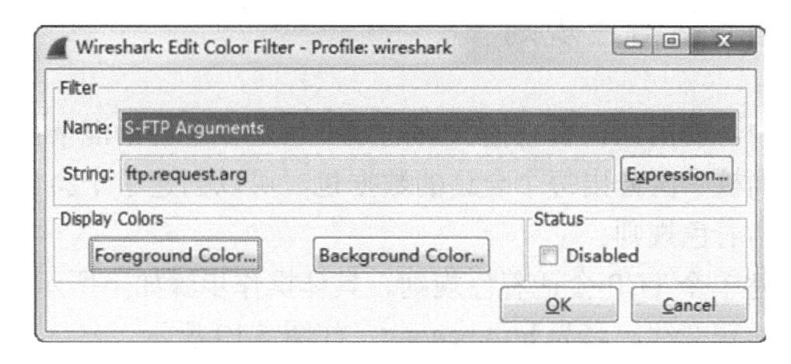

图 5.16　背景色和前景色设置

(6) 从该界面可以看到设置的背景色和前景色。此时单击 OK 按钮，将看到如图 5.17 所示的界面。

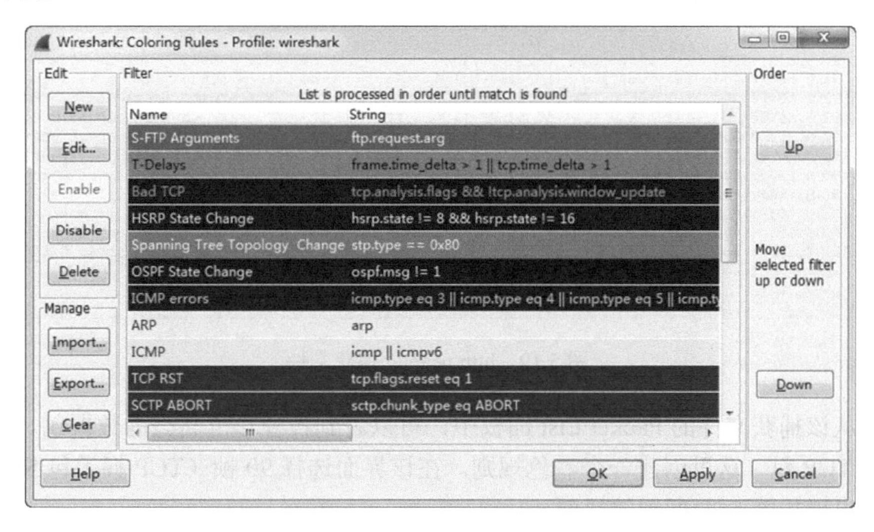

图 5.17　着色规则创建完成

(7) 从该界面可以看到 S-FTP Arguments 着色规则被成功创建。此时就可以在捕获文件中，很快地识别出 FTP 用户名和密码的数据包，如图 5.18 所示。

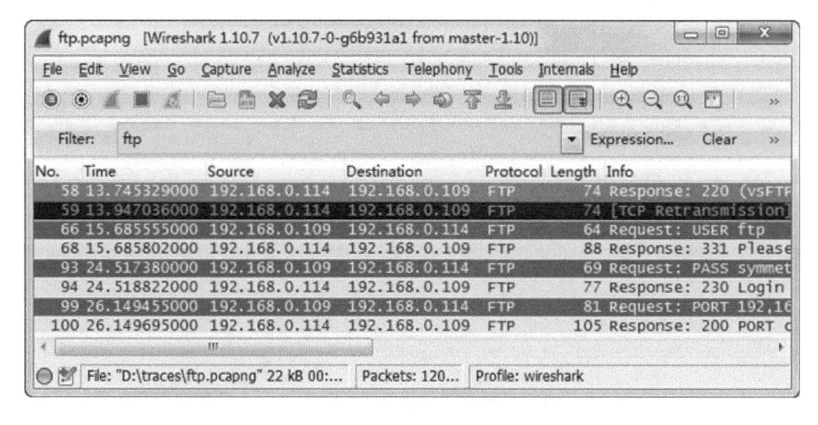

图 5.18　识别数据

（8）从该界面可以查看使用自己创建的着色规则彩色高亮的包。

5.3.3　创建单个会话着色规则

在 Wireshark 中，使用默认设置捕获到的数据包是多个会话混杂在一起的。为了能明显地在 Packet List 面板中区分出每个会话的数据包，可以创建单个会话着色规则。本小节将介绍创建单个会话着色规则。

【实例 5-4】创建单个 TCP 会话着色规则。具体操作步骤如下所示。

（1）打开一个捕获文件，名为 http.pcapng，如图 5.19 所示。

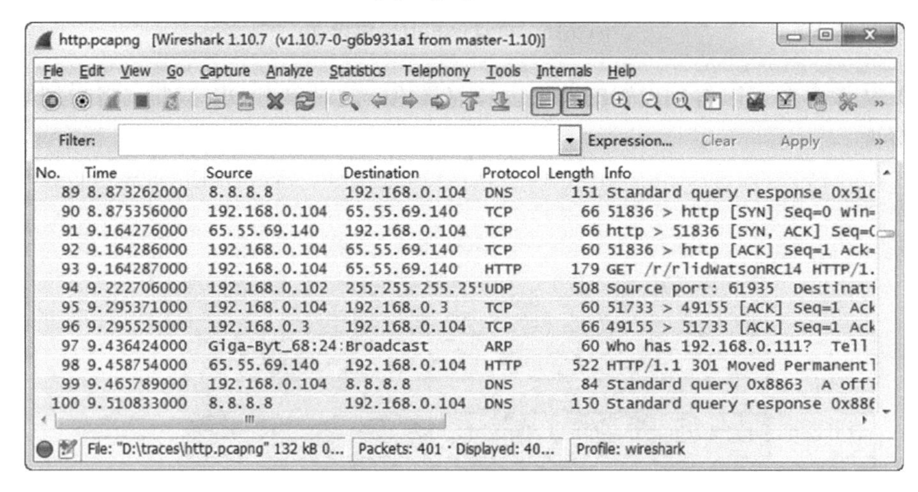

图 5.19　http.pcapng 捕获文件

（2）从该捕获文件的 Packet List 面板中，可以看到各种彩色高亮的数据包。为了明显地区分出 TCP 包，这里创建一个着色规则。在该界面选择 90 帧（TCP 握手包 SYN），单击右键将出现如图 5.20 所示的界面。

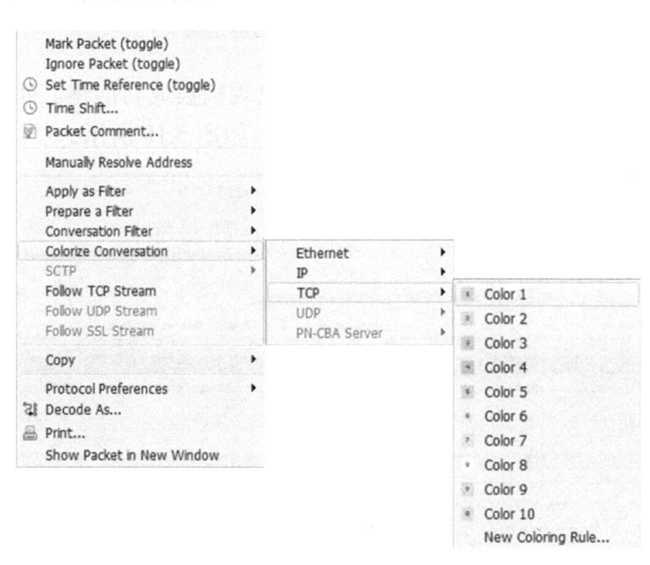

图 5.20　菜单栏

（3）在该菜单栏中依次选择 Colorize Conversation|TCP|Color1（桃红色）命令，将显示如图 5.21 所示的界面。从图 5.20 中，可以看到创建单个会话着色规则，有 10 种颜色可以选择。

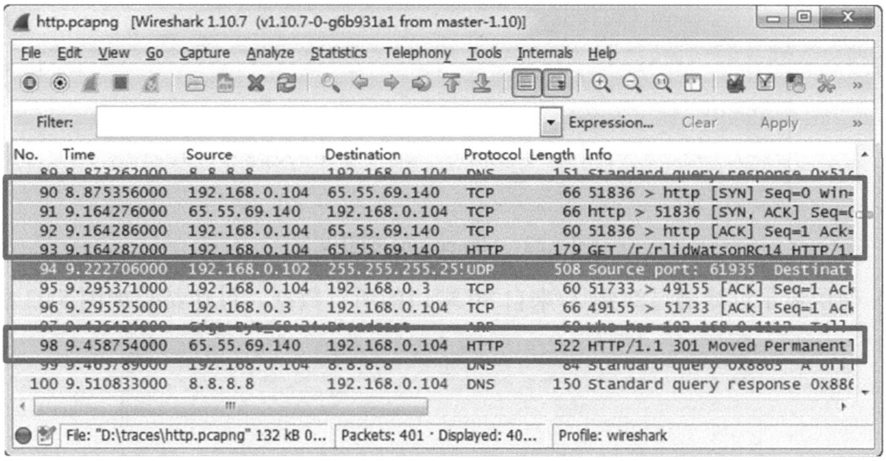

图 5.21　单个会话着色规则

（4）从该界面可以看到一个 TCP 会话使用了临时着色规则。如果再查看下一个 TCP 会话，在捕获文件中找出下一个 SYN 包，右键单击数据帧并选择 Colorize Conversation|TCP|Color2（可选任意颜色）即可。

使用以上方法创建的着色规则是临时的。虽然是临时的，但是在一个捕获文件中应用该临时着色规则后，将捕获文件关闭并再次打开，该临时着色规则仍然是存在的。只有当用户切换 Profile、关闭 Wireshark 或删除它们后，该临时着色规则才失效。

如果不需要使用这些临时着色规则，可以在工具栏中依次选择 View|Reset Coloring 1～10 命令删除这些临时着色规则。

5.4　导出数据包

Wireshark 支持多种导出数据的方法和类型。导出数据包，可以帮助用户快速地处理捕获的数据包。导出包时，可以选择保存捕获包、显示包、标记包或一个包的范围。本节将介绍导出数据包的方法。

5.4.1　导出显示包

显示包指的是通过使用显示过滤器过滤后的数据包。为了方便以后使用，最好的方法就是将该包导出到一个新的捕获文件中。否则，下次使用时还需要再次进行过滤操作。下面将介绍导出显示包的方法。

【实例 5-5】导出显示包。具体操作步骤如下所示。

（1）打开一个捕获文件，名为 http.pcapng，如图 5.22 所示。

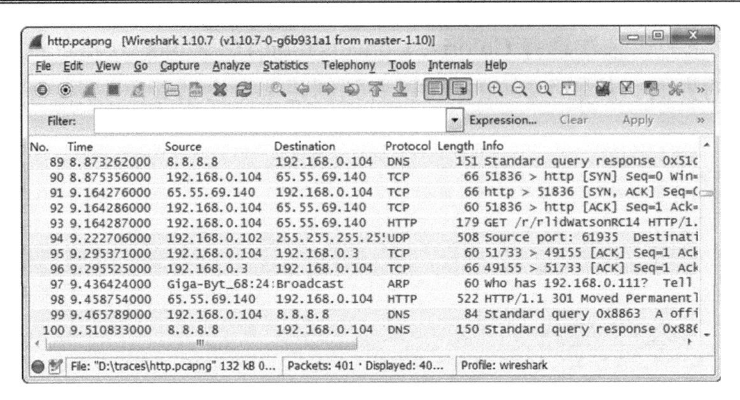

图 5.22　http.pcapng 捕获文件

（2）使用显示过滤器过滤到达/来自 80 端口的所有数据。过滤结果如图 5.23 所示。

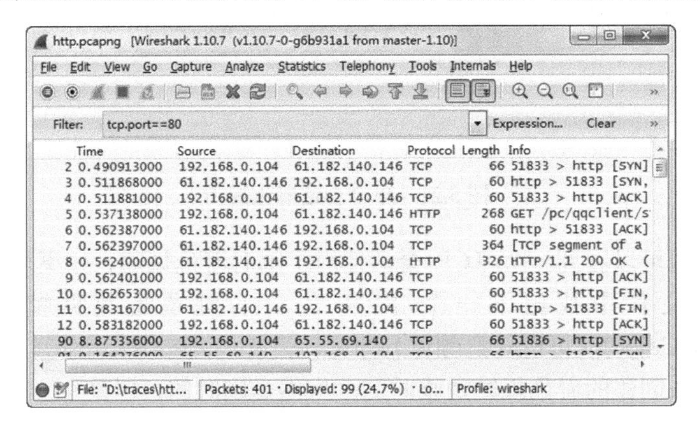

图 5.23　过滤后的数据

（3）从该界面的状态栏中，可以看到匹配 tcp.port==80 过滤器的包有 99 个。此时在工具栏中依次选择 File|Export Specified Packets 命令，将打开如图 5.24 所示的界面。

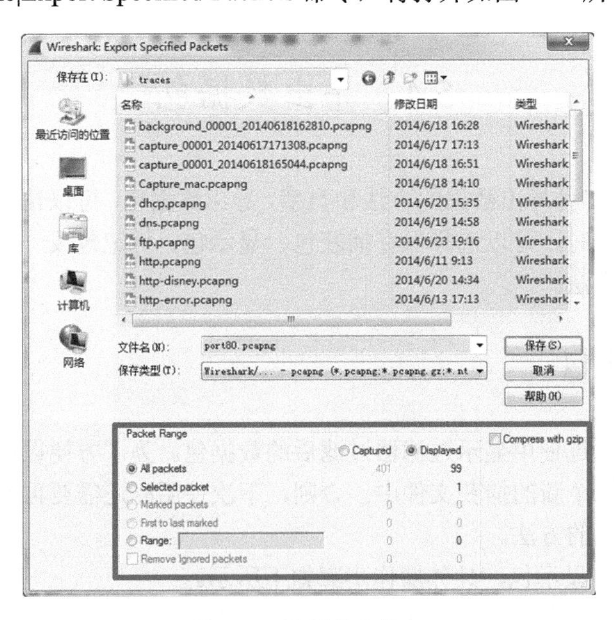

图 5.24　选择导出的包

（4）在该界面可以指定捕获文件的位置和文件名。然后单击“保存”按钮。

5.4.2　导出标记包

标记包指的是使用显示过滤后的数据中，标记个别进行导出的包。如果不想使用显示过滤器后导出数据，可以在选择 File|Export Specified Packets 之前先标记包，然后导出。如果导出多个数据包，必须对每个包单独标记。标记后的每个包，Wireshark 默认显示标记包的背景色是黑色，前景色是白色。下面介绍导出标记包的方法。

【实例 5-6】导出标记包。具体操作步骤如下所示。

（1）这里还是使用前面的捕获文件 http.pcapng。

（2）在 http.pcapng 捕获文件的 Packet List 面板中选择第 5 个包。单击右键并选择 Mark Packet（toggle）命令，将显示如图 5.25 所示的界面。

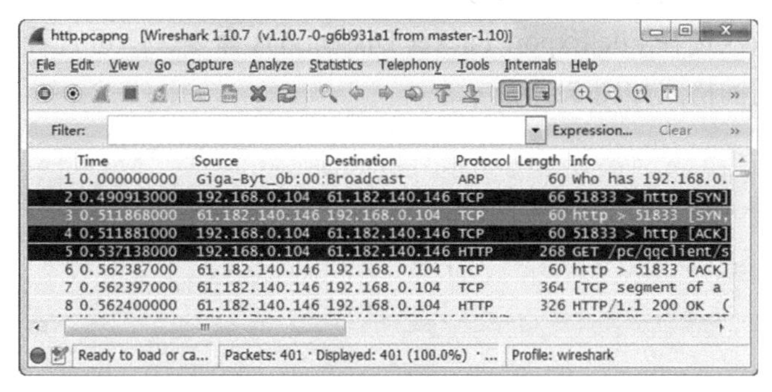

图 5.25　标记包

（3）从该界面彩色高亮显示的包，可以看出在该捕获文件中标记了 2、3、4、5 帧。此时单击 File|Export Specified Packets 命令，将显示如图 5.26 所示的界面。

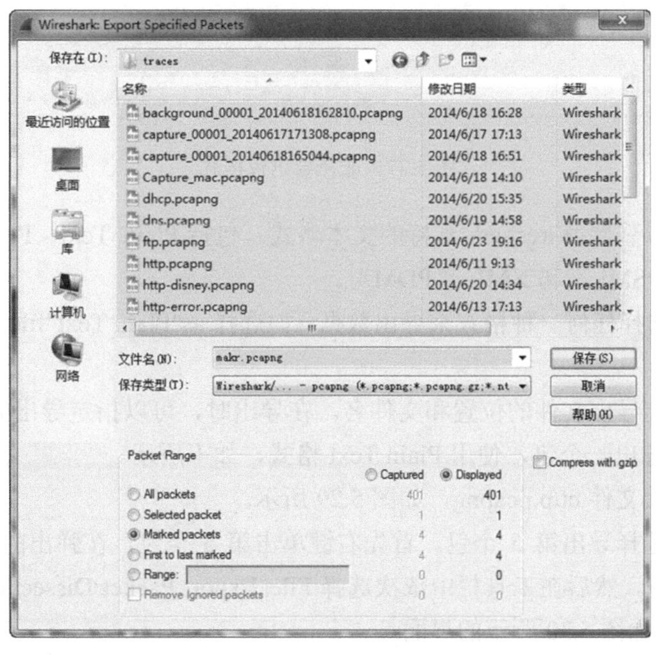

图 5.26　导出指定包

（4）在该界面指定新创建捕获文件的位置和文件名，然后选择 Market packets 或 First to last market。设置完成后单击“保存”按钮，完成数据导出。

注意：在以上过程中导出的标记包也是临时的。当在新捕获文件中打开捕获的包时，这些包将不被标记。

5.4.3　导出包的详细信息

当需要写一个网络通信或包内容报告时，将需要了解包的详细信息。此时，可以导出 Packet Details 面板中的详细信息供分析。Wireshark 支持 6 种导出文本格式。导出包详细信息时，可以导出基于过滤器的包或标记包。同时，也可以定义在输出过程中应该包括的包信息。本小节将介绍导出包详细信息的方法。

在工具栏中依次选择 File|Export Packet Dissections 命令，即可查看到导出包详细信息的可用格式。可用的格式如图 5.27 所示。

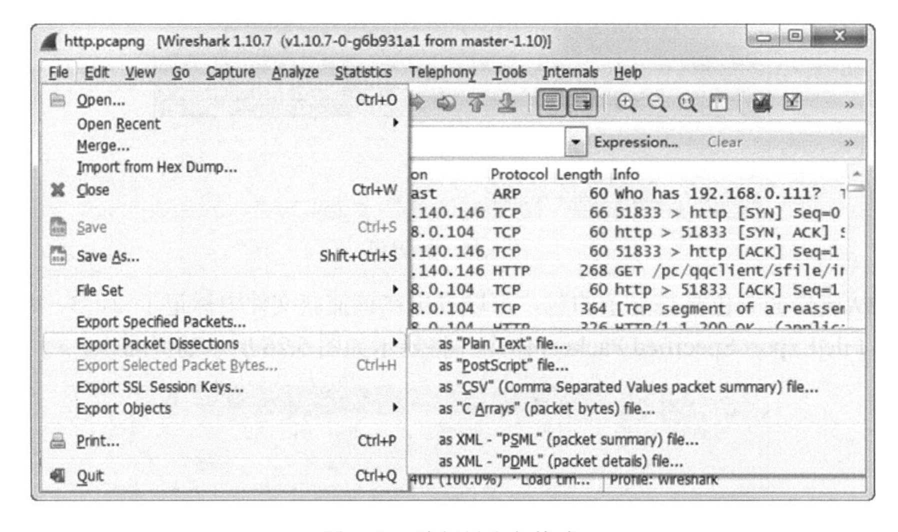

图 5.27　选择导出包格式

从该界面可以看到 Wireshark 支持的文本格式。包括 Plain Text、PostScript、CSV、C Arrays、XML-“PSML”和 XML-“PDM”。

此时，可以选择任何一种格式来导出数据。如选择 as"Plain Text"file，将弹出如图 5.28 所示的界面。

在该界面指定导出文件的位置和文件名。在导出时，可以指定导出的包范围和格式。

【实例 5-7】导出一个包，使用 Plain Text 格式，如下所示。

（1）打开捕获文件 http.pcapng，如图 5.29 所示。

（2）本例中选择导出第 5 个包。首先右键单击第 5 个包，在弹出的菜单中选择 Mark Packet(toggle)命令。然后在工具栏中依次选择 File||Export Packet Dissections|as "Plain Text" file 命令，将显示如图 5.30 所示的界面。

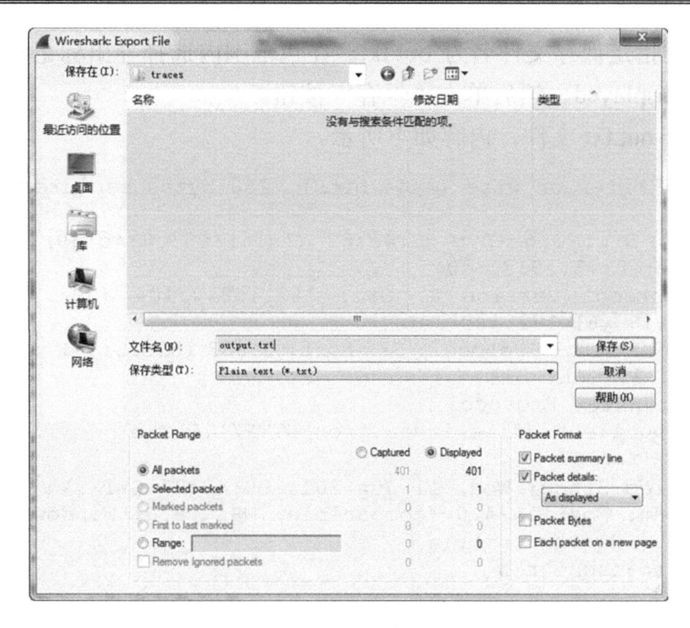

图 5.28　保存导出文件

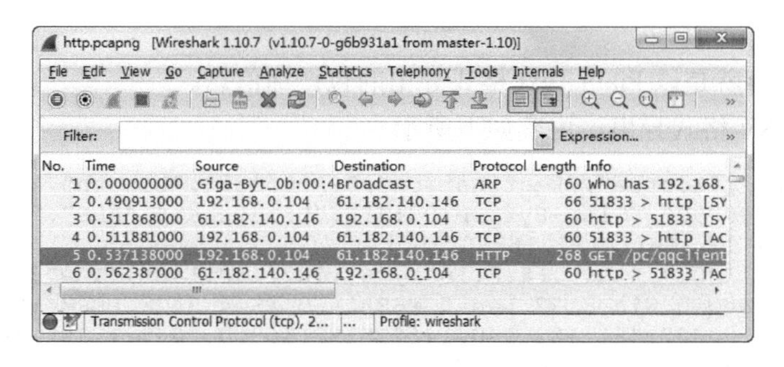

图 5.29　http.pcapng 捕获文件

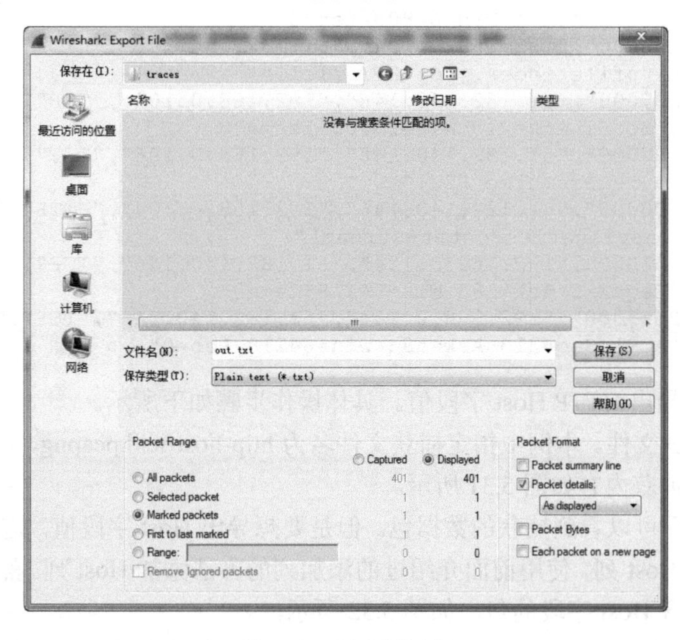

图 5.30　导出标记包

（3）在该界面指定保存文件名为out.txt。在包范围内选择导出标记包，包格式中选择Packet Details:As displayed。然后单击“保存”按钮。

（4）此时打开out.txt文件，内容如下所示。

```
Frame 5: 268 bytes on wire (2144 bits), 268 bytes captured (2144 bits) on
interface 0
Ethernet II, Src: Giga-Byt_c8:4c:89 (1c:6f:65:c8:4c:89), Dst: Tp-LinkT_
f9:3c:c0 (6c:e8:73:f9:3c:c0)
Internet Protocol Version 4, Src: 192.168.0.104 (192.168.0.104), Dst:
61.182.140.146 (61.182.140.146)
Transmission Control Protocol, Src Port: 51833 (51833), Dst Port: http (80),
Seq: 1, Ack: 1, Len: 214
Hypertext Transfer Protocol
    GET /pc/qqclient/sfile/index.json HTTP/1.1\r\n
    Accept: */*\r\n
    If-Modified-Since: Wed, 11 Jun 2014 00:43:29 GMT\r\n
    User-Agent: Mozilla/4.0 (compatible; MSIE 6.0; Windows NT 5.1)\r\n
    Host: pub.idqqimg.com\r\n
    Pragma: no-cache\r\n
    \r\n
    [Full request URI: http://pub.idqqimg.com/pc/qqclient/sfile/index.json]
    [HTTP request 1/1]
[Response in frame: 8]
```

（5）以上内容就是以Plain Text格式导出的包详细信息。

如果使用CSV格式导出，内容如下所示。

```
"No.","Time","Source","Destination","Protocol","Length","Info"
"1","0.000000000","Giga-Byt_0b:00:4f","Broadcast","ARP","60","Who    has
192.168.0.111? Tell 192.168.0.100"
"2","0.490913000","192.168.0.104","61.182.140.146","TCP","66","51833   >
http [SYN] Seq=0 Win=8192 Len=0 MSS=1460 WS=4 SACK_PERM=1"
"3","0.511868000","61.182.140.146","192.168.0.104","TCP","60","http    >
51833 [SYN, ACK] Seq=0 Ack=1 Win=14600 Len=0 MSS=1440"
"4","0.511881000","192.168.0.104","61.182.140.146","TCP","60","51833   >
http [ACK] Seq=1 Ack=1 Win=64800 Len=0"
"5","0.537138000","192.168.0.104","61.182.140.146","HTTP","268","GET
/pc/qqclient/sfile/index.json HTTP/1.1 "
"6","0.562387000","61.182.140.146","192.168.0.104","TCP","60","http    >
51833 [ACK] Seq=1 Ack=215 Win=15008 Len=0"
"7","0.562397000","61.182.140.146","192.168.0.104","TCP","364","[TCP
segment of a reassembled PDU]"
"8","0.562400000","61.182.140.146","192.168.0.104","HTTP","326","HTTP/1
.1 200 OK  (application/octet-stream)"
"9","0.562401000","192.168.0.104","61.182.140.146","TCP","60","51833   >
http [ACK] Seq=215 Ack=583 Win=64218 Len=0"
"10","0.562653000","192.168.0.104","61.182.140.146","TCP","60","51833  >
http [FIN, ACK] Seq=215 Ack=583 Win=64218 Len=0"
```

【实例5-8】导出HTTP Host字段值。具体操作步骤如下所示。

（1）获取捕获文件。本例中指定捕获文件名为http-hostfield.pcapng，选择响应的接口。然后开始捕获，捕获内容如图5.31所示。

（2）从该界面可以看到捕获的数据包。但是要想导出Host字段值，需要查看Host列。这里还没有添加Host列，使用前面介绍过的添加列的方法添加Host列。然后使用http.host过滤器，过滤包含Host字段的包，如图5.32所示。

（3）从该界面可以看到添加的Host列。此时在工具栏中依次选择File|Export Specified

Packets|as"CSV"(Comma Separated Values packet summary)file…命令，将弹出如图 5.33 所示的界面。

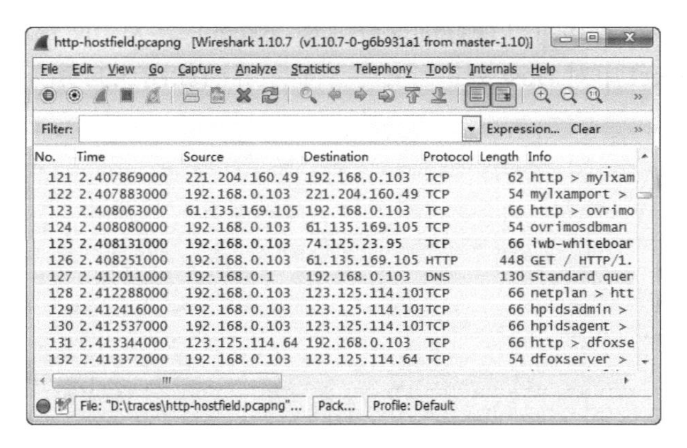

图 5.31　http-hostfield.pcapng 捕获文件

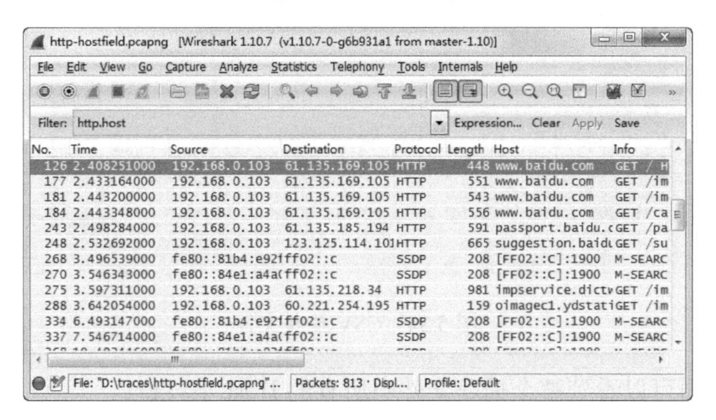

图 5.32　添加 Host 列

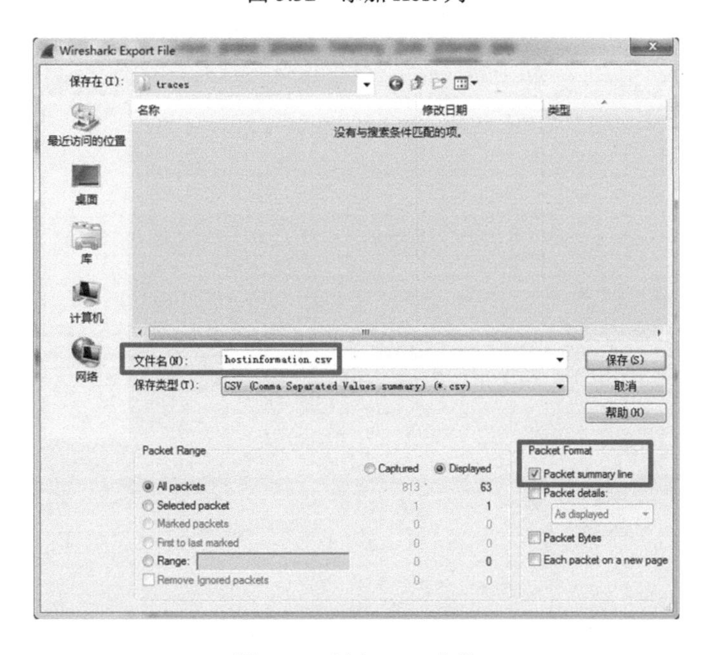

图 5.33　保存 CSV 文件

(4)这里将导出的文件,保存为 hostinformation.csv。在包格式中,只选择 Packet summary line。然后单击“保存”按钮,保存成功。

(5)使用电子表格程序打开保存的文件(如 Excel)。为了能查看捕获文件中所有的 Host 字段值,在 Excel 中对 Host 列进行排序,显示界面如图 5.34 所示。

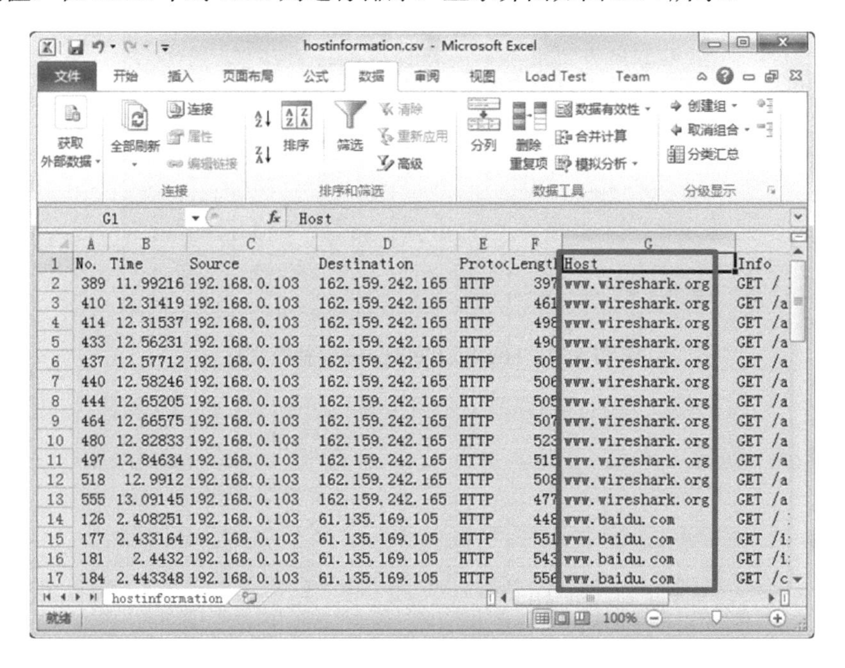

图 5.34　CSV 捕获文件

(6)从该界面可以看到整个捕获文件中所有的 Host 字段值。

第 6 章　构 建 图 表

在前面的章节中，我们通过抓包过滤器、显示过滤器和着色规则来减少数据，以便于分析。但是纯文本类的数据，还是非常枯燥和不方便分析，尤其是非专业人员。而图表可以很方便地展现数据分布、比重等方面。本章将讲解如何将数据进行图表化。

6.1　数据统计表

在前面章节，我们处理的数据都是单一条目的。这些数据可以展现通信的细节，但是无法展现数据的整体情况。为了方便用户使用，WireShark 提供了一些常用的统计功能。下面将详细讲解几个常用的统计。

6.1.1　端点统计

端点是指网络上能够发送或者接收数据的一台设备。例如，在 TCP/IP 的通信中就有两个端点，分别是接收（192.168.1.100）和发送（192.168.1.200）数据的 IP 地址。这里的 192.168.1.100 和 192.168.1.200 就是两个端点，如图 6.1 所示。

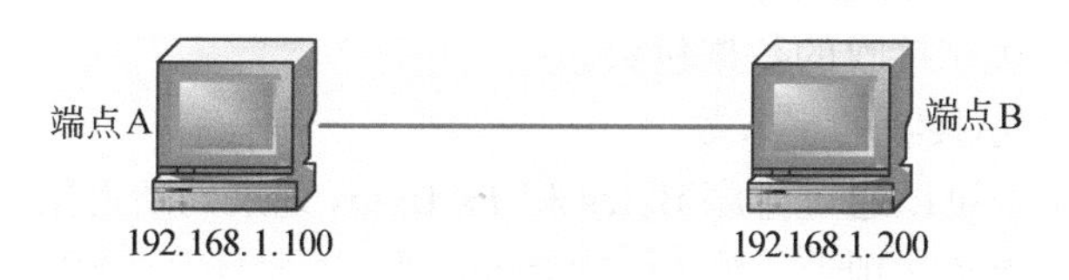

图 6.1　IP 地址端点

在数据链路层，通信是基于两台物理网卡和它们的 MAC 地址进行的。如果接收和发送数据的地址是 11:11:11:11:11:11 和 22:22:22:22:22:22，则这两个地址就是通信中的端点，如图 6.2 所示。

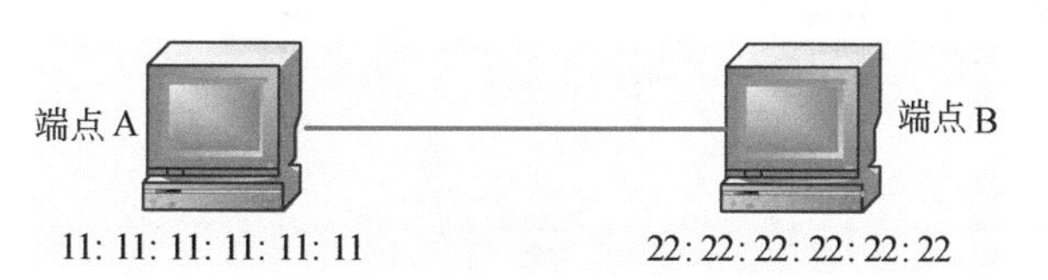

图 6.2　MAC 地址端点

在分析数据流量时，可以将问题定位到网络中的一个特定端点上。Wireshark 的 Endpoints 窗口显示每一端点中有用的统计数据，包括每个端点的地址、传输发送数据包的数量和字节数。

【实例 6-1】下面查看端点的统计信息。在工具栏中，依次选择 Statistics|Endpoints 命令，将显示端点对话框，如图 6.3 所示。

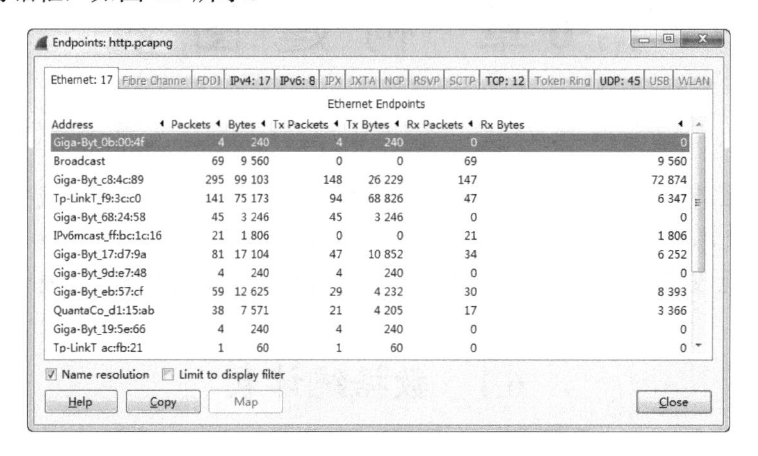

图 6.3　端点对话框

在该窗口顶部的选项卡中，显示了当前捕获文件中所有被支持和识别的端点，并且每个选项卡显示不同的协议。如果某个协议没有端点统计信息，则该选项卡标签显示为灰色。这里以 Ethernet 协议为例，介绍在该协议下的每列含义，如下所示。

- Address：表示端点的地址。
- Packets：表示在捕获文件中包含该地址的包数。
- Bytes：表示包的字节数据。
- Tx Packets：表示发送的数据包数。
- Tx Bytes：表示发送包的字节数。
- Rx Packets：表示接收的数据包数。
- Rx Bytes：表示接收的字节数。

在端点对话框中，可以通过排序 Bytes 和 Tx Bytes 列来判断占用带宽最大的主机。在图 6.3 中选择 IPv4 或 IPv6 选项卡，单击两次 Bytes 列，该列将由高到低排序，如图 6.4 所示。

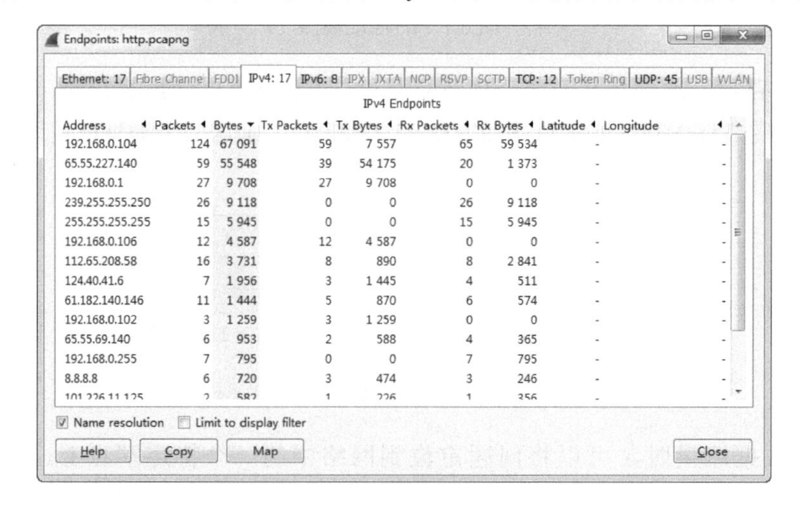

图 6.4　排序 Bytes 列

从该界面可以看到 Bytes 列由高到低排序。由此，可以判断出占用带宽最大的主机是 192.168.0.104。如果想要查看在该网络内发送数据包最多的主机，对 Tx Bytes 列由高到低排序即可。

6.1.2 网络会话统计

网络中的一个会话就和两个人之间的谈话一样，指的是两台主机间进行的通信。如图 6.1 所示，表示端点 A（192.168.1.100）和端点 B（192.168.1.200）之间的一个会话。它们之间的会话内容可能是这样的：SYN、SYN/ACK、ACK。下面将介绍查看网络会话的方法。

【实例 6-2】 下面查看网络会话统计信息。在工具栏中依次选择 Statistics|Conversations 命令，将显示会话对话框，如图 6.5 所示。

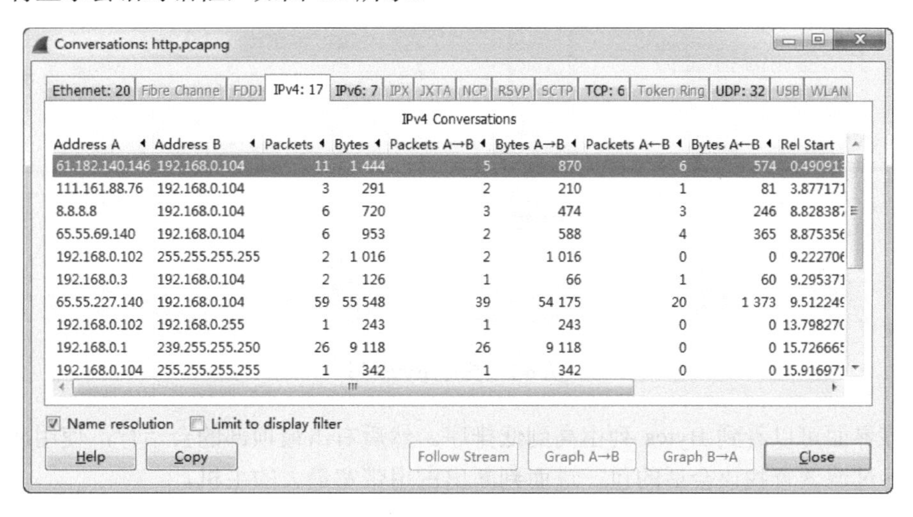

图 6.5 会话对话框

该窗口中列出的会话以不同的协议分布在不同的选项卡中，通过顶部的选项卡就可以切换。在该对话框中，还可以通过单击每列的小三角对列信息进行排序。右击一个会话，还可以创建过滤器。例如，显示由设备 A 发出的所有流量、设备 B 收到的所有流量，或者设备 A 和设备 B 之间所有的通信流量。

例如，排序 TCP 协议中的 Bytes 列。使用鼠标切换到 TCP 选项卡，然后单击 Bytes A-B 后的小三角，将显示如图 6.6 所示的界面。

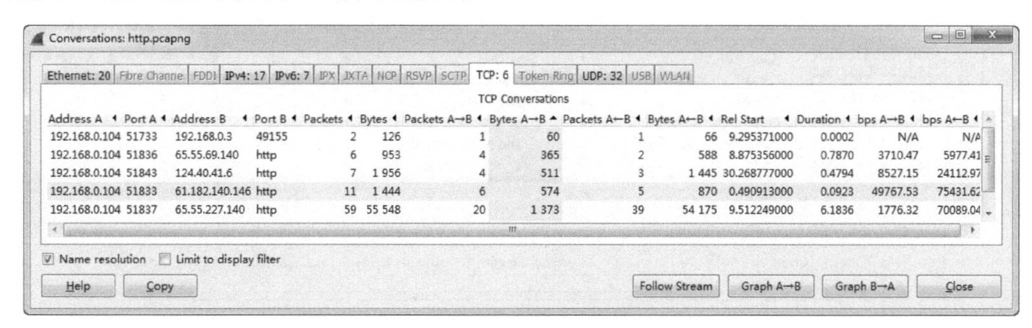

图 6.6 TCP 协议

从该界面可以看到 TCP 协议中的所有会话，包括地址 A、端口 A、地址 B 和端口 B 等。其中，Bytes 列由低到高进行排序。Rel Start 时间列表示在捕获文件中启动的时间。Duration 列表示在捕获文件中会话的持续时间，即第一个包到最后一个包之间的时间。

在会话窗口中也可以通过 Bytes 列排序找出最活跃的会话，进而判断占用带宽最大的主机。在会话窗口选择 IPv4 或 IPv6 选项卡，并单击两次 Bytes 列。单击后该列将由高到低排序，如图 6.7 所示。

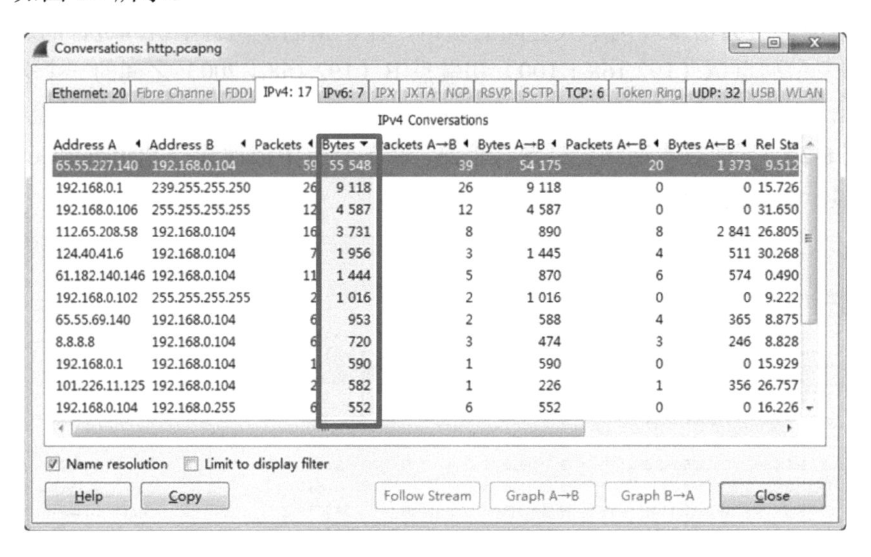

图 6.7　排序 Bytes 列

从该界面可以看到 Bytes 列由高到低排序。然后右击最顶部的会话行，使用应用过滤器或准备过滤器查找该会话的包，进而判断出占用带宽最大的主机。

6.1.3　快速过滤会话

在会话对话框中可以看到数据的统计信息，但是无法看到包的详细信息。这时，可以使用快速过滤功能，查看对应的数据包。打开会话对话框，如图 6.8 所示。

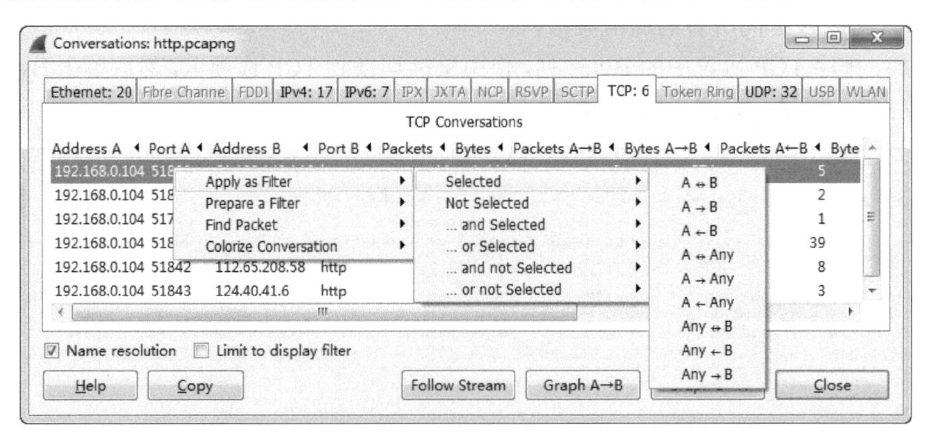

图 6.8　快速过滤会话

在该界面中，“A”表示包含“A”名称的任何列；“B”表示包含“B”名称的任何列。例如，如果选择 IPv4 选项卡，可以查看到 AddressA 和 AddressB。如果选择 TCP 或 UDP 选项卡，可以看到 AddressA、Port A 和 AddressB、PortB。

如果要过滤会话，在会话窗口中选择任何一个统计条目并右击，将会看到一个菜单栏，如图 6.8 所示。在该菜单栏中可以看到有 4 种过滤方式，分别是应用过滤器、准备过滤器、查找包和着色会话。这 4 种方式含义如下所示。

- ❑ 应用过滤器：使用这种方式，可以直接将数据过滤显示。
- ❑ 准备过滤器：使用该方式不会将过滤数据显示，只是将显示过滤器添加到显示过滤器区域，需要单击 Apply 按钮后，才可以显示过滤数据。
- ❑ 查找包：通过查找的方式，可以快速地定位到某个数据包。
- ❑ 着色会话：将要过滤的会话着色后显示。

使用这 4 种方式过滤会话时，可以选择以下过滤条件。具体含义如下所示。

- ❑ A<->B：过滤显示地址 A 与地址 B 之间通信的数据。
- ❑ A->B：过滤显示地址 A 发送给地址 B 的数据。
- ❑ A<-B：过滤显示地址 B 发送给地址 A 的数据。
- ❑ A<->Any：过滤显示地址 A 与其他地址间的所有数据。
- ❑ A->Any：过滤显示地址 A 发送的所有数据。
- ❑ A<-Any：过滤显示发送到 A 的所有数据。
- ❑ Any<->B：过滤显示任何主机与 B 之间通信的数据。
- ❑ Any<-B：过滤显示 B 发送的所有数据。
- ❑ Any->B：过滤显示发送给地址 B 的所有数据。

【实例 6-3】使用快速过滤的方式过滤显示数据。具体操作步骤如下所示。

（1）打开捕获文件 http.pcapng。

（2）在该捕获文件的工具栏中依次选择 Statistics|Conversations 命令，打开会话窗口，如图 6.9 所示。

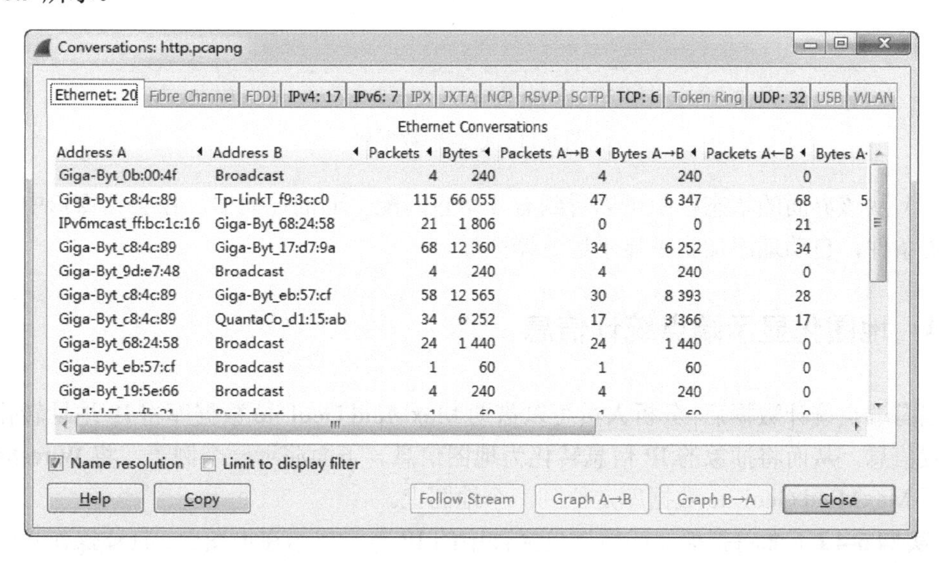

图 6.9　会话窗口

（3）在该界面选择第一个包，使用应用过滤器过滤地址 A（Giga-Byt_0b:00:4f）和地址 B（Broadcast）之间通信的数据，如图 6.10 所示。

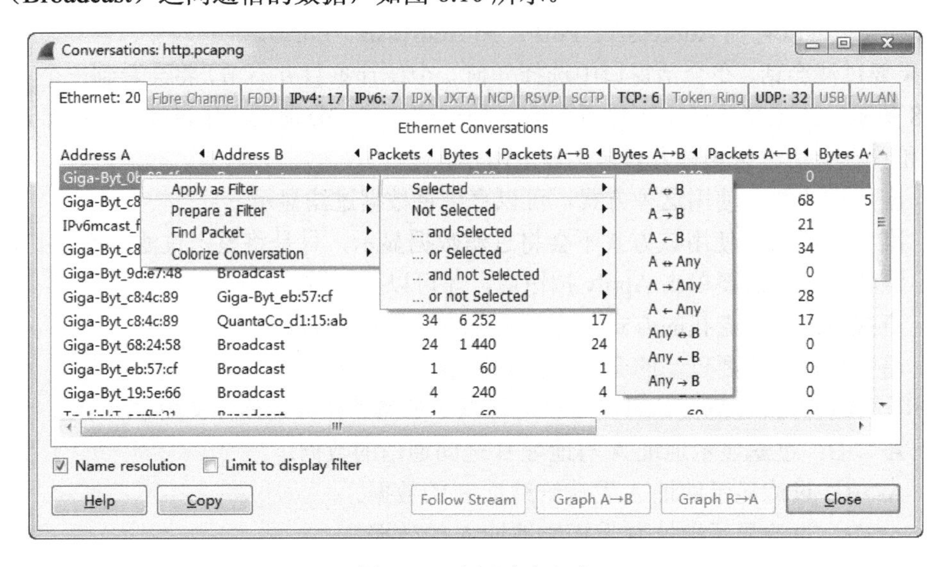

图 6.10　选择过滤方式

（4）在该界面依次选择 Apply as Filter|Selected|A<->B 选项。返回到 Wireshark 的界面，将看到如图 6.11 所示的界面。

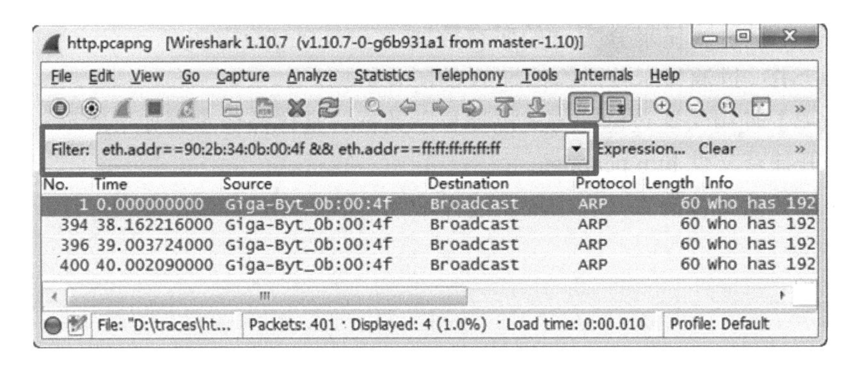

图 6.11　过滤的数据包

（5）从该界面的状态栏中可以看到有 4 个包匹配上面的过滤器。在会话窗口中使用的过滤器条件，自动地添加到了显示过滤器区域。

6.1.4　地图化显示端点统计信息

当有端点统计数据后，分析人员可以借助 MaxMind GeoLite 数据库将 IP 地址转化为地理位置信息，从而将抽象的 IP 信息转化为地图信息。下面演示一个例子，将 Wireshark 配置使用 MaxMind GeoLite 数据库定位到一个地图上。

【实例 6-4】下面将把抓取的数据包文件中的 IP 信息显示在地图上。具体操作步骤如下所示。

（1）打开捕获文件 http.pcapng。

（2）在 http://www.maxmind.com 网站上下载免费的 GeoLite 数据库文件，名称为 GeoLiteCity.dat。该文件包含了 IP 归属地信息。

（3）启用 GeoIP 功能。在本地磁盘上创建一个 maxmind 目录，并且把下载的 GeoLiteCity.dat 文件放在该目录中。然后选择 Edit|Preferences|Name Resolution 命令，将显示如图 6.12 所示的界面。

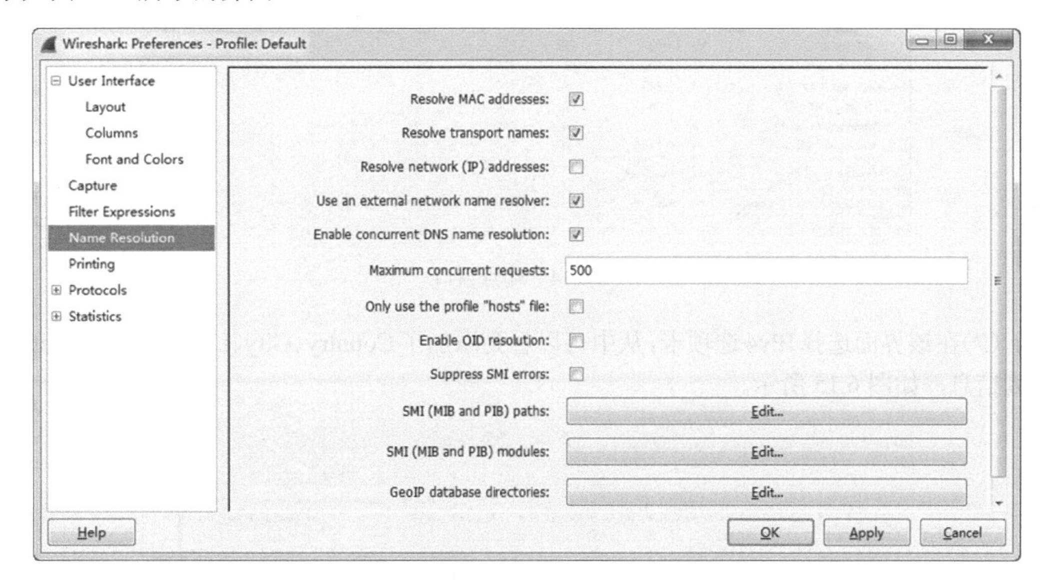

图 6.12　首选项窗口

（4）在该界面中，单击 GeoIP Database Directories 后面的 Edit 按钮，将显示如图 6.13 所示的界面。

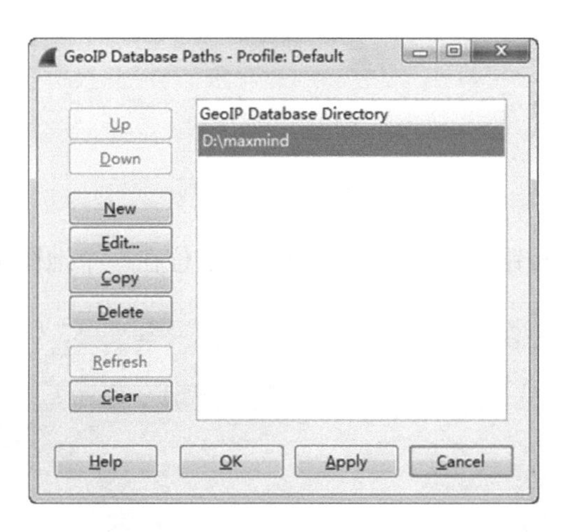

图 6.13　GeoIP Database Paths 窗口

（5）在该界面单击 New 按钮，选择 maxmind 目录。然后单击 OK 按钮，关闭 GeoIP Database Paths 窗口。

（6）重启 Wireshark，使 GeoIP 信息生效。然后在工具栏中依次选择 Statistics|Endpoints 命令，打开如图 6.14 所示的界面。

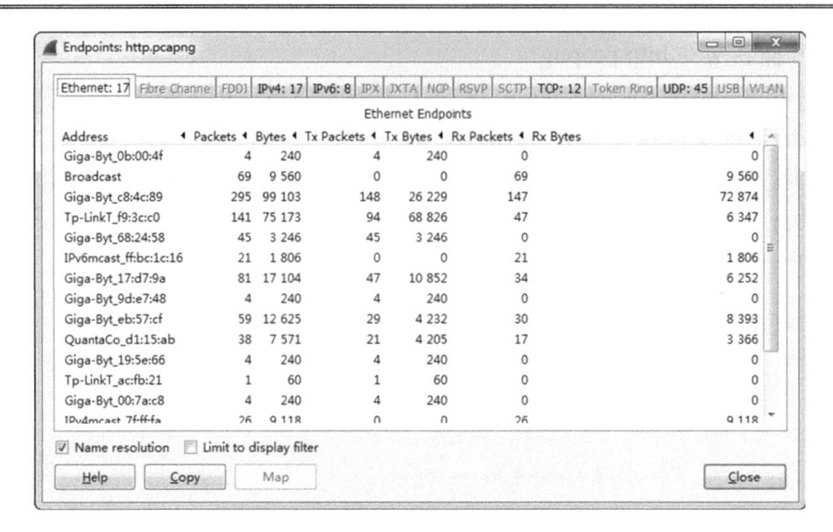

图 6.14　端点窗口

（7）在该界面选择 IPv4 选项卡，从中可以看到添加了 Country、City、Latitude 和 Longitude 几列信息，如图 6.15 所示。

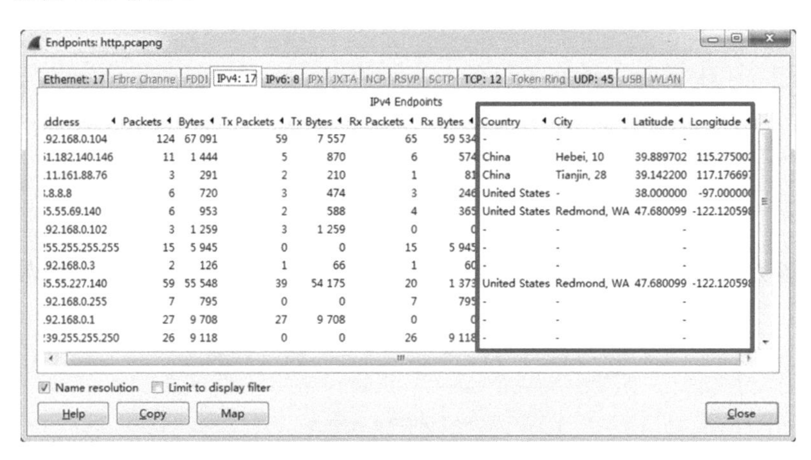

图 6.15　添加的列

（8）此时单击 Map 按钮，即可将所有数据包定位在一个地图上，如图 6.16 所示。

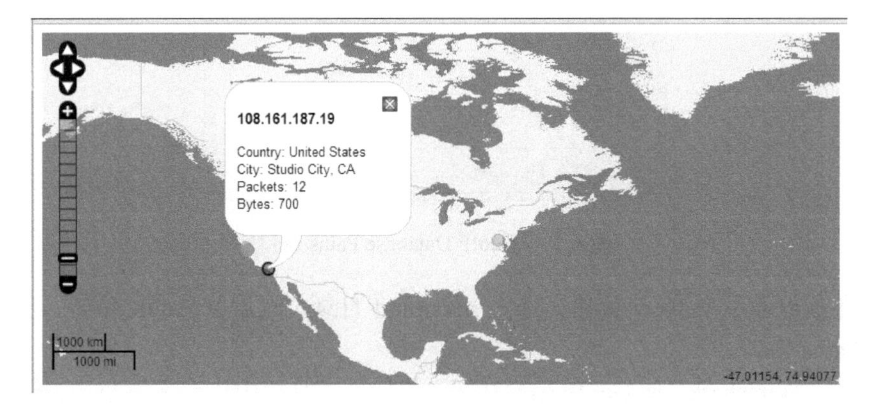

图 6.16　定位 IP 地址

（9）在该界面中的每个图标表示一个端点统计条目。单击该图标，即可看到该条目 IP 地址对应的国家、城市、包数和字节数。

6.2　协议分层统计

由于很多协议具有多层结构，WireShark 为了方便用户分析，提供了协议分层统计功能——Protocol Hierarchy 对话框。该对话框显示了捕获包的分层统计信息。用户可以在 Protocol Hierarchy 对话框中查找可疑的协议、应用程序或数据。例如，当用户发现一个主机可能存在危险时，可以使用该对话框查看。该对话框可以帮助用户识别不正常的网络应用程序，如 TCP 下的 DCE/RPC 数据、IRC 数据或 TFTP 数据等。

在工具栏中依次选择 Statistics|Protocol Hierarchy 命令，打开 Protocol Hierarchy 对话框，如图 6.17 所示。

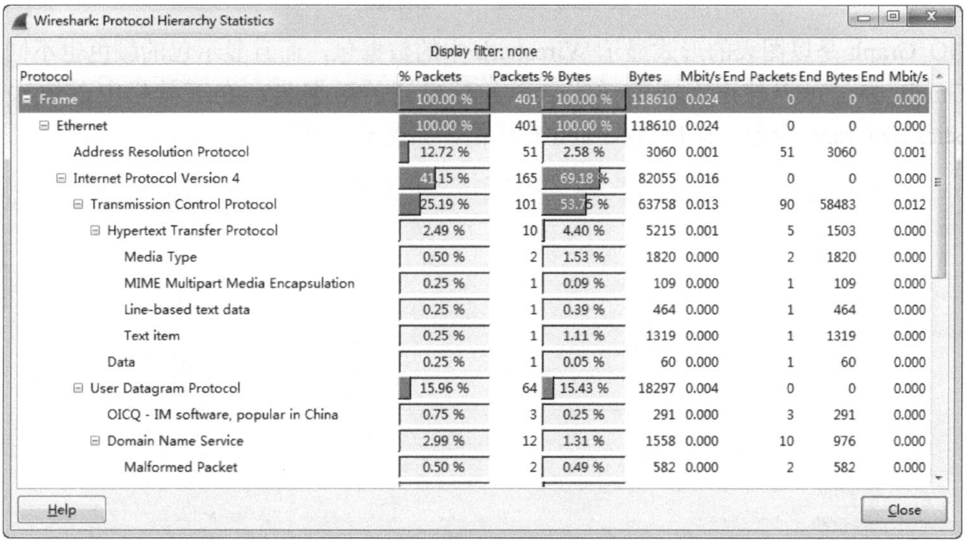

Wireshark: Protocol Hierarchy Statistics

Display filter: none

Protocol	% Packets	Packets	% Bytes	Bytes	Mbit/s	End Packets	End Bytes	End Mbit/s
⊟ Frame	100.00 %	401	100.00 %	118610	0.024	0	0	0.000
⊟ Ethernet	100.00 %	401	100.00 %	118610	0.024	0	0	0.000
Address Resolution Protocol	12.72 %	51	2.58 %	3060	0.001	51	3060	0.001
⊟ Internet Protocol Version 4	41.15 %	165	69.18 %	82055	0.016	0	0	0.000
⊟ Transmission Control Protocol	25.19 %	101	53.75 %	63758	0.013	90	58483	0.012
⊟ Hypertext Transfer Protocol	2.49 %	10	4.40 %	5215	0.001	5	1503	0.000
Media Type	0.50 %	2	1.53 %	1820	0.000	2	1820	0.000
MIME Multipart Media Encapsulation	0.25 %	1	0.09 %	109	0.000	1	109	0.000
Line-based text data	0.25 %	1	0.39 %	464	0.000	1	464	0.000
Text item	0.25 %	1	1.11 %	1319	0.000	1	1319	0.000
Data	0.25 %	1	0.05 %	60	0.000	1	60	0.000
⊟ User Datagram Protocol	15.96 %	64	15.43 %	18297	0.004	0	0	0.000
OICQ - IM software, popular in China	0.75 %	3	0.25 %	291	0.000	3	291	0.000
⊟ Domain Name Service	2.99 %	12	1.31 %	1558	0.000	10	976	0.000
Malformed Packet	0.50 %	2	0.49 %	582	0.000	2	582	0.000

Help　　Close

图 6.17　Protocol Hierarchy 窗口

在该对话框显示了捕获文件中包含的所有协议的树状分支。用户可以通过单击+/-图标展开或折叠分支。默认情况下，所有分支都是展开的。在该对话框中，每行包含一个协议层次的统计值。每列代表的含义如下所示。

- Protocol：表示协议名称。
- %Packets：含有该协议的包数目在捕获文件所有包中所占的比例。
- Packets：含有该协议的包的数目。
- %Bytes：含有该协议的字节数在捕获文件所有字节中所占的比例。
- Bytes：含有该协议的字节数。
- MBit/s：该协议的带宽，相对捕获时间 End Packets、End Bytes 和 End MBit/s。

注意：在该对话框中，%Packets 和%Bytes 列的值可能混淆。这两列的百分比指的是占总数的百分比，与层次结构无关。

由于 Protocol Hierarchy 对话框是以层次结构列出的，所以不能像会话对话框和端口对话框一样进行排序。但是该层次结构也可以快速地过滤数据类型，右击任意一行，将会显示一个过滤菜单。该菜单中包括 Apply as Filter、Prepare a Filter、Find Frame 和 Colorize Procedure 4 种过滤方式。

6.3　图表化显示带宽使用情况

虽然使用协议分层可以查看到包和总字节数的百分比，但是不能很好地分析一个捕获文件中的应用程序流。如果要想更好地分析数据流量，图表化形式可以更直观地显示。本节将介绍图表化显示带宽使用情况。

6.3.1　认识 IO Graph

IO Graph 是以图表的形式显示 Wireshark 中的数据包，而且显示包的颜色也不同。在 IO Graph 中，可以使用不同的样式显示各种过滤的数据包。在工具栏中，依次选择 Statistics|IO Graph 命令，打开 IO Graph 对话框，如图 6.18 所示。

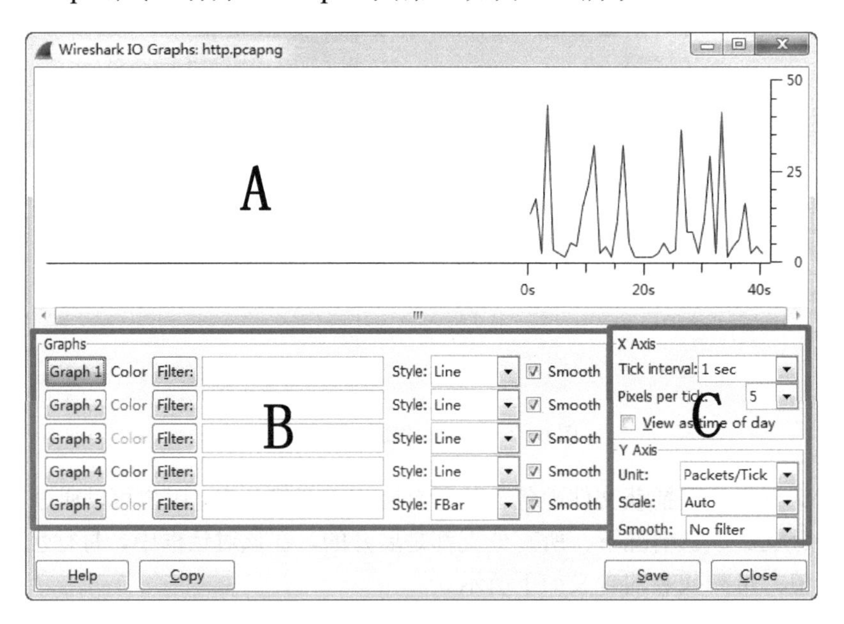

图 6.18　捕获网络数据图形对话框

从该界面可以看到，IO Graphs 对话框共有 3 部分内容。A 部分显示的是数据包的情况，B 部分是用来设置 Graphs，C 部分是用来设置显示数据包的 X 轴和 Y 轴信息。在 IO Graphs 窗口中可设置的内容如下所示。

Graphs 部分如下。

- Graph 1～5：表示开启 1～5 图表，默认仅开启 Graph 1。
- Color：图表的颜色，该颜色不可修改，只显示所使用的颜色。

- ❑ Filter：指定显示过滤器。
- ❑ Style：图表样式，可设置的值有 Line、Impulse、Fbar 和 Dot。

X Axis 部分如下。

- ❑ Tick interval：设置 X 轴的每格代表的时间，单位为秒。
- ❑ Pixels per tick：设置 X 轴每格占用像素。

Y Axis 部分如下。

- ❑ Unit：表示 Y 轴的单位。
- ❑ Scale：表示 Y 轴单位的刻度。
- ❑ Smooth：表示图表的平滑度。

6.3.2　应用显示过滤器

在 IO Graph 中使用显示过滤器对数据过滤后，可以更直观地看出每个数据包占的带宽。当需要比较整个网络中数据带宽占用情况时，最好的方法就是使用图表的形式显示出来。下面将介绍在 IO Graph 中应用显示过滤器。

在 IO Graph 中使用显示过滤器过滤数据时，使用的过滤器和在捕获文件中的显示过滤器不太一样。首先介绍在 IO Graph 中过滤器的使用。

- ❑ 绘制 TCP 应用程序图表：使用的过滤器是端口号（tcp.port==80），而不是应用程序名。
- ❑ 绘制 UDP 应用程序图表：可以使用应用程序名或端口号过滤。例如，过滤 DNS 可以使用 dns 或 udp.port==53 过滤器。
- ❑ 绘制一个协议图表：使用应用程序名过滤。例如，ICMP 协议可以使用 icmp 过滤。

下面举几个在 IO Graph 中显示过滤器应用的例子。

【实例 6-5】根据 IP 地址显示统计信息。具体操作步骤如下所示。

（1）打开捕获文件 http.pcapng。然后在工具栏中依次选择 Statistics|IO Graph 命令，打开 IO Graph 窗口，如图 6.19 所示。

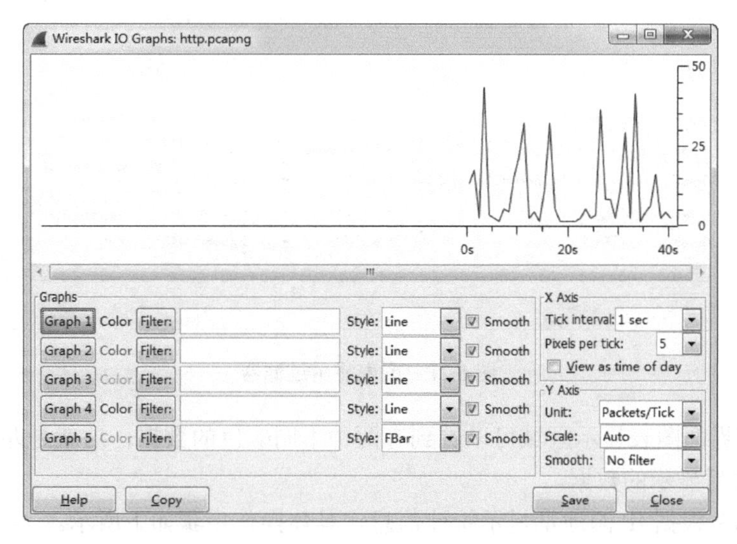

图 6.19　IO Graph 窗口

（2）从该界面可以看到默认只启用了 Graph1。现在分别在 Graph2 和 Graph3 中创建两个 IP 地址过滤器，过滤的地址分别是 192.168.0.104 和 61.182.140.146，如图 6.20 所示。

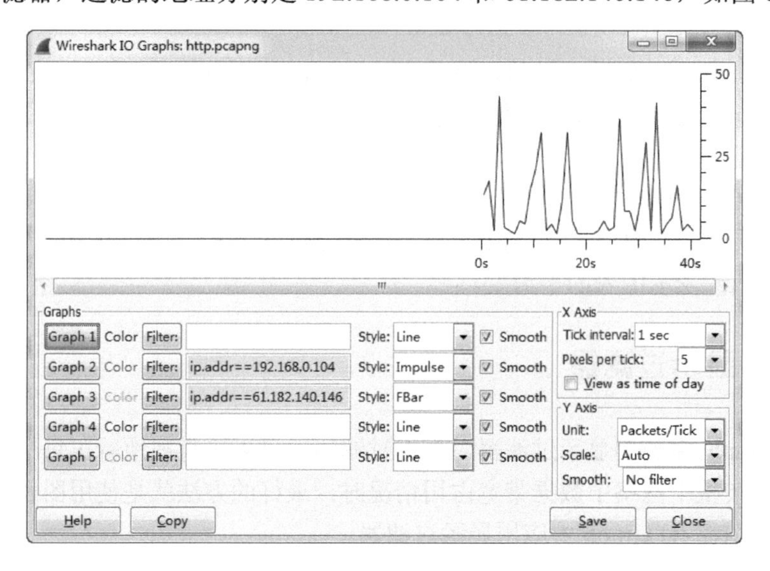

图 6.20　添加过滤器

（3）从该界面可以看到创建的两个过滤器。为了可以更直观地显示出匹配两个过滤器的数据，将这两个过滤器的样式分别设置为 Impulse 和 FBar。但是现在这两个图表还没有启动，所以 IO Graph 对话框没有任何变化。此时单击 Graph2 和 Graph3 按钮启动图表，将显示如图 6.21 所示的界面。如果要关闭图表，再次单击相应的图表按钮即可。

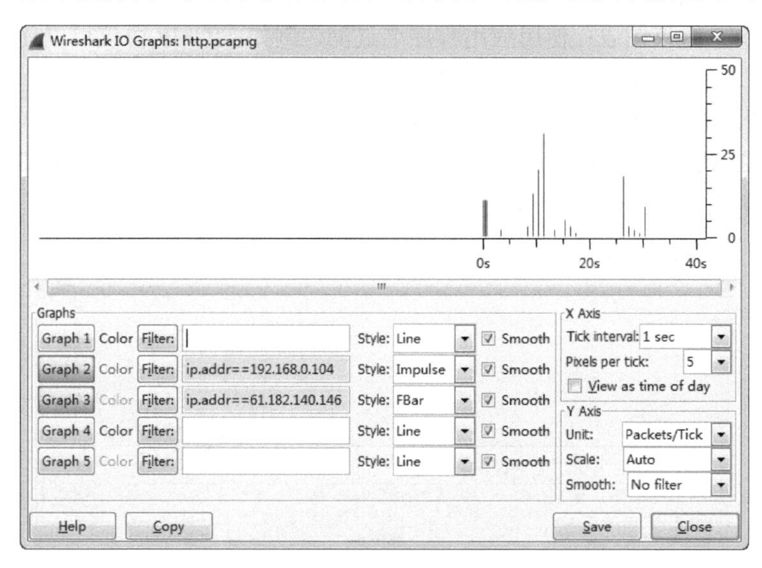

图 6.21　图表显示过滤器

（4）从该界面图表显示区域可以看到有两种不同颜色的数据，这就是匹配 Graph2 和 Graph3 过滤器后显示的数据。

【实例 6-6】根据 IP 源地址显示统计信息。具体操作步骤如下所示。

（1）使用与上例相同的方法，打开 IO Graph 窗口。

（2）创建两个 ip.src 过滤器，并且将匹配该过滤器包的样式设置为 FBar 和 Impulse，如图 6.22 所示。

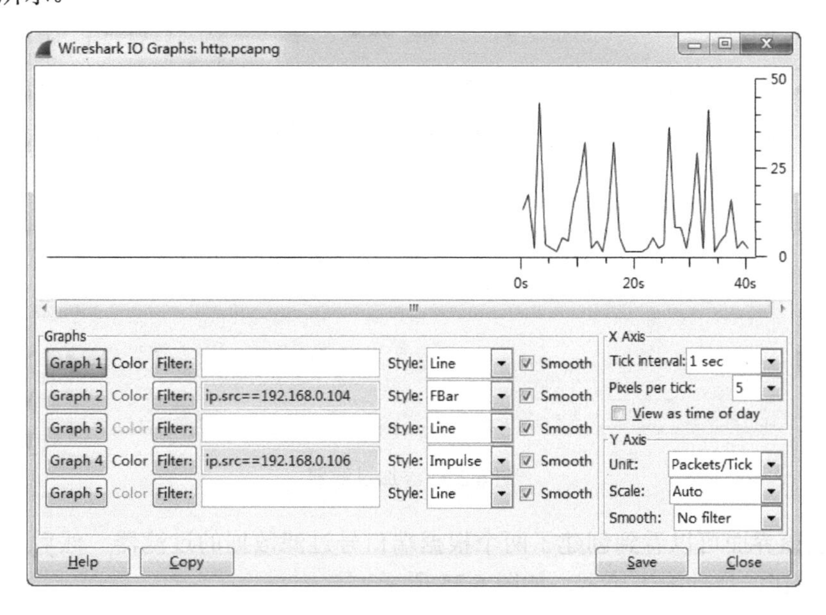

图 6.22　添加过滤器

（3）单击 Graph2 和 Graph4 按钮启动图表 2 和图表 4，显示界面如图 6.23 所示。

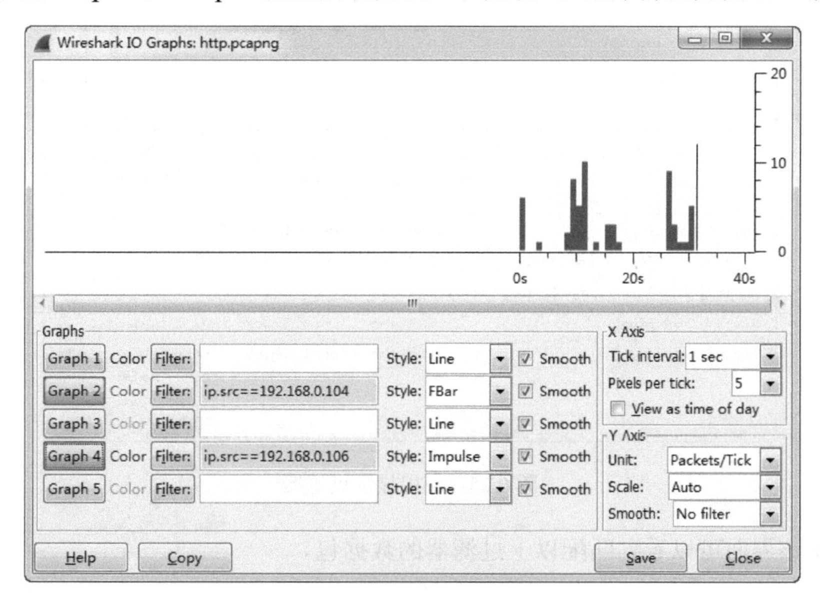

图 6.23　图表显示过滤器

（4）从该界面可以很清楚地看到匹配两个过滤器数据包的占用情况。

【实例 6-7】根据端口号显示统计信息。具体操作步骤如下所示。

（1）使用与上例相同的方法，打开 IO Graph 窗口。

（2）创建两个 tcp.port 过滤器，并且将匹配该过滤器包的样式设置为 Line 和 FBar，如图 6.24 所示。

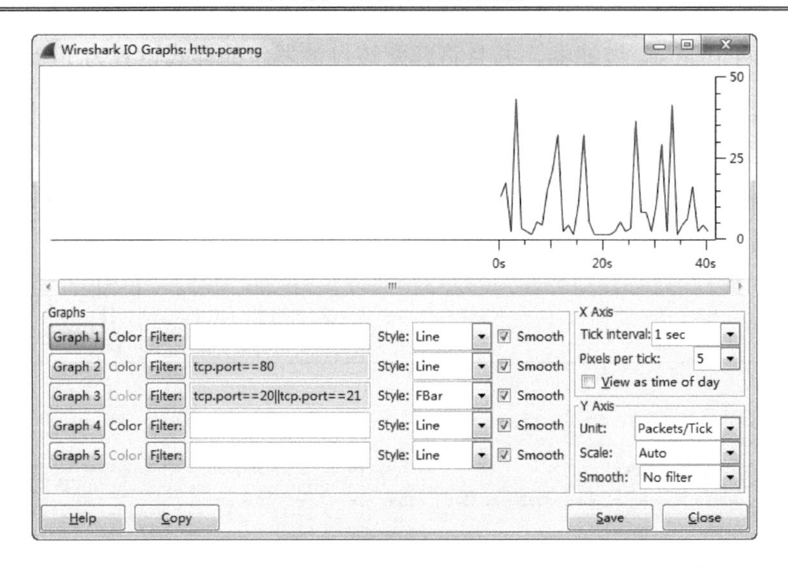

图 6.24　添加过滤器

（3）从该界面可以看到创建了两个根据端口号过滤数据的过滤器。然后单击 Graph2 和 Graph3 按钮，启动图表显示，如图 6.25 所示。

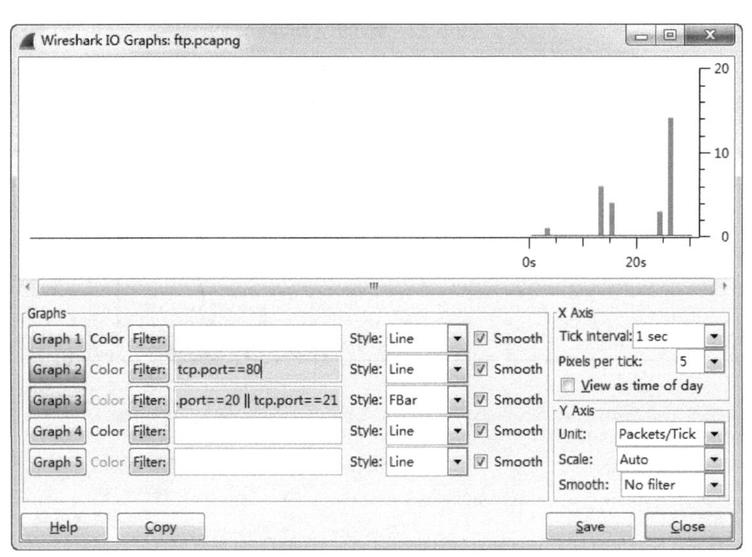

图 6.25　应用显示过滤器

（4）从该界面可以看到匹配以上过滤器的数据包。

6.4　专 家 信 息

专家信息记录的是关于整个网络中 TCP 的信息，如丢包、接收包堵塞。Wireshark 中每个协议的解析器都有一些专家信息。分析者可以在专家信息窗口中查看到使用该协议的数据包中一些特定状态的错误、警告和提示等信息。

在工具栏中依次选择 Analyze|Expert Info 命令或在状态栏中单击●（该图标不一定是黄色）按钮，将打开专家信息窗口，如图 6.26 所示。

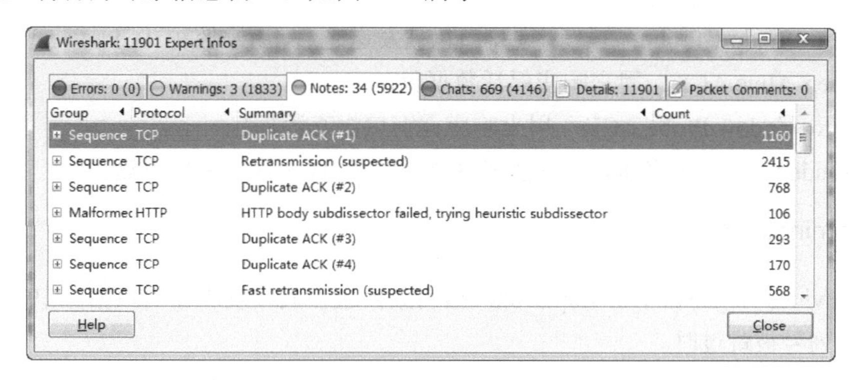

图 6.26　专家信息窗口

从该界面可以看到有 6 个选项卡。其中前 4 个选项卡显示不同的颜色，代表数据包的 4 种状态。下面分别介绍这 6 个选项卡的含义。

- Errors 信息（红色）：表示数据包中或解析器解析时的错误。
- Warnings 信息（黄色）：表示不正常通信中的异常数据包。
- Notes 信息（蓝绿色）：表示正常通信中的异常数据包。
- Chats 信息（蓝色）：表示关于通信的基本信息。
- Details 信息：显示包的详细信息。
- Packet Comments 信息：包的描述信息。

默认情况下，专家信息窗口的选项卡中是不显示颜色的。需要在 Edit|Preferences|User Interface 中启用 Display icons in the Expert Infos dialog tab labels 选项才可以。

根据以上每个选项卡的介绍，可以判断出在图 6.26 中没有错误信息，有 3 个警告信息、34 个注意信息及 669 个对话。在选项卡上，括号之外的数字指的是这个类别中不同消息的数量，而括号中的数字是消息出现的总次数。

从 Wireshark 中可以查看到许多网络问题，但是不能找到这些问题的原因。此时就可以通过专家信息中的警告和注意信息，来判断出可能影响网络性能的问题。下面将介绍最常见的各种专家错误信息。

1. Errors信息

如果寻找应用程序问题，则检查在捕获文件中是否有 TCP 错误。当网络崩溃时，没有应用程序可以运行。

2. Chats信息

- Window Update：由接收者发送，用来通知发送者 TCP 接收窗口的大小已被改变。

3. Notes信息

- Retransmission：数据包丢失的结果。发生在收到重复的 ACK，或者数据包的重传输计时器超时的时候。

- ❑ Duplicate ACK：当一台主机没有收到下一个期望序列号的数据包时，它会生成最近收到一次数据的重复 ACK。
- ❑ Zero Window Probe：在一个零窗口包被发送之后，用来监视 TCP 接收窗口的状态。
- ❑ Keep-Alive ACK：用来响应保活数据包。
- ❑ Zero window Probe ACK：用来响应零窗口探查数据包。
- ❑ Window full：用来通知传输主机其接收者的 TCP 接收窗口已满。

4. Warnings信息

- ❑ Previous Segment Not Captured：指明数据包丢失。发生在当数据流中一个期望的序列号被跳过时。
- ❑ ACKed Lost Packet：发生在当一个数据包已经确认丢失但收到了其 ACK 数据包时。
- ❑ Keep-Alive：当一个连接的保活数据包出现时触发。
- ❑ Zero Window：当接收方已经达到 TCP 接收窗口大小时，发出一个零窗口通知，要求发送方停止传输数据。
- ❑ Out-of-Order：当数据包被乱序接收时，会利用序列号进行检测。
- ❑ Fast Retransmission ACK：一次重传会在收到一个重复 ACK 的 20 毫秒内进行。

6.5　构建各种网络错误图表

当用户发现访问网络不正常时，可以通过构建图表来判断这些网络问题。Wireshark 可以获取到许多类型的 TCP 网络错误，如丢包和接收堵塞。在 Wireshark 中，可以使用图表的形式构建所有 TCP 标志位包或单个标志包。本节将介绍构建各种网络错误图表。

6.5.1　构建所有 TCP 标志位包

在判断网络状况时，可以使用显示过滤器条件 tcp.analysis.flags 显示丢失、重发等异常情况相关的 TCP 报文。下面通过使用 tcp.analysis.flags 显示过滤器，构建所有 TCP 分析标志包图表。

【实例 6-8】构建所有 TCP 标志位包（除窗口更新）。具体操作步骤如下所示。

（1）捕获一个名为 unreassembled.pcapng 的捕获包。

（2）打开 IO Graphs 窗口，将显示如图 6.27 所示的界面。

（3）该界面显示了捕获文件中数据包的情况。现在在 Graph 2 上使用 Fbar 样式显示 TCP 问题包，但不包括窗口更新包。在 Graph 2 显示过滤器中输入 tcp.analysis.flags && !tcp.analysis.window_update，并将 Style 设置为 FBar。然后单击 Graph 2 按钮，将显示如图 6.28 所示的界面。

（4）在该界面中红色柱形图表示匹配过滤器的所有 TCP 数据，黑色线条表示捕获文件中数据的情况。

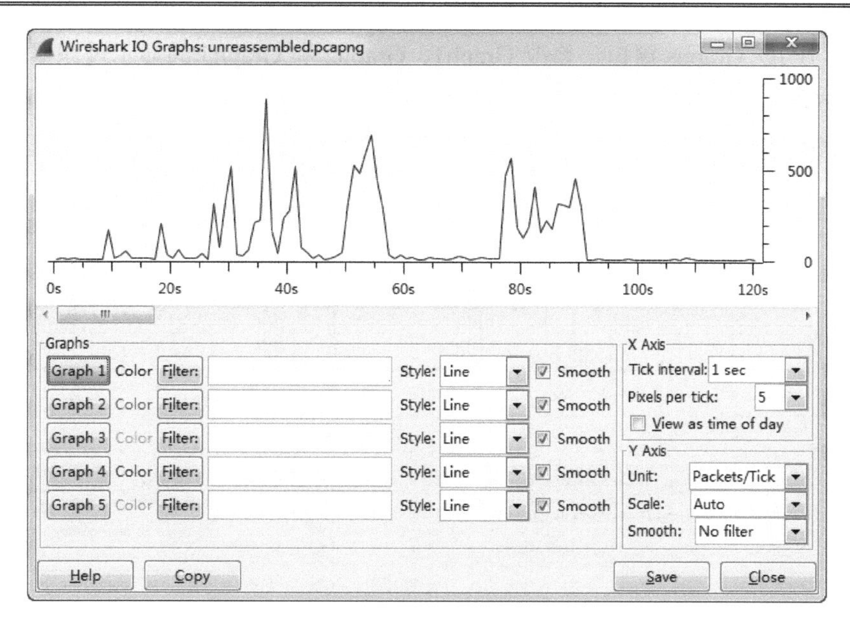

图 6.27　IO Graphs 窗口

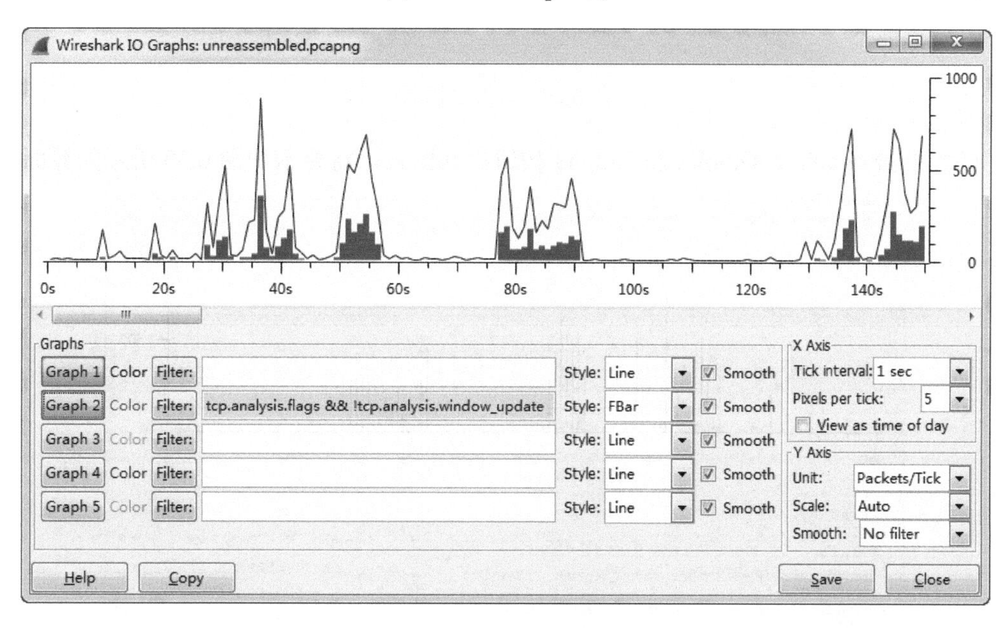

图 6.28　启用图表显示

6.5.2　构建单个 TCP 标志位包

当用户发现访问 Web 服务器慢时，可以使用图表形式构建单个 TCP 标志位包。通过图表的形式，可以直观地判断出在访问 Web 时，出现了哪种高延迟。这样，可以有利于解决网络问题。下面将介绍构建单个 TCP 标志位包。

【实例 6-9】构建单个 TCP 标志位包。具体操作步骤如下所示。

（1）打开捕获文件 unreassembled.pcapng。

（2）打开 IO Graphs 窗口，修改 Graph1、Graph2 和 Graph3 的显示过滤器和样式，如图 6.29 所示。

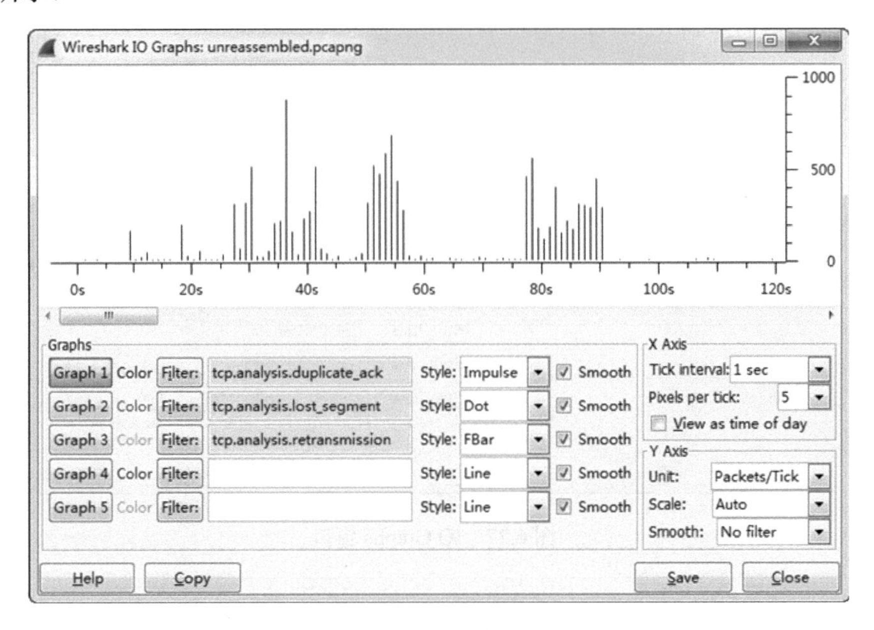

图 6.29　设置过滤器

（3）单击 Graph1、Graph2 和 Graph3 按钮启动图表，将显示如图 6.30 所示的界面。

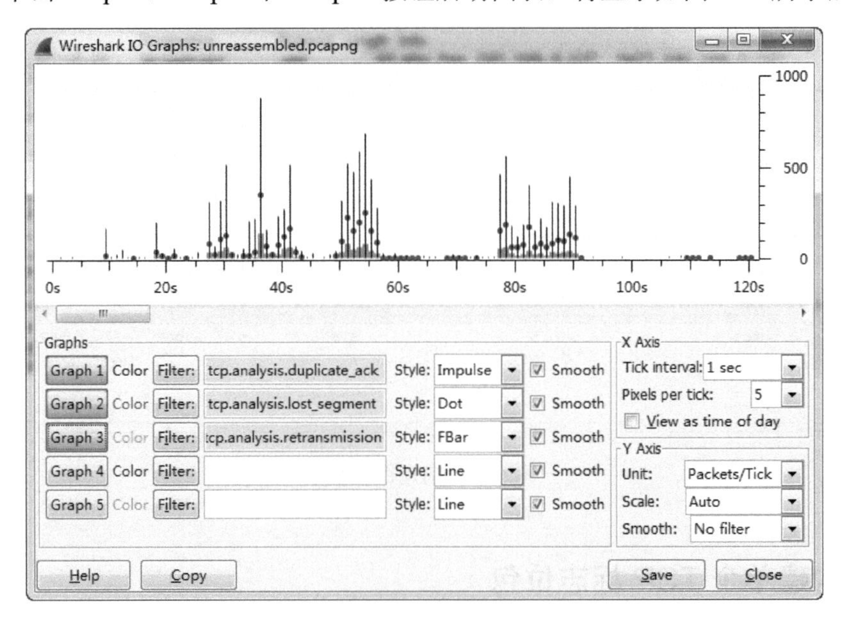

图 6.30　图表显示

（4）在该界面以 3 种不同的颜色和样式显示了 3 类数据包。其中，黑色线条表示所有 TCP 重发的确认包，红色点表示 TCP 丢失的包，绿色柱形图表示 TCP 重发包。

第 7 章　重 组 数 据

在数据分析中，很多要分析的数据分布在多个包中。这会给后期的分析造成很多困扰。重组数据就是将网络中传输的每个部分重新组合成一个新的数据包。使用重组数据的功能，可以快速地分析 Web 会话或查看 FTP 传输的文件。本章将介绍如何重组数据。

7.1　重组 Web 会话

在 Web 会话通信过程中，会话内容往往分散在很多的包中。通过使用重组功能可以解决这个问题。使用重组功能后，Wireshark 将会重新组成一个新的会话。新的会话会将 MAC 层、IPv4/IPv6、UDP/TCP 头部及字段名过滤掉，只保留 HTTP 协议的内容。本节将介绍重组 Web 会话的方法。

7.1.1　重组 Web 浏览会话

【实例 7-1】启用 Web 重组功能。具体操作步骤如下所示。

（1）在使用重组功能前，一定要确保 Allow subdissector to reassemble TCP streams 选项已启用。如果没有启用，在 Wireshark 菜单栏中依次选择 Edit|Preferences|Protocols 命令，然后将 Allow subdissector to reassemble TCP streams 复选框勾上，如图 7.1 所示。

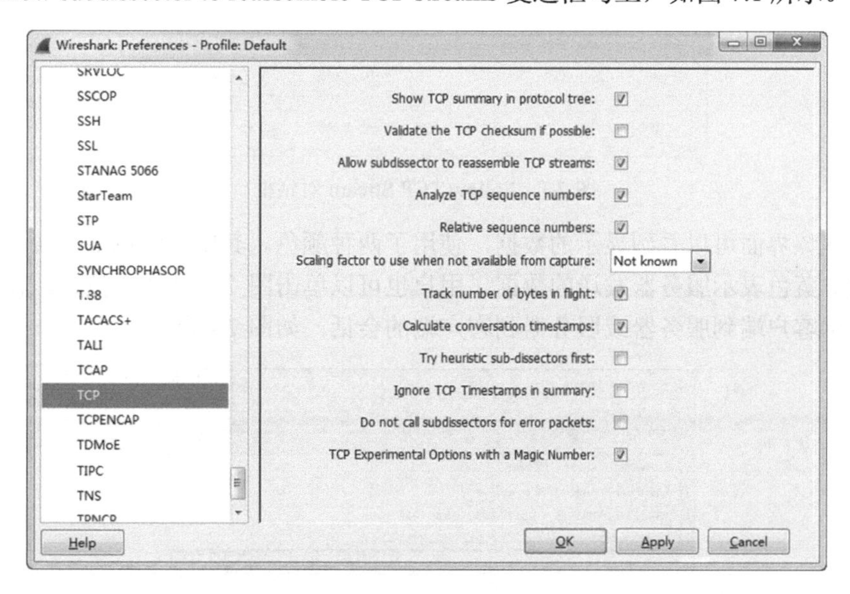

图 7.1　首选项窗口

（2）打开捕获文件 http.pcapng，如图 7.2 所示。

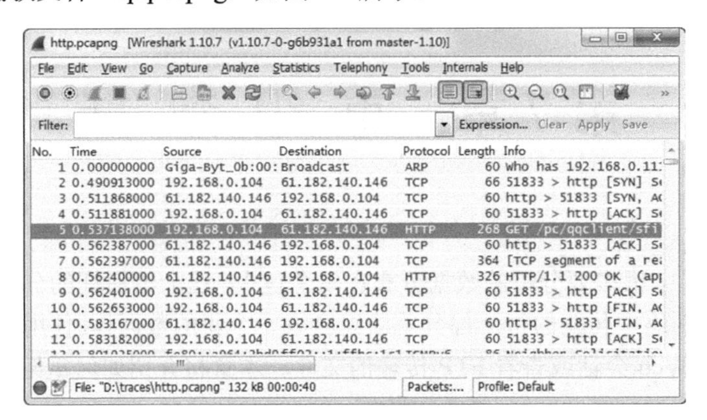

图 7.2　http.pcapng 捕获文件

（3）在该捕获文件中选择 HTTP 包（5 帧），并且单击右键选择 Follow TCP Stream 选项，将显示如图 7.3 所示的界面。

图 7.3　Follow TCP Stream 对话框

（4）从该界面可以看到显示的数据，使用了两种颜色。其中，红色部分表示客户端发送的数据，蓝色表示服务器发送的数据。用户也可以单击图 7.3 中的▾按钮，在下拉框中选择仅显示客户端到服务器或服务器到客户端的会话，如图 7.4 所示。

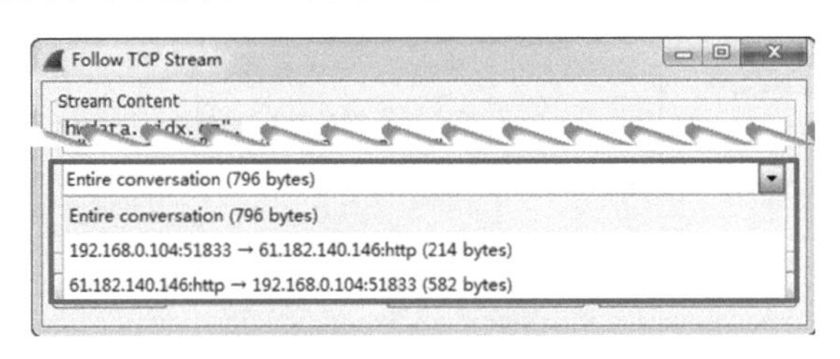

图 7.4　显示单个会话

从该界面可以看到，有 3 种显示方法。分别是显示整个会话、客户端到服务器的会话或服务器到客户端的会话。

（5）在该对话框中显示的数据，是帧 Packet Details 面板中的详细信息。但是，在该对话框中不包含以太网、IP、TCP 头部的信息。此时返回到 Wireshark 界面，将看到如图 7.5 所示的界面。

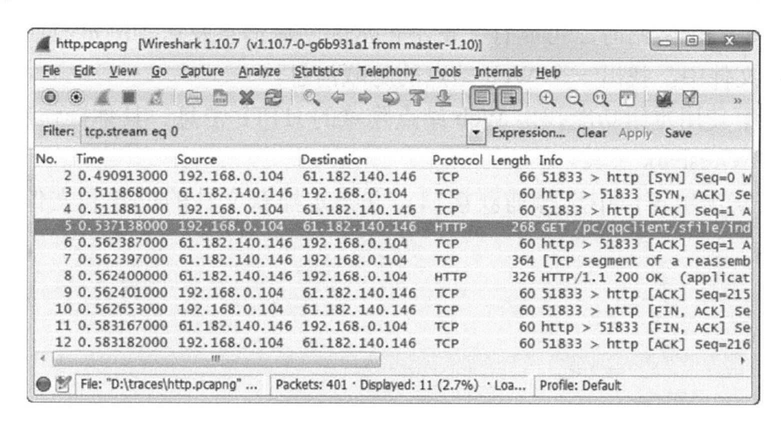

图 7.5　过滤的数据

（6）该界面显示了匹配 tcp.stream eq 0 过滤器的数据包。从状态栏中可以看到，共有 11 个包匹配以上过滤器。在匹配的数据包中，共有两个 HTTP（5、8）包。其中一个是客户端发送给服务器的包；一个是服务器响应客户端的包。所以，在图 7.3 中只显示了两个包信息。在 Packet Details 面板中展开 HTTP 协议行，显示界面如图 7.6 所示。

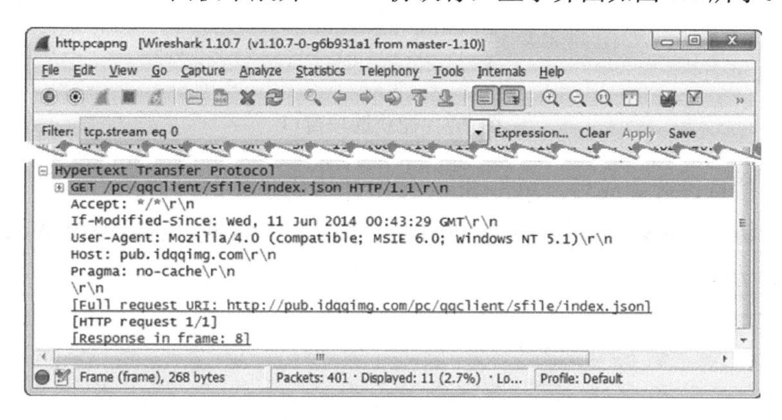

图 7.6　HTTP 包信息

（7）此时通过将该界面显示的信息与图 7.6 中红色部分进行比较，可以发现每个字段都是相对应的。如果查看服务器端发送的数据，则展开 8 帧的 HTTP 行进行查看。

在图 7.3 中，还有几个按钮可以对过滤的会话进行不同的操作，下面分别进行介绍。

- Find：用来查找文本字符串。
- Save As：用来保存该会话。
- Print：用来打印该会话。
- ASCII：使用 ASCII 格式显示过滤的数据。
- EBCDIC：使用 EBCDID 格式显示过滤的数据。

- Hex Dump：使用十六进制格式显示过滤的数据。
- C Arrays：使用 C 数组的格式显示过滤的数据。
- Raw：使用数据未处理之前的格式显示过滤的数据。
- Filter Out This Stream：创建并应用非显示数据的显示过滤器，如!(tcp.stream eq 0)。
- Close：关闭对话框。

有时候访问一个网站时，可能有大量不正常的隐藏消息发送到浏览会话中。下面将介绍在一个捕获文件中，找出一个 Web 站点的隐藏消息。

【实例 7-2】使用重组功能找出 Web 站点隐藏的 HTTP 消息。具体操作步骤如下所示。

（1）启动 Wireshark 工具。

（2）在捕获选项窗口中选择捕获接口，并指定捕获文件的位置和文件名，如图 7.7 所示。

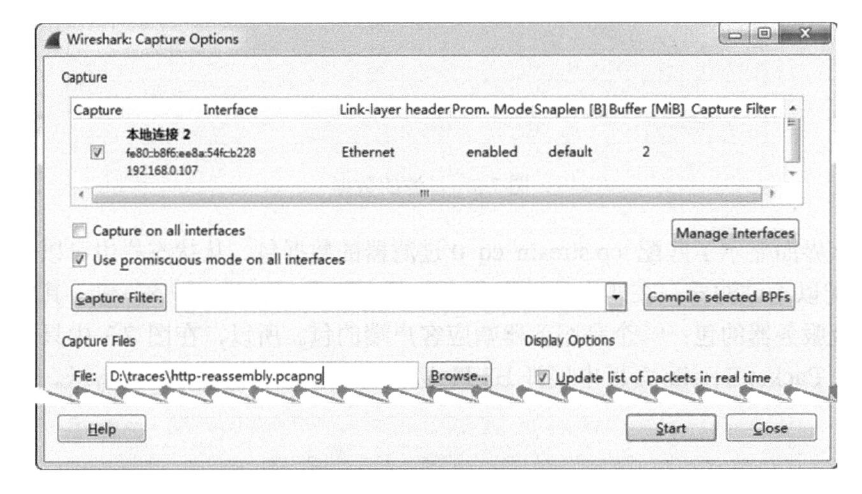

图 7.7　捕获选项窗口

（3）以上信息设置完成后，单击 Start 按钮开始捕获数据。

（4）通过访问 www.wireshark.org 网站，产生 HTTP 数据。然后停止 Wireshark 捕获，显示界面如图 7.8 所示。

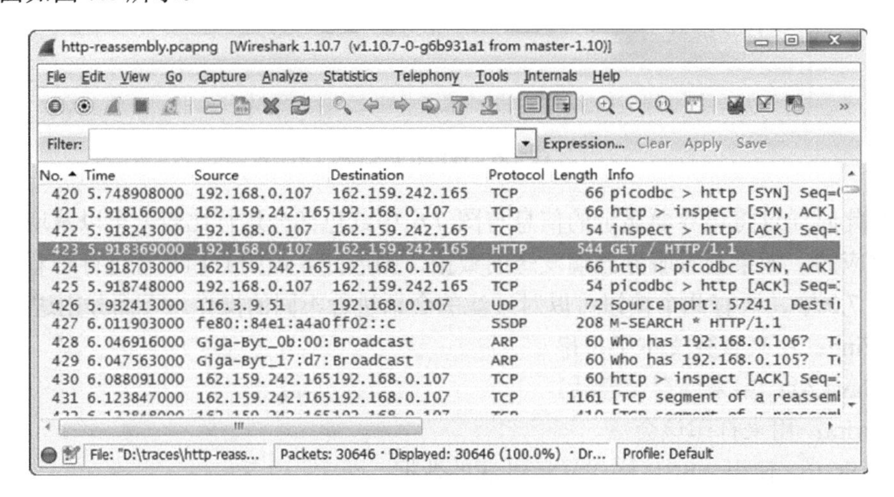

图 7.8　捕获的数据

（5）从该界面的状态栏中，可以看到共捕获了 30646 个数据包。如果想要快速地分析 HTTP 数据包的详细信息，显然有点困难。此时使用重组功能，将一些有干扰的数据包过滤掉。

（6）在图 7.8 中的 Packet List 面板中 420、421、422 帧是客户端访问服务器时，TCP 三次握手建立连接的数据包。423 是客户端发送的 GET 请求包，此时右键单击 423 帧并选择 Follow TCP Stream 命令，过滤整个会话的 HTTP 数据，如图 7.9 所示。

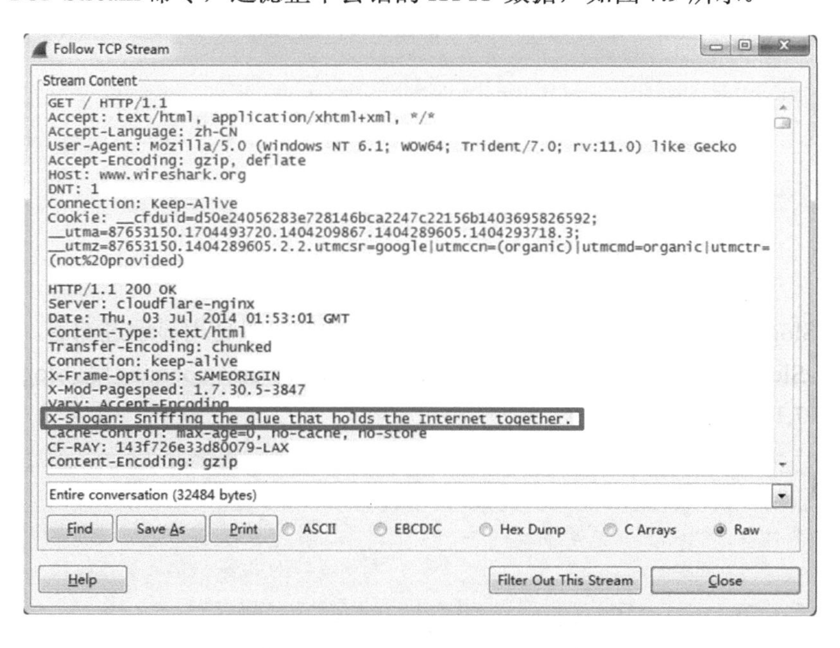

图 7.9　Follow TCP Stream 对话框

（7）在该对话框显示的会话中，可以看到没有以太网、IP 和 TCP 头部。此时向下滚动鼠标可以看到，Wireshark 创造者 Gerald Combs 隐藏的消息。该消息是在服务器会话中，以 X-Slogan 开头的数据为站点的隐藏消息。此时返回 Wireshark 界面，将会看到自动使用了 tcp.stream 字段过滤器，如图 7.10 所示。

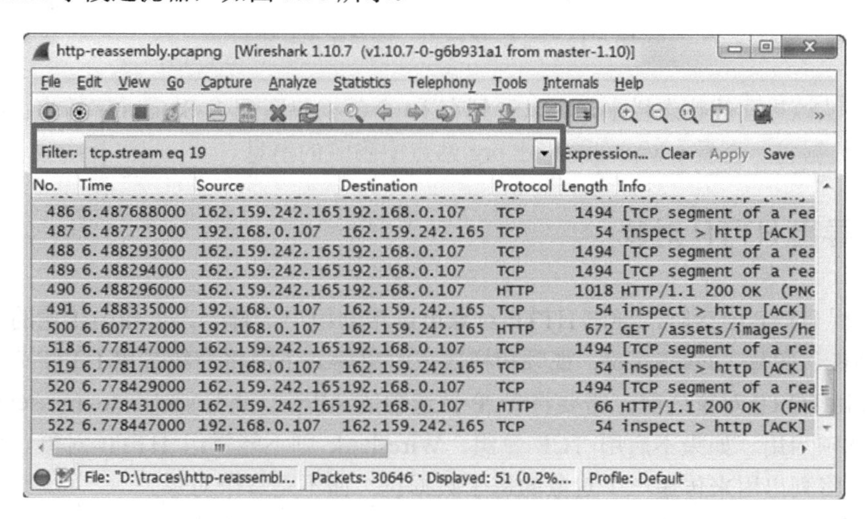

图 7.10　过滤的数据

（8）该界面显示了匹配 tcp.stream eq 19 过滤器的数据包。如果想过滤非 tcp.stream eq 19 过滤器的数据包，可以单击图 7.9 中的 Filter Out This Stream 按钮，将显示如图 7.11 所示的界面。

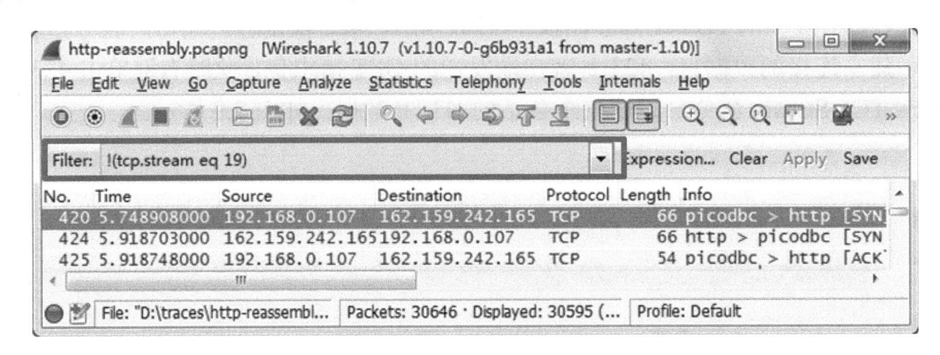

图 7.11　过滤的数据包

（9）X-Slogan 消息仅隐藏在 Web 浏览会话中。此时可以使用显示过滤器，过滤捕获文件中包含 X-Slogan 字符串的数据。在显示过滤器中输入 frame contains "X-Slogan"过滤器，将显示如图 7.12 所示的界面。

http-reassembly.pcapng [Wireshark 1.10.7 (v1.10.7-0-g6b931a1 from master-1.10)]

File Edit View Go Capture Analyze Statistics Telephony Tools Internals Help

Filter: frame contains "X-Slogan"　Expression... Clear Apply Save

No.	Time	Source	Destination	Protocol	Length	Info
431	6.123847000	162.159.242.165	192.168.0.107	TCP	1161	[TCP segment of a reas
472	6.326755000	162.159.242.165	192.168.0.107	TCP	1494	[TCP segment of a reas
492	6.499720000	162.159.242.165	192.168.0.107	TCP	1494	[TCP segment of a reas
512	6.777675000	162.159.242.165	192.168.0.107	TCP	1494	[TCP segment of a reas
518	6.778147000	162.159.242.165	192.168.0.107	TCP	1494	[TCP segment of a reas
523	6.778816000	162.159.242.165	192.168.0.107	HTTP	1131	HTTP/1.1 200 OK (PNG)
531	6.949130000	162.159.242.165	192.168.0.107	TCP	1494	[TCP segment of a reas
555	7.365767000	162.159.242.165	192.168.0.107	TCP	1494	[TCP segment of a reas
597	9.077868000	162.159.242.165	192.168.0.107	TCP	1494	[TCP segment of a reas
656	9.475426000	162.159.242.165	192.168.0.107	TCP	1494	[TCP segment of a reas

File: "D:\traces\http-reass...　Packets: 30646 · Displayed: 10 (0.0%) · ...　Profile: Default

图 7.12　包含 X-Slogan 字符串的数据包

（10）从该界面的状态栏中，可以看到有 10 个数据包匹配 X-Slogan 字符串。此时可以选择其他数据包，查看 www.wireshark.org 站点中隐藏的消息。

7.1.2　导出 HTTP 对象

当分析 HTTP 会话时，导出 HTTP 对象可以帮助用户了解个人页面中传输的元素，如重组 HTML、图片、JavaScript、视频和样式表对象等。下面将介绍导出 HTTP 对象。

在导出 HTTP 对象之前，需要将 TCP 首选项的 Allow subdissector to reassemble TCP streams 选项启用。如果不启用 TCP 重组，Wireshark 则不能重组 HTTP 对象。事实上，Wireshark 将列出用来传递一个对象的每个数据包，而不是每个对象。

如果确定 Allow subdissector to reassemble TCP streams 选项开启后，就可以查看在捕获

文件中所有的 HTTP 对象了。在 Wireshark 的菜单栏中依次选择 File|Export Objects|HTTP 命令，将显示所有的 HTTP 对象，如图 7.13 所示。

Wireshark: HTTP object list

Packet num	Hostname	Content Type	Size	Filename
70	www.baidu.com	text/html	55 kB	index.php?tn=56060048_p
83	passport.baidu.com	text/javascript	3795 bytes	uni_login_wrapper.js?cdnv
88	suggestion.baidu.com	text/javascript	78 bytes	su?wd=&zxmode=1&json
287	image.baidu.com	text/html	231 kB	\
335	hm.baidu.com	image/gif	43 bytes	hm.gif?cc=1&ck=1&cl=24
349	image.baidu.com	application/json	72 bytes	msg?t=1404375119425
354	image.baidu.com	application/json	98 bytes	medal?uid=0&t=14043751
560	image.baidu.com	text/html	346 kB	channel?c=%E5%AE%A0%

Help　Save As　Save All　Cancel

图 7.13　HTTP 对象列表

该界面显示了所有的 HTTP 对象。此时就可以在该列表中选择任何一个对象，然后单击 Save As 按钮保存到一个新的位置。如果要导出所有 HTTP 对象，则单击 Save All 按钮。当 HTTP 对象很多时，如果要导出列表中所有的 HTTP 对象，将会需要很长一段时间。

下面将介绍在 HTTP 对象列表中的每列信息，如下所示。

- Packet num：表示在每个文件传输过程中的第一个包。
- Hostname：表示每个文件传输之前，GET 请求的 http.host 字段值。
- Content Type：显示了 HTTP 对象的格式。该对象可能是图片（如.png、jpg、gif）、脚本（如 js）或视频（如.swf、.flv）。
- Size：表示传输对象的大小。
- Filename：表示对象请求的名称。“\”请求表示在一个 Web 页面的默认元素。

【实例 7-3】从 Web 浏览会话中提取一个 HTTP 对象。具体操作步骤如下所示。

（1）启动 Wireshark 工具。

（2）指定捕获接口和捕获文件的位置及文件名，如图 7.14 所示。

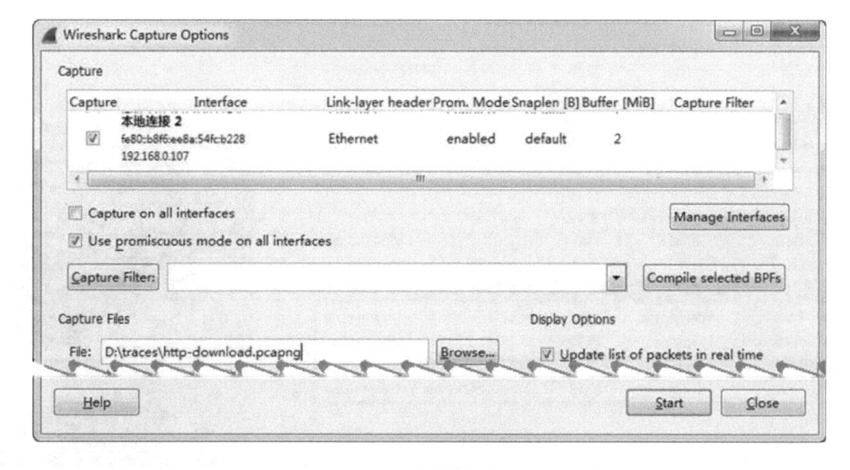

图 7.14　捕获选项窗口

（3）设置完以上信息后，单击 Start 按钮将开始捕获数据。

（4）本例中选择导出一个.jpg 格式对象。为了使 Wireshark 捕获到 HTTP 数据，此时访问 www.baidu.com 网站，并下载一张.jpg 格式的图片。

（5）返回到 Wireshark 主界面，停止捕获。然后将 Allow subdissector to reassemble TCP streams 选项禁用，因为本例中使用的是 Export Objects 功能。为了使用户能更清楚地了解 HTTP 对象，建议将 Host 列添加到 Packet List 面板中，如图 7.15 所示。

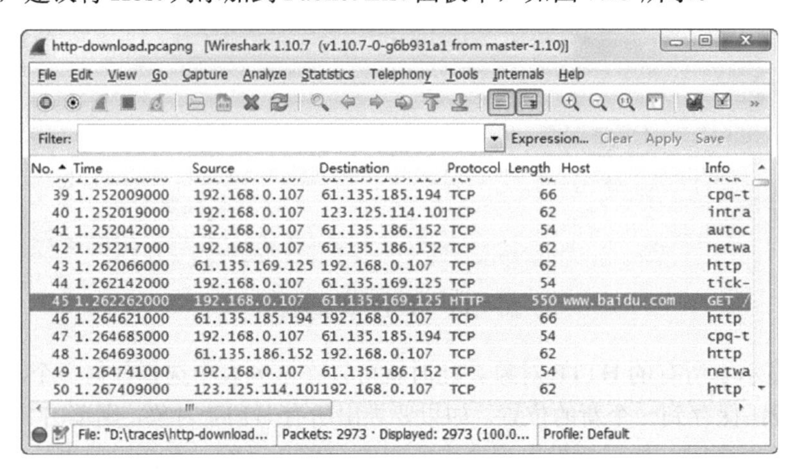

图 7.15　http-download.pcapng 捕获文件

（6）从该界面可以看到 Host 列已经被添加，并且向 www.baidu.com 网站发送了 GET 请求。此时在菜单栏中依次选择 File|Export Objects|HTTP 命令，将显示如图 7.16 所示的界面。

（7）从该界面的格式中可以看到，访问过好多张图片。这里选择导出名为 u=2,2597470098&fm=19&gp=0.jpg 的图片。选择该图片后，单击 Save As 按钮，指定该图片的保存位置和文件名。

（8）此时进入该图片保存的位置，将会看到该图片的内容。打开该图片，结果如图 7.17 所示。

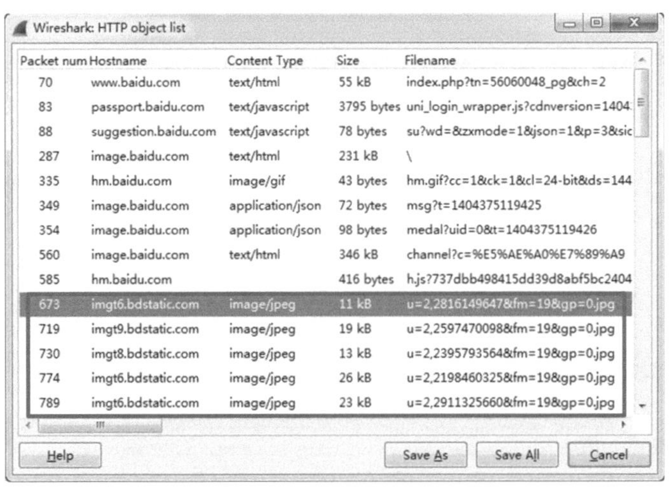

图 7.16　HTTP 对象列表　　　　图 7.17　导出的 HTTP 对象

7.2　重组 FTP 会话

FTP 是文件传输协议。所以，它的主要功能就是用来上传或下载文件。由于传输的文件往往较大，所以信息分布在多个数据包中。如果要使用 Wireshark 分析传输的文件，需要将数据重组后才可以。所以，本节将介绍重组 FTP 数据。

7.2.1　重组 FTP 数据

FTP 通信使用命令和数据通道进行连接。数据通道仅由 TCP 握手连接数据包。在数据通道中使用重组功能，可以很容易地将传输的文件重新组装成原始格式。

【实例 7-3】演示重组 FTP 数据功能。

（1）启用 Wireshark 功能。

（2）选择捕获接口及捕获文件的位置和文件名，如图 7.18 所示。

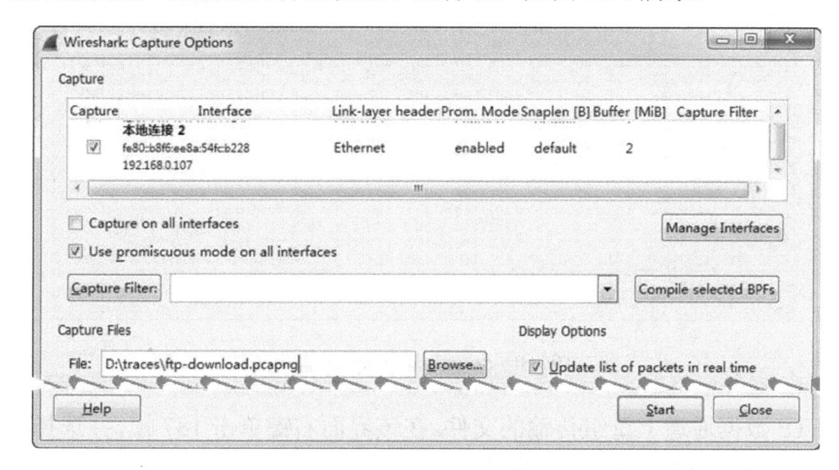

图 7.18　捕获选项窗口

（3）以上信息设置完成后，单击 Start 按钮开始捕获数据。

（4）为了使 Wireshark 能捕获到 FTP 数据包，需要在一个客户端主机上操作一些 FTP 命令。如下所示。

```
C:\Users\lyw>ftp 192.168.0.114
连接到 192.168.0.114。
220 (vsFTPd 2.2.2)
用户(192.168.0.114:(none)): ftp
331 Please specify the password.
密码:
230 Login successful.
ftp> cd pub
250 Directory successfully changed.
ftp> dir
200 PORT command successful. Consider using PASV.
150 Here comes the directory listing.
-rw-r--r--    1 0        0               0 Jul 02 09:58 11.txt
```

```
-rw-r--r--    1 0        0               0 Jul 02 09:58 a.txt
-rw-r--r--    1 0        0            9733 Jul 03 06:06 cat.jpg
-rw-r--r--    1 0        0            8136 Jul 03 06:05 dog.jpg
-rw-r--r--    1 0        0            8095 Jul 03 06:06 pig.jpg
226 Directory send OK.
ftp: 收到 322 字节，用时 0.00秒 322000.00千字节/秒。
ftp> get cat.jpg
200 PORT command successful. Consider using PASV.
150 Opening BINARY mode data connection for cat.jpg (9733 bytes).
226 Transfer complete.
ftp: 收到 9733 字节，用时 0.00秒 9733000.00千字节/秒。
ftp> quit
221 Goodbye.
```

以上信息执行了登录 FTP 服务器、下载文件及退出等命令。

（5）此时返回到 Wireshark 界面，停止捕获。捕获到的 FTP 数据，如图 7.19 所示。

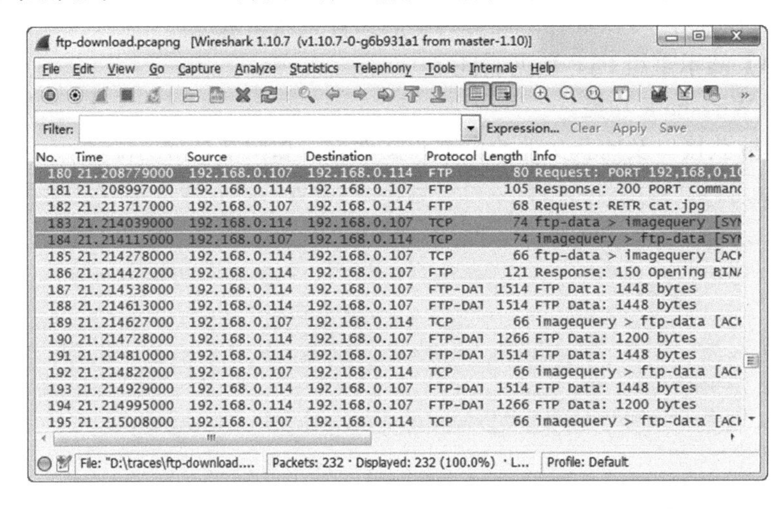

图 7.19　ftp-download.pcapng 捕获文件

（6）在 FTP 数据通道上重组传输的文件。在该界面右键单击 187 帧，并选择 Follow TCP Stream 命令，将显示如图 7.20 所示的界面。

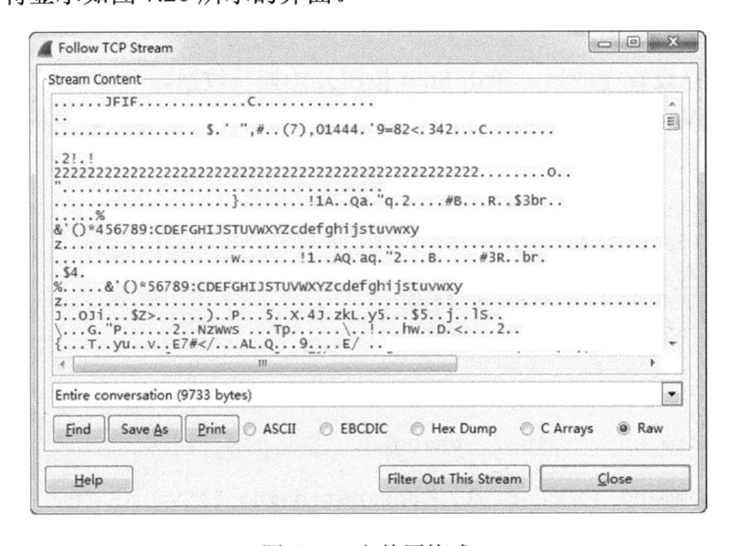

图 7.20　文件原格式

（7）该界面显示的数据，就是将传输的原格式重组后的结果。如果要查看该文件，单击 Save As 按钮将该会话保存为一个新的文件。保存的文件名格式，必须要与在 RETR 或 STOR 命令中看到的格式相同。

7.2.2　提取 FTP 传输的文件

重组后，我们可以找到 FTP 传输的文件。但是从数据包中，我们很难判断文件的内容。这时，可以从数据库提取我们所关注的文件。下面是提取文件的具体操作。

【实例 7-4】从 FTP 文件传输中提取一个文件。具体操作步骤如下所示。

（1）打开 ftp-download.pcapng 捕获文件。

（2）通过使用应用程序过滤器过滤 FTP 数据包，将显示如图 7.21 所示的界面。

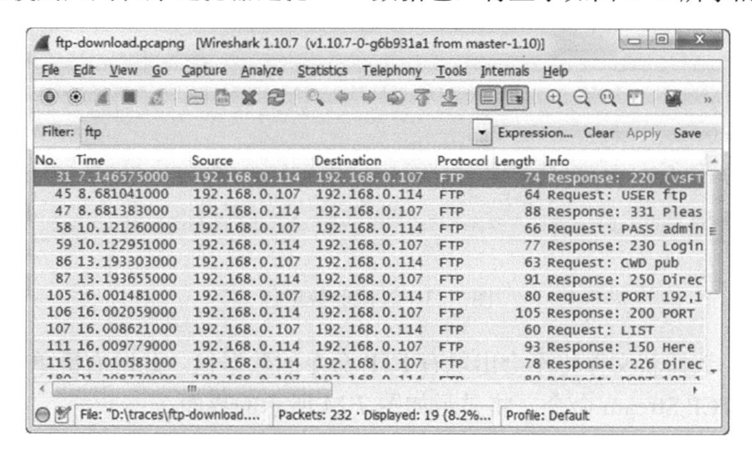

图 7.21　匹配的 FTP 数据包

（3）从该界面可以看到大量的 FTP 命令。如登录、切换目录、定义端口号等。在该界面右键单击 45 帧（USER ftp 命令），并选择 Follow TCP Stream 命令。将显示如图 7.22 所示的界面。

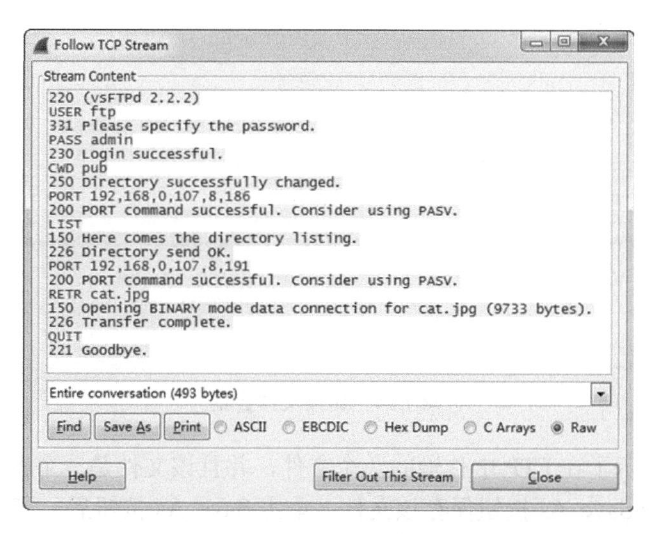

图 7.22　FTP 的 Follow TCP Stream 对话框

（4）从该界面可以很清楚地看到，客户端和服务器之间互相发送的数据。如客户端登录服务器命令 USER 和 PASS、切换目录命令 CWD、定义的端口命令 PORT、监听目录命令 LIST、请求文件命令 RETR 及断开与服务器的连接命令 QUIT。

（5）在该捕获文件中有两个数据连接，分别是监听目录和文件传输。本例中最关心的是这两个数据流，而不是命令。所以，此时需要使用显示非 FTP 命令的显示过滤器。在图 7.22 中单击 Filter Out This Stream 按钮，将关闭 Follow TCP Stream 对话框并且应用显示非 FTP 命令的过滤器，如图 7.23 所示。

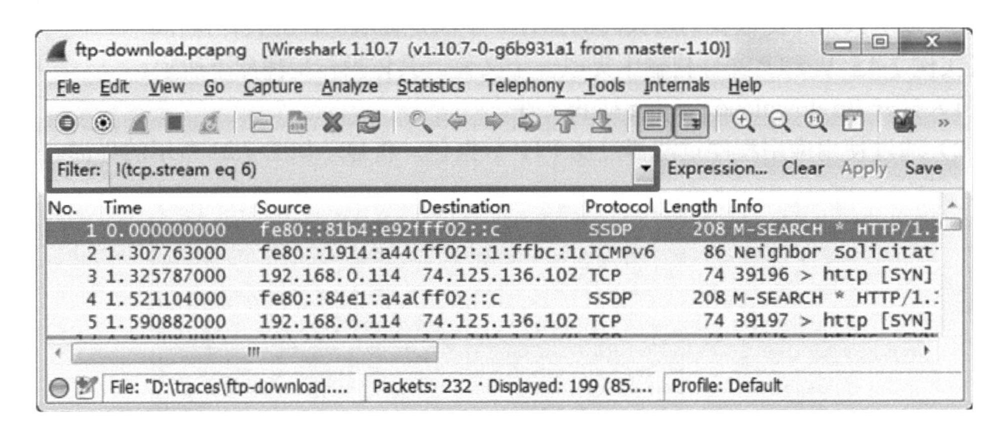

图 7.23　过滤的数据包

（6）此时，该捕获文件将不会出现有 FTP 命令的数据包。此时右键单击任何数据帧，并选择 Follow TCP Stream 命令，将显示如图 7.24 所示的界面。

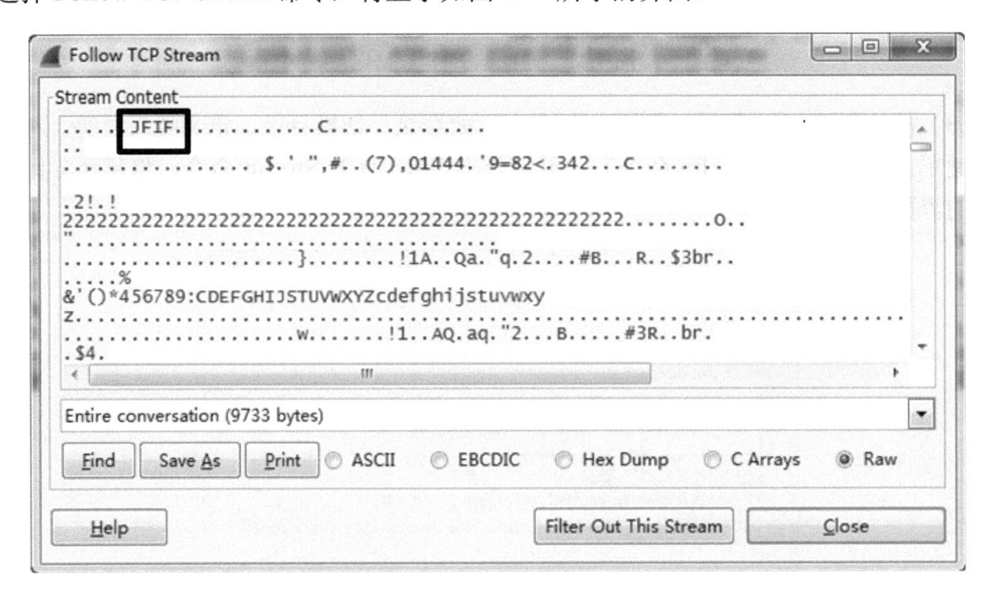

图 7.24　传输文件会话

（7）该界面显示了在 FTP 中传输的一个文件，并且该文件是一个图片（JFIF）。为了重组该图片，单击 Save As 按钮保存该文件。单击 Save As 按钮后，指定保存文件的位置和文件名，并单击 Save 按钮，如图 7.25 所示。

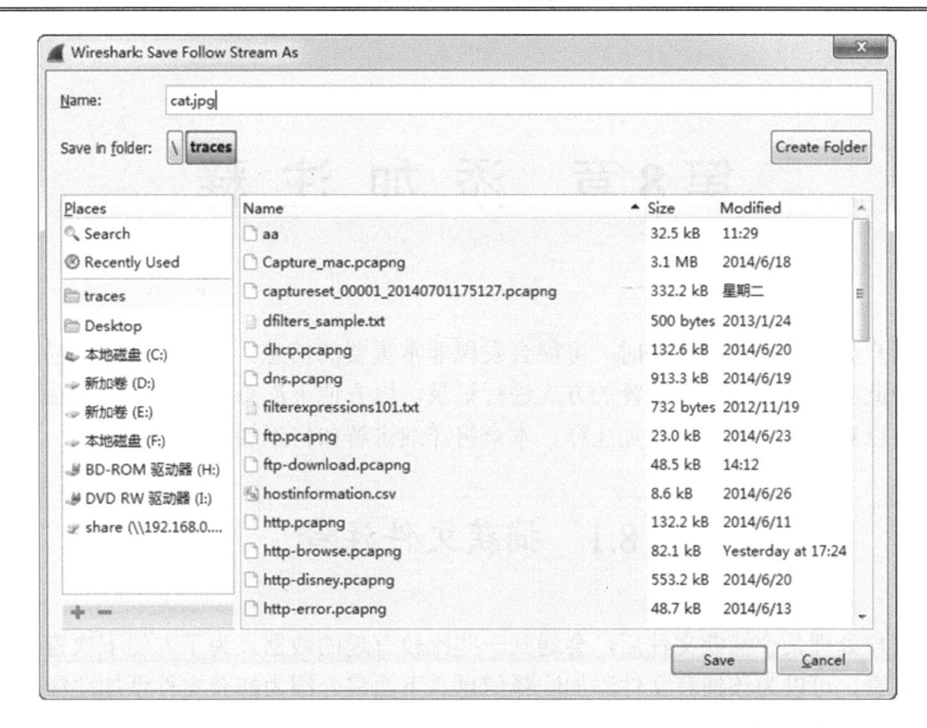

图 7.25　保存传输文件

（8）现在到 cat.jpg 文件的目录中，打开 cat.jpg 文件，将显示如图 7.26 所示的界面。

图 7.26　提取的文件

（9）该图片就是从 FTP 传输的数据中提取出来的。

第8章　添 加 注 释

当用户分析一个捕获文件时，可能会发现非常重要的信息。由于包太多容易忘记对应的位置，此时可以通过添加注释的方式进行记录，以方便下次查看。在 WireShark 中，分析人员可以对捕获文件和包添加注释。本章将详细讲解如何添加注释信息。

8.1　捕获文件注释

当用户处理某个捕获文件后，会遇到一些比较有趣的数据。为了方便下次查看或者给其他人查看，可以为该捕获文件添加注释信息。下面将介绍为捕获文件添加注释的方法。

（1）在 Wireshark 的状态栏中单击添加注释按钮，如图 8.1 所示的界面。

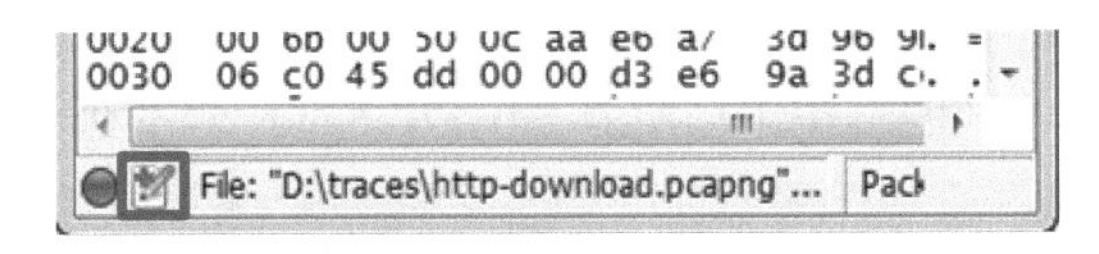

图 8.1　注释按钮窗口

（2）单击添加注释按钮后，将显示如图 8.2 所示的界面。

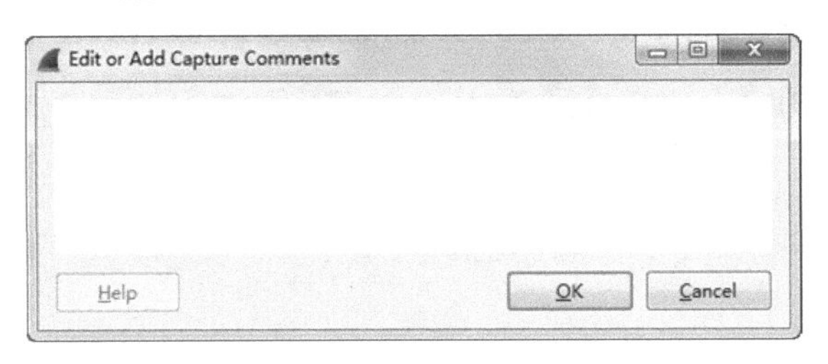

图 8.2　添加注释信息

（3）在该界面用户可以输入任何长度的注释信息。为了不影响捕获文件的大小，在该界面添加的信息应尽量简洁，不要内容太多。如果另外一个用户查看，他也可能添加自己的注释。

如果要查看一个捕获文件是否包含有注释信息，可以单击状态栏中的（添加注释）按钮或选择 Statistics|Summary 命令查看。

8.2　包　注　释

捕获文件的注释便于描述整个文件，但是有时候用户需要为单个数据包添加注释信息。下面将介绍给单个包添加注释信息。

8.2.1　添加包注释

包注释可以针对特定包的数据进行描述，如关注点、错误信息等。下面讲解如何添加包注释。

【实例 8-1】演示给包添加注释信息。具体操作步骤如下所示。

（1）打开 http.pcapng 捕获文件。

（2）在 Packet List 面板中，右键单击需要添加注释的包。然后选择 Packet Comment…命令，将显示 Edit Add Packet Comments 对话框，如图 8.3 所示。

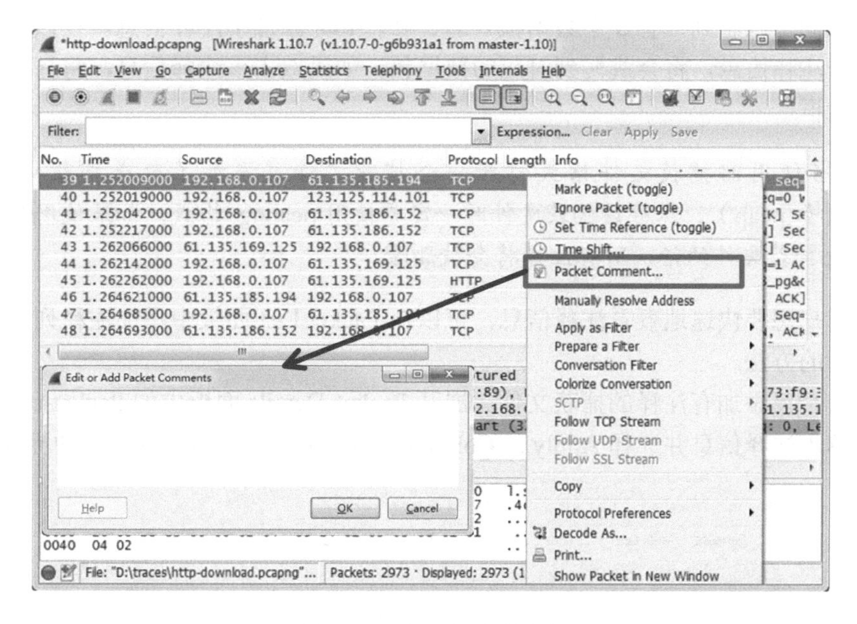

图 8.3　为包添加注释信息

（3）在弹出的 Edit Add Packet Comments 对话框中，添加注释的信息。然后单击 OK 按钮，将会在 Packet Details 面板中添加 Packet comments 行，如图 8.4 所示。

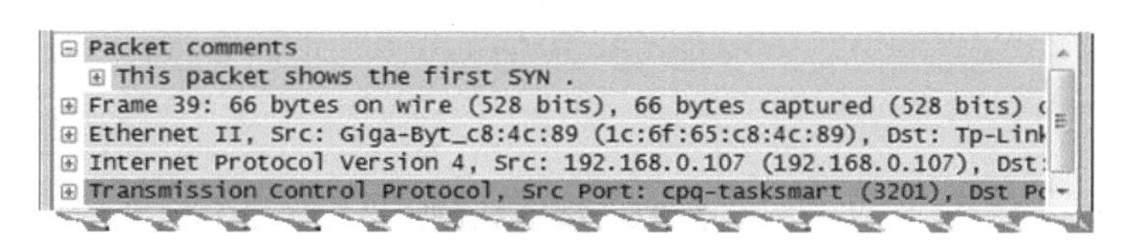

图 8.4　显示包注释信息

（4）从该界面可以看到，添加了 Packet comments 行。该包的注释信息为 This packet shows the first YN。

8.2.2　查看包注释

如果要查看一个捕获文件中是否包含包注释信息，可以通过单击状态栏中的 Expert

Infos 按钮并选择 Packet Comment 选项卡查看，如图 8.5 所示。

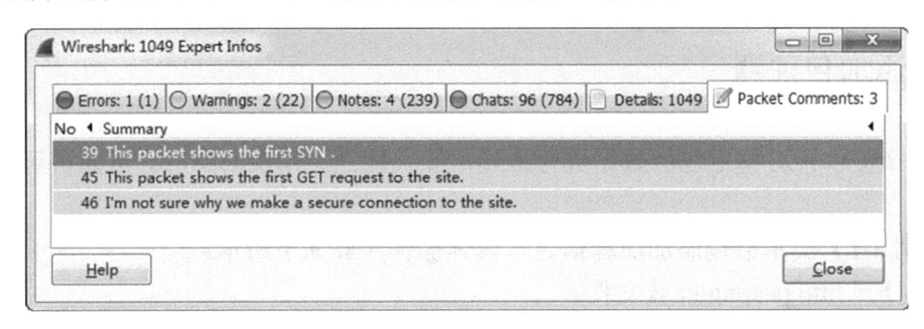

图 8.5　添加的包注释信息

从该界面可以看到，有 3 个数据帧（39、45、46）添加了注释信息。在该界面中，单击其中一个注释信息，将会跳转到对应的数据包。如果双击该注释信息，将打开查看或编辑注释对话框。

注意： 当使用旧捕获文件格式打开一个捕获文件并添加了包或捕获文件注释后（如.pcap），保存该捕获文件时一定要使用.pcapng 格式。如果使用其他格式保存捕获文件的话，所有注释将会被删除。

如果用户想要快速地查看注释信息，可以在 Packet List 面板中添加注释列。下面介绍添加注释列的方法。

打开一个已添加有注释的捕获文件。展开 Packet Details 面板中的 Packet comments 会话，右键单击注释信息并选择 Apply as Column 命令，将显示如图 8.6 所示的界面。

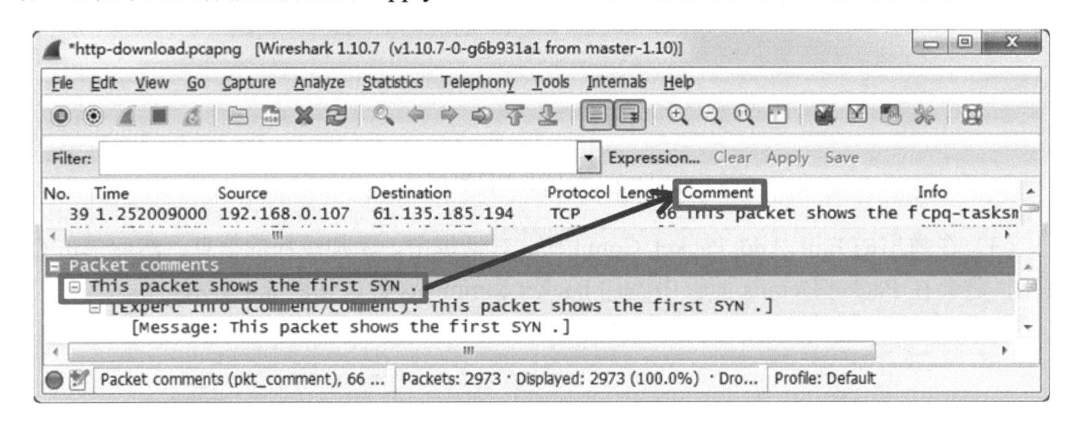

图 8.6　添加注释列

从该界面可以看到已成功添加了 Comment 列。

【实例 8-2】 阅读分析一个恶意捕获文件的注释。

（1）打开 http-download.pcapng 捕获文件。

（2）在状态栏中单击（添加注释）按钮，阅读关于该捕获文件的注释信息，并且怀疑恶意重定向。此时单击 Cancel 按钮，关闭 Edit or Add Capture Comment 对话框。

（3）在状态栏中单击●（专家信息）按钮，打开专家信息对话框。然后在专家信息对话框中，选择 Packet Comments 选项卡查看捕获文件中个别包的注释，如图 8.7 所示。

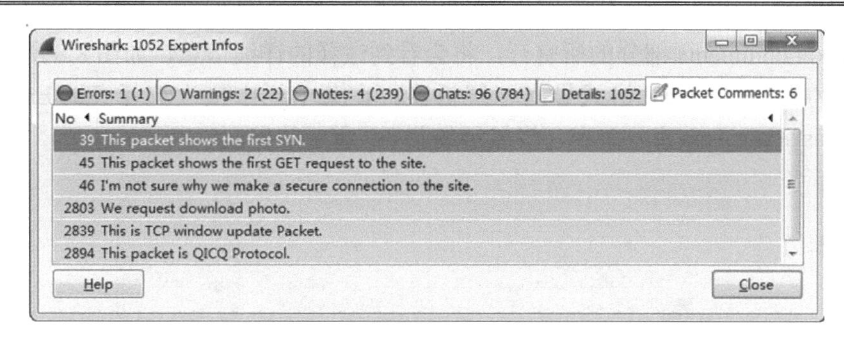

图 8.7　Packet Comments 信息

（4）在该界面单击任何一个注释信息，将会跳转到捕获文件中对应的包上。这时候多花点时间查看包注释和捕获文件，将会看到重定向发送给用户的恶意网站。

8.3　导出包注释

通常用户计划打印一份报告时，可能想要将分析数据包中的注释导出到一个.txt 或.csv 格式的数据包中。这时候就需要知道如何将包注释信息导出。下面将介绍导出包注释的方法。

8.3.1　使用 Export Packet Dissections 功能导出

在 Wireshark 的 1.10.X 版本中，用户可以通过复制或 Export Packet Dissections 功能，将所有包注释导出。使用复制功能，是将该包的注释信息粘贴到另一个程序。但是在 Wireshark 1.8.x 版本中，只能使用 Export Packet Dissections 功能实现导出包注释。

【实例 8-3】导出包注释。具体操作步骤如下所示。

（1）打开捕获文件 http-download.pcapng。

（2）使用 pkt_comment 过滤器，过滤有注释的包，如图 8.8 所示。

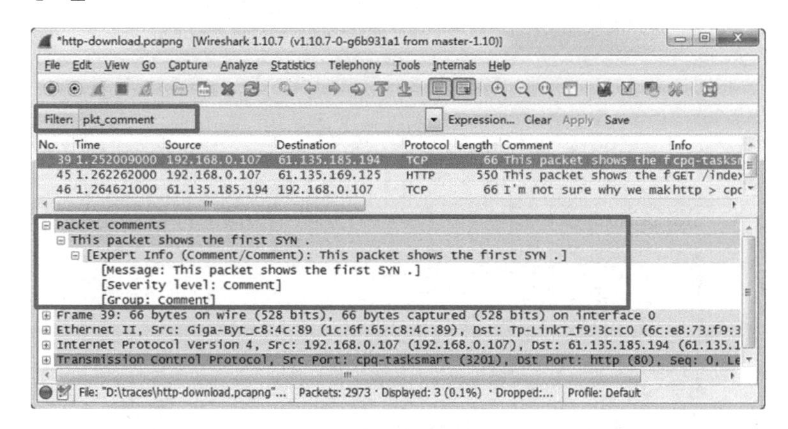

图 8.8　过滤注释包

（3）从该界面的状态栏中可以看到，有 3 个数据包添加了注释信息。此时展开任何一个包的 Packet comments 部分的所有行，将会看到注释的详细信息，如图 8.8 所示。

（4）使用 Plain Text 格式导出包解析器。在菜单栏中依次选择 File|Export Packet Dissections|as"Plain Text"file 命令，将显示如图 8.9 所示的界面。

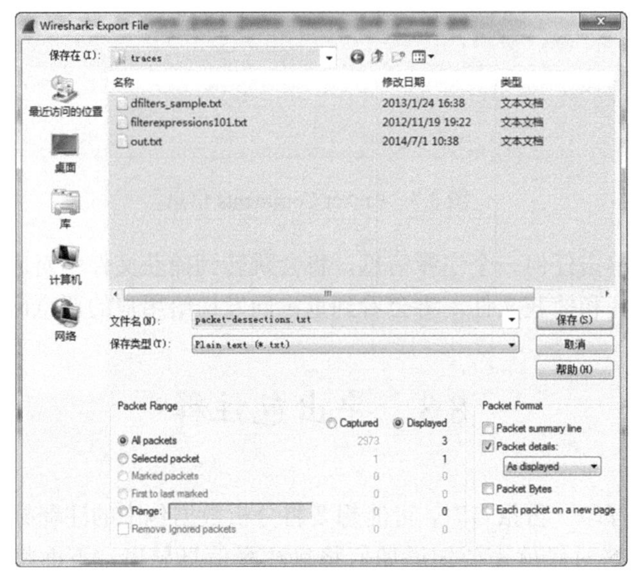

图 8.9　指定导出包的位置和文件名

（5）在该界面选择导出在 Packet details 面板中所有显示的包，并取消 Packet summary line 复选框。然后指定导出包的文件位置及文件名。为了方便记忆，可以使用与捕获文件相同的名。

（6）打开导出的包注释的文件，将显示如图 8.10 所示的界面。

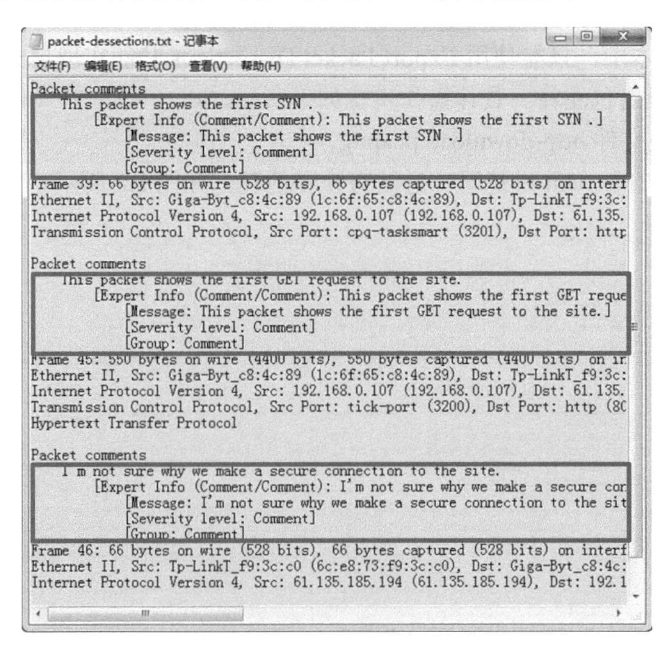

图 8.10　导出包注释文件

（7）从该界面可以看到导出了包注释的详细内容。

8.3.2　使用复制功能导出包

在 Wireshark 目前最新的版本中，可以使用复制功能导出所有包注释和基本的捕获文件统计信息。下面介绍通过复制功能，将所有数据粘贴到另一个程序。

（1）在菜单栏中依次单击 Statistics|Comments Summary 命令按钮，将打开如图 8.11 所示的界面。

图 8.11　注释包摘要信息

（2）该界面显示了捕获文件中所有的注释包。此时单击 Copy 按钮，即可将所有信息复制到另一个程序。如复制到记事本中，如图 8.12 所示。

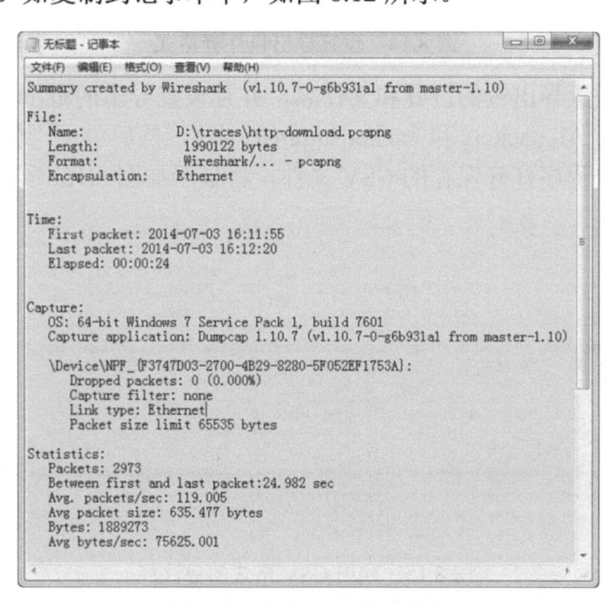

图 8.12　复制注释摘要信息

【实例 8-4】导出恶意的重定向包注释。具体操作步骤如下所示。

（1）打开 http-download.pcapng 捕获文件。

（2）使用 pkt_comment 显示过滤器，过滤包含注释的数据包。

（3）在 Packet details 面板中展开第 46 帧的 Packet comments 部分，右键单击实际的注释信息，并选择 Apply as Column 命令，将显示如图 8.13 所示的界面。

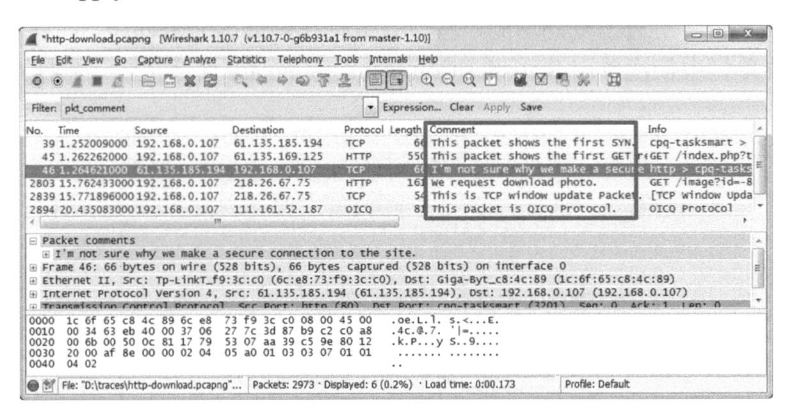

图 8.13　添加包注释列

（4）在菜单栏中依次选择 File|Export Packet Dissections|as "CSV"(Comma Separated Values packet summary)file 命令，将显示如图 8.14 所的界面。

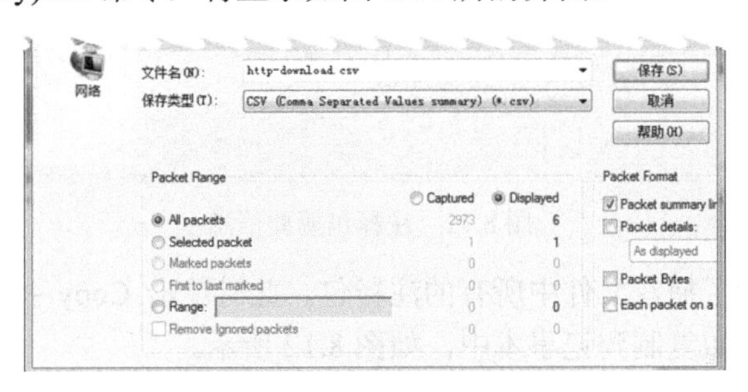

图 8.14　设置导出包注释格式

（5）在该界面设置导出包的位置和文件名，并且设置导出的范围和格式。将导出的范围和格式分别设置为 All packets 和 Packet summary line，然后单击“保存”按钮。

（6）使用另一个程序打开保存的 CSV 文件，将显示如图 8.15 所示的界面。

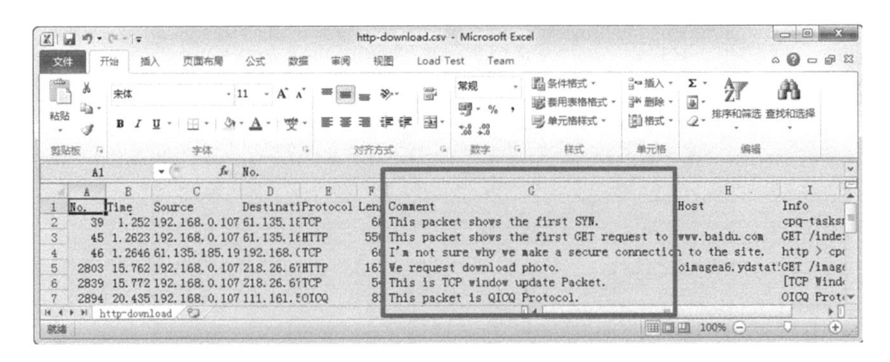

图 8.15　导出 CSV 格式的包注释

（7）从该界面不仅可以看到详细的包注释信息，而且在 Packet List 面板中隐藏的列也被导出到该文件中。

第 9 章　捕获、分割和合并数据

在前面章节中介绍了使用 Wireshark 图形界面进行捕获、过滤、构建图表的方式快速分析数据包。界面操作方式不方便实施的时候，可以使用命令行工具来代替。使用命令行工具，可以实现捕获、分割和合并数据。本章将介绍使用命令行工具，如何实施一些常用的操作。

9.1　将大文件分割为文件集

通常使用 Wireshark 处理一个较大的捕获文件时，可能处理速度会很慢，或者甚至没响应。当捕获文件超过 100MB 时，使用显示过滤器、添加列或构建图表都可能很慢。为了快速地分析数据，这时候可以将该文件分割为文件集。本节将介绍如何进行大文件分割。

9.1.1　添加 Wireshark 程序目录到自己的位置

在 Wireshark 中可以使用 Editcap 程序将一个大文件分割成一个文件集。Editcap 程序保存在 Wireshark 程序目录中。如果用户不能确定自己 Wireshark 程序的位置，可以通过在 Wireshark 菜单栏中依次选择 Help|About Wireshark|Folders 命令，查看该目录的位置。如果用户想要指定 Editcap 程序的位置，就需要将整个 Wireshark 程序目录添加到自己的位置。

一旦 Wireshark 程序目录添加成功后，就可以打开命令提示符/终端窗口执行 editcap 命令了。使用 editcap-h 将查看该命令的所有参数。可以使用 editcap 命令的-c 或-i 选项，分别以包编号或以秒为单位的时间分割捕获文件。

9.1.2　使用 Capinfos 获取文件大小和包数

Capinfos 是一个命令行工具，它可以查看关于捕获文件的基本信息。Capinfos 包括在 Wireshark 中，保存在 Wireshark 程序目录中。下面介绍 Capinfos 工具的使用。

Capinfos 工具的语法格式如下：

```
capinfos <filename>
```

如查看 http-download.pcapng 捕获文件的基本信息。执行命令如下：

```
capinfos http-download.pcapng
```

执行以上命令后，显示结果如下所示。

```
C:\Program Files (x86)\Wireshark>capinfos http-download.pcapng
File name:          http-download.pcapng                       #捕获文件名
File type:          Wireshark/... - pcapng                     #捕获文件类型
File encapsulation: Ethernet                                   #文件封装
Packet size limit:  file hdr: (not set)                        #包大小限制
Number of packets:  2973                                       #包数
File size:          1990 kB                                    #文件大小
Data size:          1889 kB                                    #数据大小
Capture duration:   25 seconds                                 #捕获持续的时间
Start time:         Thu Jul 03 16:11:55 2014                   #捕获起始时间
End time:           Thu Jul 03 16:12:20 2014                   #捕获结束时间
Data byte rate:     75 kBps                                    #数据字节比特率
Data bit rate:      605 kbps                                   #数据位比特率
Average packet size: 635.48 bytes                              #平均包大小
Average packet rate: 119 packets/sec                           #平均包比特率
SHA1:           2c633073e440a7d9ef053d15be0279fc95116490       #哈希校验码
RIPEMD160:      a596d9efebf7f6fc2335802019f481afb7749f6f       #RACE 校验码
MD5:            64f62ed0b56c1688eccd18f94c9bc84c               #MD5 校验码
Strict time order:  True                                       #严格的时间顺序
C:\Program Files (x86)\Wireshark>
```

从该界面可以看到 http-download.pcapng 捕获文件的基本信息，包括文件类型、封装、包大小限制、包数、文件大小及时间等。

9.1.3　分割文件

通过使用 Capinfos 命令查看包的基本信息，可以判断出哪些文件较大。对于大的捕获文件，就可以使用 editcap 命令分割。下面介绍分割文件的方法。

【实例 9-1】 演示在 Windows 下将 a.pcapng 捕获文件分割成一个基于包数的文件集。分割出文件集的文件名为 aset*.pcapng。具体操作步骤如下所示。

（1）打开 Windows DOS 命令窗口。

（2）进入 Editcap 程序所在的目录。然后运行 editcap 命令，如下所示。

```
C:\Program Files (x86)\Wireshark>editcap -c 1000 a.pcapng aset.pcapng
```

以上命令表示将捕获文件 a.pacpng 分割成以 aset*.pcapng 为名称的文件集，并且分割后每个文件的包数最大为 1000。执行以上命令后，将在当前目录下生成多个以 aset_*开头的文件。

（3）查看生成的文件集。执行命令如下所示。

```
C:\Program Files (x86)\Wireshark>dir aset*.*
 驱动器 C 中的卷没有标签。
 卷的序列号是 F43A-67C5
C:\Program Files (x86)\Wireshark 的目录
2014/07/04  14:01         210,156 aset_00000_20140704112512.pcapng
2014/07/04  14:01         252,816 aset_00001_20140704112823.pcapng
2014/07/04  14:01         328,788 aset_00002_20140704113131.pcapng
2014/07/04  14:01         219,308 aset_00003_20140704113424.pcapng
2014/07/04  14:01         203,652 aset_00004_20140704113808.pcapng
2014/07/04  14:01         185,336 aset_00005_20140704114106.pcapng
2014/07/04  14:01         257,616 aset_00006_20140704114251.pcapng
```

```
2014/07/04  14:01          241,472 aset_00007_20140704114517.pcapng
2014/07/04  14:01          188,752 aset_00008_20140704114808.pcapng
2014/07/04  14:01          316,532 aset_00009_20140704115157.pcapng
2014/07/04  14:01          450,208 aset_00010_20140704115418.pcapng
2014/07/04  14:01          229,748 aset_00011_20140704115621.pcapng
2014/07/04  14:01          247,288 aset_00012_20140704115942.pcapng
2014/07/04  14:01          219,412 aset_00013_20140704120253.pcapng
2014/07/04  14:01          230,072 aset_00014_20140704120556.pcapng
2014/07/04  14:01          234,100 aset_00015_20140704120919.pcapng
2014/07/04  14:01          245,768 aset_00016_20140704121301.pcapng
2014/07/04  14:01          134,012 aset_00017_20140704121534.pcapng
          18 个文件      4,395,036 字节
           0 个目录 53,583,089,664 可用字节
C:\Program Files (x86)\Wireshark>
```

以上输出的信息显示了将 a.pcapng 分割成的多个文件，这些文件就是一个文件集。这些文件名称的编号是连续的。

【实例 9-2】演示在 Windows 下基于时间的方式，分割 time.pcapng 捕获文件。具体操作步骤如下所示。

（1）打开 Windows DOS 命令窗口。

（2）进入 Editcap 程序所在的目录。执行如下所示的命令。

```
C:\Program Files (x86)\Wireshark>editcap -i 360 time.pcapng timeset.pcapng
```

以上命令表示将捕获文件 time.pcapng 分割成以 timeset*.pcapng 为名称的文件集，并且分割出的每个文件包含 360 秒的数据。

（3）查看分割的文件集。执行命令如下所示：

```
C:\Program Files (x86)\Wireshark>dir timeset*.*
 驱动器 C 中的卷没有标签。
 卷的序列号是 F43A-67C5
C:\Program Files (x86)\Wireshark 的目录
2014/07/04  14:14          447,648 timeset_00000_20140704112512.pcapng
2014/07/04  14:14          461,908 timeset_00001_20140704113112.pcapng
2014/07/04  14:14          543,552 timeset_00002_20140704113712.pcapng
2014/07/04  14:14          507,160 timeset_00003_20140704114312.pcapng
2014/07/04  14:14          838,208 timeset_00004_20140704114912.pcapng
2014/07/04  14:14          369,804 timeset_00005_20140704115512.pcapng
2014/07/04  14:14          444,844 timeset_00006_20140704120112.pcapng
2014/07/04  14:14          404,528 timeset_00007_20140704120712.pcapng
2014/07/04  14:14          374,936 timeset_00008_20140704121312.pcapng
           9 个文件      4,392,588 字节
           0 个目录 53,573,914,624 可用字节
```

从以上输出信息中，可以看到将 time.pcapng 文件分割成了 9 个小的捕获文件。这 9 个捕获文件的编号是 00000～00008。

（4）此时可以打开任何一个小的文件，查看文件集中的文件。打开一个文件后，在菜单栏中依次选择 File|File Set|List Files 命令，将显示如图 9.1 所示的界面。

（5）从该界面可以看到该文件集中包含 18 个文件。在该界面单击任何文件前面的◎按钮，将会快速地打开该文件。如果当前使用了显示过滤器的话，该显示过滤器将会应用到每个打开的文件上。

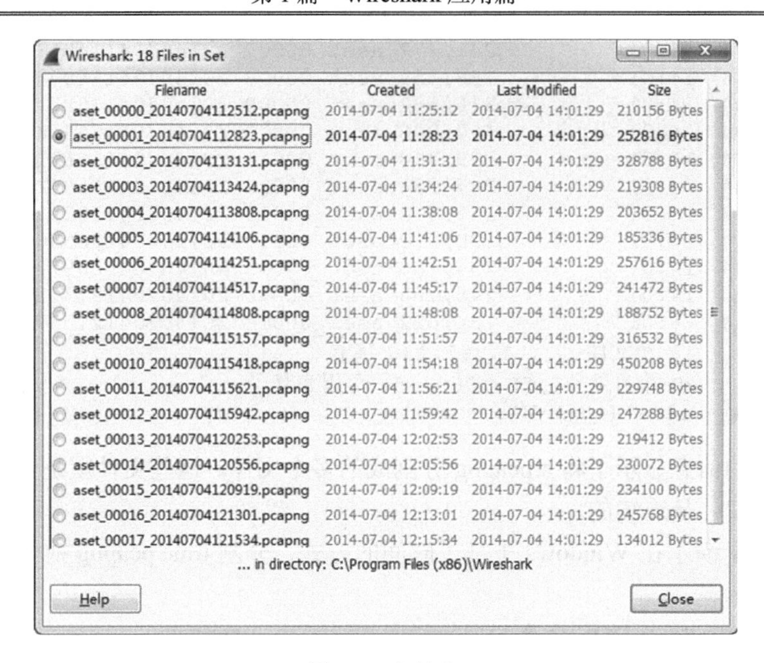

图 9.1　文件集

【实例 9-3】演示在 Windows 下分割 http-port.pcapng 捕获文件为文件集，并使用显示过滤器。具体操作步骤如下所示。

（1）打开 Windows 下的命令提示符。

（2）切换到 Editcap 程序所在的目录。执行命令如下所示。

```
C:\Users\lyw>cd "C:\Program Files (x86)\Wireshark"
C:\Program Files\Wireshark>
```

本书中 Wireshark 程序保存在 C:\Program Files (x86)\Wireshark 位置。用户的 Wireshark 程序位置可能和本书的位置不同。

（3）使用 capinfos 命令查看 http-port.pcapng 捕获文件的基本信息。执行命令如下所示。

```
C:\Program Files\Wireshark>capinfos http-port.pcapng
File name:              http-port.pcapng
File type:              Wireshark - pcapng
File encapsulation:     Ethernet
Packet size limit:      file hdr: (not set)
Number of packets:      70 k
File size:              73757276 bytes
Data size:              71361025 bytes
Capture duration:       67 seconds
Start time:             Fri Jun 20 13:35:36 2014
End time:               Fri Jun 20 13:36:43 2014
Data byte rate:         1059619.52 bytes/sec
Data bit rate:          8476956.19 bits/sec
Average packet size:    1012.54 bytes
Average packet rate:    1046.49 packets/sec
SHA1:                   df0d42457437d47f5fc07332437cd043737a30b5
RIPEMD160:              3292d1f9f11bde1c12bbae9292a0bc39fec8f0e1
MD5:                    facbf81512d0c3c9cd184ff6d82a4a13
Strict time order:      True
```

从该界面可以看到该文件包数为 70 k，这里的 k 表示 1000 个数量集，不是单位 KB。

本例中将该文件分割成每个文件为 5000 个包的文件集。

注意： 在以上输出信息中，当数据包很多时，会使用数量集 k 取代。但是在 1.8.x 版本中，Number of packets 的值不进行替换。显示的数据包数和在 Wireshark 状态栏中显示的数是相同的。

（4）使用 editcap 命令分割文件。执行命令如下所示。

```
C:\Program Files\Wireshark>editcap -c 5000 http-port.pcapng port.pcap
```

执行以上命令后，将会把 http-port.pcapng 捕获文件分割成以 port*.pcapng 为名的文件集，并且每个文件中最多包含 5000 个包。

（5）查看生成的文件集，如下所示。

```
C:\Program Files\Wireshark>dir port*.pcapng
 驱动器 C 中的卷没有标签。
 卷的序列号是 3814-CB70
C:\Program Files\Wireshark 的目录
2014/07/04  14:54         4,840,852 port_00000_20140620133536.pcapng
2014/07/04  14:54         5,403,972 port_00001_20140620133614.pcapng
2014/07/04  14:54         5,189,464 port_00002_20140620133615.pcapng
2014/07/04  14:54         5,300,408 port_00003_20140620133617.pcapng
2014/07/04  14:54         5,275,964 port_00004_20140620133622.pcapng
2014/07/04  14:54         5,285,880 port_00005_20140620133624.pcapng
2014/07/04  14:54         5,281,608 port_00006_20140620133627.pcapng
2014/07/04  14:54         5,188,020 port_00007_20140620133628.pcapng
2014/07/04  14:54         5,225,956 port_00008_20140620133631.pcapng
2014/07/04  14:54         5,286,448 port_00009_20140620133633.pcapng
2014/07/04  14:54         5,252,028 port_00010_20140620133634.pcapng
2014/07/04  14:54         5,215,796 port_00011_20140620133635.pcapng
2014/07/04  14:54         5,261,420 port_00012_20140620133637.pcapng
2014/07/04  14:54         5,261,472 port_00013_20140620133639.pcapng
2014/07/04  14:54           491,908 port_00014_20140620133640.pcapng
              15 个文件     73,761,196 字节
               0 个目录 105,420,476,416 可用字节
```

从该界面可以看到生成了 15 个小文件，而且每个文件名都是以 port 开始的，并且还包含文件编号和时间戳。

（6）启动 Wireshark 工具，并在菜单栏中依次选择 File|Open 命令，选择打开文件集中的一个文件（本例中选择打开编号为_00003 的文件）。

（7）在显示过滤器区域输入 tcp.analysis.flags && !tcp.analysis.window_update 过滤器，将显示如图 9.2 所示的界面。

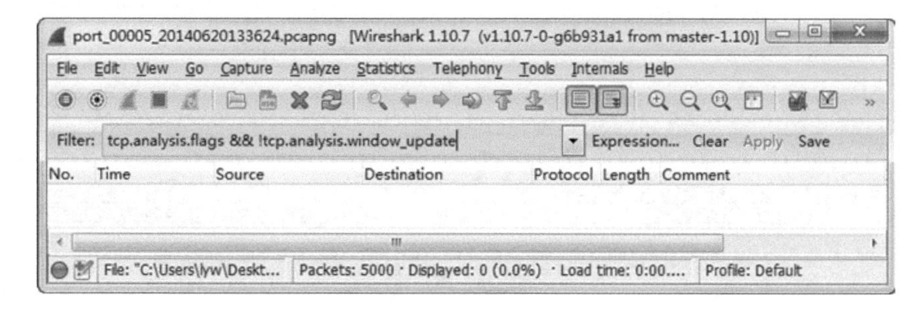

图 9.2　过滤的数据包

（8）从该界面可以看到没有匹配以上过滤器的数据包。此时在文件集中浏览分割的其他文件。在菜单栏中依次单击 File|File Set|List Files 命令，将打开如图 9.3 所示的界面。

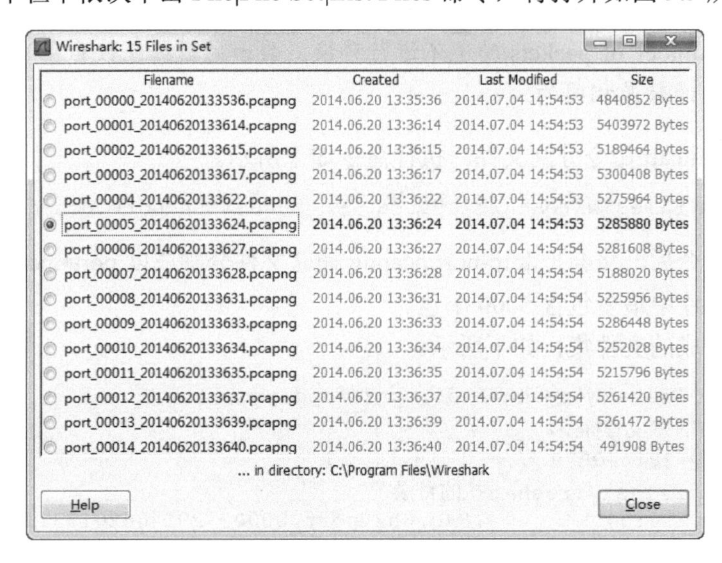

图 9.3　文件集对话框

（9）在该界面单击每个文件前面的◎按钮，将可以浏览其他文件内容。并且打开的文件，将会应用 tcp.analysis.flags && !tcp.analysis.window_update 显示过滤器。如分别移动到编号为 00000、00001 和 00002 文件中，匹配以上过滤器的界面如图 9.4、图 9.5 和图 9.6 所示。

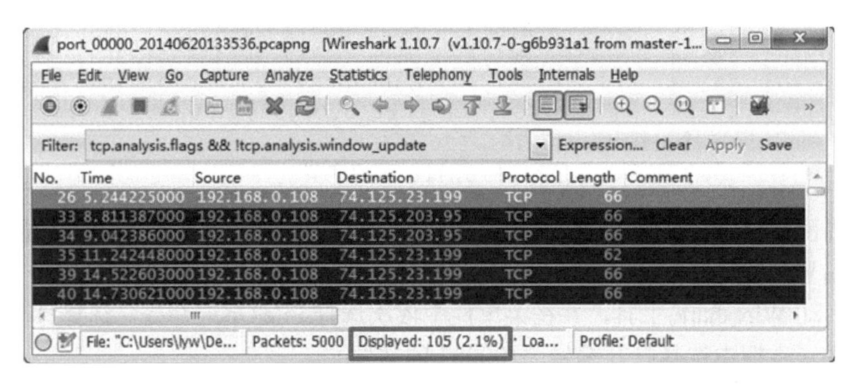

图 9.4　00000 文件

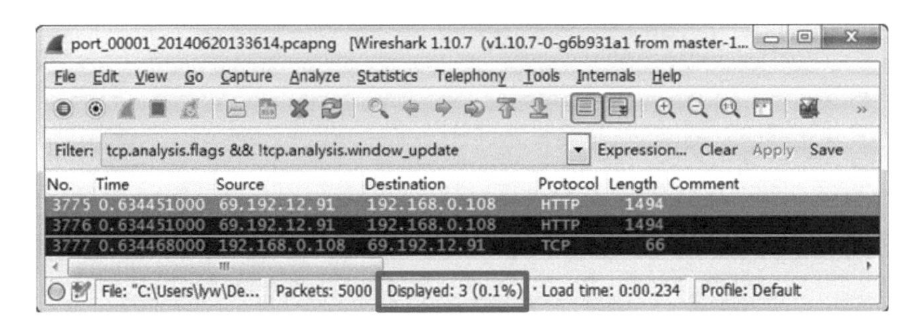

图 9.5　00001 文件

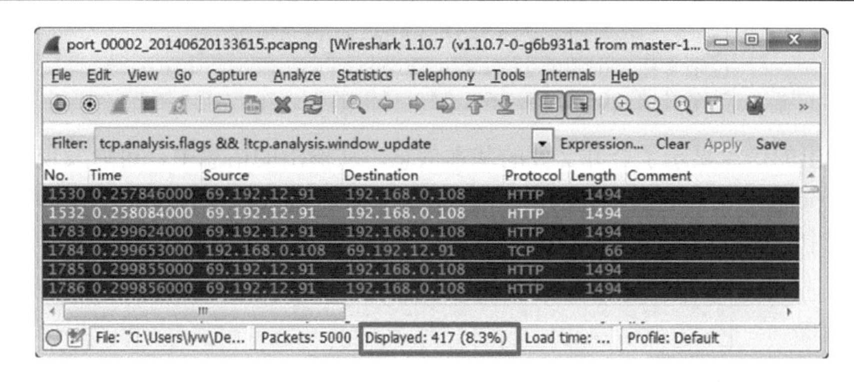

图 9.6　00002 文件

（10）从图 9.4、图 9.5 和图 9.6 的状态栏中可以看到，每个文件中匹配 tcp.analysis.flags && !tcp.analysis.window_update 过滤器的数据包数。如果不再做其他操作的话，单击 Close 按钮关闭文件集对话框。

9.2　合并多个捕获文件

当用户想要查看所有数据时，通常需要将几个小文件合并起来。如构建所有数据的图表、使用显示过滤器查找关键字、启动分层协议对话框查看可疑的协议或应用程序等。本节将介绍如何合并多个捕获文件。

在 Wireshark 中，使用 Mergecap 程序将几个小文件合并成一个大文件。在进行合并文件操作前，首先要确定 Mergecap 程序的位置。确认 Mergecap 程序的位置后，可以使用 mergecap-h 命令查看其帮助信息。使用 Mergecap 可以两种方法合并文件，分别是以帧时间戳或特定的顺序进行合并。Mergecap 默认是以帧时间戳进行合并捕获文件的。

【实例 9-4】 使用通配符合并一系列文件。具体操作步骤如下所示。

（1）打开 Windows DOS 命令提示符或 Linux 终端窗口（本例以 Windows 为例）。

（2）切换到 Mergecap 程序所在的目录。查看前面创建的捕获文件集，执行如下所示的命令。

```
C:\Program Files\Wireshark>dir port*.pcapng
```

执行以上命令后，将会输出 port.pcapng 文件集中的所有文件。

（3）使用 mergecap 命令将每个小文件进行合并。执行命令如下所示。

```
C:\Program Files\Wireshark>mergecap -w http-portset.pcapng port*.*
```

执行以上命令后，会将以 port*.*为名称的所有文件合并成名为 http-portset.pcapng 的捕获文件。

（4）查看合并成的新文件。执行命令如下所示：

```
C:\Program Files\Wireshark>dir http-portset.pcapng
 驱动器 C 中的卷没有标签。
 卷的序列号是 3814-CB70
C:\Program Files\Wireshark 的目录
```

```
2014/07/04  15:58        73,757,676 http-portset.pcapng
               1 个文件     73,757,676 字节
               0 个目录 105,275,863,040 可用字节
```

以上输出的信息显示了合并文件的基本信息。从输出的信息中，可以发现该文件与分割之前 port.pcapng 文件的大小不同。这是因为在文件分割过程中，捕获文件注释被删除了。在合并过程中，注释又被添加到合并文件中，如图 9.7 所示。

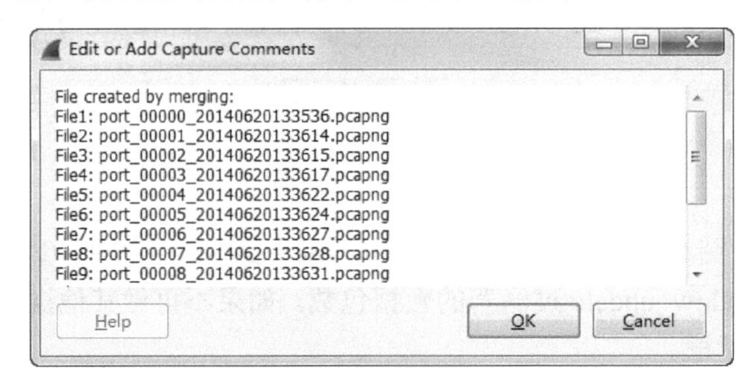

图 9.7　注释信息

（5）从该界面可以看到捕获文件的注释信息。

9.3　命令行捕获数据

在 Wireshark 程序目录中，包含两个命令行捕获工具。这两个工具分别是 Dumpcap 和 Tshark。当不能以图形界面方式捕获数据时，可以在命令行使用 dumpcap.exe 或 tshark.exe 程序实施捕获。本节将介绍使用命令行捕获数据。

9.3.1　Dumpcap 和 Tshark 工具

Dumpcap 仅是一个捕获工具。当运行 Tshark 时，实际上是调用 dumpcap.exe 应用程序实现捕获功能。Tshark 包含额外的 post-capture 参数，所以在很多情况下使用它。如果内存不是很大，就直接使用 dumpcap 或者 Tshark。

使用 Dumpcap 或 Tshark 工具，可以在命令行捕获.pcapng 格式的文件。这两个工具保存在 Wireshark 程序文件目录中，并且它们都可以使用捕获过滤器和各种捕获设置。下面分别介绍使用 Dumpcap 和 Tshark 工具捕获数据。

1．使用Dumpcap捕获数据

如果想更多地了解 dumpcap 命令的参数，可以执行 dumpcap-h 命令。下面介绍在命令行使用 Dumpcap 捕获数据。

（1）执行 dumpcap-D 命令，查看本机可用的接口。如下所示。

```
C:\Program Files (x86)\Wireshark>dumpcap -D
1. \Device\NPF_{CCF39C8C-8C9F-4867-9D6B-41956FFB4742} (VMware Network Adapter VM
net8)
```

```
2. \Device\NPF_{93AFB8C4-5C97-4F2A-9C58-FDE869DA0DE7} (本地连接)
3. \Device\NPF_{570A755F-4140-48A2-8D2B-16678F985638} (VMware Network Adapter VM
net1)
4. \Device\NPF_{F3747D03-2700-4B29-8280-5F052EF1753A} (本地连接 2)
```

从以上输出信息中，可以看到当前主机中有 4 个接口。

（2）捕获数据。在捕获数据时，可以使用-c 或-a 选项指定停止捕获数据包的条件。本例中选择捕获第 4 个接口上的数据，并且当捕获文件达到 1000KB 时自动停止捕获。执行命令如下所示。

```
C:\Program Files (x86)\Wireshark>dumpcap -i 4 -a filesize:1000 -w 1000kb.
pcapng
Capturing on '本地连接 2'
File: 1000kb.pcapng
Packets captured: 3313
Packets received/dropped on interface '本地连接 2': 3313/0 (pcap:0/dumpcap:0
/flushed:0) (100.0%)
```

从输出的信息中可以看到捕获的文件名、数据包数。以上命令中，每个选项的含义如下所示。

- -i 4：指定捕获接口 4 上的数据。
- -a filesize:1000：表示捕获文件大小为 1000KB 时，自动停止捕获。
- -w 1000kb.pcapng：表示指定捕获的文件名称为 1000kb.pcapng。

注意：*以上命令中-a filesize:1000 选项在 Wireshark 1.10.X 版本中存在 Bug，运行后无法生成 1000KB 的捕获文件。该命令只有在 Wireshark 1.8.X 版本中生效。*

（3）查看生成捕获文件 1000kb.pcapng 的大小。执行命令如下所示。

```
C:\Program Files (x86)\Wireshark>dir 1000kb.pcapng
 驱动器 C 中的卷没有标签。
 卷的序列号是 3814-CB70
C:\Program Files\Wireshark 的目录
2014/07/07  11:09         1,024,788 1000kb.pcapng
               1 个文件      1,024,788 字节
               0 个目录 105,002,991,616 可用字节
```

从以上输出的信息中，可以看到生成的捕获文件 1000kb.pcapng 大小为 1000KB。

2. 使用Tshark捕获数据

Tshark 是依赖 dumpcap 捕获数据的。所以，当在命令行输入 Tshark-c 100-w 100.pcapng 时，实际上是 dumpcap 在捕获数据。Tshark 可以用于命令行捕获数据，但是它也为现有的捕获文件提供一些参数。用户可以通过执行 tshark-h 命令，查看 tshark 命令的帮助信息。该命令使用的参数与 dumpcap 基本一样，也是使用-D 选项查看可用的接口、-i 指定接口编号、-w 指定捕获文件、-a 设置自动停止捕获条件。

根据前面的介绍，好像 Tshark 和 Dumpcap 工具一样。那为什么还要使用 Tshark 工具呢？下面介绍使用 Tshark 工具的几个好处。

- Tshark 可以使用&ndash。
- 在捕获过程中可以使用<hosts file>选项。

- Tshark 可以处理已存在的捕获文件。例如，指定一个输出捕获文件、使用显示过滤器等。

【实例 9-5】 演示 Tshark 使用显示过滤器处理已存在的捕获文件。如下所示。

```
C:\Program Files\Wireshark>tshark -r http.pcapng -Y "ip.addr==192.168.0.
104" -w myhttp.pcapng
```

以上命令表示使用 ip.addr==192.168.0.104 显示过滤器过滤 http.pcapng 捕获文件的数据包，并且将过滤后的数据保存到名为 myhttp.pcapng 的捕获文件。为了确认是否创建了新的捕获文件，使用 dir 命令查看。执行命令如下所示。

```
C:\Program Files\Wireshark>dir *http.pcapng
 驱动器 C 中的卷没有标签。
 卷的序列号是 3814-CB70
C:\Program Files\Wireshark 的目录
2014/06/11  09:13            132,240 http.pcapng
2014/07/04  17:35             71,492 myhttp.pcapng
               2 个文件        203,732 字节
               0 个目录    105,201,623,040 可用字节
```

从输出的信息中，可以看到新的捕获文件 myhttp-port.pcapng 已经生成，而且两个文件的大小不同。

【实例 9-6】 使用 tshark 捕获文件集。具体操作步骤如下所示。

（1）打开 Windows 提示符或 Linux 终端窗口。

（2）切换到 Wireshark 程序目录。执行 tshark-D 命令，查看可用的接口。如果不能确定哪个接口在捕获数据，则返回到 Wireshark 界面依次选择 Capture|Interfaces 命令查看，如图 9.8 所示。

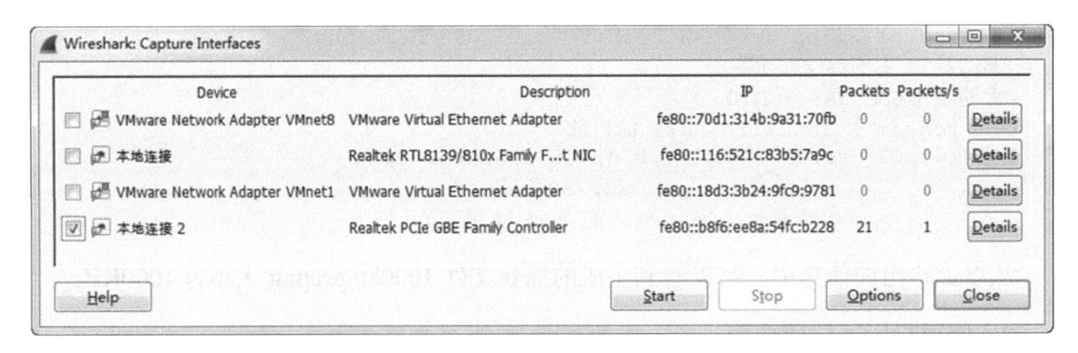

图 9.8　捕获接口

执行 tshark-D 命令，输出结果如下所示：

```
C:\Program Files (x86)\Wireshark>tshark -D
1. \Device\NPF_{CCF39C8C-8C9F-4867-9D6B-41956FFB4742} (VMware Network Adapter VM
net8)
2. \Device\NPF_{93AFB8C4-5C97-4F2A-9C58-FDE869DA0DE7} (本地连接)
3. \Device\NPF_{570A755F-4140-48A2-8D2B-16678F985638} (VMware Network Adapter VM
net1)
4. \Device\NPF_{F3747D03-2700-4B29-8280-5F052EF1753A} (本地连接 2)
```

（3）开始捕获数据。执行命令如下所示。

```
C:\Program Files (x86)\Wireshark>tshark -i4 -a files:6 -b duration:30 -w
mytshark.pcapng
Capturing on '本地连接 2'
194
```

从输出的信息中，可以看到共捕获了 194 个数据包。在以上命令中，每个选项的含义如下所示。

- -i 4：表示指定捕获编号为 4 接口上的数据。
- -a files:6：表示捕获 6 个文件后自动停止捕获。
- -b duration:30：表示捕获 30 秒后开始捕获下一个文件。
- -w mytshark.pcapng：表示生成的捕获文件名称为 mytshark.pcapng。

注意：以上命令中-a files:6 选项在 Wireshark 1.10.X 版本中存在 Bug，无法生成 6 个捕获文件。该命令在 Wireshark 1.8.X 版本中，才可以实现-a files:6 选项的功能。

（4）查看生成的捕获文件，如下所示。

```
C:\Program Files\Wireshark>dir mytshark*
 驱动器 C 中的卷没有标签。
 卷的序列号是 3814-CB70
C:\Program Files\Wireshark 的目录
2014/07/07  11:04         1,446,324 mytshark_00001_20140707110330.pcapng
2014/07/07  11:04           107,260 mytshark_00002_20140707110400.pcapng
2014/07/07  11:05        58,836,236 mytshark_00003_20140707110430.pcapng
2014/07/07  11:05        53,447,032 mytshark_00004_20140707110500.pcapng
2014/07/07  11:06        52,290,076 mytshark_00005_20140707110530.pcapng
2014/07/07  11:06         4,275,336 mytshark_00006_20140707110600.pcapng
             6 个文件    170,402,264 字节
             0 个目录 105,026,265,088 可用字节
```

从以上命令中，可以看到共生成了 6 个文件。

9.3.2　使用捕获过滤器

当用户在命令行捕获数据时，可能只想捕获特定的数据。这时候，用户就可以使用 Dumpcap 和 Tshark 的选项指定一个捕获过滤器。下面将介绍在命令行中使用捕获过滤器的方法。

使用 Dumpcap 工具，指定捕获过滤器进行数据捕获。执行命令如下所示。

```
C:\Program Files (x86)\Wireshark>dumpcap -i4 -f "tcp port 80" -w
"port80.pcapng"
Capturing on '本地连接 2'
File: port80.pcapng
Packets: 221
```

输出的信息显示了捕获的包数和捕获文件名。执行以上命令后，该程序不会自动停止捕获，需要按下 Ctrl+C 组合键停止。以上命令中，-i 表示指定的捕获接口；-f 表示指定的捕获过滤器；-w 表示指定生成的捕获文件名。

使用 Tshark 工具指定捕获过滤器的参数和 Dumpcap 一样。例如，捕获到达/来自主机 192.168.0.5 上所有 80 端口的数据，并指定捕获文件名为 myport80.pcapng，执行命令如下

所示。

```
C:\Program Files (x86)\Wireshark>tshark -i4 -f "tcp port 80 and host
192.168.0.105" -w myport80.pcapng
Capturing on '本地连接 2'
3363
```

从输出的信息中，可以看到共捕获了 3363 个数据包。

9.3.3　使用显示过滤器

在命令行中，也可以使用显示过滤器快速地分析数据。在命令行中，使用的显示过滤器比捕获过滤器多。但是，使用显示过滤器时有一定的限制。用户可以使用-Y 选项指定显示过滤器过滤数据，但是不能保存使用该参数后过滤的捕获文件。下面将介绍在命令行使用显示过滤器的方法。

【实例 9-7】演示仅捕获匹配 tcp.analysis.flags 过滤器的数据包。

（1）使用捕获过滤器捕获所有 TCP 数据，并保存该捕获文件为 tcp.pcapng。执行命令如下所示。

```
C:\Program Files (x86)\Wireshark>tshark -i 4 -f "tcp" -w tcp.pcapng
Capturing on 本地连接 2'
1738
```

执行以上命令后，表示捕获所有 TCP 数据，并保存为 tcp.pcapng 捕获文件。

（2）使用-r 参数读取捕获文件的 ndash，使用-Y 参数指定显示过滤器，并使用-w 参数指定保存的新捕获文件。如下所示。

```
C:\Program Files\Wireshark>tshark -r "tcp.pcapng" -Y "tcp.analysis.flags"
-w analysisflags.pcapng
```

执行以上命令后，没有任何输出信息。但是会生成一个新的捕获文件，其名为 analysisflags.pcapng。

（3）查看新捕获文件的基本信息，执行如下所示的命令。

```
C:\Program Files\Wireshark>dir analysisflags.pcapng
 驱动器 C 中的卷没有标签。
 卷的序列号是 3814-CB70
C:\Program Files\Wireshark 的目录
2014/07/04  18:51             4,972 analysisflags.pcapng
               1 个文件         4,972 字节
               0 个目录   105,196,703,744 可用字节
```

从输出的信息中，可以看到匹配 tcp.analysis.flags 过滤的数据包大小为 4KB。

【实例 9-8】使用 Tshark 工具提取 HTTP GET 请求包。具体操作步骤如下所示。

（1）打开 Windows 命令行窗口或 Linux 终端窗口。

（2）切换到 Wireshark 程序目录。这里以 http.pcapng 捕获文件为例，介绍如何提取 HTTP GET 请求包。首先查看捕获文件的大小，执行命令如下所示。

```
C:\Program Files\Wireshark>dir http.pcapng
 驱动器 C 中的卷没有标签。
```

```
 卷的序列号是 3814-CB70
C:\Program Files\Wireshark 的目录

2014/06/11  09:13          132,240 http.pcapng
                 1 个文件        132,240 字节
                 0 个目录 105,196,716,032 可用字节
```

从输出信息中可以看到 http.pcapng 捕获文件大小为 132 240 字节。

（3）使用-Y 选项指定显示过滤器，提取 HTTP GET 请求包，并且将过滤后的数据保存到 httpGET.pcapng 捕获文件。执行命令如下所示。

```
C:\Program  Files\Wireshark>tshark  -r  "http.pcapng"  -Y  "http.request.
method==GET" -w "httpGET.pcapng"
```

执行以上命令后，没有任何输出信息。此时查看新保存捕获文件的信息，执行如下所示的命令。

```
C:\Program Files\Wireshark>dir httpGET.pcapng
 驱动器 C 中的卷没有标签。
 卷的序列号是 3814-CB70
C:\Program Files\Wireshark 的目录
2014/07/04  18:40            1,404 httpGET.pcapng
                 1 个文件          1,404 字节
                 0 个目录 105,196,711,936 可用字节
```

从输出的信息中，可以看到提取的 HTTP GET 请求包的大小为 1 404 字节。

（4）现在就可以打开 httpGET.pcapng 捕获文件，快速地分析数据包了。

9.4　导出字段值和统计信息

有时候可能不确定某些数据是否捕获了。这时候，可以使用命令行工具 Tsahrk 导出 Wireshark 的某个字段值进行查看。如果想知道导出数据的信息，可以使用 Tshark 的选项将统计结果输入到一个文本文件。本节将介绍导出字段值和统计信息。

9.4.1　导出字段值

在命令行中，可以使用 Tshark 程序的一些选项实现导出字段值。例如，导出主机 192.168.0.3 上 80 端口的帧编号、源 IP、目标 IP 和 TCP 窗口大小的字段值，执行命令如下所示。

```
C:\Program  Files  (x86)\Wireshark>tshark  -i4  -f  "dst  port  80  and  host
192.168.0.3" -T fields -e frame.number -e ip.src -e ip.dst -e tcp.window_size
```

以上命令表示导出到达 192.168.0.3 主机接口 4 上 80 端口的所有数据，并且导出的字段包括帧编号、源 IP、目标 IP 和 TCP 窗口大小。执行以上命令后按下回车键，将显示如下所示的内容。

```
Capturing on '本地连接 2'
1       192.168.0.107   192.168.0.3     8192
```

```
1 2     192.168.0.107   192.168.0.3     65536
3       192.168.0.107   192.168.0.3     65536
4       192.168.0.107   192.168.0.3     64768
5       192.168.0.107   192.168.0.3     64768
6       192.168.0.107   192.168.0.3     65536
6 7     192.168.0.107   192.168.0.3     65536
8       192.168.0.107   192.168.0.3     55296
9       192.168.0.107   192.168.0.3     65536
10      192.168.0.107   192.168.0.3     62720
11      192.168.0.107   192.168.0.3     65536
12      192.168.0.107   192.168.0.3     65536
13      192.168.0.107   192.168.0.3     56832
14      192.168.0.107   192.168.0.3     65536
15      192.168.0.107   192.168.0.3     65536
16      192.168.0.107   192.168.0.3     40704
17      192.168.0.107   192.168.0.3     65536
18      192.168.0.107   192.168.0.3     64000
19      192.168.0.107   192.168.0.3     65536
20      192.168.0.107   192.168.0.3     59648
21      192.168.0.107   192.168.0.3     65536
22      192.168.0.107   192.168.0.3     39168
23      192.168.0.107   192.168.0.3     65536
24      192.168.0.107   192.168.0.3     52736
25      192.168.0.107   192.168.0.3     65536
25
C:\Program Files (x86)\Wireshark>
```

执行以上命令后，不会自动停止捕获。这时候需要手动地停止捕获，按下 Ctrl+C 组合键。为了更容易地阅读数据，可以使用 Tshark 的-E 参数添加导出信息。例如，添加一个字段的头部，使用-E header=y。如果想使用表格的形式分析数据，可使用“-E separator=,”参数设置导出的信息以逗号进行分隔。

使用 Tshark 可以将捕获的字段值导入到一个文本文件中，这样查看起来比较容易。下面演示将当前网络中 Host 字段导入到一个文本文件。

【实例 9-9】导出 HTTP 包的 Host 字段值。执行命令如下所示。

```
C:\Program Files (x86)\Wireshark>tshark -i 4 -Y "http.host" -T fields -e
http.host > httphosts.txt
```

以上命令表示将 http.host 捕获文件中的 http.host 字段导入到 httphosts.txt 文本文件中。执行以上命令后，通过访问某个 Web 站点产生数据。然后按下 Ctrl+C 组合键，停止捕获。如下所示。

```
Capturing on '本地连接 2'
250
```

从输出的信息中，可以看到共捕获了 250 个数据包。此时可以打开保存的捕获文件，查看 HTTP Host 字段值，如图 9.9 所示。

从该界面可以看到访问过的所有网站。如果想查看这些网站对应的 IP 地址，可以使用 ip.dst 参数实现。

【实例 9-10】演示在 Windows 下使用 Tshark 导出 HTTP Host 名和 IP 地址。具体操作步骤如下所示。

图 9.9　httphosts.txt 文件

（1）打开 Windows 命令行提示符。

（2）切换到 Wireshark 程序目录。执行如下所示的命令。

```
C:\Program Files (x86)\Wireshark>tshark -i 4 -Y "http.host && ip" -T fields
-e http.host -e ip.dst -E separator=,>httphostaddrs.txt
Capturing on '本地连接 2'
227
```

执行以上命令后，通过访问任何 Web 站点产生数据。访问几分钟后返回到命令行，按下 Ctrl+C 组合键停止捕获过程。从输出的信息中可以看到捕获的数据包数。

（3）查看 httphostaddrs.txt 文本文件内容，如图 9.10 所示。

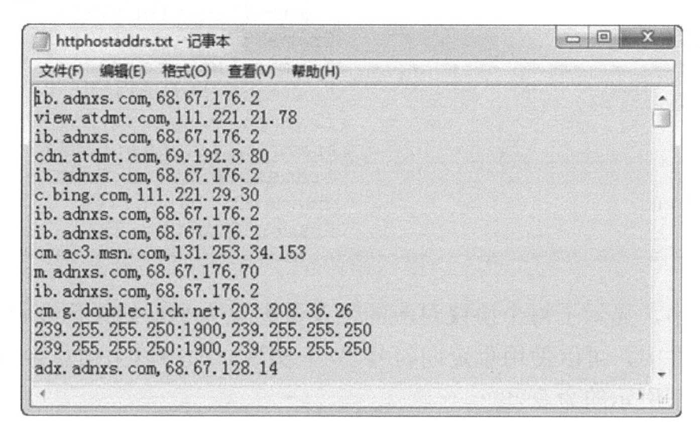

图 9.10　httphostaddrs.txt 文件

（4）从该界面可以看到捕获的 Host 名和 IP 地址。如 view.atdmt.com 网站的 IP 地址为 111.221.21.78。

9.4.2　导出数据统计

使用 Tshark 的-z 选项，可以查看大量的数据统计信息。如果不想在屏幕上显示每个帧，则使用-q 选项。例如，查看协议分层统计信息，执行如下所示的命令。

```
C:\Program Files (x86)\Wireshark>tshark -i 4 -qz io,phs
```

```
Capturing on '本地连接 2'
3019
```

执行以上命令后，将开始捕获数据。当捕获到自己需要的数据时，按下 Ctrl+C 组合键停止捕获。此时将输出协议分层统计信息，如下所示。

```
===================================================================
Protocol Hierarchy Statistics
Filter:
frame                                   frames:3019 bytes:2276136
  eth                                   frames:3019 bytes:2276136
    ip                                  frames:2983 bytes:2263625
      tcp                               frames:2908 bytes:2247459
        http                            frames:248 bytes:159925
          image-jfif                    frames:75 bytes:58152
            tcp.segments                frames:75 bytes:58152
          data-text-lines               frames:10 bytes:6281
            tcp.segments                frames:9 bytes:5304
          media                         frames:13 bytes:7394
            tcp.segments                frames:13 bytes:7394
          png                           frames:12 bytes:6009
            malformed                   frames:1 bytes:80
            tcp.segments                frames:11 bytes:5929
          image-gif                     frames:9 bytes:4395
            tcp.segments                frames:2 bytes:2253
          xml                           frames:1 bytes:505
        ssl                             frames:11 bytes:7259
          tcp.segments                  frames:1 bytes:1125
      igmp                              frames:6 bytes:360
      udp                               frames:69 bytes:15806
        dns                             frames:46 bytes:5033
        data                            frames:3 bytes:1204
        http                            frames:18 bytes:9399
        oicq                            frames:2 bytes:170
    ipv6                                frames:29 bytes:12127
      udp                               frames:29 bytes:12127
        http                            frames:28 bytes:11983
        dhcpv6                          frames:1 bytes:144
    arp                                 frames:7 bytes:384
===================================================================
```

输出的信息中，显示了每个协议对应的帧及数据包大小。如果想要将以上输出信息导入到一个文本文件中，可以使用重定向符号“>”实现。如将以上信息导入到 stats.txt 文本文件中，执行如下所示的命令。

```
C:\Program Files (x86)\Wireshark>tshark -i 4 -qz io,phs > stats.txt
Capturing on '本地连接 2'
4536
```

从输出的信息中可以看到，共捕获了 4536 个数据包。如果需要在已保存的捕获文本文件中收集信息，则使用“>>”符号。

有时候用户想要查看整个网络中所有活跃主机的列表，可以执行如下所示的命令。

```
C:\Program Files (x86)\Wireshark>tshark -i 4 -qz hosts
Capturing on '本地连接 2'
2405
# TShark hosts output
#
```

```
# Host data gathered from C:\Users\lyw\AppData\Local\Temp\wireshark_pcapng_F
D03-2700-4B29-8280-5F052EF1753A_20140705165941_a01724

204.79.197.200                      any.edge.bing.com
61.213.189.107                      a134.lm.akamai.net
61.213.189.113                      a134.lm.akamai.net
221.204.160.40                      wwwbaidu.jomodns.com
61.135.186.152                      static.n.shifen.com
123.125.114.101                     suggestion.a.shifen.com
60.221.254.195                      neteaseimg.xdwscache.glb0.lxdns.com
218.26.67.75                        neteaseimg.xdwscache.glb0.lxdns.com
173.194.72.95                       googleapis.l.google.com
162.159.242.165                     www.wireshark.org
162.159.241.165                     www.wireshark.org
221.204.244.37                      ieframe.dll
……
69.192.3.26                         a1363.g.akamai.net
69.192.3.32                         a1363.g.akamai.net
69.192.3.43                         a1363.g.akamai.net
69.192.3.56                         a1363.g.akamai.net
69.192.3.57                         a1363.g.akamai.net
69.192.3.66                         a1363.g.akamai.net
69.192.3.73                         a1363.g.akamai.net
203.208.46.217                      pagead46.l.doubleclick.net
203.208.46.218                      pagead46.l.doubleclick.net
203.208.46.205                      pagead46.l.doubleclick.net
203.208.36.26                       pagead46.l.doubleclick.net
203.208.36.13                       pagead46.l.doubleclick.net
203.208.36.25                       pagead46.l.doubleclick.net
C:\Program Files (x86)\Wireshark>
```

从输出的信息中，可以看到所有活跃的主机及对应的域名。当用户想要提取专家信息时，可以使用-r 参数实现。如提取专家信息中的 notes 信息，执行命令如下所示。

```
C:\Program Files (x86)\Wireshark>tshark -r "http.pcapng" -qz expert,notes
Errors (3)
=============
   Frequency    Group      Protocol      Summary
           1   Malformed     PNRP    Malformed Packet (Exception occurred)
           2   Malformed     DNS     Malformed Packet (Exception occurred)
Warns (1)
=============
   Frequency    Group      Protocol      Summary
          1    Sequence      TCP     Previous segment not captured (common at
                                     capture start)
Notes (3)
=============
   Frequency    Group      Protocol      Summary
          1    Sequence      TCP     Duplicate ACK (#1)
          2    Sequence      TCP     Retransmission (suspected)
C:\Program Files (x86)\Wireshark>
```

从以上信息中，可以看到显示了该捕获文件中的 Errors、Warnings 和 Notes 专家信息。如果仅想查看 Errors 和 Warnings，可使用-qz expert,warn 命令。

第 2 篇　网络协议分析篇

第 10 章　ARP 协议抓包分析

ARP（Address Resolution Protocol）协议，即地址解析协议。该协议的功能就是将 IP 地址解析成 MAC 地址。本章将介绍 ARP 协议抓包分析。

10.1　ARP 基础知识

在分析 ARP 协议之前，首先需要了解一些关于 ARP 的基础知识，如什么是 ARP、ARP 工作流程及 ARP 缓存表等。本节将介绍 ARP 协议的基础知识。

10.1.1　什么是 ARP

ARP（Address Resolution Protocol，地址解析协议）是根据 IP 地址获取物理地址的一个 TCP/IP 协议。由于 OSI 模型把网络工作分为七层，IP 地址在 OSI 模型的第三层，MAC 地址在第二层，彼此不直接通信。在通过以太网发送 IP 数据包时，需要先封装第三层（32 位 IP 地址）和第二层（48 位 MAC 地址）的报头。但由于发送数据包时只知道目标 IP 地址，不知道其 MAC 地址，而又不能跨越第二、三层，所以需要使用地址解析协议。

使用地址解析协议后，计算机可根据网络层 IP 数据包包头中的 IP 地址信息对应目标硬件地址（MAC 地址）信息，以保证通信的顺利进行。ARP 的基本功能就是负责将一个已知的 IP 地址解析成 MAC 地址，以便主机间能正常进行通信。

如图 10.1 所示，假设 PC1 发送数据给主机 PC2 时，需要知道 PC2 的 MAC 地址。可是 PC1 是如何知道 PC2 的 MAC 地址的呢？它不可能知道每次所需要的 MAC 地址，即使知道也不可能全部记录下来。所以，当 PC1 访问 PC2 之前就要询问 PC2 的 IP 地址所对应的 MAC 地址是什么。这时就需要通过 ARP 请求广播实现。

10.1.2　ARP 工作流程

ARP 工作过程分为两个阶段，一个是 ARP 请求过程，一个是 ARP 响应过程。其工作流程如图 10.1 和图 10.2 所示。

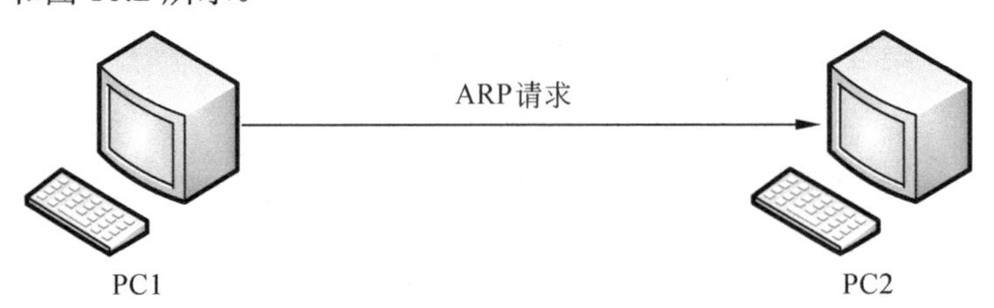

图 10.1　ARP 请求

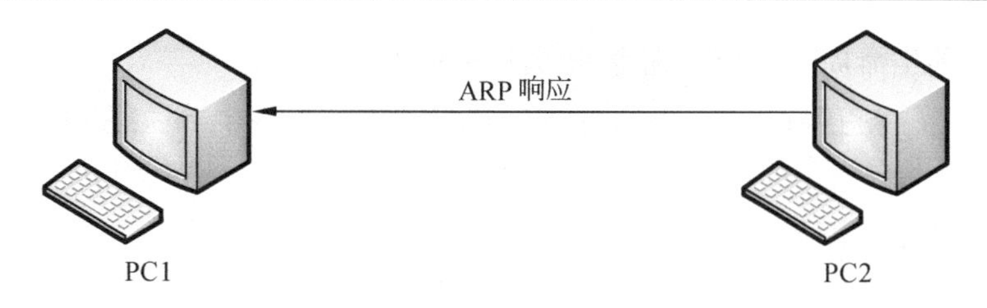

图 10.2　ARP 响应

在图 10.1 和图 10.2 中，主机 PC1 的 IP 地址为 192.168.1.1，主机 PC2 的 IP 地址为 192.168.1.2。当主机 PC1 和主机 PC2 通信时，地址解析协议可以将主机 PC2 的 IP 地址（192.168.1.2）解析成主机 PC2 的 MAC 地址。PC1 和 PC2 的详细通信过程如下所示。

（1）当主机 PC1 想发送数据给主机 PC2 时，首先在自己的本地 ARP 缓存表中检查主机 PC2 匹配的 MAC 地址。

（2）如果主机 PC1 在缓存中没有找到相应的条目，它将询问主机 PC2 的 MAC 地址，从而将 ARP 请求帧广播到本地网络上的所有主机。该帧中包括源主机 PC1 的 IP 地址和 MAC 地址。本地网络上的每台主机都接收到 ARP 请求并且检查是否与自己的 IP 地址匹配。如果主机发现请求的 IP 地址与自己的 IP 地址不匹配，它将会丢弃 ARP 请求。

（3）主机 PC2 确定 ARP 请求中的 IP 地址与自己的 IP 地址匹配，则将主机 PC1 的地址和 MAC 地址添加到本地缓存表。

（4）主机 PC2 将包含其 MAC 地址的 ARP 回复消息直接发送回主机 PC1（这个数据帧是单播）。

（5）当主机 PC1 收到从主机 PC2 发来的 ARP 回复消息时，会将主机 PC2 的 IP 和 MAC 地址添加到自己的 ARP 缓存表。本机缓存是有生存期的，默认 ARP 缓存表的有效期是 120s。当超过该有效期后，将再次重复上面的过程。主机 PC2 的 MAC 地址一旦确定，主机 PC1 就能向主机 PC2 发送 IP 信息了。

10.1.3　ARP 缓存表

ARP 缓存中包含一个或多个表，它们用于存储 IP 地址及其经过解析的 MAC 地址。在 ARP 缓存中的每个表又被称为 ARP 缓存表。下面将介绍 ARP 缓存表的由来、构成及生命周期等。

1．ARP缓存表的由来

ARP 协议是通过目标设备的 IP 地址查询目标设备的 MAC 地址，以保证通信的顺利进行。这时就涉及到一个问题，一个局域网中的电脑少则几台，多则上百台，这么多的电脑之间，如何能记住对方电脑网卡的 MAC 地址，以便数据的发送呢？所以，这就有了 ARP 缓存表。

2．ARP缓存表维护工具——arp命令

在计算机中，提供了一个 ARP 命令。该命令用于查询本机 ARP 缓存中的 IP 地址和 MAC 地址的对应关系、添加或删除静态对应关系等。用户也可以通过使用 arp 命令验证

ARP 缓存条目的生命周期。ARP 命令的语法格式如下：

```
arp [-s inet_addr eth_addr [if_addr]] [-d inet_addr [if_addr]] [-a [inet_addr]
[-N if_addr]] [-g] [-v]
```

以上参数含义如下所示。

- -s inet_addr eth_addr [if_addr]：向 ARP 缓存表中添加可将 IP 地址 inet_addr 解析成物理地址 eth_addr 的静态条目。要向指定接口的表添加静态 ARP 缓存条目，使用 if_addr 参数，此处的 if_addr 代表指派给该接口的 IP 地址。
- -d inet_addr if_addr：删除指定的 IP 条目，此处的 inet_addr 代表 IP 地址。对于指定的接口，要删除表中的某项，使用 if_addr，此处的 if_addr 代表指派给该接口的 IP 地址。要删除所有条目，可使用星号（*）通配符代替 inet_addr。
- -a inet_addr [-N if_addr]：显示所有接口的当前 ARP 缓存表。要显示特定 IP 地址的 ARP 缓存项，使用带有 inet_addr 参数的 arp -a，此处的 inet_addr 代表 IP 地址。如果未指定 inet_addr，则使用第一个适用的接口。要显示特定接口的 ARP 缓存表，将-N if_addr 与-a 参数一起使用，此处的 if_addr 代表指派给该接口的 IP 地址。-N 参数区分大小写。
- -g：与-a 相同。
- -v：查看帮助信息。

在以前的 Windows 系列系统中，都可以直接执行 arp -s 命令绑定 IP 地址和 MAC 地址。但是在 Windows 7 中，如果不是以管理员身份运行时会提示："ARP 项添加失败：请求的操作需要提示"。但是有时候就算以管理员身份运行也会提示错误信息"ARP 项添加失败：拒绝访问。"这时候就需要使用 Netsh 命令了。

Netsh 实用程序是一个外壳，它通过附加的"Netsh 帮助 DLL"，可以支持多个 Windows 2000 组件。"Netsh 帮助 DLL"提供用来监视或配置特定 Windows 2000 网络组件的其他命令，从而扩展了 Netsh 的功能。每个"Netsh 帮助 DLL"都为特定的网络组件提供了一个环境和一组命令。每个环境中都可以有子环境。Netsh 命令的语法格式如下：

```
netsh [-a AliasFile] [-c Context] [-r RemoteMachine] [Command] [-f
ScriptFile]
```

以上命令中，各选项含义如下所示。

- -a Alias File：指定使用一个别名文件。别名文件包含 Netsh 命令列表和一个别名版本，所以可以使用别名命令行替换 netsh 命令。可以使用别名文件将其他平台中更熟悉的命令映射到适当的 netsh 命令。
- -c Context：指定对应于已安装的支持 DLL 的命令环境。
- -r RemoteMachine：指定在远程计算机上运行 netsh 命令，由名称或 IP 地址来指定远程计算机。
- command：指定要执行的 netsh 命令。
- -f ScriptFil：指定运行 ScriptFile 文件中所有的 netsh 命令。

【实例 10-1】使用 netsh 绑定 IP 和 MAC 地址。具体操作如下所示。

（1）查看接口的 Idx 号。执行命令如下：

```
C:\Users\Administrator>netsh i i show in
Idx         Met       MTU       状态                  名称
----     --------  --------  -----------   --------------------------------
  1         50  4294967295  connected      Loopback Pseudo-Interface 1
 12         20        1500  connected      本地连接
```

从输出的结果中可以看到本地连接的 Idx 为 12（Idx 号用在下面命令中的 neighbors 后面）。

（2）添加 IP-MAC 地址绑定。执行命令如下：

```
C:\Users\Administrator>netsh -c "i i" add neighbors 12 "192.168.1.3"
"00-23-8b-c4-05-bf"
```

执行以上命令没有任何输出信息。

（3）使用 arp -a 查看绑定的 ARP 条目。执行命令如下：

```
C:\Users\Administrator>arp -a
接口: 192.168.1.2 --- 0xc
  Internet 地址         物理地址              类型
  192.168.1.3           00-23-8b-c4-05-bf     静态
```

看到以上输出结果，表示 IP-MAC 地址已被绑定。

3. ARP缓存表的构成

在局域网的任何一台主机中，都有一个 ARP 缓存表。该缓存表中保存了多个 ARP 条目。每个 ARP 条目都是由一个 IP 地址和一个对应的 MAC 地址组成。这样多个 ARP 条目就组成了一个 ARP 缓存表。当某台主机向局域网中另外的主机发送数据的时候，会根据 ARP 缓存表里的对应关系进行发送。下面以例子的形式介绍查看、添加和删除 ARP 缓存条目的方法。

【实例 10-2】使用 arp 命令查看 ARP 缓存条目。执行命令如下：

```
C:\Users\Administrator>arp -a
接口: 192.168.5.4 --- 0xc
  Internet 地址         物理地址              类型
  192.168.5.1           c8-3a-35-84-78-1e     动态
  192.168.5.255         ff-ff-ff-ff-ff-ff     静态
  224.0.0.22            01-00-5e-00-00-16     静态
  224.0.0.251           01-00-5e-00-00-fb     静态
  224.0.0.252           01-00-5e-00-00-fc     静态
  239.255.255.250       01-00-5e-7f-ff-fa     静态
  255.255.255.255       ff-ff-ff-ff-ff-ff     静态
```

输出信息显示了本机接口为 192.168.5.4 地址的 ARP 缓存表。每行表示一个 ARP 条目。

【实例 10-3】将 IP 地址 192.168.1.1 和 MAC 地址 00-aa-00-62-c6-09 添加到缓存记录中。执行命令如下：

```
C:\Users\Administrator>arp -s 192.168.1.1 00-aa-00-62-c6-09
```

执行以上命令后没有任何输出信息。如果要想查看添加的 ARP 缓存条目，可以使用 arp -a 命令，如下所示。

```
C:\Users\Administrator>arp -a
接口: 192.168.5.4 --- 0xc
  Internet 地址          物理地址              类型
  192.168.1.1           00-aa-00-62-c6-09     静态
  192.168.5.1           c8-3a-35-84-78-1e     动态
  192.168.5.255         ff-ff-ff-ff-ff-ff     静态
  224.0.0.22            01-00-5e-00-00-16     静态
  224.0.0.251           01-00-5e-00-00-fb     静态
  224.0.0.252           01-00-5e-00-00-fc     静态
  239.255.255.250       01-00-5e-7f-ff-fa     静态
  255.255.255.255       ff-ff-ff-ff-ff-ff     静态
```

从输出的信息中，可以看到手动添加的 ARP 缓存条目。手动添加的条目默认被添加到第一行，而且手动添加的 ARP 条目类型为静态。

【实例 10-4】删除 IP 地址为 192.168.1.1 的 ARP 条目。执行命令如下：

```
C:\Users\Administrator>arp -d 192.168.1.1
```

执行以上命令后，接口地址为 192.168.1.1 的 ARP 记录将被删除。如果用户想要清空所有的 ARP 条目，则执行如下所示的命令。

```
C:\Users\Administrator>arp -d
```

或

```
C:\Users\Administrator>arp -d *
```

执行以上命令后，整个 ARP 缓存表将被删除。此时执行 arp -a 命令查看 ARP 缓存表，将显示如下所示的信息。

```
C:\Users\Administrator>arp -a
未找到 ARP 项。
```

从输出的信息，可以看到当前该缓存表中没有任何 ARP 条目。

注意：使用 arp 命令在 Windows 和 Linux 下删除 ARP 缓存条目的方法有点区别。在 Linux 下，删除 ARP 条目时，必须指定接口地址；在 Windows 下，可以直接执行 arp -d 命令删除。在 Linux 下，如果不指定接口，将会提示“arp: need host name”信息。

10.2　捕获 ARP 协议包

了解 ARP 协议的基础知识后，就可以捕获 ARP 协议包了。本节将介绍捕获 ARP 协议包的方法。

10.2.1　Wireshark 位置

在使用 Wireshark 捕获数据包之前，确定 Wireshark 是一件非常重要的事。下面是本书中的一个实验环境，如图 10.3 所示。

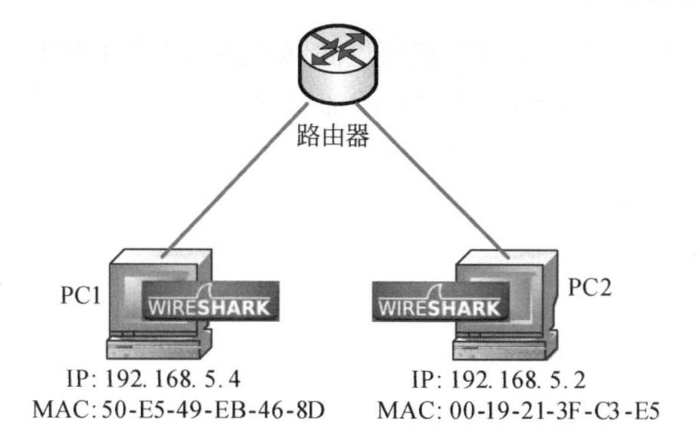

图 10.3　Wireshark 的位置

从该图中可以看到，在该环境中使用了两台 PC。当然，用户也可以使用一台 PC 进行测试。用户可以选择与路由器直接通信，也可以产生 ARP 数据包。为了方便用户更清楚地分析 ARP 数据包，这里使用两台 PC 进行通信来产生 ARP 数据包。

10.2.2　使用捕获过滤器

在 Wireshark 中，可以使用 arp 捕获过滤器直接捕获到 ARP 协议数据包。下面将介绍使用 arp 捕获过滤器捕获 ARP 数据包。具体操作步骤如下所示。

（1）根据图 10.3 来配置实验环境。然后，在主机 A 上启动 Wireshark 工具。

（2）在启动的界面的菜单栏中依次选择 Capture|Options 命令，或者单击工具栏中的（显示捕获选项）图标打开 Wireshark 捕获选项窗口，如图 10.4 所示。

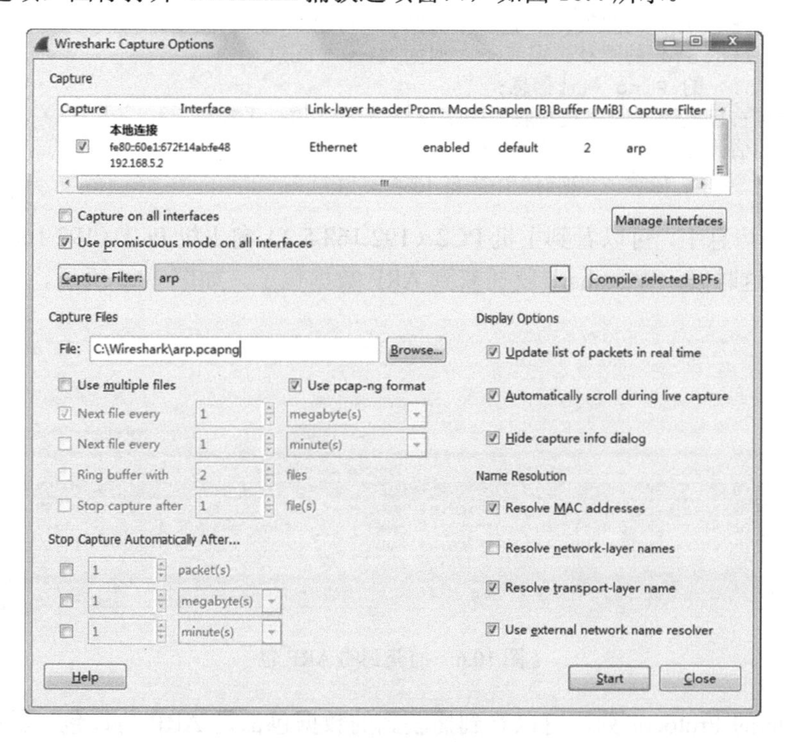

图 10.4　捕获选项窗口

（3）在该界面选择捕获接口，设置捕获过滤器及捕获文件的保存位置，如图 10.4 所示。以上配置信息配置完后，单击 Start 按钮开始捕获数据，如图 10.5 所示。

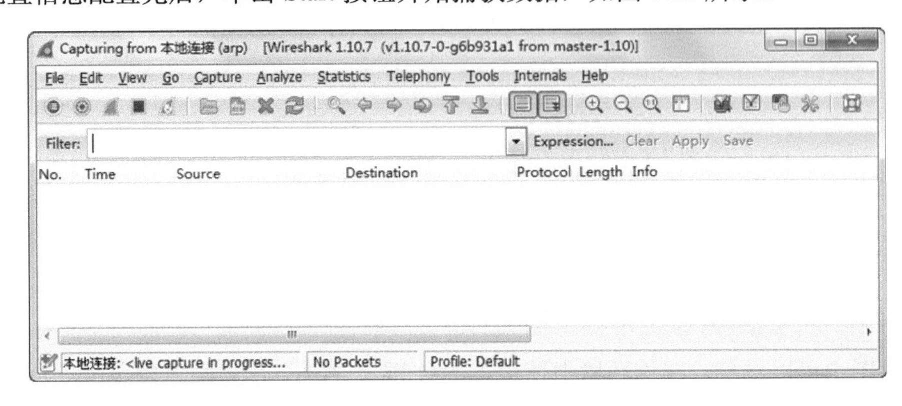

图 10.5　开始捕获 ARP 包

（4）从该界面可以看到，当前没有捕获到任何的包。因为这里使用了捕获过滤器，仅捕获 ARP 包。但是，ARP 包是不会主动发送的，需要主机进行通信才可以。这里通过在 PC2 上执行 ping 命令，来产生 ARP 包供 Wireshark 捕获。执行命令如下：

```
C:\Users\lyw>ping 192.168.5.4
```

执行以上命令后，将输出如下所示的信息。

```
正在 Ping 192.168.5.4 具有 32 字节的数据:
来自 192.168.5.4 的回复: 字节=32 时间<1ms TTL=64
来自 192.168.5.4 的回复: 字节=32 时间<1ms TTL=64
来自 192.168.5.4 的回复: 字节=32 时间<1ms TTL=64
来自 192.168.5.4 的回复: 字节=32 时间<1ms TTL=64
192.168.5.4 的 Ping 统计信息:
    数据包: 已发送 = 4，已接收 = 4，丢失 = 0 (0% 丢失)，
往返行程的估计时间(以毫秒为单位):
    最短 = 0ms，最长 = 0ms，平均 = 0ms
```

从输出的信息中，可以看到主机 PC2（192.168.5.2）向主机 PC1（192.168.5.4）发送了 4 个数据包。这时候，Wireshark 就捕获到 ARP 数据包了，如图 10.6 所示。

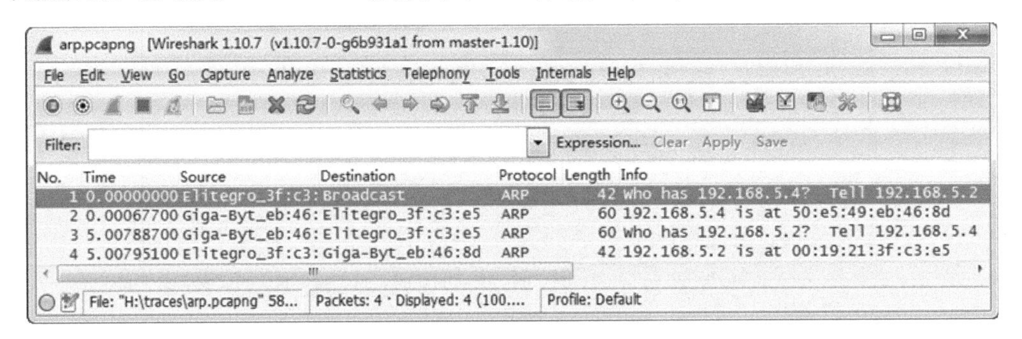

图 10.6　捕获到的 ARP 包

从该界面的 Protocol 列，可以看到捕获到的数据包都是 ARP 协议包。其中，1、3 帧是 ARP 请求包；2、4 帧是响应包。由于使用 arp 过滤器，仅可以过滤出 ARP 包。这时候，

就不再需要进行过滤或导出包了。后面将详细分析 arp.pcapng 捕获文件中的数据包。

10.3　分析 ARP 协议包

通过前面两节的介绍，大家对 ARP 也有了大概的了解，而且捕获了 ARP 协议包。为了帮助用户更清楚地理解 ARP 协议，本节将分析 arp.pcapng 捕获文件中的数据包。

10.3.1　ARP 报文格式

在分析 ARP 协议包之前，先介绍一下它的报文格式，以帮助用户更清楚地理解每个包。ARP 请求报文格式如表 10-1 所示。

表 10-1　ARP请求协议报文格式

<table>
<tr><td colspan="3">广播 MAC 地址（全 1）</td></tr>
<tr><td colspan="2">目标 MAC 地址（广播 MAC 地址）</td><td>源 MAC 地址</td></tr>
<tr><td colspan="3">源 MAC 地址</td></tr>
<tr><td colspan="3">协议类型</td></tr>
<tr><td colspan="2">硬件类型</td><td>协议类型</td></tr>
<tr><td>硬件地址长度</td><td>协议长度</td><td>操作（请求 1）</td></tr>
<tr><td colspan="3">发送方硬件地址（前 32 位）</td></tr>
<tr><td colspan="2">发送方硬件地址（后 16 位）</td><td>发送方 IP 地址（前 16 位）</td></tr>
<tr><td colspan="2">发送方 IP 地址（后 16 位）</td><td>目标硬件地址（前 16 位）</td></tr>
<tr><td colspan="3">目标硬件地址（后 32）</td></tr>
<tr><td colspan="3">目标 IP 地址（32 位）</td></tr>
</table>

该表中每行长度为 4 个字节，即 32 位。表中蓝色的部分是以太网（指 Ethernet II 类型）的帧头部。这里共 3 个字段，分别如下所示。

- 第 1 个字段是广播类型的 MAC 地址：0XFF-FF-FF-FF-FF-FF，其目标是网络上的所有主机。
- 第 2 个字段是源 MAC 地址，即请求地址解析的主机 MAC 地址。
- 第 3 个字段是协议类型，这里用 0X0806 代表封装的上层协议是 ARP 协议。

接下来是 ARP 协议报文部分，其中各个字段的含义如下。

- 硬件类型：表明 ARP 协议实现在哪种类型的网络上。
- 协议类型：表示解析协议（上层协议）。这里一般是 0800，即 IP。
- 硬件地址长度：MAC 地址长度，此处为 6 个字节。
- 协议地址长度：IP 地址长度，此处为 4 个字节。
- 操作类型：表示 ARP 协议数据报类型。1 表示 ARP 协议请求数据报，2 表示 ARP 协议应答数据报。
- 源 MAC 地址：发送端 MAC 地址。
- 源 IP 地址：表示发送端协议地址（IP 地址）。
- 目标 MAC 地址：目标端 MAC 地址。

- 目标 IP 地址：表示目的端协议地址（IP 地址）。

ARP 应答协议报文和 ARP 请求协议报文类似。不同的是，此时以太网帧头部的目标 MAC 地址为发送 ARP 协议地址解析请求的 MAC 地址，而源 MAC 地址为被解析的主机的 MAC 地址。同时，操作类型字段为 2，表示 ARP 协议应答数据报，目标 MAC 地址字段被填充为目标 MAC 地址。ARP 应答协议报文格式如表 10-2 所示。

表 10-2　ARP应答协议报文格式

<table>
<tr><td colspan="3">广播 MAC 地址（全 1）</td></tr>
<tr><td colspan="2">目标 MAC 地址</td><td>源 MAC 地址</td></tr>
<tr><td colspan="3">源 MAC 地址</td></tr>
<tr><td colspan="3">协议类型</td></tr>
<tr><td colspan="2">硬件类型</td><td>协议类型</td></tr>
<tr><td>硬件地址长度</td><td>协议长度</td><td>操作（响应 2）</td></tr>
<tr><td colspan="3">发送方硬件地址（前 32 位）</td></tr>
<tr><td colspan="2">发送方硬件地址（后 16 位）</td><td>发送方 IP 地址（前 16 位）</td></tr>
<tr><td colspan="2">发送方 IP 地址（后 16 位）</td><td>目标硬件地址（前 16 位）</td></tr>
<tr><td colspan="3">目标硬件地址（后 32 位）</td></tr>
<tr><td colspan="3">目标 IP 地址（32 位）</td></tr>
</table>

10.3.2　ARP 请求包

在 arp.pcapng 捕获文件中，ARP 请求包如图 10.7 所示。

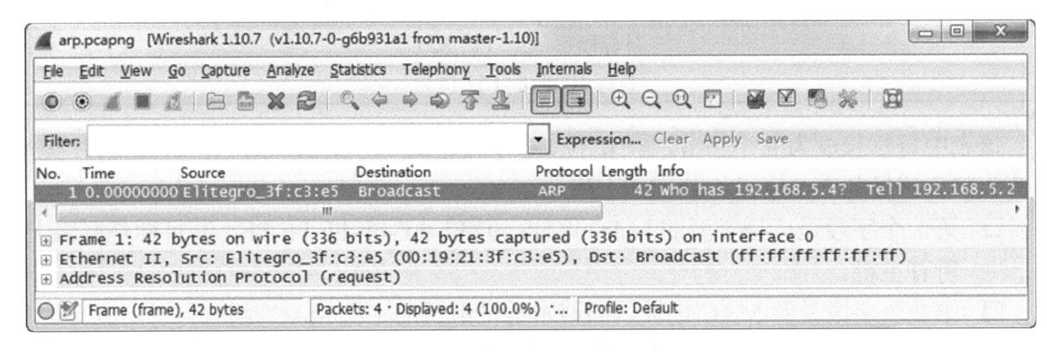

图 10.7　ARP 请求包

从图 10.7 中可以看到，第一个数据包是一个 ARP 请求包。用户可以在 Wireshark 的 Packet Details 面板中，检查以太网头部来确定该包是否是一个真的广播数据报。下面将详细介绍 Packet Details 面板中的每行信息。如下所示：

```
Frame 1: 42 bytes on wire (336 bits), 42 bytes captured (336 bits) on interface 0
```

以上内容表示这是第 1 帧数据报的详细信息。其中，该包的大小为 42 个字节。

```
Ethernet II, Src: Elitegro_3f:c3:e5 (00:19:21:3f:c3:e5), Dst: Broadcast
(ff:ff:ff:ff:ff:ff)
```

以上内容表示以太网帧头部信息。其中源 MAC 地址为 00:19:21:3f:c3:e5，目标 MAC

地址为 ff:ff:ff:ff:ff:ff（广播地址）。这里的目标地址为广播地址，是因为主机 PC2 不知道 PC1 主机的 MAC 地址。这样，局域网中所有设备都会收到该数据报。

```
Address Resolution Protocol (request)
```

以上内容表示地址解析协议内容，request 表示该包是一个请求包。在该包中包括有 ARP 更详细的字段信息，如下所示。

```
Address Resolution Protocol (request)        #ARP 请求包
    Hardware type: Ethernet (1)              #硬件类型
    Protocol type: IP (0x0800)               #协议类型
    Hardware size: 6                         #硬件地址
    Protocol size: 4                         #协议长度
    Opcode: request (1)                      #操作码。该值为 1，表示是个 ARP 请求包
    Sender MAC address: Elitegro_3f:c3:e5 (00:19:21:3f:c3:e5) #发送端 MAC 地址
    Sender IP address: 192.168.5.2 (192.168.5.2)              #发送端 IP 地址
    Target MAC address: 00:00:00_00:00:00 (00:00:00:00:00:00) #目标 MAC 地址
    Target IP address: 192.168.5.4 (192.168.5.4)              #目标 IP 地址
```

通过以上内容的介绍，可以确定这是一个在以太网上使用 IP 的 ARP 请求。从该内容中，可以看到发送方的 IP（192.168.5.2）和 MAC 地址（00:19:21:3f:c3:e5），以及接收方的 IP 地址（192.168.5.4）。由于目前还不知道目标主机的 MAC 地址，所以这里的目标 MAC 地址为 00:00:00:00:00:00。

关于以上 ARP 头部的内容和前面介绍的 ARP 请求报文格式是相对应的，如表 10-3 所示。

表 10-3　ARP请求报文格式

<table>
<tr><td colspan="2">Ethernet (1)</td><td>IP (0x0800)</td></tr>
<tr><td>6</td><td>4</td><td>request (1)</td></tr>
<tr><td colspan="3">00:19:21:3f:</td></tr>
<tr><td colspan="2">c3:e5</td><td>192.168.</td></tr>
<tr><td colspan="2">5.2</td><td>00:00:</td></tr>
<tr><td colspan="3">00:00:00:00</td></tr>
<tr><td colspan="3">192.168.5.4</td></tr>
</table>

10.3.3　ARP 响应包

在 arp.pcapng 捕获文件中，ARP 响应包如图 10.8 所示。

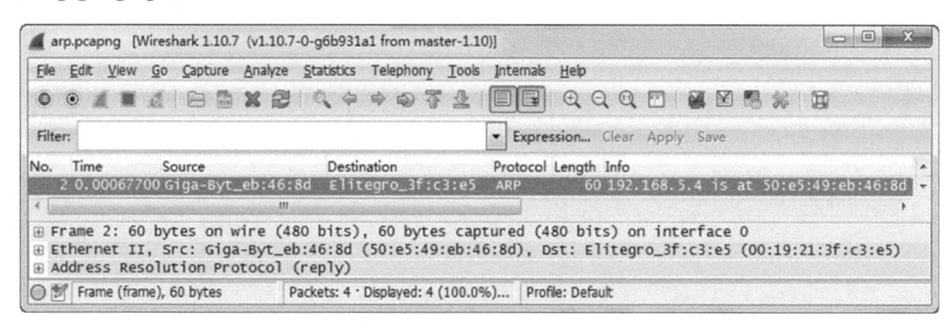

图 10.8　ARP 响应包

在图 10.8 中的 Packet Details 面板中，可以看到第二个数据包是一个 ARP 响应包。该包中的信息与 ARP 请求包的信息类似。但是也有几处不同。下面将详细介绍，如下所示：

```
Frame 2: 60 bytes on wire (480 bits), 60 bytes captured (480 bits) on interface 0
```

以上信息表示这是第二个数据包的详细信息。其中，该包的大小为 60 个字节。

```
Ethernet   II,   Src:   Giga-Byt_eb:46:8d   (50:e5:49:eb:46:8d),   Dst:
Elitegro_3f:c3:e5 (00:19:21:3f:c3:e5)
```

以上内容是以太网帧头部的信息。其中，源 MAC 地址为 50:e5:49:eb:46:8d，目标 MAC 地址为 00:19:21:3f:c3:e5。从该行信息中，可以知道 PC2 获取到了 PC1 主机的 MAC 地址。这样就可以正常通信了。

```
Address Resolution Protocol (reply)
```

以上内容表示这是一个 ARP 响应包。该包中详细内容如下所示。

```
Address Resolution Protocol (reply)                        #ARP 应答包
    Hardware type: Ethernet (1)                            #硬件类型
    Protocol type: IP (0x0800)                             #协议类型
    Hardware size: 6                                       #硬件长度
    Protocol size: 4                                       #协议长度
    Opcode: reply (2)                                      #操作码为 2，表示该包是 ARP 响应包
    Sender MAC address: Giga-Byt_eb:46:8d (50:e5:49:eb:46:8d) #发送方 MAC 地址
    Sender IP address: 192.168.5.4 (192.168.5.4)           #发送方 IP 地址
    Target MAC address: Elitegro_3f:c3:e5 (00:19:21:3f:c3:e5) #目标 MAC 地址
    Target IP address: 192.168.5.2 (192.168.5.2)           #目标 IP 地址
```

以上 ARP 响应包中的信息与它的报文格式也是相对应的，如表 10-4 所示。

表 10-4　ARP响应报文格式

<table>
<tr><td colspan="2">Ethernet (1)</td><td>IP (0x0800)</td></tr>
<tr><td>6</td><td>4</td><td>reply (2)</td></tr>
<tr><td colspan="3">50:e5:49:eb:</td></tr>
<tr><td colspan="2">46:8d</td><td>192.168.</td></tr>
<tr><td colspan="2">5.4</td><td>00:19:</td></tr>
<tr><td colspan="3">21:3f:c3:e5</td></tr>
<tr><td colspan="3">192.168.5.2</td></tr>
</table>

第 11 章　互联网协议（IP）抓包分析

互联网协议 IP 是 Internet Protocol 的缩写，中文缩写为“网协”。IP 协议是位于 OSI 模型中第三层的协议，其主要目的就是使得网络间能够互联通信。前面介绍了 ARP 协议，该协议用在第二层处理单一网络中的通信。与其类似，第三层则负责跨网络通信的地址。在这层上工作的不止一个协议，但是最普遍的就是互联网协议（IP）。本章将介绍互联网协议（IP）抓包分析。

11.1　互联网协议（IP）概述

互联网协议也就是为计算机相互连接进行通信而设计的协议。在因特网中，它是能使连接到网上的所有计算机网络实现相互通信的一套规则，并且规定了计算机在因特网上进行通信时应遵守的规则。本节将介绍互联网协议概述。

11.1.1　互联网协议地址（IP 地址）的由来

互联网协议地址（Internet Protocol Address，又译为网际协议地址），缩写为 IP 地址（IP Address）。在上一章介绍了 ARP 协议，通过分析包可以发现它是依靠 MAC 地址发送数据的。但是，这样做有一个重大的缺点。当 ARP 以广播方式发送数据包时，需要确保所有设备都要接收到该数据包。这样，不仅传输效率低，而且局限在发送者所在的子网络。也就是说，如果两台计算机不在同一个子网络，广播是传不过去的。这种设计是合理的，否则互联网上每一台计算机都会收到所有包，这将会导致网络受到危害。

互联网是无数子网共同组成的一个巨型网络，如图 11.1 所示。

图 11.1 就是一个简单的互联网环境，这里列出了两个子网络。如果想要所有电脑都在同一个子网络内，这几乎是不可能的。所以，需要找一种方法来区分哪些 MAC 地址属于同一个子网络，哪些不是。如果是同一个子网络，就采用广播方式发送。否则就采用“路由”发送。这也是在 OSI 七层模型中“网络层”产生的原因。

它的作用就是引进一套新的地址，使得用户能够区分不同的计算机是否属于同一个子网络。这套地址就叫做“网络地址”，简称“网址”。但是，人们一般叫做是 IP 地址。这样每台计算机就有了两种地址，一种是 MAC 地址，另一种是网络地址（IP 地址）。但是，这两种地址之间没有任何联系，MAC 地址是绑定在网卡上的，网络地址是管理员分配的，它们只是随机组合在一起。

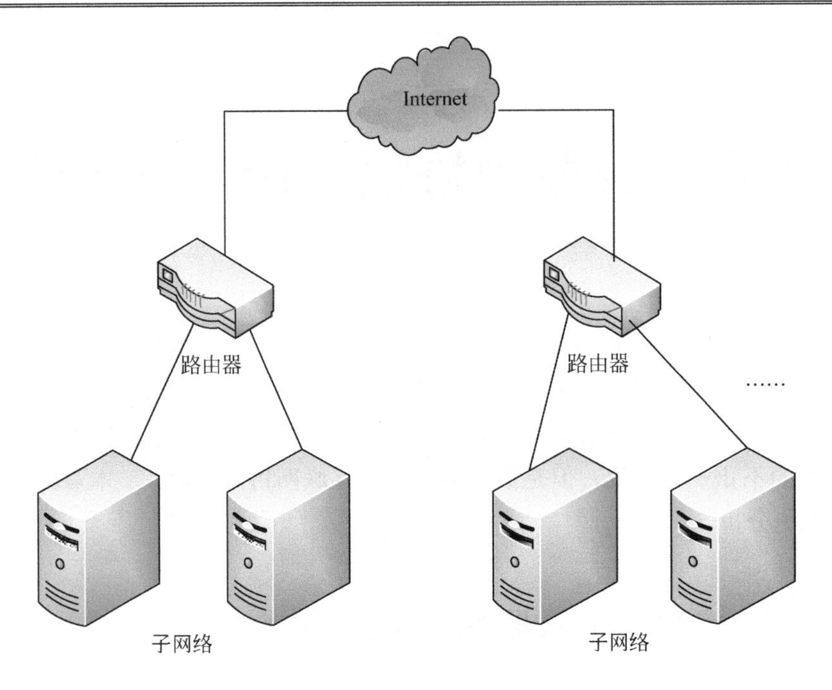

图 11.1　互联网

11.1.2　IP 地址

IP 地址是 IP 协议提供的一种统一的地址格式。它为互联网上的每一个网络和每一台主机分配一个逻辑地址，以此来屏蔽物理地址的差异。IP 地址分为 IPv4（IP 协议的第四版）和 IPv6（IP 协议的第六版）两大类。目前，最广泛使用的是 IPv4。在该版本中规定，该地址是由 32 个二进制位组成，用来标识连接到网络的设备。由于让用户记住一串 32 位长的 01 字符确实比较困难，所以 IP 地址采用点分四组的表示法。下面以 IPv4 地址，来介绍点分四组表示法。

在点分四组表示法中，以 A、B、C、D 的形式构成 IP 地址的四组 1 和 0。它们分别转换为十进制 0～255 之间的数，如图 11.2 所示。

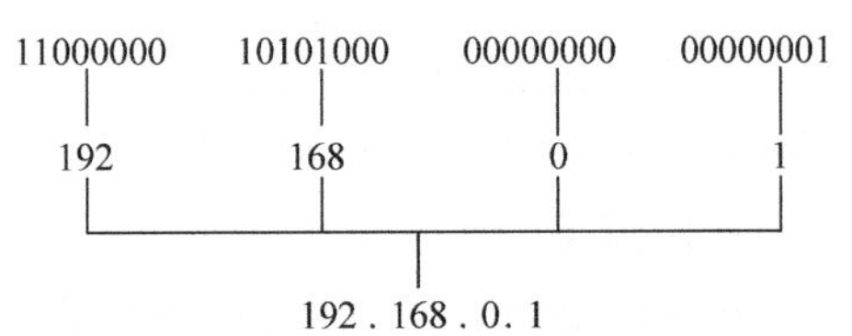

图 11.2　IPv4 地址的点分四组表示法

图 11.2 显示了 IPv4 地址 11000000.10101000.00000000.00000001，进行了点分四组的表示法。从图 11.2 中，可以看到这样一串 32 位长的数字很不容易记住或者表示。但是采用点分四组的表示法，就可以将以上一个很长的字符串表示为 192.168.0.1。这样，用户就比较容易记住。

11.1.3　IP 地址的构成

IP 地址之所以会被分成四个单独的部分，是因为每个 IP 地址都包含两个部分，分别是网络地址和主机地址。网络地址用来标识设备所连接到的局域网，而主机地址则标识这个网络中的设备本身。例如，IP 地址 172.16.254.1 是一个 32 位的地址。假设它的网络部分是前 24 位（192.168.254），那么主机部分就是后 8 位（1）。处于同一个子网络的计算机，它们 IP 地址的网络部分必定是相同的。也就是说 172.16.254.2 应该与 172.16.254.1 处在同一个子网络。

但是，只查看 IP 地址是无法判断网络部分的。这时候就需要使用另一个参数“子网掩码”来判断。所谓的“子网掩码”就是表示子网络特征的一个参数。它在形式上等同于 IP 地址，也是一个 32 位二进制数字。它的网络部分全部为 1，主机部分全部为 0。

下面以 IP 地址 10.10.1.22 为例，其二进制形式为 00001010.00001010.00000001.00010110。为了能够区分出 IP 地址的每一个部分，将使用子网掩码来表示。在本例中，10.10.1.22 的子网掩码是 11111111.11111111.00000000.00000000。这就意味着 IP 地址的前一半(10.10 或者 00001010.00001010)是网络地址，而后一半(1.22 或者 00000001.00010110)表示该网络上的主机，如图 11.3 所示。

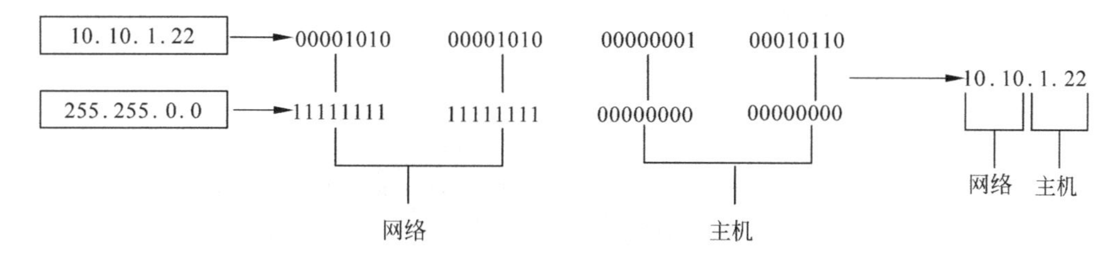

图 11.3　子网掩码决定了 IP 地址中比特位的分配

在该图中的子网掩码也可以写成点分四组的形式。比如子网掩码 11111111.11111111.0000000.0000000，可以被写成 255.255.0.0。

IP 地址和子网掩码为简便起见，通常会被写成无类型域间选路（Classless Inter Domain Routing，CIDR）的形式。在这种形式下，一个完整的 IP 地址后面会有一个左斜杠（/），以及一个用来表示 IP 地址中网络部分位数的数字。例如，IP 地址 10.10.1.22 和网络掩码 255.255.0.0，在 CIDR 表示法下就会被写成 10.10.1.22/16 的形式。

11.2　捕获 IP 数据包

了解 IP 协议的一些基础知识后，就可以使用 Wireshark 捕获并分析 IP 协议包了。在捕获包之前，需要先确定 Wireshark 的位置及使用的捕获过滤器等。本节将介绍捕获 IP 协议包。

11.2.1　什么是 IP 数据报

TCP/IP 协议定义了一个在因特网上传输的包，称为 IP 数据报（IP Datagram）。IP 数据报是一个与硬件无关的虚拟包，由首部（header）和数据两部分组成。首部部分主要包括版本、长度和 IP 地址等信息。数据部分一般用来传送其他的协议，如 TCP、UDP 和 ICMP 等。

IP 数据报的“首部”部分的长度为 20～60 个字节，整个数据报的总长度最大为 65535 字节。因此，理论上一个数据报的“数据”部分，最长为 65515 字节。由于以太网数据报的“数据”部分最长只有 1500 字节，因此如果 IP 数据报超过了 1500 字节，就需要分割成几个以太网数据包分开发送了。

11.2.2　Wireshark 位置

捕获 IP 协议包和其他包有点区别，因为在 IP 协议中涉及到一个 TTL（time-to-live，生存时间）值问题。TTL 值指定数据包被路由器丢弃之前允许通过的网段数量。当数据包每经过一个路由器，其 TTL 值将会减 1。关于 TTL 的详细信息，在后面进行介绍。下面将介绍捕获 IP 协议包，及 Wireshark 的捕获位置。

为了证明 TTL 值的变化，本例中选择使用两个路由器来捕获数据包。捕获 IP 协议数据包的实验环境如图 11.4 所示。

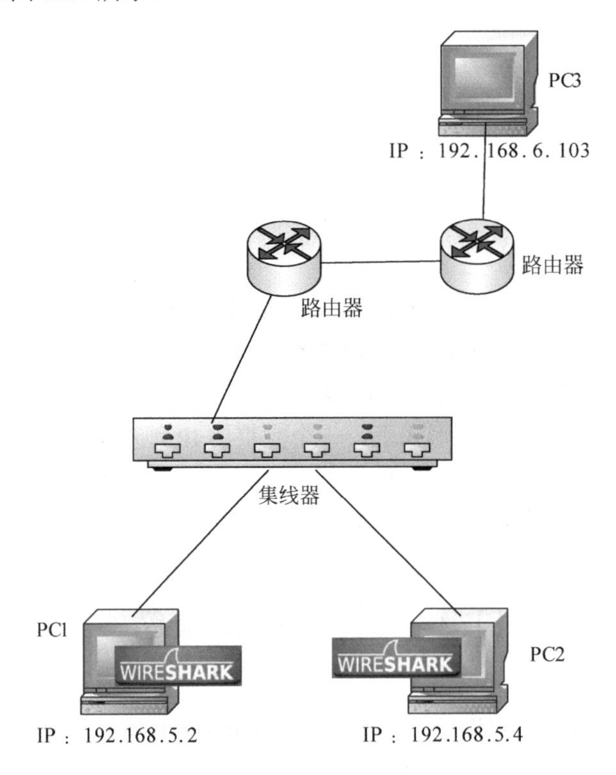

图 11.4　Wireshark 位置

从图 11.4 中，可以看到使用两个路由器，将三台主机分割成两个网段。这三台主机的 IP 地址，在图 11.4 中已经标出。在本例中，Wireshark 可以在 PC1 和 PC 的 IP 协议包。如果在 PC3 上捕获数据包，则只能捕获同网段的 IP 数据包。

11.2.3　捕获 IP 数据包

Wireshark 工具提供了捕获 IP 数据包的捕获过滤器。下面介绍使用 IP 捕获过滤器，捕获所有 IP 包。具体操作步骤如下所示。

（1）启动 Wireshark 捕获工具。

（2）在 Wireshark 主界面的菜单栏中依次选择 Capture|Options 命令，或者单击工具栏中的◉（显示捕获选项）图标打开 Wireshark 捕获选项窗口，如图 11.5 所示。

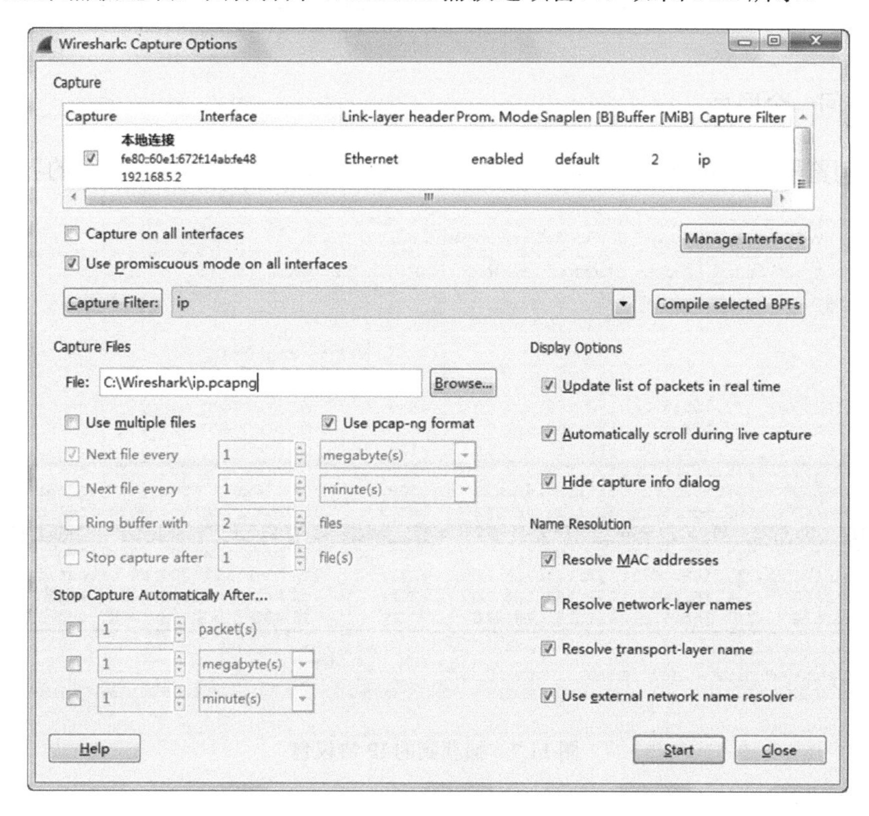

图 11.5　捕获选项界面

（3）在该界面选择捕获接口，并设置捕获过滤器及捕获文件的位置，如图 11.5 所示。以上信息配置完后单击 Start 按钮开始捕获数据包，如图 11.6 所示。

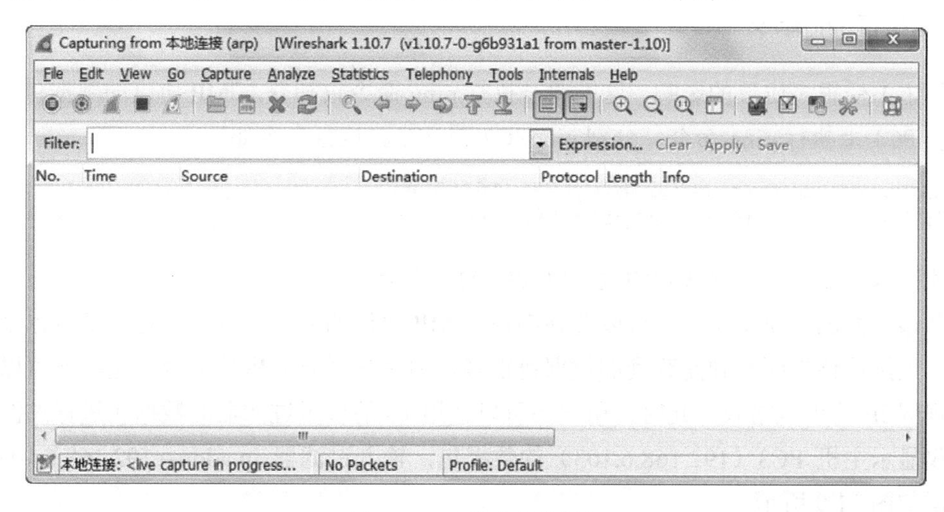

图 11.6　开始捕获数据包

（4）从该界面可以看到，此时没有捕获到任何的数据包。这是因为目前没有进行任何操作，所以无法捕获到任何数据包。用户可以通过很多种方法，来捕获 IP 协议包，如访问一个网页，执行 ping 命令等。如果用户不是很清楚一些协议，最好通过执行 ping 命令来捕获数据包，以免捕获大量的包，使用户无法很好地分析。下面分别介绍这两种方法。

1. 访问一个网页

打开浏览器，访问 http://www.baidu.com 网站，将捕获到如图 11.7 所示的界面。

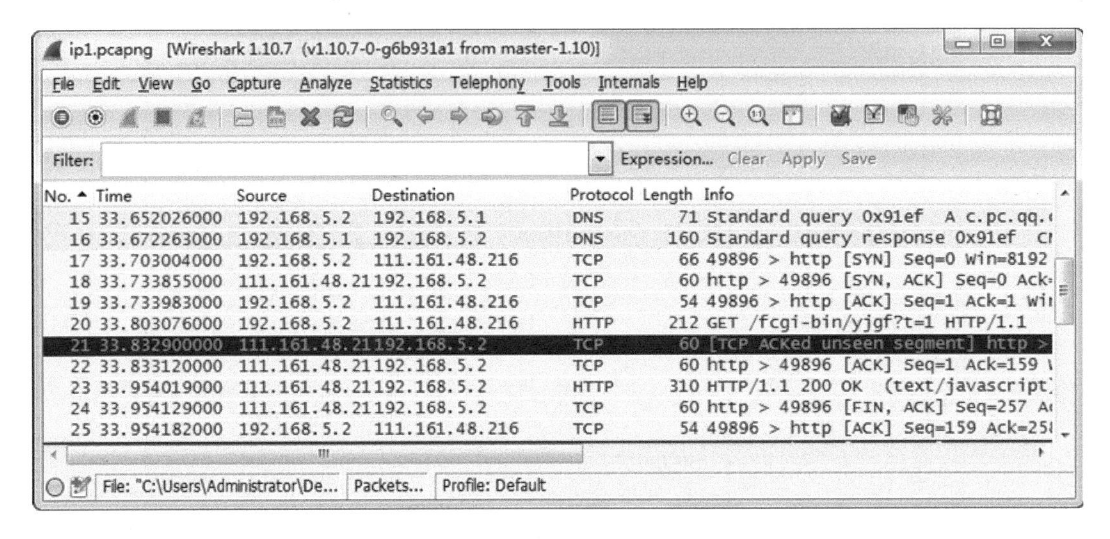

图 11.7　捕获到的 IP 协议包

从该界面的 Protocol 列，可以看到捕获到 DNS、TCP、HTTP 等协议的包。在这些包中，都包含有 IP 头部的详细信息。但是，这样可能会影响对 IP 协议包的分析。这里将该捕获文件保存为 ip1.pcapng。

2. 执行ping命令

为了不受很多协议的影响，这里通过执行 ping 命令仅捕获 ICMP 协议的数据包。此时在主机 PC1 上执行 ping 命令，分别 pingPC2 和 PC3。执行命令如下：

```
C:\Users\Administrator>ping 192.168.5.4
C:\Users\Administrator>ping 192.168.6.103
```

执行以上命令后，捕获到的数据包如图 11.8 所示。

从该界面的 Protocol 列，可以看到都是 ICMP 协议的包，而且每个包的颜色也都是相同的。虽然从该界面看到捕获到的数据包很多，但是只需要分析其中两个包，就可以很清楚地理解 IP 协议包格式。此时，用户还可以使用 IP 的显示过滤器对数据包进行过滤。如过滤仅显示主机 PC3（192.168.6.103）的数据包，输入过滤器 ip.addr==192.168.6.103，显示界面如图 11.9 所示。

No.	Time	Source	Destination	Protocol	Length	Info
1	0.00000000	192.168.5.2	192.168.5.4	ICMP	74	Echo (ping) request id=0x00
2	0.00027400	192.168.5.4	192.168.5.2	ICMP	74	Echo (ping) reply id=0x00
3	0.99743600	192.168.5.2	192.168.5.4	ICMP	74	Echo (ping) request id=0x00
4	0.99777400	192.168.5.4	192.168.5.2	ICMP	74	Echo (ping) reply id=0x00
5	1.99737400	192.168.5.2	192.168.5.4	ICMP	74	Echo (ping) request id=0x00
6	1.99768900	192.168.5.4	192.168.5.2	ICMP	74	Echo (ping) reply id=0x00
7	2.99746700	192.168.5.2	192.168.5.4	ICMP	74	Echo (ping) request id=0x00
8	2.99778400	192.168.5.4	192.168.5.2	ICMP	74	Echo (ping) reply id=0x00
9	11.4912750	192.168.5.2	192.168.6.103	ICMP	74	Echo (ping) request id=0x00
10	11.4925200	192.168.6.103	192.168.5.2	ICMP	74	Echo (ping) reply id=0x00
11	12.4830070	192.168.5.2	192.168.6.103	ICMP	74	Echo (ping) request id=0x00
12	12.4842660	192.168.6.103	192.168.5.2	ICMP	74	Echo (ping) reply id=0x00
13	13.4831100	192.168.5.2	192.168.6.103	ICMP	74	Echo (ping) request id=0x00
14	13.4843600	192.168.6.103	192.168.5.2	ICMP	74	Echo (ping) reply id=0x00
15	14.4832130	192.168.5.2	192.168.6.103	ICMP	74	Echo (ping) request id=0x00
16	14.4844160	192.168.6.103	192.168.5.2	ICMP	74	Echo (ping) reply id=0x00

图 11.8　执行 ping 命令捕获到的 IP 协议包

Filter: ip.addr==192.168.6.103

No.	Time	Source	Destination	Protocol	Length	Info
9	11.4912750	192.168.5.2	192.168.6.103	ICMP	74	Echo (ping) request id=0x
10	11.4925200	192.168.6.103	192.168.5.2	ICMP	74	Echo (ping) reply id=0x
11	12.4830070	192.168.5.2	192.168.6.103	ICMP	74	Echo (ping) request id=0x
12	12.4842660	192.168.6.103	192.168.5.2	ICMP	74	Echo (ping) reply id=0x
13	13.4831100	192.168.5.2	192.168.6.103	ICMP	74	Echo (ping) request id=0x
14	13.4843600	192.168.6.103	192.168.5.2	ICMP	74	Echo (ping) reply id=0x
15	14.4832130	192.168.5.2	192.168.6.103	ICMP	74	Echo (ping) request id=0x
16	14.4844160	192.168.6.103	192.168.5.2	ICMP	74	Echo (ping) reply id=0x

图 11.9　仅显示 192.168.6.103 的数据包

从该界面可以看到，以上数据包都是发送/来自 192.168.6.103 的数据包。

11.2.4　捕获 IP 分片数据包

在上面提到过，如果一个数据包超过 1500 个字节，就需要将该包进行分片发送。通常情况下，是不会出现这种情况的。但是为了帮助用户更清晰地理解 IP 协议，下面通过使用 ICMP 包，来产生 IP 分片数据包。本小节将介绍如何捕获到 IP 分片数据包。

使用 ICMP 包进行测试时，如果不指定包的大小，可能无法查看到被分片的数据包。由于 IP 首部占用 20 个字节，ICMP 首部占 8 个字节，所以捕获到 ICMP 包大小最大为 1472 字节。但是一般情况下，ping 命令默认的大小都不会超过 1472 个字节。这样，发送的 ICMP 报文就可以顺利通过，不需要经过分片后再传输。如果想要捕获到 IP 分片包，需要指定发送的 ICMP 包必须大于 1472 字节。

捕获 IP 分片的数据包的具体操作步骤如下所示。

（1）启动 Wireshark 捕获工具。

（2）在 Wireshark 主界面的菜单栏中依次选择 Capture|Options 命令，或者单击工具栏中的◉（显示捕获选项）图标打开 Wireshark 捕获选项窗口，如图 11.10 所示。

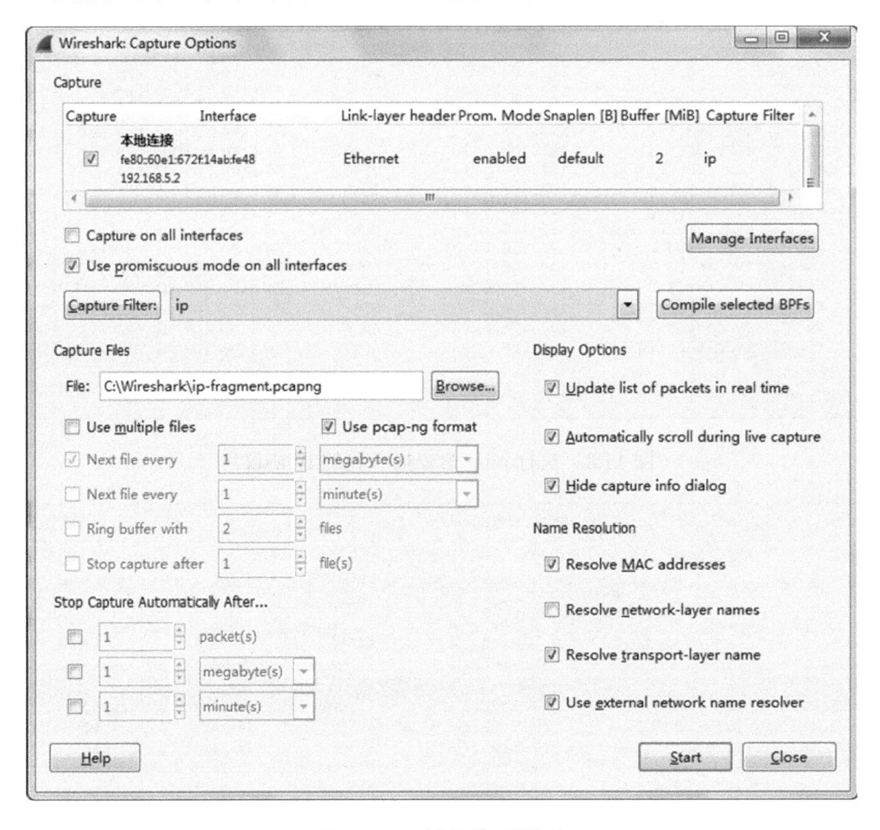

图 11.10　捕获选项界面

（3）在该界面设置捕获接口、捕获过滤器及捕获文件的位置。这里将捕获的数据保存到 ip-fragment.pcapng 捕获文件中，如图 11.10 所示。以上信息配置完后，单击 Start 按钮开始捕获数据包，如图 11.11 所示。

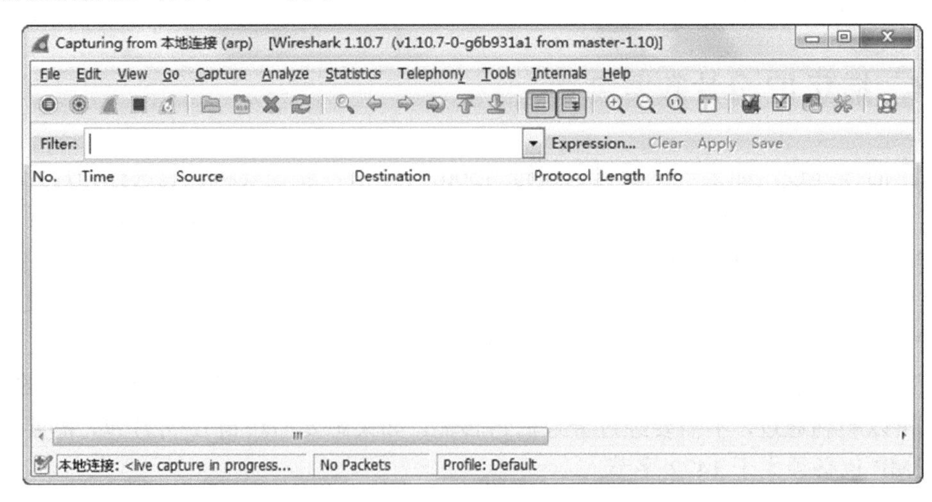

图 11.11　开始捕获数据包

此时在主机 PC1 上执行 ping 命令，以产生 ICMP 数据包。执行命令如下：

```
C:\Users\lyw>ping 192.168.5.4 -l 3000
```

在该命令中，使用-l 选项指定捕获包的大小为 3000 字节。执行以上命令后，将显示如下信息：

```
正在 Ping 192.168.5.4 具有 3000 字节的数据：
来自 192.168.5.4 的回复：字节=3000 时间=5ms TTL=64
来自 192.168.5.4 的回复：字节=3000 时间=5ms TTL=64
来自 192.168.5.4 的回复：字节=3000 时间=5ms TTL=64
来自 192.168.5.4 的回复：字节=3000 时间=5ms TTL=64
```

从以上输出信息中，可以看到捕获到每个包的大小都为 3000 字节。这时候，返回到 Wireshark 界面停止捕获数据，将显示如图 11.12 所示的界面。

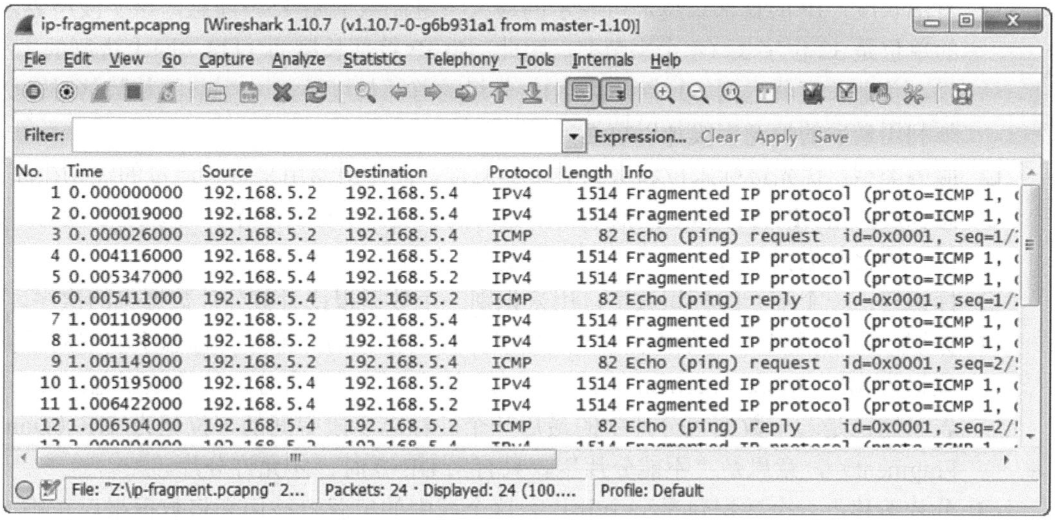

图 11.12　IP 分片数据包

从该界面可以很清楚地看到，和前面捕获到的数据包不同。在该界面的 Protocol 列，显示了 IPv4 协议的包。这是因为发送的数据包过大，所以是经过了分片后发送的。关于 IP 分片数据包，将在后面进行介绍。

11.3　IP 数据报首部格式

源 IP 地址和目的 IP 地址都是 IPv4 数据报首部最重要的组成部分。但是，在首部固定部分的后面还有一些可选字段，并且其长度是可变的。下面将详细介绍 IP 数据报首部格式，如表 11-1 所示。

表 11-1　IP数据报首部格式

IP 协议					
偏移位	0～3	4～7	8～15	16～18	19～31
0	版本	首部长度	服务类型	总长度	
32	标识符			标记	分段偏移
64	存活时间		协议	首部校验和	
96	源 IP 地址				
128	目的 IP 地址				
160	选项				
160 或 192+	数据				

在表 11-1 中，每个字段代表的含义如下所示。

- 版本号：指 IP 协议所使用的版本。通信双方使用的 IP 协议版本必须一致。目前广泛使用的 IP 协议版本号为 4，即 IPv4。
- 首部长度：IP 的首部长度，可表示的最大十进制数值是 15。注意，该字段所表示的单位是 32 位字长（4 个字节）。因此，当 IP 首部长度为 1111（即十进制的 15）时，首部长度就达到 60 字节。当 IP 分组的首部长度不是 4 字节的整数倍时，必须利用最后的填充字段加以填充。
- 服务类型：优先级标志位和服务类型标志位，被路由器用来进行流量的优先排序。
- 总长度：指 IP 首部和数据报中数据之后的长度，单位为字节。总长度字段为 16 位，因此数据报的最大长度为 2^{16}-1=65535 字节。
- 标识符：一个唯一的标识数字，用来识别一个数据报或者被分片数据包的次序。
- 标识：用来标识一个数据包是否是一组分片数据包的一部分。标志字段中的最低位记为 MF（More Fragment）。MF=1 即表示后面“还有分片”的数据包。MF=0 表示这已是若干数据包分片中的最后一个。标志字段中间的一位记为 DF（Don't Fragment），意思是“不能分片”。只有当 DF=0 时，才允许分片。
- 分片偏移：一个数据包是一个分片，这个域中的值就会被用来将数据报以正确的顺序重新组装。
- 存活时间：用来定义数据报的生存周期，以经过路由器的条数/秒数进行描述。
- 协议：用来识别在数据包序列中上层协议数据报的类型。
- 首部校验和：一个错误检测机制，用来确认 IP 首部的内容有没有被损坏或者篡改。
- 源 IP 地址：发出数据报的主机的 IP 地址。
- 目的 IP 地址：数据报目的地的 IP 地址。
- 选项：保留作额外的 IP 选项。它包含着源站选路和时间戳的一些选项。
- 数据：使用 IP 传递的实际数据。

以上详细介绍了 IP 包首部格式的每个字段。这里有两个概念，需要在分析包之前了解一下。下面将详细介绍。

11.3.1　存活时间 TTL

存活时间（TTL）值定义了在该数据报被丢弃之前，所能经历的时间，或者能够经过的最大路由数目。TTL 在数据报被创建时就会被定义，而且通常在每次被发往一个路由器的时候减 1。

例如，如果一个数据报的存活时间是 2，那么当它到达第一个路由器的时候，其 TTL 会被减为 1，并会被发向第二个路由器。这个路由器接着会将 TTL 减为 0。这时，如果这个数据报的最终目的地不在这个网络中，那么这个数据报就会被丢弃，如图 11.13 所示。

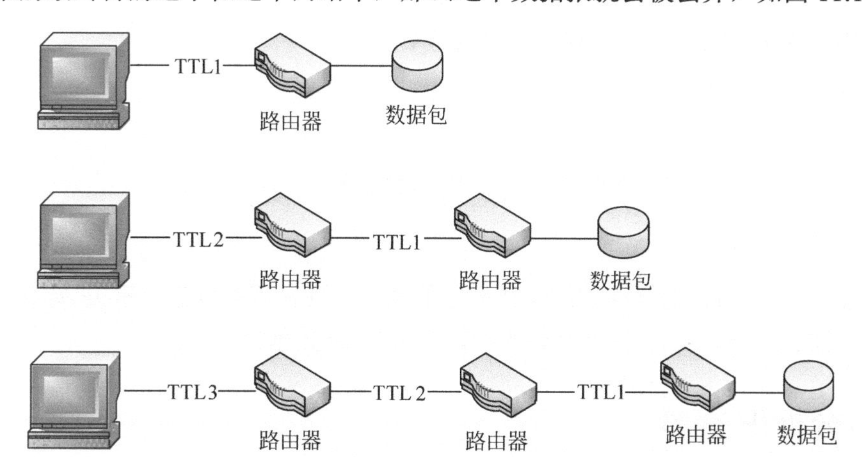

图 11.13　数据报的 TTL 在每经过一个路由器的时候都减少 1

图 11.13 就是数据报经过路由器后，TTL 值的变化。由于 TTL 的值在技术上还是基于时间的，一个非常繁忙的路由器可能会将 TTL 的值减去不止 1。但是通常情况下，还是可以认为一个路由器设备在多数情况下只会将 TTL 的值减去 1。

了解 TTL 值的变化是非常重要的。一般用户通常所关心的一个数据报的生存周期，只是其从源前往目的地所花去的时间。但是考虑到一个数据报想要通过互联网发往一台主机需要经过数十个路由器，在这个数据报的路径上，它可能会碰到被错误配置的路由器，而失去其到达最终目的地的路径。在这种情况下，这个路由器可能会做很多事情，其中一件就是将数据报发向一个网络，而产生一个死循环。如果出现死循环这种情况，可能导致一个程序或者整个操作系统崩溃。同样的，数据报在网络上传输时，数据报可能会在路由器直接持续循环，随着循环数据报的增多，网络中可用的带宽将会减少，直至拒绝服务（DoS）的情况出现。IP 首部中的 TTL 域，就是为了防止出现这种潜在的问题。

11.3.2　IP 分片

数据报分片是将一个数据流分为更小的片段，是 IP 用于解决跨越不同类型网络时可靠传输的一个特性。一个数据报的分片主要是基于第二层数据链路层所使用的最大传输单元（Maximum Transmission Unit，MTU）的大小，以及使用这些二层协议的设备配置情况。在多数情况下，第二层所使用的数据链路协议是以太网，以太网的 MTU 是 1500。也就是说，以太网的网络上能传输的最大数据包大小是 1500 字节（不包括 14 字节的以太网头本身）。

当一个设备准备传输一个 IP 数据报时，它将会比较这个数据报的大小，以及将要把这个数据报传送出去的网络接口 MTU，用于决定是否需要将这个数据报分片。如果数据报的大小大于 MTU，那么这个数据报就会被分片。将一个数据报分片包括下列几个步骤，如下所示。

（1）设备将数据分为若干个可成功进行传输的数据包。

（2）每个 IP 首部的总长度域会被设置为每个分片的片段长度。

（3）更多分片标志将会在数据流的所有数据包中设置为 1，除了最后一个数据包。

（4）IP 头中分片部分的分片偏移将会被设置。

（5）数据包被发送出去。

11.4　分析 IP 数据包

通过前面对 IP 协议的详细介绍及数据包的捕获，现在就可以来分析 IP 数据包了。本节将以前面捕获的 ip.pacpng 捕获文件为例，来分析 IP 数据包。

11.4.1　分析 IP 首部

这里以 ip.pcapng 捕获文件中的第一帧为例，介绍 IP 数据包首部，如图 11.14 所示。

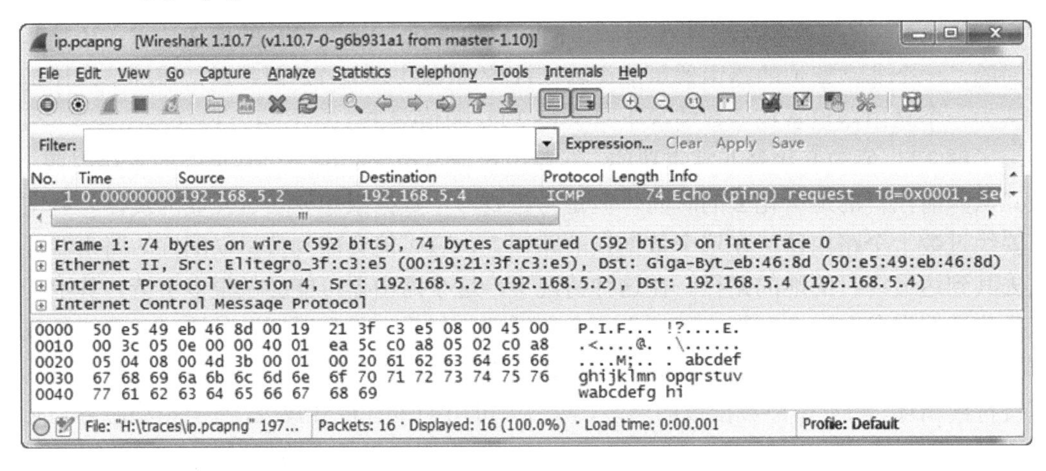

图 11.14　IP 首部分析

在该图所示的 Packet Details 面板中，可以看到有 IPv4 协议的包。这里就详细介绍该包中的详细信息，如下所示：

```
Frame 1: 74 bytes on wire (592 bits), 74 bytes captured (592 bits) on interface 0
```

以上信息表示是第一帧信息，其大小为 74 个字节。

```
Ethernet II, Src: Elitegro_3f:c3:e5 (00:19:21:3f:c3:e5), Dst: Giga-Byt_
eb:46:8d (50:e5:49:eb:46:8d)
```

以上信息表示是以太网帧头部信息。其中，源 MAC 地址为 00:19:21:3f:c3:e5，目标 MAC 地址为 50:e5:49:eb:46:8d。

```
Internet Protocol Version 4, Src: 192.168.5.2 (192.168.5.2), Dst:
192.168.5.4 (192.168.5.4)
```

以上信息表示 IPv4 包头部信息。其中源 IP 地址为 192.168.5.2，目标 IP 地址为 192.168.5.4。在该包首部中还有很多其他字段的信息，下面将介绍该包中展开的所有信息，如下所示。

```
Internet Protocol Version 4, Src: 192.168.5.2 (192.168.5.2), Dst:
192.168.5.4 (192.168.5.4)
    Version: 4                                            #版本号
    Header length: 20 bytes                               #首部长度
    Differentiated Services Field: 0x00 (DSCP 0x00: Default; ECN: 0x00:
    Not-ECT (Not ECN-Capable Transport))                  #服务类型
        0000 00.. = Differentiated Services Codepoint: Default (0x00)
        .... ..00 = Explicit Congestion Notification: Not-ECT (Not ECN-
       Capable Transport) (0x00)
    Total Length: 60                                      #总长度
    Identification: 0x050e (1294)                         #标识符
    Flags: 0x00                                           #标志
        0... .... = Reserved bit: Not set                 #保留位
        .0.. .... = Don't fragment: Not set               #不进行分片
        ..0. .... = More fragments: Not set
                        #更多分片，这里的值为 0，标识这是若干数据包中的最后一个分片
    Fragment offset: 0                                    #分段偏移
    Time to live: 64                                      #存活时间
    Protocol: ICMP (1)                                    #协议
    Header checksum: 0xea5c [validation disabled]         #首部校验和
        [Good: False]
        [Bad: False]
    Source: 192.168.5.2 (192.168.5.2)                     #源 IP 地址
    Destination: 192.168.5.4 (192.168.5.4)                #目标 IP 地址
    [Source GeoIP: Unknown]                               #源 IP 地理位置
    [Destination GeoIP: Unknown]                          #目标 IP 地理位置
```

以上信息包括 IP 包首部的所有字段，对应到包首部格式中，如表 11-2 所示。

表 11-2　IP包首部格式

IP 协议					
偏移位	0～3	4～7	8～15	16～18	19～31
0	4	20	0x00	60	
32	0x050e			0x00	0
64	64		ICMP (1)	0xea5c	
96	192.168.5.2				
128	192.168.5.4				
160					
160 或 192+					

在该包中最后一行信息如下：

```
Internet Control Message Protocol
```

表示 ICMP 协议包信息。关于该协议的分析，将在后面章节进行介绍。

11.4.2　分析 IP 数据包中 TTL 的变化

前面介绍过 TTL 值是经过路由器后才发生变化。也就是说在同一网段中传输数据包时，TTL 值是不变的。只有与非同网段的主机进行通信时，该数据包的 TTL 值才会发生变化。下面通过分析捕获文件，来确定 TTL 值是不是这样变化的。

1. 分析同网段中数据包的TTL值

这里同样以 ip.pcapng 捕获文件为例，分析同网段 TTL 值的变化。在 ip.pcapng 捕获文件中，1～8 帧都是主机 PC1（192.168.5.2）和 PC2（192.168.5.4）之间的通信。这 8 帧可以说是 4 个完整的数据包，也就是通过 ICMP 协议的发送和响应包。这里以 ip.pcapng 捕获文件中的 3、4 帧为例，分析这两个包中的 TTL 值。其中，3、4 帧的信息如图 11.15 所示。

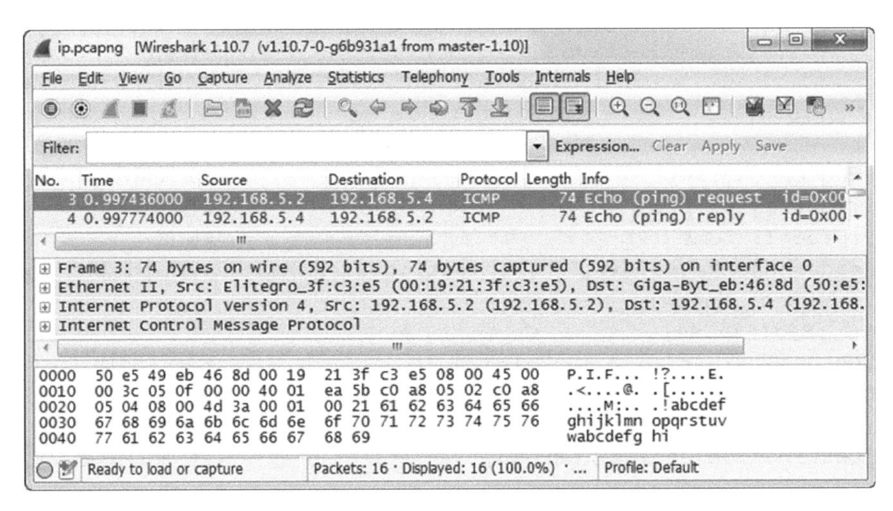

图 11.15　同网段传输的两个数据包

从该界面的 Packet List 面板中的 Info 列可以看到，3、4 帧包信息分别是 Echo（ping）request（请求）和 Echo（ping）reply（响应）。也就是说 192.168.5.2（PC1）发给 192.168.5.4 的包是一个请求包，192.168.5.4（PC2）的包是一个响应包。其中，这两台主机是在同一个网络中，所以这两个包的 TTL 值应该相同。下面分别来看这两个包中 IP 包首部的相应信息。

第 3 帧的 IP 包首部信息如下：

```
Internet  Protocol  Version  4,  Src:  192.168.5.2  (192.168.5.2),  Dst:
192.168.5.4 (192.168.5.4)
    Version: 4                                          #IP 协议版本号
    Header length: 20 bytes                             #首部长度
    Differentiated Services Field: 0x00 (DSCP 0x00: Default; ECN: 0x00:
    Not-ECT (Not ECN-Capable Transport))                #服务标识符
    Total Length: 60                                    #总长度
    Identification: 0x050f (1295)                       #标识符
```

```
    Flags: 0x00                                              #标志
        0... .... = Reserved bit: Not set                    #保留位
        .0.. .... = Don't fragment: Not set                  #不进行分片
        ..0. .... = More fragments: Not set                  #更多分片
    Fragment offset: 0                                       #分片偏移
    Time to live: 64                                         #生存期
    Protocol: ICMP (1)                                       #协议
    Header checksum: 0xea5b [validation disabled]            #首部校验和
    Source: 192.168.5.2 (192.168.5.2)                        #源 IP 地址
    Destination: 192.168.5.4 (192.168.5.4)                   #目标 IP 地址
    [Source GeoIP: Unknown]                                  #源 IP 地理位置
    [Destination GeoIP: Unknown]                             #目标 IP 地理位置
```

以上信息是第 3 帧中 IPv4 首部的详细信息。从中可以看到，该包中的 TTL 值是 64。第 4 帧的 IP 包首部信息如下：

```
Internet Protocol Version 4, Src: 192.168.5.4 (192.168.5.4), Dst:
192.168.5.2 (192.168.5.2)
    Version: 4                                               #IP 协议版本号
    Header length: 20 bytes                                  #首部长度
    Differentiated Services Field: 0x00 (DSCP 0x00: Default; ECN: 0x00:
    Not-ECT (Not ECN-Capable Transport))                     #服务标识符
    Total Length: 60                                         #总长度
    Identification: 0xc71d (50973)                           #标识符
    Flags: 0x00                                              #标志
        0... .... = Reserved bit: Not set                    #保留位
        .0.. .... = Don't fragment: Not set                  #不进行分片
        ..0. .... = More fragments: Not set                  #更多分片
    Fragment offset: 0                                       #分片偏移
    Time to live: 64                                         #生存期
    Protocol: ICMP (1)                                       #协议
    Header checksum: 0x284d [validation disabled]            #首部校验和
        [Good: False]
        [Bad: False]
    Source: 192.168.5.4 (192.168.5.4)                        #源 IP 地址
    Destination: 192.168.5.2 (192.168.5.2)                   #目标 IP 地址
    [Source GeoIP: Unknown]                                  #源 IP 地理位置
    [Destination GeoIP: Unknown]                             #目标 IP 地理位置
```

从以上信息中，可以看到每个字段的信息都和第 3 帧 IP 包首部的信息相同。这两个包中的生存期（TTL）没有发生变化。这是因为，主机 PC1 和 PC2 在同一个网段内，它们之间传输的数据不需要经过路由器。

2．分析不同网段中数据包的TTL值

下面以 ip.pcapng 捕获文件为例，分析不同网段 TTL 值的变化。在 ip.pcapng 捕获文件中，9～16 帧是两台（PC1 和 PC3）不同网段主机之间通信的数据包，如图 11.16 所示。

在该界面显示的包同样是 4 个完整的 ICMP 包，一个是请求包，一个是响应包。这里分析 9、10 帧中 IPv4 首部的详细信息，如下所示。

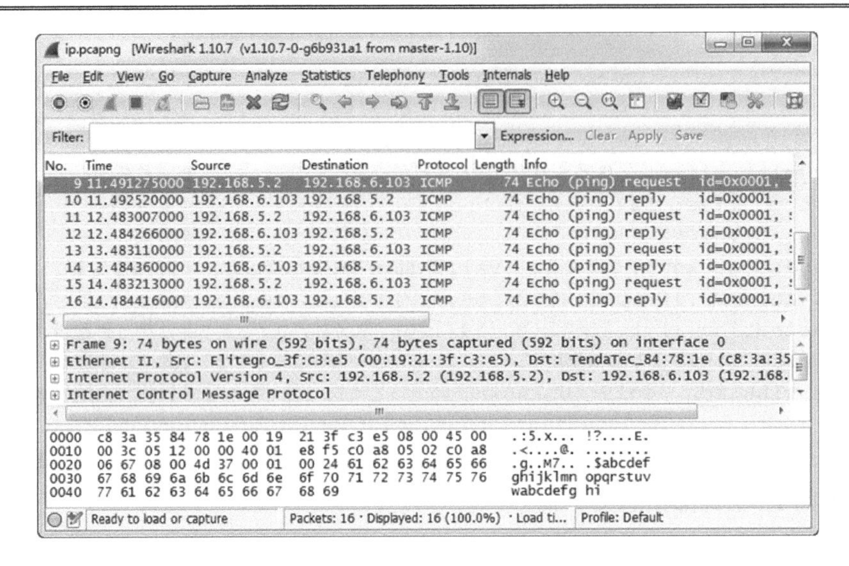

图 11.16　不同网段中传输的数据包

第 9 帧 IPv4 首部信息如下：

```
Internet Protocol Version 4, Src: 192.168.5.2 (192.168.5.2), Dst:
192.168.6.103 (192.168.6.103)
    Version: 4                                              #IP 协议版本
    Header length: 20 bytes                                 #首部长度
    Differentiated Services Field: 0x00 (DSCP 0x00: Default; ECN: 0x00:
    Not-ECT (Not ECN-Capable Transport))                    #服务标识符
    Total Length: 60                                        #总长度
    Identification: 0x0512 (1298)                           #标识符
    Flags: 0x00                                             #标志
        0... .... = Reserved bit: Not set                   #保留位
        .0.. .... = Don't fragment: Not set                 #不进行分片
        ..0. .... = More fragments: Not set                 #更多分片
    Fragment offset: 0                                      #分片偏移
    Time to live: 64                                        #生存期
    Protocol: ICMP (1)                                      #协议
    Header checksum: 0xe8f5 [validation disabled]           #首部校验和
        [Good: False]
        [Bad: False]
    Source: 192.168.5.2 (192.168.5.2)                       #源 IP 地址
    Destination: 192.168.6.103 (192.168.6.103)              #目标 IP 地址
    [Source GeoIP: Unknown]                                 #源 IP 地理位置
    [Destination GeoIP: Unknown]                            #目标 IP 地理位置
```

以上包信息，是主机 PC1 发送给 PC3 的 IP 包首部信息。其中，TTL 值为 64。

第 10 帧 IPv4 首部信息如下：

```
Internet Protocol Version 4, Src: 192.168.6.103 (192.168.6.103), Dst:
192.168.5.2 (192.168.5.2)
    Version: 4                                              #IP 协议版本号
    Header length: 20 bytes                                 #首部长度
    Differentiated Services Field: 0x00 (DSCP 0x00: Default; ECN: 0x00:
    Not-ECT (Not ECN-Capable Transport))                    #服务标识符
```

```
Total Length: 60                                           #总长度
Identification: 0xa206 (41478)                             #标识符
Flags: 0x00                                                #标志
   0... .... = Reserved bit: Not set                       #保留位
   .0.. .... = Don't fragment: Not set                     #不进行分片
   ..0. .... = More fragments: Not set                     #更多分片
Fragment offset: 0                                         #分片偏移
Time to live: 63                                           #生存期
Protocol: ICMP (1)                                         #协议
Header checksum: 0x4d01 [validation disabled]              #头部校验和
   [Good: False]
   [Bad: False]
Source: 192.168.6.103 (192.168.6.103)                      #源 IP 地址
Destination: 192.168.5.2 (192.168.5.2)                     #目标 IP 地址
[Source GeoIP: Unknown]                                    #源 IP 地理位置
[Destination GeoIP: Unknown]                               #目标 IP 地理位置
```

以上包信息是主机 PC3 发送给 PC1 的 IP 包首部信息。从以上信息中，可以看到该 IPv4 首部中 TTL 值为 63。由此可以说明，PC3 发送回 PC1 的数据包经过了一个路由器。

11.4.3　IP 分片数据包分析

下面以 ip-fragment.pcapng 捕获文件为例，详细分析 IP 分片。打开 ip-fragment.pcapng 捕获文件，显示界面如图 11.17 所示。

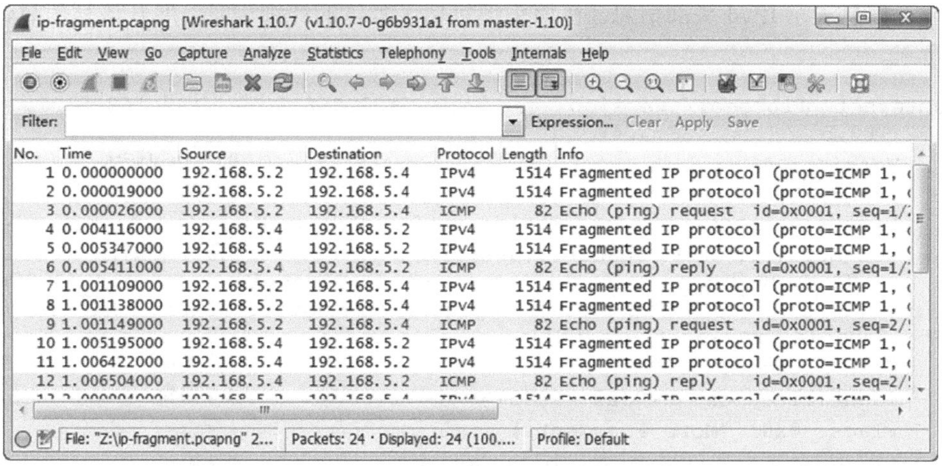

图 11.17　ip-fragment.pcapng 捕获文件

在该捕获文件中，也是捕获了 4 个 ping 包。1～6 帧是一个完整的 ping 包，其中 1～3 帧是 ping 请求包，4～6 帧是 ping 响应包。也就是说，将第一个 ping 请求包，分为了 1～3 个数据包。下面将详细分析 1～3 帧的详细信息。

1．第1帧数据包

第 1 帧数据包详细信息如图 11.18 所示。

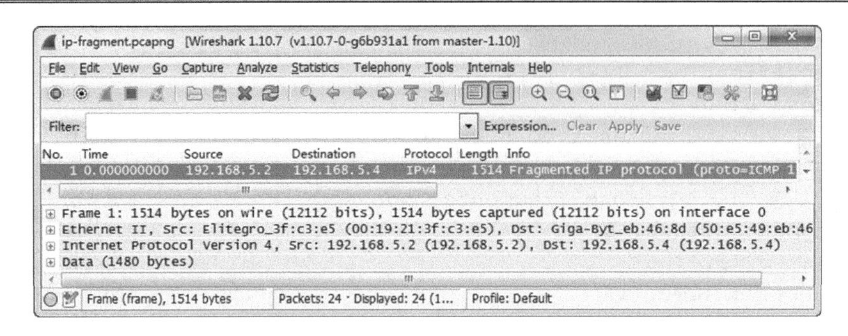

图 11.18　第 1 帧数据包

从该界面的 Packet Details 面板中，可以看到有 4 行信息。分别如下所示。

```
Frame 1: 1514 bytes on wire (12112 bits), 1514 bytes captured (12112 bits)
on interface 0
```

以上信息表示第 1 帧数据包的信息，其大小为 1514 字节。

```
Ethernet II, Src: Elitegro_3f:c3:e5 (00:19:21:3f:c3:e5), Dst: Giga-Byt_
eb:46:8d (50:e5:49:eb:46:8d)
```

以上信息表示以太网帧头部信息。其中源 MAC 地址为 00:19:21:3f:c3:e5，目标 MAC 地址为 50:e5:49:eb:46:8d。

```
Internet Protocol Version 4, Src: 192.168.5.2 (192.168.5.2), Dst:
192.168.5.4 (192.168.5.4)
```

以上信息表示 IPv4 头部信息。在该头部包括了具体的详细信息。展开该行信息，内容如下所示。

```
Internet Protocol Version 4, Src: 192.168.5.2 (192.168.5.2), Dst:
192.168.5.4 (192.168.5.4)
    Version: 4                                          #IP 协议版本
    Header length: 20 bytes                             #首部长度
    Differentiated Services Field: 0x00 (DSCP 0x00: Default; ECN: 0x00:
    Not-ECT (Not ECN-Capable Transport))                #服务标识符
        0000 00.. = Differentiated Services Codepoint: Default (0x00)
        .... ..00 = Explicit Congestion Notification: Not-ECT (Not
ECN-Capable Transport) (0x00)
    Total Length: 1500                                  #总长度
    Identification: 0x05a3 (1443)                       #标识符
    Flags: 0x01 (More Fragments)                        #标志
        0... .... = Reserved bit: Not set               #保留位
        .0.. .... = Don't fragment: Not set
                                        #不能分片。这里的值为 0，表示可以进行分片
        ..1. .... = More fragments: Set
                                        #更多分片。这里的值为 1，表示还有分片的数据包
    Fragment offset: 0                                  #分片偏移
    Time to live: 64                                    #生存期
    Protocol: ICMP (1)                                  #协议
    Header checksum: 0xc427 [validation disabled]       #首部校验和
        [Good: False]
        [Bad: False]
    Source: 192.168.5.2 (192.168.5.2)                   #源 IP 地址
    Destination: 192.168.5.4 (192.168.5.4)              #目标 IP 地址
```

```
    [Source GeoIP: Unknown]                        #源 IP 地理位置
    [Destination GeoIP: Unknown]                   #目标 IP 地理位置
    Reassembled IPv4 in frame: 3                   #重组 IPv4 包
Data (1480 bytes)                                  #数据
    Data: 0800cfd00001000161626364656667686 96a6b6c6d6e6f70...
    [Length: 1480]                                 #长度为 1480 字节
```

以上信息是第 1 帧 IPv4 首部的详细信息。从以上更多分片和分片偏移域部分，可以判定该数据包是分片数据包的一部分。这是后被分片的数据包，所以就会有一个大于 0 的分片偏移或者就是设定了更多标志位。从以上信息，可以看到更多分片标志位被设定，也就是接收设备应该等待接收序列中的另一个数据包。分片偏移为 0，表示这个数据包是这一系列分片中的第一个包。所以，后面至少还有一个包。接下来看第 2 帧包信息。以上信息对应到 IPv4 首部格式中，显示结果如表 11-3 所示。

表 11-3　第 1 帧IP分片格式

IP 协议					
偏移位	0～3	4～7	8～15	16～18	19～31
0	4	20	0x00	1500	
32	0x05a3			0x01	0
64	64		ICMP (1)	0xc427	
96	192.168.5.2				
128	192.168.5.4				
160					
160 或 192+	1480				

2．第2帧数据包

第 2 帧数据包详细信息如图 11.19 所示。

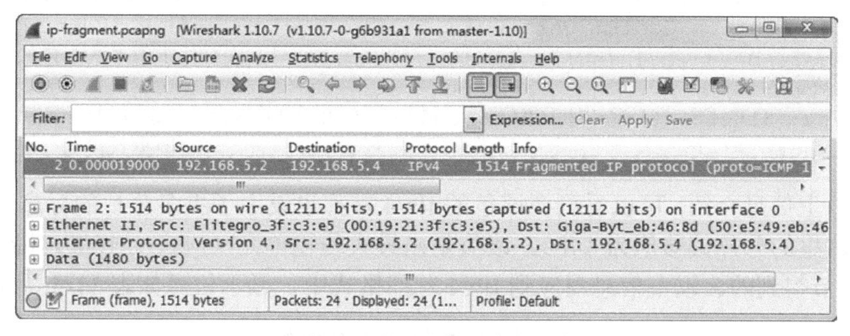

图 11.19　第 2 帧数据包

从 Wireshark 的 Packet Details 面板中，可以看到有 4 行详细信息。而且包大小和第一个数据包的大小相同。下面将分析该包的详细信息，如下所示。

```
Frame 2: 1514 bytes on wire (12112 bits), 1514 bytes captured (12112 bits)
on interface 0
```

以上信息表示，这是第 2 帧的详细信息。其中，该包的大小为 1514 个字节。

```
Ethernet    II,    Src:    Elitegro_3f:c3:e5    (00:19:21:3f:c3:e5),    Dst:
Giga-Byt_eb:46:8d (50:e5:49:eb:46:8d)
```

以上信息表示以太网帧头部信息。其中，源 MAC 地址为 00:19:21:3f:c3:e5，目标 MAC 地址为 50:e5:49:eb:46:8d。

```
Internet  Protocol  Version  4,  Src:  192.168.5.2  (192.168.5.2),  Dst:
192.168.5.4 (192.168.5.4)
```

以上信息表示 IPv4 首部的详细信息。下面将详细分析该包中每个字段的值，如下所示。

```
Internet  Protocol  Version  4,  Src:  192.168.5.2  (192.168.5.2),  Dst:
192.168.5.4 (192.168.5.4)
    Version: 4                                              #IP 协议版本
    Header length: 20 bytes                                 #首部长度
    Differentiated Services Field: 0x00 (DSCP 0x00: Default; ECN: 0x00:
Not-ECT (Not ECN-Capable Transport))
                                                            #服务标识符
        0000 00.. = Differentiated Services Codepoint: Default (0x00)
        .... ..00 = Explicit Congestion Notification: Not-ECT (Not ECN-
        Capable Transport) (0x00)
    Total Length: 1500                                      #总长度为 1500
    Identification: 0x05a3 (1443)                           #标识符
    Flags: 0x01 (More Fragments)                            #标志
        0... .... = Reserved bit: Not set                   #保留位
        .0.. .... = Don't fragment: Not set                 #不能分片
        ..1. .... = More fragments: Set                     #更多分片
    Fragment offset: 1480                                   #分片偏移
    Time to live: 64                                        #生存期
    Protocol: ICMP (1)                                      #协议
    Header checksum: 0xc36e [validation disabled]           #首部校验和
        [Good: False]
        [Bad: False]
    Source: 192.168.5.2 (192.168.5.2)                       #源 IP 地址
    Destination: 192.168.5.4 (192.168.5.4)                  #目标 IP 地址
    [Source GeoIP: Unknown]                                 #源 IP 地理位置
    [Destination GeoIP: Unknown]                            #目标 IP 地理位置
    Reassembled IPv4 in frame: 3                            #重组 IPv4 包
Data (1480 bytes)                                           #数据
    Data: 6162636465666768696a6b6c6d6e6f7071727374757677761...
    [Length: 1480]                                          #数据长度为 1480 字节
```

根据以上信息介绍，可以看到在该包的 IPv4 首部也设定了更多分片的标志位。而且可以看到，这里的分片偏移值为 1480。该值是由最大传输单元（MTU）1500，减去 IP 首部的 20 个字节得到的。以上信息对应到 IPv4 首部格式中，显示信息如表 11-4 所示。

表 11-4　第 2 帧IP分片格式

IP 协议					
偏移位	0～3	4～7	8～15	16～18	19～31
0	4	20	0x00	1500	
32	0x05a3			0x01	1480
64	64		ICMP (1)	0xc36e	
96	192.168.5.2				
128	192.168.5.4				
160					
160 或 192+	1480				

3. 第3帧数据包

第 3 帧数据包详细信息如图 11.20 所示。

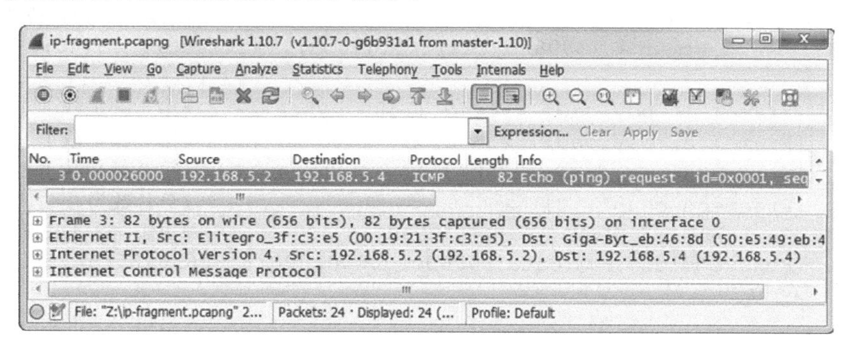

图 11.20　第 3 帧数据包

从 Wireshark 的 Packet Details 面板中可以看到，该包中显示了 4 行信息，并且该包的协议为 ICMP。下面将详细分析该包中的信息。

```
Frame 3: 82 bytes on wire (656 bits), 82 bytes captured (656 bits) on interface 0
```

以上信息表示这是第 3 帧的详细信息，其中包大小为 82 个字节。

```
Ethernet II, Src: Elitegro_3f:c3:e5 (00:19:21:3f:c3:e5), Dst:
Giga-Byt_eb:46:8d (50:e5:49:eb:46:8d)
```

以上信息表示以太网帧头部的详细信息。其中，源 MAC 地址为 00:19:21:3f:c3:e5，目标 MAC 地址为 50:e5:49:eb:46:8d。

```
Internet Protocol Version 4, Src: 192.168.5.2 (192.168.5.2), Dst:
192.168.5.4 (192.168.5.4)
```

以上信息表示 IPv4 首部信息，这里着重分析该部分的详细信息，如下所示。

```
Internet Protocol Version 4, Src: 192.168.5.2 (192.168.5.2), Dst:
192.168.5.4 (192.168.5.4)
    Version: 4                                              #IP 协议版本
    Header length: 20 bytes                                 #首部长度
    Differentiated Services Field: 0x00 (DSCP 0x00: Default; ECN: 0x00:
    Not-ECT (Not ECN-Capable Transport))                    #服务标识符
        0000 00.. = Differentiated Services Codepoint: Default (0x00)
        .... ..00 = Explicit Congestion Notification: Not-ECT (Not ECN-
        Capable Transport) (0x00)
    Total Length: 68                                        #总长度
    Identification: 0x05a3 (1443)                           #标识符
    Flags: 0x00                                             #标志
        0... .... = Reserved bit: Not set                   #保留位
        .0.. .... = Don't fragment: Not set                 #不能分片
        ..0. .... = More fragments: Not set                 #更多分片
    Fragment offset: 2960                                   #分片偏移
    Time to live: 64                                        #生存期
    Protocol: ICMP (1)                                      #协议
    Header checksum: 0xe84d [validation disabled]           #首部校验
        [Good: False]
```

```
        [Bad: False]
    Source: 192.168.5.2 (192.168.5.2)                          #源 IP 地址
    Destination: 192.168.5.4 (192.168.5.4)                     #目标 IP 地址
    [Source GeoIP: Unknown]                                    #源 IP 地理位置
    [Destination GeoIP: Unknown]                           #目标 IP 地理位置
    [3 IPv4 Fragments (3008 bytes): #1(1480), #2(1480), #3(48)]
                                                   #3 个 IPv4 分片，共 3008 个字节
        [Frame: 1, payload: 0-1479 (1480 bytes)]       #第 1 帧加载了 1480 个字节
        [Frame: 2, payload: 1480-2959 (1480 bytes)] #第 2 帧加载了 1480 个字节
        [Frame: 3, payload: 2960-3007 (48 bytes)]      #第 3 帧加载了 48 个字节
        [Fragment count: 3]                            #分片数为 3
        [Reassembled IPv4 length: 3008]                #重组 IPv4 长度为 3008
        [Reassembled IPv4 data: 0800cfd00001000161626364656667686 96a6b6c6d
        6e6f70...]
                                                       #重组 IPv4 数据
```

根据以上信息的描述，可以看到该数据包没有设定更多分片标志位，也就表示该数据包是整个数据流中的最后一个分片。并且其分片偏移设定为 2960，是由 1480+(1500−20)得出的结果。这些分片可以被认为是同一个数据序列的一部分，因为它们 IP 首部中的标志位拥有相同的值。以上信息对应到 IP 首部格式中，如表 11-5 所示。

表 11-5　第 3 帧IP分片格式

IP 协议					
偏移位	0～3	4～7	8～15	16～18	19～31
0	4	20	0x00	68	
32	0x05a3			0x00	2960
64	64		ICMP (1)	0xe84d	
96	192.168.5.2				
128	192.168.5.4				
160					
160或192+					

在该包中最后一行信息如下：

```
Internet Control Message Protocol
```

以上信息表示 ICMP 协议包信息。

第 12 章　UDP 协议抓包分析

UDP 是 User Datagram Protocol（用户数据报协议）的简称。它是 OSI 七层模型中一种无连接的传输层协议，提供面向事务的简单的不可靠信息传送服务。本章将介绍 UDP 协议抓包分析。

12.1　UDP 协议概述

UDP 协议是一种无连接的协议。该协议工作在 OSI 模型中第四层（传输层），处于 IP 协议的上一层。传输层的功能就是建立“端口到端口”的通信。本节将介绍 UDP 协议概述。

12.1.1　什么是 UDP 协议

UDP 协议就是一种无连接的协议。该协议用来支撑那些需要在计算机之间传输数据的网络应用，包括网络视频会议系统在内的众多客户/服务器模式的网络应用。

UDP 协议的主要作用就是将网络数据流量压缩成数据包的形式。一个典型的数据包就是一个二进制数据的传输单位。每一个数据包的前 8 字节用来包含包头信息，剩余字节则用来包含具体的传输数据。

12.1.2　UDP 协议的特点

UDP 使用底层的互联网协议来传送报文，同 IP 一样提供不可靠的无连接传输服务。它也不提供报文到达确认、排序及流量控制等功能。下面详细介绍 UDP 协议的特点，如下所示。

（1）UDP 是一个无连接协议，也就是传输数据之前源端口和目标端口不能建立连接。当它想传输时，就简单地去抓取来自应用程序的数据，并尽可能快地把它扔到网络上。在发送端，UDP 传输数据的速度仅仅是受应用程序生成数据的速度、计算机的能力和传输带宽限制。在接收端，UDP 把每个消息段放在队列中，应用程序每次从队列中读一个消息段。

（2）由于传输数据不建立连接，因此也就不需要维护连接状态。因此，一台服务器可同时向多个客户机传输相同的消息。

（3）UDP 信息包的标题很短，只有 8 个字节，相对于 TCP 的 20 个字节信息包的额外开销很小。

（4）吞吐量不受拥挤控制算法的调节，只受应用软件生成数据的速率、传输带宽、源端和目标端主机性能的限制。

（5）UDP 使用尽最大努力交付，即不保证可靠交付，因此主机不需要维持复杂的链接状态表。

（6）UDP 是面向报文的。发送方的 UDP 对应用程序传输下来的报文，添加首部后就向下传送给 IP 层。既不拆分，也不合并，而是保留这些报文的边界。因此，应用程序需要选择合适的报文大小。

虽然 UDP 是一个不可靠的协议，但它是分发信息的一个理想协议。例如，在屏幕上报告股票市场、在屏幕上显示航空信息等等。UDP 也用在路由信息协议 RIP（Routing Information Protocol）中修改路由表。在这些应用场合下，如果有一个消息丢失，在几秒之后另一个新的消息就会替换它。UDP 广泛用在多媒体应用中，例如，Progressive Networks 公司开发的 RealAudio 软件，它是在因特网上把预先录制的或者现场音乐实时传送给客户机的一种软件。该软件使用的 RealAudio audio-on-demand protocol 协议就是运行在 UDP 之上的协议。大多数因特网电话软件产品也都运行在 UDP 之上，如 QQ 聊天、视频、网络电话、迅雷等。

12.2　捕获 UDP 数据包

在 Wireshark 中，提供了捕获 UDP 数据包的过滤器。用户可以直接使用 udp 过滤器，来捕获 UDP 数据包，而不需要从一个数据包比较复杂的捕获文件中过滤 UDP 数据包。本节将介绍使用 Wireshark 捕获 UDP 数据包。本例中的配置环境如图 12.1 所示。

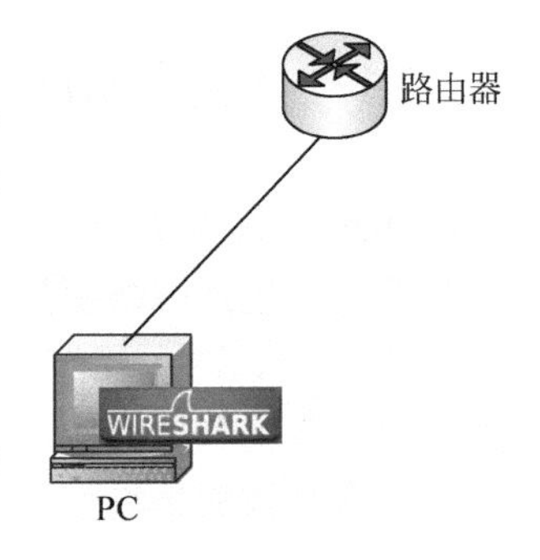

图 12.1　Wireshark 捕获位置

从该图中，可以看到这里使用了一个非常简单的网络环境。环境配置完后，就可以开始捕获数据包了。捕获 UDP 数据包的具体操作步骤如下所示。

（1）启动 Wireshark 工具，显示界面如图 12.2 所示。

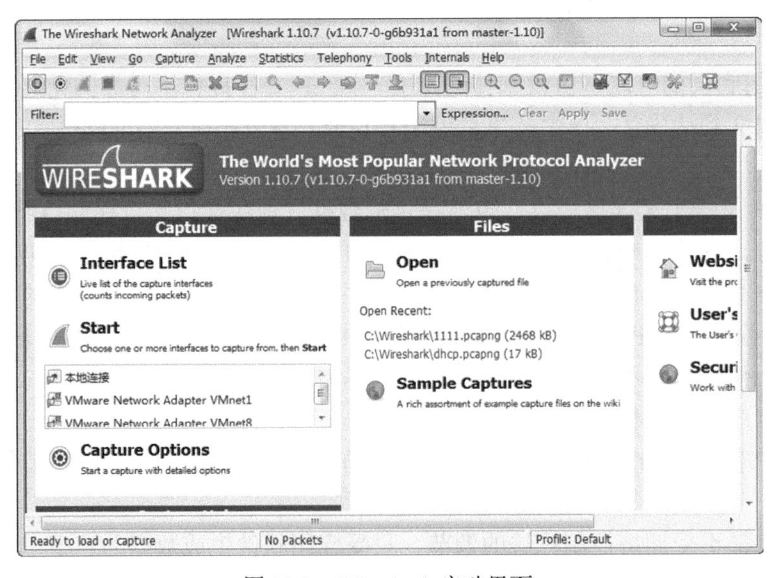

图 12.2　Wireshark 启动界面

（2）在该界面的菜单栏中依次选择 Capture|Options 命令，或者单击工具栏中的◉（显示捕获选项）图标打开 Wireshark 捕获选项窗口，如图 12.3 所示。

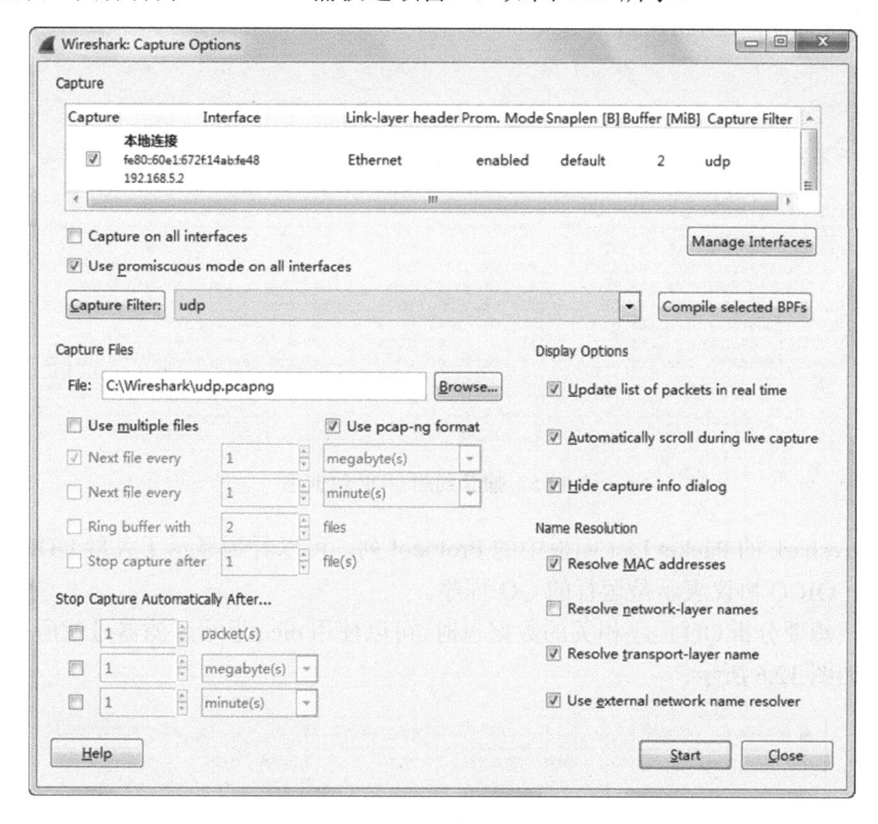

图 12.3　设置捕获选项

（3）在该界面选择捕获接口，设置捕获过滤器及捕获文件的保存位置，如图 12.3 所示。以上信息配置完后，单击 Start 按钮，将显示如图 12.4 所示的界面。

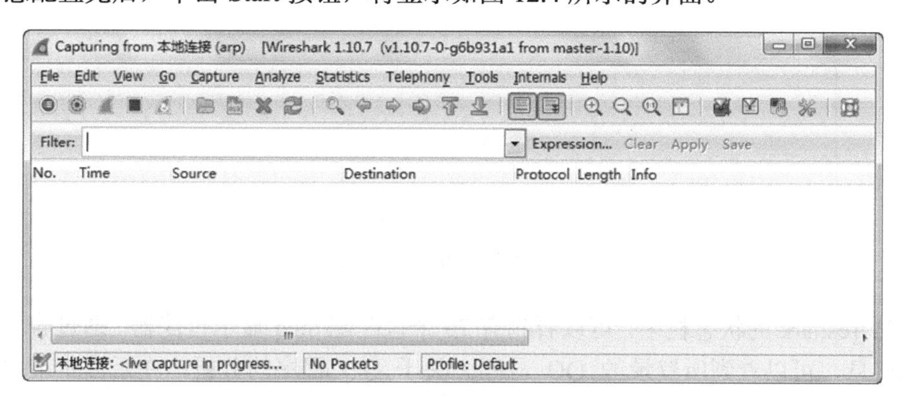

图 12.4　开始捕获 UDP 数据包

（4）在该界面可以看到，当前没有捕获到任何的数据包。这是因为在系统中没有运行 UDP 协议的相关程序。由于这里使用了 udp 捕获过滤器，所以就算有其他协议的程序运行也捕获不到。这时候，就需要手动地运行一些 UDP 协议程序，如 QQ。

如果当前系统中安装了 QQ 应用程序，这时候用户只需要简单地登录一下，将会捕获到大量的 UDP 数据包，如图 12.5 所示。

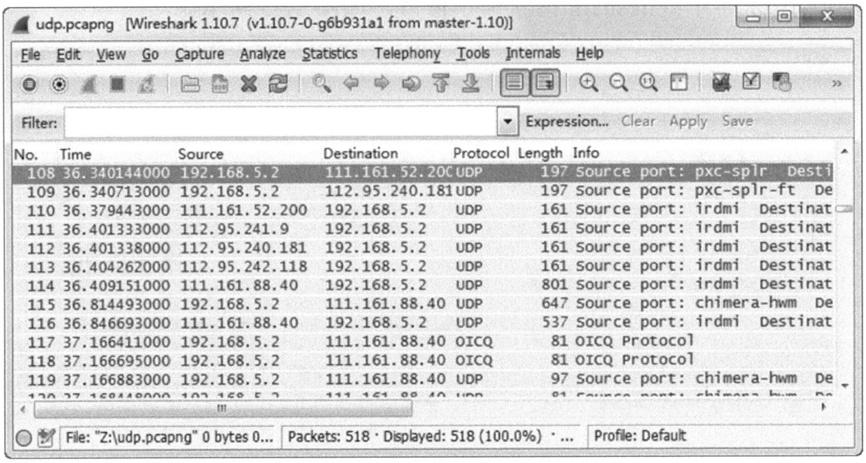

udp.pcapng [Wireshark 1.10.7 (v1.10.7-0-g6b931a1 from master-1.10)]

File Edit View Go Capture Analyze Statistics Telephony Tools Internals Help

Filter: Expression... Clear Apply Save

No.	Time	Source	Destination	Protocol	Length	Info
108	36.340144000	192.168.5.2	111.161.52.200	UDP	197	Source port: pxc-splr Desti
109	36.340713000	192.168.5.2	112.95.240.181	UDP	197	Source port: pxc-splr-ft De
110	36.379443000	111.161.52.200	192.168.5.2	UDP	161	Source port: irdmi Destinat
111	36.401333000	112.95.241.9	192.168.5.2	UDP	161	Source port: irdmi Destinat
112	36.401338000	112.95.240.181	192.168.5.2	UDP	161	Source port: irdmi Destinat
113	36.404262000	112.95.242.118	192.168.5.2	UDP	161	Source port: irdmi Destinat
114	36.409151000	111.161.88.40	192.168.5.2	UDP	801	Source port: irdmi Destinat
115	36.814493000	192.168.5.2	111.161.88.40	UDP	647	Source port: chimera-hwm De
116	36.846693000	111.161.88.40	192.168.5.2	UDP	537	Source port: irdmi Destinat
117	37.166411000	192.168.5.2	111.161.88.40	OICQ	81	OICQ Protocol
118	37.166695000	192.168.5.2	111.161.88.40	OICQ	81	OICQ Protocol
119	37.166883000	192.168.5.2	111.161.88.40	UDP	97	Source port: chimera-hwm De

File: "Z:\udp.pcapng" 0 bytes 0... | Packets: 518 · Displayed: 518 (100.0%) · ... | Profile: Default

图 12.5　捕获到的 UDP 数据包

从 Wireshark 的 Packet List 面板中的 Protocol 列，可以看到显示了大量 UDP 协议数据包。其中，OICQ 协议表示是运行的 QQ 程序。

当用户想要分析 QQ 程序相关的数据包时，可以使用 oicq 显示过滤器过滤所有的 OICQ 数据包，如图 12.6 所示。

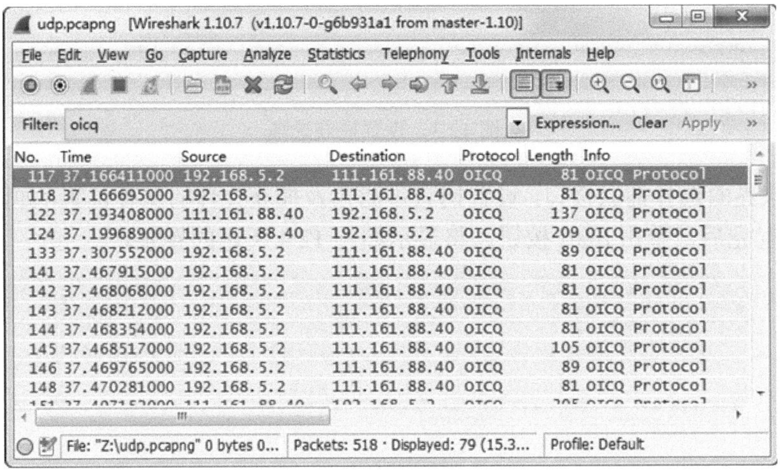

udp.pcapng [Wireshark 1.10.7 (v1.10.7-0-g6b931a1 from master-1.10)]

File Edit View Go Capture Analyze Statistics Telephony Tools Internals Help

Filter: oicq Expression... Clear Apply

No.	Time	Source	Destination	Protocol	Length	Info
117	37.166411000	192.168.5.2	111.161.88.40	OICQ	81	OICQ Protocol
118	37.166695000	192.168.5.2	111.161.88.40	OICQ	81	OICQ Protocol
122	37.193408000	111.161.88.40	192.168.5.2	OICQ	137	OICQ Protocol
124	37.199689000	111.161.88.40	192.168.5.2	OICQ	209	OICQ Protocol
133	37.307552000	192.168.5.2	111.161.88.40	OICQ	89	OICQ Protocol
141	37.467915000	192.168.5.2	111.161.88.40	OICQ	81	OICQ Protocol
142	37.468068000	192.168.5.2	111.161.88.40	OICQ	81	OICQ Protocol
143	37.468212000	192.168.5.2	111.161.88.40	OICQ	81	OICQ Protocol
144	37.468354000	192.168.5.2	111.161.88.40	OICQ	81	OICQ Protocol
145	37.468517000	192.168.5.2	111.161.88.40	OICQ	105	OICQ Protocol
146	37.469765000	192.168.5.2	111.161.88.40	OICQ	89	OICQ Protocol
148	37.470281000	192.168.5.2	111.161.88.40	OICQ	81	OICQ Protocol

File: "Z:\udp.pcapng" 0 bytes 0... | Packets: 518 · Displayed: 79 (15.3... | Profile: Default

图 12.6　OICQ 数据包

从 Wireshark 的状态栏中，可以看到有 79 个包匹配 oicq 显示过滤器。通过查看这些包的详细信息，可以看到所登录的 QQ 号码。关于 QQ 程序的分析，在后面章节将会进行介绍。

12.3　分析 UDP 数据包

前面对 UDP 协议进行了简单介绍，并且使用 udp 过滤器捕获了 UDP 数据包。本节将以前面捕获的 udp.pcapng 捕获文件为例，分析 UDP 数据包。

12.3.1　UDP 首部格式

UDP 数据报也是由首部和数据两部分组成。在首部定义了发出端口和接收端口，数据部分就是具体的内容。其中，UDP 数据报首部部分共有 8 个字节，总长度不超过 65535 字节，正好可以放入一个 IP 数据报。为了使用户对 UDP 数据报有一个更清晰的认识，下面将介绍 UDP 首部格式，如表 12-1 所示。

表 12-1　UDP首部格式

用户数据包协议		
偏移位	0～15	16～31
0	源端口	目标端口
32	数据包长度	校验和
64+	数据（如果有）	

在表 12-1 中，UDP 首部每个字段的含义如下所示。

- 源端口：用来传输数据包的端口。
- 目标端口：数据报将要被传输到的端口。
- 数据报长度：数据报的字节长度。
- 校验和：用来确保 UDP 首部和数据到达时的完整性。
- 数据：被 UDP 封装进去的数据，包含应用层协议头部和用户发出的数据。

12.3.2　分析 UDP 数据包

下面以 udp.pcapng 捕获文件为例，分析 UDP 数据包。打开 udp.pcapng 捕获文件，如图 12.7 所示。

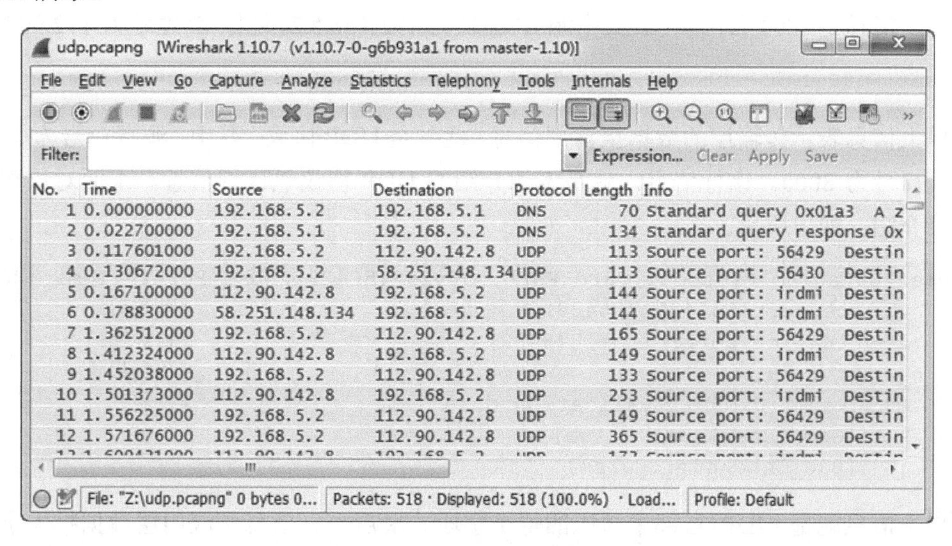

图 12.7　udp.pcapng 捕获文件

这里选择分析 udp.pcapng 捕获文件的第 3 帧，其详细信息如图 12.8 所示。

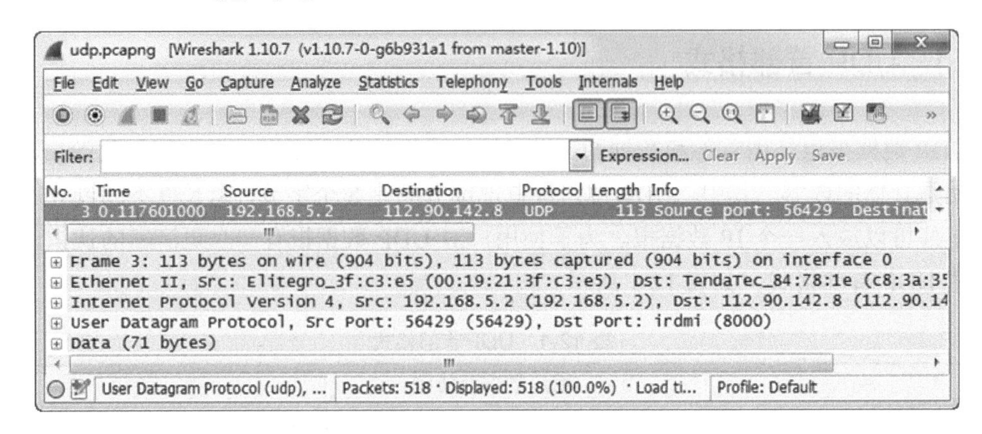

图 12.8　第 3 帧包详细信息

从 Wireshark 的 Packet Details 面板中，可以看到共有 5 行详细信息。其中，第 4 行信息是 UDP 协议的详细信息。下面依次介绍 Packet Details 面板中的详细信息。

```
Frame 3: 113 bytes on wire (904 bits), 113 bytes captured (904 bits) on
interface 0
```

以上信息表示这是第 3 帧的详细信息，其中包大小为 113 个字节。

```
Ethernet II, Src: Elitegro_3f:c3:e5 (00:19:21:3f:c3:e5), Dst: TendaTec_
84:78:1e (c8:3a:35:84:78:1e)
```

以上信息是以太网帧首部的详细信息。其中，源 MAC 地址为 00:19:21:3f:c3:e5，目标 MAC 地址为 c8:3a:35:84:78:1e。

```
Internet Protocol Version 4, Src: 192.168.5.2 (192.168.5.2), Dst:
112.90.142.8 (112.90.142.8)
```

以上信息是 IPv4 首部信息。其中源 IP 地址为 192.168.5.2，目标 IP 地址为 112.90.142.8.

```
User Datagram Protocol, Src Port: 56429 (56429), Dst Port: irdmi (8000)
```

以上信息表示传输层的数据报首部信息，此处是 UDP 协议。其中，源端口号为 56429，目标端口号为 8000。该行信息，就是本章介绍的 UDP 协议包详细信息。下面对该部分内容展开介绍，如下所示。

```
User Datagram Protocol, Src Port: 56429 (56429), Dst Port: irdmi (8000)
   Source port: 56429 (56429)                                #源端口
   Destination port: irdmi (8000)                            #目标端口
   Length: 79                                                #数据报长度
   Checksum: 0xc5b1 [validation disabled]                    #校验和
      [Good Checksum: False]
      [Bad Checksum: False]
```

以上信息就是 UDP 首部中对应的每个字段。最后一行信息是应用层数据报大小，如下所示。

```
Data (71 bytes)                                                    #数据包
     Data: 3e004702030801000001001ad8000014862cc1cdcc22c176...
     [Length: 71]                                                  #数据长度为 71 个字节
```

该行信息就是被 UDP 封装进去的数据，其大小为 71 个字节。

将 UDP 协议首部的数据包详细信息对应到 UDP 首部格式中，结果如表 12-2 所示。

表 12-2　UDP首部格式

用户数据报协议		
偏移位	0～15	16～31
0	56429	8000
32	79	0xc5b1
64+	（71 bytes）	

第 13 章　TCP 协议抓包分析

TCP（Transmission Control Protocol，传输控制协议）是一种面向连接的、可靠的、基于 IP 的传输层协议。它的主要目的是为数据提供可靠的端到端传输。TCP 在 RFC793 中定义，在 OSI 模型中的第四层工作。它能够处理数据的顺序和错误恢复，并且最终保证数据能够到达其应到达的地方。但是，该协议的过程比较复杂。所以，本章将详细介绍 TCP 协议抓包分析。

13.1　TCP 协议概述

TCP 是面向连接的通信协议。在通信过程中，通过三次握手建立连接。通信结束后，还需要断开连接。如果在发送数据包时，没有被正确发送到目的地，将会重新发送数据包。本节将详细介绍 TCP 协议概述。

13.1.1　TCP 协议的由来

上一章详细介绍了 UDP 协议，可以知道该协议使用非常简单，而且容易实现。但是其可靠性较差，一旦将数据包发出，将无法知道对方是否收到。为了解决这个问题，TCP 协议就诞生了。使用 TCP 协议，可以提供网络的安全性。因为使用 TCP 协议传输数据时，每发出一个数据包都要求确认。如果有一个数据包丢失，就收不到确认包，发送方就知道应该重发这个数据包。这样，TCP 协议就保证了数据的安全性。

13.1.2　TCP 端口

TCP 端口就是为 TCP 协议通信提供服务的端口。所有 TCP 通信都会使用源端口和目的端口，而这些可以在每个 TCP 头中找到。端口就像是老式电话机上的插口，一个总机操作员会监视着一个面板上的指示灯和插头。当指示灯亮起的时候，它就会连接这个呼叫者，问它想要和谁通话，然后插一根电缆将它和它的目的地址连接起来。每次呼叫都需要有一个源端口（呼叫者）和目的端口（接受者）。TCP 端口大概就是这样工作的。

为了能够将数据传输到远程服务器或设备的特定应用中去，TCP 数据包必须知道远程服务所监听的端口。如果想试着连接一个不同于所设置的端口，那么这个通信就会失败。这个序列中的源端口并不十分重要，所以可以随机选择。远程服务器也可以很简单地从发送过来的原始数据包中得到这个端口。如图 13.1 所示，在该图中列举两种服务使用的 TCP 端口。

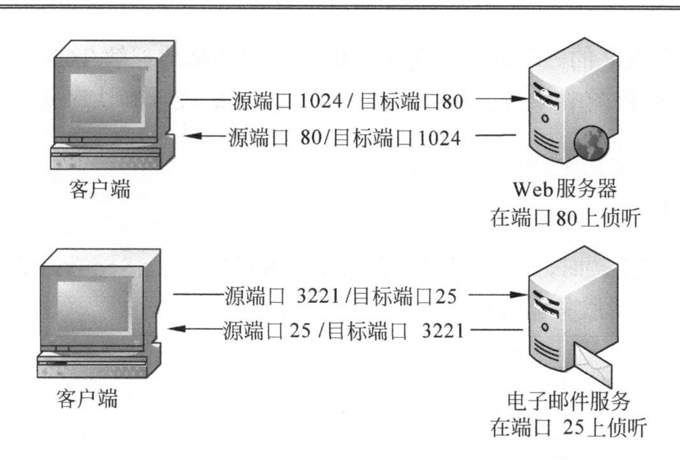

图 13.1　TCP 使用端口传输数据

图 13.1 是客户端与 Web 服务器和邮件服务器的一个通信。从该图中，可以看到客户端与不同服务器建立连接时，使用的源端口和目标端口都不同。

在使用 TCP 进行通信的时候，有 65535 个端口可供使用，并通常将这些端口分成两个部分。如下所示。

- 1～1023：是标准端口组（忽略掉被预留的 0），特定服务会用到这些通常位于标准端口分组中的标准端口。
- 1024～65535：是临时端口组（尽管一些操作对此有着不同的定义），当一个服务想在任意时间使用端口进行通信的时候，操作系统都会随机选择这个源端口，让这个通信使用唯一源端口。这些源端口通常就位于临时端口组。

13.1.3　TCP 三次握手

在 TCP/IP 协议中，TCP 协议提供可靠的连接服务，通过使用三次握手建立一个连接。所有基于 TCP 的通信都需要以两台主机的握手开始。下面将介绍 TCP 的三次握手。TCP 的三次握手如图 13.2 所示。

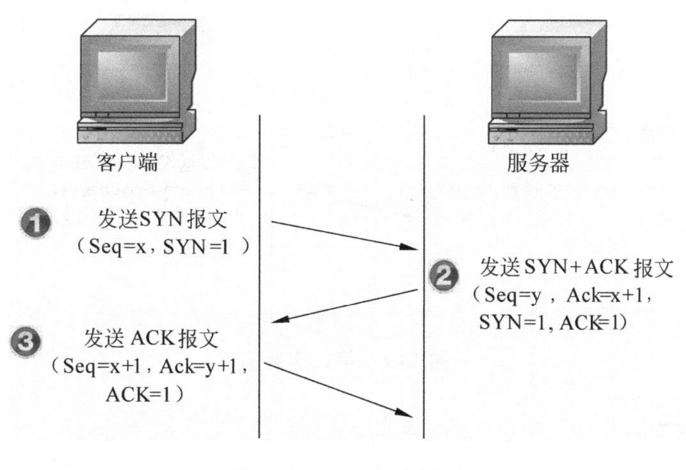

图 13.2　TCP 三次握手

图 13.2 描述了 TCP 的三次握手。为了帮助用户更清晰地理解 TCP 协议，下面将详细介绍这三次握手。在该图中，Seq 表示请求序列号，Ack 表示确认序列号，SYN 和 ACK 为控制位。

1．第一次握手

第一次握手建立连接时，客户端向服务器发送 SYN 报文（Seq=x，SYN=1），并进入 SYN_SENT 状态，等待服务器确认，如图 13.3 所示。

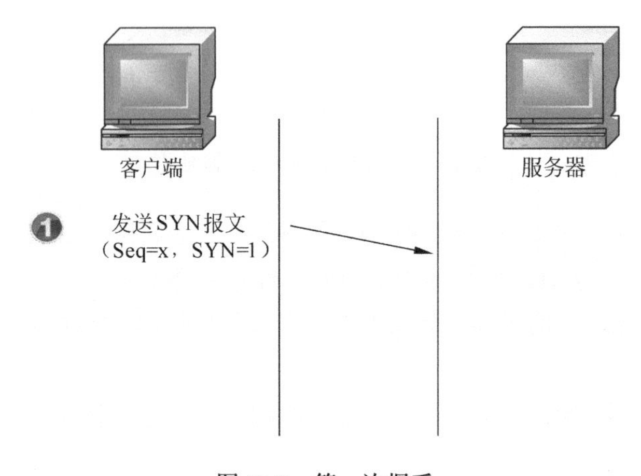

图 13.3　第一次握手

2．第二次握手

第二次握手实际上是分两部分来完成的，即 SYN+ACK（请求和确认）报文。

（1）服务器收到了客户端的请求，向客户端回复一个确认信息（Ack=x+1）。

（2）服务器再向客户端发送一个 SYN 包（Seq=y）建立连接的请求，此时服务器进入 SYN_RECV 状态，如图 13.4 所示。

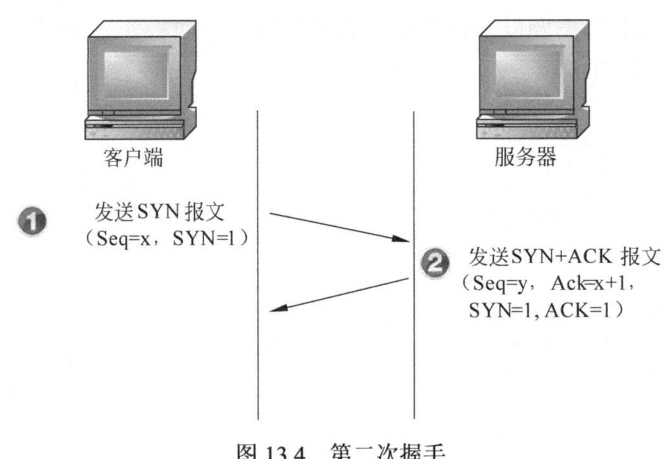

图 13.4　第二次握手

3．第三次握手

第三次握手客户端收到服务器的回复（SYN+ACK 报文）。此时，客户端也要向服务器发送确认包（ACK）。此包发送完毕客户端和服务器进入 ESTABLISHED 状态，完成三次握手，如图 13.5 所示。

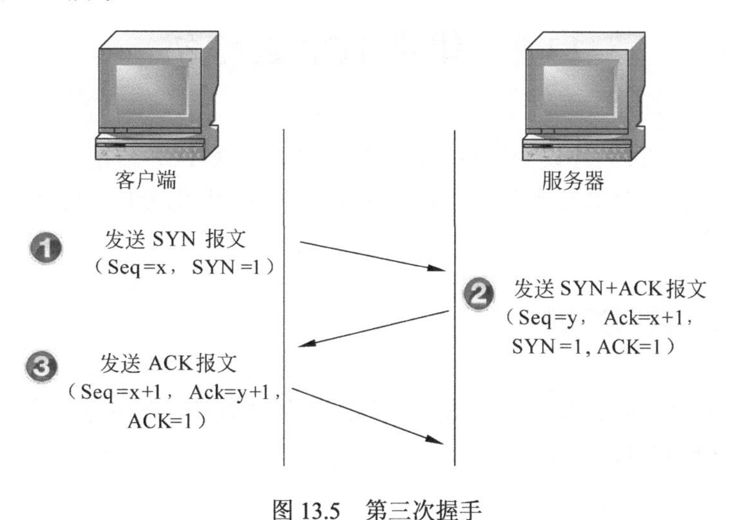

图 13.5　第三次握手

这样就完成了三次握手。此时，客户端就可以与服务器开始传送数据了。

13.1.4　TCP 四次断开

在 TCP 中，每次握手后都会终止。就和人与人之间互相问候一样，最终都会有一句再见。TCP 终止用来在两台设备完成通信后正常地结束连接。该过程包含 4 个数据包，并且用一个 FIN 标志来表明连接的终结。

TCP 四次断开连接如图 13.6 所示。

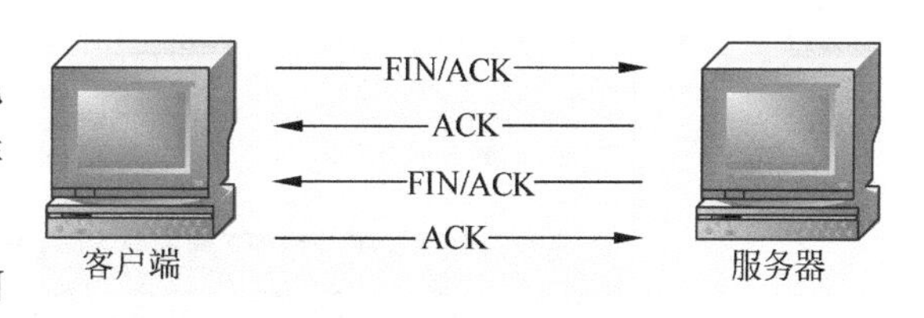

图 13.6　TCP 四次断开

在以上过程中，通过发送了 4 个数据包断开了与服务器的连接。整个过程的一个详细概述如下所示。

（1）客户端通过发送一个设置了 FIN 和 ACK 标志的 TCP 数据包，告诉服务器通信已经完成。

（2）服务器收到客户端发送的数据包后，发送一个 ACK 数据包来响应客户端。

（3）服务器再向客户端传输一个自己的 FIN/ACK 数据包。

（4）客户端收到服务器的 FIN/ACK 包时，响应服务器一个 ACK 数据包。然后结束通信过程。

13.1.5　TCP 重置

在理想情况中，每一个连接都会以 TCP 四次断开来正常地结束会话。但是在现实中，连接经常会突然断掉。例如，这可能由于一个潜在的攻击者正在进行断开扫描，或者仅仅是主机配置的错误。在这些情况下，就需要使用设置了 RST 标志的 TCP 数据包。RST 标志用来指出连接异常中止或拒绝连接请求的包。

13.2　捕获 TCP 数据包

前面详细介绍了 TCP 协议的概述，接下来就可以捕获 TCP 数据包了。本节将介绍使用 Wireshark 工具捕获 TCP 数据包。为了方便对 TCP 数据包的分析，将介绍对捕获的数据包进行过滤并着色。

13.2.1　使用捕获过滤器

在 Wireshark 中，提供了捕获 TCP 数据包的捕获过滤器。下面将介绍使用 tcp 捕获过滤器，捕获 TCP 数据包。

在捕获 TCP 数据包之前，首先介绍本例的网络环境，如图 13.7 所示。

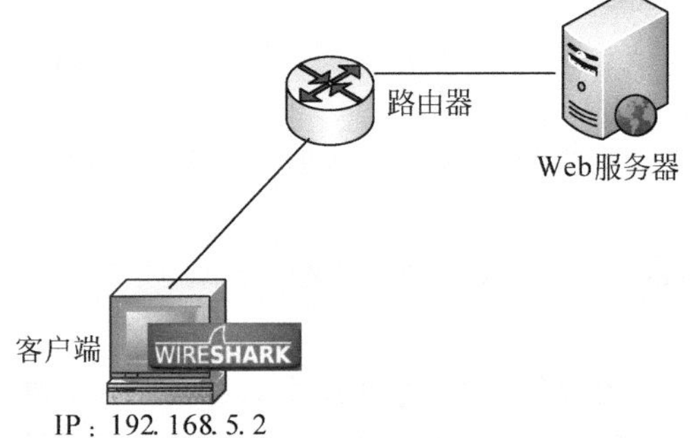

图 13.7　Wireshark 位置

以上是一个简单的网络环境。这里可以通过直接在 PC 上开启 Wireshark 工具，然后通过访问网页来捕获 TCP 数据包。配置好以上环境后，即可开始捕获数据。捕获 TCP 数据包的具体操作步骤如下所示。

（1）启动 Wireshark 工具，将显示如图 13.8 所示的界面。

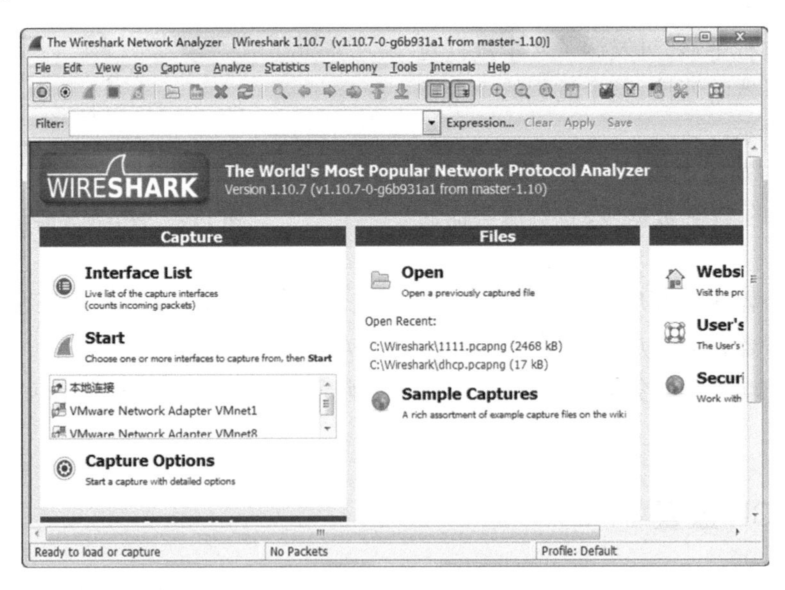

图 13.8　Wireshark 主界面

（2）在该界面的菜单栏中依次选择 Capture|Options 命令，或者单击工具栏中的◎（显示捕获选项）图标打开 Wireshark 捕获选项窗口，如图 13.9 所示。

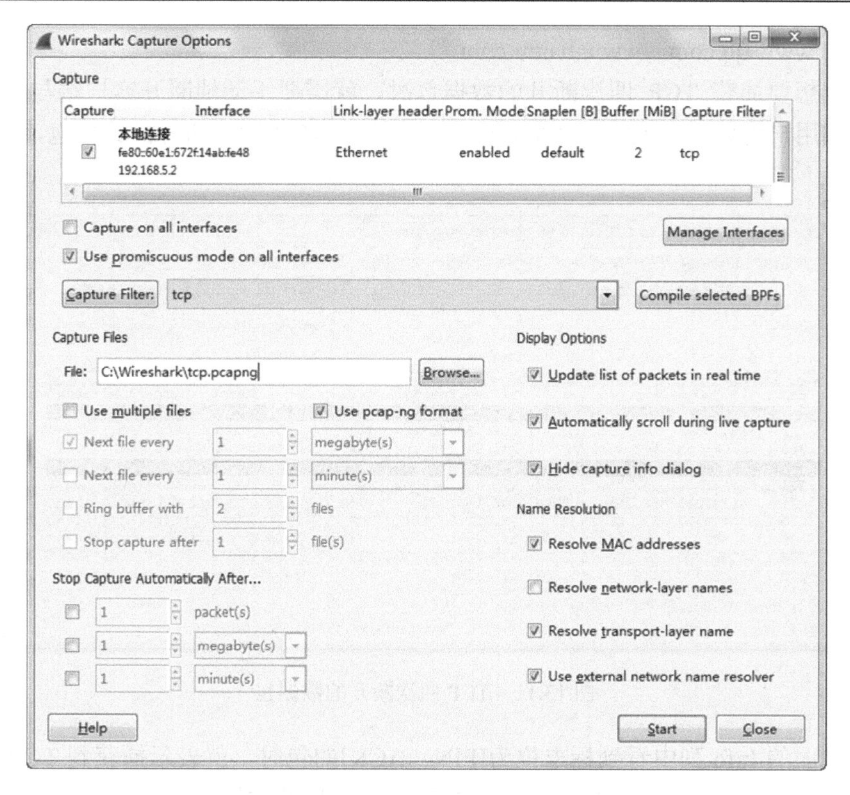

图 13.9　捕获选项窗口

（3）在该界面选择捕获接口，设置捕获过滤器及捕获文件的保存位置，如图 13.9 所示。以上信息配置完后，单击 Start 按钮，将显示如图 13.10 所示的界面。

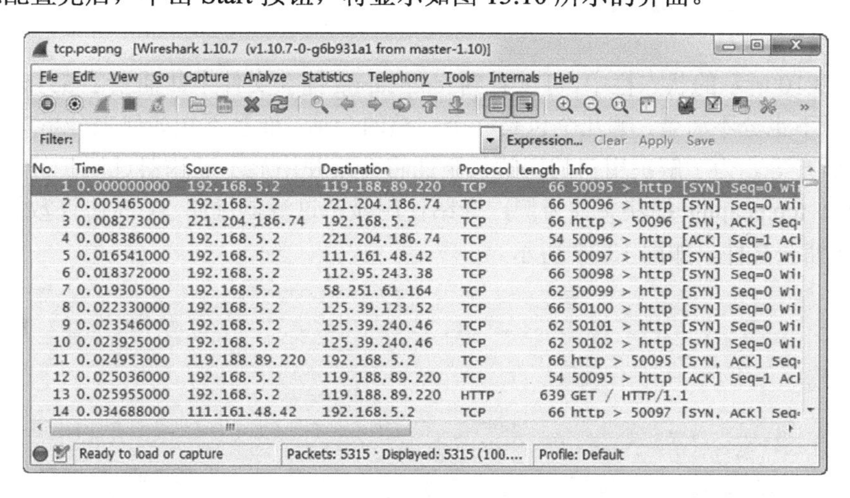

图 13.10　捕获的 TCP 数据包

（4）从 Wireshark 的 Packet Lists 面板中，可以看到 Protocol 列捕获到了 TCP 协议数据包。有的用户可能看到有 HTTP 协议的包，这是因为 HTTP 也是运行在 TCP 协议之上的。关于 HTTP 协议，在后面章节中会进行详细介绍。

如果用户启动 Wireshark 后，没有捕获到任何数据包的话，说明当前系统中没有运行任何 TCP 协议的数据包。这时候，用户可以通过访问一个 Web 服务器以产生 TCP 协议的数据包，如 www.qq.com、www.baidu.com 等。

当用户想要捕获 TCP 四次断开的数据包时，就需要手动地断开客户端与服务器的连接。这时候用户可以手动地关闭 Web 网页，以捕获 TCP 四次断开的数据包，如图 13.11 所示。

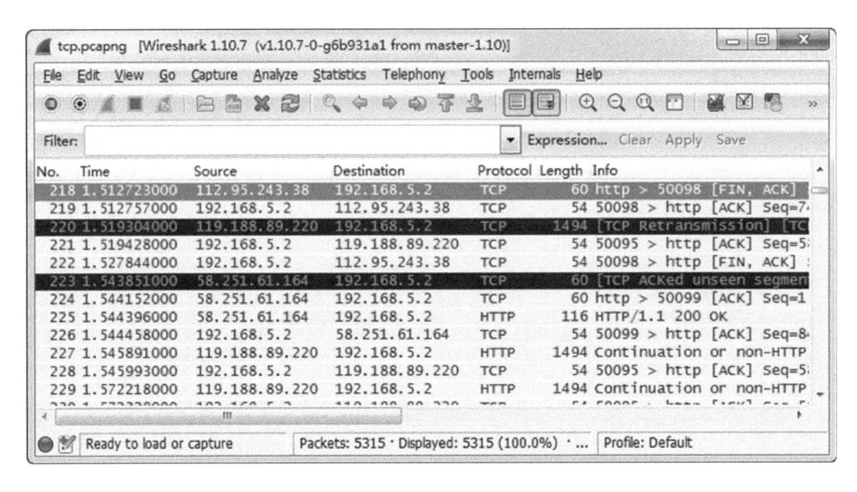

图 13.11　TCP 四次断开的数据包

从该界面的 Info 列中看到标志位为[FIN，ACK]的包时，就表示捕获到 TCP 四次断开的数据包了。这时候，用户可能一下无法找到这种类型的数据包。此时，用户可以使用显示过滤器过滤显示。

13.2.2 使用显示过滤器

在图 13.10 所示的状态栏中，可以看到 tcp.pcapng 捕获文件中共捕获了 5315 个数据包。这样用户一下也分不清楚，哪几个包是一个完整的会话，而且不知如何来分析 TCP 三次握手、四次断开等。为了解决用户的困扰，下面将介绍使用显示过滤器过滤 TCP 数据包。

下面以 tcp.pcapng 捕获文件为例，介绍使用显示过滤器过滤 TCP 协议数据包。打开 tcp.pcapng 捕获文件，如图 13.12 所示。

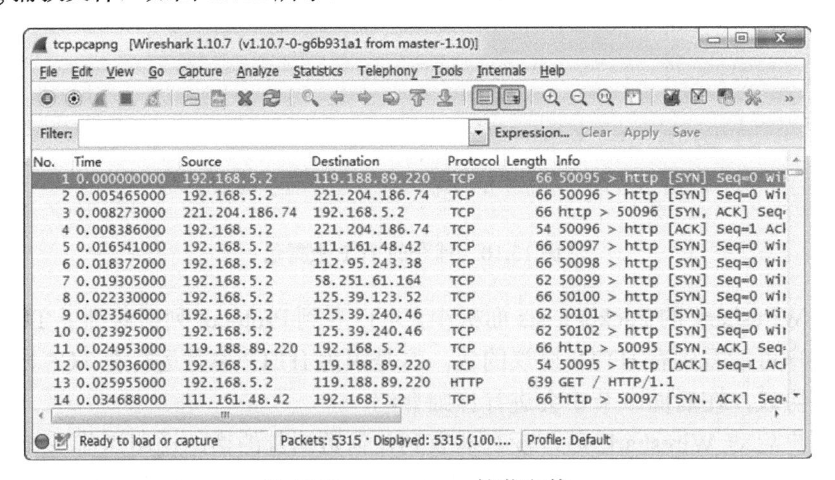

图 13.12　tcp.pcapng 捕获文件

从该界面的状态栏中，可以看到捕获的所有数据包。这时候，用户可以通过使用 TCP 协议中的标志位对数据包进行过滤。例如，过滤 SYN=1 的数据包（三次握手），输入显示过滤器 tcp.flags.syn==1，显示结果如图 13.13 所示。

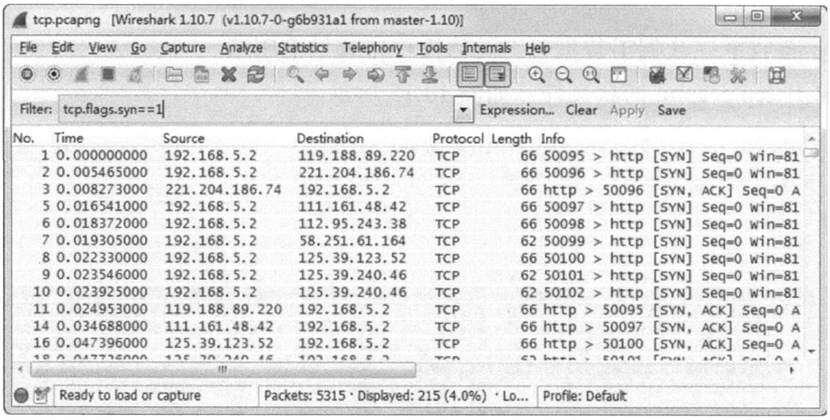

图 13.13　过滤的 SYN 包

从 Wireshark 的状态栏中，可以看到共有 215 个数据包匹配 tcp.flags.syn=1 显示过滤器。在 Packet List 面板中，Info 列中数据包的描述是 SYN 和[SYN，ACK]包。

如果用户需要过滤 FIN=1 的数据包（四次断开），可以使用 tcp.flags.fin==1 显示过滤器进行过滤。过滤后，显示结果如图 13.14 所示。

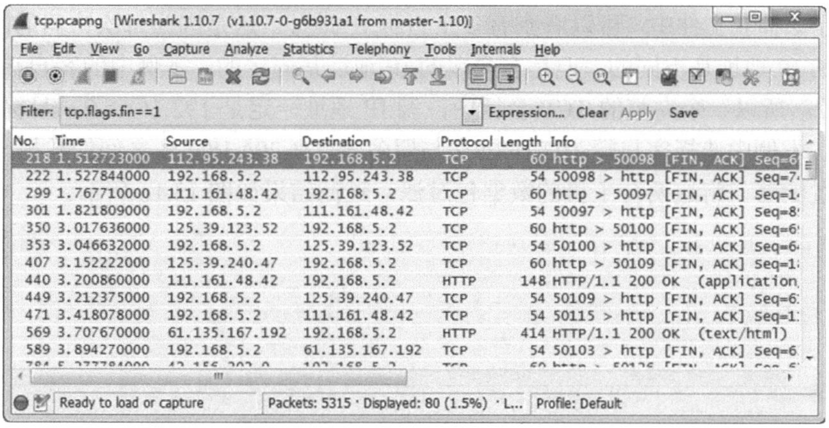

图 13.14　过滤的 FIN 数据包

从以上过滤的结果中，可以看到有 80 个数据包匹配 tcp.flags.fin 过滤器。在 Wireshark 的 Packet List 面板的 Info 列，可以看到这些数据包是[FIN，ACK]包。这样就可以分析单个 TCP 数据包了。

13.2.3　使用着色规则

通过前面的介绍，可以看到使用显示过滤器过滤 TCP 数据包后，只能分析单个类型的数据包，不能分析整个工作过程。下面通过使用着色规则，分别高亮显示 TCP 三次握手和四次断开的会话。下面同样以 tcp.pcapng 捕获文件为例，介绍使用着色规则将 TCP 会话高亮显示。

1．高亮显示TCP的三次握手

高亮显示 TCP 三次握手数据包。具体操作步骤如下所示。

（1）打开 tcp.pcapng 捕获文件，如图 13.15 所示。

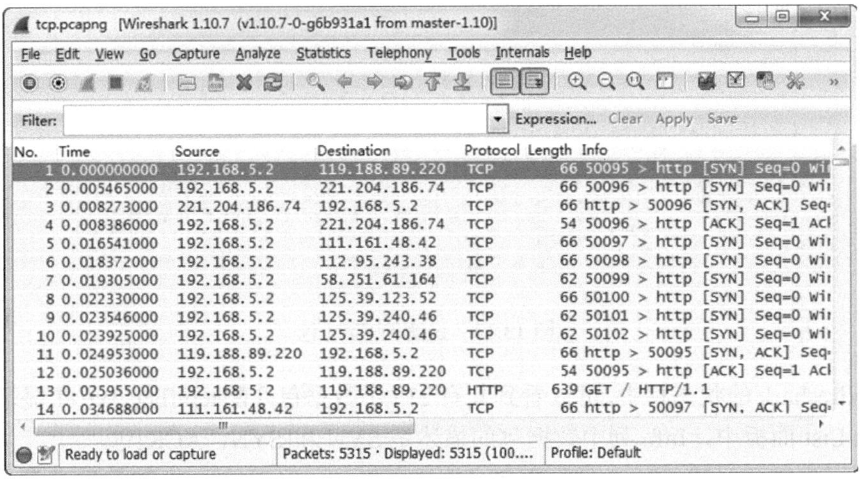

图 13.15　tcp.pcapng 捕获文件

（2）在该捕获文件中，可以看到有多个目标 IP 地址。这是因为每次访问的网页，DNS 解析出来的 IP 地址是不同的。但是客户端的 IP 地址是固定的，本例中的客户端 IP 地址为 192.168.5.2。所以一个完整的 TCP 会话中，源 IP 地址一定是 192.168.5.2，目标 IP 地址就不一定了。本例中选择客户端 192.168.5.2 与服务器 221.204.186.74 之间的数据。这里首先使用显示过滤器，将这两台主机的数据包过滤，过滤结果如图 13.16 所示。

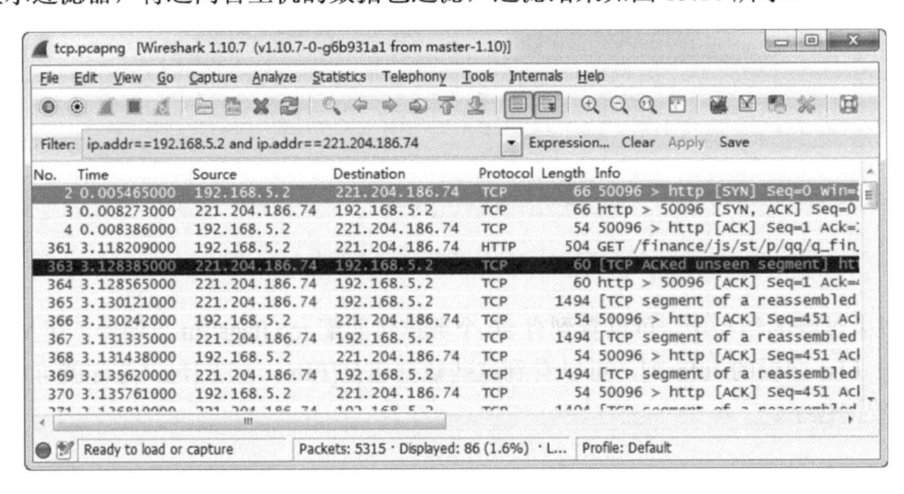

图 13.16　192.168.5.2 和 221.204.186.74 主机的数据包

（3）从图 13.16 所示窗口的状态栏中，可以看到匹配 ip.addr==192.168.5.2 and ip.addr==221.204.186.74 显示过滤器的数据包有 86 个。这样就可以根据 Info 列中的包信息，推断出一个完整的 TCP 会话。为了更清晰地显示一个完整的会话，这里将它们进行着色。

（4）在图 13.16 中选择第 2 帧单击右键，将弹出如图 13.17 所示的界面。

（5）在该菜单栏中，显示了可以对第 2 帧进行操作的菜单项。这里依次选择 Colorize Conversation|TCP|Color1 命令，如图 13.18 所示。

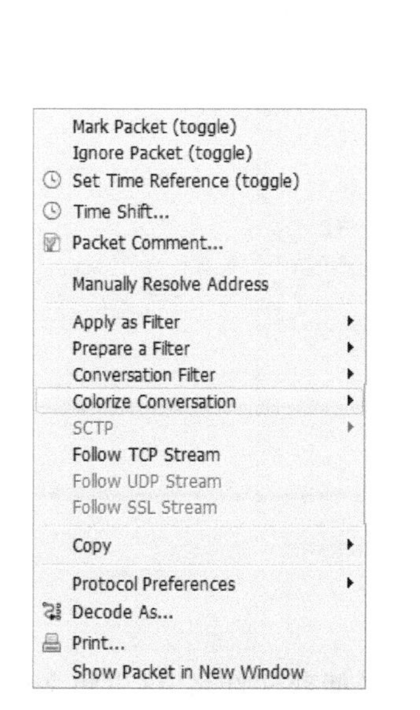

图 13.17　第 2 帧的右键菜单栏

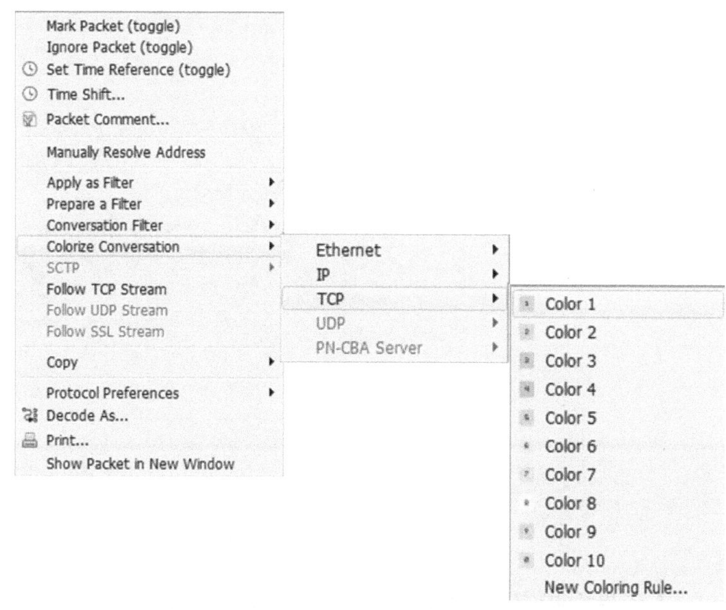

图 13.18　选择着色颜色

（6）这里选择第一种颜色，Wireshark 中的数据包显示结果如图 13.19 所示。

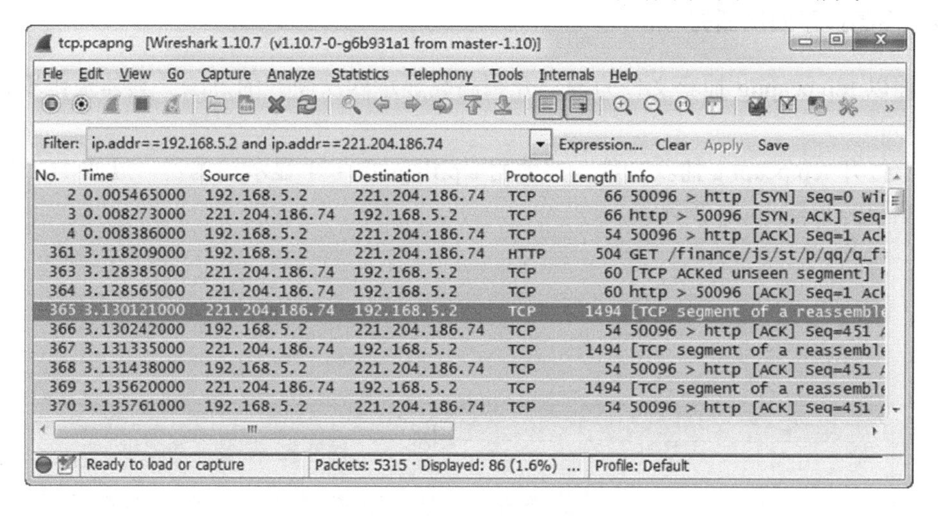

图 13.19　着色后的显示结果

（7）此时就可以通过高亮显示的颜色，来分析数据包了。根据 Info 列中的包信息，可以判断出 2、3、4 帧是一个完整的 TCP 会话（三次握手）。

为了方便后面对数据包进行分析，这里将 2、3、4 帧导出。在 Wireshark 的菜单栏中，依次选择 File|Export Specified Packets 命令，将打开如图 13.20 所示的界面。

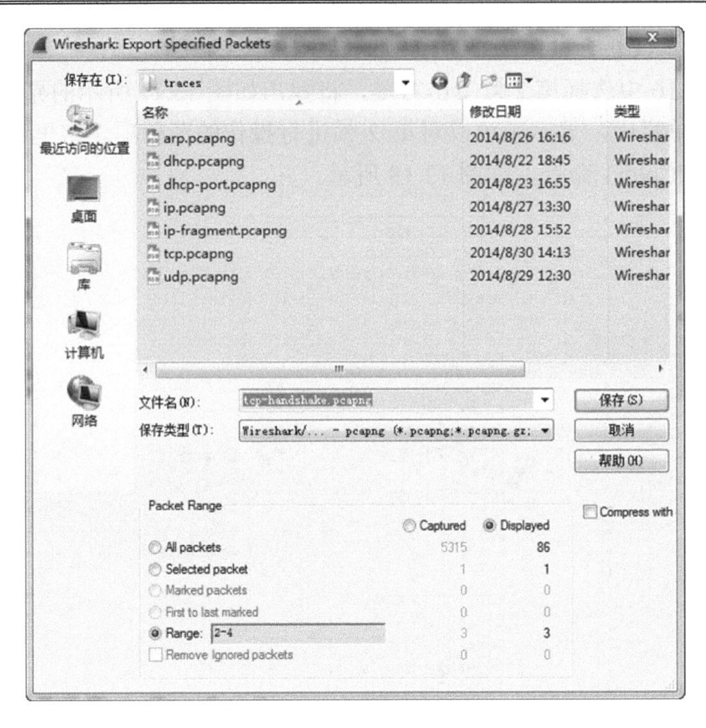

图 13.20　导出数据包

在该界面指定导出包的范围为 2～4，然后指定包保存的位置及捕获文件名。这里将 2～4 帧保存到 tcp-handshake.pcapng 捕获文件，如图 13.20 所示。然后单击“保存”按钮。当分析 TCP 三次握手时，就可以直接打开 tcp-handshake.pcapng 捕获文件进行分析了。

2．高亮显示四次断开

下面以 tcp.pcapng 捕获文件为例，介绍高亮显示四次断开的方法。具体操作步骤如下所示。

（1）打开 tcp.pcapng 捕获文件，并使用 tcp.flags.fin==1 显示过滤器，过滤 TCP 四次断开的数据包，如图 13.21 所示。

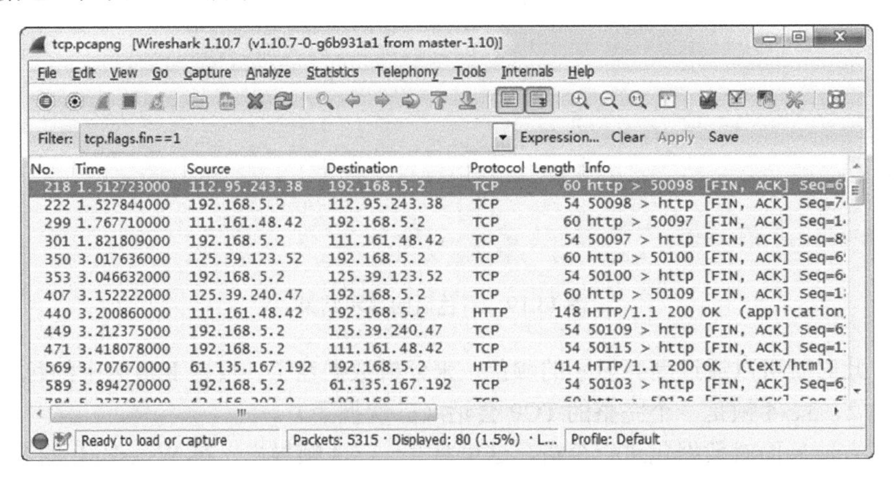

图 13.21　过滤显示 FIN 数据包

（2）以上信息显示的是发送 TCP 断开连接的数据包。在前面捕获数据包时，是通过关闭 Web 网页捕获的 TCP 数据包。所以，首先发送断开连接的数据包是由服务器完成的。这里就以源地址为 112.95.243.38 的服务器为例，对 TCP 断开连接的数据包高亮显示。

（3）这里首先使用显示过滤器过滤 112.95.234.38 和 192.168.5.2 之间通信的数据包，过滤结果如图 13.22 所示。

tcp.pcapng [Wireshark 1.10.7 (v1.10.7-0-g6b931a1 from master-1.10)]

Filter: ip.addr==192.168.5.2 and ip.addr==112.95.243.38

No.	Time	Source	Destination	Protocol	Length	Info
6	0.018372000	192.168.5.2	112.95.243.38	TCP	66	50098 > http [SYN] Seq=0 Wi
38	0.075275000	112.95.243.38	192.168.5.2	TCP	66	http > 50098 [SYN, ACK] Seq=
39	0.075354000	192.168.5.2	112.95.243.38	TCP	54	50098 > http [ACK] Seq=1 Ack
208	1.453339000	192.168.5.2	112.95.243.38	HTTP	796	GET /collect?pj=1990&dm=www.
214	1.512336000	112.95.243.38	192.168.5.2	TCP	60	[TCP ACKed unseen segment]
215	1.512411000	112.95.243.38	192.168.5.2	TCP	60	http > 50098 [ACK] Seq=1 Ack
216	1.512605000	112.95.243.38	192.168.5.2	HTTP	122	HTTP/1.1 200 OK
217	1.512667000	192.168.5.2	112.95.243.38	TCP	54	50098 > http [ACK] Seq=743 A
218	1.512723000	112.95.243.38	192.168.5.2	TCP	60	http > 50098 [FIN, ACK] Seq=
219	1.512757000	192.168.5.2	112.95.243.38	TCP	54	50098 > http [ACK] Seq=743 A
222	1.527844000	192.168.5.2	112.95.243.38	TCP	54	50098 > http [FIN, ACK] Seq=
233	1.584279000	112.95.243.38	192.168.5.2	TCP	60	http > 50098 [ACK] Seq=70 Ac
[illegible]	[illegible]	[illegible]	[illegible]	[illegible]	[illegible]	[illegible]

Ready to load or capture | Packets: 5315 · Displayed: 28 (0.5%) · Load time... | Profile: Default

图 13.22　112.95.234.38 和 192.168.5.2 通信的数据包

（4）在该界面显示了主机 112.95.234.38 和 192.168.5.2 通信的数据包。其中，标志位为[FIN，ACK]的数据包才是断开连接的数据包。所以，第 218 帧是第一次发送断开连接的主机。这里通过对 218 帧着色，以便高亮显示 TCP 断开连接的整个会话。

（5）选择并右键单击 218 帧，将弹出如图 13.23 所示的右键菜单栏。

（6）在该菜单中，可以看到所有可以对 38 帧进行操作的选项。这里依次选择 Colorize Conversation|TCP|Color2 命令，如图 13.24 所示。

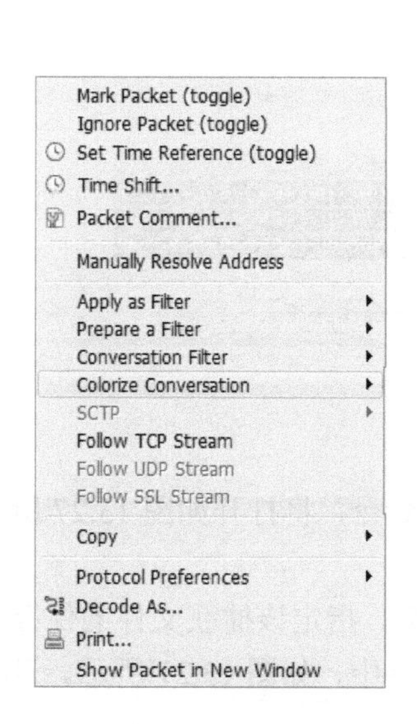

图 13.23　右键菜单栏

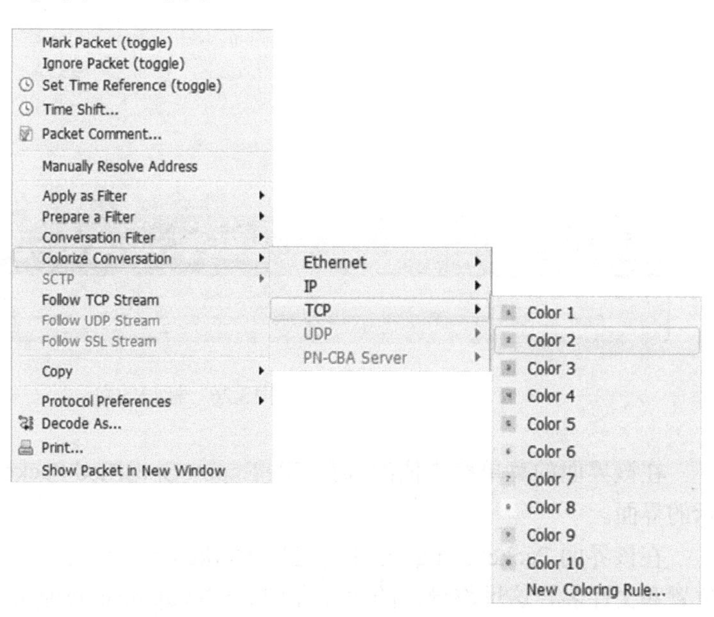

图 13.24　选择着色颜色

（7）这里选择使用第二种颜色进行着色。着色后显示结果如图 13.25 所示。

tcp.pcapng [Wireshark 1.10.7 (v1.10.7-0-g6b931a1 from master-1.10)]

File Edit View Go Capture Analyze Statistics Telephony Tools Internals Help

Filter: ip.addr==192.168.5.2 and ip.addr==112.95.243.38　Expression... Clear Apply Save

No.	Time	Source	Destination	Protocol	Length	Info
6	0.018372000	192.168.5.2	112.95.243.38	TCP	66	50098 > http [SYN] Seq=0 Win=
38	0.075275000	112.95.243.38	192.168.5.2	TCP	66	http > 50098 [SYN, ACK] Seq=0
39	0.075354000	192.168.5.2	112.95.243.38	TCP	54	50098 > http [ACK] Seq=1 Ack=
208	1.453339000	192.168.5.2	112.95.243.38	HTTP	796	GET /collect?pj=1990&dm=www.q
214	1.512336000	112.95.243.38	192.168.5.2	TCP	60	[TCP ACKed unseen segment] ht
215	1.512411000	112.95.243.38	192.168.5.2	TCP	60	http > 50098 [ACK] Seq=1 Ack=
216	1.512605000	112.95.243.38	192.168.5.2	HTTP	122	HTTP/1.1 200 OK
217	1.512667000	192.168.5.2	112.95.243.38	TCP	54	50098 > http [ACK] Seq=743 Ac
218	1.512723000	112.95.243.38	192.168.5.2	TCP	60	http > 50098 [FIN, ACK] Seq=6
219	1.512757000	192.168.5.2	112.95.243.38	TCP	54	50098 > http [ACK] Seq=743 Ac
222	1.527844000	192.168.5.2	112.95.243.38	TCP	54	50098 > http [FIN, ACK] Seq=7
233	1.584279000	112.95.243.38	192.168.5.2	TCP	60	http > 50098 [ACK] Seq=70 Ack
4318	16.036880000	192.168.5.2	112.95.243.38	TCP	66	50191 > http [SYN] Seq=0 Win=

Ready to load or capture　Packets: 5315 · Displayed: 28 (0.5%) · Load time: 0...　Profile: Default

图 13.25　高亮显示 TCP 数据包

（8）从该界面可以看到，主机 112.95.234.38 和 192.168.5.2 通信的数据包已经以第二种颜色高亮显示。从中可以看到，4318 帧和前面的数据帧的颜色是不同的。所以，由此可以判断出 218、219、222 和 233 帧是 TCP 四次断开连接的数据包。

为了方便后面对该数据包进行分析，将这 4 个数据帧导出到一个新的捕获文件中。由于这 4 个数据帧不连贯，在导出时就不可以指定范围将其导出。这里将这 4 个数据帧进行标记，然后选择导出标记的数据包。

在图 13.25 中分别选择 218、219、222 和 233 帧，单击右键选择 Mark Packet(toggle)选项进行标记，标记后显示界面如图 13.26 所示。

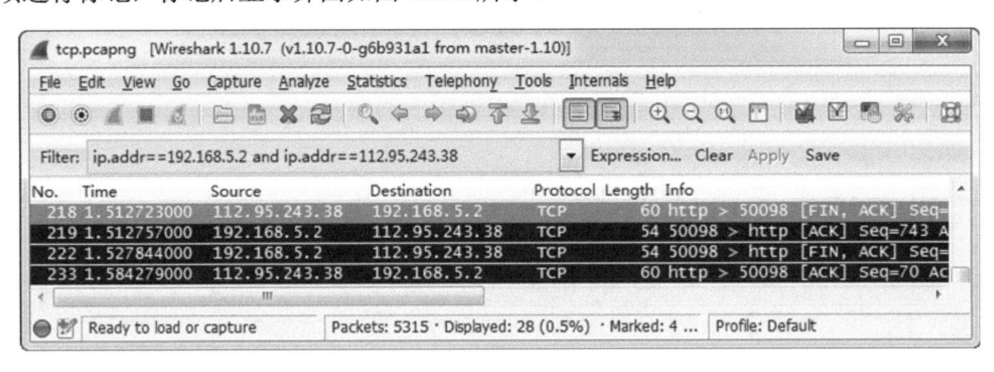

图 13.26　标记的包

在该界面的菜单栏中依次选择 File|Export Specified Packets 命令，将打开如图 13.27 所示的界面。

在该界面 Packet Range 栏中，选择 Marked packet 选项。然后，指定该捕获文件的保存位置和文件名，这里将导出的包保存到 tcp-break.pcapng 捕获文件中，如图 13.27 所示。设置完以上信息后，单击“保存”按钮保存导出的数据包。

图 13.27　导出标记包

13.3　TCP 数据包分析

通过前面的详细介绍，TCP 数据包已成功地被捕获。而且对捕获的数据包进行过滤，并且导入到新的捕获文件中了。本节将以前面导出的捕获文件为例，详细分析 TCP 数据包。

13.3.1　TCP 首部

在分析 TCP 数据包之前，先介绍一下 TCP 首部格式，如表 13-1 所示。

表 13-1　TCP首部格式

传输控制协议				
偏移位	0～3	4～7	8～15	16～31
0	源端口			目标端口
32	序号			
64	确认号			
96	数据偏移	保留	标记	窗口大小
128	校验和			紧急指针
160	选项			

在表 13-1 中，TCP 首部的各字段含义如下所示。

- 源端口：用来传输数据包的端口。
- 目标端口：数据包将要被发送到的端口。
- 序号：该数字用来表示一个 TCP 片段。这个域用来保证数据流中的部分没有缺失。
- 确认号：该数字是通信中希望从另一个设备得到的下一个数据包的序号。
- 保留：包括 Reserved、Nonce、CWR 和 ECN-Echo，共 6 个比特位。
- 标记：用来表示所传输的 TCP 数据包类型。该字段中可用的标记包括 URG、ACK、PSH、RST、SYN 和 FIN。
- 窗口大小：TCP 接收者缓冲的字节大小。
- 校验和：用来保证 TCP 首部和数据的内容，在到达目的地时的完整性。
- 紧急指针：如果设置了 URG 位，这个域将被检查作为额外的指令，告诉 CPU 从数据包的哪里开始读取数据。
- 选项：各种可选的域，可以在 TCP 数据包中进行指定。

上面提到了 TCP 传输时，可用到的标记有 URG、ACK、PSH、RST、SYN 和 FIN 6 种。下面分别介绍这 6 种标记的作用，如下所示。

- URG：紧急标志。此标志表示 TCP 包的紧急指针域有效，用来保证 TCP 连接不被中断，并且督促中间层设备要尽快处理这些数据。
- ACK：确认标志。此标志表示应答域有效，就是前面所说的 TCP 应答号将会包含在 TCP 数据包中；该标志位有两个值，分别是 0 和 1。当为 1 的时候，表示应答域有效。反之为 0。
- PSH：该标志表示 Push 操作。所谓 Push 操作就是指在数据包到达接收端以后，立即传送给应用程序，而不是在缓冲区中排队。
- RST：该标志表示连接复位请求。用来复位那些产生错误的连接，也被用来拒绝错误和非法的数据包。
- SYN：表示同步序号，用来建立连接。SYN 标志位和 ACK 标志位搭配使用，当连接请求的时候，SYN=1，ACK=0；当连接被响应的时候，SYN=1，ACK=1。这个标志的数据包经常被用来进行端口扫描。扫描者发送一个只有 SYN 的数据包，如果对方主机响应了一个数据包回来，就表明该主机存在这个端口；但是由于这种扫描方式只是进行 TCP 三次握手的第一次握手，因此这种扫描成功表示扫描的机器不安全。因为一台安全的主机，将会强制要求一个连接严格地进行 TCP 的三次握手。
- FIN：表示发送端已经达到数据末尾，也就是说双方的数据传送完成，没有数据可以传送了。此时发送 FIN 标志位的 TCP 数据包后，连接将被断开。这个标志的数据包也经常被用于进行端口扫描。当一个 FIN 标志的 TCP 数据包发送到一台计算机的特定端口后，如果这台计算机响应了这个数据，并且反馈回来一个 RST 标志的 TCP 包，就表明这台计算机上没有打开这个端口，但是这台计算机是存在的；如果这台计算机没有反馈回来任何数据包，这就表明，这台被扫描的计算机存在这个端口。

13.3.2　分析 TCP 的三次握手

TCP 三次握手是理解 TCP 协议最重要的部分。下面以 tcp-handshake.pcapng 捕获文件为例，分析 TCP 的三次握手。

1．第一次握手

TCP 第一次握手，捕获的数据包详细信息如图 13.28 所示。

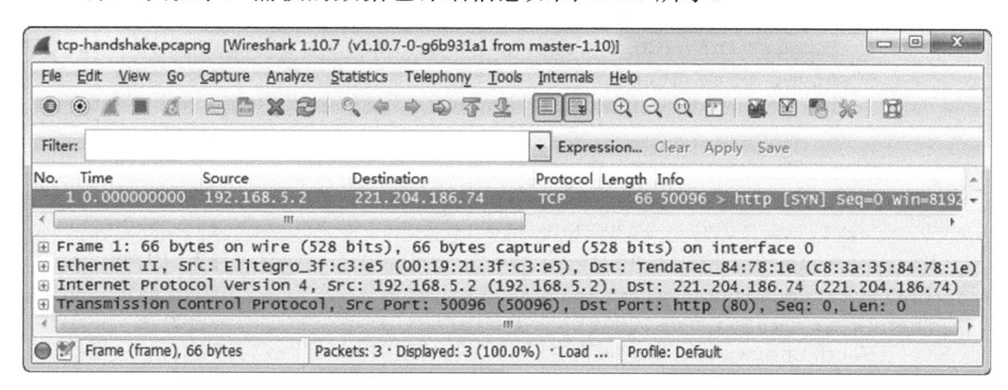

图 13.28　第一次握手的数据包

从 Wireshark 的 Packet List 面板中的 Info 列可以看到显示的 TCP 标志位是 SYN。所以，该数据包是客户端向服务器发送的第一次握手连接。在 Packet Details 面板中，显示了该包的详细信息。下面将依次对每行信息进行详细介绍。

```
Frame 1: 66 bytes on wire (528 bits), 66 bytes captured (528 bits) on interface 0
```

以上信息，表示这是第 1 个数据帧的详细信息，并且该包的大小为 66 个字节。

```
Ethernet II, Src: Elitegro_3f:c3:e5 (00:19:21:3f:c3:e5), Dst:
TendaTec_84:78:1e (c8:3a:35:84:78:1e)
```

以上内容是以太网帧头部的信息。其中，源 MAC 地址为 00:19:21:3f:c3:e5，目标 MAC 地址为 c8:3a:35:84:78:1e。

```
Internet Protocol Version 4, Src: 192.168.5.2 (192.168.5.2), Dst: 221.
204.186.74 (221.204.186.74)
```

以上内容是 IPv4 首部的详细信息。其中，源 IP 地址为 192.168.5.2，目标 IP 地址为 221.204.186.74。

```
Transmission Control Protocol, Src Port: 50096 (50096), Dst Port: http (80),
Seq: 0, Len: 0
```

以上内容是传输层首部的详细信息，这里使用的是 TCP 协议。其中源端口为 50096，目标端口为 80。下面对该首部中的每个字段进行详细介绍，如下所示。

```
Source port: 50096 (50096)                              #源端口号
Destination port: http (80)                             #目标端口号
[Stream index: 0]                                       #流节点号
```

```
Sequence number: 0    (relative sequence number)    #序列号
Header length: 32 bytes                              #首部长度
Flags: 0x002 (SYN)                                   #标志，这里为 SYN
   000. .... .... = Reserved: Not set
   ...0 .... .... = Nonce: Not set
   .... 0... .... = Congestion Window Reduced (CWR): Not set
   .... .0.. .... = ECN-Echo: Not set
   .... ..0. .... = Urgent: Not set                  #紧急指针
   .... ...0 .... = Acknowledgment: Not set          #确认编号
   .... .... 0... = Push: Not set                    #紧急位
   .... .... .0.. = Reset: Not set                   #重置
   .... .... ..1. = Syn: Set               #设置了 SYN 标志位，并且该值为 1
      [Expert Info (Chat/Sequence): Connection establish request (SYN):
     server port http]                               #专家信息
         [Message: Connection establish request (SYN): server port http]
                                                     #消息
         [Severity level: Chat]                      #安全级别
         [Group: Sequence]                           #组
   .... .... ...0 = Fin: Not set                     #FIN 标志位
Window size value: 8192                              #窗口大小
[Calculated window size: 8192]                       #估计的窗口大小
Checksum: 0x559a [validation disabled]               #校验和
   [Good Checksum: False]
   [Bad Checksum: False]
Options: (12 bytes), Maximum segment size, No-Operation (NOP), Window
scale, No-Operation (NOP), No-Operation (NOP), SACK permitted
                                                     #选项
   Maximum segment size: 1460 bytes                  #最大段大小
      kind: MSS size (2)
      Length: 4
      MSS Value: 1460
   No-Operation (NOP)                                #无操作指令
      Type: 1
         0... .... = Copy on fragmentation: No
         .00. .... = Class: Control (0)
         ...0 0001 = Number: No-Operation (NOP) (1)
   Window scale: 8 (multiply by 256)                 #窗口比例
      Kind: Window Scale (3)
      Length: 3
      Shift count: 8
      [Multiplier: 256]
   No-Operation (NOP)                                #无操作指令
      Type: 1
         0... .... = Copy on fragmentation: No
         .00. .... = Class: Control (0)
         ...0 0001 = Number: No-Operation (NOP) (1)
   No-Operation (NOP)                                #无操作指令
      Type: 1
         0... .... = Copy on fragmentation: No
         .00. .... = Class: Control (0)
         ...0 0001 = Number: No-Operation (NOP) (1)
   TCP SACK Permitted Option: True                   #TCP SACK 允许选项
      Kind: SACK Permission (4)
      Length: 2
```

根据以上信息的描述，可以看出该包是客户端发送给服务器建立连接请求的一个数据包。建立连接的源端口号为 50096，目标端口号为 80，确认编号为 0。而且在标志位

FLAGS(0x0002)中，只设置了 SYN，也就是位同步标志，表示请求建立连接。选项是 12 个字节，里面的内容有最大段（MSS），大小为 1460 个字节。

用户可以将 TCP 首部中的每个字段，对应到 TCP 首部格式的每个字段，如表 13-2 所示。

表 13-2　第一次握手TCP首部

传输控制协议				
偏移位	0～3	4～7	8～15	16～31
0	50096			80
32	0			
64	0			
96		省略	SYN	8192
128	0x559a			
160	省略			

2．第二次握手

TCP 第二次握手捕获的数据包详细信息，如图 13.29 所示。

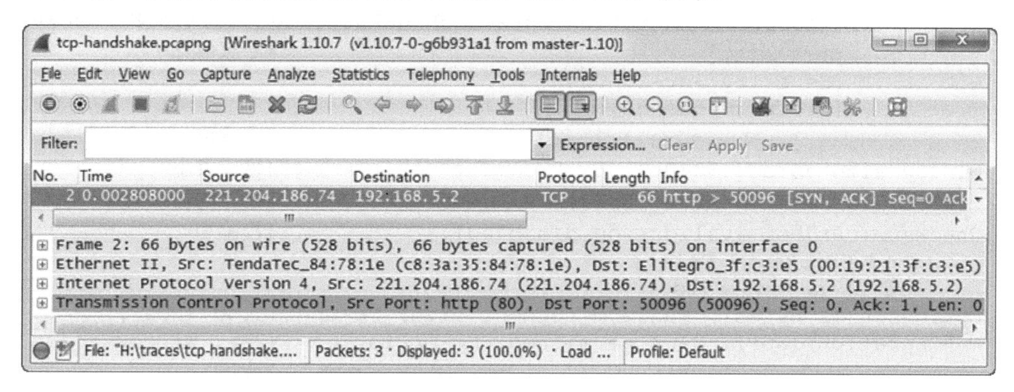

图 13.29　第二次握手

在该界面显示了第二次握手数据包的详细信息。下面将对该包的字段展开进行详细介绍，如下所示。

```
Frame 2: 66 bytes on wire (528 bits), 66 bytes captured (528 bits) on interface 0
```

以上内容表示这是第 2 帧的详细信息，并且该包的大小为 66 个字节。

```
Ethernet II, Src: TendaTec_84:78:1e (c8:3a:35:84:78:1e), Dst: Elitegro_
3f:c3:e5 (00:19:21:3f:c3:e5)
```

以上内容是以太网帧头部的详细信息。其中源 MAC 地址为 c8:3a:35:84:78:1e，目标 MAC 地址为 00:19:21:3f:c3:e5。

```
Internet Protocol Version 4, Src: 221.204.186.74 (221.204.186.74), Dst:
192.168.5.2 (192.168.5.2)
```

以上内容是 IPv4 头部的详细信息。其中源 IP 地址为 221.204.186.74，目标 IP 地址为 192.168.5.2。

```
Transmission Control Protocol, Src Port: http (80), Dst Port: 50096 (50096),
Seq: 0, Ack: 1, Len: 0
```

以上内容是TCP头部信息，其中源端口号为80，目标端口号为50096。

```
Source port: http (80)                                    #源端口号
Destination port: 50096 (50096)                           #目标端口号
[Stream index: 0]                                         #流节点号
Sequence number: 0    (relative sequence number)          #序列号
Acknowledgment number: 1    (relative ack number)         #确认编号，这里为1
Header length: 32 bytes                                   #首部长度
Flags: 0x012 (SYN, ACK)                               #标志位，此处为（SYN，ACK）
   000. .... .... = Reserved: Not set
   ...0 .... .... = Nonce: Not set
   .... 0... .... = Congestion Window Reduced (CWR): Not set
   .... .0.. .... = ECN-Echo: Not set
   .... ..0. .... = Urgent: Not set
   .... ...1 .... = Acknowledgment: Set                   #确认编号已设置
   .... .... 0... = Push: Not set
   .... .... .0.. = Reset: Not set
   .... .... ..1. = Syn: Set                              #请求位
      [Expert Info (Chat/Sequence): Connection establish acknowledge
     (SYN+ACK): server port http]
         [Message: Connection establish acknowledge (SYN+ACK): server
         port http]                                       #专家信息
         [Severity level: Chat]
         [Group: Sequence]
   .... .... ...0 = Fin: Not set                          #完成位
Window size value: 5840                                   #窗口大小
[Calculated window size: 5840]                            #估计的窗口大小
Checksum: 0x7bee [validation disabled]                    #校验和
   [Good Checksum: False]
   [Bad Checksum: False]
Options: (12 bytes), Maximum segment size, No-Operation (NOP),
No-Operation (NOP), SACK permitted, No-Operation (NOP), Window scale
                                                          #选项
   Maximum segment size: 1440 bytes                       #最大段
      Kind: MSS size (2)
      Length: 4
      MSS Value: 1440
   No-Operation (NOP)                                     #无操作指令
      Type: 1
         0... .... = Copy on fragmentation: No
         .00. .... = Class: Control (0)
         ...0 0001 = Number: No-Operation (NOP) (1)
   No-Operation (NOP)                                     #无操作指令
      Type: 1
         0... .... = Copy on fragmentation: No
         .00. .... = Class: Control (0)
         ...0 0001 = Number: No-Operation (NOP) (1)
   TCP SACK Permitted Option: True                        #TCP SACK 允许选项
      Kind: SACK Permission (4)
      Length: 2
   No-Operation (NOP)                                     #无操作指令
      Type: 1
         0... .... = Copy on fragmentation: No
         .00. .... = Class: Control (0)
         ...0 0001 = Number: No-Operation (NOP) (1)
```

```
    Window scale: 2 (multiply by 4)
        Kind: Window Scale (3)
        Length: 3
        Shift count: 2
        [Multiplier: 4]
[SEQ/ACK analysis]                                       #序列号/确认编号分析
   [This is an ACK to the segment in frame: 1]
   [The RTT to ACK the segment was: 0.002808000 seconds]
```

以上描述的详细信息是服务器收到请求后，发送给客户端的确认包（SYN+ACK）。根据以上的描述，可以看到在该数据包中包含这个主机初始的序列号 0，以及一个确认号 1。这个确认号比之前的那个数据包序列号大 1，是因为该域是用来表示主机所期望得到的下一个序列号的值。将该首部的详细信息对应到 TCP 首部格式的每个字段，如表 13-3 所示。

表 13-3　第二次握手TCP首部

传输控制协议				
偏移位	0～3	4～7	8～15	16～31
0	80			50096
32	0			
64	1			
96		省略	SYN，ACK	5840
128	0x7bee			
160	省略			

3．第三次握手

TCP 第三次握手捕获的数据包详细信息，如图 13.30 所示。

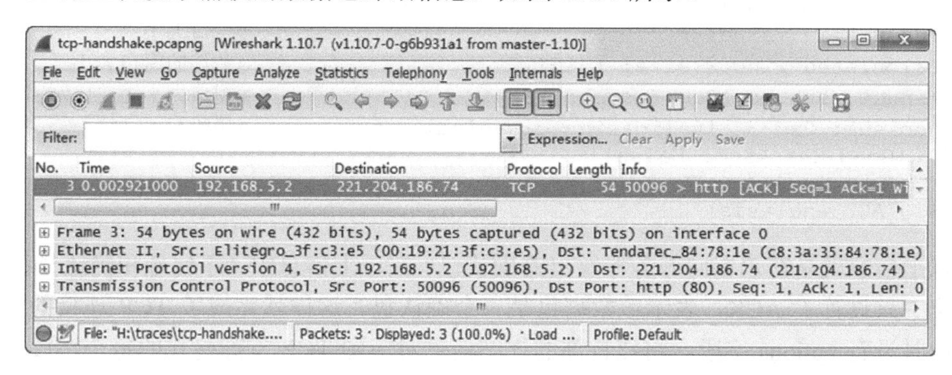

图 13.30　第三次握手的数据包

在该界面显示了第三次握手数据包的详细信息。下面对该包的详细信息进行展开介绍，如下所示。

```
Frame 3: 54 bytes on wire (432 bits), 54 bytes captured (432 bits) on interface 0
```

以上信息表示这是第 3 帧数据包信息，并且该包的大小为 54 个字节。

```
Ethernet II, Src: Elitegro_3f:c3:e5 (00:19:21:3f:c3:e5), Dst: TendaTec_
84:78:1e (c8:3a:35:84:78:1e)
```

以上信息表示这是以太网帧头部的信息。其中，源 MAC 地址为 00:19:21:3f:c3:e5，目标 MAC 地址为 c8:3a:35:84:78:1e。

```
Internet Protocol Version 4, Src: 192.168.5.2 (192.168.5.2), Dst:
221.204.186.74 (221.204.186.74)
```

以上内容是 IPv4 首部的详细信息。其中源 IP 地址为 192.168.5.2，目标 IP 地址为 221.204.186.74。

```
Transmission Control Protocol, Src Port: 50096 (50096), Dst Port: http (80),
Seq: 1, Ack: 1, Len: 0
```

以上内容是 TCP 首部信息。其中源端口号为 50096，目标端口号为 80。下面对该头部信息展开详细介绍，如下所示。

```
Source port: 50096 (50096)                                  #源端口号
Destination port: http (80)                                 #目标端口号
[Stream index: 0]                                           #流节点
Sequence number: 1    (relative sequence number)            #序列号
Acknowledgment number: 1    (relative ack number)           #确认编号
Header length: 20 bytes                                     #首部长度
Flags: 0x010 (ACK)                                          #标志位，此处为 ACK
   000. .... .... = Reserved: Not set
   ...0 .... .... = Nonce: Not set
   .... 0... .... = Congestion Window Reduced (CWR): Not set
   .... .0.. .... = ECN-Echo: Not set
   .... ..0. .... = Urgent: Not set
   .... ...1 .... = Acknowledgment: Set                     #已设置确认位
   .... .... 0... = Push: Not set
   .... .... .0.. = Reset: Not set
   .... .... ..0. = Syn: Not set
   .... .... ...0 = Fin: Not set
Window size value: 67                                       #窗口大小
[Calculated window size: 17152]                             #估计的窗口大小
[Window size scaling factor: 256]                           #窗口大小缩放比例因素
Checksum: 0xd334 [validation disabled]                      #校验和
   [Good Checksum: False]
   [Bad Checksum: False]
[SEQ/ACK analysis]
```

以上信息就是客户端向服务器发出的确认包。在以上信息中，序列号和确认号都为 1。标志位中只设置了 ACK，表示该数据包是一个确认包。这样就完成了 TCP 连接的建立阶段，此时没有 options 字段。将该首部的详细信息对应到 TCP 首部格式的每个字段，如表 13-4 所示。

表 13-4　第三次握手TCP首部

传输控制协议				
偏移位	0～3	4～7	8～15	16～31
0	50096			80
32	1			
64	1			
96		省略	ACK	67
128	0xd334			
160	省略			

13.3.3　分析 TCP 的四次断开

TCP 四次断开，也是 TCP 协议的主要工作之一。下面将以 tcp-break.pcapng 捕获文件为例，分析 TCP 的四次断开。

1．第一次断开

TCP 第一次断开连接的数据包，如图 13.31 所示。

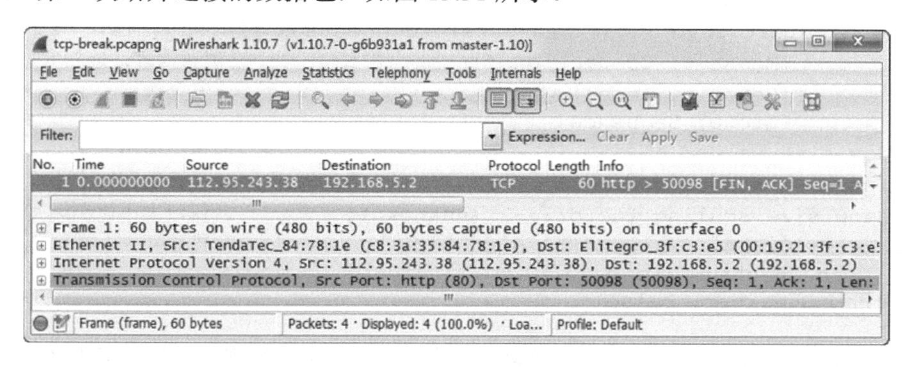

图 13.31　第一次断开

在该界面显示了 TCP 第一次断开，数据包的详细信息。下面将分别对每行信息进行详细介绍，如下所示。

```
Frame 1: 60 bytes on wire (480 bits), 60 bytes captured (480 bits) on interface 0
```

以上信息表示这是第 1 个数据帧的详细信息，其中大小为 60 个字节。

```
Ethernet II, Src: TendaTec_84:78:1e (c8:3a:35:84:78:1e), Dst: Elitegro_3f:
c3:e5 (00:19:21:3f:c3:e5)
```

以上内容表示以太网帧头部的详细信息。其中源 MAC 地址为 c8:3a:35:84:78:1e，目标 MAC 地址为 00:19:21:3f:c3:e5。

```
Internet Protocol Version 4, Src: 112.95.243.38 (112.95.243.38), Dst:
192.168.5.2 (192.168.5.2)
```

以上内容是 IPv4 首部的详细信息。其中，源 IP 地址为 112.95.243.38，目标 IP 地址为 192.168.5.2。

```
Transmission Control Protocol, Src Port: http (80), Dst Port: 50098 (50098),
Seq: 1, Ack: 1, Len: 0
```

以上内容是 TCP 首部的详细信息。其中，源端口号为 80，目标端口号为 50098。下面将对该首部内容进行详细介绍，如下所示。

```
Source port: http (80)                                      #源端口号
Destination port: 50098 (50098)                             #目标端口号
[Stream index: 0]                                           #流节点
Sequence number: 1    (relative sequence number)            #序列号
Acknowledgment number: 1    (relative ack number)           #确认编号
```

```
Header length: 20 bytes                                  #首部长度
Flags: 0x011 (FIN, ACK)                                  #标志，这里为（FIN，ACK）
   000. .... .... = Reserved: Not set
   ...0 .... .... = Nonce: Not set
   .... 0... .... = Congestion Window Reduced (CWR): Not set
   .... .0.. .... = ECN-Echo: Not set
   .... ..0. .... = Urgent: Not set
   .... ...1 .... = Acknowledgment: Set
   .... .... 0... = Push: Not set
   .... .... .0.. = Reset: Not set
   .... .... ..0. = Syn: Not set
   .... .... ...1 = Fin: Set                             #已设置 FIN 标志位
      [Expert Info (Chat/Sequence): Connection finish (FIN)] #专家信息
         [Message: Connection finish (FIN)]              消息内容，连接完成（FIN）
         [Severity level: Chat]                          #安全级别
         [Group: Sequence]
Window size value: 11                                    #窗口大小
[Calculated window size: 11]                             #估计的窗口大小
[Window size scaling factor: -1 (unknown)]               #窗口大小比例因素
Checksum: 0xfb4e [validation disabled]                   #校验和
   [Good Checksum: False]
   [Bad Checksum: False]
```

通过以上信息描述，可以看到服务端口向客户端发送 FIN 和 ACK 标志的数据包开始断开连接。其中，FIN 和 ACK 标志位都为 1。

以上 TCP 首部的详细信息对应到 TCP 首部格式中，显示结果如表 13-5 所示。

表 13-5　第一次断开TCP首部格式

<table>
<tr><th colspan="5">传输控制协议</th></tr>
<tr><td>偏移位</td><td>0～3</td><td>4～7</td><td>8～15</td><td>16～31</td></tr>
<tr><td>0</td><td colspan="3">80</td><td>50098</td></tr>
<tr><td>32</td><td colspan="4">1</td></tr>
<tr><td>64</td><td colspan="4">1</td></tr>
<tr><td>96</td><td></td><td></td><td>FIN，ACK</td><td>11</td></tr>
<tr><td>128</td><td colspan="3">0xfb4e</td><td></td></tr>
<tr><td>160</td><td colspan="4"></td></tr>
</table>

2. 第二次断开

第二次断开 TCP 连接的数据包如图 13.32 所示。

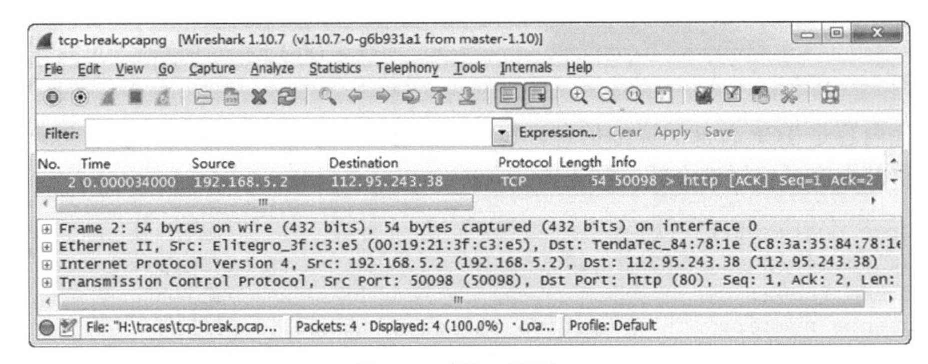

图 13.32　第二次断开

在该界面显示了 TCP 第二次断开数据包的详细信息。下面将分别对每行信息进行详细介绍，如下所示。

```
Frame 2: 54 bytes on wire (432 bits), 54 bytes captured (432 bits) on interface 0
```

以上信息表示这是第 2 个数据帧的详细信息，其中大小为 54 个字节。

```
Ethernet II, Src: Elitegro_3f:c3:e5 (00:19:21:3f:c3:e5), Dst: TendaTec_
84:78:1e (c8:3a:35:84:78:1e)
```

以上内容表示以太网帧头部的详细信息。其中源 MAC 地址为 00:19:21:3f:c3:e5，目标 MAC 地址为 c8:3a:35:84:78:1e。

```
Internet Protocol Version 4, Src: 192.168.5.2 (192.168.5.2), Dst:
112.95.243.38 (112.95.243.38)
```

以上内容是 IPv4 首部的详细信息。其中，源 IP 地址为 192.168.5.2，目标 IP 地址为 112.95.243.38。

```
Transmission Control Protocol, Src Port: 50098 (50098), Dst Port: http (80),
Seq: 1, Ack: 2, Len: 0
```

以上内容是 TCP 首部的详细信息。其中，源端口号为 50098，目标端口号为 80。下面将对该首部内容展开详细介绍，如下所示。

```
Source port: 50098 (50098)                                  #源端口
Destination port: http (80)                                 #目标端口
[Stream index: 0]                                           #流节点
Sequence number: 1    (relative sequence number)            #序列号
Acknowledgment number: 2    (relative ack number)           #确认号
Header length: 20 bytes                                     #首部长度
Flags: 0x010 (ACK)                                          #标志
   000. .... .... = Reserved: Not set
   ...0 .... .... = Nonce: Not set
   .... 0... .... = Congestion Window Reduced (CWR): Not set
   .... .0.. .... = ECN-Echo: Not set
   .... ..0. .... = Urgent: Not set
   .... ...1 .... = Acknowledgment: Set
   .... .... 0... = Push: Not set
   .... .... .0.. = Reset: Not set
   .... .... ..0. = Syn: Not set
   .... .... ...0 = Fin: Not set
Window size value: 67                                       #窗口大小
[Calculated window size: 67]                                #估计窗口大小
[Window size scaling factor: -1 (unknown)]                  #窗口大小比例因素
Checksum: 0xfb16 [validation disabled]                      #校验和
   [Good Checksum: False]
   [Bad Checksum: False]
[SEQ/ACK analysis]
  This is an ACK to the segment in frame: 1
  The RTT to ACK the segment was: 0.000034000 seconds
```

通过对以上信息的描述，可以看出该包是客户端发送给服务器的 ACK 包。其中，

ACK 标志位为 1。以上 TCP 首部的详细信息对应到 TCP 首部格式中，显示结果如表 13-6 所示。

表 13-6　第二次断开TCP首部格式

传输控制协议				
偏移位	0～3	4～7	8～15	16～31
0	50098			80
32	1			
64	2			
96			ACK	67
128	0xfb16			
160				

3. 第三次断开

第三次断开 TCP 连接的数据包如图 13.33 所示。

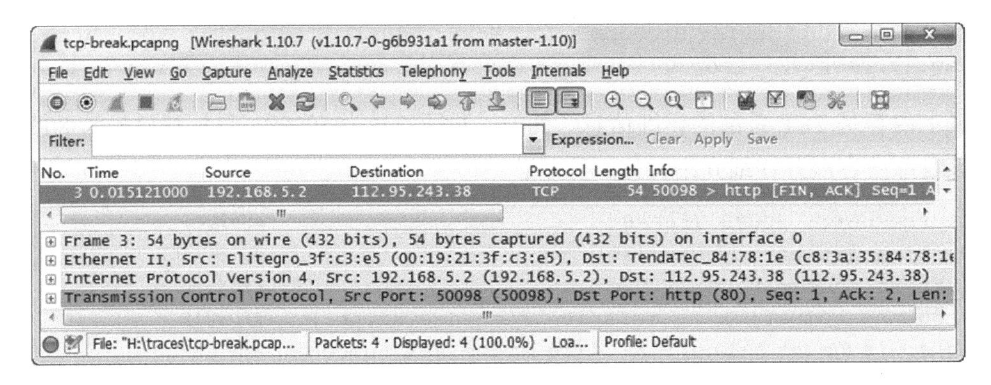

图 13.33　第三次断开

在该界面显示了 TCP 第三次断开数据包的详细信息。下面将分别对每行信息进行详细介绍，如下所示。

```
Frame 3: 54 bytes on wire (432 bits), 54 bytes captured (432 bits) on interface 0
```

以上信息表示这是第 3 个数据帧的详细信息，其中大小为 54 个字节。

```
Ethernet II, Src: Elitegro_3f:c3:e5 (00:19:21:3f:c3:e5), Dst:
TendaTec_84:78:1e (c8:3a:35:84:78:1e)
```

以上内容表示以太网帧头部的详细信息。其中源 MAC 地址为 00:19:21:3f:c3:e5，目标 MAC 地址为 c8:3a:35:84:78:1e。

```
Internet Protocol Version 4, Src: 192.168.5.2 (192.168.5.2), Dst:
112.95.243.38 (112.95.243.38)
```

以上内容是 IPv4 首部的详细信息。其中，源 IP 地址为 192.168.5.2，目标 IP 地址为 112.95.243.38。

```
Transmission Control Protocol, Src Port: 50098 (50098), Dst Port: http (80),
Seq: 1, Ack: 2, Len: 0
```

以上内容是 TCP 首部的详细信息。其中，源端口号为 50098，目标端口号为 80。下面将对该首部内容展开详细介绍，如下所示。

```
Source port: 50098 (50098)                              #源端口号
Destination port: http (80)                             #目标端口号
[Stream index: 0]                                       #流节点
Sequence number: 1    (relative sequence number)        #序列号
Acknowledgment number: 2    (relative ack number)       #确认号
Header length: 20 bytes                                 #首部长度
Flags: 0x011 (FIN, ACK)                                 #标志位
   000. .... .... = Reserved: Not set
   ...0 .... .... = Nonce: Not set
   .... 0... .... = Congestion Window Reduced (CWR): Not set
   .... .0.. .... = ECN-Echo: Not set
   .... ..0. .... = Urgent: Not set
   .... ...1 .... = Acknowledgment: Set
   .... .... 0... = Push: Not set
   .... .... .0.. = Reset: Not set
   .... .... ..0. = Syn: Not set
   .... .... ...1 = Fin: Set
      [Expert Info (Chat/Sequence): Connection finish (FIN)]#专家信息
         [Message: Connection finish (FIN)]
         [Severity level: Chat]
         [Group: Sequence]
Window size value: 67                                   #窗口大小
[Calculated window size: 67]                            #估计窗口大小
[Window size scaling factor: -1 (unknown)]              #窗口大小比例因素
Checksum: 0xfb15 [validation disabled]                  #校验和
   [Good Checksum: False]
   [Bad Checksum: False]
```

通过以上信息的描述，看以看出该包是客户端发送给服务器的 FIN 和 ACK 包。其中 FIN 和 ACK 标志位都为 1。

以上 TCP 首部的详细信息对应到 TCP 首部格式中，显示结果如表 13-7 所示。

表 13-7　第三次断开TCP首部格式

传输控制协议				
偏移位	0～3	4～7	8～15	16～31
0	50098			80
32	1			
64	2			
96			FIN，ACK	67
128	0xfb15			
160				

4．第四次断开

第四次断开 TCP 连接的数据包如图 13.34 所示。

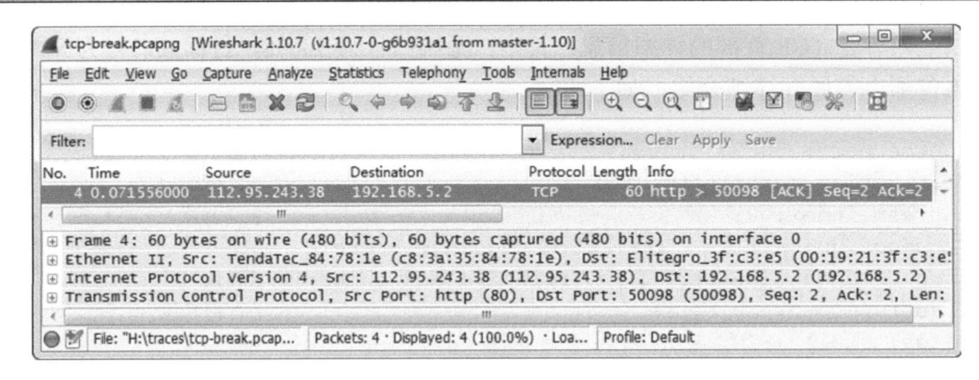

图 13.34　第四次断开数据包

在该界面显示了 TCP 第四次断开数据包的详细信息。下面将分别对每行信息进行详细介绍，如下所示。

```
Frame 4: 60 bytes on wire (480 bits), 60 bytes captured (480 bits) on interface 0
```

以上信息表示这是第 4 个数据帧的详细信息，其中大小为 60 个字节。

```
Ethernet II, Src: TendaTec_84:78:1e (c8:3a:35:84:78:1e), Dst: Elitegro_3f:c3:e5 (00:19:21:3f:c3:e5)
```

以上内容表示以太网帧头部的详细信息。其中源 MAC 地址为 c8:3a:35:84:78:1e，目标 MAC 地址为 00:19:21:3f:c3:e5。

```
Internet Protocol Version 4, Src: 112.95.243.38 (112.95.243.38), Dst: 192.168.5.2 (192.168.5.2)
```

以上内容是 IPv4 首部的详细信息。其中，源 IP 地址为 112.95.243.38，目标 IP 地址为 192.168.5.2。

```
Transmission Control Protocol, Src Port: http (80), Dst Port: 50098 (50098), Seq: 2, Ack: 2, Len: 0
```

以上内容是 TCP 首部的详细信息。其中，源端口号为 80，目标端口号为 50098。下面将对该首部内容展开详细介绍，如下所示。

```
Source port: http (80)                                        #源端口
Destination port: 50098 (50098)                               #目标端口
[Stream index: 0]                                             #流节点
Sequence number: 2    (relative sequence number)              #序列号
Acknowledgment number: 2    (relative ack number)             #确认号
Header length: 20 bytes                                       #首部长度
Flags: 0x010 (ACK)                                            #标志
    000. .... .... = Reserved: Not set
    ...0 .... .... = Nonce: Not set
    .... 0... .... = Congestion Window Reduced (CWR): Not set
    .... .0.. .... = ECN-Echo: Not set
    .... ..0. .... = Urgent: Not set
    .... ...1 .... = Acknowledgment: Set                      #确认标志位已设置
    .... .... 0... = Push: Not set
    .... .... .0.. = Reset: Not set
    .... .... ..0. = Syn: Not set
    .... .... ...0 = Fin: Not set
```

```
Window size value: 11                                          #窗口大小
[Calculated window size: 11]                                   #估计窗口大小
[Window size scaling factor: -1 (unknown)]                     #窗口大小比例因素
Checksum: 0xfb4d [validation disabled]                         #校验和
    [Good Checksum: False]
    [Bad Checksum: False]
[SEQ/ACK analysis]
    This is an ACK to the segment in frame: 3
    The RTT to ACK the segment was: 0.056435000 seconds
```

通过以上信息的描述，可以看出该包是服务器发送给客户端的 ACK 包。其中，ACK 标志位为 1。

以上 TCP 首部的详细信息对应到 TCP 首部格式中，显示结果如表 13-8 所示。

表 13-8　第四次断开TCP首部格式

传输控制协议				
偏移位	0～3	4～7	8～15	16～31
0	80			50098
32	2			
64	2			
96			ACK	11
128	0xfb4d			
160				

13.3.4　分析 TCP 重置数据包

前面介绍 TCP 重置时，发送的数据包标志位为 RST。下面以 tcp.pcapng 捕获文件为例，介绍 TCP 重置的数据包。打开 tcp.pcang 捕获文件，如图 13.35 所示。

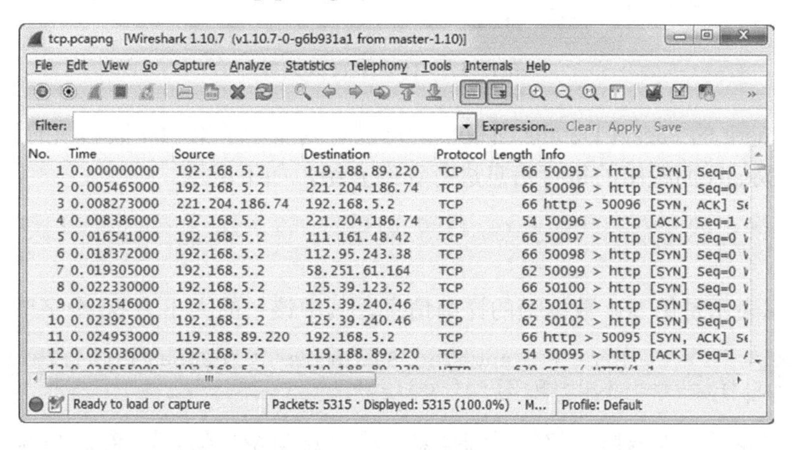

图 13.35　tcp.pcapng 捕获文件

这里首先使用显示过滤器，过滤 TCP 重置数据包。显示过滤结果如图 13.36 所示。

从 Wireshark 的状态栏中，可以看到有 70 个数据包匹配 tcp.flags.reset==1 显示过滤器。从 Wireshark 的 Packet List 列中，也可以看到这些包详细信息中的标志位是[RST，ACK]，表示这些包都是 TCP 重置数据包。

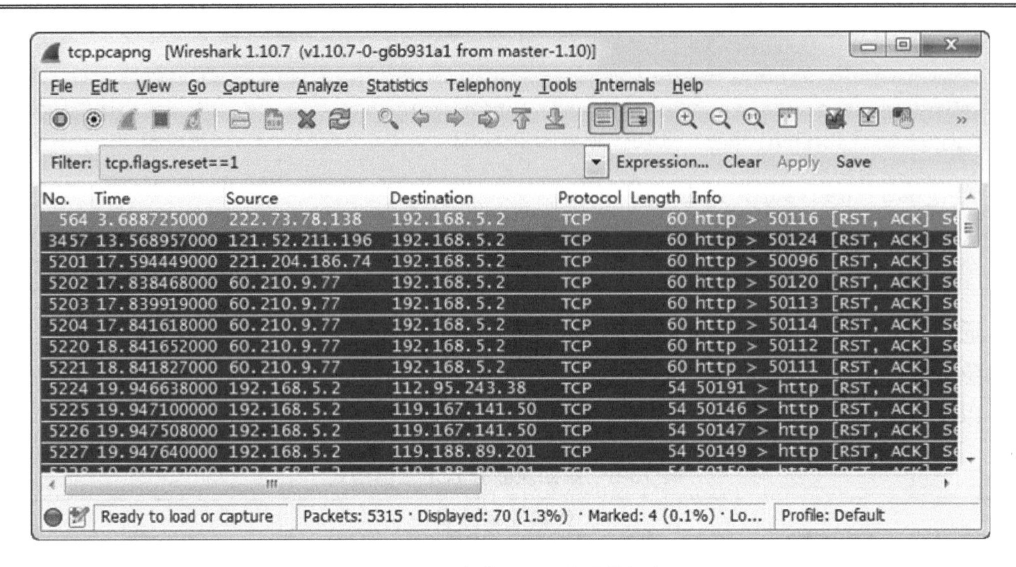

图 13.36　过滤 TCP 重置数据包

下面来分析一下第 564 数据帧，其详细内容如图 13.37 所示。

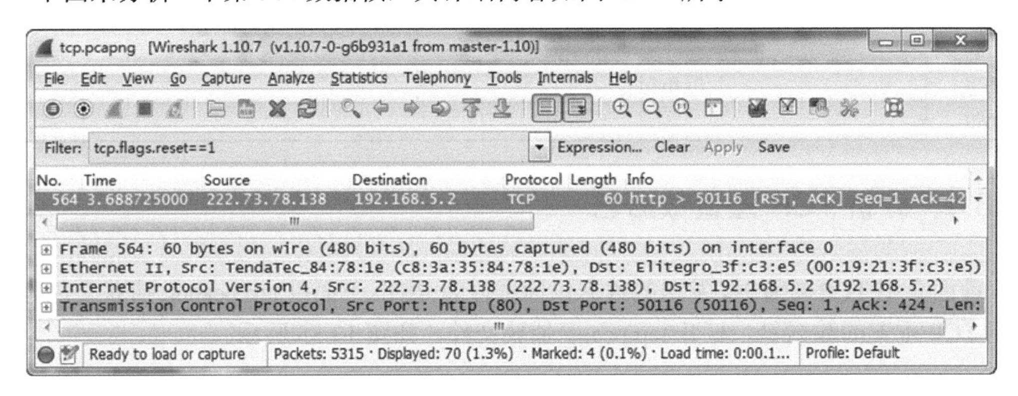

图 13.37　TCP 重置数据包

从 Wireshark 的 Packet Details 面板中，可以看到显示了第 564 数据帧的详细信息。下面对 Packet Details 面板中的每行信息进行详细介绍，如下所示。

```
Frame 564: 60 bytes on wire (480 bits), 60 bytes captured (480 bits) on
interface 0
```

以上信息表示是第 564 数据帧的详细信息，其中该包的大小为 60 个字节。

```
Ethernet II, Src: TendaTec_84:78:1e (c8:3a:35:84:78:1e), Dst:
Elitegro_3f:c3:e5 (00:19:21:3f:c3:e5)
```

以上内容表示以太网帧头部的详细信息。其中源 MAC 地址为 c8:3a:35:84:78:1e，目标 MAC 地址为 00:19:21:3f:c3:e5。

```
Internet Protocol Version 4, Src: 222.73.78.138 (222.73.78.138), Dst:
192.168.5.2 (192.168.5.2)
```

以上内容是 IPv4 首部的详细信息。其中源 IP 地址为 222.73.78.138，目标 IP 地址为 192.168.5.2。

```
Transmission Control Protocol, Src Port: http (80), Dst Port: 50116 (50116),
Seq: 1, Ack: 424, Len: 0
```

以上内容表示 TCP 首部的详细信息。其中源端口号为 80，目标端口号为 50116。下面将对该首部中的各字段进行详细介绍，如下所示。

```
Source port: http (80)                                           #源端口
Destination port: 50116 (50116)                                  #目标端口
[Stream index: 21]                                               #流节点
Sequence number: 1    (relative sequence number)                 #序列号
Acknowledgment number: 424   (relative ack number)               #确认号
Header length: 20 bytes                                          #首部长度
   Flags: 0x014 (RST, ACK)                               #标志，此处是 RST，ACK 标志位
   000. .... .... = Reserved: Not set
   ...0 .... .... = Nonce: Not set
   .... 0... .... = Congestion Window Reduced (CWR): Not set
   .... .0.. .... = ECN-Echo: Not set
   .... ..0. .... = Urgent: Not set
   .... ...1 .... = Acknowledgment: Set                          #确认标志位已设置
   .... .... 0... = Push: Not set
   .... .... .1.. = Reset: Set                                   #重设标志位已设置
      [Expert Info (Chat/Sequence): Connection reset (RST)]   #专家信息
         [Message: Connection reset (RST)]
         [Severity level: Chat]
         [Group: Sequence]
   .... .... ..0. = Syn: Not set
   .... .... ...0 = Fin: Not set
Window size value: 11                                            #窗口大小
[Calculated window size: 11264]                                  #估计窗口大小
[Window size scaling factor: 1024]                               #窗口大小缩放比例因素
Checksum: 0xd6a9 [validation disabled]                           #校验和
   [Good Checksum: False]
   [Bad Checksum: False]
```

通过对以上各字段的详细描述，可以看出是服务器发送给客户端的 RST 数据包。以上 TCP 首部的详细信息对应到 TCP 首部格式中，显示结果如表 13-9 所示。

表 13-9　TCP首部格式

传输控制协议				
偏移位	0～3	4～7	8～15	16～31
0	80			50116
32	1			
64	424			
96			RST，ACK	11
128	0xd6a9			
160				

第14章 ICMP协议抓包分析

ICMP（Internet Control Message Protocol，网际报文控制协议）是Internet协议族的核心协议之一，它主要用在网络计算机的操作系统中发送出错信息。例如，提示请求的服务不可用、主机或者路由不可达。ICMP协议依靠IP协议来完成其任务，通常也是IP协议的一个集成部分。ICMP协议和TCP或UDP协议的目的不同，它一般不用来在端系统之间传送数据。它通常不被用户网络程序直接使用，或者是像Ping和tracert这样的诊断程序。本章将介绍ICMP协议抓包分析。

14.1 ICMP协议概述

ICMP协议是一种面向无连接的协议，用于传输出错报告控制信息。它是一个非常重要的协议，对于网络安全具有极其重要的意义。本节将介绍ICMP协议概述。

14.1.1 什么是ICMP协议

ICMP是Internet Control Message Protocol的缩写。ICMP是（Internet Control Message Protocol）互联网控制报文协议。它是TCP/IP协议族的一个子协议，用于IP主机、路由器直接传递控制消息。控制消息是指网络通不通、主机是否可达、路由是否可用等网络本身的消息。这些消息虽然并不传输用户数据，但是对于用户数据的传递起着非常重要的作用。

14.1.2 学习ICMP的重要性

学习ICMP协议对于网络安全具有极其重要的意义。ICMP协议本身的特点决定了它非常容易被用于攻击网络上的路由器和主机。例如，用户可以利用操作系统规定的ICMP数据包最大尺寸不超过64KB这一规定，向主机发起Ping of Death（死亡之Ping）攻击。Ping of Death攻击的原理就是当ICMP数据包的尺寸超过64KB上限时，主机就会出现内存分配错误，导致TCP/IP堆栈崩溃，致使主机死机。

此外，向目标主机长时间、连续、大量地发送ICMP数据包，也会最终使系统瘫痪。大量的ICMP数据包会形成“ICMP风暴”，使得目标主机耗费大量的CPU资源处理，疲于奔命。

14.1.3　Echo 请求与响应

ICMP 因为其 ping 功能而著名。ping 是用来检测一个设备的可连接性，大部分人都会对 ping 很熟悉。在命令行中输入 ping <IP 地址>。其中，将<IP 地址>替换为网络上的一个实际 IP 地址，就可以使用 ping 了。如果目标设备在线，用户的计算机就会收到目标主机的响应，并且没有防火墙影响。

基本上来说，ping 每次向一个设备发送一个数据包，并等待回复，以确定设备是否可连接，如图 14.1 所示。

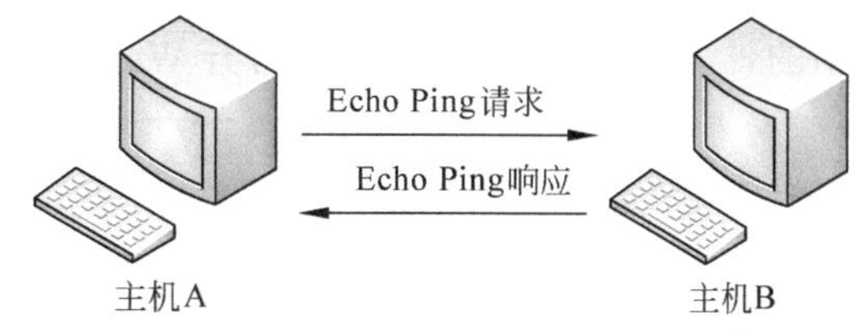

图 14.1　ping 命令

图 14.1 就是 ping 命令的两步。当主机 A 向主机 B 发送一个 Echo Ping 请求包时，主机 B 就会向主机 A 发送一个 Echo ping 响应包。

14.1.4　路由跟踪

路由跟踪功能是用来识别一个设备到另一个设备的网络路径。在一个简单的网络上，这个网络路径可能只经过一个路由器，甚至一个都不经过。但是在复杂的网络中，数据包可能会经过数十个路由器才会到达最终目的地。当通信过程中，出现故障时可能无法判断问题出在哪，这时候就可以通过路由跟踪功能，找出网络故障的位置。

14.2　捕获 ICMP 协议包

在 Wireshark 中，提供了捕获 ICMP 数据包的捕获过滤器。本节将介绍使用 icmp 捕获过滤器，捕获 ICMP 数据包。本例的实验环境及 Wireshark 的位置如图 14.2 所示。

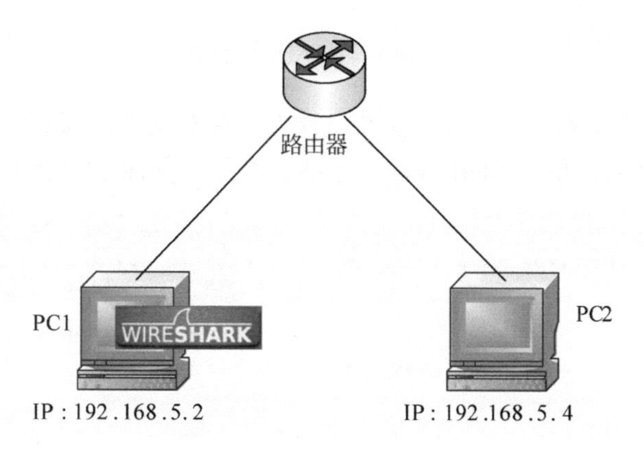

图 14.2　Wireshark 位置

在网络中典型使用 ICMP 协议的程序就是 ping 命令。所以，需要选择两台主机进行 ping 通信。本例中，选择了 PC1 和 PC2 两台主机，并且在 PC1 上开启 Wireshark 工具捕获数据包。

14.2.1　捕获正常 ICMP 数据包

这里，先尝试捕获正常的 ICMP 数据包。具体操作步骤如下所示。

（1）在 PC1 主机上启动 Wireshark 工具。

（2）在 Wireshark 主界面的菜单栏中依次选择 Capture|Options 命令，或者单击工具栏中的（显示捕获选项）图标打开 Wireshark 捕获选项窗口，如图 14.3 所示。

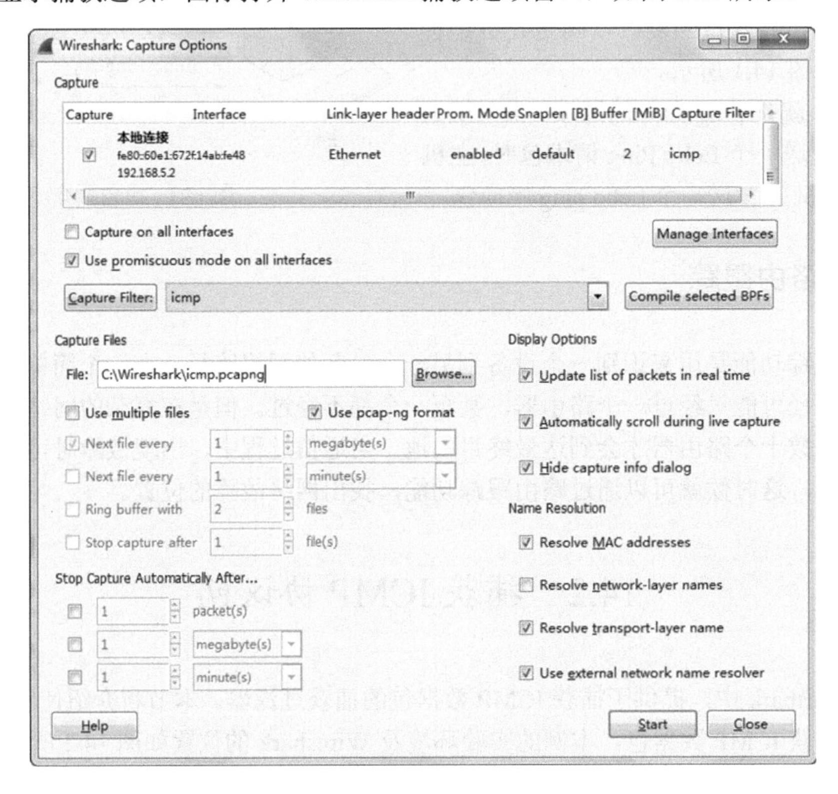

图 14.3　捕获选项窗口

（3）在该界面选择捕获接口，设置捕获过滤器及捕获文件的保存位置，如图 14.3 所示。以上配置信息设置完后，单击 Start 按钮开始捕获数据，如图 14.4 所示。

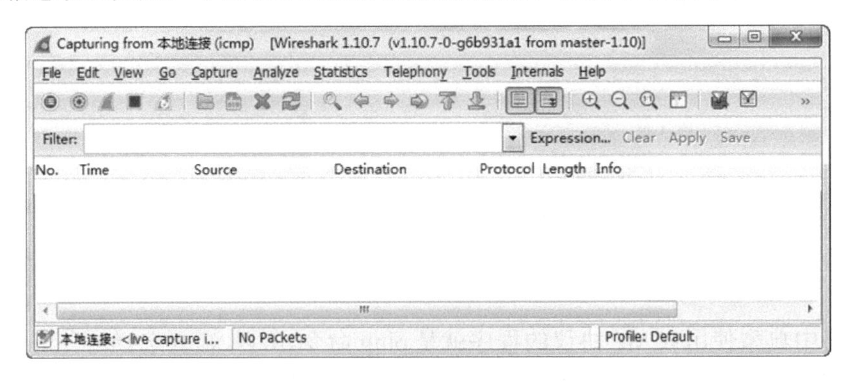

图 14.4　开始捕获数据包

（4）出现如图 14.4 所示的界面，表示已经开始捕获数据包。在 Wireshark 的 Packet List 面板中，现在还没有捕获到任何相关的数据包。接下来，通过在 PC1 主机上执行 ping 命令来捕获 ICMP 数据包，如下所示。

```
C:\Users\lyw>ping 192.168.5.4
正在 Ping 192.168.5.4 具有 32 字节的数据:
来自 192.168.5.4 的回复: 字节=32 时间<1ms TTL=64
来自 192.168.5.4 的回复: 字节=32 时间<1ms TTL=64
来自 192.168.5.4 的回复: 字节=32 时间<1ms TTL=64
来自 192.168.5.4 的回复: 字节=32 时间<1ms TTL=64
192.168.5.4 的 Ping 统计信息:
    数据包: 已发送 = 4，已接收 = 4，丢失 = 0 (0% 丢失)，
往返行程的估计时间(以毫秒为单位):
    最短 = 0ms，最长 = 0ms，平均 = 0ms
```

以上输出的信息就是 ping 命令运行后的结果。在 Windows 操作系统中，ping 默认响应 4 个数据包。执行完以上命令后，返回到 Wireshark 界面，将看到如图 14.5 所示的界面。

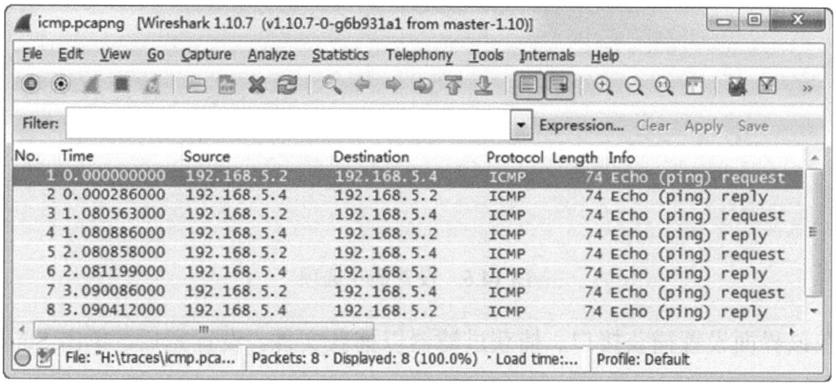

图 14.5　捕获的数据包

从该界面可以很清楚地看到，现在已经捕获到了 ICMP 协议数据包。在 Wireshark 的状态栏中，可以看到共捕获了 8 个数据包。这是因为包括 4 个 ping 请求包和 4 个 ping 响应包。在 Windows 或 Linux 下执行 ping 命令后，只能看到响应的数据包。所以，在前面仅看到了 4 个数据包。

在前面介绍 ICMP 协议时，提到 ICMP 协议实际是用来判断网络的连接情况的，如网络不通、目标主机不可达、请求超时等。通过 Wireshark 都可以详细分析这些数据包。图 14.5 中捕获了在网络正常通信情况下的数据包。下面介绍如何捕获一些出错的数据包。

14.2.2　捕获请求超时的数据包

当网络连通性不好时，执行 ping 命令，通常会返回请求超时的数据包。默认情况下 ping 命令发出 Echo ping 请求后，如果 2 秒内没有收到 Echo ping 响应的话，就会收到请求超时的数据包。下面演示捕获请求超时的数据包。

（1）启动 Wireshark 工具。

（2）在 Wireshark 主界面的菜单栏中依次选择 Capture|Options 命令，或者单击工具栏

中的◉（显示捕获选项）图标打开 Wireshark 捕获选项窗口，如图 14.6 所示。

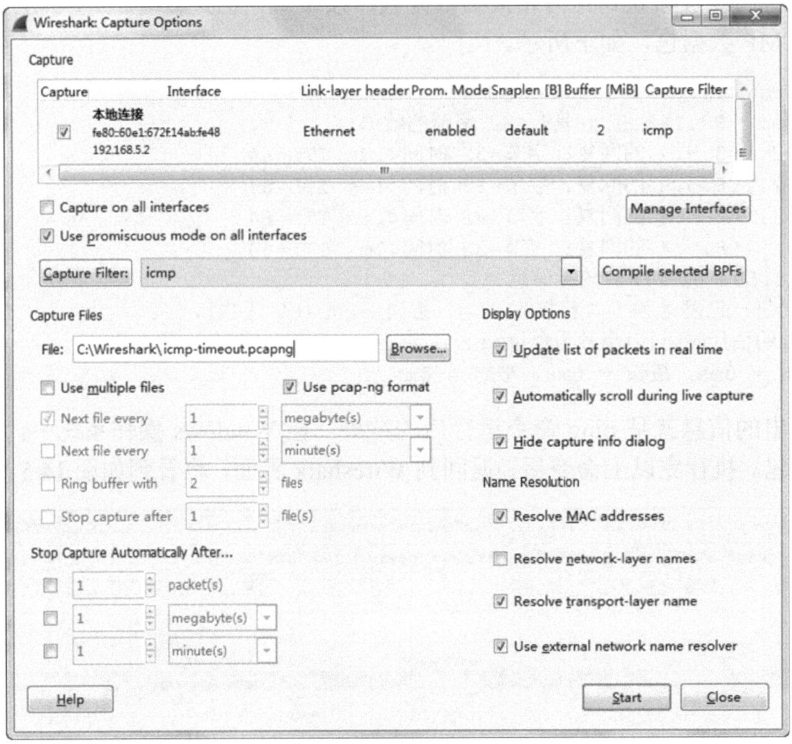

图 14.6　设置捕获选项

（3）在该界面设置捕获接口、捕获过滤器以捕获文件。设置完后，单击 Start 按钮开始捕获数据。

（4）此时通过执行 tracert 命令，捕获响应超时的数据包。执行命令如下：

```
C:\Users\Administrator>tracert 4.2.2.1
通过最多 30 个跃点跟踪
到 a.resolvers.level3.net [4.2.2.1] 的路由:
  1  <1 毫秒  <1 毫秒  <1 毫秒 Lyw [192.168.0.1]
  2    7 ms     2 ms     2 ms  1.144.184.183.adsl-pool.sx.cn [183.184.144.1]
  3    6 ms     3 ms     3 ms  201.124.26.218.internet.sx.cn [218.26.124.201]
  4    4 ms     3 ms     3 ms  253.151.26.218.internet.sx.cn [218.26.151.253]
  5   33 ms    32 ms    33 ms  219.158.99.181
  6   37 ms    36 ms    35 ms  219.158.97.106
  7   82 ms    78 ms    80 ms  219.158.97.90
  8  184 ms   183 ms   191 ms  219.158.102.110
  9  197 ms   196 ms   196 ms  ge-6-24.car3.SanJose1.Level3.net [4.71.112.101]
 10  204 ms   204 ms   204 ms  ae-4-90.edge1.SanJose1.Level3.net [4.69.152.206]
 11  196 ms   196 ms   199 ms  a.resolvers.level3.net [4.2.2.1]
跟踪完成。
```

执行以上命令后，Wireshark 将捕获到相关的数据包。在以上命令中，tracert 是一个路由跟踪命令。所以，如果访问一个互联网地址（4.2.2.1），会经过好多个路由，这时候也就容易产生响应超时的数据包。

（5）返回到 Wireshark 主界面，停止 Wireshark 捕获数据包，将显示如图 14.7 所示的界面。

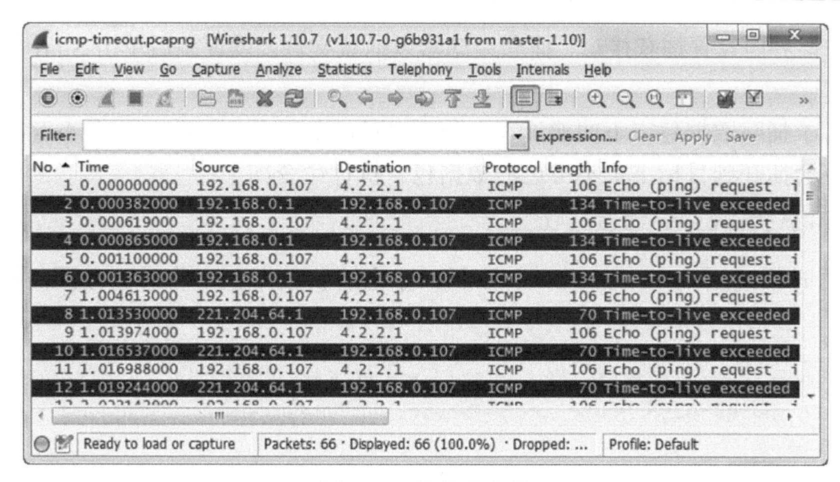

图 14.7　捕获的文件

（6）从 Wireshark 的 Packet List 面板中的 Info 列可以看到某些包的信息为 Time-to-live execded（超时），这表示该包响应超时。

14.2.3　捕获目标主机不可达的数据包

当中间路由器不能给数据包找到路由或目的主机不能交付数据包时，中间路由器或目的主机将会丢弃这个数据包。然后，发出这个数据包的源点发送目标主机不可达的报文。下面演示捕获目标主机不可达的数据包。

（1）启动 Wireshark 工具。

（2）在 Wireshark 主界面的菜单栏中依次选择 Capture|Options 命令，或者单击工具栏中的◉（显示捕获选项）图标，打开 Wireshark 捕获选项窗口，如图 14.8 所示。

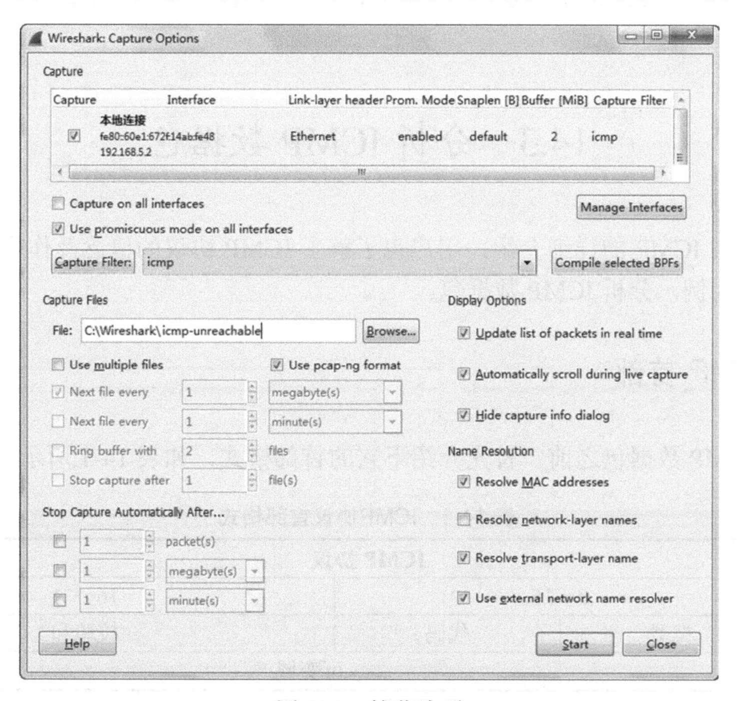

图 14.8　捕获选项

（3）在该界面设置捕获接口、捕获过滤器以捕获文件。设置完后单击 Start 按钮开始捕获数据。

（4）为了捕获数据包，下面通过在 PC1 上执行 ping 命令，ping 一个不存在的主机。这时候，将会捕获到目标主机不可达的数据包。执行命令如下：

```
C:\Users\lyw>ping 10.10.10.100
```

（5）这时候返回到 Wireshark 主界面，停止捕获数据包，将看到如图 14.9 所示的界面。

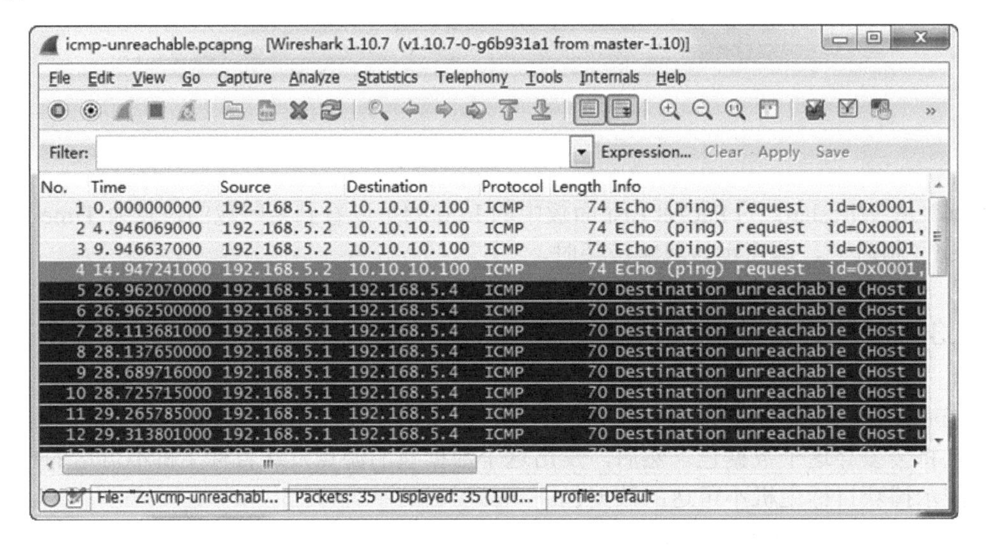

图 14.9　捕获的目标主机不可达数据包

（6）在该界面的 Packet List 面板中的 Info 列，可以看到 5～12 个数据帧都是目标不可达的信息。

14.3　分析 ICMP 数据包

通过前面对 ICMP 的详细介绍，用户也了解了 ICMP 协议的概念及作用。本节将以前面捕获的文件为例，分析 ICMP 数据包。

14.3.1　ICMP 首部

在分析 ICMP 数据包之前，首先介绍下它的首部格式，如表 14-1 所示。

表 14-1　ICMP协议首部格式

<table>
<tr><th colspan="4">ICMP 协议</th></tr>
<tr><td>偏移位</td><td colspan="2">0～15</td><td>16～31</td></tr>
<tr><td>0</td><td>类型</td><td>代码</td><td>校验和</td></tr>
<tr><td>32</td><td colspan="3">可变域</td></tr>
</table>

以上表格中 ICMP 首部各字段含义如下所示。

- 类型（Type）：ICMP 消息基于 RFC 规范的类型域分类。
- 代码（Code）：ICMP 消息基于 RFC 规范的子类型。
- 校验和（Checksum）：用来保证 ICMP 头和数据在抵达目的地时的完整性。
- 可变域（Variable）：依赖于类型和代码域的部分。

在表格 14-1 中有个 ICMP 类型字段，这里详细介绍一下 ICMP 中可用的类型。

1. ICMP请求报文类型

ICMP 请求报文可用的类型如表 14-2 所示。

表 14-2　ICMP请求报文类型

类型	代码	描　　述
8	0	回显请求
10	0	路由器请求
13	0	时间戳请求
15	0	信息请求（废弃不可用）
17	0	地址掩码请求

2. ICMP响应报文类型

ICMP 响应报文可用的类型如表 14-3 所示。

表 14-3　ICMP响应报文类型

类型	代码	描　　述
0	0	回显响应
9	0	路由器响应
14	0	时间戳响应
16	0	信息响应（废弃不可用）
18	0	地址掩码响应

3. ICMP协议提供的诊断报文类型

ICMP 协议提供的诊断报文类型如表 14-4 所示。

表 14-4　ICMP协议提供的诊断报文类型

类型	描　　述
0	响应应答（Ping 应答，与类型 8 的请求一起使用）
3	目标主机不可达
4	源点抑制
5	重定向
8	响应请求（Ping 请求，与类型 8 的 Ping 应答一起使用）
9	路由器公告（与类型 10 一起使用）
10	路由器请求（与类型 9 一起使用）
11	超时
12	参数问题

14.3.2　分析 ICMP 数据包——Echo Ping 请求包

下面以前面捕获的 icmp.pcapng 捕获文件为例，分析 ICMP 数据包。打开 icmp.pcapng 捕获文件，如图 14.10 所示。

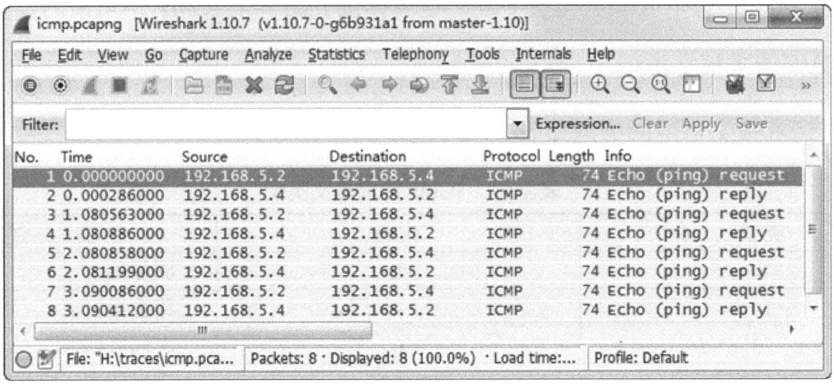

图 14.10　icmp.pcapng 捕获文件

在该文件中包括 8 个数据包。这里以前两个数据帧为例，分别分析 Echo ping 请求包和 Echo ping 响应包。Echo Ping 请求包如图 14.11 所示。

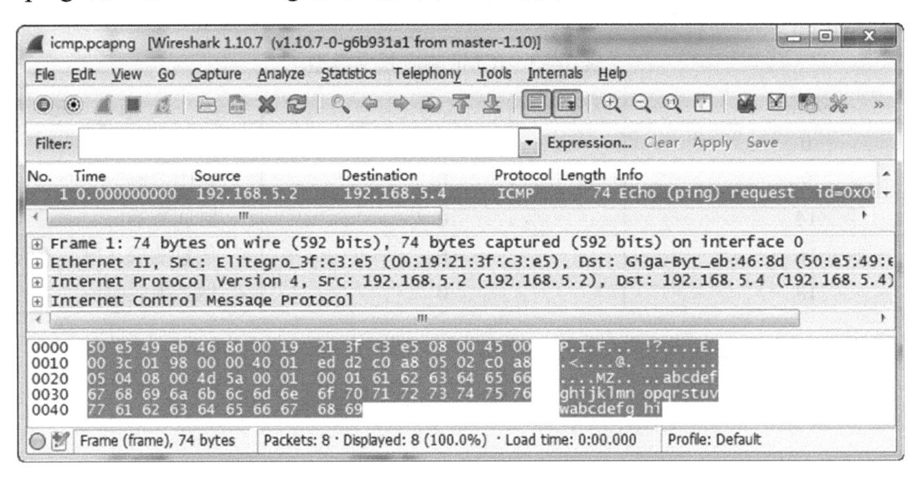

图 14.11　Echo Ping 请求包

以上信息显示了 Echo Ping 请求包的详细信息。在 Wireshark 的 Packet Details 面板中，可以看到有 4 行信息。分别表示数据帧信息、以太网帧头部信息、IPv4 首部信息和 ICMP 协议信息。下面分别对这 4 行信息进行详细介绍，如下所示。

```
Frame 1: 74 bytes on wire (592 bits), 74 bytes captured (592 bits) on interface 0
```

以上信息表示的是第 1 帧数据包的信息，并且该包的大小为 74 个字节。

```
Ethernet II, Src: Elitegro_3f:c3:e5 (00:19:21:3f:c3:e5), Dst:
Giga-Byt_eb:46:8d (50:e5:49:eb:46:8d)
```

以上内容是以太网帧头部的详细信息。其中，源 MAC 地址为 00:19:21:3f:c3:e5，目标 MAC 地址为 50:e5:49:eb:46:8d。

```
Internet Protocol Version 4, Src: 192.168.5.2 (192.168.5.2), Dst:
192.168.5.4 (192.168.5.4)
```

以上信息是 IPv4 首部的详细信息。其中，源 IP 地址为 192.168.5.2，目标 IP 地址为 192.168.5.4。

```
Internet Control Message Protocol
```

以上信息是 ICMP 协议首部的详细信息。下面对该首部内容进行详细介绍，如下所示。

```
Type: 8 (Echo (ping) request)                          #类型
Code: 0                                                #代码
Checksum: 0x4d5a [correct]                             #校验和
Identifier (BE): 1 (0x0001)                            #标识符（BE）
Identifier (LE): 256 (0x0100)                          #标识符（LE）
Sequence number (BE): 1 (0x0001)                       #序列号（BE）
Sequence number (LE): 256 (0x0100)                     #序列号（LE）
[Response frame: 2]                                    #响应帧
Data (32 bytes)                                        #数据
  Data: 6162636465666768696a6b6c6d6e6f7071727374757677 61...
  Length: 32
```

以上信息就是 ICMP 首部的详细介绍。从以上信息中，可以看到 Echo Ping 请求包的类型为 8，代码为 0。还有校验和、标识符和序列号信息等。包中的序列号是用来匹配请求和响应包的。请求包和响应包的序列号是相同的。

注意： echo 和 ping 经常会被混淆，但记住 ping 实际上是一个工具的名字，ping 工具用于发送 ICMP echo 请求数据包。

将该首部中的每个字段添加到 ICMP 首部，显示结果如表 14-5 所示。

表 14-5　ICMP协议首部格式（1）

ICMP 协议			
偏移位	0～15		16～31
0	8	0	0x4d5a
32	省略		

14.3.3　分析 ICMP 数据包——Echo Ping 响应包

Echo Ping 响应包如图 14.12 所示。

以上信息显示了 Echo Ping 响应包的详细信息。在 Wireshark 的 Packet Details 面板中，可以看到也有 4 行信息。下面分别对这 4 行信息进行详细介绍，如下所示。

```
Frame 2: 74 bytes on wire (592 bits), 74 bytes captured (592 bits) on interface 0
```

以上信息表示的是第 2 个数据帧的详细信息。其中，该包的大小为 74 个字节。

```
Ethernet II, Src: Giga-Byt_eb:46:8d (50:e5:49:eb:46:8d), Dst:
Elitegro_3f:c3:e5 (00:19:21:3f:c3:e5)
```

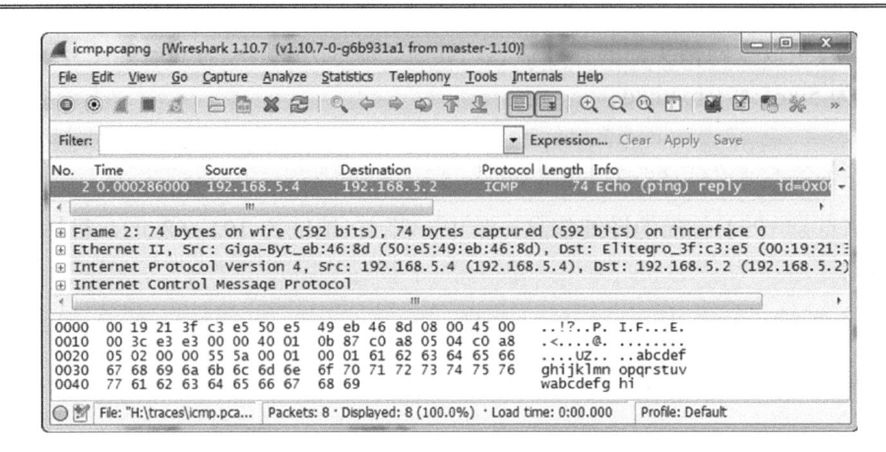

图 14.12　Echo Ping 响应包

以上信息是以太网帧头部的信息。其中，源 MAC 地址为 50:e5:49:eb:46:8d，目标 MAC 地址为 00:19:21:3f:c3:e5。

```
Internet Protocol Version 4, Src: 192.168.5.4 (192.168.5.4), Dst:
192.168.5.2 (192.168.5.2)
```

以上内容是 IPv4 首部的详细信息。其中，源 IP 地址为 192.168.5.4，目标 IP 地址为 192.168.5.2。

```
Internet Control Message Protocol
```

以上信息是 ICMP 首部的详细信息。下面对该首部中的各字段进行详细介绍，如下所示。

```
Type: 0 (Echo (ping) reply)                              #类型
Code: 0                                                  #代码
Checksum: 0x555a [correct]                               #校验和
Identifier (BE): 1 (0x0001)                              #标识符（BE）
Identifier (LE): 256 (0x0100)                            #标识符（LE）
Sequence number (BE): 1 (0x0001)                         #序列号（BE）
Sequence number (LE): 256 (0x0100)                       #序列号（LE）
[Request frame: 1]                                       #请求帧
[Response time: 0.286 ms]                                #响应时间
Data (32 bytes)                                          #数据
  Data: 6162636465666768696a6b6c6d6e6f7071727374757677 61...
  Length: 32
```

从以上信息可以看到该包的类型为 0，代码也为 0，这表示该包是一个 Echo 响应包。在该数据包中的序列号和第一个数据包的序列号是相同的，说明这个数据包是响应第一个包的 echo 请求的。

将该首部中的每个字段添加到 ICMP 首部，显示结果如表 14-6 所示。

表 14-6　ICMP协议首部格式（2）

ICMP 协议			
偏移位	0～15		16～31
0	0	0	0x555a
32	省略		

14.3.4　分析 ICMP 数据包——请求超时数据包

下面以前面捕获的 icmp-timeout.pcapng 捕获文件为例，分析请求超时的数据包。打开 icmp-timeout.pcapng 捕获文件，将显示如图 14.13 所示的界面。

icmp-timeout.pcapng [Wireshark 1.10.7 (v1.10.7-0-g6b931a1 from master-1.10)]

File Edit View Go Capture Analyze Statistics Telephony Tools Internals Help

Filter: Expression... Clear Apply Save

No.	Time	Source	Destination	Protocol	Length	Info
1	0.000000000	192.168.0.107	4.2.2.1	ICMP	106	Echo (ping) request
2	0.000382000	192.168.0.1	192.168.0.107	ICMP	134	Time-to-live exceeded
3	0.000619000	192.168.0.107	4.2.2.1	ICMP	106	Echo (ping) request
4	0.000865000	192.168.0.1	192.168.0.107	ICMP	134	Time-to-live exceeded
5	0.001100000	192.168.0.107	4.2.2.1	ICMP	106	Echo (ping) request
6	0.001363000	192.168.0.1	192.168.0.107	ICMP	134	Time-to-live exceeded
7	1.004613000	192.168.0.107	4.2.2.1	ICMP	106	Echo (ping) request
8	1.013530000	221.204.64.1	192.168.0.107	ICMP	70	Time-to-live exceeded
9	1.013974000	192.168.0.107	4.2.2.1	ICMP	106	Echo (ping) request
10	1.016537000	221.204.64.1	192.168.0.107	ICMP	70	Time-to-live exceeded
11	1.016988000	192.168.0.107	4.2.2.1	ICMP	106	Echo (ping) request
12	1.019244000	221.204.64.1	192.168.0.107	ICMP	70	Time-to-live exceeded

Ready to load or capture | Packets: 66 · Displayed: 66 (100.0%) · Dropped: ... | Profile: Default

图 14.13　icmp-timeout.pcapng 捕获文件

在 icmp-timeout.pcapng 捕获文件中，2、4、6 等数据包都是响应超时的数据包。这里以第 2 帧为例，分析该数据包中的相应信息，如图 14.14 所示。

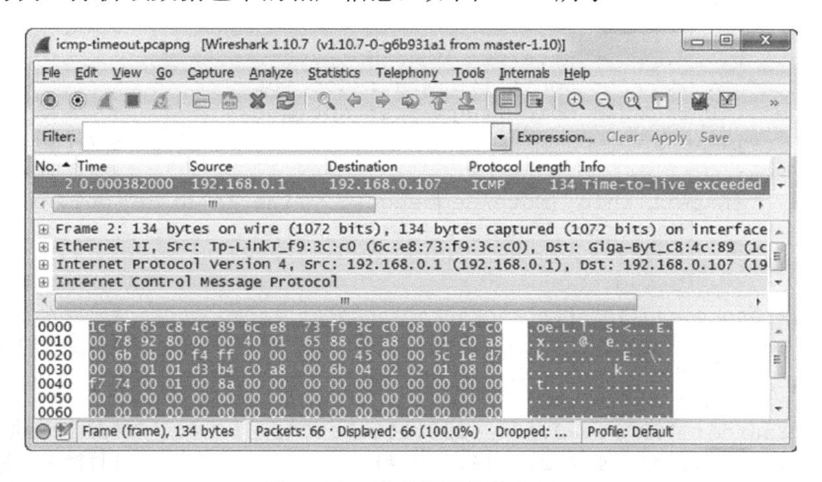

图 14.14　请求超时的数据包

从该界面可以看到 25 帧的详细信息，如包的大小、以太网首部信息和 IP 首部信息等。下面对该包中的详细信息依次进行介绍。

```
Frame 2: 134 bytes on wire (1072 bits), 134 bytes captured (1072 bits) on
interface 0
```

以上信息表示，这是第 2 帧的详细信息，并且该包的大小为 134 个字节。

```
Ethernet   II,   Src:   Tp-LinkT_f9:3c:c0   (6c:e8:73:f9:3c:c0),   Dst:
Giga-Byt_c8:4c:89 (1c:6f:65:c8:4c:89)
```

以上信息是以太网帧首部的详细信息。其中源 MAC 地址为 6c:e8:73:f9:3c:c0，目标 MAC 地址为 1c:6f:65:c8:4c:89。

```
Internet Protocol Version 4, Src: 192.168.0.1 (192.168.0.1), Dst: 
192.168.0.107 (192.168.0.107)
```

以上信息是 IPv4 首部的详细信息。其中，源 IP 地址为 192.168.0.1，目标 IP 地址为 192.168.0.107。

```
Internet Control Message Protocol
```

以上信息是 ICMP 首部的详细信息。下面对该首部信息进行详细介绍，如下所示。

```
Internet Control Message Protocol                            #ICMP 协议
   Type: 11 (Time-to-live exceeded)                          #类型
   Code: 0 (Time to live exceeded in transit)                #代码
   Checksum: 0xf4ff [correct]                                #校验和
   Internet Protocol Version 4, Src: 192.168.0.107 (192.168.0.107), Dst: 
   4.2.2.1 (4.2.2.1)                                         #IPv4 首部信息
      Version: 4                                             #IP 协议版本
      Header length: 20 bytes                                #首部长度
      Differentiated Services Field: 0x00 (DSCP 0x00: Default; ECN: 0x00: 
      Not-ECT (Not ECN-Capable Transport))                   #服务标识符
         0000 00.. = Differentiated Services Codepoint: Default (0x00)
         .... ..00 = Explicit Congestion Notification: Not-ECT (Not 
         ECN-Capable Transport) (0x00)
      Total Length: 92                                       #总长度
      Identification: 0x1ed7 (7895)                          #标识符
      Flags: 0x00                                            #标志
         0... .... = Reserved bit: Not set
         .0.. .... = Don't fragment: Not set
         ..0. .... = More fragments: Not set
      Fragment offset: 0                                     #分片偏移
      Time to live: 1                                        #生存期
         [Expert Info (Note/Sequence): "Time To Live" only 1]
            [Message: "Time To Live" only 1]
            [Severity level: Note]
            [Group: Sequence]
      Protocol: ICMP (1)                                     #协议为 ICMP
      Header checksum: 0xd3b4 [validation disabled]          #首部校验和
         [Good: False]
         [Bad: False]
      Source: 192.168.0.107 (192.168.0.107)                  #源 IP 地址
      Destination: 4.2.2.1 (4.2.2.1)                         #目标 IP 地址
      [Source GeoIP: Unknown]                                #源 IP 地址地理位置
      [Destination GeoIP: Unknown]                           #目标 IP 地址地理位置
   Internet Control Message Protocol                         #ICMP 协议
      Type: 8 (Echo (ping) request)                          #类型
      Code: 0                                                #代码
      Checksum: 0xf774                                       #校验和
      Identifier (BE): 1 (0x0001)                            #标识符（BE）
      Identifier (LE): 256 (0x0100)                          #标识符（LE）
      Sequence number (BE): 138 (0x008a)                     #序列号（BE）
      Sequence number (LE): 35328 (0x8a00)                   #序列号（LE）
      Data (64 bytes)                                        #数据
        Data: 000000000000000000000000000000000000000000000000...
```

```
Length: 64                                    #数据报的大小为 64 个字节
```

通过对以上信息的详细介绍，可以看到该包的类型为 11，代码为 0。这表示该数据包是一个请求超时的数据包。在以上信息中，用户可能都发现这个数据包的 TTL 值为 1，也就意味着这个数据包会在它遇到的第一个路由器处被丢掉。这就是因为主机 192.168.0.107 与 4.2.2.1 通信，之间会经过好多个路由器（至少会有一个），所有这个数据包将不会到达目的地。由此，就可以判断出该网络的连接情况，并简单地画出网络结构。

14.3.5　分析 ICMP 数据包——目标主机不可达的数据包

下面以 icmp-unreachable.pcapng 捕获文件为例，分析目标主机不可达的包详细信息。打开 icmp-unreachable.pcapng 捕获文件，如图 14.15 所示。

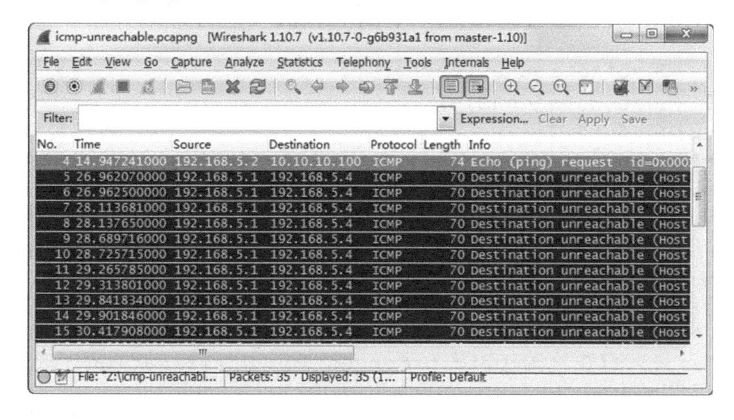

图 14.15　icmp-unreachable.pcapng 捕获文件

该包中捕获到了数据不可达的数据包，下面通过分析该数据包的详细信息，了解 ICMP 包的类型、代码等。这里分析第 5 帧详细信息，如图 14.16 所示。

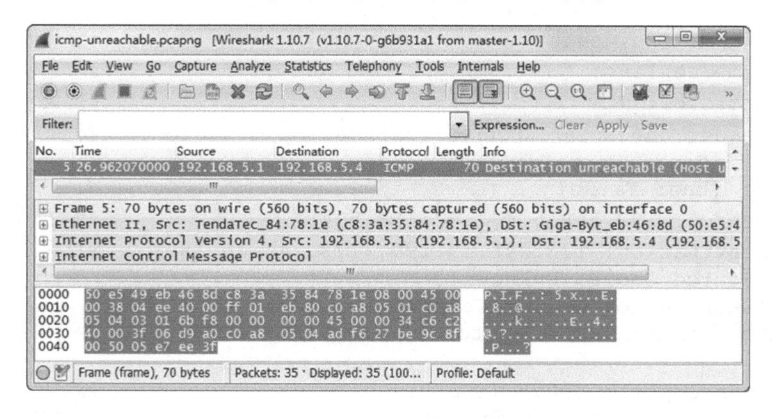

图 14.16　目标主机不可达的数据包

从该界面可以看到，该数据包也包括 4 行详细信息。下面依次进行详细介绍，如下所示。

```
Frame 5: 70 bytes on wire (560 bits), 70 bytes captured (560 bits) on interface 0
```

以上信息表示这是第 5 帧的详细信息，并且该包的大小为 70 个字节。

```
Ethernet II, Src: TendaTec_84:78:1e (c8:3a:35:84:78:1e), Dst:
Giga-Byt_eb:46:8d (50:e5:49:eb:46:8d)
```

以上内容是以太网帧头部的详细信息。其中源 MAC 地址为 c8:3a:35:84:78:1e，目标 MAC 地址为 50:e5:49:eb:46:8d。

```
Internet Protocol Version 4, Src: 192.168.5.1 (192.168.5.1), Dst:
192.168.5.4 (192.168.5.4)
```

以上信息是 IPv4 首部的详细信息。其中源 IP 地址为 192.168.5.1（路由器），目标 IP 地址为 192.168.5.4。

```
Internet Control Message Protocol
```

以上内容是 ICMP 协议的详细信息。下面对该协议进行详细介绍，如下所示。

```
    Type: 3 (Destination unreachable)                        #类型
    Code: 1 (Host unreachable)                               #代码
    Checksum: 0x6bf8 [correct]                               #校验和
    Internet Protocol Version 4, Src: 192.168.5.4 (192.168.5.4), Dst:
    173.246.39.190 (173.246.39.190)
        Version: 4                                           #IP 协议版本
        Header length: 20 bytes                              #首部长度
        Differentiated Services Field: 0x00 (DSCP 0x00: Default; ECN: 0x00:
        Not-ECT (Not ECN-Capable Transport))                 #服务标识符
            0000 00.. = Differentiated Services Codepoint: Default (0x00)
            .... ..00 = Explicit Congestion Notification: Not-ECT (Not
            ECN-Capable Transport) (0x00)
        Total Length: 52                                     #总长度
        Identification: 0xc6c2 (50882)                       #标识符
        Flags: 0x02 (Don't Fragment)                         #标志
            0... .... = Reserved bit: Not set
            .1.. .... = Don't fragment: Set
            ..0. .... = More fragments: Not set
        Fragment offset: 0                                   #分片偏移
        Time to live: 63                                     #生存期
        Protocol: TCP (6)                                    #协议
        Header checksum: 0xd9a0 [validation disabled]        #首部校验和
            [Good: False]
            [Bad: False]
        Source: 192.168.5.4 (192.168.5.4)                    #源 IP 地址
        Destination: 173.246.39.190 (173.246.39.190)         #目标 IP 地址
        [Source GeoIP: Unknown]
        [Destination GeoIP: Unknown]
    Transmission Control Protocol, Src Port: 40079 (40079), Dst Port: http
    (80)
        Source port: 40079 (40079)                           #源端口号为 40079
        Destination port: http (80)                          #目标端口号为 80
        Sequence number: 99085887                            #序列号
```

根据以上信息的描述，可以看到该包中 ICMP 协议的类型为 3，代码为 1。这表示该包是一个目标主机不可达的数据包。

第 15 章　DHCP 数据抓包分析

DHCP（Dynamic Host Configuration Procotol，动态主机配置协议）是一个局域网的网络协议，主要用于给内部网络或网络服务供应商自动分配 IP 地址。DHCP 协议是一个应用层协议，能够让设备自动获取 IP 地址以及其他重要网络资源，如 DNS 服务器和路由网关地址等。本章将详细分析 DHCP 数据包。

15.1　DHCP 概述

DHCP 的前身是 BOOTP，属于 TCP/IP 的应用层协议。DHCP 网络配置方面非常重要，特别是一个网络的规模较大时，使用 DHCP 可极大地减轻网络管理员的工作量。另外，对于移动 PC（如笔记本、平板等），由于使用的环境经常变动，所处网络的 IP 地址也就可能需要经常变动。若每次都需要手工修改它们的 IP 地址，使用起来非常麻烦。这时候，就可以使用 DHCP 来减轻负担。本节将介绍 DHCP 的相关信息，如它的作用、工作流程和报文结构等。

15.1.1　什么是 DHCP

DHCP（Dynamic Host Configuration Procotol，动态主机配置协议）是一个局域网的网络协议，使用 UDP 协议工作。DHCP 有 3 个端口，其中 UDP67 和 UDP68 为正常的 DHCP 服务端口，分别作为 DHCP Server 和 DHCP Client 的服务端口；546 号端口用于 DHCPv6 Client，而不用于 DHCPv4，是为 DHCP failover 服务。该服务是需要特别开启的服务，用来做双机热备的。

15.1.2　DHCP 的作用

DHCP（动态主机配置协议）为互联网上主机提供地址和配置参数。DHCP 是基于 Client/Server 工作模式，DHCP 服务为主机分配 IP 地址和提供主机配置参数。DHCP 主要作用如下所示。

（1）保证任何 IP 地址在同一时刻只能由一台 DHCP 客户机所使用。

（2）DHCP 可以给用户分配永久固定的 IP 地址。

（3）DHCP 允许用其他方法获得 IP 地址的主机共存，如手动配置 IP 地址的主机。

（4）DHCP 服务器向现有的 BOOTP 客户端提供服务。

DHCP 有 3 种分配 IP 地址方式，分别是自动分配、动态分配和手工配置。它们的区别如下所示。

- 自动分配（Automatic Allocation）：DHCP 给客户端分配永久性的 IP 地址。
- 动态分配（Dynamic Allocation）：DHCP 给客户端分配的 IP 地址过一段时间后会过期，或者客户端可以主动释放该地址。
- 手动配置（Manual Allocation）：由用户手动为客户端指定 IP 地址。

15.1.3 DHCP 工作流程

使用 DHCP 时，在网络上首先必须有一台 DHCP 服务器，而其他计算机则是 DHCP 客户端。当 DHCP 客户端程序发出一个信息，要求一个动态 IP 地址时，DHCP 服务器将根据目前配置的 IP 地址池，从中提供一个可供使用的 IP 地址和子网掩码给客户端。下面将介绍 DHCP 的工作流程。

DHCP 工作流程如图 15.1 所示。

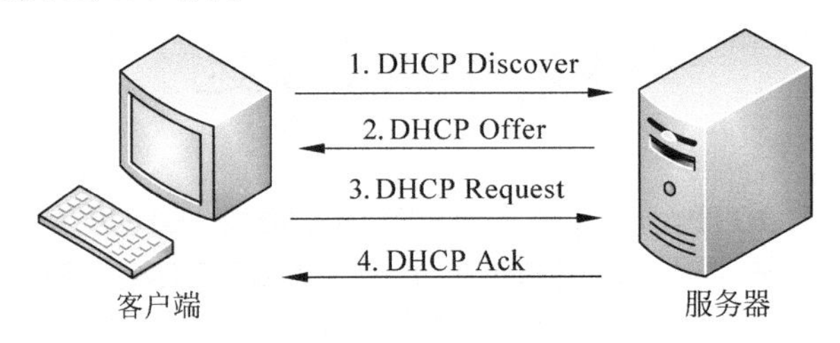

图 15.1　DHCP 工作流程

从图 15.1 中，可以看到 DHCP 工作过程分为 4 个阶段。分别表示发现阶段（DHCP Discover）、提供阶段（DHCP Offer）、选择阶段（DHCP Request）和确认阶段（DHCP Ack）。下面分别详细介绍这 4 个阶段，如下所示：

（1）发现阶段，即 DHCP 客户端寻找 DHCP 服务器的阶段。DHCP 客户端以广播方式（因为客户端不知道 DHCP 服务器的 IP 地址）发送 DHCP Discover 包，来寻找 DHCP 服务器，即向地址 255.255.255.255 发送特定的广播信息。网络上每一台安装了 TCP/IP 协议的主机都会接收到该广播信息，但只有 DHCP 服务器才会做出响应，如图 15.2 所示。

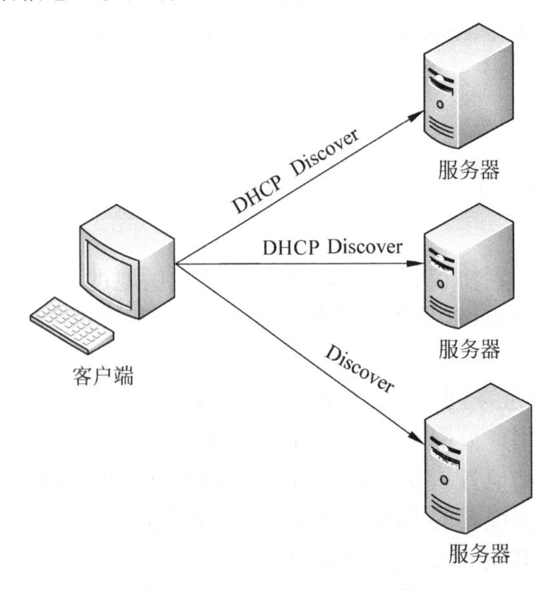

图 15.2　DHCP Discover 包

该图表示本局域网中有 3 台 DHCP 服务器，都收到了客户端发送的 DHCP Discover 包。接下来就是服务器响应客户端了，即提供阶段。

（2）提供阶段，即 DHCP 服务器提供 IP 地址的阶段。在网络中接收到 DHCP Discover 包的 DHCP 服务器，都会做出响应。这些 DHCP 服务器从尚未出租的 IP 地址中挑选一个给客户端，向客户端发送一个包含 IP 地址和其他设置的 DHCP Offer 包，如图 15.3 所示。

这时候，局域网中的 3 台 DHCP 服务器都向客户端发送了 DHCP Offer 包。但是客户端只能接受一个服务器提供的信息，所以需要选择要接收的数据包信息。

（3）选择阶段，即 DHCP 客户机选择某台 DHCP 服务器提供的 IP 地址阶段。从图 15.3 中，可以看到 3 台 DHCP 服务器都向客户端发送了 DHCP Offer 包。此时，DHCP 客户机只接受第一个收到的 DHCP Offer 包信息。然后，以广播方式回答一个 DHCP Request 请求信息，该信息中包含向它所选定的 DHCP 服务器请求 IP 地址的内容。这里使用广播方式回答，就是通知所有 DHCP 服务器，它选择了某台 DHCP 服务器所提供的 IP 地址，如图 15.4 所示。

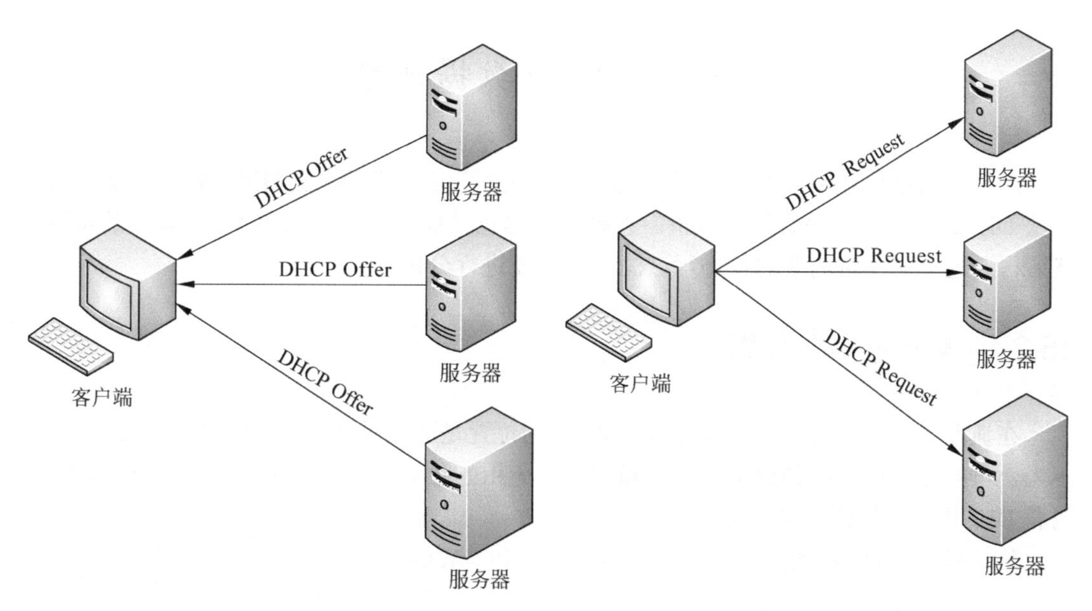

图 15.3　DHCP Offer 包　　　　图 15.4　DHCP Request 包

这时候，局域网中所有的 DHCP 服务器都会收到客户端发送的 DHCP Request 信息。通过查看包信息，可以确定客户端是否选择了自己提供的 IP 地址。如果选择的是自己的，则会发送一个确认包。否则，不进行响应。

（4）确认阶段，即 DHCP 服务器确认所提供的 IP 地址阶段。当 DHCP 服务器收到客户端发送的 DHCP Request 请求信息之后，便向 DHCP 客户端发送一个包含它所提供的 IP 地址和其他设置的 DHCP Ack 信息，告诉 DHCP 客户端可以使用它所提供的 IP 地，如图 15.5 所示。然后 DHCP 客户端将其 TCP/IP 协议与网卡绑定。另外，除客户端选择的 DHCP 服务器外，其他 DHCP 服务器都将收回曾提供的 IP 地址。

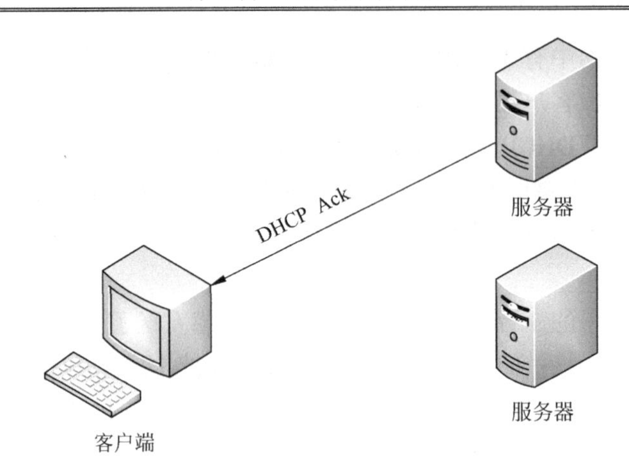

图 15.5　DHCP Ack 包

从图 15.5 中，可以看到只有一台 DHCP 向客户端发送了 DHCP Ack 包。表示客户端选择了该服务器提供的 IP 地址及其他配置信息。

15.2　DHCP 数据抓包

上一节简单地介绍了 DHCP 的作用和工作流程等。本节将通过使用 Wireshark 工具，捕获 DHCP 数据包并进行详细分析。在捕获数据包之前，需要先确定 Wireshark 的位置。然后再通过过滤器对捕获的包进行过滤，以方便进行分析。

15.2.1　Wireshark 位置

在抓取数据包之前，首先固定 Wireshark 的位置是非常重要的。如果 Wireshark 的位置不当，可能导致捕获不到数据包或者抓起一些无用的包。这里以一个简单的网络环境，来捕获 DHCP 包，如图 15.6 所示。

从该图中，可以看到只有一个路由器和一台 PC（Windows 7）。现在的路由器都自带了 DHCP 功能，所以可以通过直接连接路由器来获取 DHCP 包。这样在 PC 上开启 Wireshark，然后通过重新启动网卡即可捕获 DHCP 包。

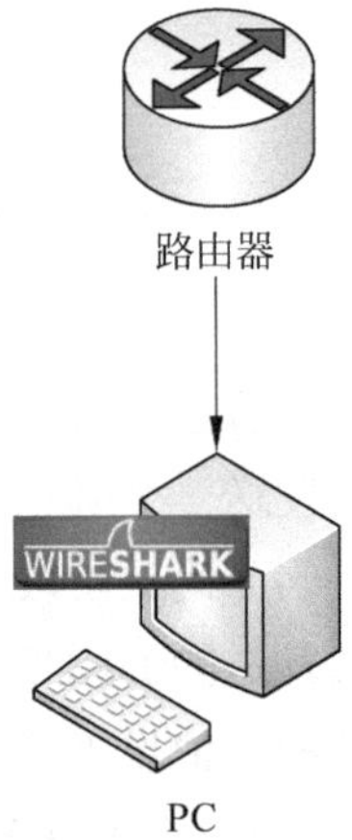

15.2.2　使用捕获过滤器

为了避免产生大量无用的数据包影响对包的分析，在捕获前需要指定一个捕获过滤器。前面介绍了 DHCP 是使用 UDP 协议工作的，这里就可以指定 UDP 协议捕获过滤器来捕获包。具体操作步骤如下所示。

（1）启动 Wireshark。成功启动后，显示界面如图 15.7 所示。

图 15.6　Wireshark 的位置

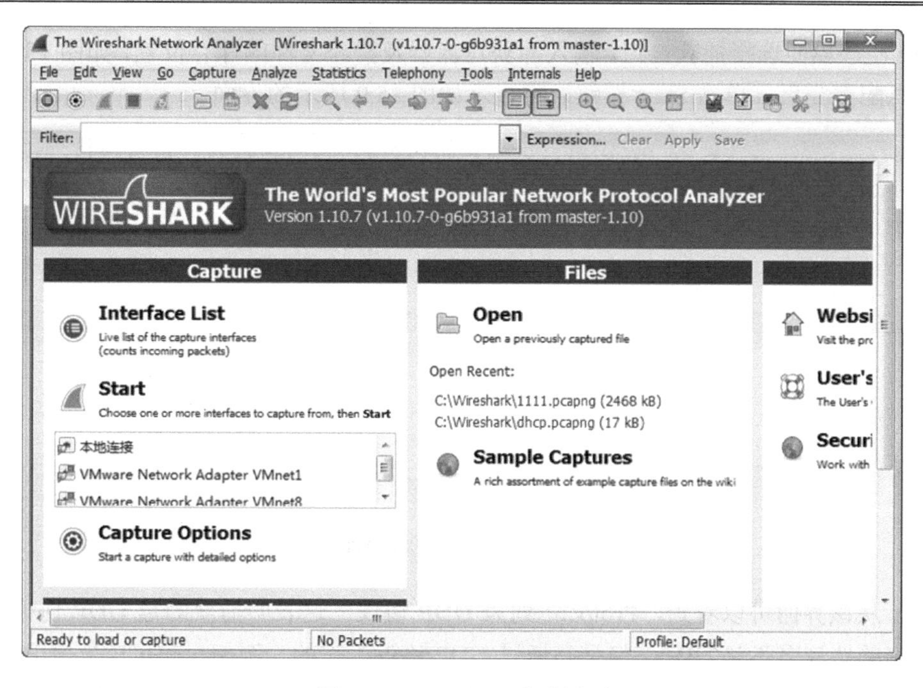

图 15.7　Wireshark 启动界面

（2）在该界面的菜单栏中依次选择 Capture|Options 命令，或者单击工具栏中的◉（显示捕获选项）图标打开 Wireshark 捕获选项窗口，如图 15.8 所示。

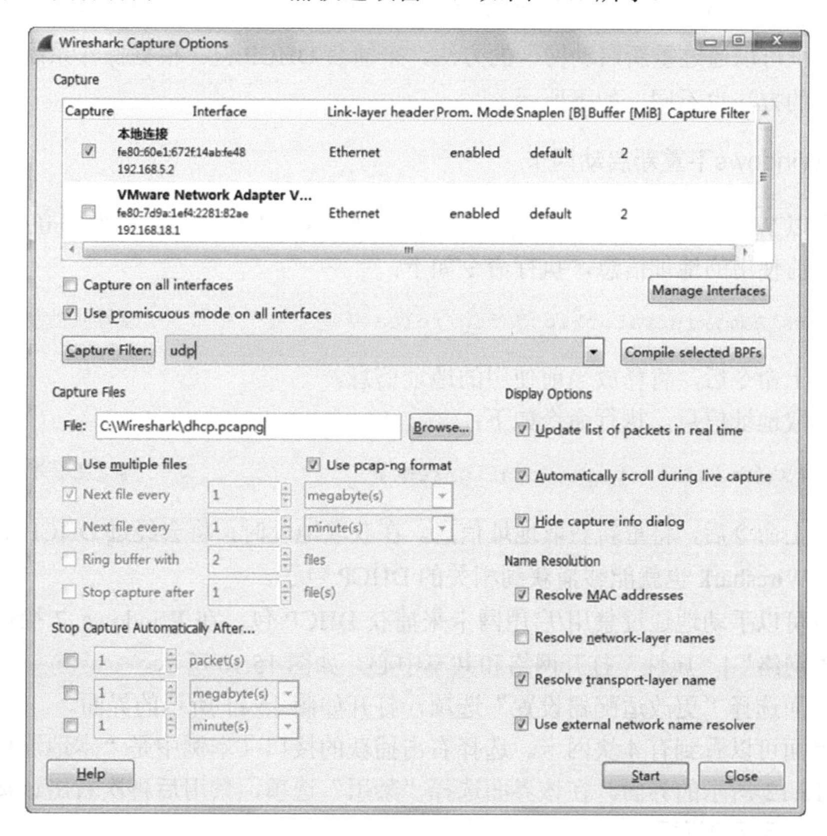

图 15.8　捕获选项窗口

（3）在该界面选择捕获接口，输入捕获过滤器及捕获文件的保存位置，如图15.8所示。以上信息配置完后，单击Start按钮，将显示如图15.9所示的界面。

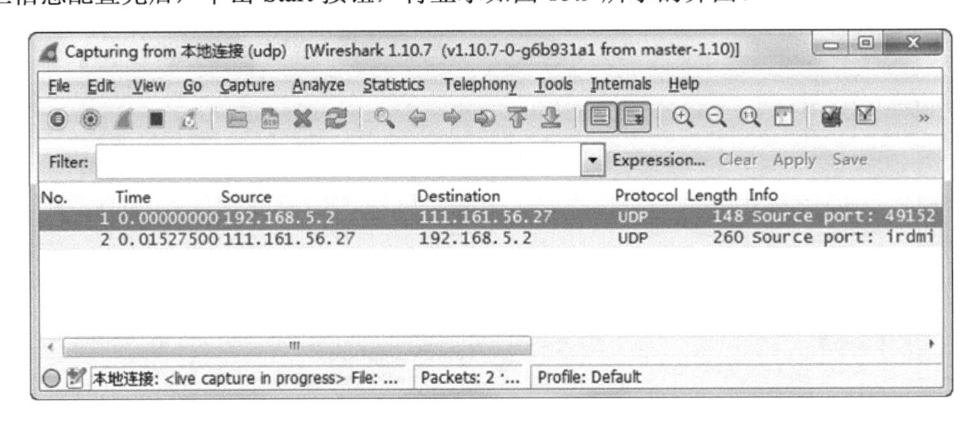

图15.9　开始捕获数据包

（4）从该界面可以看到，Protocol列为UDP协议，这表明捕获的是UDP协议的包。有些程序的协议名不是UDP，但是是通过UDP协议工作的。例如，DHCP是使用UDP协议工作的，但是它的协议名称为DHCP。如果当前系统中运行有很多UDP协议程序，将都会捕获到。

（5）现在需要通过重新获取地址信息，来产生DHCP数据包。因为DHCP只有当主机的IP地址过期或重新启动系统时，才会重新请求获取IP地址。否则，不可能产生DHCP数据包。这里可以通过重新启动网卡的方法，来捕获DHCP包。根据操作系统的不同，重新启动网卡的方法也不同。如下所示。

1．在Windows下重新启动网卡

本例中以Windows 7为例，使用ipconfig命令来捕获DHCP包。首先使用ifconfig/release命令释放当前使用的地址信息，执行命令如下：

```
C:\Users\Administrator>ipconfig/release                    #释放当前的地址信息
```

执行以上命令后，将释放当前使用的地址信息。

重新获取地址信息，执行命令如下：

```
C:\Users\Administrator>ipconfig/renew                      #重新获取地址信息
```

执行以上命令后，将重新获取地址信息。在获取地址时，将会经过DHCP的4个阶段的。这样，Wireshark也就能够捕获到相关的DHCP包了。

用户也可以手动地通过禁用/启用网卡来捕获DHCP包。在Windows 7操作系统桌面上，右击“网络”|“属性”打开网络和共享中心，如图15.10所示。

在该界面选择“更改适配器设置”选项，打开如图15.11所示的界面。

在该界面可以看到有4块网卡。选择右击捕获的接口（本例中是“本地连接”），将弹出如图15.12所示的界面。在该界面选择“禁用”选项，禁用后再次右击该接口，将显示如图15.13所示的界面。

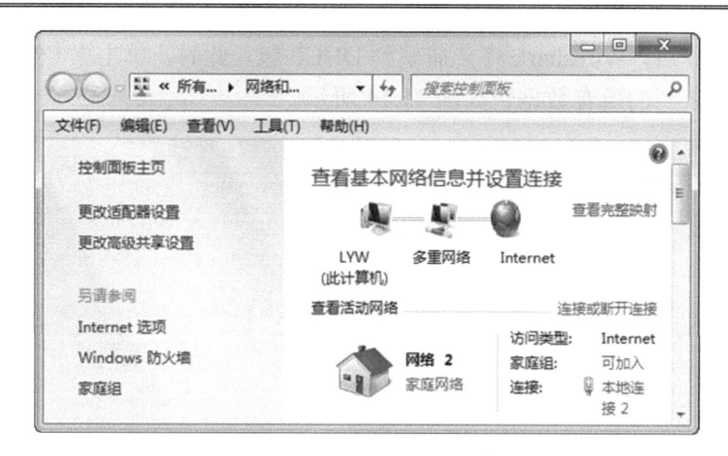

图 15.10　网络和共享中心

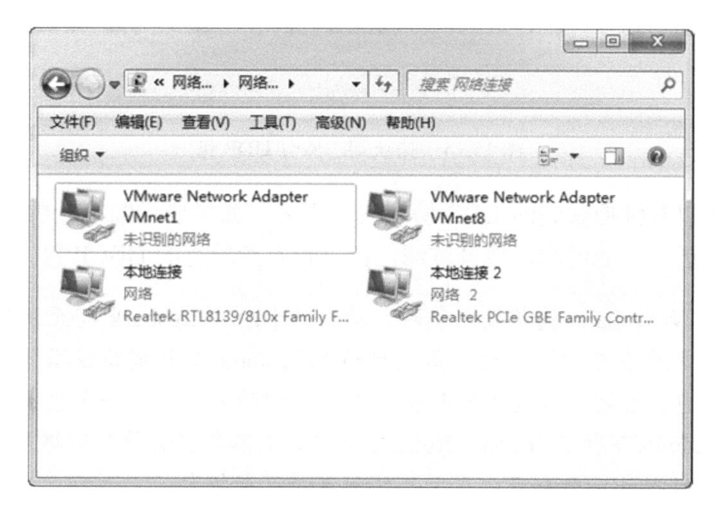

图 15.11　网络连接

图 15.12　禁用网络接口

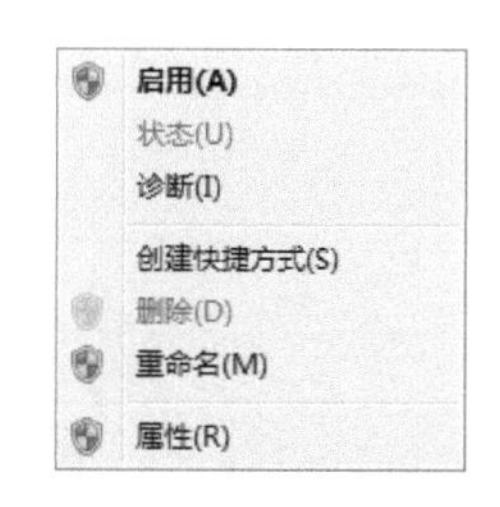

图 15.13　启用网络接口

执行完以上操作后，Wireshark 即可捕获到 DHCP 数据包。用户也可以在 CMD 命令行，使用 ipconfig 命令重新获取地址信息，以产生 DHCP 数据包。

2. 在Linux下重新获取地址信息

在 Linux 下，可以通过使用 ifdown 和 ifup 命令来重新启动网卡。执行命令如下：

```
root@localhost: ~# ifdown eth0                                    #禁用网卡
root@localhost: ~# ifup eth0                                      #启用网卡
```

执行以上操作后，Wireshark 将会捕获到 DHCP 包。此时，单击■（停止捕获）图标停止捕获数据。捕获到的所有数据包如图 15.14 所示。

dhcp.pcapng [Wireshark 1.10.7 (v1.10.7-0-g6b931a1 from master-1.10)]

File Edit View Go Capture Analyze Statistics Telephony Tools Internals Help

Filter: Expression... Clear Apply Save

No.	Time	Source	Destination	Protocol	Length	Info
1	0.00000000	192.168.5.2	111.161.56.27	UDP	148	Source port: 49152 Destinat
2	0.01527500	111.161.56.27	192.168.5.2	UDP	260	Source port: irdmi Destinat
3	19.3764350	192.168.5.2	192.168.5.255	BROWSEF	255	Domain/Workgroup Announcemer
4	34.1105270	192.168.5.2	192.168.5.1	DHCP	342	DHCP Release - Transaction
5	34.1496820	192.168.5.2	192.168.5.1	DNS	73	Standard query 0xd631 A isa
6	34.1712330	192.168.5.1	192.168.5.2	DNS	148	Standard query response 0xd6
7	34.4823280	fe80::60e1:672f:14a	ff02::1:3	LLMNR	92	Standard query 0x44ff ANY
8	34.5194570	fe80::60e1:672f:14a	ff02::1:3	LLMNR	84	Standard query 0xcda2 A wpa
9	34.5800110	fe80::60e1:672f:14a	ff02::1:3	LLMNR	92	Standard query 0x44ff ANY
10	34.6269350	fe80::60e1:672f:14a	ff02::1:3	LLMNR	84	Standard query 0xcda2 A wpa
11	37.4233560	fe80::60e1:672f:14a	ff02::1:3	LLMNR	84	Standard query 0xa06f A wpa
12	37.5334910	fe80::60e1:672f:14a	ff02::1:3	LLMNR	84	Standard query 0xa06f A wpa

File: "C:\Wireshark\dhcp.pcapng" 0 bytes ... | Packets: 114 · Displayed:... | Profile: Default

图 15.14　捕获到的所有 UDP 包

从该界面可以看到捕获到的 UDP 协议包有很多。如果要详细地分析 DHCP 包，还需要对捕获到的包进一步地过滤。通过过滤，便可查看到所有的 DHCP 包。

注意：当使用 Wireshark 捕获数据包时，禁用网卡后 Wireshark 将无法捕获数据包。这时候就需要在启动网卡后，马上启动 Wireshark 工具捕获数据才可以捕获到所有 DHCP 包。否则，可能不能捕获到整个过程的包，或者一个包也捕获不到。但是在 Windows 下执行 ipconfig/release 命令，是不会影响捕获数据包的。为了避免捕获不到数据包，用户可以借助集线器来捕获数据包。

使用集线器捕获数据包，配置环境如图 15.15 所示。

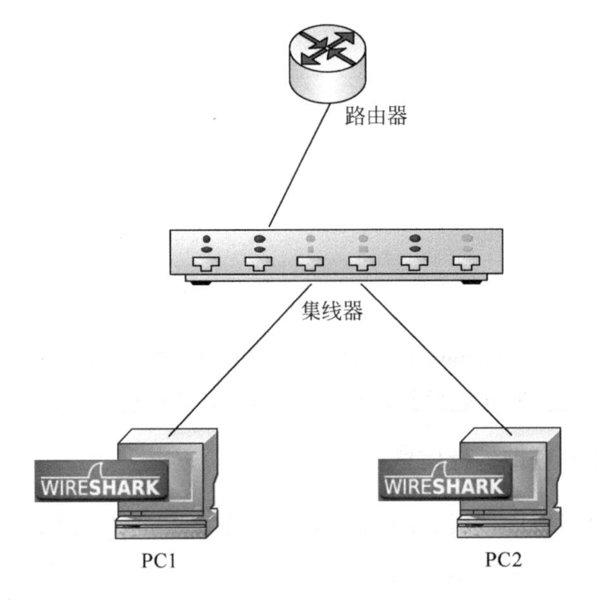

图 15.15　使用集线器捕获 DHCP 包

从图 15.15 可以看到，在该环境中使用集线器连接了两台 PC。这时候可以在任何一台 PC 上捕获 DHCP 数据包。如在 PC1 上启动 Wireshark 捕获数据包，这时候，就需要在 PC2 上重新启动网卡以便捕获数据包。具体捕获包和重新启动网卡的方法与前面介绍的方法一样，这里就不再赘述。

15.2.3　过滤显示 DHCP

在上一小节介绍使用捕获过滤器，捕获到了所有 UDP 数据包。为了不受大量无用的信息影响，接下来使用显示过滤器，仅过滤出 DHCP 数据包。

（1）使用 Wireshark 打开捕获文件 dhcp.pcapng。

（2）过滤 DHCP 数据包。在显示过滤器区域输入 bootp，如图 15.16 所示。

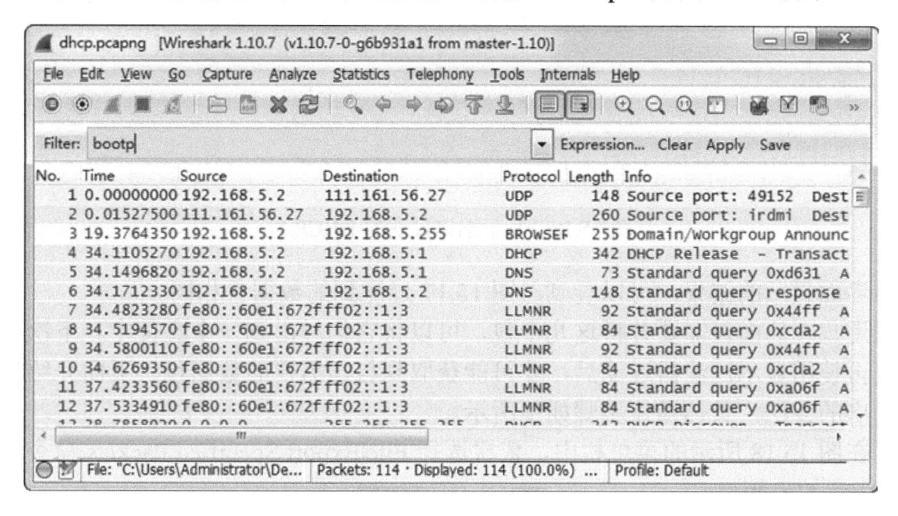

图 15.16　过滤 DHCP 包

注意：这里使用的显示过滤器是 bootp，不是 dhcp。

（3）输入显示过滤器后，单击右侧的 Apply 按钮，将显示如图 15.17 所示的界面。

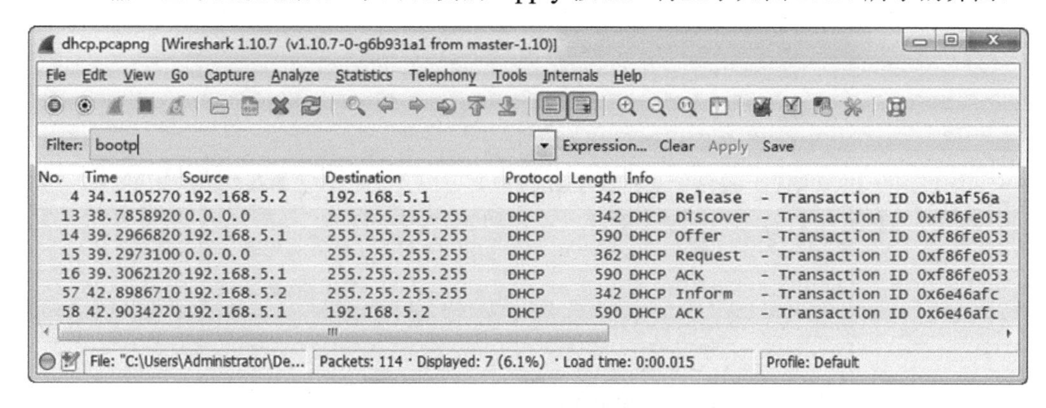

图 15.17　过滤到的数据包

（4）从该界面的 Protocol 列可以看到，所有的数据包都是 DHCP 包。从 Wireshark 的状态栏中，可以看到有 7 个包匹配该显示过滤器。在 Packet List 面板的 Info 列，可以了解包信息，如 DHCP Release、DHCP Discover、DHCP Offer、DHCP Request、DHCP ACK 和 DHCP Inform 包。其中，第 13～16 的数据包就是 DHCP 工作的 4 个阶段。第 4 个数据包是执行 ipconfig/release 命令释放当前地址信息的数据包。57 表示向服务器请求更详细的配置信息；58 是路由器（192.168.5.1）发送给客户端（192.168.5.2）的确认信息。

在前面介绍到 DHCP 使用端口 67 和 68 来工作，所以用户也可以使用基于端口的显示过滤器过滤 DHCP 包，如图 15.18 所示。

dhcp.pcapng [Wireshark 1.10.7 (v1.10.7-0-g6b931a1 from master-1.10)]

File Edit View Go Capture Analyze Statistics Telephony Tools Internals Help

Filter: udp.port==67　Expression... Clear Apply Save

No.	Time	Source	Destination	Protocol	Length	Info
4	34.1105270	192.168.5.2	192.168.5.1	DHCP	342	DHCP Release - Transaction ID 0xb1af56a
13	38.7858920	0.0.0.0	255.255.255.255	DHCP	342	DHCP Discover - Transaction ID 0xf86fe053
14	39.2966820	192.168.5.1	255.255.255.255	DHCP	590	DHCP Offer - Transaction ID 0xf86fe053
15	39.2973100	0.0.0.0	255.255.255.255	DHCP	362	DHCP Request - Transaction ID 0xf86fe053
16	39.3062120	192.168.5.1	255.255.255.255	DHCP	590	DHCP ACK - Transaction ID 0xf86fe053
57	42.8986710	192.168.5.2	255.255.255.255	DHCP	342	DHCP Inform - Transaction ID 0x6e46afc
58	42.9034220	192.168.5.1	192.168.5.2	DHCP	590	DHCP ACK - Transaction ID 0x6e46afc

File: "C:\Users\Administrator\De...　Packets: 114 · Displayed: 7 (6.1%) · Load time: 0:00.000　Profile: Default

图 15.18　基于端口过滤的 DHCP 包

从该界面显示的结果，可以看到与图 15.17 过滤到的数据包相同。

如果用户在后面还需要分析这几个包，可以将它们导出到一个文件中。下次分析时，就不需要再使用显示过滤器过滤后，才可能获取到自己需要的数据包。下面介绍将这几个数据包导出的方法，具体操作步骤如下所示。

（1）在图 15.18 所示的菜单栏中，依次选择 File|Export Specified Packets 命令，打开如图 15.19 所示的界面。

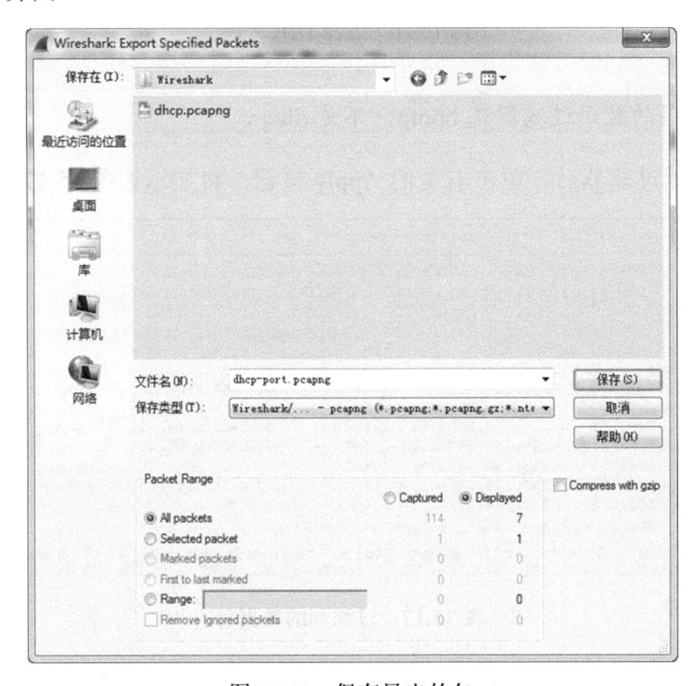

图 15.19　保存导出的包

（2）在该界面设置将要导出包的位置及文件名，这里将导出的包保存到桌面上的 Wireshark 目录中，其文件名为 dhcp-port.pcapng。然后单击“保存”按钮，返回到图 15.18 所示的界面。

（3）现在到 Wireshark 目录中，将会看到有一个名为 dhcp-port.pcapng 的文件。此时打开该文件，显示界面如图 15.20 所示。

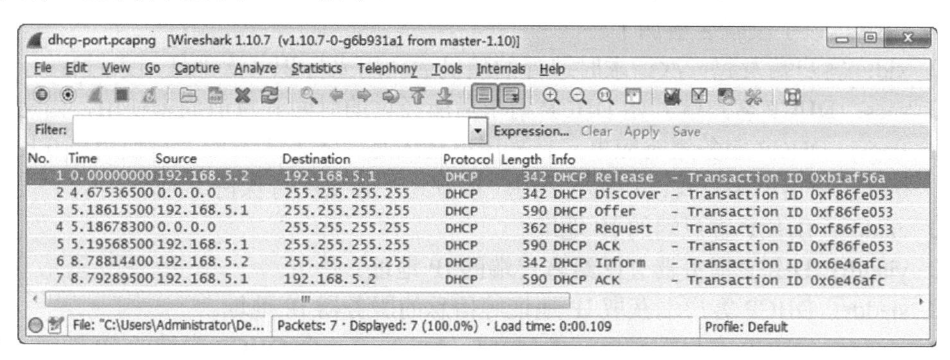

图 15.20　导出的数据包

（4）从该界面可以看到，将导出的数据包重新进行了排序。这样用户分析时，就不会受其他的数据包影响了。

15.3　DHCP 数据包分析

在上一节介绍了捕获数据包，并经过过滤显示，将要分析的数据包导入到 dhcp-port.pcapng 捕获文件中。本节将通过直接打开 dhcp-port.pcapng 捕获文件，对 DHCP 数据包进行详细分析。

15.3.1　DHCP 报文格式

在 DHCP 获取 IP 地址及其他网络配置参数的过程中，DHCP 客户端和服务器之间要交换很多的消息报文，这些 DHCP 报文总共 8 种类型。每种报文的格式相同，只是某些字段的取值不同。DHCP 报文的格式如表 15-1 所示，每一个字段名的含义如下所示。

表 15-1　DHCP报文格式

op（1）	htype（1）	hlen（1）	hops（1）
xid（4）			
secs（2）		flags（2）	
ciaddr（4）			
yiaddr（4）			
sidaddr（4）			
gidaddr（4）			
chaddr（16）			
sname（64）			
file（128）			
options（variable）			

- op：报文的操作类型。分为请求报文和响应报文，1 为请求报文，2 为响应报文。具体的报文类型在 option 字段中标识。
- htype：DHCP 客户端的硬件地址类型。1 表示 ethernet 地址。
- hlen：DHCP 客户端的硬件地址长度。ethernet 地址为 6。
- hops：DHCP 报文经过的 DHCP 中继的数目。初始为 0，报文每经过一个 DHCP 中继，该字段就会增加 1。
- xid：客户端发起一次请求时选择的随机数，用来标识一次地址请求过程。
- secs：DHCP 客户端开始 DHCP 请求后所经过的时间。目前尚未使用，固定取 0。
- flags：DHCP 服务器响应报文是采用单播还是广播方式发送。只使用第 0 比特位，0 表示采用单播方式，1 表示采用广播方式，其余比特保留不用。
- ciaddr：DHCP 客户端的 IP 地址。
- yiaddr：DHCP 服务器分配给客户端的 IP 地址。
- siaddr：DHCP 客户端获取 IP 地址等信息的服务器 IP 地址。
- giaddr：DHCP 客户端发出请求报文后经过的第一个 DHCP 中继的 IP 地址。
- chaddr：DHCP 客户端的硬件地址。
- sname：DHCP 客户端获取 IP 地址等信息的服务器名称。
- file：DHCP 服务器为 DHCP 客户端指定的启动配置文件名称及路径信息。
- option：可选变长选项字段，包含报文的类型、有效租期、DNS 服务器的 IP 地址和 WINS 服务器的 IP 地址等配置信息。

在表 15-1 所示的 DHCP 报文格式中，每一个字段后的数字表示该字段在报文中占用的字节数。

注意：Options 字段的长度要根据服务器所提供参数的多少而定，是可变的。

15.3.2　DHCP 报文类型

DHCP 有 8 种类型的报文，每种报文的格式相同，只是报文中的某些字段取值不同。DHCP 报文类型，如表 15-2 所示。

表 15-2　DHCP报文类型

DHCP 报文类型	描　　述
DHCP Discover	DHCP 客户端请求地址时，并不知道 DHCP 服务器的位置，因此 DHCP 客户端会在本地网络内以广播方式发送请求报文。这个报文称为 Discover 报文，目的是发现网络中的 DHCP 服务器。所有收到 Discover 报文的 DHCP 服务器都会发送回应报文，DHCP 客户端据此可以知道网络中存在的 DHCP 服务器的位置
DHCP Offer	DHCP 服务器收到 Discover 报文后，就会在所配置的地址池中查找一个合适的 IP 地址，加上相应的租约期限和其他配置信息（如网关、DNS 服务器等），构造一个 Offer 报文，发送给用户，告知用户本服务器可以为其提供 IP 地址（只是告诉 client 可以提供，是预分配，还需要 client 通过 ARP 检测该 IP 是否重复）
DHCP Request	DHCP 客户端可能会收到很多 Offer，所以必须在这些回应中选择一个。Client 通常选择第一个回应 Offer 报文的服务器作为自己的目标服务器，并回应一个广播 Request 报文，通告选择的服务器。DHCP 客户端成功获取 IP 地址后，在地址使用租期过去 1/2 时，会向 DHCP 服务器发送单播 Request 报文续延租期，如果没有收到 DHCP ACK 报文，在租期过去 3/4 时，发送广播 Request 报文续延租期

续表

DHCP 报文类型	描　　述
DHCP ACK	DHCP 服务器收到 Request 报文后，根据 Request 报文中携带的用户 MAC 来查找有没有相应的租约记录，如果有则发送 ACK 报文作为回应，通知用户可以使用分配的 IP 地址
DHCP NAK	如果 DHCP 服务器收到 Request 报文后，没有发现有相应的租约记录或者由于某些原因无法正常分配 IP 地址，则发送 NAK 报文作为回应，通知用户无法分配合适的 IP 地址
DHCP Release	当用户不再需要使用分配 IP 地址时，就会主动向 DHCP 服务器发送 Release 报文，告知服务器用户不再需要分配 IP 地址，DHCP 服务器会释放被绑定的租约
DHCP Decline	DHCP 客户端收到 DHCP 服务器回应的 ACK 报文后，通过地址冲突检测发现服务器分配的地址冲突或者由于其他原因导致不能使用，则发送 Decline 报文，通知服务器所分配的 IP 地址不可用
DHCP Inform	DHCP 客户端如果需要从 DHCP 服务器端获取更为详细的配置信息，则发送 Inform 报文向服务器进行请求，服务器收到该报文后，将根据租约进行查找，找到相应的配置信息后，发送 ACK 报文回应 DHCP 客户端（很少用到）

15.3.3　发现数据包

发现数据包是 dhcp-port.pcapng 文件中的第 2 帧，如图 15.21 所示。

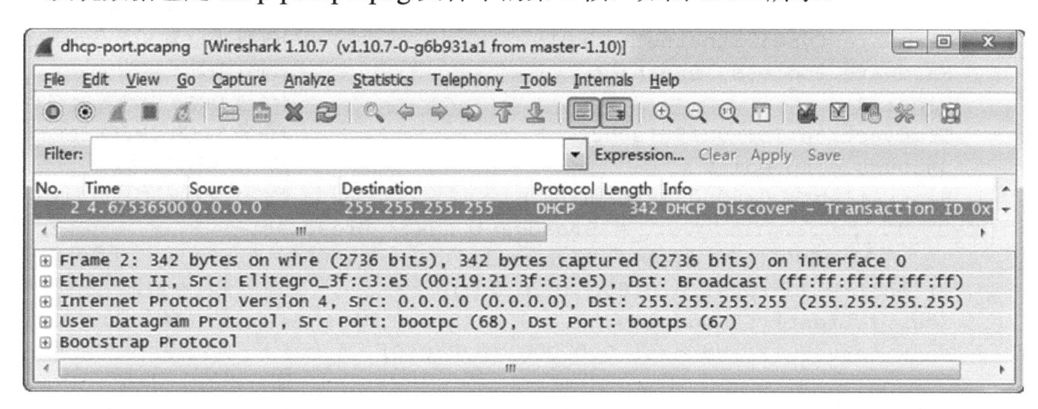

图 15.21　DHCP Discover 包

从该界面的 Packet Details 列表中，可以看到关于 DHCP Discover 包的详细信息有 5 行。下面依次进行分析。

```
Frame 2: 342 bytes on wire (2736 bits), 342 bytes captured (2736 bits) on
interface 0
```

该行内容表示第 2 帧的详细信息。其中，该帧的大小为 342 个字节，2736 位。

```
Ethernet II, Src: Elitegro_3f:c3:e5 (00:19:21:3f:c3:e5), Dst: Broadcast
(ff:ff:ff:ff:ff:ff)
```

该行内容表示数据链路层以太网帧头部信息。从中可以看到，该数据包的源地址为 00:19:21:3f:c3:e5（客户端），目标地址为 ff:ff:ff:ff:ff:ff（广播地址）。这里的目标地址为广播地址，是为了确保将该包发送到网络上的每台设备。因为，该客户端不知道 DHCP 服务器的地址，所以第一个数据包是为了寻找正在监听的 DHCP 服务器。

```
Internet Protocol Version 4, Src: 0.0.0.0 (0.0.0.0), Dst: 255.255.255.255
(255.255.255.255)
```

该行内容表示互联网层 IPv4 包头部信息。其中，源 IP 地址为 0.0.0.0（客户端），目标 IP 地址为 255.255.255.255。这里的客户端地址为 0.0.0.0，是因为它目前还没有 IP 地址。255.255.255.255 是一个独立于网络的广播地址，所以目标地址为 255.255.255.255。

```
User Datagram Protocol, Src Port: bootpc (68), Dst Port: bootps (67)
```

该行内容表示传输层的数据段头部信息，此处使用的是 UDP 协议。其中，源端口为 68（客户端），目标端口为 67（服务器）。

```
Bootstrap Protocol
```

该行内容表示应用层 BOOTP 协议的详细信息。由于 Wireshak 在处理 DHCP 时，使用的是 BOOTP 协议。所以，在 Packet Details 面板中看到的是 Bootstrap Protocol，而不是 DHCP。该行信息中的内容是 DHCP 包中最重要的信息，所以下面将详细介绍该包中展开的每行信息。展开的详细信息如下所示。

```
Bootstrap Protocol
   Message type: Boot Request (1)
                                       #DHCP 消息类型。这是一个请求包，所以该选项的值为 1
   Hardware type: Ethernet (0x01)                        #硬件类型为 Ethernet
   Hardware address length: 6                            #硬件地址长度为 6
   Hops: 0                                               #经过 DHCP 中继数为 0
   Transaction ID: 0xf86fe053                            #事务 ID 为 0xf86fe053
   Seconds elapsed: 0                                    #客户端启动时间
   Bootp flags: 0x8000 (Broadcast)                       #BOOTP 标志字段
      1... .... .... .... = Broadcast flag: Broadcast
      .000 0000 0000 0000 = Reserved flags: 0x0000
   Client IP address: 0.0.0.0 (0.0.0.0)                  #客户端 IP 地址
   Your (client) IP address: 0.0.0.0 (0.0.0.0)           #自己的（客户端）IP 地址
   Next server IP address: 0.0.0.0 (0.0.0.0)             #下一阶段使用的 DHCP
                                                         服务器的 IP 地址
   Relay agent IP address: 0.0.0.0 (0.0.0.0)             #DHCP 中继器的 IP 地址
   Client MAC address: Elitegro_3f:c3:e5 (00:19:21:3f:c3:e5)
                                                         #客户端的 MAC 地址
   Client hardware address padding: 00000000000000000000#客户端硬件地址填充
   Server host name not given                               #服务器主机名
   Boot file name not given                                 #启动文件名
   Magic cookie: DHCP                                       #与 BOOTP 兼容
   Option: (53) DHCP Message Type                           #DHCP 消息类型为 53
      Length: 1                                             #长度值为 1
      DHCP: Discover (1)                                    #发现包
   Option: (61) Client identifier                           #客户端标识符
      Length: 7                                             #长度为 7
      Hardware type: Ethernet (0x01)                        #硬件类型为 Ethernet
      Client MAC address: Elitegro_3f:c3:e5 (00:19:21:3f:c3:e5)
                                                            #客户端 MAC 地址
   Option: (50) Requested IP Address                        #请求 IP 地址
      Length: 4                                             #长度为 4
```

```
        Requested IP Address: 192.168.5.2 (192.168.5.2) #请求的 IP 地址
    Option: (12) Host Name                              #客户端主机名
        Length: 12                                      #长度为 12
        Host Name: Windows7Test                     #主机名为 WindowsTest
    Option: (60) Vendor class identifier            #供应商类标识符
        Length: 8                                   #长度为 8
        Vendor class identifier: MSFT 5.0           #供应商标识符为 MAFT 5.0
    Option: (55) Parameter Request List             #参数请求列表
        Length: 12                                  #长度为 12
        Parameter Request List Item: (1) Subnet Mask              #子网掩码
        Parameter Request List Item: (15) Domain Name             #域名
        Parameter Request List Item: (3) Router                   #路由
        Parameter Request List Item: (6) Domain Name Server       #域名服务
        Parameter Request List Item: (44) NetBIOS over TCP/IP Name Server
                                                    #NetBIOS 名称服务
        Parameter Request List Item: (46) NetBIOS over TCP/IP Node Type
                                                    #NetBIOS 节点类型
        Parameter Request List Item: (47) NetBIOS over TCP/IP Scope
                                                    #NetBIOS 作用范围
        Parameter Request List Item: (31) Perform Router Discover
                                                    #完成路由发现
        Parameter Request List Item: (33) Static Route
                                                    #静态路由
        Parameter Request List Item: (121) Classless Static Route
                                                    #无类静态路由
        Parameter Request List Item: (249) Private/Classless Static Route
        (Microsoft)                                 #私有静态路由
        Parameter Request List Item: (43) Vendor-Specific Information
                                                    #供应商特定信息
    Option: (255) End
        Option End: 255
    Padding
```

通过对展开内容的介绍，每条信息的值都可以对应到 DHCP 报文格式中，如表 15-3 所示。

表 15-3　DHCP Discover报文信息

<table>
<tr><td>Boot Request（1）</td><td>Ethernet (0x01)</td><td>6</td><td>0</td></tr>
<tr><td colspan="4">0xf86fe053</td></tr>
<tr><td colspan="2">0</td><td colspan="2">0x8000 (Broadcast)</td></tr>
<tr><td colspan="4">0.0.0.0</td></tr>
<tr><td colspan="4">0.0.0.0</td></tr>
<tr><td colspan="4">0.0.0.0</td></tr>
<tr><td colspan="4">0.0.0.0</td></tr>
<tr><td colspan="4">00:19:21:3f:c3:e5</td></tr>
<tr><td colspan="4"></td></tr>
<tr><td colspan="4"></td></tr>
<tr><td colspan="4">省略</td></tr>
</table>

在该表中，填写了 DHCP Discover 包的报文信息。在该表格中，没有填的内容表示空值。由于该包中的选项值太多了，所以将该部分内容省略了。

15.3.4　响应数据包

响应数据包是 dhcp-port.pcapng 文件中的第 3 帧，如图 15.22 所示。

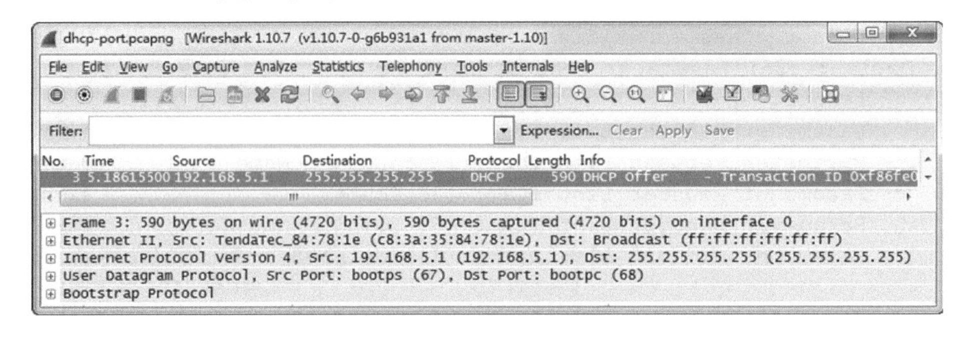

图 15.22　DHCP Offer 包

从该界面的 Packet Details 面板中，可以看到也是显示了 5 行信息。下面依次进行分析。

```
Frame 3: 590 bytes on wire (4720 bits), 590 bytes captured (4720 bits) on
interface 0
```

该行信息表示这是第 3 帧的信息。其中，该包的大小为 590 个字节。

```
Ethernet II, Src: TendaTec_84:78:1e (c8:3a:35:84:78:1e), Dst: Broadcast
(ff:ff:ff:ff:ff:ff)
```

该行信息表示以太网帧头部的详细信息。其中，源地址为 c8:3a:35:84:78:1e（DHCP 服务器），目标地址为 ff:ff:ff:ff:ff:ff（广播地址）。由于客户端目前还没有 IP 地址，所以服务器会首先尝试使用由 ARP 提供的客户端硬件地址与之通信。如果通信失败，那么它将会直接将提供的地址广播出去，以进行通信。所以，此时的目标地址仍然是广播地址。

```
Internet Protocol Version 4, Src: 192.168.5.1 (192.168.5.1), Dst:
255.255.255.255 (255.255.255.255)
```

该行信息表示互联网层 IPv4 包头部信息。其中，源地址是 192.168.5.1，目标地址为 255.255.255.255（广播地址）。这里的 255.255.255.255 也是因为客户端目前还没有 IP 地址，所以使用了该广播地址。

```
User Datagram Protocol, Src Port: bootps (67), Dst Port: bootpc (68)
```

该行信息是 UDP 协议信息。其中，源端口号为 67（服务器），目标端口为 68（客户端）。

```
Bootstrap Protocol
```

该行信息主要是 BOOTP 协议的信息。该部分称为提供数据包，表明这是一个响应的消息类型。该数据包和前一个数据包拥有相同的事务 ID，该 ID 告诉用户这个响应包与原先的请求相对应。下面对该部分信息的展开内容进行详细介绍，如下所示。

```
Bootstrap Protocol
   Message type: Boot Reply (2)
                                          # DHCP 消息类型。这是一个请求包，所以该选项的值为 1
```

```
Hardware type: Ethernet (0x01)                    #硬件类型为 Ethernet
Hardware address length: 6                        #硬件地址长度为 6
Hops: 0                                           #经过 DHCP 中继数为 0
Transaction ID: 0xf86fe053                        #事务 ID 为 0xf86fe053
Seconds elapsed: 0                                #客户端启动时间
Bootp flags: 0x8000 (Broadcast)                   #BOOTP 标志字段
   1... .... .... .... = Broadcast flag: Broadcast
   .000 0000 0000 0000 = Reserved flags: 0x0000
Client IP address: 0.0.0.0 (0.0.0.0)              #客户端 IP 地址
Your (client) IP address: 192.168.5.2 (192.168.5.2)
                                                  #自己的（客户端）IP 地址
Next server IP address: 0.0.0.0 (0.0.0.0)
                                           #下一阶段使用的 DHCP 服务器的 IP 地址
Relay agent IP address: 0.0.0.0 (0.0.0.0)             #DHCP 中继器的 IP 地址
Client MAC address: Elitegro_3f:c3:e5 (00:19:21:3f:c3:e5)
                                                      #客户端 MAC 地址
Client hardware address padding: 00000000000000000000
                                                      #客户端硬件地址填充
Server host name not given                            #服务器主机名
Boot file name not given                              #启动文件名
Magic cookie: DHCP                                    #为了与 BOOTP 兼容
Option: (53) DHCP Message Type                        #DHCP 消息类型选项
   Length: 1                                          #长度值为 1
   DHCP: Offer (2)                                    #响应包
Option: (54) DHCP Server Identifier                   #DHCP 服务标识符
   Length: 4                                          #长度为 4
   DHCP Server Identifier: 192.168.5.1 (192.168.5.1)#DHCP 服务标志符
Option: (12) Host Name                                #服务器的主机名
   Length: 6                                          #长度为 6
   Host Name: router                                  #主机名为 router
Option: (51) IP Address Lease Time                    #IP 地址租约的最短时间
   Length: 4                                          #长度为 4
   IP Address Lease Time: (28800s) 8 hours#IP 地址租约的最短时间为 8 小时
Option: (1) Subnet Mask                               #子网掩码
   Length: 4                                          #长度为 4
   Subnet Mask: 255.255.255.0 (255.255.255.0) #子网掩码值为 255.255.255.0
Option: (3) Router                                    #路由
   Length: 4                                          #长度为 4
   Router: 192.168.5.1 (192.168.5.1)           #路由器地址为 192.168.5.1
Option: (6) Domain Name Server                        #域名服务
   Length: 4                                          #长度为 4
   Domain Name Server: 192.168.5.1 (192.168.5.1)
                                               #域名服务地址为 192.168.5.1
Option: (15) Domain Name                              #域名
   Length: 7                                          #长度为 7
   Domain Name: router                                #域名为 router
Option: (255) End
   Option End: 255
Padding
```

通过以上每行信息的介绍，可以很清楚地了解到 DHCP 服务器提供的详细信息。例如，提供给客户端的 IP 地址为 192.168.5.2、DHCP 服务标识符是 192.168.5.1、子网掩码是 255.255.255.0、IP 地址的租期是 8 小时等。这里就不再列举包中提供的信息了，将每条信息的值对应到 DHCP 报文格式中，如表 15-4 所示。

表 15-4　DHCP Offer报文信息

Boot Reply (2)	Ethernet (0x01)	6	0
0xf86fe053			
0		0x8000 (Broadcast)	
0.0.0.0			
192.168.5.2			
0.0.0.0			
0.0.0.0			
00:19:21:3f:c3:e5			
省略			

在该表中对应地填写了 DHCP Offer 包的报文信息。

15.3.5　请求数据包

请求数据包是 dhcp-port.pcapng 文件中的第 4 帧，如图 15.23 所示。

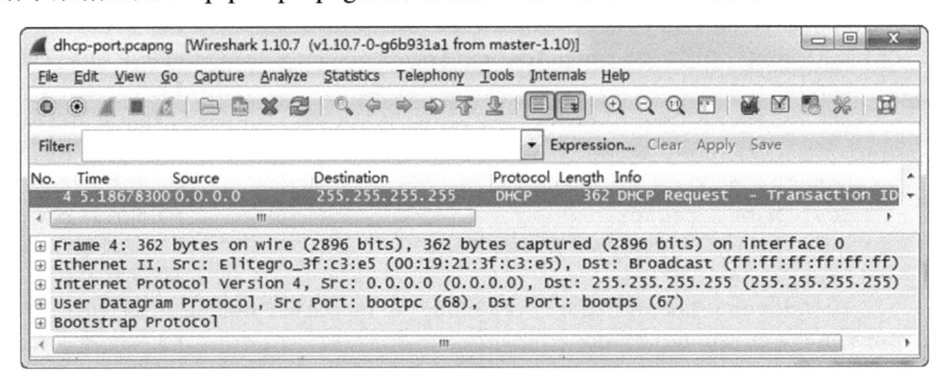

图 15.23　DHCP Request 包

从该界面，可以看到在 Packet Details 面板中有 5 行信息。下面介绍该包的详细信息，如下所示。

```
Frame 4: 362 bytes on wire (2896 bits), 362 bytes captured (2896 bits) on
interface 0
```

该行内容表示第 4 帧的信息，其中该包的大小为 362 个字节。

```
Ethernet II, Src: Elitegro_3f:c3:e5 (00:19:21:3f:c3:e5), Dst: Broadcast
(ff:ff:ff:ff:ff:ff)
```

该行内容表示以太网帧头部的详细信息。其中，源 MAC 地址为 00:19:21:3f:c3:e5，目标 MAC 地址为 ff:ff:ff:ff:ff:ff（广播地址）。这里的目标地址仍然是一个广播地址。虽然客户端已经选择了要使用的 IP 地址，但是它还没有真正获取到该地址。所以客户端以广播的形式告诉所有 DHCP 服务器它选择的地址。该广播包中包含所选择的 IP 地址和 DHCP 服务器的 IP 地址。所有其他的 DHCP 服务器将撤销它们提供的 IP 地址，以便将该地址提供给下一次 IP 租用请求。

```
Internet Protocol Version 4, Src: 0.0.0.0 (0.0.0.0), Dst: 255.255.255.255
(255.255.255.255)
```

该行内容表示互联网层 IPv4 包头部信息。其中，源 IP 地址为 0.0.0.0，目标 IP 地址为 255.255.255.255（广播地址）。这里的源 IP 地址仍然是 0.0.0.0，因为我们还没有完成获取 IP 地址的过程。

```
User Datagram Protocol, Src Port: bootpc (68), Dst Port: bootps (67)
```

该行内容为 UDP 协议信息。其中源端口号为 68，目标端口号为 67。

```
Bootstrap Protocol
```

该行内容为 BOOTP 协议信息。该包同样是一个 DHCP 请求包，但是在该包中所请求的 IP 地址不再是空的，并且 DHCP 服务器标识域也包含 IP 地址。下面对该行内容展开介绍，如下所示。

```
Bootstrap Protocol
    Message type: Boot Request (1)                          #消息类型
    Hardware type: Ethernet (0x01)                          #硬件类型
    Hardware address length: 6                              #硬件地址长度
    Hops: 0                                                 #经过 DHCP 中继数
    Transaction ID: 0xf86fe053                              #事务 ID
    Seconds elapsed: 0                                      #客户端启动时间
    Bootp flags: 0x8000 (Broadcast)                         #BOOTP 标志字段
        1... .... .... .... = Broadcast flag: Broadcast
        .000 0000 0000 0000 = Reserved flags: 0x0000
    Client IP address: 0.0.0.0 (0.0.0.0)                #客户端 IP 地址
    Your (client) IP address: 0.0.0.0 (0.0.0.0)         #自己的（客户端）IP 地址
    Next server IP address: 0.0.0.0 (0.0.0.0)
                                            #下一阶段使用的 DHCP 服务器的 IP 地址
    Relay agent IP address: 0.0.0.0 (0.0.0.0)
    Client MAC address: Elitegro_3f:c3:e5 (00:19:21:3f:c3:e5)
                                                            #客户端 MAC 地址
    Client hardware address padding: 00000000000000000000
                                                            #客户端硬件地址填充
    Server host name not given                              #服务器主机名
    Boot file name not given                                #启动文件名
    Magic cookie: DHCP                                      #与 BOOTP 兼容
    Option: (53) DHCP Message Type                          #DHCP 消息类型
        Length: 1                                           #长度为 1
        DHCP: Request (3)                                   #请求包
    Option: (61) Client identifier                          #客户端标识符
        Length: 7                                           #长度为 7
        Hardware type: Ethernet (0x01)                      #硬件长度
        Client MAC address: Elitegro_3f:c3:e5 (00:19:21:3f:c3:e5)
                                                            #客户端 MAC 地址
    Option: (50) Requested IP Address                       #请求的 IP 地址
        Length: 4                                           #长度为 4
        Requested IP Address: 192.168.5.2 (192.168.5.2)
                                                        #请求 IP 地址 192.168.5.2
    Option: (54) DHCP Server Identifier                     #DHCP 服务器标志符
        Length: 4                                           #长度为 4
```

```
      DHCP Server Identifier: 192.168.5.1 (192.168.5.1)
                                               #DHCP 服务器标识符为 192.168.5.1
   Option: (12) Host Name                                #客户端主机名
      Length: 12                                         #长度为 12
      Host Name: Windows7Test                  #主机名为 Windows7Test
   Option: (81) Client Fully Qualified Domain Name       #客户端完全合格域名
      Length: 15                                         #长度为 15
      Flags: 0x00                                        #标志位
      0000 .... = Reserved flags: 0x00                   #保留标志
      .... 0... = Server DDNS: Some server updates       #服务器 DDNS
      .... .0.. = Encoding: ASCII encoding               #编码格式
      .... ..0. = Server overrides: No override          #服务重写
      .... ...0 = Server: Client
      A-RR result: 0
      PTR-RR result: 0
      Client name: Windows7Test                          #客户端名称
   Option: (60) Vendor class identifier                  #供应商类标识符
      Length: 8                                          #长度为 8
      Vendor class identifier: MSFT 5.0        #供应商类标识符为 MSFT 5.0
   Option: (55) Parameter Request List                   #参数请求列表
      Length: 12
      Parameter Request List Item: (1) Subnet Mask       #子网掩码
      Parameter Request List Item: (15) Domain Name      #域名
      Parameter Request List Item: (3) Router            #路由
      Parameter Request List Item: (6) Domain Name Server #域名服务
      Parameter Request List Item: (44) NetBIOS over TCP/IP Name Server
                                                         #NetBIOS 名称服务
      Parameter Request List Item: (46) NetBIOS over TCP/IP Node Type
                                                         #NetBIOS 节点类型
      Parameter Request List Item: (47) NetBIOS over TCP/IP Scope
                                                         #NetBIOS 作用范围
      Parameter Request List Item: (31) Perform Router Discover
                                                         #完成路由发现
      Parameter Request List Item: (33) Static Route
                                                         #静态路由
      Parameter Request List Item: (121) Classless Static Route
                                                         #无类静态路由
      Parameter Request List Item: (249) Private/Classless Static Route
(Microsoft)                                              #私有静态路由
      Parameter Request List Item: (43) Vendor-Specific Information
                                                         #供应商特定信息
   Option: (255) End
      Option End: 255
```

通过对展开内容的介绍，每条信息的值都可以对应到 DHCP 报文格式中，如表 15-5 所示。

表 15-5　DHCP Request报文信息

<table>
<tr><td>Boot Request (1)</td><td>Ethernet (0x01)</td><td>6</td><td>0</td></tr>
<tr><td colspan="4">0xf86fe053</td></tr>
<tr><td colspan="2">0</td><td colspan="2">0x8000 (Broadcast)</td></tr>
<tr><td colspan="4">0.0.0.0</td></tr>
<tr><td colspan="4">0.0.0.0</td></tr>
</table>

续表

0.0.0.0
0.0.0.0
00:19:21:3f:c3:e5
省略

在该表中，填写了 DHCP Request 包的报文信息。

15.3.6　确认数据包

确认数据包是 dhcp-port.pcapng 文件中的第 5 帧，如图 15.24 所示。

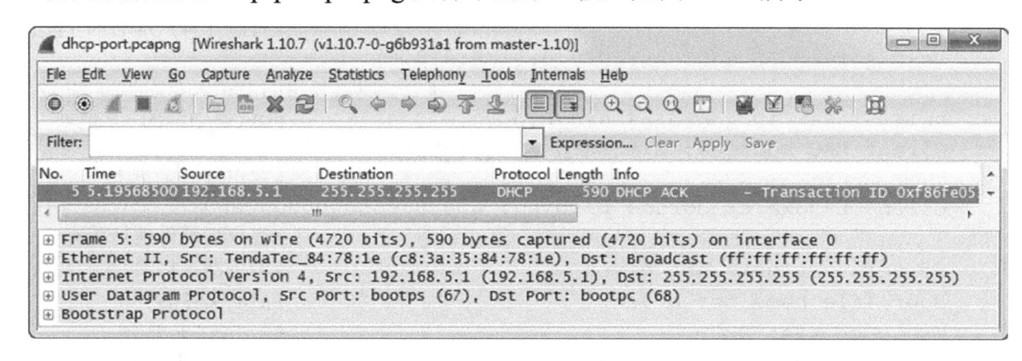

图 15.24　DHCP ACK 包

从该界面可以看到 DHCP ACK 包，在 Packet Details 面板中有 5 行描述信息。下面分别介绍 Packet Details 面板中的每行信息，如下所示。

```
Frame 5: 590 bytes on wire (4720 bits), 590 bytes captured (4720 bits) on
interface 0
```

从该行内容中可以看到，第 5 帧的数据包大小为 590 个字节。

```
Ethernet II, Src: TendaTec_84:78:1e (c8:3a:35:84:78:1e), Dst: Broadcast
(ff:ff:ff:ff:ff:ff)
```

该行内容表示以太网帧头部信息。其中源 MAC 地址为 c8:3a:35:84:78:1e（DHCP 服务器），目标 MAC 地址为 ff:ff:ff:ff:ff:ff（广播地址）。

```
Internet Protocol Version 4, Src: 192.168.5.1 (192.168.5.1), Dst:
255.255.255.255 (255.255.255.255)
```

该行内容表示互联网层 IPv4 包头部信息。其中源 IP 地址为 192.168.5.1，目标 IP 地址为 255.255.255.255。

```
User Datagram Protocol, Src Port: bootps (67), Dst Port: bootpc (68)
```

该行内容表示第 5 帧数据包，使用的是 UDP 协议。其中，源端口号为 67，目标端口号为 68。

```
Bootstrap Protocol
```

该行内容表示 BOOTP 协议的信息，该包是 DHCP 工作流程的最后一步。通过该包就可以获取到所请求的 IP 地址，并在其数据库中记录相关信息。下面对该行的展开信息进行详细介绍，如下所示。

```
Bootstrap Protocol
   Message type: Boot Reply (2)                          #消息类型
   Hardware type: Ethernet (0x01)                        #硬件类型
   Hardware address length: 6                            #硬件地址长度
   Hops: 0                                               #经过的 DHCP 中继数
   Transaction ID: 0xf86fe053                            #事务 ID
   Seconds elapsed: 0                                    #客户端启动时间
   Bootp flags: 0x8000 (Broadcast)                       #BOOTP 标志字段
      1... .... .... .... = Broadcast flag: Broadcast
      .000 0000 0000 0000 = Reserved flags: 0x0000
   Client IP address: 0.0.0.0 (0.0.0.0)                  #客户端 IP 地址
   Your (client) IP address: 192.168.5.2 (192.168.5.2)
                                                         #自己（客户端）的 IP 地址
   Next server IP address: 0.0.0.0 (0.0.0.0)
                                              #下一阶段使用的 DHCP 服务器的 IP 地址
   Relay agent IP address: 0.0.0.0 (0.0.0.0)             #DHCP 中继的 IP 地址
   Client MAC address: Elitegro_3f:c3:e5 (00:19:21:3f:c3:e5)
                                                         #客户端 MAC 地址
   Client hardware address padding: 00000000000000000000
                                                         #客户端硬件地址填充
   Server host name not given                            #服务器主机名
   Boot file name not given                              #启动文件名
   Magic cookie: DHCP                                    #与 BOOTP 兼容
   Option: (53) DHCP Message Type                        #DHCP 消息类型
      Length: 1                                          #长度为 1
      DHCP: ACK (5)                                      #确认包
   Option: (54) DHCP Server Identifier                   #DHCP 服务标识符
      Length: 4                                          #长度为 4
      DHCP Server Identifier: 192.168.5.1 (192.168.5.1) #DHCP 服务器标识符
   Option: (12) Host Name                                #主机名
      Length: 6                                          #长度为 6
      Host Name: router                                  #主机名
   Option: (51) IP Address Lease Time                    #IP 地址租约最短时间
      Length: 4                                          #长度为 4
      IP Address Lease Time: (28800s) 8 hours            #IP 地址最短租约时间为 8 小时
   Option: (1) Subnet Mask                               #子网掩码
      Length: 4                                          #长度为 4
      Subnet Mask: 255.255.255.0 (255.255.255.0) #子网掩码为 255.255.255.0
   Option: (3) Router                                    #路由
      Length: 4                                          #长度为 4
      Router: 192.168.5.1 (192.168.5.1)                  #路由器地址
   Option: (6) Domain Name Server                        #域名服务
      Length: 4                                          #长度为 4
      Domain Name Server: 192.168.5.1 (192.168.5.1)#域名服务
   Option: (15) Domain Name                              #域名
      Length: 7                                          #长度为 7
      Domain Name: router                                #域名为 router
   Option: (255) End
      Option End: 255
   Padding
```

通过对展开内容的介绍，每条信息的值都可以对应到 DHCP 报文格式中，如表 15-6 所示。

表 15-6　DHCP Ack报文信息

<table>
<tr><td>Boot Reply (2)</td><td>Ethernet (0x01)</td><td>6</td><td>0</td></tr>
<tr><td colspan="4">0xf86fe053</td></tr>
<tr><td colspan="2">0</td><td colspan="2">0x8000 (Broadcast)</td></tr>
<tr><td colspan="4">0.0.0.0</td></tr>
<tr><td colspan="4">192.168.5.2</td></tr>
<tr><td colspan="4">0.0.0.0</td></tr>
<tr><td colspan="4">0.0.0.0</td></tr>
<tr><td colspan="4">00:19:21:3f:c3:e5</td></tr>
<tr><td colspan="4"></td></tr>
<tr><td colspan="4"></td></tr>
<tr><td colspan="4">省略</td></tr>
</table>

在该表中，对应地填写了 DHCP ACK 包的报文信息。

第 16 章　DNS 抓包分析

DNS（Domain Name System，域名系统），是因特网上作为域名和 IP 地址相互映射的一个分布式数据库，能够使用户更方便地访问互联网，而不用去记住能够被机器直接读取的 IP 数串。通过主机名，从而得到该主机名对应的 IP 地址的过程叫做域名解析或主机名解析。DNS 协议运行在 UDP 协议之上，使用端口号 53。本章将介绍 DNS 抓包分析。

16.1　DNS 概述

DNS 是域名系统（Domain Name System）的缩写，该系统用于命名组织到域层次结构中的计算机和网络服务。域名是由圆点分开一串单词或缩写组成的，每一个域名都对应一个唯一的 IP 地址。在 Internet 上域名与 IP 地址之间是一一对应的，DNS 就是进行域名解析的服务器。本节将介绍 DNS 概述。

16.1.1　什么是 DNS

DNS（域名系统）是一种组织成域层次结构的计算机和网络服务命名系统。域名系统实际上就是为了解决 IP 地址的记忆难而诞生的。在互联网上域名与 IP 地址之间是一对一或者多对一的，如果要记住所有的 IP 地址，显然不太容易。虽然域名便于人们记忆，但主机之间只能互相认识 IP 地址，所以它们之间的转换就需要 DNS 来完成。

DNS 用于 TCP/IP 网络，它所提供的服务就是用来将主机名和域名解析为 IP 地址。DNS 就是这样的一位“翻译官”，它的基本工作原理如图 16.1 所示。

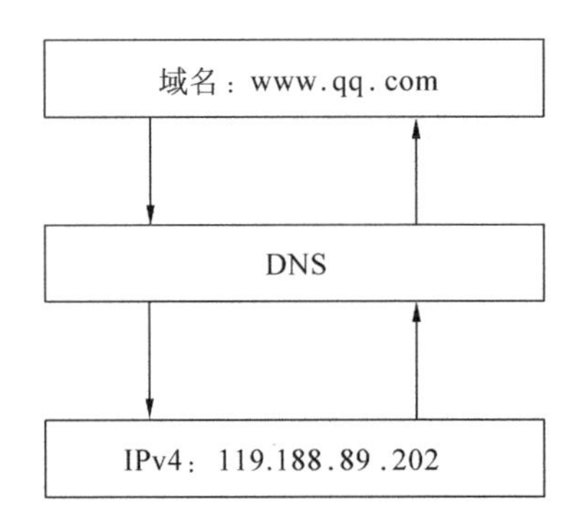

图 16.1　DNS 工作原理

图 16.1 表示 DNS 将域名 www.qq.com 解析后的 IP 地址为 119.188.89.202。

16.1.2　DNS 的系统结构

在整个互联网中，如果将数以亿计主机的域名和 IP 地址对应关系交给一台 DNS 服务器管理，并处理整个互联网中客户机的域名解析请求，恐怕很难找到能够承受如此巨大负载的服务器，即便能够找到，查询域名的效率也会非常低。因此，互联网中的域名系统采用了分布式的数据库方式，将不同范围内的域名 IP 地址对应关系交给不同的 DNS 服务器管理。这个分布式数据库采用树型结构，全世界的域名系统具有唯一的“根”，如图 16.2 所示。

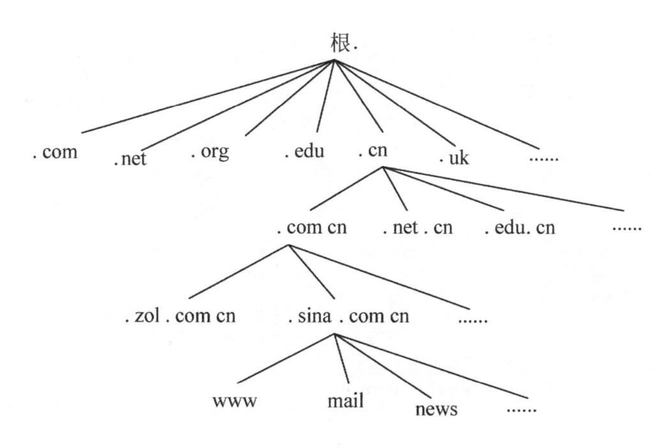

图 16.2　互联网域名系统的树型结构

包含主机名及其所在的域名的完整地址又称为 FQDN（Full Qualified Domain，完全限定域名）地址，或称为全域名。例如新浪网站服务器的地址“www.sina.com.cn”，其中“www”表示服务器的主机名（大多数的网站服务器都使用该名称），“sina.com.cn”表示该主机所属的 DNS 域。该地址中涉及多个不同的 DNS 及其服务器。

- “.”根域服务器，是所有主机域名解析的源头，地址中最后的“.”通常被省略。
- “.cn”域名服务器，负责所有以“cn”结尾的域名的解析，“.cn”域是处于根域之下的顶级域。
- “.com.cn”域服务器，负责所有以“com.cn”结尾的域名的解析，“.com.cn”域是“.cn”域的子域。
- “.sina.com.cn”域服务器，由新浪公司负责维护，提供“.sina.com.cn”域中所有主机的域名解析，如 www.sina.com.cn、mail.sina.com.cn 等，“.sina.com.cn”域是“.com.cn”域的子域。

从以上的 DNS 层次结构中可以看出，对于互联网中每个主机域名的解析，并不需要涉及太多的 DNS 服务器就可以完成。通常客户端主机中只需要指定 1～3 个 DNS 服务器地址，就可以通过递归或迭代的查询方式获知要访问的域名对应的 IP 地址。

16.1.3　DNS 系统解析过程

DNS 服务采用服务器/客户端（C/S）方式工作。当客户端程序要通过一个主机名称访问网络中的一台主机时，它首先要得到这个主机名称所对应的 IP 地址。因为 IP 数据报中允许放置的是目的主机的 IP 地址，而不是主机名称。可以从本机的 hosts 文件中得到主机名称所对应的 IP 地址，但如果 hosts 文件不能解析该主机名称，则只能通过向客户机所设定的 DNS 服务器进行查询了。下面以 www.sina.com.cn 域名为例讲解 DNS 系统解析的过程，如图 16.3 所示。

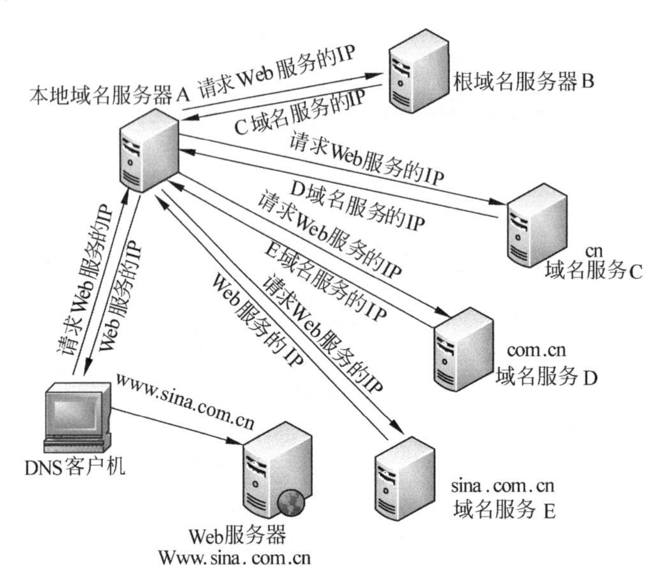

图 16.3　DNS 解析的过程

在图 16.3 中，显示出了 DNS 服务的解析过程，同时也体现出了它的构成。DNS 服务由客户机、域名服务器和 Web 服务器构成了一个简单的网络环境。DNS 名称解析的过程如下所示。

（1）DNS 客户机向本地域名服务器发送了一个查询，请求查找域名 www.sina.com.cn 的 IP 地址。本地域名服务器查找自己保存的记录，看能否找到这个被请求的 IP 地址。如果本地域名服务器中有这个地址，则将此地址返回给 DNS 客户机。

（2）如果本地域名服务器没有这个地址，则发起查找地址的过程。本地域名服务器发送请求给根域名服务器，询问 www.sina.com.cn 的相关地址。根域名服务器无法提供这个地址，但是会将域 cn 的名称服务器的地址返回给本地域名服务器。

（3）本地域名服务器再向.cn 域服务器发送查询地址请求。cn 域服务器无法提供这个地址，就将 com.cn 域服务器地址发送给本地域名服务器。

（4）本地域名服务器再向 com.cn 域服务器发送查询地址请求。com.cn 服务器无法提供这个地址，就将 sina.com.cn 域名服务器地址发送给本地域名服务器。

（5）本地域名服务器再向 sina.com.cn 发送查询地址请求。sina.com.cn 找到了 www.sina.com.cn 的地址，就将这个地址发给本地域名服务器。

（6）本地域名服务器会将这个地址发给 DNS 客户机。

（7）DNS 客户机发起与主机 www. sina.com.cn 的连接。

以上就是 DNS 域名解析过程，在该解析过程中通常会用到两种查询方式，分别是递归查询和迭代查询。下面分别介绍这两种查询方式。

1. 递归查询

主机向本地域名服务器的查询一般都是采用递归查询。如果主机所询问的本地域名服务器不指定被查询域名的 IP 地址，那么本地域名服务器就以 DNS 客户的身份，向其他根域名服务器继续发出查询请求报文。

2. 迭代查询

本地域名服务器向根域名服务器的查询通常采用迭代查询。当根域名服务器收到本地域名服务器的迭代查询请求报文时，要么给出所要查询的 IP 地址，要么告诉本地域名服务器“下一步应当向哪一个域名服务器进行查询”。然后让本地域名服务器进行后续的查询。

16.1.4　DNS 问题类型

DNS 查询和响应中所使用的类型域，指明了这个查询或者响应的资源记录类型。常用的消息资源记录类型如表 16-1 所示。

表 16-1　常用DNS资源记录类型

值	类　型	描　述
1	A	IPv4 主机地址
2	NS	权威域名服务器
5	CNAME	规范别名，定义主机正式名字的别名
12	PTR	指针，把 IP 地址转换为域名
15	MX	邮件交换记录，用于电子邮件系统发邮件时根据收件人的地址后缀来定位邮件服务器
16	TXT	文本字符串
28	AAAA	IPv6 主机地址
251	IXFR	增量区域传送
252	AXFR	完整区域传送

以上是一些 DNS 常用的消息资源记录类型，如果想了解更详细的信息，可以访问 http://www.iana.org/assignments/dns-parameters/dns-parameters.xhtml 网页。

16.2　捕获 DNS 数据包

通过前面的详细介绍，用户应该知道 DNS 是基于 UDP 协议工作的。本节将通过指定 udp 过滤器，捕获 DNS 数据包。捕获 DNS 数据包的实验环境如图 16.4 所示。

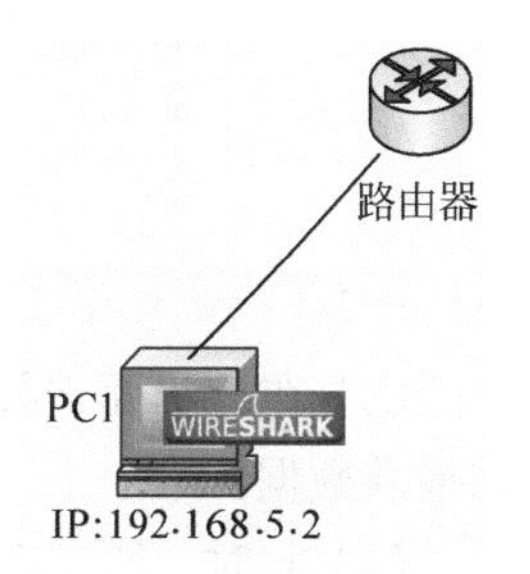

图 16.4　Wireshark 的位置

以上就是本例中的简单实验环境配置。由于捕获 DNS 数据包，不需要两台（或多台）主机之间通信，只需要将主机 PC2 连接到互联网就可以了。这里通过在主机 PC1 上访问域名 www.qq.com，来捕获数据包。具体操作步骤如下所示。

（1）在主机 PC1 上开启 Wireshark 工具，如图 16.5 所示。

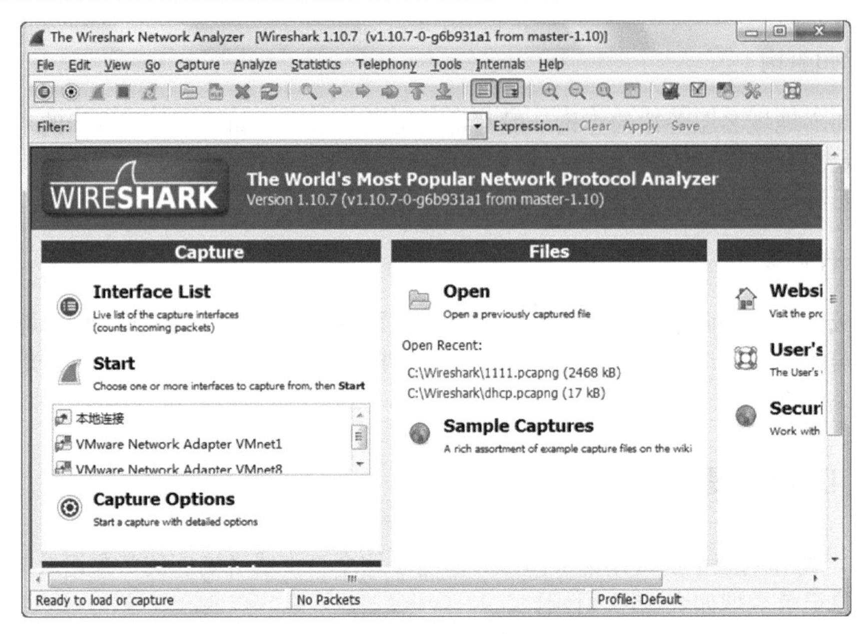

图 16.5　Wireshark 主界面

（2）在该界面的菜单栏中依次选择 Capture|Options 命令，或者单击工具栏中的◉（显示捕获选项）图标打开 Wireshark 捕获选项窗口，如图 16.6 所示。

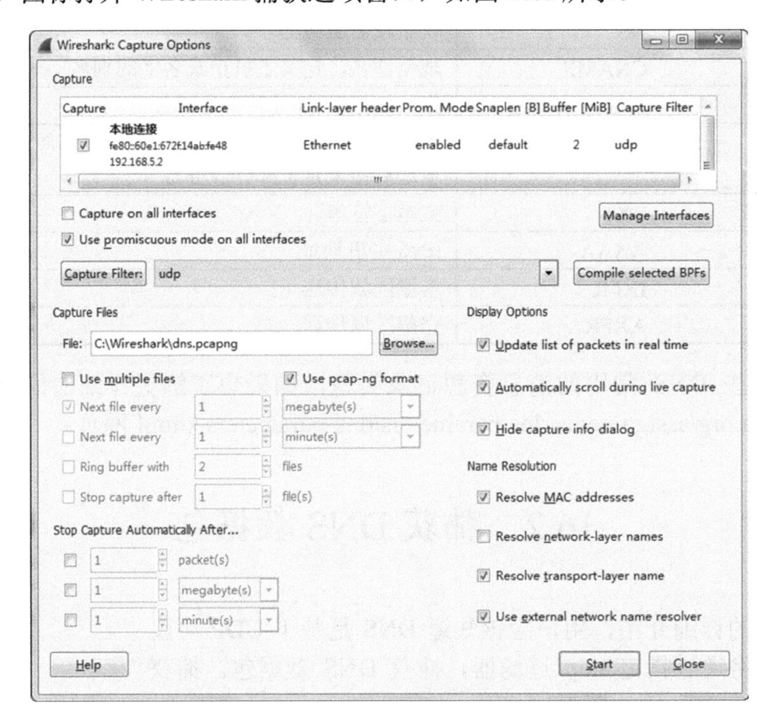

图 16.6　设置捕获选项

（3）在该界面选择捕获接口、设置捕获过滤器及捕获文件名。然后单击 Start 按钮，开始捕获数据。

（4）此时，通过在浏览器中访问 www.qq.com 域名，以产生 DNS 数据包。当正常打开 www.qq.com 网页后，返回到 Wireshark 界面，将看到如图 16.7 所示的界面。

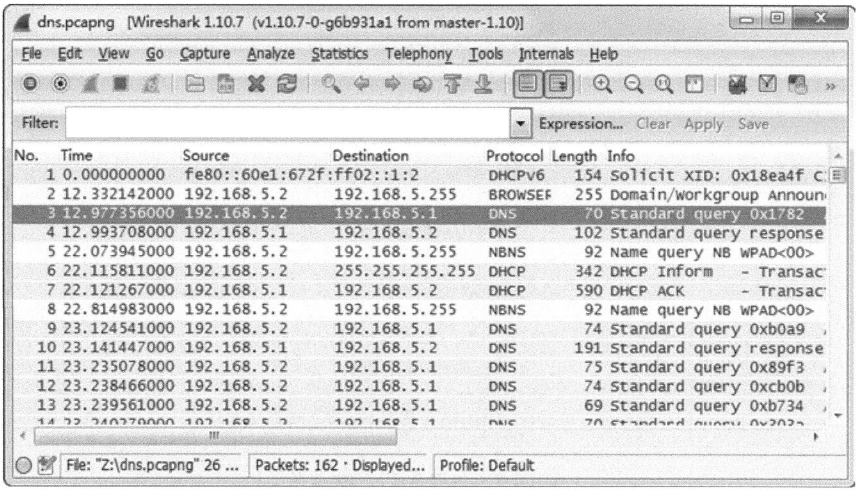

图 16.7　捕获的数据包

（5）从 Wireshark 的 Packet List 面板的 Protocol 列中，可以看到有 DNS 协议的数据包。但是也有其他协议数据包，如 DHCPv6、NBNS 等。为了不受这些数据包的影响，下面使用显示过滤器仅显示 DNS 协议数据包。

在 Wireshark 中，提供了 DNS 显示过滤器，可以仅过滤显示 DNS 协议的数据包。在 Wireshark 的显示过滤器区域输入 dns，然后单击 Apply 按钮，将显示如图 16.8 所示的界面。

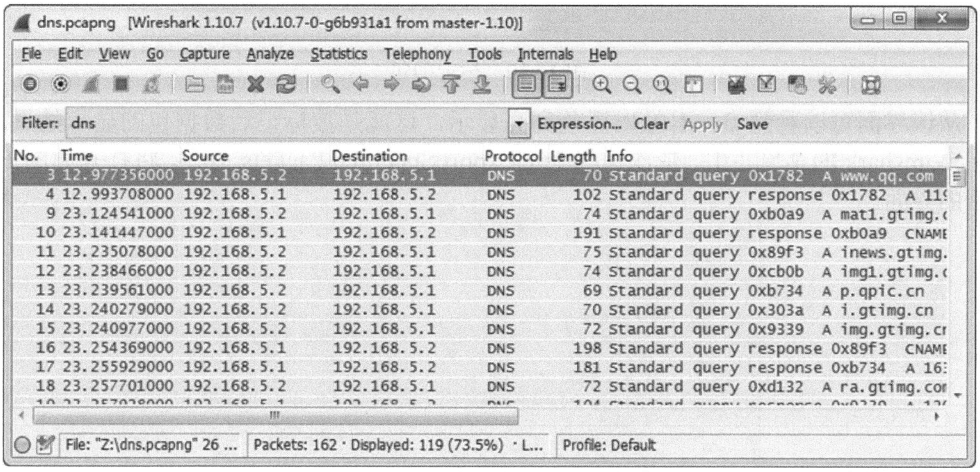

图 16.8　显示过滤的 DNS 协议数据包

在该界面的 Protocol 列，可以看到都是 DNS 协议的数据包。这些数据包分别是 DNS 查询（query）和 DNS 响应（response）数据包。根据 Info 列描述信息中的 ID 号，可以判断出 3、4 帧是一个数据包。其中，第 3 帧是 DNS 查询，第 4 帧是响应第 3 帧的 DNS 查询信息。后面将以 3、4 帧对 DNS 协议数据包进行详细分析。

为了方便后面对数据包进行分析，这里将 3、4 帧导出。在 Wireshark 中导出数据包时，可以通过指定包的范围或标记包的方式将数据包导出。这里通过标记包的方式，将 3、4 帧导出。首先将这两个数据帧进行标记，选择第 3 个数据帧并单击右键，将弹出如图 16.9 所示的菜单。

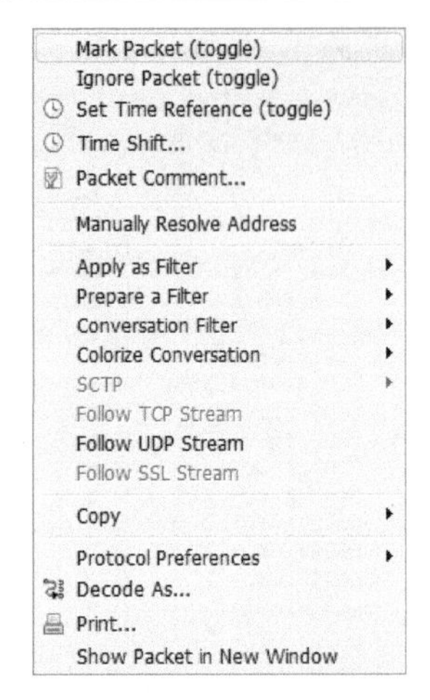

图 16.9　包操作的右键菜单

在该菜单中选择 Mark Packet（toggle），即可将该数据包标记。然后以同样的方法，将第 4 个数据帧也进行标记。将这两个数据帧标记后，显示界面如图 16.10 所示。

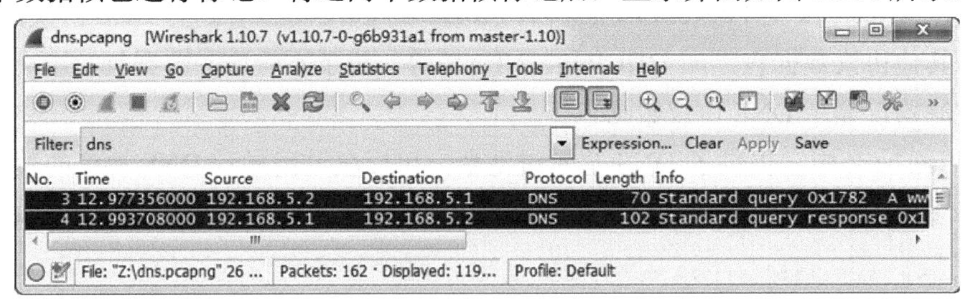

图 16.10　标记的包

从该界面可以看到 3、4 帧以黑色高亮显示，这就是被标记后数据包的显示结果。此时在 Wireshark 的菜单栏中，依次选择 File|Export Specified Packets 命令，将打开如图 16.11 所示的界面。

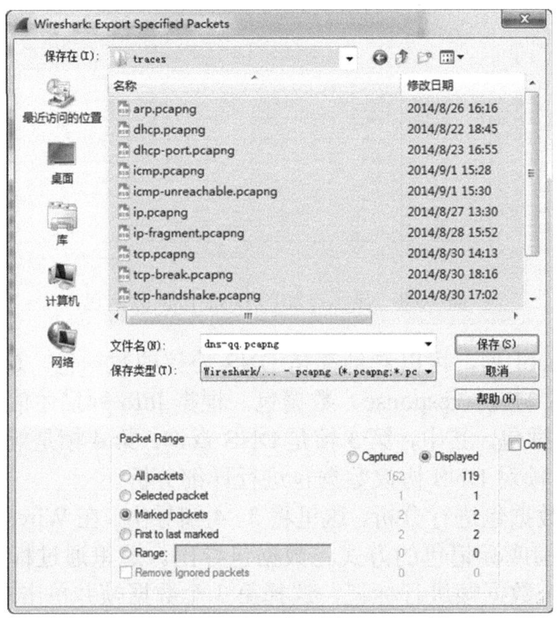

图 16.11　导出标记的包

在该界面 Packet Range 区域选择 Marked packets 选项，然后指定捕获文件的位置及捕获文件名。设置完以上信息后，单击“保存”按钮即可完成数据包的导出。

16.3 分析 DNS 数据包

通过前面对 DNS 协议的详细介绍，用户对 DNS 的作用、结构及工作过程有了基本的认识。本节将介绍分析 DNS 数据包。

16.3.1 DNS 报文格式

DNS 只有两种报文，分别是查询报文和回答报文。它们的报文格式相同，如图 8-2 所示。

表 16-2 DNS报文格式

域 名 系 统									
偏移位	0～15	16～31							
0	DNS ID 号	QR	操作代码	AA	TC	RD	RA	Z	响应代码
32	问题计数	回答区域							
64	域名服务器计数	额外记录计数							
96	问题区段	回答区段							
128	权威区段	额外信息区段							

下面对表 16-2 中各字段进行详细介绍，如下所示。

- ❑ DNS ID 号（DNS ID Number）：用来对应 DNS 查询和 DNS 响应。
- ❑ 查询/响应（Query/Response，QR）：用来指明这个报文是 DNS 查询还是响应，占 1 个比特位。如果标志位为 1，表示响应；如果为 0，则表示查询。
- ❑ 操作代码（OpCode）：用来定义消息中请求的类型，占 4 个比特位。
- ❑ 权威应答（Authoritative Answer，AA）：如果响应报文中设定了这个值，则说明这个响应是由域内权威域名服务器发出的，占 1 个比特位。
- ❑ 截断（Truncation，TC）：用来指明这个响应由于时间太长，无法接入报文而被截断。该标志位占 1 比特位，当该标志位值为 1 时，表示响应已超过 512 字节并已被截断。
- ❑ 期望递归（Recursion Desired，RD）：当请求中设定了这个值，则说明 DNS 客户端在目标域名服务器不含有所请求信息的情况下，要求进行递归查询。该标志位占 1 个比特位。
- ❑ 可用递归（Recursion Available，RA）：当响应中设定了这个值，说明域名服务器支持递归查询，占 1 比特位。
- ❑ 保留（Z）：在 RFC1035 的规定中被全设为 0，但有时会被用来作为 RCode 域的扩展，占 3 比特位。
- ❑ 响应代码（Response Code）：在 DNS 响应中用来指明错误，占 4 个比特位。该字段的值通常为 0 和 3，可取的值及含义如下所示。

（1）0 表示没有错误。

（2）1 表示格式错误。

（3）2 表示在域名服务器上存在问题。

（4）3 表示域参数问题。

（5）4 表示查询类型不支持。

（6）5 表示在管理上被禁止。

（7）6～15 表示保留。

- 问题计数（Question Count）：在问题区段中的条目数。
- 问答计数（Answer Count）：在回答区段中的条目数。
- 域名服务器计数（Name Server Count）：在权威区段的域名资源记录数。
- 额外记录计数（Additional Records Count）：在额外信息区段中的其他资源记录数。
- 问题区段（Question section）：大小可变，包含有被发送到 DNS 服务器的一条或多条信息查询的部分。
- 回答区段（Answer section）：大小可变，含有用来回答查询的一条或多条资源记录。
- 权威区段（Authority section）：大小可变，包含指向权威域名服务器的资源记录，用以继续解析过程。
- 额外信息区段（Additional Information section）：包含资源记录且大小可变的区段，这些资源记录用来存储完全没有必要回答的查询相关的额外信息。

16.3.2　分析 DNS 数据包

下面以导出的数据包为例，分析 DNS 数据包。打开 dns-qq.pcapng 捕获文件，将显示如图 16.12 所示的界面。

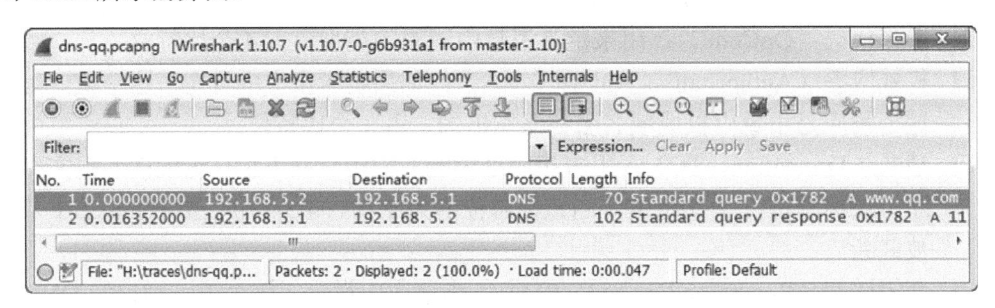

图 16.12　dns-qq.pcapng 捕获文件

从 Wireshark 的状态栏中，可以看到 dns-qq.pcapng 捕获文件中共有两个数据包。其中，第一个数据包是 DNS 查询，第二个数据包是 DNS 响应。下面分别对这两个数据包进行详细介绍。

1. DNS查询数据包

DNS 查询数据包的详细信息如图 16.13 所示。

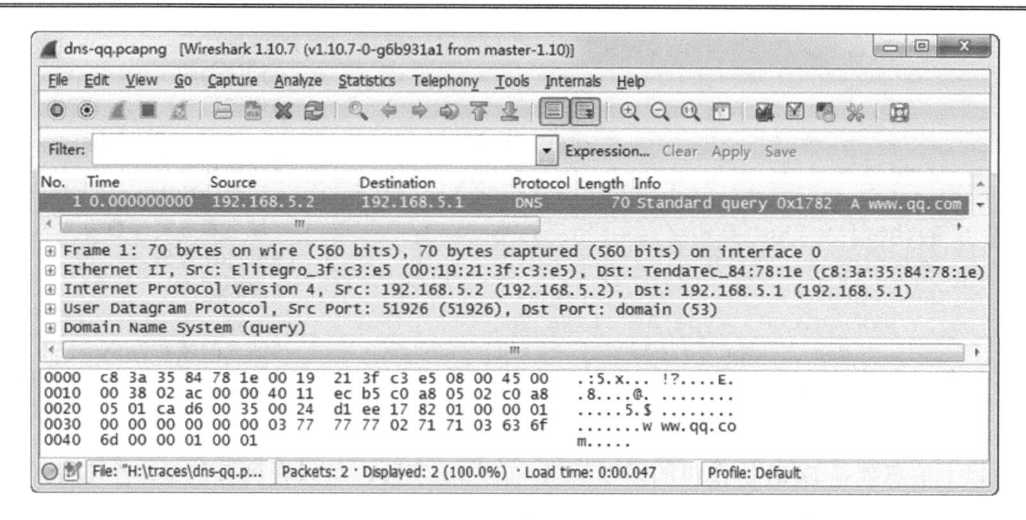

图 16.13　DNS 查询

该数据包是由客户端 192.168.5.2 通过 DNS 的标准端口 53，发向服务器 192.168.5.1 的 DNS 查询信息。在 Wireshark 的 Packet Details 面板中，可以看到该数据包的头部是 UDP 协议，说明 DNS 是基于 UDP 协议工作的。下面对该包的详细信息进行介绍，如下所示。

```
Frame 1: 70 bytes on wire (560 bits), 70 bytes captured (560 bits) on interface 0
```

以上信息是帧头部的详细信息。其中，该包的大小为 70 个字节。

```
Ethernet II, Src: Elitegro_3f:c3:e5 (00:19:21:3f:c3:e5), Dst:
TendaTec_84:78:1e (c8:3a:35:84:78:1e)
```

以上信息是以太网帧头部的详细信息。其中源 MAC 地址为 00:19:21:3f:c3:e5，目标 MAC 地址为 c8:3a:35:84:78:1e。

```
Internet Protocol Version 4, Src: 192.168.5.2 (192.168.5.2), Dst:
192.168.5.1 (192.168.5.1)
```

以上信息是 IPv4 首部的详细信息。其中源 IP 地址为 192.168.5.2，目标 IP 地址为 192.168.5.1。

```
User Datagram Protocol, Src Port: 51926 (51926), Dst Port: domain (53)
```

以上信息是 UDP 协议首部的详细信息。其中源端口号为 51926，目标端口号为 53。

```
Domain Name System (query)
```

以上信息是 DNS 协议的详细信息。从该行信息中，可以看到是一个 DNS 查询包。下面对该包进行详细介绍，如下所示。

```
Domain Name System (query)                                  #DNS 查询
   [Response In: 2]
   Transaction ID: 0x1782                                   #DNS ID 号
   Flags: 0x0100 Standard query                             #标志
      0... .... .... .... = Response: Message is a query
                                       #响应信息，该值为 0，表示是一个 DNS 查询
      .000 0... .... .... = Opcode: Standard query (0)      #操作代码
      .... ..0. .... .... = Truncated: Message is not truncated
                                                            #截断
```

```
        .... ...1 .... .... = Recursion desired: Do query recursively
                                                   #期望递归
        .... .... .0.. .... = Z: reserved (0)      #保留
        .... .... ...0 .... = Non-authenticated data: Unacceptable
    Questions: 1                                   #问题计数为 1
    Answer RRs: 0                                  #回答计数为 0
    Authority RRs: 0                               #域名服务器计数为 0
    Additional RRs: 0                              #额外计数为 0
    Queries                                        #问题区段
        www.qq.com: type A, class IN
            Name: www.qq.com                       #请求的域名为 www.qq.com
            Type: A (Host address)                 #域名类型为 A（主机地址）
            Class: IN (0x0001)                     #地址类型为 IN(互联网地址)
```

以上信息就是 DNS 协议包的详细信息。在标志字段，可以看到该包是一个 DNS 请求包，请求的域名为 www.qq.com，类型为 A。将以上信息对应到 DNS 报文格式中，如表 16-3 所示。

表 16-3　对应的DNS报文格式（1）

域 名 系 统									
偏移位	0～15	16～31							
0	0x1782	0	0		0	1		0	
32	1	0							
64	0	0							
96	省略								
128									

2. DNS响应数据包

DNS 响应数据包如图 16.14 所示。

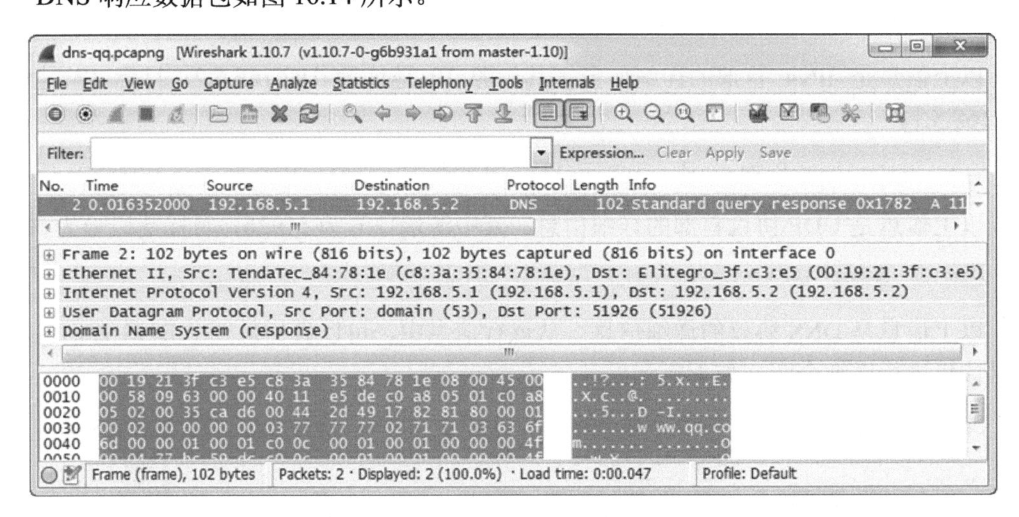

图 16.14　DNS 响应数据包

该数据包响应了第 1 个数据包的 DNS 请求。因为该数据包拥有的唯一标识码，和第 1 个数据包的唯一标识码是相对应的。下面对该数据包进行详细介绍，如下所示。

```
Frame 2: 102 bytes on wire (816 bits), 102 bytes captured (816 bits) on
interface 0
```

以上信息表示这是第 2 个数据包的详细信息，并且该包的大小为 102 个字节。

```
Ethernet   II,   Src:   TendaTec_84:78:1e   (c8:3a:35:84:78:1e),   Dst:
Elitegro_3f:c3:e5 (00:19:21:3f:c3:e5)
```

以上信息是以太网帧头部信息。其中，源 MAC 地址为 c8:3a:35:84:78:1e，目标 MAC 地址为 00:19:21:3f:c3:e5。

```
Internet  Protocol  Version  4,  Src:  192.168.5.1  (192.168.5.1),  Dst:
192.168.5.2 (192.168.5.2)
```

以上信息是 IPv4 首部的详细信息。其中，源 IP 地址为 192.168.5.1，目标 IP 地址为 192.168.5.2。

```
User Datagram Protocol, Src Port: domain (53), Dst Port: 51926 (51926)
```

以上信息是 UDP 协议首部的详细信息。其中源端口号为 53，目标端口号为 51926。

```
Domain Name System (response)
```

以上信息是 DNS 协议的详细信息。从该行信息中，可以看到这是一个 DNS 响应包。下面对该包中的信息进行详细介绍，如下所示。

```
Domain Name System (response)                                #DNS 响应
    [Request In: 1]
    [Time: 0.016352000 seconds]                              #DNS 响应时间
    Transaction ID: 0x1782                                   #DNS ID
    Flags: 0x8180 Standard query response, No error         #标志
        1... .... .... .... = Response: Message is a response
                                            #响应信息，该值为 0，所以这是 DNS 响应
        .000 0... .... .... = Opcode: Standard query (0)#操作码
        .... .0.. .... .... = Authoritative: Server is not an authority for
domain                                                       #权威应答
        .... ..0. .... .... = Truncated: Message is not truncated
                                                             #截断
        .... ...1 .... .... = Recursion desired: Do query recursively
                                                             #期望递归
        .... .... 1... .... = Recursion available: Server can do recursive
queries                                                      #可用递归
        .... .... .0.. .... = Z: reserved (0)                #保留
        .... .... ..0. .... = Answer authenticated: Answer/authority portion
was not authenticated by the server
        .... .... ...0 .... = Non-authenticated data: Unacceptable
        .... .... .... 0000 = Reply code: No error (0)      #响应代码
    Questions: 1                                             #问题计数为 1
    Answer RRs: 2                                            #回答计数为 2
    Authority RRs: 0                                         #域名服务器计数为 0
    Additional RRs: 0                                        #额外记录计数为 0
    Queries                                                  #问题区域
        www.qq.com: type A, class IN
            Name: www.qq.com                                 #请求的域名
            Type: A (Host address)                           #域名类型
            Class: IN (0x0001)                        #地址类型为 IN（互联网地址）
```

```
Answers                                                     #回答区域
    www.qq.com: type A, class IN, addr 119.188.89.220       #回答 1 详细信息
        Name: www.qq.com                                    #响应的域名
        Type: A (Host address)                              #响应的域名类型
        Class: IN (0x0001)                                  #响应的域名地址为 IN
        Time to live: 1 minute, 19 seconds                  #生存时间
        Data length: 4                                      #数据长度
        Addr: 119.188.89.220 (119.188.89.220)
                                                            #响应的地址为 119.188.89.220
    www.qq.com: type A, class IN, addr 119.188.89.202
                                                            #回答 2 详细信息
        Name: www.qq.com                                    #响应的域名
        Type: A (Host address)                              #响应的域名类型
        Class: IN (0x0001)                                  #响应的域名地址为 IN
        Time to live: 1 minute, 19 seconds                  #生存时间
        Data length: 4                                      #数据长度
        Addr: 119.188.89.202 (119.188.89.202)
                                                            #响应的地址为 119.188.89.202
```

以上是 DNS 响应包的详细信息。根据以上信息的详细描述，可以看到客户端请求到域名 www.qq.com 的两个地址，分别是 119.188.89.220 和 119.188.89.202。以上包的详细信息对应到 DNS 报文格式中，结果如表 16-4 所示。

表 16-4　对应的DNS报文格式（2）

<table>
<tr><th colspan="10">域 名 系 统</th></tr>
<tr><td>偏移位</td><td>0～15</td><td colspan="8">16～31</td></tr>
<tr><td>0</td><td>0x1782</td><td>1</td><td>0</td><td>0</td><td>0</td><td>1</td><td>1</td><td>0</td><td>0</td></tr>
<tr><td>32</td><td>1</td><td colspan="8">2</td></tr>
<tr><td>64</td><td>0</td><td colspan="8">0</td></tr>
<tr><td>96</td><td>省略</td><td colspan="8">省略</td></tr>
<tr><td>128</td><td></td><td colspan="8"></td></tr>
</table>

第 17 章 HTTP 协议抓包分析

HTTP 协议（HyperText Transfer Protocol，超文本传输协议）是万维网（World Wide Web）的传输机制，允许浏览器通过连接 Web 服务器浏览网页。目前在大多数网络组织中，HTTP 流量在网络中所占的比率是最高的。本章将介绍 HTTP 协议抓包分析。

17.1 HTTP 协议概述

HTTP（HyperText Transfer Protocol，超文本传输协议）是 Web 系统最核心的内容，它是 Web 服务器和客户端之间进行数据传输的规则。Web 服务器就是平时所说的网站，是信息内容的发布者。最常见的客户端就是浏览器，它是信息内容的接收者。本节将介绍 HTTP 协议概述。

17.1.1 什么是 HTTP

HTTP 协议是用于从 WWW 服务器传输超文本到本地浏览器的传送协议。它可以使浏览器更加高效，使网络传输减少。它不仅保证计算机正确快速地传输超文本文档，还确定传输文档中的哪一部分，以及哪部分内容首先显示（如文本先于图形）等。HTTP 是一个应用层协议，由请求和响应构成，是一个标准的客户端服务器模型。HTTP 具有以下几个特点。

- 支持客户/服务器模式，支持基本认证和安全认证。
- 简单快速：客户端向服务器请求服务时，只需传送请求方法和路径。请求方法常用的有 GET、HEAD 和 POST。每种方法规定了客户端与服务器联系的类型。由于 HTTP 协议简单，使得 HTTP 服务器的程序规模小，因而通信速度很快。
- 灵活：HTTP 允许传输任意类型的数据对象。正在传输的类型由 Content-Type 加以标记。
- HTTP 0.9 和 1.0 使用非持续连接：限制每次连接只处理一个请求，服务器处理完客户的请求，并收到客户的应答后，即断开连接。采用这种方式可以节省传输时间。
- 无状态：HTTP 协议是无状态协议。无状态是指协议对于事务处理没有记忆能力。缺少状态意味着如果后续处理需要前面的信息，则它必须重传，这样可能导致每次连接传送的数据量增大。

17.1.2 HTTP 请求方法

HTTP/1.1 协议中共定义了 8 种方法（有时也叫“动作”）来表明 Request-URI 指定资

源的不同操作方式，如下所示。

- OPTIONS：返回服务器针对特定资源所支持的 HTTP 请求方法。也可以利用向 Web 服务器发送“*”的请求来测试服务器的功能性。
- HEAD：向服务器索要与 GET 请求相一致的响应，只不过响应体将不会被返回。这一方法可以在不必传输整个响应内容的情况下，就可以获取包含在响应消息头中的元信息。
- GET：向特定的资源发出请求。注意，GET 方法不应当被用于产生“副作用”的操作中，例如在 Web App.中，其中一个原因是 GET 可能会被网络蜘蛛等随意访问。
- POST：向指定资源提交数据进行处理请求（例如提交表单或者上传文件）。数据被包含在请求体中。POST 请求可能会导致新的资源的建立和/或已有资源的修改。
- PUT：向指定资源位置上传其最新内容。
- DELETE：请求服务器删除 Request-URI 所标识的资源。
- TRACE：回显服务器收到的请求，主要用于测试或诊断。
- CONNECT：HTTP/1.1 协议中预留给能够将连接改为管道方式的代理服务器。
- PATCH：用来将局部修改应用于某一资源，添加于规范 RFC5789。

在大部分情况下，只会用到 GET 和 HEAD 方法，并且这些方法名称是区分大小写的。当某个请求所针对的资源不支持对应请求方法的时候，服务器应当返回状态码 405（Method Not Allowed）；当服务器不识别或者不支持对应的请求方法的时候，应当返回状态码 501（Not Implemented）。

17.1.3　HTTP 工作流程

HTTP 是一个无状态的协议。无状态是指客户端（Web 浏览器）和服务器之间不需要建立持久的连接。这意味着当一个客户端向服务器端发出请求，然后服务器返回响应“*”（response），连接就被关闭了。服务器端不保留连接的相关信息，HTTP 遵循请求（Request）/应答（Response）模型。客户端（浏览器）向服务器发送请求，服务器处理请求并返回适当的应答。所有 HTTP 连接都被构造成一套请求和应答。在该过程中要经过 4 个阶段，包括建立连接、发送请求信息、发送响应信息和关闭连接，如图 17.1 所示。

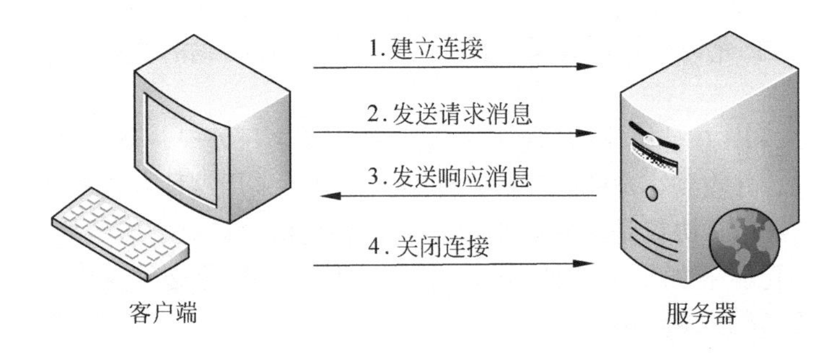

图 17.1　HTTP 工作流程

下面详细介绍图 17.1 中描述的 HTTP 工作流程，如下所示。

（1）客户端通过 TCP 三次握手与服务器建立连接。

（2）TCP 建立连接成功后，向服务器发送 HTTP 请求。

（3）服务器收到客户端的 HTTP 请求后，将返回应答，并向客户端发送数据。

（4）客户端通过 TCP 四次握手，与服务器断开 TCP 连接。

17.1.4　持久连接和非持久连接

浏览器与 Web 服务器建立 TCP 连接后，双方就可以通过发送请求消息和应答消息进行数据传输。在 HTTP 协议中，规定 TCP 连接既可以是非持久的，也可以是持久的。具体采用哪种连接方式，可以由通用头域中的 Connection 指定。在 HTTP/1.0 版本中，默认使用的是非持久连接，HTTP/1.1 默认使用的是持久连接。

1．非持久连接

非持久连接就是每个 TCP 连接只用于传输一个请求消息和一个响应消息。用户每请求一次 Web 页面，就产生一个 TCP 连接。为了更详细地了解非持久连接，下面简单介绍一个例子。

假设在非持久连接的情况下服务器向客户端传送一个 Web 页面。该页面由 1 个基本 HTML 文件和 10 个 JPEG 图像构成，而且所有这些对象文件都存放在同一台服务器主机中。再假设该基本 HTML 文件的 URL 为 http://www.example.cn/somepath/index.html，则传输步骤如下所示。

（1）HTTP 客户端首先与主机 www.example.cn 中的 Web 服务器建立 TCP 连接，Web 服务器使用默认端口号 80 监听来自 HTTP 客户端的连接建立请求。

（2）HTTP 客户端通过 TCP 连接向服务器发送一个 HTTP 请求消息，该消息中包含路径名/somepath/index.html。

（3）Web 服务器通过 TCP 连接接收到这个请求消息后，从服务器主机的内存或硬盘中取出对象/somepath/index.html，然后向服务器发送应答消息。

（4）Web 服务器告知本机的 TCP 协议栈关闭这个 TCP 连接。但是 TCP 协议栈要到客户端收到刚才这个应答消息之后，才会真正终止这个连接。

（5）HTTP 客户端经由同一个套接字接收这个应答消息，TCP 连接就断开了。

（6）客户端根据应答消息中的头域内容取出这个 HTML 文件，从中加以分析后发现其中有 10 个 JPEG 对象的引用。

（7）这时候客户端再重复步骤（1）～（5），从服务器得到所引用的每一个 JPEG 对象。

上述步骤之所以称为使用非持久连接，原因是每次服务器发出一个对象后，相应的 TCP 连接就被关闭。也就是说每个连接都没有持续到可用于传送其他对象，每个 TCP 连接只用于传输一个请求消息和一个应答消息。就上述例子而言，用户每请求一次那个 Web 页面，就会产生一个 TCP 连接。

实际上，客户端还可以通过并行的 TCP 连接同时取得其中某些 JPEG 对象。这样可以大大提高数据传输速度，缩短响应时间。目前的浏览器允许用户通过配置来控制并行连接的数目，大多数浏览器默认可以打开 5～10 个并行的 TCP 连接，每个连接处理一个请求/应答事务。

根据以上例子的描述，可以发现非持久连接具有如下几个缺点。

（1）客户端需要为每个待请求的对象建立并维护一个新的 TCP 连接。对于每个这样的连接，TCP 都需要在客户端和服务器端分配 TCP 缓冲区，并维持 TCP 变量。对于有可能同时为来自成千上万个不同客户端的请求提供服务的 Web 服务器来说，这会严重增加其负担。

（2）对于每个对象请求都有两个 RTT（Round-Trip Time，往返时延）的响应延迟。一个 RTT 用于建立 TCP 连接，另一个 RTT 用于请求和接收对象。

（3）每个对象都要经过 TCP 缓启动。因为每个 TCP 连接都要起始于 slow start 阶段。使用并行 TCP 连接，能够减轻部分 RTT 延迟和缓启动的影响。

2. 持久连接

持久连接是指服务器在发出响应后可以让 TCP 连接继续打开着，同一对客户端/服务器之间的后续请求和响应都可以通过这个连接继续发送。不仅整个 Web 页面（包含一个基本 HTML 文件和所引用的对象）可以通过单个持久的 TCP 连接发送，而且存放在同一个服务器中的多个 Web 页面也可以通过单个持久 TCP 连接发送。

持久连接分为不带流水线和带流水线两种方式。如果使用不带流水线的方式，那么客户端只有在收到前一个请求的应答后才发出新的请求。这种情况下，服务器送出一个对象后开始等待下一个请求，而这个新请求却不能马上到达，这段时间服务器资源便闲置了。

HTTP/1.1 的默认模式是使用带流水线的持久连接。这种情况下，HTTP 客户端每碰到一个引用就立即发出一个请求，因而 HTTP 客户端可以一个接一个紧挨着发出对各个引用对象的请求。服务器收到这些请求后，也可以一个接一个紧挨着发送各个对象。与非流水线模式相比，流水线模式的效率要高得多。

17.2　捕获 HTTP 数据包

在上一节对 HTTP 协议进行了详细介绍。接下来将通过使用 Wireshark 工具捕获 HTTP 数据包，并详细分析 HTTP 协议工作流程中每个包的详细信息。

17.2.1　使用捕获过滤器

HTTP 协议工作在 OSI 七层模型中的应用层。当客户端向 Web 服务器发送 HTTP 请求之前，首先要经过 TCP 三次握手建立连接。TCP 建立连接成功后，客户端才可以向 Web 服务器发送 HTTP 请求。然后 Web 服务器响应客户端的请求，最后关闭 TCP 连接。本小节将使用 TCP 捕获过滤器，捕获 HTTP 协议的数据包。

捕获 HTTP 协议数据包，具体操作步骤如下所示。

（1）启动 Wireshark。

（2）在 Wireshark 主界面的菜单栏中依次选择 Capture|Options 命令，或者单击工具栏

中的◉（显示捕获选项）图标打开 Wireshark 捕获选项窗口，如图 17.2 所示。

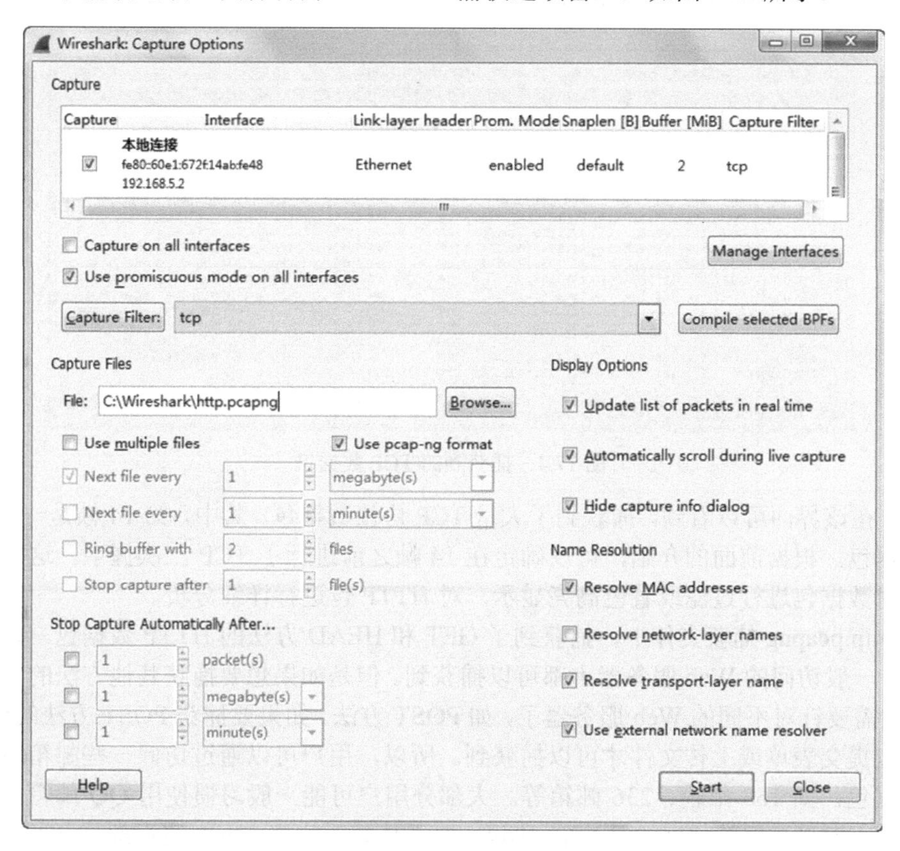

图 17.2　捕获选项窗口

（3）在该界面选择捕获接口，输入捕获过滤器及捕获文件的保存位置，如图 17.2 所示。以上信息配置完后，单击 Start 按钮，将显示如图 17.3 所示的界面。

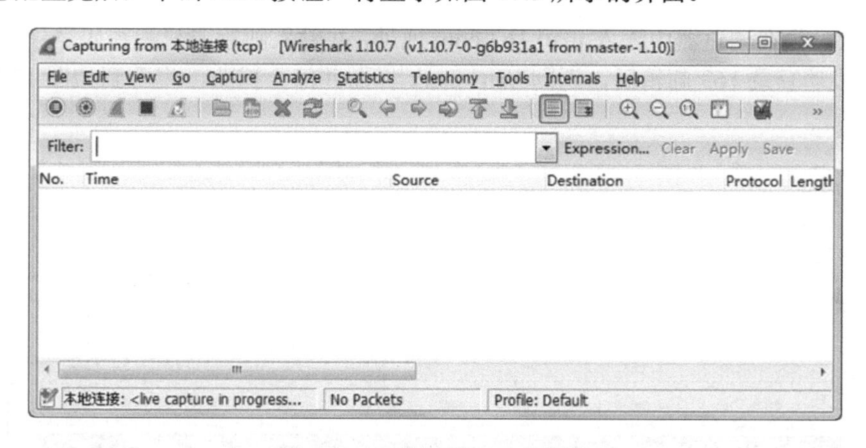

图 17.3　开始捕获 TCP 数据包

（4）从 Wireshark 的状态栏中，可以看到目前还没有捕获到任何数据包。说明当前系统中，没有运行任何 TCP 协议的程序。这里通过在浏览器中访问 www.baidu.com 网站以捕获 TCP 协议数据包。当成功访问 www.baidu.com 网站后，返回到 Wireshark 界面停止捕获数据包，将显示如图 17.4 所示的界面。

http.pcapng [Wireshark 1.10.7 (v1.10.7-0-g6b931a1 from master-1.10)]

No.	Time	Source	Destination	Protocol	Length	Info
1	0.000000000	192.168.5.2	61.135.169.125	TCP	54	49416 > http [FIN, ACK] Seq=1 Ack=1 Wi
2	0.000363000	192.168.5.2	119.188.9.40	TCP	54	49418 > http [FIN, ACK] Seq=1 Ack=1 Wi
3	0.000432000	192.168.5.2	119.188.9.40	TCP	54	49419 > http [FIN, ACK] Seq=1 Ack=1 Wi
4	0.000534000	192.168.5.2	61.135.185.194	TCP	54	49417 > http [FIN, ACK] Seq=1 Ack=1 Wi
5	0.000756000	192.168.5.2	123.125.114.101	TCP	54	49420 > http [FIN, ACK] Seq=1 Ack=1 Wi
6	0.041251000	192.168.5.2	61.135.169.125	TCP	66	49524 > http [SYN] Seq=0 Win=8192 Len=
7	0.041547000	192.168.5.2	61.135.185.194	TCP	66	49525 > http [SYN] Seq=0 Win=8192 Len=
8	0.052195000	61.135.185.194	192.168.5.2	TCP	66	http > 49525 [SYN, ACK] Seq=0 Ack=1 Wi
9	0.052299000	192.168.5.2	61.135.185.194	TCP	54	49525 > http [ACK] Seq=1 Ack=1 Win=171
10	0.052421000	192.168.5.2	123.125.114.101	TCP	66	49526 > http [SYN] Seq=0 Win=8192 Len=
11	0.052785000	192.168.5.2	119.188.9.40	TCP	66	49527 > http [SYN] Seq=0 Win=8192 Len=
12	0.054002000	61.135.169.125	192.168.5.2	TCP	66	http > 49524 [SYN, ACK] Seq=0 Ack=1 Wi
13	0.054119000	192.168.5.2	61.135.169.125	TCP	54	49524 > http [ACK] Seq=1 Ack=1 Win=171
14	0.054348000	192.168.5.2	61.135.169.125	HTTP	500	GET / HTTP/1.1

File: "Z:\http.pcapng" 53... Packets: 158 · Displayed: 158 (... Profile: Default

图 17.4　捕获到的 TCP 数据包

（5）在该界面可以看到，捕获到了大量 TCP 协议数据包。其中，第 14 帧是一个 HTTP 协议数据包。根据前面的介绍，可以确定在 14 帧之前进行了 TCP 三次握手。这时候，可以通过对数据包进行过滤或着色高亮显示，对 HTTP 包进行详细分析。

在 http.pcapng 捕获文件中，捕获到了 GET 和 HEAD 方法的 HTTP 数据包。因为这两种方法，一般访问的 Web 服务器上都可以捕获到。但是如果想要捕获其他方法的 HTTP 数据包，就需要针对不同的 Web 服务器了，如 POST 方法。如果要捕获 POST 方法的数据包，需要通过提交表单或上传文件才可以捕获到。所以，用户可以通过访问一些邮箱服务器以捕获数据包，如 163 邮箱、236 邮箱等。大部分用户可能一般习惯使用 QQ 邮箱，并且登录也方便。但是该邮箱使用的是 https 协议，而不是 http 协议。下面演示部分 POST 方法的 HTTP 数据包。

（1）启动 Wireshark 工具。

（2）设置捕获选项窗口，和图 17.2 所示的一样。设置完成后，启动 Wireshark 开始捕获数据。

（3）这时候在浏览器中输入 mail.163.com 地址，并输入邮箱账户和密码登录 163 邮箱。

（4）成功登录 163 邮箱后，返回 Wireshark 界面并停止捕获，将看到如图 17.5 所示的界面。

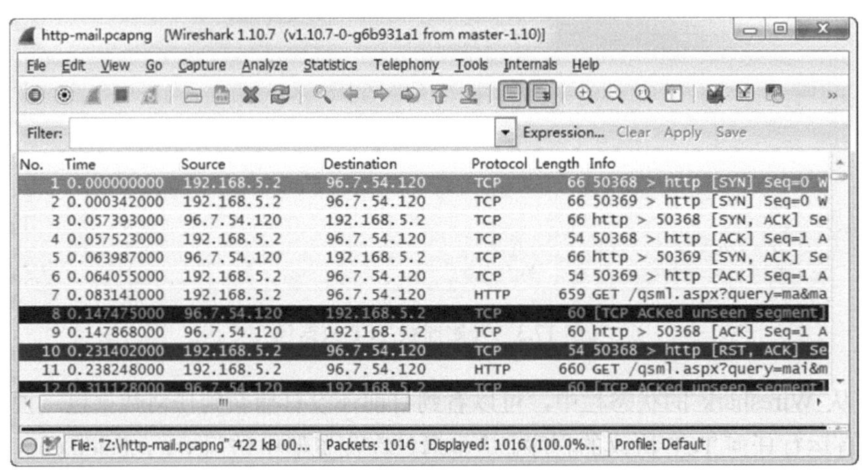

图 17.5　捕获到的数据包

（5）以上就是捕获到 POST 方法的捕获文件。如果想查看所有 POST 方法的 HTTP 数据包，需要使用显示过滤器过滤显示。使用显示过滤器的方法，将在后面进行介绍。

17.2.2　显示过滤 HTTP 协议包

为了帮助用户更清楚地分析 HTTP 包，下面将介绍通过使用显示过滤器对 http.pcapng 捕获文件中的数据包进行过滤。

（1）打开 http.pcapng 捕获文件，将显示如图 17.6 所示的界面。

http.pcapng [Wireshark 1.10.7 (v1.10.7-0-g6b931a1 from master-1.10)]

File Edit View Go Capture Analyze Statistics Telephony Tools Internals Help

Filter: Expression... Clear Apply Save

No.	Time	Source	Destination	Protocol	Length	Info
1	0.000000000	192.168.5.2	61.135.169.125	TCP	54	49416 > http [FIN, ACK] Seq=1 Ack=1 Wi
2	0.000363000	192.168.5.2	119.188.9.40	TCP	54	49418 > http [FIN, ACK] Seq=1 Ack=1 Wi
3	0.000432000	192.168.5.2	119.188.9.40	TCP	54	49419 > http [FIN, ACK] Seq=1 Ack=1 Wi
4	0.000534000	192.168.5.2	61.135.185.194	TCP	54	49417 > http [FIN, ACK] Seq=1 Ack=1 Wi
5	0.000756000	192.168.5.2	123.125.114.101	TCP	54	49420 > http [FIN, ACK] Seq=1 Ack=1 Wi
6	0.041251000	192.168.5.2	61.135.169.125	TCP	66	49524 > http [SYN] Seq=0 Win=8192 Len=
7	0.041547000	192.168.5.2	61.135.185.194	TCP	66	49525 > http [SYN] Seq=0 Win=8192 Len=
8	0.052195000	61.135.185.194	192.168.5.2	TCP	66	http > 49525 [SYN, ACK] Seq=0 Ack=1 Wi
9	0.052299000	192.168.5.2	61.135.185.194	TCP	54	49525 > http [ACK] Seq=1 Ack=1 Win=171
10	0.052421000	192.168.5.2	123.125.114.101	TCP	66	49526 > http [SYN] Seq=0 Win=8192 Len=
11	0.052785000	192.168.5.2	119.188.9.40	TCP	66	49527 > http [SYN] Seq=0 Win=8192 Len=
12	0.054002000	61.135.169.125	192.168.5.2	TCP	66	http > 49524 [SYN, ACK] Seq=0 Ack=1 Wi
13	0.054119000	192.168.5.2	61.135.169.125	TCP	54	49524 > http [ACK] Seq=1 Ack=1 Win=171
14	0.054348000	192.168.5.2	61.135.169.125	HTTP	500	GET / HTTP/1.1

File: "Z:\http.pcapng" 53... | Packets: 158 · Displayed: 158 (... | Profile: Default

图 17.6　http.pcapng 捕获文件

（2）该界面显示了 http.pcapng 捕获文件中的内容。这里首先通过着色，高亮显示一个完整的会话。前面提到 14 帧成功建立了 HTTP 连接，此时通过对该数据帧进行着色，找出一个完整的 HTTP 连接会话。

（3）在图 17.6 中，选择 14 帧并单击右键，将弹出如图 17.7 所示的菜单。

（4）在该菜单中选择 Colorize Conversation 选项，对数据包进行着色。这里选择 TCP 协议的第 2 种颜色，如图 17.8 所示。选择 Color2 后，将显示如图 17.9 所示的界面。

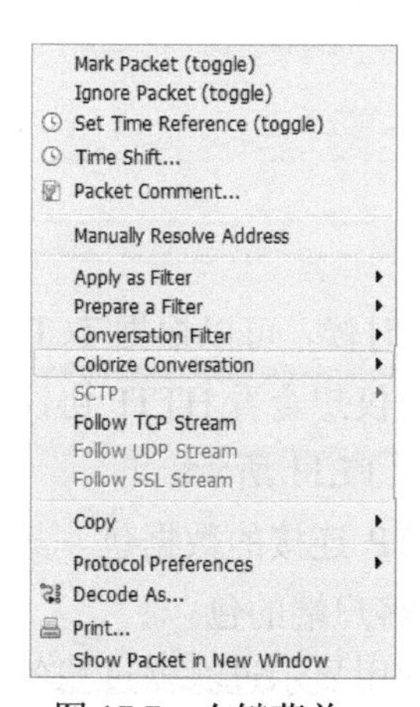

图 17.7　右键菜单

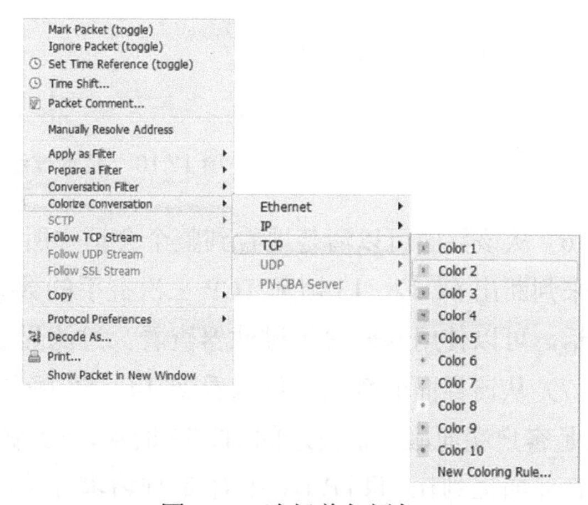

图 17.8　选择着色颜色

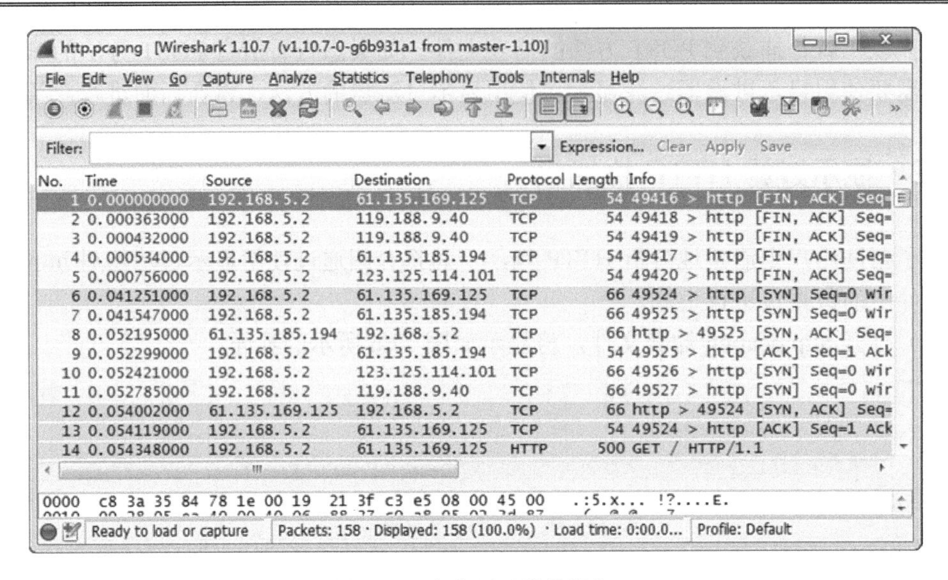

图 17.9　高亮显示的数据包

（5）此时，就可以通过高亮显示的颜色，判断出和 14 帧是同一个会话的数据包了。本例中，属于同一个会话的数据包有 6、12～14 帧等。通过高亮显示，虽然可以找出一个会话中的数据包，但是这些数据包，不都是相邻的，不好对照地来分析。这时候使用 IP 地址的过滤器进行过滤，如图 17.10 所示。

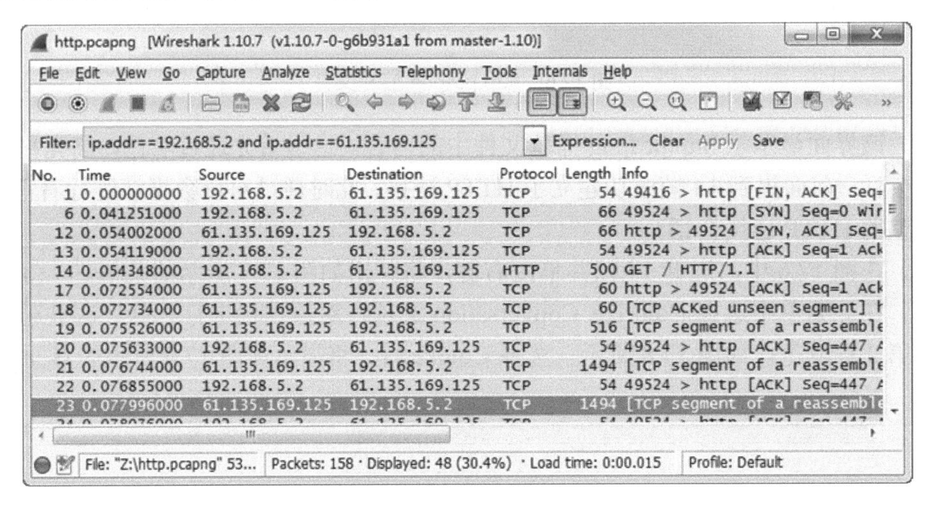

图 17.10　显示过滤的数据包

（6）从该界面可以清楚地看到整个会话中所有的数据包。这时候，可以根据 TCP 的标志位来判断出 6、12、13 帧是 TCP 三次握手的数据包。如果用户仅想查看 HTTP 协议数据包的话，可以使用 http 显示过滤器查看。过滤显示的结果，如图 17.11 所示。

（7）从该界面的颜色，可以看到 14、50 帧是成功建立 HTTP 连接的数据包。其中，14 帧是客户端向服务器发送的 HTTP 请求，50 帧是服务器响应客户端的包。

在前面提到在 HTTP/1.1 中有 8 种请求方法，用户也可以使用显示过滤器过滤各种方法的数据包。下面以 http.pcapng 捕获文件为例，介绍使用显示过滤器过滤 HTTP/1.1 中不同方法的数据包。

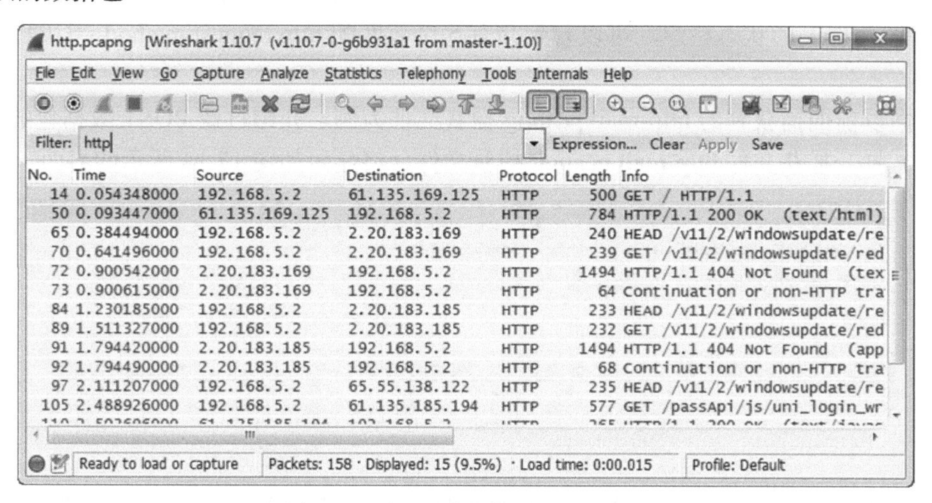

图 17.11 显示过滤的 HTTP 数据包

（1）打开 http.pcapng 捕获文件，将显示如图 17.12 所示的界面。

http.pcapng [Wireshark 1.10.7 (v1.10.7-0-g6b931a1 from master-1.10)]

File Edit View Go Capture Analyze Statistics Telephony Tools Internals Help

Filter: Expression... Clear Apply Save

No.	Time	Source	Destination	Protocol	Length	Info
1	0.000000000	192.168.5.2	61.135.169.125	TCP	54	49416 > http [FIN, ACK] Seq=1 Ack=1 Wi
2	0.000363000	192.168.5.2	119.188.9.40	TCP	54	49418 > http [FIN, ACK] Seq=1 Ack=1 Wi
3	0.000432000	192.168.5.2	119.188.9.40	TCP	54	49419 > http [FIN, ACK] Seq=1 Ack=1 Wi
4	0.000534000	192.168.5.2	61.135.185.194	TCP	54	49417 > http [FIN, ACK] Seq=1 Ack=1 Wi
5	0.000756000	192.168.5.2	123.125.114.101	TCP	54	49420 > http [FIN, ACK] Seq=1 Ack=1 Wi
6	0.041251000	192.168.5.2	61.135.169.125	TCP	66	49524 > http [SYN] Seq=0 Win=8192 Len=
7	0.041547000	192.168.5.2	61.135.185.194	TCP	66	49525 > http [SYN] Seq=0 Win=8192 Len=
8	0.052195000	61.135.185.194	192.168.5.2	TCP	66	http > 49525 [SYN, ACK] Seq=0 Ack=1 Wi
9	0.052299000	192.168.5.2	61.135.185.194	TCP	54	49525 > http [ACK] Seq=1 Ack=1 Win=171
10	0.052421000	192.168.5.2	123.125.114.101	TCP	66	49526 > http [SYN] Seq=0 Win=8192 Len=
11	0.052785000	192.168.5.2	119.188.9.40	TCP	66	49527 > http [SYN] Seq=0 Win=8192 Len=
12	0.054002000	61.135.169.125	192.168.5.2	TCP	66	http > 49524 [SYN, ACK] Seq=0 Ack=1 Wi
13	0.054119000	192.168.5.2	61.135.169.125	TCP	54	49524 > http [ACK] Seq=1 Ack=1 Win=171
14	0.054348000	192.168.5.2	61.135.169.125	HTTP	500	GET / HTTP/1.1

File: "Z:\http.pcapng" 53... Packets: 158 · Displayed: 158 (... Profile: Default

图 17.12 http.pcapng 捕获文件

（2）使用 http.request.method 显示过滤器，过滤 GET 方法的 HTTP 数据包。在显示过滤器区域输入 http.request.method==GET，然后单击 Apply 选项，将显示如图 17.13 所示的界面。

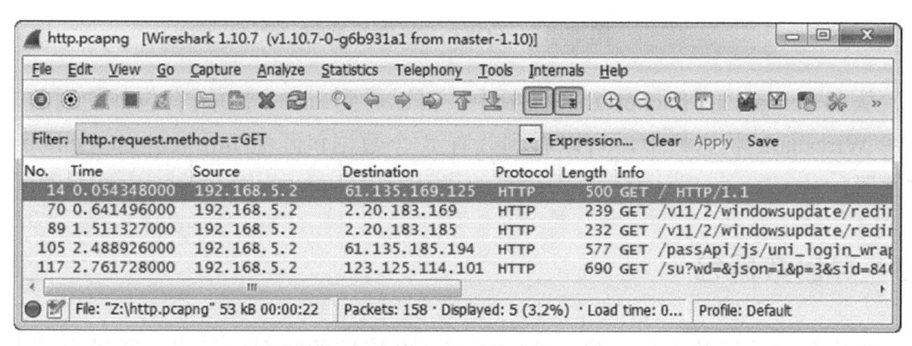

图 17.13 GET 方法的数据包

（3）从 Wireshark 的 Packet List 面板中的 Info 列，可以看到所有包都使用的是 GET 方法。在 Wireshak 的状态栏中，可以看到共有 5 个包匹配 http.request.method==GET 显示过滤器。

下面以前面捕获到的 http-mail.pcapng 捕获文件为例，介绍过滤 POST 数据包的方法。

（1）打开捕获文件 http-mail.pcapng 捕获文件，将显示如图 17.14 所示的界面。

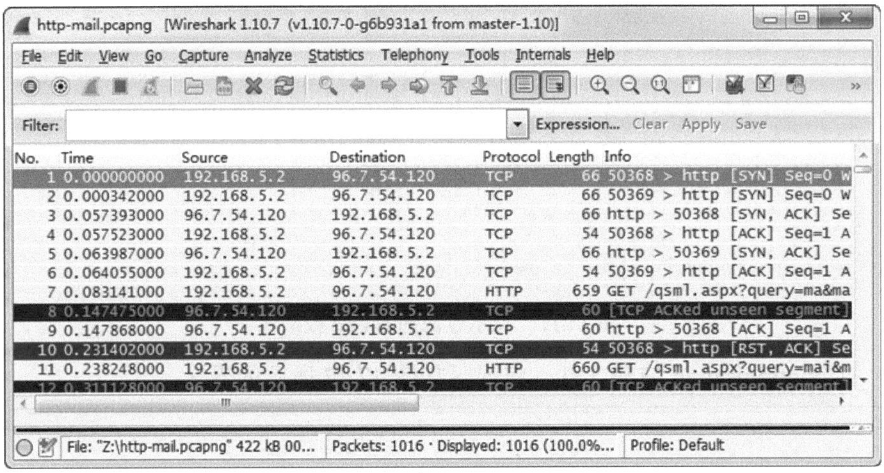

图 17.14　http-mail.pcapng 捕获文件

（2）在 Wireshark 显示过滤器区域输入 http.request.method==POST 显示过滤器，然后单击 Apply 选项，将显示如图 17.15 所示的界面。

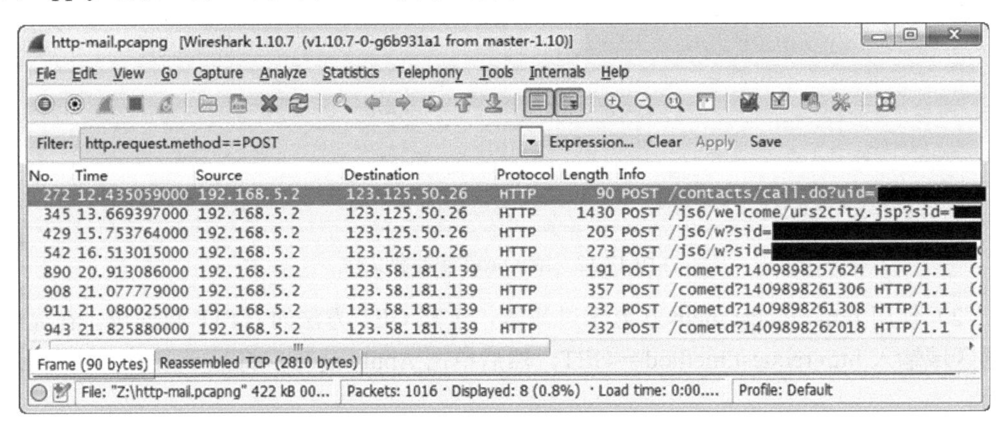

图 17.15　POST 方法的数据包

（3）从 Wireshark 的 Packet List 面板中，可以看到 Info 列中所有包都使用的是 POST 方法。在 Wireshark 状态栏中，可以看到共有 8 个数据包匹配 http.request.method==POST 显示过滤器。

17.2.3　导出数据包

为了更方便地分析数据包，将一个完成 HTTP 连接的数据包导出。通过上一小节使用显示过滤器对数据进行显示过滤，可以确定一个会话中的数据包。下面将介绍如何导出整个会话中的数据包。

（1）打开 http.pcapng 捕获文件，如图 17.16 所示。

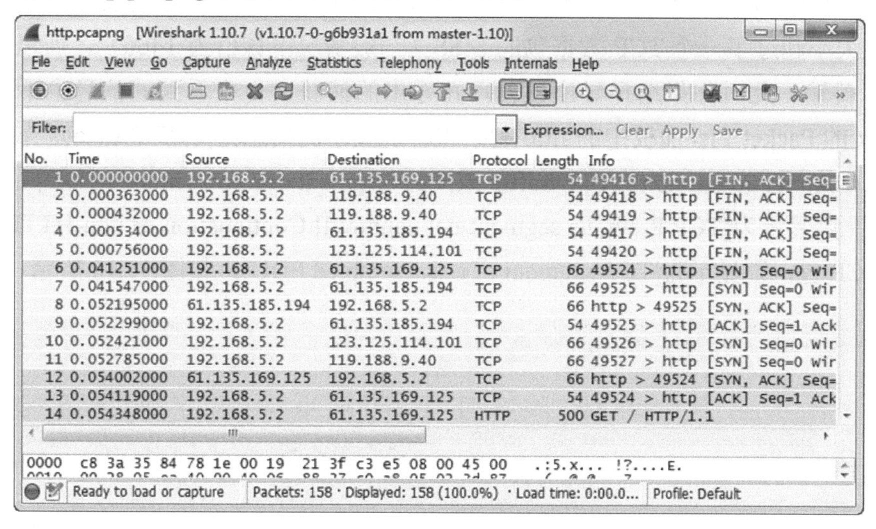

图 17.16　http.pcapng 捕获文件

（2）通过前面对该捕获文件进行显示过滤，可以知道 6、12、13、14、50 帧是同一个会话中的数据包。虽然在该会话中还有其他的数据包，但都是关于 TCP 协议的包。在前面已经对 TCP 协议进行详细介绍，所以这里不再进行分析。这里将成功连接 HTTP 连接的主要数据包，进行导出。

（3）在图 17.16 中依次选择 File|Export Specified Packets...命令，将打开如图 17.17 所示的界面。

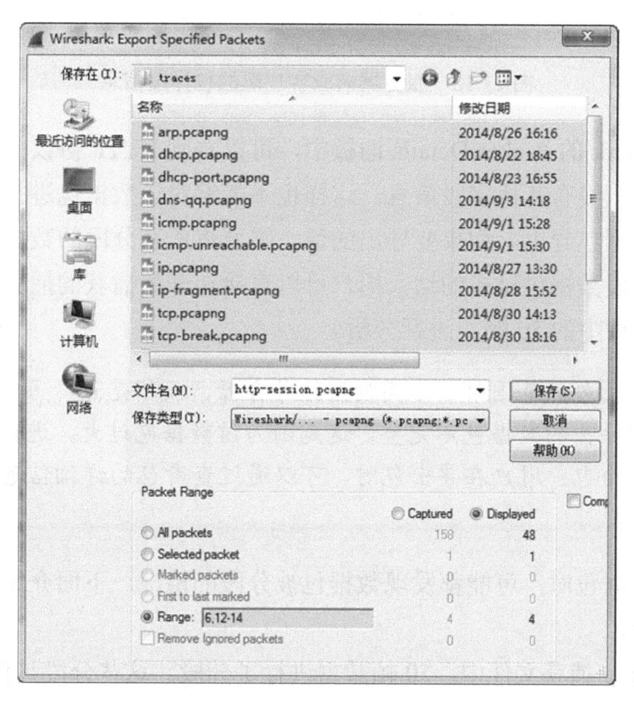

图 17.17　设置导出包选项

（4）在该界面 Packet Range 栏中选择 Range 选项，输入导出的包范围。然后指定捕获文件的位置及文件名，并单击“保存”按钮，即可完成数据包导出。用户可能发现没有导出第 50 个数据帧，50 帧是服务器响应给客户端的数据包。在该包中包括了大量的信息，由于该包大小超过了一个 TCP 数据包的 MSS（一般情况下该值为 1460），所以需要分多个包进行传输。此时如果选择导出该包，在导出的捕获文件中看到的信息也不完整。在 Wireshark 的 Packet List 面板中的 Info 列，将看到显示的信息为[TCP Previous segment not captured] Continuation or non-HTTP traffic 或[TCP segment of a reassembled PDU]等。如果是 HTTP 包，则显示为[TCP Previous segment not captured] Continuation or non-HTTP traffic；如果是 TCP 包，则显示为[TCP segment of a reassembled PDU]，如图 17.18 所示。

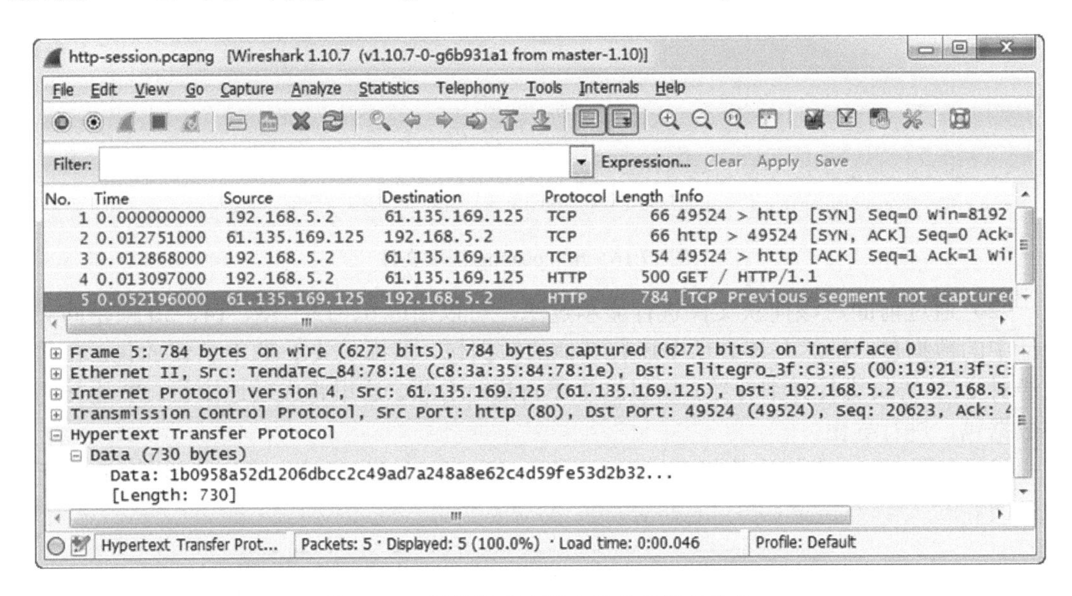

图 17.18　服务器响应客户端的包详细信息

（5）从 Wireshark 的 Packet Details 面板中，可以看到 HTTP 协议的包详细信息中只显示了数据包的大小，没有其他字段信息。这样也不能够对该数据包进行详细分析。所以，这里不建议将该数据包导出。如果要导出的话，需要将所有分段的数据包都导入到一个捕获文件中。如果分段数据包过多的话，用户可以直接在开始捕获的捕获文件中（本例中是 http.pcapng 捕获文件中的 50 帧）进行分析。

注意： 在指定导出包的范围时，中间使用逗号分开，而不是点。另外在导出数据包时，可能发现导出的数据包不完整。这是因为该数据包过大，进行了分段。所以，分成了好多个包。用户在导出包时，可以通过查看包的详细信息，查看是否经过了分段。

通常在导出数据包时，可能都发现数据包被分段的情况。下面介绍如何查看一个数据包是否进行了分段。

如在 http.pcapng 捕获文件中，50 帧数据进行了分段。这些分段具体在哪些数据包中，用户可以选择该数据包，并查看 Packet Details 面板中的详细信息，如图 17.19 所示。

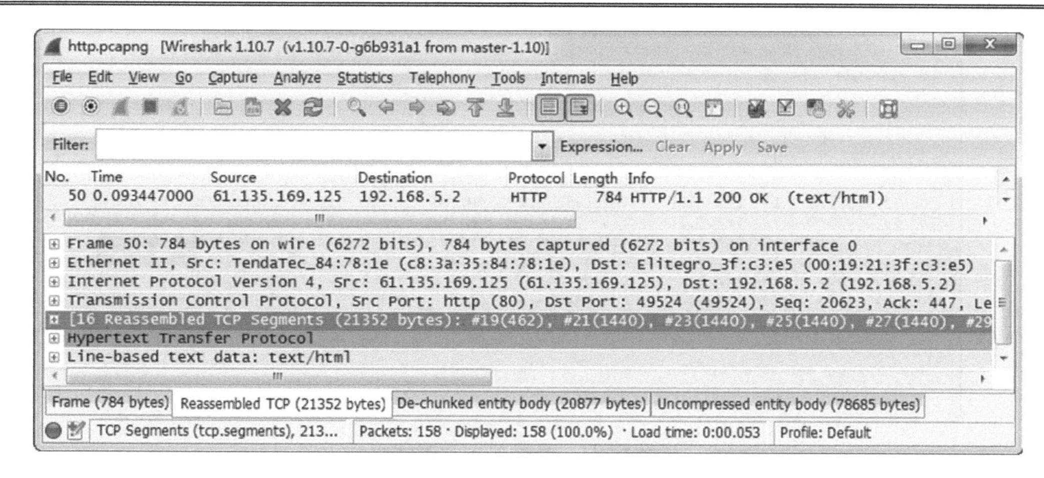

图 17.19　被分段的数据包

在该界面的 Packet Details 面板中，可以看到 7 行信息。其中，第 5 行就是 TCP 被分段的数据包详细信息。从该行信息中（16 Reassembled TCP segments （21352 bytes））可以看出，该数据包被分成了 16 个 TCP 段，后面显示了这些段所在的包及大小。

为了方便用户对其他方法的数据包进行详细分析，下面以 POST 方法为例，介绍将 POST 方法的数据包导出。

（1）打开 http.mail.pcapng 捕获文件。

（2）在该捕获文件中，首先使用显示过滤器过滤出所有 POST 方法的数据包，显示界面如图 17.20 所示。

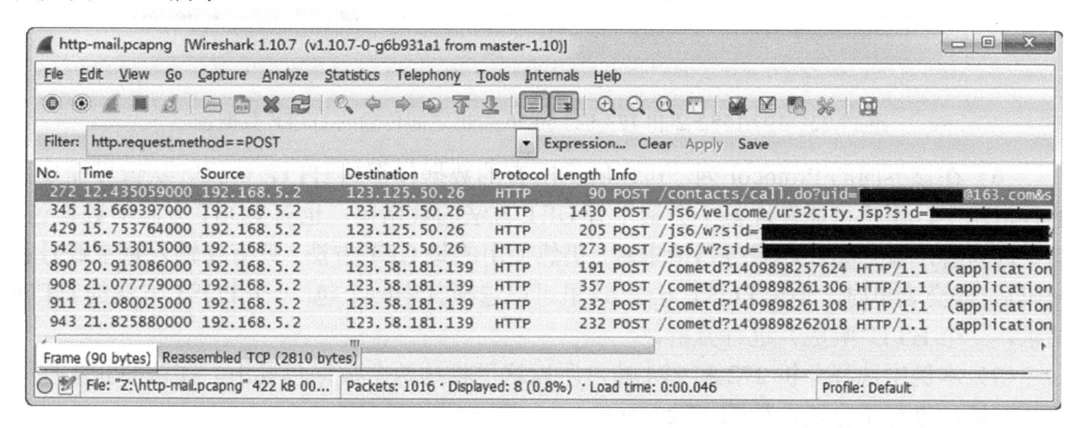

图 17.20　过滤显示 POST 方法的 HTTP 请求包

（3）从该界面可以看到，显示过滤出的所有数据包的源地址都是 192.168.5.2，说明本例中客户端地址是 192.168.5.2。在 Packet List 面板的 Info 列中，可以看到在 272 数据帧中显示了 163 邮箱的登录账户信息。下面通过着色的方法，标记出该包所在的整个会话。

（4）在图 17.20 中选择 272 帧并单击右键，依次选择 Colorize Conversation|TCP|Color4 命令，将显示如图 17.21 所示的界面。

（5）从该界面高亮显示的数据包，可以发现 272、429、542 帧是同一个会话的数据包。这里再次使用 IP 地址显示过滤器，过滤该会话中其他数据包。显示过滤结果，如图 17.22 所示。

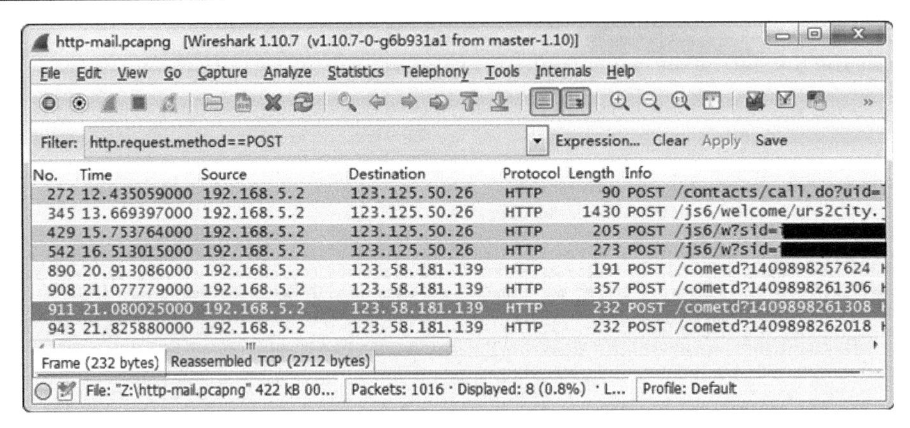

图 17.21　高亮显示数据包

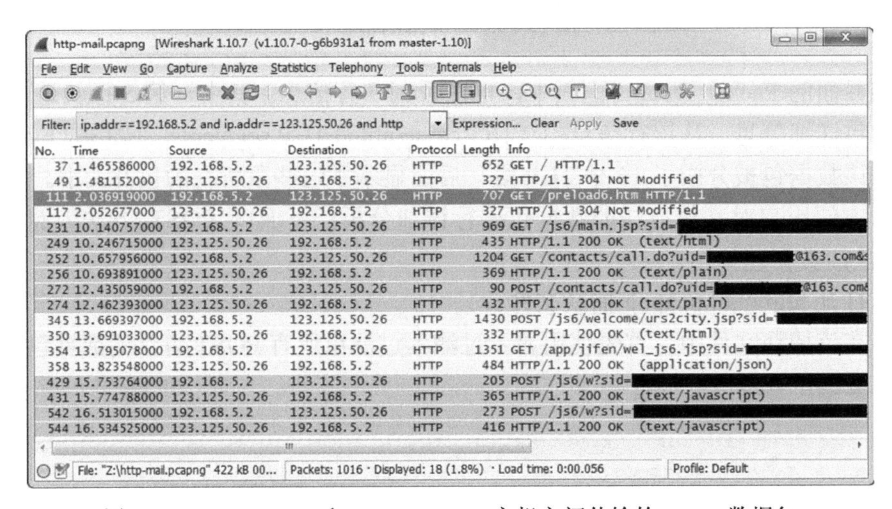

图 17.22　192.168.5.2 和 123.125.50.26 主机之间传输的 HTTP 数据包

（6）在该界面的 Protocol 列，可以看到所有的数据包都是 HTTP 协议。从该界面显示的包信息中，用户可能发现整个会话中有 GET 方法的数据包，也有 POST 方法的数据包。这是因为客户端开始在向服务器请求时，仍然使用的是 GET 方法。只有在输入登录账号和密码后，提交表单时才使用 POST 方法。这里可以选择其中两个包（一个 POST 方法的 HTTP 请求，一个 HTTP 响应）进行分析。

（7）本例中选择分析 272 和 274 帧，所以这里将这两个数据包导出。在该捕获文件中的 272 帧，进行了分段，如图 17.23 所示。

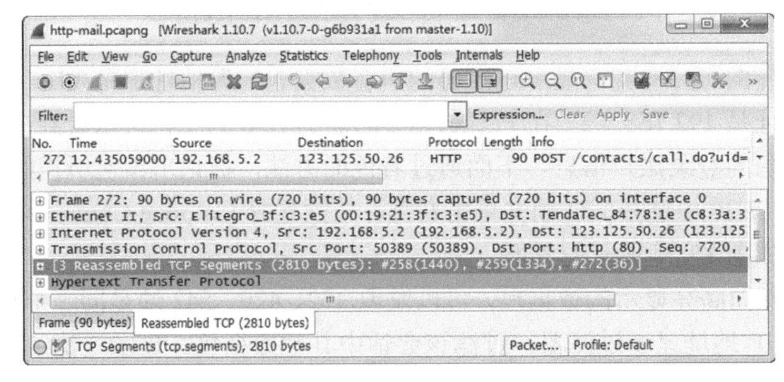

图 17.23　272 帧的详细信息

（8）从该界面的 Packet Details 面板中，可以看到有一行信息为 3 Reassembled TCP segments (2810 bytes)。表示该数据包被分成了 3 个片段，分别是 258、259 和 272 这 3 个数据包。如果要导出 272 帧，必须要将 258 和 259 也一起导出，否则导出的 272 数据帧内容不完整。此时在 Wireshark 的菜单栏中依次选择 File|Export Specified Packets...命令，将打开如图 17.24 所示的界面。

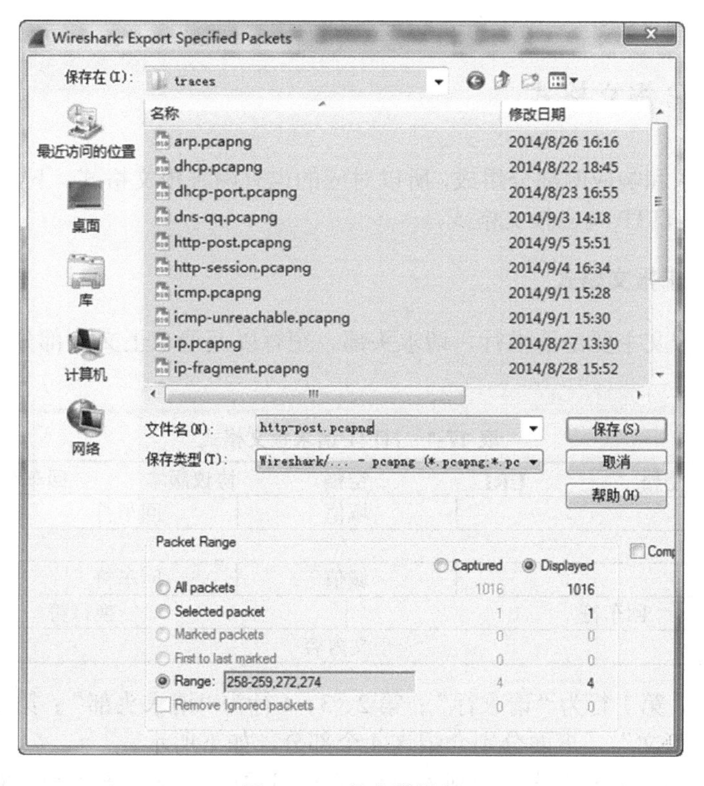

图 17.24　导出数据包

（9）在该界面 Packet Range 栏中选择 Range 选项，并输入导出的数据包（258-259,272,274）。然后指定导出的捕获文件名，并单击“保存”按钮，完成数据包导出。

（10）此时打开新的捕获文件，显示界面如图 17.25 所示。

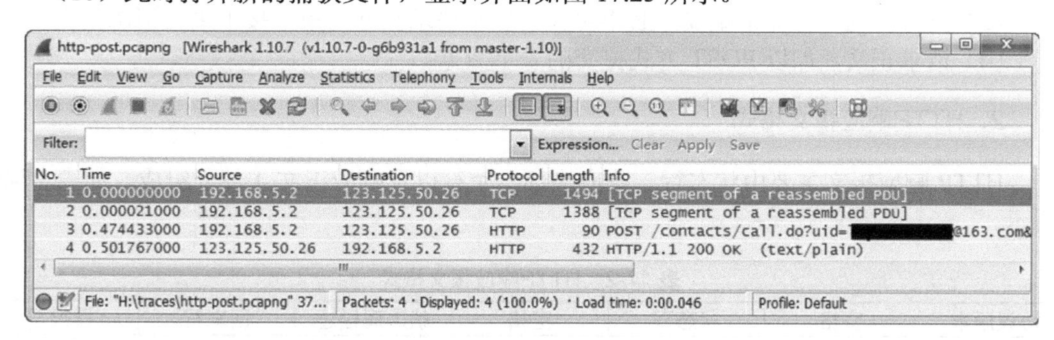

图 17.25　导出数据包的捕获文件

（11）从该界面可以看到，1、2 帧的包信息都是 TCP 重组片段。这样就可以在该捕获文件中，直接分析 3、4 帧数据包了。

17.3　分析 HTTP 数据包

在上一节介绍了 HTTP 数据包的捕获、显示过滤及导出。接下来，本节将对前面捕获的数据包进行详细分析。

17.3.1　HTTP 报文格式

HTTP 由请求和响应两部分组成，所以对应的也有两种报文格式。下面分别介绍 HTTP 请求报文格式和 HTTP 响应报文格式。

1．HTTP请求报文格式

HTTP 请求报文主要由请求行、请求头部、空行以及请求正文 4 部分组成，如表 17-1 所示。

表 17-1　HTTP请求报文格式

<table>
<tr><th>请求方法</th><th>空格</th><th>URI</th><th>空格</th><th>协议版本</th><th>回车符</th><th>换行符</th></tr>
<tr><td>域名</td><td colspan="2">:</td><td>域值</td><td colspan="2">回车符</td><td>换行符</td></tr>
<tr><td colspan="7">…</td></tr>
<tr><td>域名</td><td colspan="2">:</td><td>域值</td><td colspan="2">回车符</td><td>换行符</td></tr>
<tr><td colspan="3">回车符</td><td colspan="4">换行符</td></tr>
<tr><td colspan="7">正文内容</td></tr>
</table>

以上表格中，第 1 行为“请求行”；第 2、3、4 行为“请求头部”；第 5 行为“空行”；第 6 行为“请求正文”。下面分别介绍这 4 个部分，如下所示。

（1）请求行由 3 部分组成，分别为请求方式、URI（注意这里不是 URL）以及协议版本组成。它们之间由空格分隔。请求方法主要包括 GET、POST 等；常见的协议版本有 HTTP/1.1。

（2）请求头部包含很多有关客户端环境以及请求正文的有用信息。请求头部由“关键字：值”对组成，每行一对，关键字和值之间使用英文“:”分隔。

（3）空行，这一行非常重要，必不可少。表示请求头部结束，接下来为请求正文。

（4）请求正文，如以 POST 方式提交的表单数据。

2．HTTP响应报文格式

HTTP 响应报文主要由状态行、响应头部、空行以及响应正文 4 部分组成。如表 17-2 所示。

表 17-2　HTTP响应报文格式

<table>
<tr><th>协议版本</th><th>空格</th><th>状态码</th><th>空格</th><th>状态码描述</th><th>回车符</th><th>换行符</th></tr>
<tr><td>域名</td><td colspan="2">:</td><td>域值</td><td colspan="2">回车符</td><td>换行符</td></tr>
<tr><td colspan="7">…</td></tr>
<tr><td>域名</td><td colspan="2">:</td><td>域值</td><td colspan="2">回车符</td><td>换行符</td></tr>
<tr><td colspan="3">回车符</td><td colspan="4">换行符</td></tr>
<tr><td colspan="7">正文内容</td></tr>
</table>

以上表格中，第 1 行为“状态行”；第 2、3、4 行为“响应头部”；第 5 行为“空行”；第 6 行为“响应正文”。下面分别介绍这 4 个部分，如下所示。

（1）状态行由 3 部分组成，分别是 HTTP 协议版本、状态代码和状态代码描述。状态代码为 3 位数字，由 1、2、3、4 以及 5 开头。其中，2 开头的指响应成功；3 开头的指重定向；4 开头的指客户端错误；5 开头的指服务端错误。详细的状态码就不介绍了，下面列举几个常见的，如下所示。

- 200：表示响应成功。
- 400：表示错误的请求，用户发送的 HTTP 请求不正确。
- 404：表示文件不存在，也就是 HTTP 请求 URI 错误。
- 500：表示服务器内部错误。

（2）响应头部与请求头部类型，也包含了很多有用的信息。

（3）空行，该行是必不可少的一行，表示响应头部结束。

（4）响应正文，服务器返回的文档，最常见的为 HTML 网页。

17.3.2　HTTP 的头域

在 HTTP 的请求消息和应答消息中，都包含头域。头域分为 4 种，其中请求头域和应答头域分别只在请求消息和应答消息中出现，通用头域和实体头域两种消息中都可以出现，但实体头域只有当消息中包含了实体数据时才会出现。下面分别介绍这 4 种头域中的域名称和功能。

请求头域名称及功能如表 17-3 所示。

表 17-3　HTTP请求头域

头 域 名 称	功　　能
Accept	表示浏览器可以接受的 MIME 类型
Accept-Charset	浏览器可接受的字符集
Accept-Encoding	浏览器能够进行解码的数据编码格式，如 gzip
Accept-Language	浏览器所希望的语言种类，当服务器能够提供一种以上的语言版本时要用到
Authorization	授权信息，通常出现在对服务器发送的 WWW-Authenticate 头的应答中
Expect	用于指出客户端要求的特殊服务器行为
From	请求发送者的 E-mail 地址，由一些特殊的 Web 客户程序使用，浏览器不会用到它
Host	初始 URL 中的主机和端口
If-Match	指定一个或者多个实体标记，只发送其 ETag 与列表中标记相匹配的资源
If-Modified-Since	只有当所请求的内容在指定的日期之后又经过修改才返回它，否则返回 304 应答
If-None-Match	指定一个或者多个实体标记，资源的 ETag 不与列表中的任何一个条件匹配，操作才执行
If-Range	指定资源的一个实体标记，客户端已经拥有此资源的一个复制文件，必须与 Range 头域一同使用
If-Unmodified-Since	只有自指定的日期以来，被请求的实体还不曾被修改过，才会返回此实体
Max-Forwards	一个用于 TRACE 方法的请求头域，以指定代理或网关的最大数目，该请求通过网关才得以路由
Proxy-Authorization	回应代理的认证要求

续表

头域名称	功　　能
Range	指定一种度量单位和被请求资源的偏移范围，即只请求所要求资源的部分内容
Referer	包含一个 URL，用户从该 URL 代表的页面触发访问当前请求的页面
TE	表示愿意接受扩展的传输编码
User-Agent	浏览器类型，如果 Servlet 返回的内容与浏览器类型有关，则该值非常有用

应答头域只在应答消息中出现，是 Web 服务器向浏览器提供的一些状态和要求。所有的应答头域名称及功能如表 17-4 所示。

表 17-4　HTTP应答头域

头域名称	功　　能
Accept-Ranges	服务器指定它对某个资源请求的可接受范围
Age	服务器规定自服务器生成该响应以来所经过的时间，以秒为单位，主要用于缓存响应
Etag	提供实体标签的当前值
Location	因资源已经移动，把请求重定向至另一个位置，与状态编码 302 或者 301 配合使用
Proxy-Authenticate	类似于 WWW-Authenticate，但回应的是来自请求链（代理）的下一个服务器的认证
Retry-After	由服务器与状态编码 503（无法提供服务）配合发送，以标明再次请求之前应该等待多长时间
Server	标明 Web 服务器软件及其版本号
Vary	用于代理是否可以使用缓存中的数据响应客户端的请求
WWW-Authenticate	提示客户端提供用户名和密码进行认证，与状态编码 401（未授权）配合使用

通用头域既可以用在请求消息，也可以用在应答消息。所有的通用头域名称及功能如表 17-5 所示。

表 17-5　HTTP通用头域

头域名称	功　　能
Cache-Control	用于指定在请求/应答链上所有缓存机制所必须服从的规定，可以附带很多的规定值
Connection	表示是否需要持久连接
Date	表示应答消息发送的时间
Pragma	用来包含实现特定的指令，最常用的是 Pragma:no-cache，用于定义页面缓存
Trailer	表示以 Chunked 编码传输的实体数据的尾部存在哪些头域
Transfer-Encoding	说明 Trailer 头域所定义的尾部头域所采用的编码
Upgrade	允许服务器指定一种新的协议或者新的协议版本，与响应编码 101（切换协议）配合使用
Via	由网关和代理指出在请求和应答中经过了哪些网关和代理服务器
Warning	用于警告应用到实体数据上的缓存操作或转换可能缺少语义透明度

只有在请求和应答消息中包含实体数据时，才需要实体头域。请求消息中的实体数据是一些由浏览器向 Web 服务器提交的数据，如在浏览器中采用 POST 方式提交表单时，浏览器就要把表单中的数据封装在请求消息的实体数据部分。应答消息中的实体数据是 Web 服务器发送给浏览器的媒体数据，如网页、图片和文档等。实体头域说明了实体数据的一些属性，所有实体头域名称及功能如表 17-6 所示。

表 17-6　HTTP实体头域

头 域 名 称	功　　能
Allow	列出由请求 URI 标识的资源所支持的方法集
Content-Encoding	说明实体数据是如何编码的
Content-Language	说明实体数据所采用的自然语言
Content-Length	说明实体数据的长度
Content-Location	说明实体数据的资源位置
Content-MD5	给出实体数据的 MD5 值，用于保证实体数据的完整性
Content-Range	说明分割的实体数据位于整个实体的哪一位置
Content-Type	说明实体数据的 MIME 类型
Expires	指定实体数据的有效期
Last-Modified	指定实体数据上次被修改的日期和时间

17.3.3　分析 GET 方法的 HTTP 数据包

下面以前面捕获的 http.pcapng 和 http-session.pcapng 捕获文件为例，分别分析 GET 方法的 HTTP 请求和响应数据包。

1．分析HTTP请求包

打开 http-session.pcapng 捕获文件，分析 HTTP 请求包，如图 17.26 所示。

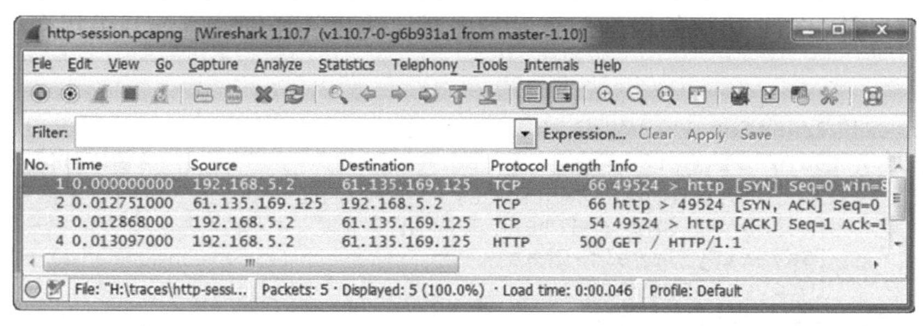

图 17.26　http-sission.pcapng 捕获文件

在该捕获文件中，前 3 个数据包是 TCP 三次握手的数据包。第 4 个数据包，则是客户端向服务器发送的 HTTP 请求包。下面将对该包中的详细信息进行介绍，如图 17.27 所示。

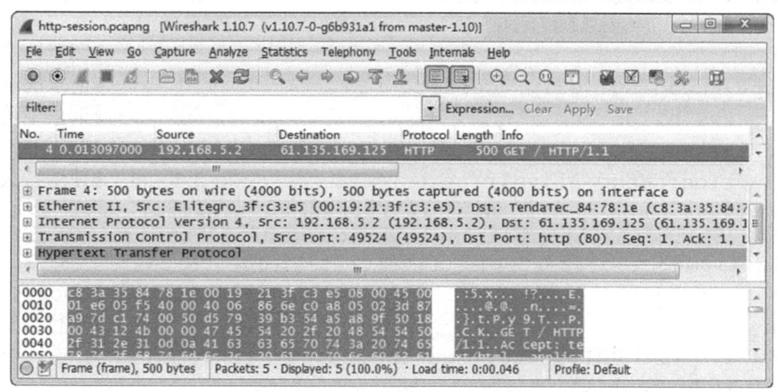

图 17.27　HTTP 请求包

从 Wireshark 的 Packet Details 面板中，可以看到 HTTP 请求包有 4 行详细信息。下面依次进行介绍，如下所示。

```
Frame 4: 500 bytes on wire (4000 bits), 500 bytes captured (4000 bits) on
interface 0
```

以上信息表示第 4 帧的详细信息，并且该包的大小为 500 个字节。

```
Ethernet II, Src: Elitegro_3f:c3:e5 (00:19:21:3f:c3:e5), Dst:
TendaTec_84:78:1e (c8:3a:35:84:78:1e)
```

以上信息是以太网帧头部的详细信息。其中，源 MAC 地址为 00:19:21:3f:c3:e5，目标 MAC 地址为 c8:3a:35:84:78:1e。

```
Internet Protocol Version 4, Src: 192.168.5.2 (192.168.5.2), Dst:
61.135.169.125 (61.135.169.125)
```

以上信息是 IPv4 首部的详细信息。其中，源 IP 地址为 192.168.5.2，目标 IP 地址为 61.135.169.125。

```
Transmission Control Protocol, Src Port: 49524 (49524), Dst Port: http (80),
Seq: 1, Ack: 1, Len: 446
```

以上信息是 TCP 协议首部详细信息。其中源端口号为 49524，目标端口号为 80。请求序列号为 1，确认编号为 1，长度为 446 个字节。

```
Hypertext Transfer Protocol
```

以上信息是 HTTP 协议的详细信息。下面对该协议的详细信息展开进行介绍，如下所示。

```
Hypertext Transfer Protocol
   GET / HTTP/1.1\r\n                                          #请求行信息
      [Expert Info (Chat/Sequence): GET / HTTP/1.1\r\n]#专家信息
         [Message: GET / HTTP/1.1\r\n]
         [Severity level: Chat]
         [Group: Sequence]
      Request Method: GET                                      #请求方法为 GET
      Request URI: /                                           #请求的 URI
      Request Version: HTTP/1.1                            #请求的版本为 HTTP/1.1
   Accept: text/html, application/xhtml+xml, */*\r\n           #请求的类型
   Accept-Language: zh-CN\r\n                                  #请求语言
   User-Agent: Mozilla/5.0 (Windows NT 6.1; Trident/7.0; rv:11.0) like
Gecko\r\n                                                      #浏览器类型
   Accept-Encoding: gzip, deflate\r\n                          #请求的编码格式
   Host: www.baidu.com\r\n                                     #请求主机
   DNT: 1\r\n                                 #禁止追踪，1 表示不想被追踪，0 表示追踪
   Connection: Keep-Alive\r\n                                  #使用持久连接
   Cookie:                     BAIDUID=EB5B21B904619548E0B08CC7195D0E2F:FG=1;
BDREFER=%7Burl%3A%22http%3A//yule.baidu.com/n%3Fcmd%3D1%26class%3Dtv%26
pn%3D1%26from%3Dtab%22%2Cword%3A%22%22%7D; BD_UPN=11263143; BD_HOME=0\r\n
                                                               #Cookie 信息
   \r\n                                                        #空行
   [Full request URI: http://www.baidu.com/]#请求的 URI 为 www.baidu.com
   [HTTP request 1/1]
```

以上信息就是 HTTP 请求包的相关信息。根据以上描述信息，可以知道客户端使用 HTTP 1.1 版本向服务器发送了 GET 请求，请求访问 www.baidu.com 服务器。

以上 HTTP 请求内容对应到 HTTP 报文格式中，显示结果如表 17-7 所示。

表 17-7　GET方法的HTTP请求报文格式

GET	空格	/	空格	HTTP/1.1	\r	\n
Accept	:	text/html, application/xhtml+xml,	\r	\n		
...						
Connection	:	Keep-Alive	\r	\n		
\r	\n					
[Full request URI: http://www.baidu.com/]						

2．分析HTTP响应包

下面以 http.pcapng 捕获文件为例，分析 HTTP 响应包。在该捕获文件中的 50 帧是 HTTP 响应包，其详细信息如图 17.28 所示。

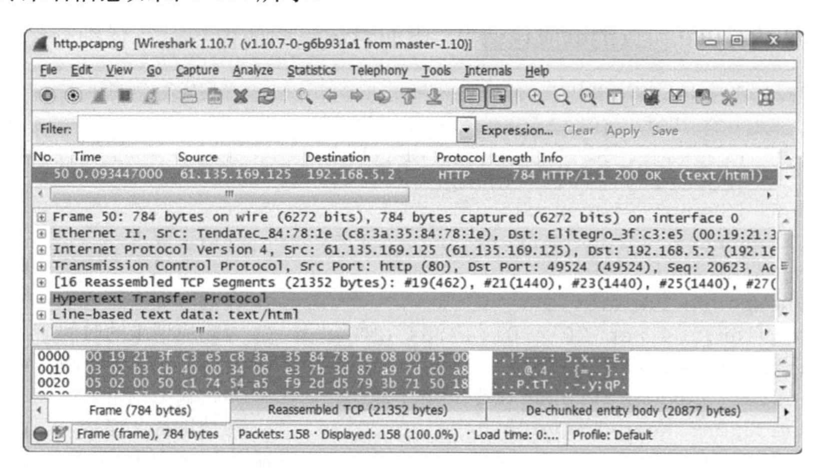

图 17.28　HTTP 响应包

从 Wireshark 的 Packet Details 面板中，可以看到该响应包的详细信息。在该数据帧的详细信息中，共有 7 行信息。其中第 4 和 5 行都是 TCP 的详细信息。下面分别详细介绍每行信息，如下所示。

```
Frame 50: 784 bytes on wire (6272 bits), 784 bytes captured (6272 bits) on
interface 0
```

以上信息表示这是第 50 帧的详细信息，并且该包的大小为 784 个字节。

```
Ethernet II, Src: TendaTec_84:78:1e (c8:3a:35:84:78:1e), Dst:
Elitegro_3f:c3:e5 (00:19:21:3f:c3:e5)
```

以上信息表示以太网帧首部信息。其中源 MAC 地址为 c8:3a:35:84:78:1e，目标 MAC 地址为 00:19:21:3f:c3:e5。

```
Internet Protocol Version 4, Src: 61.135.169.125 (61.135.169.125), Dst:
192.168.5.2 (192.168.5.2)
```

以上信息表示 IPv4 首部的详细信息。其中源 IP 地址为 61.135.169.125，目标 IP 地址为 192.168.5.2。

```
Transmission Control Protocol, Src Port: http (80), Dst Port: 49524 (49524),
Seq: 20623, Ack: 447, Len: 730
```

以上内容是 TCP 首部的详细信息。其中源端口号为 80，目标端口号为 49524，并且该包的长度为 730 个字节。

```
[16 Reassembled TCP Segments (21352 bytes): #19(462), #21(1440), #23(1440),
#25(1440), #27(1440), #29(1440), #31(1440), #33(1440), #35(1440), #38(1440),
#40(1440), #42(1440), #44(1440), #46(1440), #48(1440), #50(730)]
```

以上内容表示这是 16 个重组 TCP 片段，并且这些片段共有 21352 个字节。由于 TCP 数据包的大小超过了最大数据分段（MSS），所以该数据包在 TCP 层进行了分段。从该行信息中，可以看到被分段后的数据包及包的大小。如#19(462)，其中 19 表示第 19 个数据帧是该 TCP 包的一个分段，大小为 462 个字节。

```
Hypertext Transfer Protocol
```

以上信息是 HTTP 协议的响应包信息。下面对该包中的内容进行详细介绍，如下所示：

```
    HTTP/1.1 200 OK\r\n                               #响应行信息
        [Expert Info (Chat/Sequence): HTTP/1.1 200 OK\r\n]  #专家信息
            [Message: HTTP/1.1 200 OK\r\n]            #HTTP 响应消息，响应码为 200
            [Severity level: Chat]
            [Group: Sequence]
        Request Version: HTTP/1.1                     #请求版本
        Status Code: 200                              #状态码
        Response Phrase: OK                           #响应短语
    Date: Thu, 04 Sep 2014 01:47:04 GMT\r\n           #响应请求的时间
    Content-Type: text/html; charset=utf-8\r\n        #响应的内容类型
    Transfer-Encoding: chunked\r\n                    #传输编码格式
    Connection: Keep-Alive\r\n                        #使用持久连接
    Vary: Accept-Encoding\r\n                     #使用缓存中的数据响应客户端的请求
    Cache-Control: private\r\n                        #缓冲控制
    Cxy_all: baidu+70d3f79f23296e668b332b71df6db748\r\n
    Expires: Thu, 04 Sep 2014 01:47:01 GMT\r\n        #实体数据的有效期
    X-Powered-By: HPHP\r\n
    Server: BWS/1.1\r\n                               #服务器的类型
    BDPAGETYPE: 1\r\n
    BDQID: 0xa0ddfe630003d87c\r\n
    BDUSERID: 0\r\n
    Set-Cookie: BDSVRTM=0; path=/\r\n
    Set-Cookie: BD_HOME=0; path=/\r\n
    Content-Encoding: gzip\r\n                        #实体数据的压缩格式
    \r\n                                              #空行
    [HTTP response 1/1]                               #HTTP 响应
    [Time since request: 0.039099000 seconds]         #响应使用的时间
    [Request in frame: 14]                            #请求的帧为 14
    HTTP chunked response                             #HTTP 块响应
        Data chunk (20877 octets)                     #数据块
            Chunk size: 20877 octets                  #块大小
            Data (20877 bytes)                        #数据
              Data: 1f8b0800000000000003edbdeb9363c9751ff8dd11fe1f2e...
```

```
            [Length: 20877]                          #长度
          Chunk boundary                             #块边界
        End of chunked encoding                      #分块编码
          Chunk size: 0 octets                       #块大小
          Chunk boundary                             #块边界
    Content-encoded entity body (gzip): 20877 bytes -> 78685 bytes
Line-based text data: text/html                      #基于行的文本数据
    [truncated]   <!DOCTYPE   html><!--STATUS   OK--><html><head><meta
http-equiv="content-type"    content="text/html;charset=utf-8"><meta
http-equiv="X-UA-Compatible"  content="IE=Edge"><link  rel="dns-prefetch"
href="//s1.bdstatic.com"/><link rel="dns             #响应的正文信息
```

根据以上描述信息可以知道服务器使用 HTTP/1.1 200 OK 响应了客户端的请求。以上 HTTP 响应内容对应到 HTTP 报文格式中，显示结果如表 17-8 所示。

表 17-8　GET方法的HTTP响应报文格式

HTTP/1.1	空格	200	空格	OK	\r	\n
Content-Type	:	text/html; charset=utf-8	\r	\n		
...						
Content-Encoding	:	gzip	\r	\n		
\r	\n					
省略						

17.3.4　分析 POST 方法的 HTTP 数据包

下面以导出的数据包捕获文件 http-post.pcapng 为例，介绍 POST 方法的 HTTP 请求和响应包。

1．分析HTTP请求包

HTTP 请求包的详细信息，如图 17.29 所示。

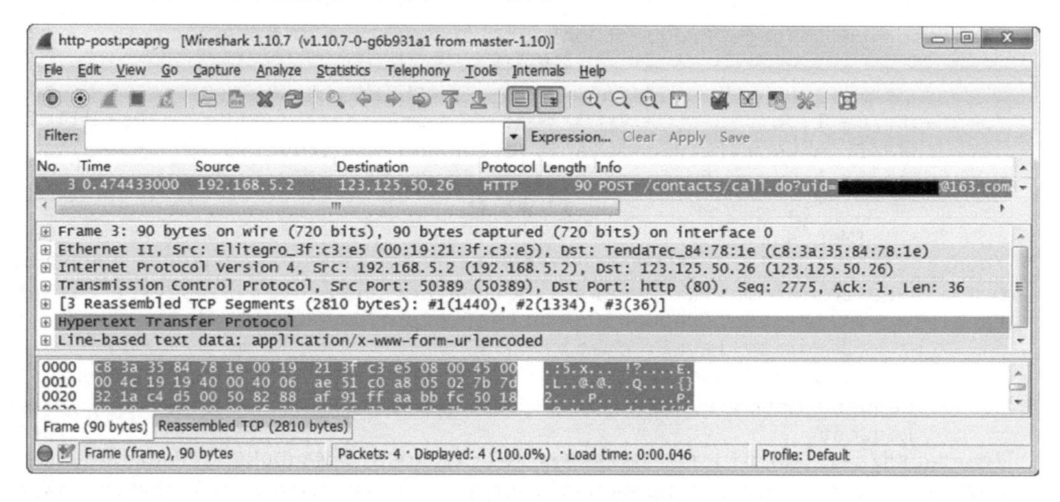

图 17.29　HTTP 请求包

从该界面数据包的地址和端口可以看出，这是一个 HTTP 请求包。在该包中的详细信息如下所示。

```
Frame 3: 90 bytes on wire (720 bits), 90 bytes captured (720 bits) on interface 0
```

以上信息表示这是第 3 帧的详细信息，并且该包的大小为 90 个字节。

```
Ethernet II, Src: Elitegro_3f:c3:e5 (00:19:21:3f:c3:e5), Dst: TendaTec_84:78:1e (c8:3a:35:84:78:1e)
```

以上信息是以太网帧头部的详细信息。其中源 MAC 地址为 00:19:21:3f:c3:e5，目标 MAC 地址为 c8:3a:35:84:78:1e。

```
Internet Protocol Version 4, Src: 192.168.5.2 (192.168.5.2), Dst: 123.125.50.26 (123.125.50.26)
```

以上信息是 IPv4 首部的详细信息。其中，源 IP 地址为 192.168.5.2，目标 IP 地址为 123.125.50.26。

```
Transmission Control Protocol, Src Port: 50389 (50389), Dst Port: http (80), Seq: 2775, Ack: 1, Len: 36
```

以上信息表示 TCP 协议头部的详细信息。其中源端口号为 503839，目标端口号为 80。请求的序列号为 2775，确认编号为 1，长度为 36 个字节。

```
[3 Reassembled TCP Segments (2810 bytes): #1(1440), #2(1334), #3(36)]
```

以上信息表示该数据包有 3 个 TCP 重组片段，大小共 2810 个字节。这 3 个片段分别是第 1、2、3 个数据包，大小分别为 1440、1334、36 个字节。

```
Hypertext Transfer Protocol
```

以上信息表示 HTTP 协议的详细信息。下面对该首部的详细信息进行介绍，如下所示。

```
Hypertext Transfer Protocol
   POST /contacts/call.do?uid=****************@163.com&sid=WAuDuEKbgYvnJPjRdtbbmhoOvTMjIdKH&from=webmail&cmd=newapi.getContacts&vcardver=3.0&ctype=all&attachinfos=yellowpage,frequentContacts&freContLim=20 HTTP/1.1\r\n
                                                  #请求行
      [Expert Info (Chat/Sequence): POST /contacts/call.do?uid=****************@163.com&sid=WAuDuEKbgYvnJPjRdtbbmhoOvTMjIdKH&from=webmail&cmd=newapi.getContacts&vcardver=3.0&ctype=all&attachinfos=yellowpage,frequentContacts&freContL] HTTP/1.1\r\n]
                                                  #专家信息
         [Message: POST /contacts/call.do?uid=****************@163.com&sid=WAuDuEKbgYvnJPjRdtbbmhoOvTMjIdKH&from=webmail&cmd=newapi.getContacts&vcardver=3.0&ctype=all&attachinfos=yellowpage,frequentContacts&freContLim=20 HTTP/1.1\r\n]
         [Severity level: Chat]
         [Group: Sequence]
      Request Method: POST          #请求方法为 POST
      Request URI: /contacts/call.do?uid=****************@163.com&sid=WAuDuEKbgYvnJPjRdtbbmhoOvTMjIdKH&from=webmail&cmd=newapi.getContacts&vcardver=3.0&ctype=all&attachinfos=yellowpage,frequentContacts&freContLim=20
      Request Version: HTTP/1.1     #请求的 URI
   Accept: */*\r\n                  #浏览器接受的类型，*/*表示接受所有媒体类型
```

```
    Content-Type: application/x-www-form-urlencoded\r\n     #请求的内容类型
    Referer:
http://cwebmail.mail.163.com/js6/main.jsp?sid=WAuDuEKbgYvnJPjRdtbbmhoOv
TMjIdKH&df=mail163_letter\r\n                       #从包含的 URL 页面发起请求
    Accept-Language: zh-cn\r\n                      #希望使用的语言
    Accept-Encoding: gzip, deflate\r\n#可使用的编码方式，这里是 gzip 和 deflate
    User-Agent: Mozilla/5.0 (Windows NT 6.1; Trident/7.0; rv:11.0) like
Gecko\r\n                                           #使用的浏览器类型
    Host: cwebmail.mail.163.com\r\n                 #使用的主机
    Content-Length: 36\r\n                          #包的长度
        [Content length: 36]
    DNT: 1\r\n                                      #禁止跟踪
    Connection: Keep-Alive\r\n                      #使用持久连接
    Cache-Control: no-cache\r\n                     #不进行缓存
    [truncated]     Cookie:     nts_mail_user=****************:-1:1;
starttime=1410245067798;      logType=;        df=mail163_letter;
mail_upx=c7bj.mail.163.com|c1bj.mail.163.com|c2bj.mail.163.com|c3bj.mai
l.163.com|c4bj.mail.163.com|c5bj.mail.163.com|c6bj.mail
                                    #Cookie 信息，包括邮箱用户信息、起始时间和
日志类型等
    \r\n                                            #空行
    [Full                    request                          URI:
http://cwebmail.mail.163.com/contacts/call.do?uid=****************@163.com
&sid=WAuDuEKbgYvnJPjRdtbbmhoOvTMjIdKH&from=webmail&cmd=newapi.getContac
ts&vcardver=3.0&ctype=all&attachinfos=yellowpage,frequentConta]
    [HTTP request 1/1]
    [Response in frame: 4]
Line-based text data: application/x-www-form-urlencoded
    order=[{"field":"N","desc":"false"}]            #请求的正文内容
```

以上就是使用 POST 方法的 HTTP 请求包。在该包详细信息中，可以看到请求的连接及登录的用户名和密码等。但是这里的密码已经进行了加密。

以上详细信息对应到 HTTP 请求报文格式中，显示结果如表 17-9 所示。

表 17-9　POST方法的HTTP请求报文格式

POST	空格	省略	空格	HTTP/1.1	\r	\n
Accept	:	*/*	\r	\n		
...						
Content-Length	:	36	\r	\n		
\r	\n					
正文内容（省略）						

2. 分析HTTP响应包

HTTP 响应包的详细信息如图 17.30 所示。

该界面是一个 HTTP 响应包的详细信息。在该包中的详细信息如下所示。

```
Frame 4: 432 bytes on wire (3456 bits), 432 bytes captured (3456 bits) on
interface 0
```

以上信息表示这是第 4 个数据帧的详细信息，并且该包的大小为 3456 个字节。

```
Ethernet    II,    Src:    TendaTec_84:78:1e    (c8:3a:35:84:78:1e),    Dst:
Elitegro_3f:c3:e5 (00:19:21:3f:c3:e5)
```

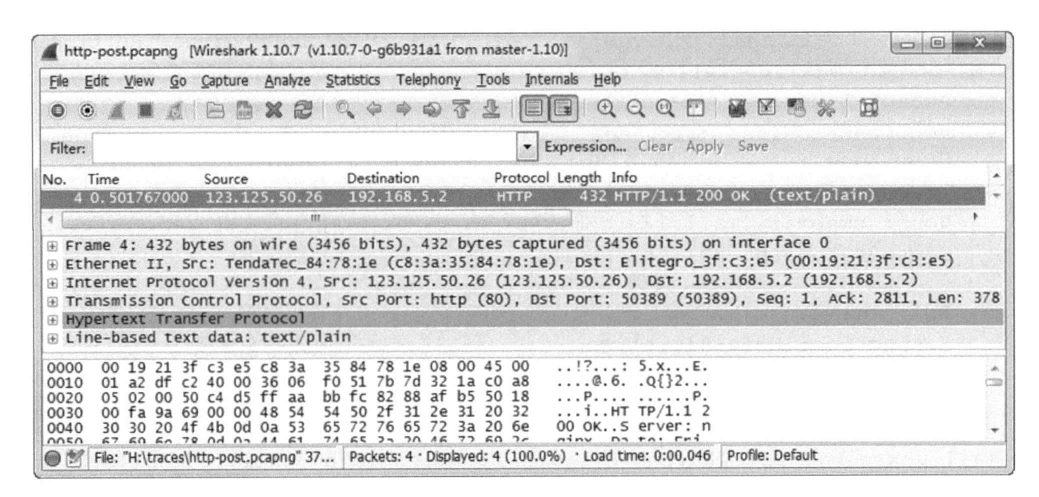

图 17.30　HTTP 响应包

以上信息表示这是以太网帧头部信息。其中，源 MAC 地址为 c8:3a:35:84:78:1e，目标 MAC 地址为 00:19:21:3f:c3:e5。

```
Internet Protocol Version 4, Src: 123.125.50.26 (123.125.50.26), Dst:
192.168.5.2 (192.168.5.2)
```

以上信息表示这是 IPv4 首部的详细信息。其中，源 IP 地址为 123.125.50.26，目标 IP 地址为 192.168.5.2。

```
Transmission Control Protocol, Src Port: http (80), Dst Port: 50389 (50389),
Seq: 1, Ack: 2811, Len: 378
```

以上信息是 TCP 首部的详细信息。其中源端口号为 80，目标端口号为 50389。响应序列号为 1，确认编号为 2811，长度为 378 个字节。

```
Hypertext Transfer Protocol
```

以上是 HTTP 协议的详细信息。下面对该包内容展开进行详细介绍，如下所示。

```
Hypertext Transfer Protocol
   HTTP/1.1 200 OK\r\n                                    #响应行
      [Expert Info (Chat/Sequence): HTTP/1.1 200 OK\r\n]#专家信息
         [Message: HTTP/1.1 200 OK\r\n]                   #响应消息
         [Severity level: Chat]
         [Group: Sequence]
      Request Version: HTTP/1.1                           #请求版本
      Status Code: 200                                    #状态码
      Response Phrase: OK                                 #响应短语
   Server: nginx\r\n                                      #Web 服务器类型
   Date: Fri, 05 Sep 2014 06:23:40 GMT\r\n                #响应时间
   Content-Type: text/plain;charset=UTF-8\r\n             #响应包类型
   Content-Length: 122\r\n                                #响应包长度为 122 个字节
      [Content length: 122]
   Connection: keep-alive\r\n                             #使用持久连接
   Set-Cookie:          JSESSIONID=FA95CF0F9C00F7D0D2217CC70105C68F;
Path=/contact163\r\n
```

```
    Content-Language: zh-CN\r\n                         #响应的语言格式
    \r\n                                                #空行
    [HTTP response 1/1]
    [Time since request: 0.027334000 seconds]           #响应请求的时间
    [Request in frame: 3]                               #响应数据帧 3 的 HTTP 请求
Line-based text data: text/plain                        #文本内容
{"code":200,"data":{"rev":0,"contacts":[],"groups":[],"attachinfos":[{"
uids":[],"type":"frequentContacts"}]},"msg":"S_OK"}#响应正文
```

以上就是使用 POST 方法的 HTTP 响应包。在该包详细信息中，可以看到服务器向客户端发送了 HTTP/1.1 200 OK 响应了 HTTP 请求包。其中，服务器类型为 nginx，并且使用持久连接的方式。

以上详细信息对应到 HTTP 响应报文格式中，显示结果如表 17-10 所示。

表 17-10　POST方法的HTTP响应报文格式

HTTP/1.1	空格	200	空格	OK	\r	\n
Server	:	nginx	\r	\n		
…						
Content-Language	:	zh-CN	\r	\n		
\r	\n					
省略						

17.4　显示捕获文件的原始内容

在 Linux 系统中提供了一款名为 Xplico 的软件可以解析 Wireshark 捕获的包。Xplico 工具可解析的内容包括每个邮箱（POP、IMAP 和 SMTP 协议）、所有 HTTP 内容、VoIP calls（SIP）、FTP 和 TFTP 等。本节将介绍使用 Xplico 工具解析捕获包中所有的内容。

17.4.1　安装 Xplico

在 Linux 操作系统中，默认没有安装 Xplico 工具。该软件包可以到它的官方网站 http://www.xplico.org/download 下载。这里以 Kali Linux 操作系统为例，介绍安装 Xplico 工具的方法。在 Kali Linux 的软件源中提供了该软件，所以可以直接安装。执行命令如下：

```
root@kali:~# apt-get install xplico
```

执行以上命令后，运行过程中没有报错的话，Xplico 工具就安装成功了。接下来还需要将 Xplico 服务启动，才可以使用。由于 Xplico 基于 Web 界面，所以还需要启动 Apache 2 服务。

启动 Apache 服务，执行命令如下：

```
root@kali:~# service apache2 start
[OK] Start web server: apache2.
```

从输出的信息中，可以看到 apache2 服务已启动。

启动 Xplico 服务。执行命令如下：

```
root@kali:~# service xplico start
[....] Starting : XplicoModifying priority to -1
. ok
```

从以上输出信息，可以看到 Xplico 服务已成功启动。现在就可以使用 Xplico 服务了。

17.4.2　解析 HTTP 包

下面以前面捕获的 http.pcapng 捕获文件为例，使用 Xplico 工具对该捕获文件中的包进行解析。具体操作步骤如下所示。

（1）在浏览器中输入 http://IP:9876，将打开如图 17.31 所示的界面。

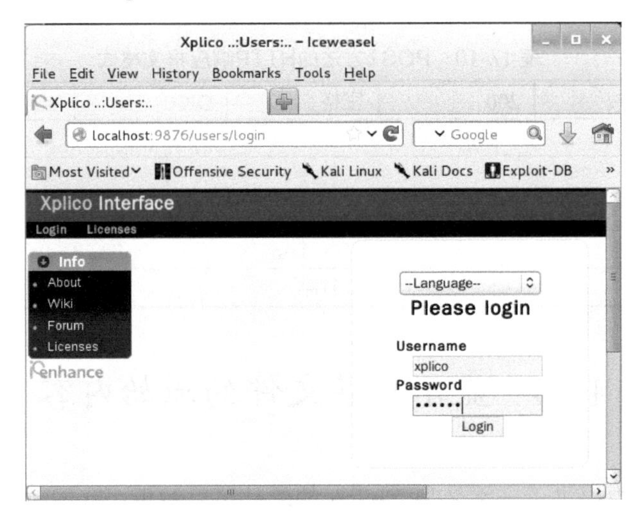

图 17.31　Xplico 登录界面

（2）该界面用来登录 Xplico 服务。Xplico 默认的用户名和密码都是 Xplico，输入用户名和密码成功登录 Xplico 后，将显示如图 17.32 所示的界面。

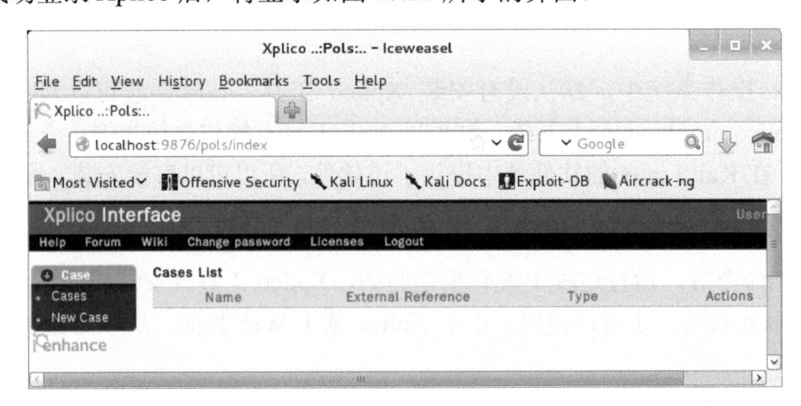

图 17.32　案例列表

（3）从该界面可以看到没有任何内容。默认 Xplico 服务中，没有任何案例及会话。创建案例及会话后，才可以解析 pcap 文件。首先创建案例，在该界面单击左侧栏中的 New Case 命令，将显示如图 17.33 所示的界面。

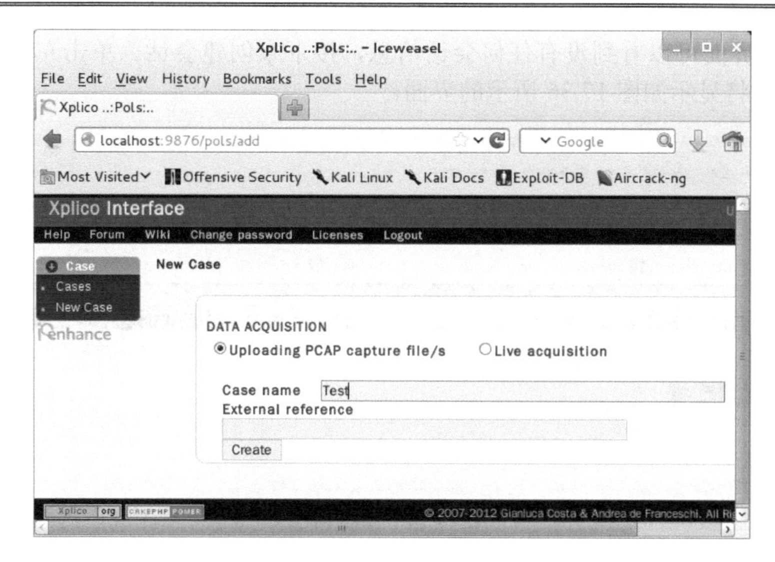

图 17.33　新建案例

（4）在该界面选择 Uploading PCAP capture file/s，并指定案例名。本例中设置为 Test，然后单击 Create 按钮，将显示如图 17.34 所示的界面。

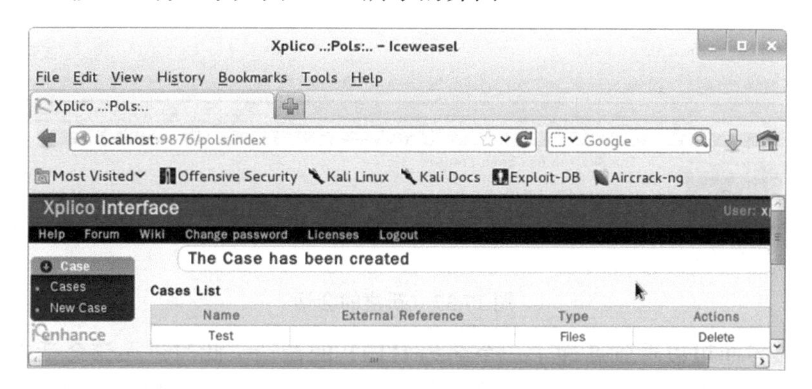

图 17.34　新建的案例

（5）在该界面的案例列表中显示了新建的案例。此时单击 Test，查看案例中的会话，如图 17.35 所示。

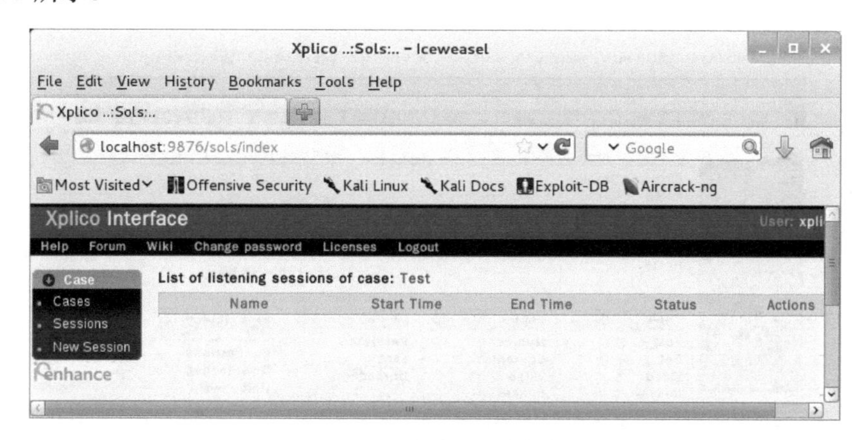

图 17.35　监听的会话

（6）从该界面可以看到没有任何会话信息，接下来创建会话。单击左侧栏中的 New Session 命令，将显示如图 17.36 所示的界面。

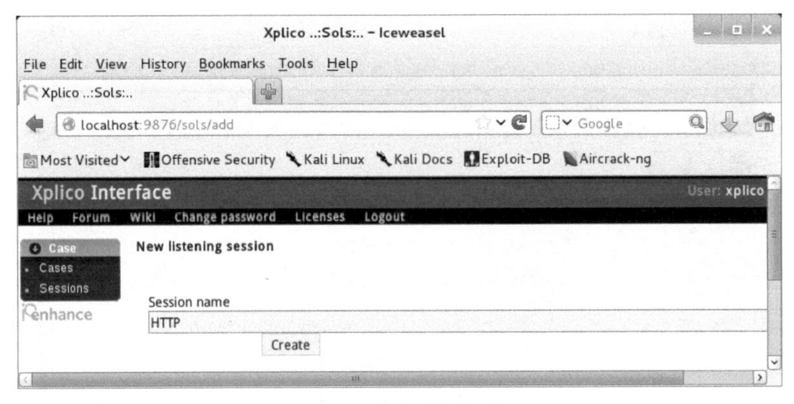

图 17.36　新建会话

（7）在该界面 Session name 对应的文本框中输入想创建的会话名，然后单击 Create 按钮，将显示如图 17.37 所示的界面。

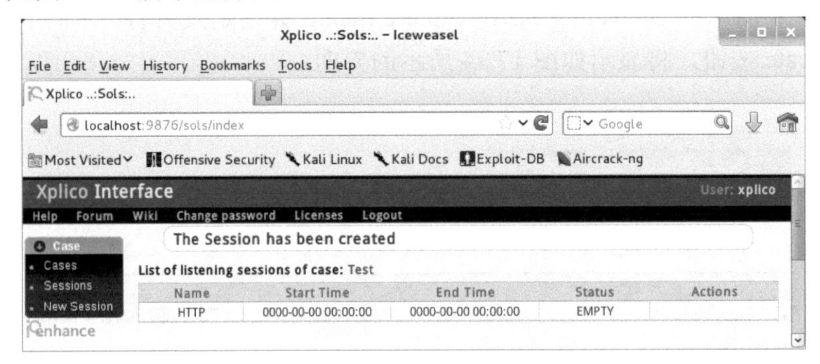

图 17.37　新建的会话

（8）从该界面可以看到新建了一个名为 HTTP 的会话。此时进入该会话中，就可以加载捕获文件解析包中的详细信息了。单击会话名 HTTP，将显示如图 17.38 所示的界面。

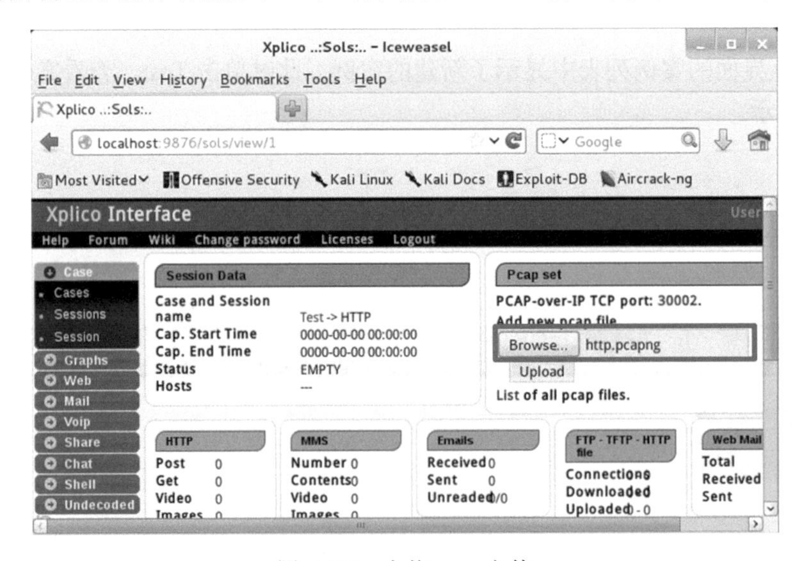

图 17.38　上传 pcap 文件

（9）该界面是用来显示捕获文件详细信息的。目前还没有上传任何捕获文件，所以单击 Browse 按钮选择要解析的捕获文件。然后单击 Upload 按钮，将显示如图 17.39 所示的界面。

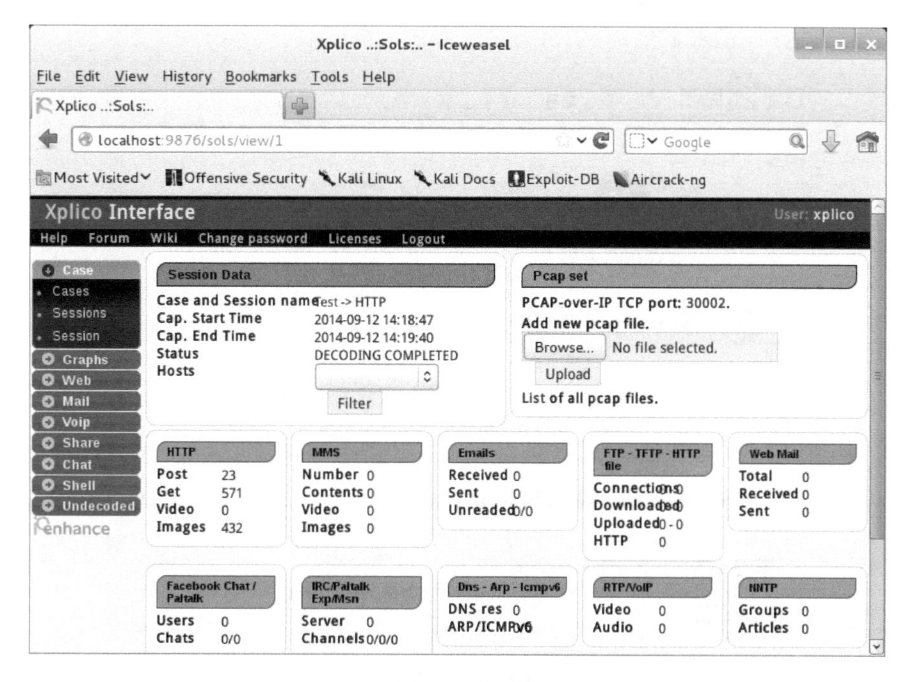

图 17.39　成功上传了捕获文件

（10）从该界面可以看到分为几个部分。关于捕获文件的各类型数据包，可以在 Xplico 对应地查看。该界面显示了 10 种类型，如 HTTP、MMS、Emails、FTP-TFTP-HTTP file 和 Web Mail 等。在该界面可以看到 HTTP 类型中，显示了一些包信息。如查看访问的站点信息，在左侧栏中单击 Web 并选择 Site 命令，将显示如图 17.40 所示的界面。

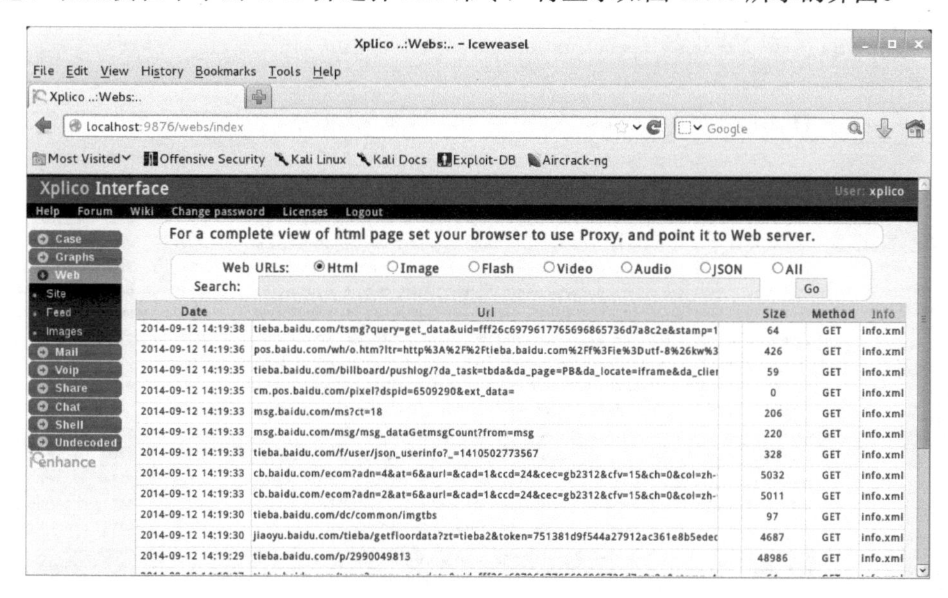

图 17.40　访问的所有站点信息

（11）在该界面可以看到访问的所有站点，此时可以在该界面单击任何一个 URl 查看。如打开 URI 为 tieba.baidu.com/p/2990049813 的链接，将显示如图 17.41 所示的界面。

图 17.41　访问过的网页

（12）从该界面可以看到，在捕获包时用户正在访问 Ubuntu 贴吧。在 Xplico 工具中，还可以查看其他类型信息，如 Image、Flash、Video 等。如查看捕获包中访问过的图片，可选择 Web URLs:行的 Image 选项，然后单击 Go 按钮，将显示如图 17.42 所示的界面。

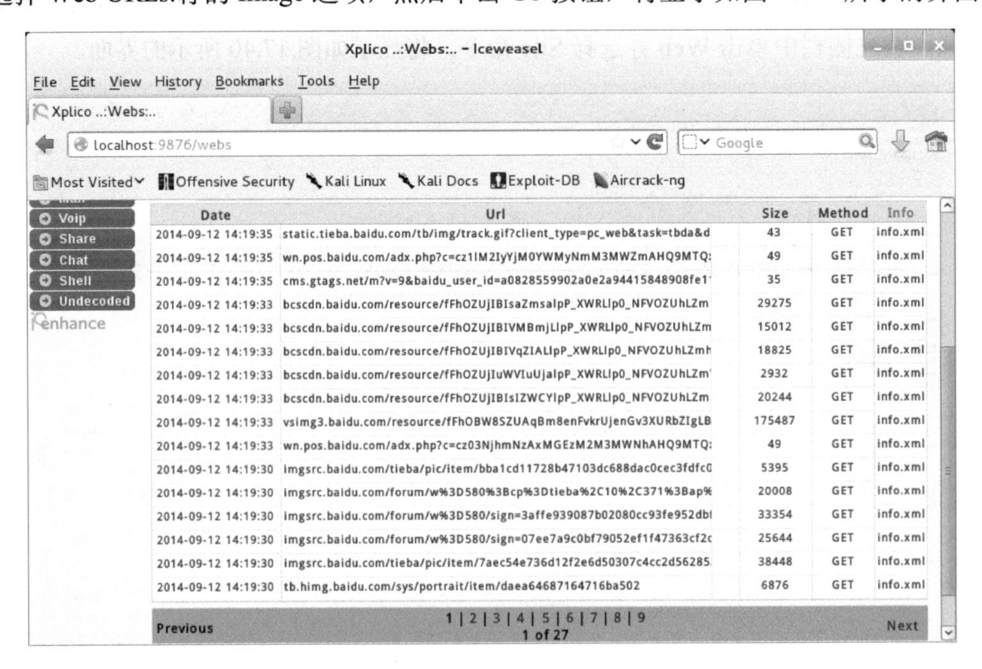

图 17.42　访问过的图片

（13）在该界面显示了访问过的所有图片的链接，在该页面的最底部显示了总共的页数（本例中共 27 页）。用户可以随便打开任何一个链接，显示图片信息。这里打开一个链接，显示界面如图 17.43 所示。

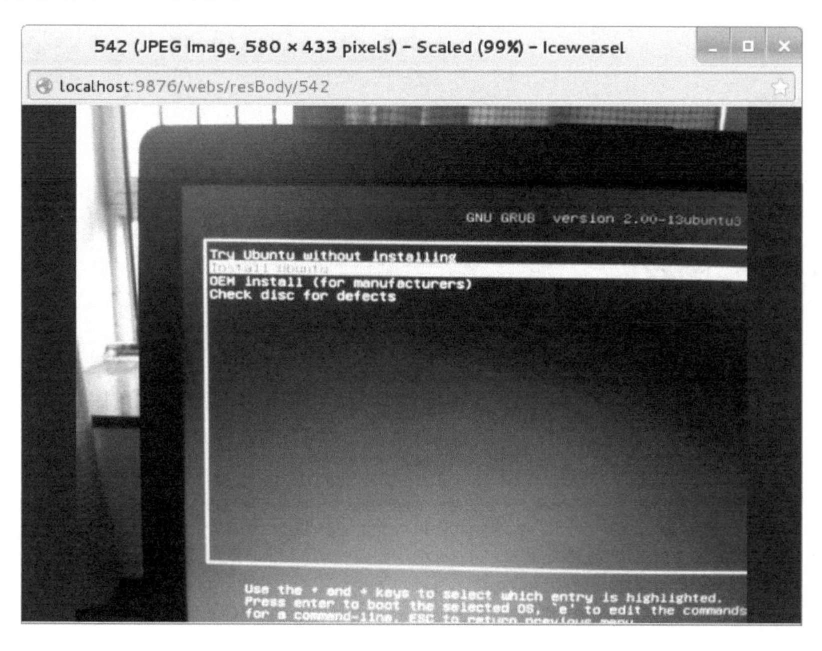

图 17.43　显示图片信息

（14）以上图片就是解析包中的信息后获取到的图片信息。如果用户发现这样查看图片内容不是很方便的话，也可以直接选择左侧栏中的 Web|Image 选项查看，显示界面如图 17.44 所示。

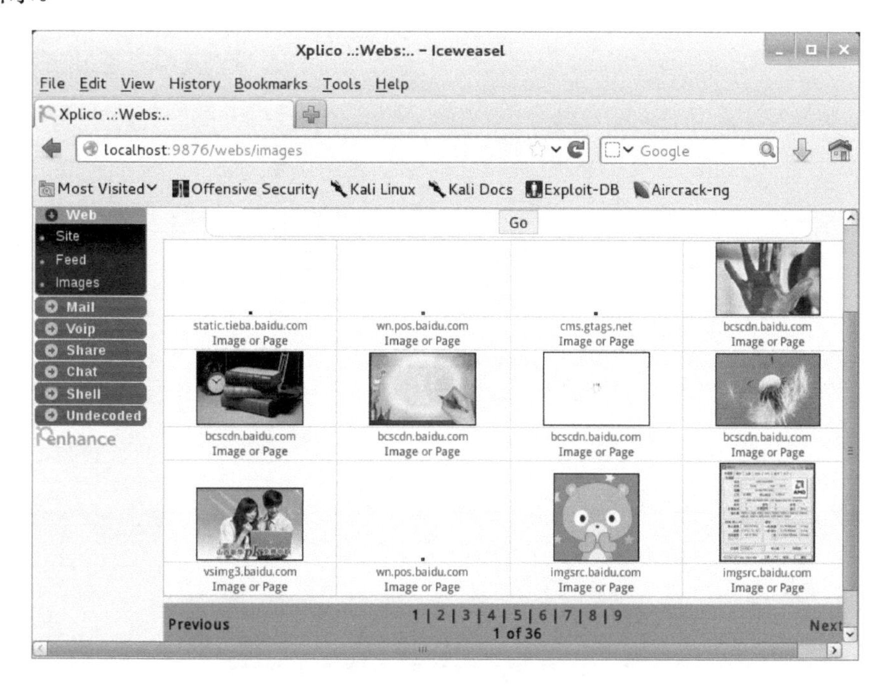

图 17.44　图片信息

（15）在该界面可以直观地看到访问过的图片。此时，可以直接单击图片下面的 Image 或 Page 链接查看图片的详细信息。其中，Image 显示的是图片；Page 显示的是图片所在的网页。如图 17.45 和图 17.46 所示，分别表示 Image 和 Page 链接的信息。

图 17.45　Image 信息

图 17.46　Page 信息

第 18 章　HTTPS 协议抓包分析

HTTPS 全称是 Hypertext Transfer Protocol over Secure Socket Layer，即基于 SSL 的 HTTP 协议。虽然 HTTPS 使用了 HTTP 协议，但它使用了不同的默认端口，以及一个加密和身份验证层（HTTP 与 TCP 之间）。该协议最初研发由网景公司进行。该协议提供了身份验证与加密通信方法，现在被广泛用于互联网上安全敏感的通信。本章将介绍 HTTPS 协议抓包分析。

18.1　HTTPS 协议概述

HTTPS（安全超文本传输协议）由 Netscape 开发并内置于其浏览器中，用于对数据进行压缩和解压操作，并返回网络上传送回的结果。HTTPS 实际上应用了 Netscape 的安全套接字层（SSL）作为 HTTP 应用层的子层。本节将介绍 HTTPS 协议概述。

18.1.1　什么是 HTTPS 协议

HTTPS（Hypertext Transfer Protocol over Secure Socket Layer）是以安全为目标的 HTTP 通道，简单讲是 HTTP 的安全版。即 HTTP 下加入 SSL 层，HTTPS 的安全基础是 SSL，因此加密的详细内容就需要 SSL。HTTPS 是一个 URI scheme（抽象标识符体系），句法类同 http://体系，用于安全的 HTTP 数据传输。https://URL 表明它使用了 HTTP，但 HTTPS 存在不同于 HTTP 的默认端口及一个加密和身份验证层（在 HTTP 于 TCP 之间）。

HTTPS 使用端口 443，而不是像 HTTP 那样使用端口 80 来和 TCP/IP 进行通信。SSL 使用 40 位关键字作为 RC4 流加密算法，这对于商业信息的加密是合适的。HTTPS 和 SSL 支持使用 X.509 数字认证，如果需要的话用户可以确认发送者是谁。也就是说它的主要作用可以分为两种，一种是建立一个信息安全通道，来保证数据传输的安全；另一种就是确认网站的真实性，凡是使用了 https 的网站，都可以通过单击浏览器地址栏的锁头标志来查看网站认证之后的真实信息，也可以通过 CA 机构颁发的安全签章来查询。

18.1.2　HTTP 和 HTTPS 协议的区别

HTTPS 实际上由 HTTP+SSL/TLS 两部分组成，也就是在 HTTP 上又加了一层处理加密信息的模块。HTTP 和 HTTPS 协议的区别如下所示。

- HTTPS 协议需要到 CA 申请证书，一般免费证书很少，需要交费。
- HTTP 是超文本传输协议，信息是明文传输。HTTPS 则是具有安全性的 ssl 加密传输协议。

- HTTP 和 HTTPS 使用的是完全不同的连接方式，用的端口也不一样，前者是 80，后者是 443。
- HTTP 的连接很简单，是无状态的；HTTPS 协议是由 SSL+HTTP 协议构建的可进行加密传输和身份认证的网络协议，比 HHTP 协议安全。

18.1.3　HTTPS 工作流程

使用 HTTPS 协议工作时，服务端和客户端的信息传输都会通过 TLS 进行加密，所以传输的数据都是加密后的数据。下面将介绍 HTTPS 协议的工作流程，如图 18.1 所示。

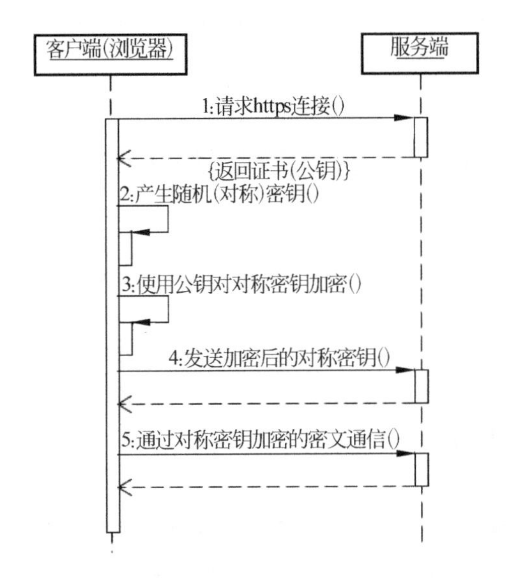

图 18.1　HTTPS 工作流程

（1）客户使用 https 的 URL 访问 Web 服务器，要求与 Web 服务器建立 SSL 连接。

（2）Web 服务器收到客户端请求后，会将网站的证书信息（证书中包含公钥）传送一份给客户端。

（3）客户端的浏览器与 Web 服务器开始协商 SSL 连接的安全等级，也就是信息加密的等级。

（4）客户端的浏览器根据双方同意的安全等级，建立会话密钥，然后利用网站的公钥将会话密钥加密，并传送给网站。

（5）Web 服务器利用自己的私钥解密出会话密钥。

（6）Web 服务器利用会话密钥加密与客户端之间的通信。

18.2　SSL 概述

SSL（Secure Sockets Layer，安全套接层）及其继任者传输层安全（Transport Layer

Security，TLS）是为网络通信提供安全及数据完整性的一种安全协议。TLS 和 SSL 在传输层对网络连接进行加密。本节将介绍 SSL 概述。

18.2.1 什么是 SSL

SSL 为 Netscape 所研发，用以保障在 Internet 上数据传输之安全，利用数据加密（Encryption）技术，可确保数据在网络上的传输过程中不会被截取及窃听。SSL 协议当前版本为 3.0，它被广泛地应用于 Web 浏览器与服务器之间的身份认证和加密数据传输。

SSL 协议位于 TCP/IP 协议与各种应用层协议之间，为数据通信提供安全支持。SSL 协议可分为两层，分别是 SSL 记录协议（SSL Record Protocol）和 SSL 握手协议（SSL Handshake Protocol）。其中，SSL 记录协议建立在可靠的传输协议（TCP）之上，为高层协议提供数据封装、压缩和加密等基本功能的支持。SSL 握手协议建立在 SSL 记录协议之上，用于在实际的数据传输开始前，通信双方进行身份认证、协商加密算法和交换加密密钥等。

18.2.2 SSL 工作流程

SSL 工作分为两个阶段，分别是服务器认证阶段和用户认证阶段。下面分别介绍这两个阶段的工作流程。

1. 服务器认证阶段

（1）客户端向服务器发送一个开始信息“Hello”，以便开始一个新的会话连接。

（2）服务器根据客户的信息确定是否需要生成新的主密钥。如果需要，则服务器在响应客户的“Hello”信息时，将包含生成主密钥所需的信息。

（3）客户端根据收到的服务器响应信息，产生一个主密钥，并用服务器的公开密钥加密后传给服务器。

（4）服务器回复该主密钥，并返回给客户一个用主密钥认证的信息，以此让客户认证服务器。

2. 用户认证阶段

在此之前，服务器已经通过了客户认证，这一阶段主要完成对客户的认证。经认证的服务器发送一个提问给客户，客户则返回（数字）签名后的提问及其公开密钥，从而向服务器提供认证。

18.2.3 SSL 协议的握手过程

SSL 协议既用到了公钥加密技术（非对称加密），又用到了对称加密技术。SSL 对传输内容的加密采用对称加密，然后对称加密的密钥使用公钥进行非对称加密。这样做的好处是，因为对称加密技术比公钥加密技术的速度快，可用来加密较大的传输内容。公钥加密技术相对较慢，提供了更好的身份认证技术，可用来加密对称加密过程使用的密钥。下面将详细介绍 SSL 协议的握手过程。

（1）客户端（浏览器）向服务器传送客户端 SSL 协议的版本号、加密算法的种类、产生的随机数以及其他服务器和客户端之间通信所需要的各种信息。

（2）服务器向客户端传送 SSL 协议的版本号、加密算法的种类、随机数以及其他相关信息，同时服务器还将向客户端传送自己的证书。

（3）客户端利用服务器传过来的信息验证服务器的合法性。服务器的合法性包括证书是否过期，发行服务器证书的 CA 是否可靠，发行者证书的公钥能否正确解开服务器证书的“发行者的数字签名”，以及服务器证书上的域名是否和服务器的实际域名相匹配。如果合法性验证没有通过，则通信将断开；如果合法性验证通过，将继续进行第（4）步。

（4）客户端随机产生一个用于后面通信的“对称密码”，然后用服务器的公钥（服务器的公钥从步骤（2）中的服务器的证书中获得）对其加密。然后将加密后的“预主密码”传给服务器。

（5）如果服务器要求客户进行身份认证（在握手过程中为可选），用户可以建立一个随机数。然后对其进行数据签名，将这个含有签名的随机数和客户自己的证书以及加密过的“预主密码”一起传给服务器。

（6）如果服务器要求客户进行身份认证，服务器需要检验客户证书和签名随机数的合法性。具体的合法性验证过程包括检查客户的证书使用日期是否有效，为客户提供证书的 CA 是否可靠，发行 CA 的公钥能否正确解开客户证书的发行 CA 的数字签名，以及检查客户的证书是否在证书废止列表（CRL）中。如果校验没有通过，通信立刻中断；如果验证通过，服务器将用自己的私钥解开加密的“预主密码”，然后执行一系列步骤来产生主通信密码（客户端也将通过同样的方法产生相同的主通信密码）。

（7）服务器和客户端用相同的主密码，即“通话密码”，一个对称密钥用于 SSL 协议的安全数据通信的加解密通信。同时在 SSL 通信过程中还要确保数据通信的完整性，防止数据通信中的任何变化。

（8）客户端向服务器端发出信息，指明后面的数据通信将使用步骤（7）中的主密码为对称密钥，同时通知服务器客户端的握手过程结束。

（9）服务器向客户端发出信息，指明后面的数据通信将使用步骤（7）中的主密码为对称密钥，同时通知客户端服务器端的握手过程结束。

（10）SSL 的握手部分结束，SSL 安全通道的数据通信开始。客户端和服务器开始使用相同的对称密钥进行数据通信，同时进行通信完整性的校验。

18.3　捕获 HTTPS 数据包

通过前面的详细介绍，大家对 HTTPS 有了清晰的认识。为了在后面对 HTTPS 数据包进行详细分析，本节将介绍捕获 HTTPS 的数据包。

18.3.1　使用捕获过滤器

捕获 HTTPS 协议数据包，具体操作步骤如下所示。

（1）启动 Wireshark 工具。

（2）在启动的主界面菜单栏中依次选择 Capture|Options 命令，或者单击工具栏中的◉（显示捕获选项）图标打开 Wireshark 捕获选项窗口，如图 18.2 所示。

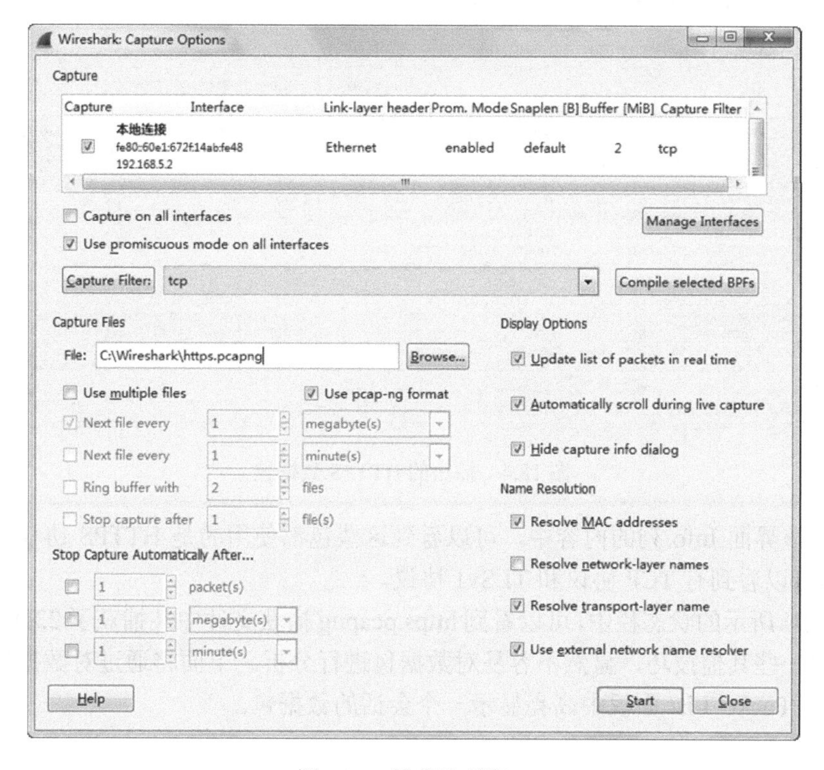

图 18.2　捕获选项窗口

（3）在该界面选择捕获接口，输入捕获过滤器及捕获文件的保存位置，如图 18.2 所示。配置完以上信息后，单击 Start 按钮，将显示如图 18.3 所示的界面。

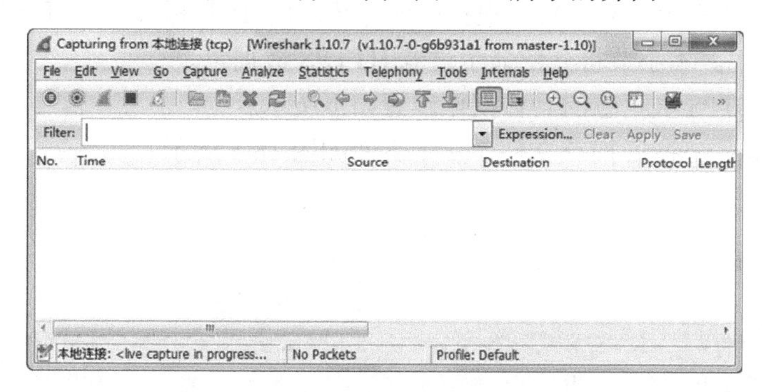

图 18.3　开始捕获 TCP 数据包

（4）看到以上界面，表示已开始捕获数据包。由于目前没有运行任何 TCP 协议的程序，所以在 Packet Lists 面板中没有任何数据包。此时，通过访问 Web 服务器以捕获 TCP 数据包。典型使用 HTTPS 协议的网站一般是银行系统的网站，还有一个典型使用 HTTPS 协议的网站就是腾讯的 QQ 邮箱。这里通过登录 QQ 邮箱，捕获 HTTPS 协议的数据包。

（5）在浏览器中输入 URL 地址 mail.qq.com，将弹出登录邮箱的账户名和密码对话框。

然后输入要登录的 QQ 账户和密码，并登录邮箱。此时 Wireshark 将捕获到大量的数据包，如图 18.4 所示。

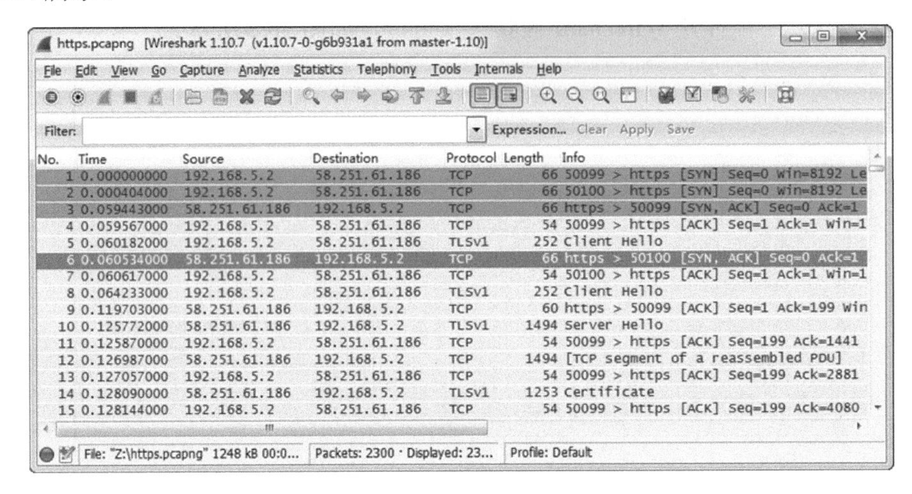

图 18.4　捕获的 HTTPS 数据包

（6）从该界面 Info 列的内容中，可以看到这些包都使用的是 HTTPS 协议传输的。在 Protocol 列可以看到有 TCP 协议和 TLSv1 协议。

在图 18.4 所示的状态栏中，可以看到 https.pcapng 捕获文件中共捕获了 2300 个数据包。如果不使用一些其他技巧，显然不容易对数据包进行分析。下面将通过对数据包着色，在 Wireshark 的 Packet List 面板中高亮显示一个会话的数据包。

18.3.2　显示过滤数据包

前面提到 HTTPS 是由 HTTP 和 SSL/TLS 两部分组成的。所以在进行 HTTPS 传输之前，也要进行 TCP 三次握手建立连接。根据前面介绍过的 TCP 标志位，可以判断出属于 TCP 三次握手的数据包。本小节将介绍显示过滤 HTTPS 数据包。

显示过滤 HTTPS 数据包的具体操作步骤如下所示。

（1）打开 https.pcapng 捕获文件，显示界面如图 18.5 所示。

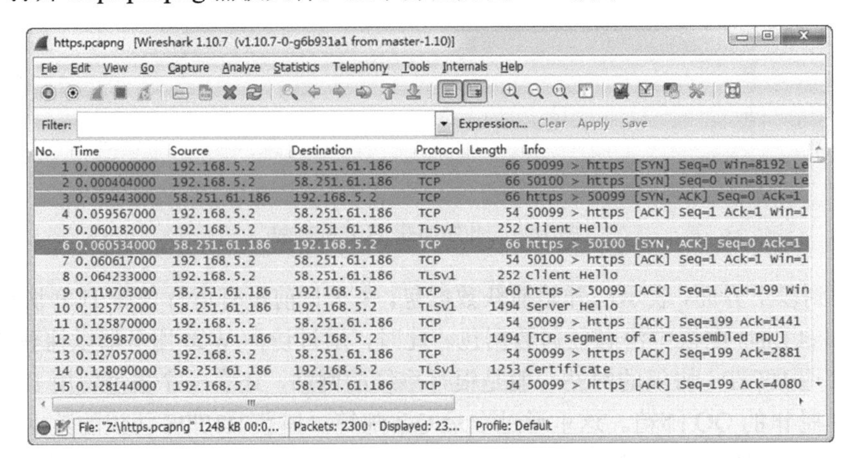

图 18.5　https.pcapng 捕获文件

（2）在该界面可以看出，前 4 个包都是 TCP 握手的数据包。这里选择以第 2 个包为第一次握手的数据包进行着色，以便高亮显示整个会话的数据包。选择并右键单击第 2 个数据包，将弹出如图 18.6 所示的界面。

（3）在弹出的右键菜单中依次选择 Colorize Conversation|TCP|Color4 命令，如图 18.7 所示。

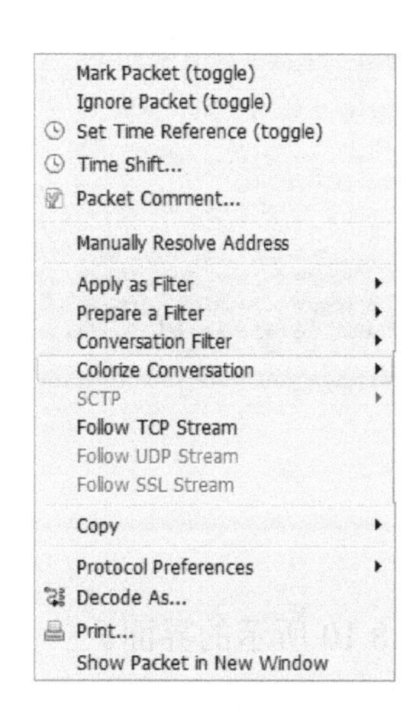

图 18.6　右键菜单

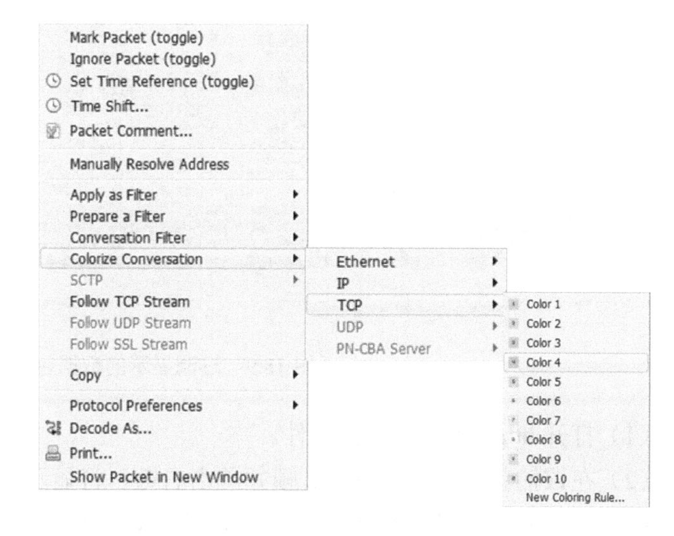

图 18.7　选择着色颜色

（4）这里选择使用第 4 种颜色，着色后显示结果如图 18.8 所示。

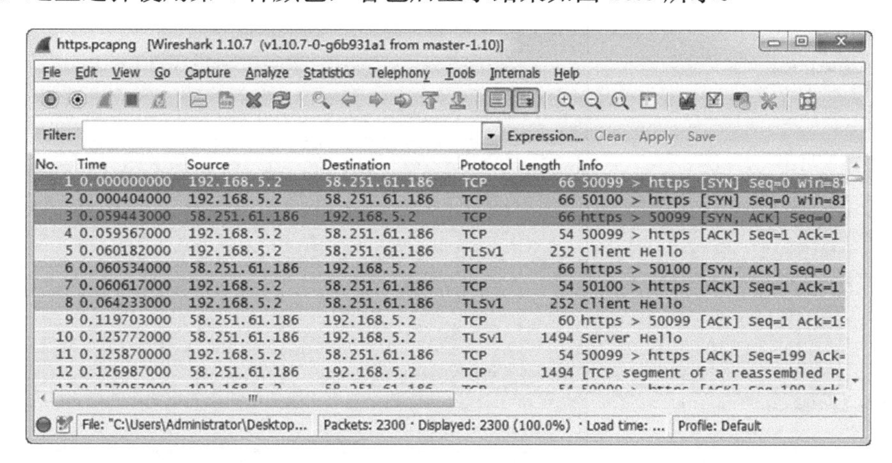

图 18.8　高亮显示的数据包

（5）此时，只是将一个会话中的数据包高亮显示了。但是，仍然还不能帮助用户减少分析的数据包数。接下来，通过使用 IP 地址的显示过滤器过滤数据包。过滤 IP 地址为 192.168.5.2 和 58.251.61.186 的数据包，显示结果如图 18.9 所示。

（6）从该界面的状态栏中，可以看到匹配过滤器的数据包有 321 个。这样要分析的数据包减少了一大部分。

使用以上方法对数据包进行过滤，在显示过滤的结果中发现还有许多其他无用的数据包。此时可以使用 Follow TCP Stream 命令，仅过滤单个 TCP 会话的数据包。具体操作步骤如下所示。

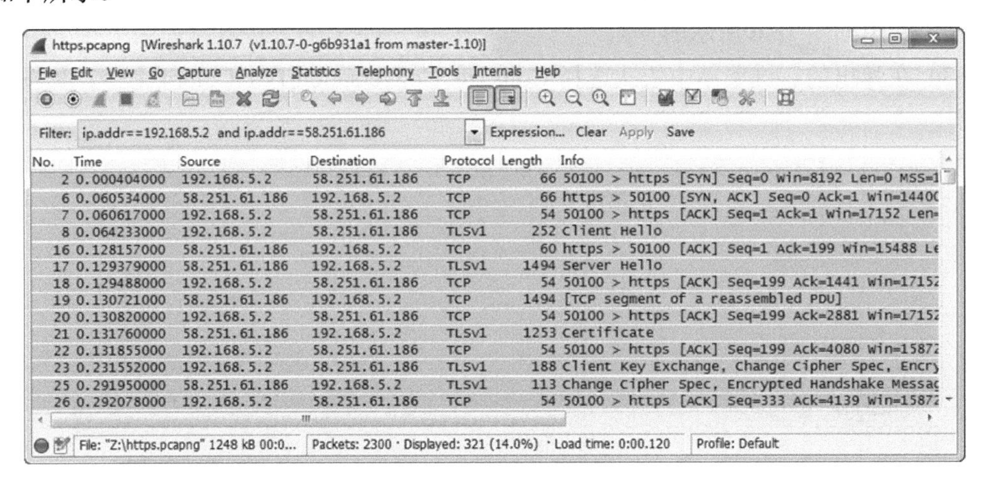

图 18.9　过滤显示的数据包

（1）打开 https.pcapng 捕获文件。

（2）在该捕获文件中选择第 2 帧并单击右键，将显示如图 18.10 所示的界面。

（3）在该界面选择 Follow TCP Stream 命令，将显示如图 18.11 所示的界面。

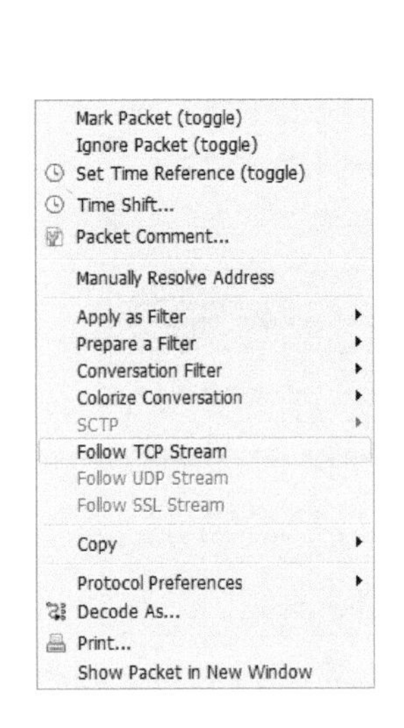

图 18.10　可操作的菜单

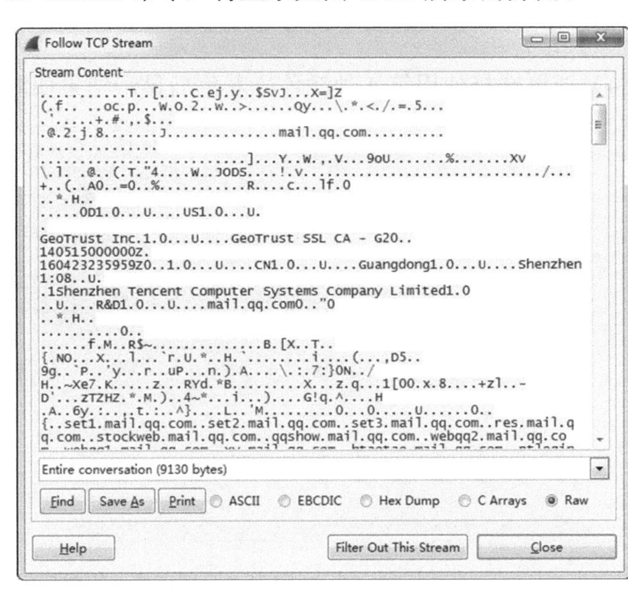

图 18.11　过滤 TCP 流数据包

（4）在该界面显示了整个 TCP 会话中的数据信息。这里默认是以未处理的格式（ASCII）显示数据包信息，此时单击 Close 按钮，将会应用过滤器，显示结果如图 18.12 所示。

（5）此时，就过滤出了整个 TCP 会话数据包。在显示过滤器中，可以看到应用了 tcp.stream eq 1 显示过滤器。这时可以导出显示的所有数据包，供后面进行分析。本例中，将显示过滤出的所有数据包导出到名为 https-session.pcapng 的捕获文件中。

https.pcapng [Wireshark 1.10.7 (v1.10.7-0-g6b931a1 from master-1.10)]

File Edit View Go Capture Analyze Statistics Telephony Tools Internals Help

Filter: tcp.stream eq 1　Expression... Clear Apply Save

No.	Time	Source	Destination	Protocol	Length	Info
2	0.000404000	192.168.5.2	58.251.61.186	TCP	66	50100 > https [SYN] Seq=0 Win=8192 Len=
6	0.060534000	58.251.61.186	192.168.5.2	TCP	66	https > 50100 [SYN, ACK] Seq=0 Ack=1 Wir
7	0.060617000	192.168.5.2	58.251.61.186	TCP	54	50100 > https [ACK] Seq=1 Ack=1 Win=171
8	0.064233000	192.168.5.2	58.251.61.186	TLSv1	252	Client Hello
16	0.128157000	58.251.61.186	192.168.5.2	TCP	60	https > 50100 [ACK] Seq=1 Ack=199 Win=1
17	0.129379000	58.251.61.186	192.168.5.2	TLSv1	1494	Server Hello
18	0.129488000	192.168.5.2	58.251.61.186	TCP	54	50100 > https [ACK] Seq=199 Ack=1441 Wir
19	0.130721000	58.251.61.186	192.168.5.2	TCP	1494	[TCP segment of a reassembled PDU]
20	0.130820000	192.168.5.2	58.251.61.186	TCP	54	50100 > https [ACK] Seq=199 Ack=2881 Wir
21	0.131760000	58.251.61.186	192.168.5.2	TLSv1	1253	Certificate
22	0.131855000	192.168.5.2	58.251.61.186	TCP	54	50100 > https [ACK] Seq=199 Ack=4080 Wir
23	0.231552000	192.168.5.2	58.251.61.186	TLSv1	188	Client Key Exchange, Change Cipher Spec,
25	0.291950000	58.251.61.186	192.168.5.2	TLSv1	113	Change Cipher Spec, Encrypted Handshake
26	0.292078000	192.168.5.2	58.251.61.186	TCP	54	50100 > https [ACK] Seq=333 Ack=4139 Wir
505	20.491649000	192.168.5.2	58.251.61.186	TLSv1	1488	Application Data, Application Data
508	20.592078000	58.251.61.186	192.168.5.2	TCP	60	https > 50100 [ACK] Seq=4139 Ack=1767 Wi
509	20.907247000	58.251.61.186	192.168.5.2	TCP	1494	[TCP segment of a reassembled PDU]

Ready to load or capture　Packets: 2300 · Displayed: 30 (1.3%) · Load time: 0:00.108　Profile: Default

图 18.12　显示过滤的整个 TCP 会话

18.4　分析 HTTPS 数据包

下面以导出到捕获文件 https-session.pcapng 为例，分析 HTTPS 数据包。在分析 HTTPS 数据包时，不会对所有数据包都分析，这里主要分析 HTTPS 工作流程中几个重要的数据包。打开 https-session.pcapng 捕获文件，显示结果如图 18.13 所示。

https-session.pcapng [Wireshark 1.10.7 (v1.10.7-0-g6b931a1 from master-1.10)]

File Edit View Go Capture Analyze Statistics Telephony Tools Internals Help

Filter: 　Expression... Clear Apply Save

No.	Time	Source	Destination	Protocol	Length	Info
1	0.000000000	192.168.5.2	58.251.61.186	TCP	66	50100 > https [SYN] Seq=0 Win=8192 Len=0 MSS=146
2	0.060130000	58.251.61.186	192.168.5.2	TCP	66	https > 50100 [SYN, ACK] Seq=0 Ack=1 Win=14400 L
3	0.060213000	192.168.5.2	58.251.61.186	TCP	54	50100 > https [ACK] Seq=1 Ack=1 Win=17152 Len=0
4	0.063829000	192.168.5.2	58.251.61.186	TLSv1	252	Client Hello
5	0.127753000	58.251.61.186	192.168.5.2	TCP	60	https > 50100 [ACK] Seq=1 Ack=199 Win=15488 Len=
6	0.128975000	58.251.61.186	192.168.5.2	TLSv1	1494	Server Hello
7	0.129084000	192.168.5.2	58.251.61.186	TCP	54	50100 > https [ACK] Seq=199 Ack=1441 Win=17152 Le
8	0.130317000	58.251.61.186	192.168.5.2	TCP	1494	[TCP segment of a reassembled PDU]
9	0.130416000	192.168.5.2	58.251.61.186	TCP	54	50100 > https [ACK] Seq=199 Ack=2881 Win=17152 Le
10	0.131356000	58.251.61.186	192.168.5.2	TLSv1	1253	Certificate
11	0.131451000	192.168.5.2	58.251.61.186	TCP	54	50100 > https [ACK] Seq=199 Ack=4080 Win=15872 Le
12	0.231148000	192.168.5.2	58.251.61.186	TLSv1	188	Client Key Exchange, Change Cipher Spec, Encrypte
13	0.291546000	58.251.61.186	192.168.5.2	TLSv1	113	Change Cipher Spec, Encrypted Handshake Message
14	0.291674000	192.168.5.2	58.251.61.186	TCP	54	50100 > https [ACK] Seq=333 Ack=4139 Win=15872 Le
15	20.491245000	192.168.5.2	58.251.61.186	TLSv1	1488	Application Data, Application Data
16	20.591674000	58.251.61.186	192.168.5.2	TCP	60	https > 50100 [ACK] Seq=4139 Ack=1767 Win=19456 L
17	20.906843000	58.251.61.186	192.168.5.2	TCP	1494	[TCP segment of a reassembled PDU]
18	20.906973000	192.168.5.2	58.251.61.186	TCP	54	50100 > https [ACK] Seq=1767 Ack=5579 Win=17152 L
19	20.908090000	58.251.61.186	192.168.5.2	TCP	1494	[TCP segment of a reassembled PDU]
20	20.908182000	192.168.5.2	58.251.61.186	TCP	54	50100 > https [ACK] Seq=1767 Ack=7019 Win=17152 L
21	20.908370000	58.251.61.186	192.168.5.2	TLSv1	363	Application Data
22	20.908417000	192.168.5.2	58.251.61.186	TCP	54	50100 > https [ACK] Seq=1767 Ack=7328 Win=16896 L
23	35.908875000	58.251.61.186	192.168.5.2	TLSv1	91	Encrypted Alert
24	35.909083000	192.168.5.2	58.251.61.186	TCP	54	50100 > https [ACK] Seq=1767 Ack=7365 Win=16896 L
25	35.909131000	58.251.61.186	192.168.5.2	TCP	60	https > 50100 [FIN, ACK] Seq=7365 Ack=1767 Win=1
26	35.909179000	192.168.5.2	58.251.61.186	TCP	54	50100 > https [ACK] Seq=1767 Ack=7366 Win=16896 L
27	39.062195000	192.168.5.2	58.251.61.186	TCP	54	50100 > https [FIN, ACK] Seq=1767 Ack=7366 Win=1
28	39.062229000	192.168.5.2	58.251.61.186	TCP	54	50100 > https [RST, ACK] Seq=1768 Ack=7366 Win=0
29	39.122286000	58.251.61.186	192.168.5.2	TCP	60	https > 50100 [ACK] Seq=7366 Ack=1768 Win=19456 L
30	39.122366000	192.168.5.2	58.251.61.186	TCP	54	50100 > https [RST] Seq=1768 Win=0 Len=0

Ready to load or capture　Packets: 30 · Displayed: 30 (100.0%) · Load time: 0:00.001　Profile: Default

图 18.13　https-session.pcapng 捕获文件

这里首先分析在 https-session.pcapng 捕获文件中，每个包产生的原因。然后再分析包中的详细信息。在该界面显示的数据包是由两部分构成的。其中，第一部分为 1～3 帧，表示 TCP 建立连接三次握手的数据包。第二部分为 4～14 帧，这些包是 SSL 握手过程所产生的数据包。SSL 握手过程中的数据包，也就是使用 HTTPS 协议加密的信息。下面将详细进行分析。

1～3 帧是 TCP 三次建立连接的数据包，在前面已经有详细介绍，这里不再赘述。下面详细介绍 SSL 握手过程，在该过程中所有通信都是明文的。

18.4.1　客户端发出请求（Client Hello）

客户端（浏览器）向服务器发出加密通信的请求，被叫做 Client Hello 请求。第 4 帧就是客户端向服务器发送的 Client Hello 信息，详细信息如图 18.14 所示。

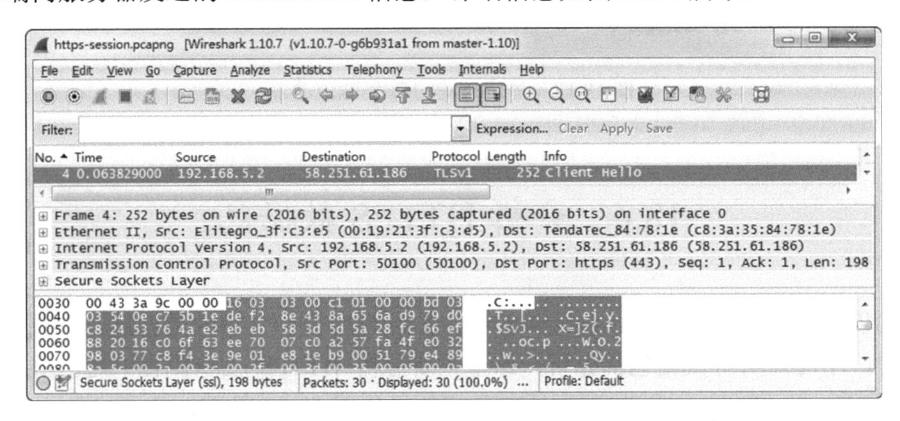

图 18.14　Client Hello

在该界面的 Packet Details 面板中，可以看到 SSL 协议（Secure Sockets Layer）的详细信息。下面将对该部分信息进行详细介绍，如下所示。

```
Secure Sockets Layer
    TLSv1 Record Layer: Handshake Protocol: Client Hello
    #TLS 记录信息为 Client Hello
        Content Type: Handshake (22)      #使用的 TLS 记录类型为 Handshake
        Version: TLS 1.2 (0x0303)         #TLS 版本，TLS 1.2 实际上就是 SSL 3.3
        Length: 193                       #长度
        Handshake Protocol: Client Hello                #握手协议
            Handshake Type: Client Hello (1)            #握手类型
            Length: 189                                 #长度
            Version: TLS 1.2 (0x0303)                   #TLS 版本
            Random                                      #随机数
                gmt_unix_time: Sep  9, 2014 17:24:43.000000000 中国标准时间
              #UTC 时间
                random_bytes: 1edef28e438a656ad979d0c82453764ae
                2ebeb583d5d5a28...#随机字节数
            Session ID Length: 32                       #会话 ID
            Session ID: 16c06f63ee7007c0a257fa4fe032980377c8f43e9e01e81e...
            Cipher Suites Length: 42                    #密码套件长度
            Cipher Suites (21 suites)         #密码套件，表示支持 21 种加密算法
                Cipher Suite: TLS_RSA_WITH_AES_128_CBC_SHA256 (0x003c)
                Cipher Suite: TLS_RSA_WITH_AES_128_CBC_SHA (0x002f)
                Cipher Suite: TLS_RSA_WITH_AES_256_CBC_SHA256 (0x003d)
```

```
        Cipher Suite: TLS_RSA_WITH_AES_256_CBC_SHA (0x0035)
        Cipher Suite: TLS_RSA_WITH_RC4_128_SHA (0x0005)
        Cipher Suite: TLS_RSA_WITH_3DES_EDE_CBC_SHA (0x000a)
        Cipher Suite: TLS_ECDHE_RSA_WITH_AES_128_CBC_SHA256 (0xc027)
        Cipher Suite: TLS_ECDHE_RSA_WITH_AES_128_CBC_SHA (0xc013)
        Cipher Suite: TLS_ECDHE_RSA_WITH_AES_256_CBC_SHA (0xc014)
        Cipher Suite: TLS_ECDHE_ECDSA_WITH_AES_128_GCM_SHA256 (0xc02b)
        Cipher Suite: TLS_ECDHE_ECDSA_WITH_AES_128_CBC_SHA256 (0xc023)
        Cipher Suite: TLS_ECDHE_ECDSA_WITH_AES_256_GCM_SHA384 (0xc02c)
        Cipher Suite: TLS_ECDHE_ECDSA_WITH_AES_256_CBC_SHA384 (0xc024)
        Cipher Suite: TLS_ECDHE_ECDSA_WITH_AES_128_CBC_SHA (0xc009)
        Cipher Suite: TLS_ECDHE_ECDSA_WITH_AES_256_CBC_SHA (0xc00a)
        Cipher Suite: TLS_DHE_DSS_WITH_AES_128_CBC_SHA256 (0x0040)
        Cipher Suite: TLS_DHE_DSS_WITH_AES_128_CBC_SHA (0x0032)
        Cipher Suite: TLS_DHE_DSS_WITH_AES_256_CBC_SHA256 (0x006a)
        Cipher Suite: TLS_DHE_DSS_WITH_AES_256_CBC_SHA (0x0038)
        Cipher Suite: TLS_DHE_DSS_WITH_3DES_EDE_CBC_SHA (0x0013)
        Cipher Suite: TLS_RSA_WITH_RC4_128_MD5 (0x0004)
    Compression Methods Length: 1        #压缩方法
    Compression Methods (1 method)
        Compression Method: null (0)
    Extensions Length: 74                #扩展长度
    Extension: renegotiation_info        #扩展 renegotiation_info
        Type: renegotiation_info (0xff01)
        Length: 1
        Renegotiation Info extension
            Renegotiation info extension length: 0
    Extension: server_name               #扩展 server_name
        Type: server_name (0x0000)
        Length: 16
        Server Name Indication extension
            Server Name list length: 14
            Server Name Type: host_name (0)
            Server Name length: 11
            Server Name: mail.qq.com
    Extension: status_request            #扩展 status_request
        Type: status_request (0x0005)
        Length: 5
        Data (5 bytes)
    Extension: elliptic_curves           #扩展 elliptic_curves
        Type: elliptic_curves (0x000a)
        Length: 6
        Elliptic Curves Length: 4
        Elliptic curves (2 curves)
            Elliptic curve: secp256r1 (0x0017)
            Elliptic curve: secp384r1 (0x0018)
    Extension: ec_point_formats          #扩展 ec_point_formats
        Type: ec_point_formats (0x000b)
        Length: 2
        EC point formats Length: 1
        Elliptic curves point formats (1)
            EC point format: uncompressed (0)
    Extension: signature_algorithms      #扩展 signature_algorithms
        Type: signature_algorithms (0x000d)
        Length: 20
        Data (20 bytes)
```

根据以上对 SSL 的详细描述。可以看到客户端支持的 TLS 版本为 1.2、生成的随机数（稍后用于生成“对话密钥”）、支持的加密方法有 21 种、支持的压缩方法及一些扩展等。

注意：客户端发送的信息之中不包括服务器的域名。也就是说，理论上服务器只能包含一个网站，否则分不清应该向客户端提供哪一个网站的数字证书。这也是为什么通常一台服务器只能有一张数字证书的原因。对于虚拟主机的用户来说，这很不方便。所以在2006年，TLS协议加入了一个Server Name Indication扩展，允许客户端向服务器提供它所请求的域名。

18.4.2 服务器响应（Server Hello）

服务器收到客户端请求后，向客户端发出响应，这叫做 Server Hello。在https-session.pcapng捕获文件中，第5帧是服务器发送给客户端的确认信息，表示告诉客户端已收到请求。第6帧就是服务器响应客户端的请求信息，如图18.15所示。

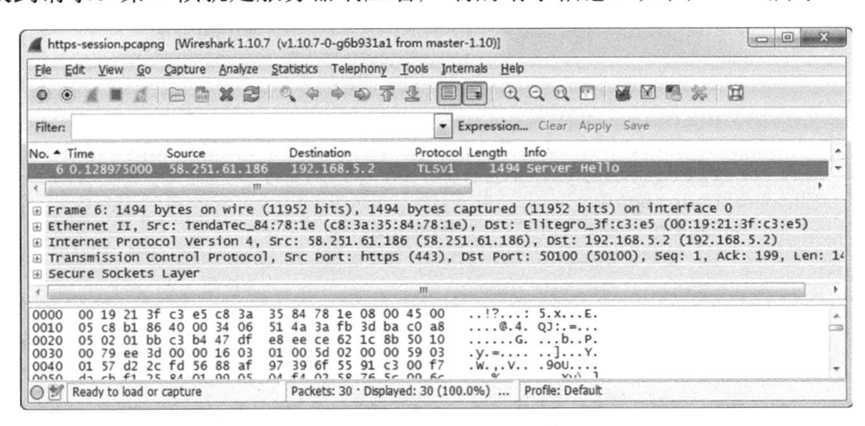

图18.15　Server Hello

在该界面显示了Server Hello的详细信息。在该响应中主要包括的信息如下所示。

```
Secure Sockets Layer
  TLSv1 Record Layer: Handshake Protocol: Server Hello
  #TLS 的记录信息为 Server Hello
    Content Type: Handshake (22)          #使用的 TLS 类型为 Handshake
    Version: TLS 1.0 (0x0301)             #TLS 版本为 1.0，实际上是 SSL 3.1
    Length: 93                            #长度为 93 个字节
    Handshake Protocol: Server Hello      #握手协议为 Server Hello
      Handshake Type: Server Hello (2)    #握手类型为 Server Hello
      Length: 89                          #长度为 89 个字节
      Version: TLS 1.0 (0x0301)           #TLS 版本为 1.0
      Random                              #随机数
        gmt_unix_time: Sep  9, 2016 11:31:09.000000000 中国标准时间
        #UTC 时间
        random_bytes: 5688af97396f5591c300f7dacbf1258401990
        504f4025876...#随机字节数
      Session ID Length: 32                         #会话 ID
      Session ID: fd409d83280e54ae2234d0170c8d57d6e54a4f44531710c8...
      Cipher Suite: TLS_ECDHE_RSA_WITH_AES_256_CBC_SHA (0xc014)
      #选择的加密套件。该加密套件表示使用 RSA 公钥算法来验证证书以及交换
                  密钥，用 AES 加密算法对数据进行加密，使用 SHA 算法来校验消息内容
```

```
        Compression Method: null (0)          #压缩方法
        Extensions Length: 17                 #扩展长度为 17
        Extension: server_name
           Type: server_name (0x0000)
           Length: 0
        Extension: renegotiation_info         #扩展 renegotiation_info
           Type: renegotiation_info (0xff01)
           Length: 1
           Renegotiation Info extension
              Renegotiation info extension length: 0
        Extension: ec_point_formats           #扩展 ec_point_formats
           Type: ec_point_formats (0x000b)
           Length: 4
           EC point formats Length: 3
           Elliptic curves point formats (3)
              EC point format: uncompressed (0)
              EC point format: ansiX962_compressed_prime (1)
              EC point format: ansiX962_compressed_char2 (2)
```

以上就是服务器响应给客户端的详细信息。根据以上信息描述，可以看到服务器支持的 TLS 版本为 1.0。这时发现客户端与服务器支持的版本不一致，服务器将关闭加密通信。在以上信息中，也可以看到服务器生成的随机数（稍后用于生成“对话密钥”）、服务器确认使用的加密方法及服务器证书等。

18.4.3　证书信息

客户端收到服务器响应后，首先验证服务器证书。如果证书不是可信机构颁发，或者证书中的域名与实际域名不一致，或者证书已经过期，就会向访问者显示一个警告，由其选择是否还要继续通信。如果证书没有问题，客户端就会从证书中取出服务器的公钥。然后，向服务器发送一些信息，包括用服务器公钥加密的随机数、编码改变通知和客户端握手结束通知等。服务器发送给客户端的证书信息，如图 18.16 所示。

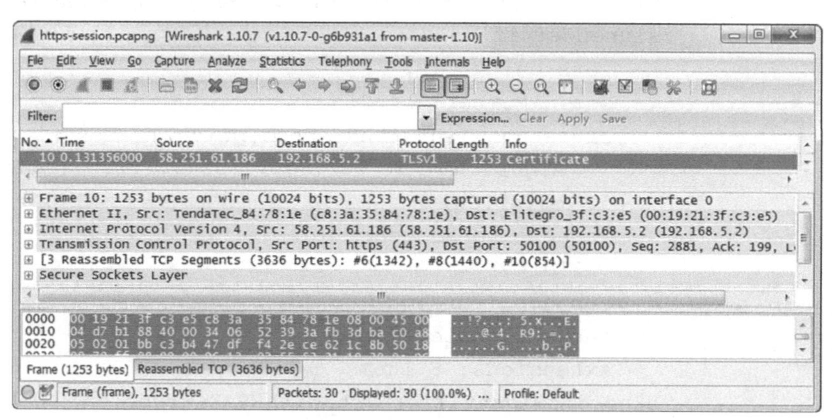

图 18.16　证书信息

第 10 帧就是服务器发送给客户端的证书信息。该证书的详细内容如下所示。

```
Secure Sockets Layer
   TLSv1 Record Layer: Handshake Protocol: Certificate#TLS 记录信息为证书
      Content Type: Handshake (22)                     #TLS 记录类型为握手
```

```
    Version: TLS 1.0 (0x0301)                    #TLS 版本
    Length: 3631                                 #长度为 3631 个字节
    Handshake Protocol: Certificate              #握手协议为证书
      Handshake Type: Certificate (11)           #握手类型为证书
      Length: 3627                               #长度为 3627 个字节
      Certificates Length: 3624                  #证书长度为 3624 个字节
      Certificates (3624 bytes)
        Certificate Length: 1601
        Certificate
(id-at-commonName=mail.qq.com,id-at-organizationalUnitName=R&D,id-at-or
ganizationName=Shenzhen Tencent Computer Systems Compan,id-at-
localityName=Shenzhen,id-at-stateOrProvinceName=Guangdong,id-at-country
Name=CN)                                   #证书的详细信息，可以看到请求的网站、
                                           组织名、地区名、省名称和国家等
          signedCertificate                #签名证书信息
            version: v3 (2)                #版本
            serialNumber : 0x12f4c2c552df9bcc95638cccf46c66f0
                                           #序列号
            signature (shaWithRSAEncryption)  #签名
              Algorithm Id: 1.2.840.113549.1.1.5 (shaWithRSAEn
              cryption)                       #算法 ID
            issuer: rdnSequence (0)           #发行者
            validity                          #有效性
            subject: rdnSequence (0)
            subjectPublicKeyInfo
            extensions: 8 items
          algorithmIdentifier (shaWithRSAEncryption)#算法标识符
            Algorithm Id: 1.2.840.113549.1.1.5 (shaWithRSAEncryp
            tion)
          Padding: 0
          encrypted: 9e85096d3329682876a772f5d92e7aa607e7a2fe70
          f0ab5d...                                  #校验证书
        Certificate Length: 1117                     #证书长度
        Certificate (id-at-commonName=GeoTrust SSL CA - G2,id-at-
        organizationName=GeoTrust Inc.,id-at-countryName=US)
          signedCertificate                          #签名证书信息
            version: v3 (2)
            serialNumber: 146019
            signature (shaWithRSAEncryption)
              Algorithm Id: 1.2.840.113549.1.1.5 (shaWithRSAEn
              cryption)
            issuer: rdnSequence (0)
            validity
            subject: rdnSequence (0)
            subjectPublicKeyInfo
            extensions: 8 items
          algorithmIdentifier (shaWithRSAEncryption)
            Algorithm Id: 1.2.840.113549.1.1.5 (shaWithRSAEncryp
            tion)
          Padding: 0
          encrypted:
3ce53d5a1ba2372ae346cf3696183c7bf184c5578677409d...
        Certificate Length: 897
        Certificate (id-at-commonName=GeoTrust Global CA,id-at-
        organizationName=GeoTrust Inc.,id-at-countryName=US)
```

```
                signedCertificate                             #签名证书信息
                    version: v3 (2)
                    serialNumber: 1227750
                    signature (shaWithRSAEncryption)
                        Algorithm Id: 1.2.840.113549.1.1.5 (shaWithRSAEn
                        cryption)
                    issuer: rdnSequence (0)
                    validity
                    subject: rdnSequence (0)
                    subjectPublicKeyInfo
                    extensions: 6 items
                algorithmIdentifier (shaWithRSAEncryption)#加密算法
                    Algorithm Id: 1.2.840.113549.1.1.5 (shaWithRSAEncryp
                    tion)                                       #算法 ID
                Padding: 0
                encrypted:
76e1126e4e4b1612863006b28108cff008c7c7717e66eec2...             #校验证书
Secure Sockets Layer
    TLSv1 Record Layer: Handshake Protocol: Server Key Exchange#TLS 记录
        Content Type: Handshake (22)            #TLS 记录类型为 Handshake
        Version: TLS 1.0 (0x0301)               #TLS 版本为 1.0
        Length: 331
        Handshake Protocol: Server Key Exchange#握手协议为 Server Key Exchange
            Handshake Type: Server Key Exchange (12) #握手类型
            Length: 327
            EC Diffie-Hellman Server Params
                curve_type: named_curve (0x03)
                named_curve: secp256r1 (0x0017)
                Pubkey Length: 65                         #公钥长度
                pubkey: 04d44c861ad7726b9820ef168dca39b9f1c053d409e39048...
                                                          #加密的公钥
                Signature Length: 256                     #签名长度
                signature:
21b7d7f0e2b03b584865b2928f0f4d4ea4de09f8d4f4bc10...#加密的签名
    TLSv1 Record Layer: Handshake Protocol: Server Hello Done
                                            #TLS 记录，表示 Server Hello 结束
        Content Type: Handshake (22)        #使用的类型为 Handshake
        Version: TLS 1.0 (0x0301)           #TLS 版本为 1.0
        Length: 4                           #长度为 4
        Handshake Protocol: Server Hello Done         #握手协议
            Handshake Type: Server Hello Done (14)    #握手类型
            Length: 0           #长度为 0，表示告诉客户端"Hello"过程已经完成，
                                也就意味着服务器端将不验证客户端的证书
```

以上就是证书的详细信息。根据以上信息的描述，可以看到在每个证书上都附有一份“签名”，因为客户端（浏览器）在确定是否要信任一个网站时，就是通过证书判断的。所以，每个证书上必须有一份“签名”。

18.4.4　密钥交换

客户端收到并验证服务器响应的证书后，将会把生成的密钥传给服务器。本例中密钥交换的数据包，如图 18.17 所示。

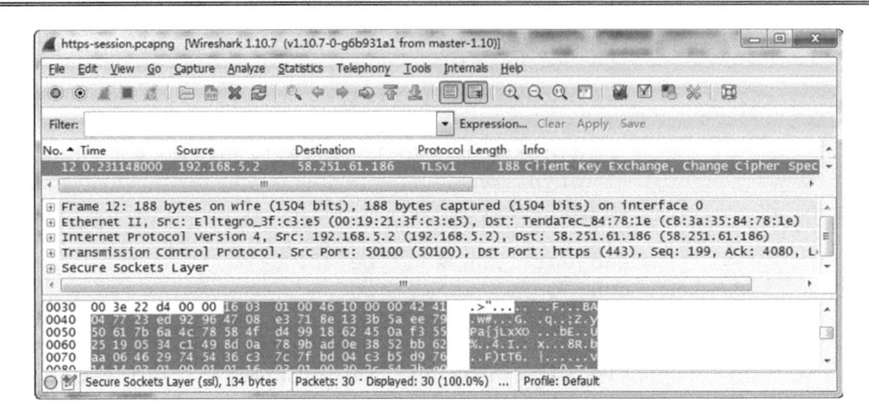

图 18.17　密钥交换的数据包

下面对该密钥交换包中的 SSL 部分进行详细介绍。在该包中包括 3 个 TLS 记录，如下所示。

（1）Client Key Exchange 记录。

```
Secure Sockets Layer
    TLSv1 Record Layer: Handshake Protocol: Client Key Exchange
    #TLS 记录为 Client Key Exchange
        Content Type: Handshake (22)        #TLS 类型为 Handshake
        Version: TLS 1.0 (0x0301)           #TLS 版本
        Length: 70                          #长度为 70 个字节
        Handshake Protocol: Client Key Exchange
                                            #握手协议为 Client Key Exchange
            Handshake Type: Client Key Exchange (16)
                                            #握手类型为 Client Key Exchange(16)
            Length: 66                      #长度为 66 个字节
            EC Diffie-Hellman Client Params  #密钥交换算法客户端参数
                Pubkey Length: 65               #公钥长度为 65 个字节
                pubkey: 047723ed92964708e3718e133b5aee7950617b6a4c78584f...
                                                #加密的公钥
```

（2）Change Cipher Spec 记录。

```
    TLSv1 Record Layer: Change Cipher Spec Protocol: Change Cipher Spec
     #TLS 记录为 Change Cipher
                                                 Spec
        Content Type: Change Cipher Spec (20)    #TLS 类型为 Change Cipher
                                                 Spec
        Version: TLS 1.0 (0x0301)                #TLS 版本
        Length: 1                                #长度为 1 个字节
        Change Cipher Spec Message
```

（3）Encrypted Handshake Message 记录。

```
    TLSv1 Record Layer: Handshake Protocol: Encrypted Handshake Message
     #TLS 记录为 Encrypted
                                            Handshake Message
         Content Type: Handshake (22)       #TLS 类型为 Handshake
        Version: TLS 1.0 (0x0301)           #TLS 版本
        Length: 48                              #TLS 长度为 48 个字节
        Handshake Protocol: Encrypted Handshake Message
```

```
                                          #握手协议为 Encrypted
                                          Handshake Message
```

经过以上 4 个阶段，整个握手过程也就结束了。接下来客户端与服务器进入加密通信，就完全是使用普通的 HTTP 协议，但是会使用“会话密钥”加密内容。

18.4.5　应用层信息通信

经过前面几个步骤，就可以在应用层传输信息了。现在用户可以发送通过 TLS 层使用 RC4 的写实例加密过的普通 HTTP 消息，也可以解密服务端 RC4 写实例发过来的消息。此外，TLS 层还会通过计算消息内容的 HMAC_MD5 哈希值来校验每一条消息是否被篡改。

在应用层，客户端向服务器发送的信息如图 18.18 所示。

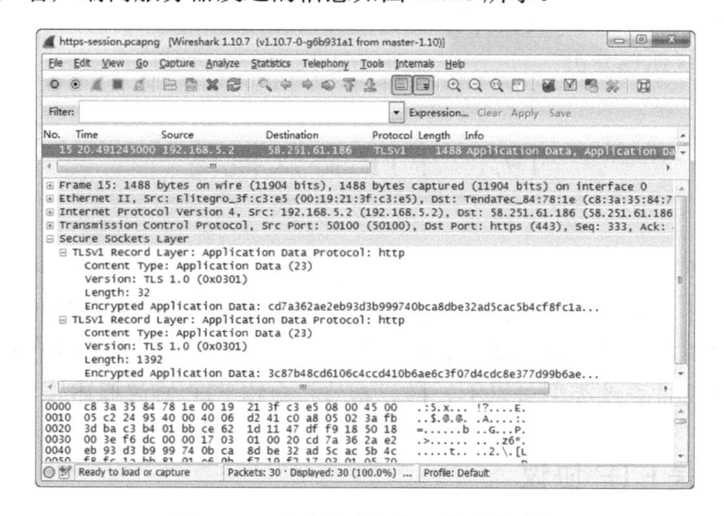

图 18.18　客户端向服务器发送的消息

从以上信息中，可以看到使用的协议为 HTTP，并且发送的数据都进行了加密。

服务器响应客户端的信息，如图 18.19 所示。

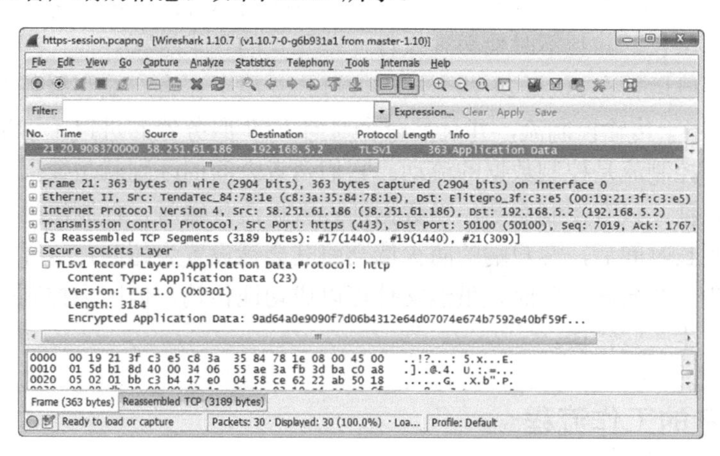

图 18.19　服务器响应客户端的信息

以上是服务器响应客户端的消息。在 Packet Details 面板中，可以看到使用 HTTP 协议传输的数据由 SSL 进行了加密。

第 19 章　FTP 协议抓包分析

FTP 全称是 File Transfer Protocol，即文件传输协议。FTP 是 TCP/IP 协议组中的协议之一。FTP 协议包括两个组成部分，其一为 FTP 服务器；二为 FTP 客户端。其中，FTP 服务器用来存储文件，用户可以使用 FTP 客户端通过 FTP 协议访问位于 FTP 服务器上的资源。使用 FTP 传输效率非常高，所以通常在网络上传输大的文件时，一般使用该协议。本章将介绍 FTP 协议抓包分析。

19.1　FTP 协议概述

FTP 协议在 RFC959 文档中定义，其历史最早可以追溯到 1971 年，可以算得上是一种比较古老的协议了。它的目标是提高文件的共享性，使程序可以隐含地使用远程计算机中的数据，并在计算机之间可靠、高效地传送数据。而且使用 FTP 传输文件时，传输双方的操作系统、磁盘文件系统类型可以不一样。本节将介绍 FTP 协议概述。

19.1.1　什么是 FTP 协议

FTP 是应用层的协议，它基于传输层为用户服务，负责进行文件的传输。FTP 是一个 8 位的客户端/服务器协议，能操作任何类型的文件而不需要进一步处理，就像 MIME 和 Unicode 一样。但是，FTP 有着极高的延时。这意味着从开始请求到第一次接收需求数据之间的时间会非常长，并且不时地必须执行一些冗长的登录进程。

FTP 服务一般运行在 20 和 21 两个端口。端口 20 用于在客户端和服务器之间传输数据流，而端口 21 用于传输控制流，并且是命令通向 FTP 服务器的进口。这里的数据流指的是数据的流动，控制流是控制数据的流动。它们两者之间的区别就是数据流中有数据，而控制流中没有数据，只有控制命令。当数据通过数据流传输时，控制流处于空闲状态。而当控制流空闲很长时间后，客户端的防火墙会将其会话设置为超时，这样大量数据通过防火墙时，会产生一些问题。此时，虽然文件可以成功地传输，但因为控制会话会被防火墙断开，传输会产生一些错误。

19.1.2　FTP 的工作流程

FTP 的工作流程如图 19.1 所示。在该图中的客户端是希望从服务器端下载或上传文件的计算机。服务器端是提供 FTP 服务的计算机，它监听某一端口的 TCP 连接请求。控制连接和数据连接均是 TCP 连接，控制连接用于传送用户名、密码及设置传输方式等控制信息，数据连接用于传送文件数据。客户端和服务器端分别运行着控制进程和数据传送进程。

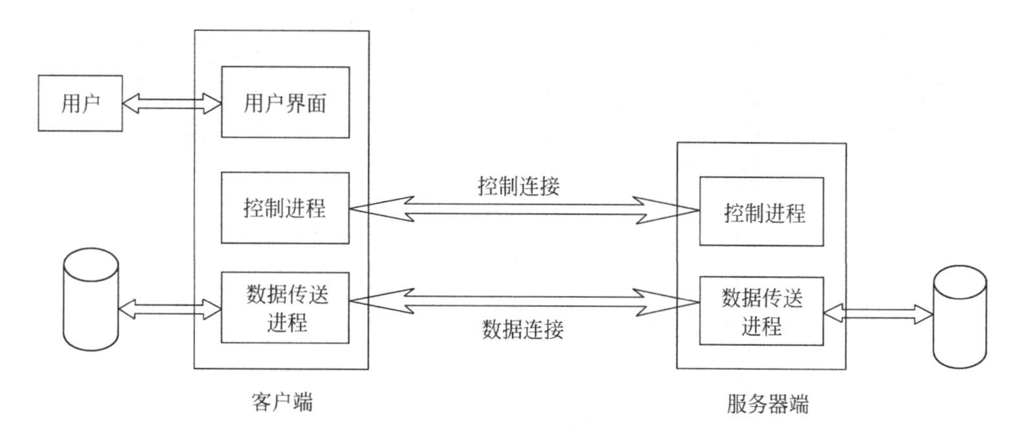

图 19.1　FTP 的工作流程

当用户需要从服务器下载文件时，可以通过用户界面让客户端的控制进程发起一个 TCP 连接请求。服务器端的控制进程接受了该请求后，建立了控制连接。于是，双方就可以相互传递控制信息了，但此时双方还不能传输文件数据。为了传输数据，双方的数据传送进程还需要再建立一个数据连接。

当客户端向服务器端发出建立 TCP 控制连接请求时，使用的服务器端的端口号是 21（默认），同时要告诉服务器端一个空闲的端口号，用于以后建立数据传送连接。然后，服务器端用端口 20（默认）与客户端所提供的端口建立数据传送连接，然后开始数据传送。

注意： 由于客户端和服务器端分别使用了两个不同的端口号来传送控制信息和数据，所以它们之间不会相互干扰，而且可以同时进行。

一般情况下，控制连接是一直存在的，但数据连接在一个文件传输完成后要断开。如果还需传输另一个文件，要重新建立数据连接。这个特性使得 FTP 在传输大量的小文件时效率比较低，因为每一个文件传输时都需要建立和关闭 TCP 连接。这样会消耗一定的时间，不像有些协议（如 Samba），可以在一个连接内把所有的文件一次性传输完毕。

FTP 的工作模式和其他网络通信协议有很大的区别。通常在采用 HTTP 等协议进行通信时，通信双方只用一个通信端口进行通信，即只有一个连接。而 FTP 使用两个独立的连接，其主要优点是使网络数据传输分工更加明确，同时在文件传输时还可以利用控制连接传送控制信息。

19.1.3　FTP 常用控制命令

当客户端与服务器端建立控制连接后，客户端的控制进程就可以通过该连接向服务器端发送控制命令了。服务器端随时处于监听状态，服务器端的控制进程接到命令后，将根据命令内容做相应的工作，并把结果返回给客户端。

控制命令以 ASCII 字符串的形式被传输，每个命令以 3 个或 4 个大写的 ASCII 字符开始，后面可以带有参数。命令和参数之间用空格符分隔，并以一对回车符和换行符（CR/LF）作为命令的结束标志。FTP 协议常见的控制命令如表 19-1 所示。

表 19-1　FTP常用控制命令

名称	参 数 说 明	功 能 说 明
ABOR	无	告诉服务器终止上一次 FTP 服务命令及所有相关的数据传输
ALLO	N	要求服务器保留 n 个字节的存储空间用于存放将要传输的文件
APPE	文件名	让服务器准备接收一个文件。如果同样的文件在服务中已存在，则追加到其后
CDUP	无	把服务器上当前目录的父目录改为当前目录
CWD	路径	把服务器上指定的路径变为当前目录
DELE	文件名	删除服务器上指定的文件
HELP	命令名	返回指定命令的帮助信息。如果没有指定命令，则返回所有命令的帮助信息
LIST	路径名	让服务器返回一份指定路径下的文件和目录列表。如果没有指定路径，则为当前目录
MKD	路径名	在服务器上建立指定的目录
MODE	S、B 或 C	指定传输方式。S 表示流方式，B 表示块方式，C 表示压缩方式
NLIST	路径名	让服务器返回一份指定路径下的目录列表。如果没有指定路径，则为当前目录
NOOP	无	空操作，目的是为了使控制连接不会断开
PASS	密码字符串	向服务器发送要登录用户的密码
PASV	无	告诉服务器在一个非标准端口上监听客户端的数据连接
PORT	6 个数字	为数据连接指定一个客户端的 IP 地址和端口，n1～n4 表示 IP 地址，n5、n6 表示端口号
PWD	无	返回当前工作目录的名称
QUIT	无	终止控制连接
REST	偏移值 n	指定文件起始位置的一个偏移值，以后将从这个偏移位置开始传送文件
RETR	文件名	从服务器复制一个指定的文件到客户端
RMD	路径名	在服务器上删除指定目录
RNFR	文件名	指定将要重命名的文件，后面应该紧跟 RNTO 命令
RNTO	文件名	把 RNFR 指定的文件改为该文件名
STAT	目录名	促使服务器以应答形式发送状态给客户
STOR	文件名	让服务器接收来自数据连接的文件。如果服务器上有同样名字的文件，则予以覆盖
STOU	文件名	让服务器接收来自数据连接的文件。如果服务器上有同样名字的文件，则出错
SYST	无	返回服务器使用的操作系统类型
TYPE	A、E 或 I	确定数据传输方式。A 表示 ASCII 方式，E 表示 EBCDIC 方式，I 表示二进制方式
USER	用户名	指定登录服务器系统的用户名

19.1.4　应答格式

当服务器端接收到客户端的命令后，将根据命令的功能做相应的处理。处理以后的情况，如命令执行是否成功、出错类型、服务器端是否已处于就绪状态等信息，将通过控制连接发送给客户端，这些内容就是应答。对 FTP 控制命令进行应答的目的是为了对数据传输过程进行同步，也是为了让客户端了解服务器目前的状态。

FTP 应答由 3 个 ASCII 码数字构成，后面再跟随一些解释性的文本符号。数字是供机器处理的，而文本符号则是面向用户的。3 位数字每位都有一定的意义，第 1 位确定响应是好的、坏的还是不完全的。通过检查第 1 位，用户进程通常能够知道大致要采取什么行动了。如果用户程序希望了解出了什么问题，可以继续检查第 2 位。第 3 位表示其他一些信息。下面分别介绍这 3 位可用的值，如下所示。

第 1 位有 5 个值，其含义如下所示。

- 1xx 确定预备应答：表示仅仅是在发送另一个命令前期待另一个应答时启动。
- 2xx 确定完成应答：表示要求的操作已经完成，可以接受新命令。
- 3xx 确定中间应答：该命令已经被接受，另一个命令必须被发送。
- 4xx 暂时拒绝完成应答：请求的命令没有执行，但差错状态是暂时的，命令以后可以再发。
- 5xx 永久拒绝完成应答：该命令不被接受，并且要求不要再重试。

第 2 位所代表的含义如下所示。

- x0x：语法错误。
- x1x：一般性的解释信息。
- x2x：与控制和数据连接有关。
- x3x：与认证和账户登录过程有关。
- x4x：未指明。
- x5x：与文件系统有关。

第 3 个数字是在第 2 个数字的基础上对应答内容的进一步细化，没有具体的规定。常见的响应码如表 19-2 所示。

表 19-2　FTP响应码

响应代码	解 释 说 明
110	新文件指示器上的重启标记
120	服务器准备就绪的时间
125	打开数据连接，开始传输
150	打开连接
200	成功
202	命令没有执行
211	系统状态回复
212	目录状态回复
213	文件状态回复
214	帮助信息回复
215	系统类型回复
220	服务就绪
221	退出网络
225	打开数据连接
226	结束数据连接
227	进入被动模式（IP 地址、ID 端口）
230	登录因特网
250	文件行为完成
257	路径名建立
331	要求密码
332	要求账户
350	文件行为暂停
421	服务关闭
425	无法打开数据连接
426	结束连接

续表

响应代码	解 释 说 明
450	文件不可用
451	遇到本地错误
452	磁盘空间不足
500	无效命令
501	错误参数
502	命令没有执行
503	错误指令序列
504	无效命令参数
530	未登录网络
532	存储文件需要账号
550	文件不可用
551	不知道的页类型
552	超过存储分配
553	文件名不允许

19.2　捕获 FTP 协议数据包

通过前面对 FTP 协议进行的详细介绍，用户可以了解 FTP 的工作流程、使用的控制命令及应答格式等。本节将通过使用 Wireshark 工具，捕获 FTP 数据包。通过分析捕获文件中的包信息，更清楚地了解 FTP 的工作流程和应答格式等。

FTP 协议也是基于 TCP 协议工作的，所以下面通过使用 tcp 捕获过滤器捕获 FTP 协议数据包。具体操作步骤如下所示。

（1）启动 Wireshark 工具。

（2）在启动的主界面菜单栏中依次选择 Capture|Options 命令，或者单击工具栏中的（显示捕获选项）图标打开 Wireshark 捕获选项窗口，如图 19.2 所示。

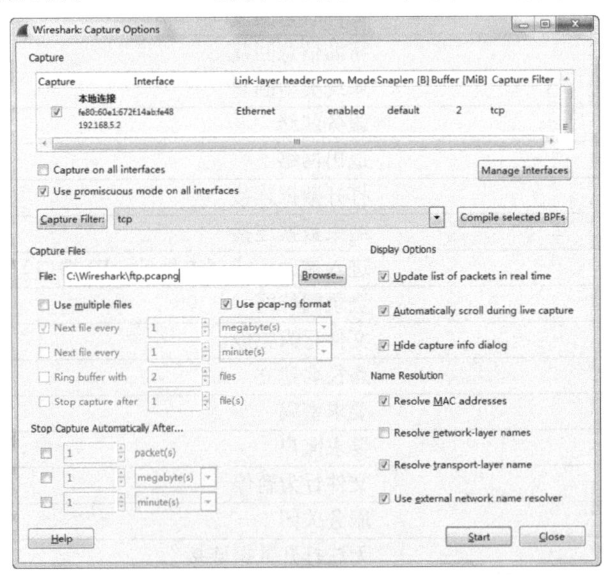

图 19.2　捕获选项窗口

（3）在该界面选择捕获接口、设置捕获过滤器及捕获文件的保存位置，如图 19.2 所示。配置完以上信息后，单击 Start 按钮将显示如图 19.3 所示的界面。

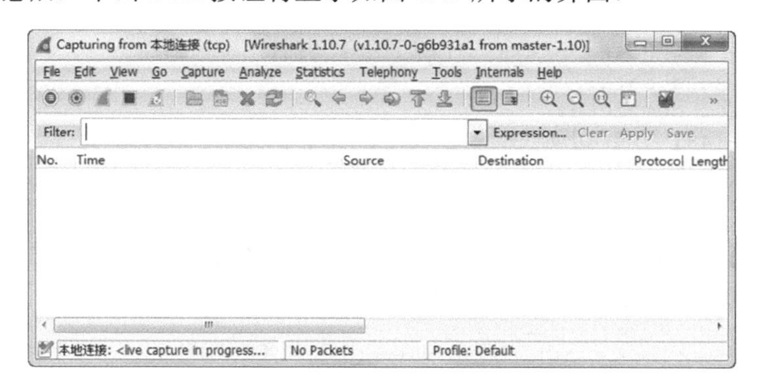

图 19.3　开始捕获 TCP 数据包

（4）看到以上界面，表示已开始捕获数据包。由于目前没有运行任何 TCP 协议的程序，所以在 Packet Lists 面板中没有任何数据包。此时，通过访问已经搭建好的 FTP 服务器，然后做一些文件传输操作供 Wireshark 捕获相关的数据包。

用户可以在 Linux 下或 Windows 下手动地搭建一个 FTP 服务器，然后进行简单配置。配置完后，用户就可以登录 FTP 服务器了，并且实现上传和下载文件。下面以 RHEL 6.4 下搭建的 FTP 服务器为例，Windows 7 作为 FTP 客户端进行一些操作。

在 Windows 7 操作系统中提供了 ftp 命令，可以用来登录 FTP 服务器。本例中 FTP 服务器的地址为 192.168.6.109。具体操作如下所示。

```
C:\Users\lyw>ftp 192.168.6.109                          #登录 FTP 服务器
连接到 192.168.6.109。
220 (vsFTPd 2.2.2)
用户(192.168.6.109:(none)): ftp                         #输入用户名
331 Please specify the password.
密码:                                                    #输入密码
230 Login successful.
ftp> ls                                                  #查看当前目录中的所有文件
200 PORT command successful. Consider using PASV.
150 Here comes the directory listing.
pub
226 Directory send OK.
ftp: 收到 5 字节，用时 0.00 秒 5000.00 千字节/秒。
ftp> cd pub                                              #切换到 pub 目录
250 Directory successfully changed.
ftp> ls                                                  #查看该目录中的内容
200 PORT command successful. Consider using PASV.
150 Here comes the directory listing.
11.txt
a.txt
cat.jpg
dog.jpg
pig.jpg
selinux.pdf
226 Directory send OK.
ftp: 收到 55 字节，用时 0.00 秒 55000.00 千字节/秒。
ftp> get cat.jpg                                         #下载 cat.jpg 文件
200 PORT command successful. Consider using PASV.
```

```
150 Opening BINARY mode data connection for cat.jpg (9733 bytes).
226 Transfer complete.
ftp: 收到 9733 字节，用时 0.00 秒 9733000.00 千字节/秒。
ftp> put C:\11.jpg
200 PORT command successful. Consider using PASV.
150 Ok to send data.
226 Transfer complete.
ftp: 发送 61481 字节，用时 3.11 秒 19.77 千字节/秒。
ftp>quit
221 Goodbye.
```

以上信息就是登录 FTP 服务器后，进行了一个上传和下载文件操作。此时，返回到 Wireshark 界面停止捕获数据包，将显示如图 19.4 所示的界面。

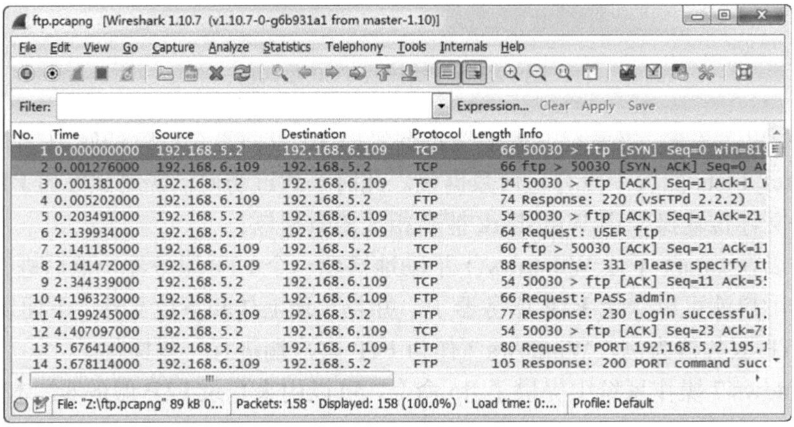

图 19.4　捕获到的所有数据包

在该捕获文件中，捕获到了当前系统中所有运行的 TCP 协议程序。在 Wireshark 的 Packet List 面板中，可以看到 Protocol 列显示的协议有 TCP 和 FTP。用户可能发现有很多 TCP 协议的包，这样对分析 FTP 数据包造成很大的影响。刚好 Wireshark 提供了 FTP 显示过滤器，可以过滤仅显示 FTP 数据包。

在 Wireshark 显示过滤器区域输入 ftp，然后单击 Apply 按钮，将显示如图 19.5 所示的界面。

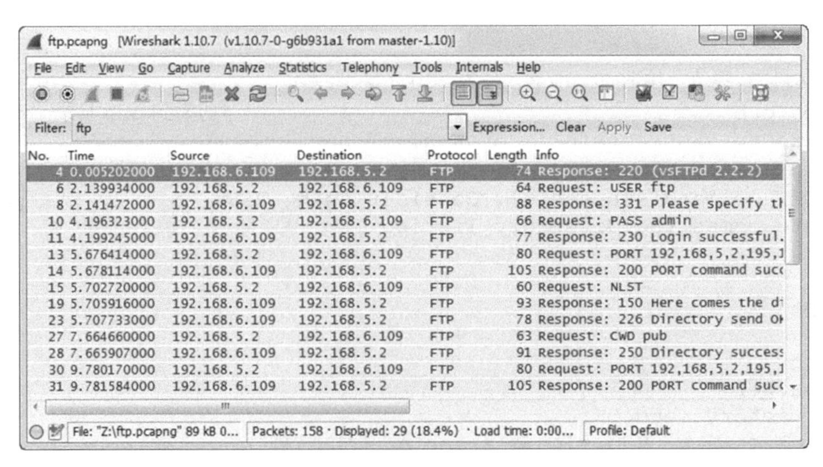

图 19.5　所有 FTP 数据包

此时，可以看到显示的所有数据包的 Protocol 列都是 FTP。在 Wireshark 的状态栏中，可以看到匹配 ftp 显示过滤器的数据包共有 29 个。为了对数据包进行分析，这里将所有的 FTP 数据包导出到 ftp-transport.pcapng 捕获文件中。

19.3　分析 FTP 协议数据包

在 FTP 工作流程中使用控制连接和数据连接两种方式来实现数据传输。本节将分析这两种包的详细信息。

19.3.1　分析控制连接的数据

FTP 的控制连接用于传送用户名、密码及设置传输方式等控制信息，下面以 ftp-transport.pcapng 捕获文件为例，分析 FTP 协议控制连接的数据包。打开 ftp-transport.pcapng 捕获文件，显示信息如图 19.6 所示。

No.	Time	Source	Destination	Protocol	Length	Info
1	0.000000000	192.168.6.109	192.168.5.2	FTP	74	Response: 220 (vsFTPd 2.2.2)
2	2.134732000	192.168.5.2	192.168.6.109	FTP	64	Request: USER ftp
3	2.136270000	192.168.6.109	192.168.5.2	FTP	88	Response: 331 Please specify the p
4	4.191121000	192.168.5.2	192.168.6.109	FTP	66	Request: PASS admin
5	4.194043000	192.168.6.109	192.168.5.2	FTP	77	Response: 230 Login successful.
6	5.671212000	192.168.5.2	192.168.6.109	FTP	80	Request: PORT 192,168,5,2,195,111
7	5.672912000	192.168.6.109	192.168.5.2	FTP	105	Response: 200 PORT command success
8	5.697518000	192.168.5.2	192.168.6.109	FTP	60	Request: NLST
9	5.700714000	192.168.6.109	192.168.5.2	FTP	93	Response: 150 Here comes the direc
10	5.702531000	192.168.6.109	192.168.5.2	FTP	78	Response: 226 Directory send OK.
11	7.659458000	192.168.5.2	192.168.6.109	FTP	63	Request: CWD pub
12	7.660705000	192.168.6.109	192.168.5.2	FTP	91	Response: 250 Directory successful
13	9.774968000	192.168.5.2	192.168.6.109	FTP	80	Request: PORT 192,168,5,2,195,112
14	9.776382000	192.168.6.109	192.168.5.2	FTP	105	Response: 200 PORT command success
15	9.795473000	192.168.5.2	192.168.6.109	FTP	60	Request: NLST
16	9.798555000	192.168.6.109	192.168.5.2	FTP	93	Response: 150 Here comes the direc
17	9.800284000	192.168.6.109	192.168.5.2	FTP	78	Response: 226 Directory send OK.
18	16.520703000	192.168.5.2	192.168.6.109	FTP	80	Request: PORT 192,168,5,2,195,113
19	16.522196000	192.168.6.109	192.168.5.2	FTP	105	Response: 200 PORT command success
20	16.552346000	192.168.5.2	192.168.6.109	FTP	68	Request: RETR cat.jpg
21	16.583631000	192.168.6.109	192.168.5.2	FTP	78	[TCP Previous segment not capture
22	16.968501000	192.168.6.109	192.168.5.2	FTP	121	[TCP Retransmission] Response: 15
23	27.331692000	192.168.5.2	192.168.6.109	FTP	80	Request: PORT 192,168,5,2,195,114
24	27.333692000	192.168.6.109	192.168.5.2	FTP	105	Response: 200 PORT command success
25	27.365913000	192.168.5.2	192.168.6.109	FTP	67	Request: STOR 11.jpg
26	27.369083000	192.168.6.109	192.168.5.2	FTP	76	Response: 150 Ok to send data.
27	30.456813000	192.168.6.109	192.168.5.2	FTP	78	Response: 226 Transfer complete.
28	33.563131000	192.168.5.2	192.168.6.109	FTP	60	Request: QUIT
29	33.564429000	192.168.6.109	192.168.5.2	FTP	68	Response: 221 Goodbye.

图 19.6　ftp-transport.pcapng 捕获文件

在图 19.6 中显示的所有数据包，就是本例中捕获到的所有 FTP 数据包。在 Wireshark 的 Packet List 面板的 Info 列，可以看到 FTP 传输的所有信息。因为 FTP 是以明文的形式传输数据包的，所以在捕获到的数据包中可以看到登录 FTP 服务器的用户名、密码和传输的文件等。在图 19.6 中，可以看到本例中登录 FTP 服务器的用户名为 ftp、密码为 admin、下载的文件 cat.jpg 及上传的文件 11.jpg 等。如果文件传输过程中出错的话，将返回相应的应答码。

在捕获的 FTP 数据包中，USER、PASS、CWD、RETR 和 STOR 等都是控制连接使用的控制命令。这些控制命令在包详细信息中，显示的格式都相同。这里以控制用户信息的命令为例，分析包的详细信息。在 ftp-transport.pcapng 捕获文件中，捕获的用户信息如图 19.7 所示。

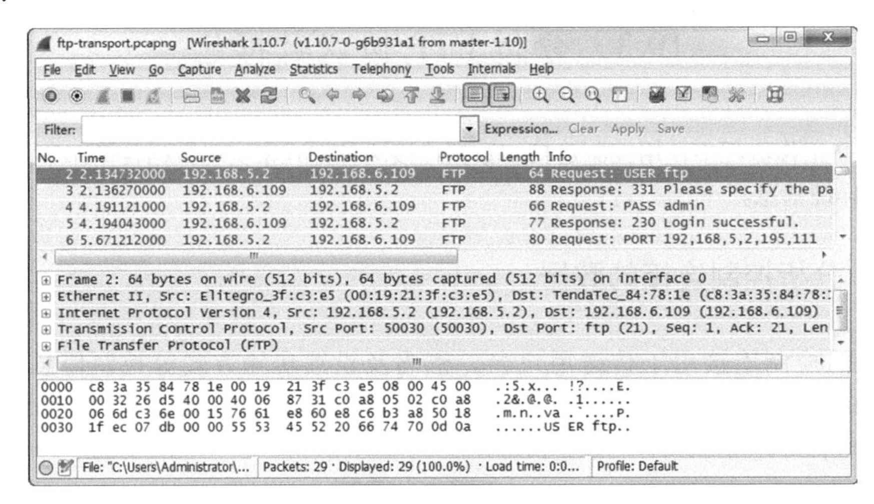

图 19.7　FTP 用户信息

从该界面可以看到登录 FTP 服务器时，使用的控制命令是 USER 和 PASS。根据这两个命令，可以看到登录的用户名为 ftp，密码为 admin。这两个包的详细信息如下所示。

1. 用户名包详细信息

```
File Transfer Protocol (FTP)
   USER ftp\r\n
      Request command: USER
      Request arg: ftp
```

从以上信息中可以看出该包使用了 FTP 协议，输入的用户名为 ftp，请求的命令是 USER，请求参数为 ftp。

2. 密码详细信息

```
File Transfer Protocol (FTP)
   PASS admin\r\n
      Request command: PASS
      Request arg: admin
```

从以上信息中可以看出该包中输入的密码为 admin，请求的命令是 PASS，请求的参数为 admin。

19.3.2　分析数据连接的数据

数据连接用于传送文件数据，也就是通过 FTP 服务器进行上传和下载的文件。下面以 ftp.pcapng 捕获文件为例，分析数据连接的数据。

（1）打开 ftp.pcapng 捕获文件，显示界面如图 19.8 所示。

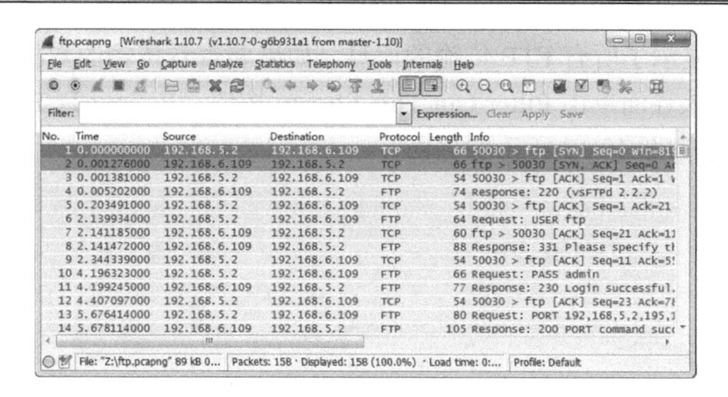

图 19.8　ftp.pcapng 捕获文件

（2）在该捕获文件中，协议为 TCP 的数据包就是传输及建立连接的数据包。这里首先通过过滤 FTP 数据包，找出传输的文件。过滤 FTP 数据包，显示界面如图 19.9 所示。

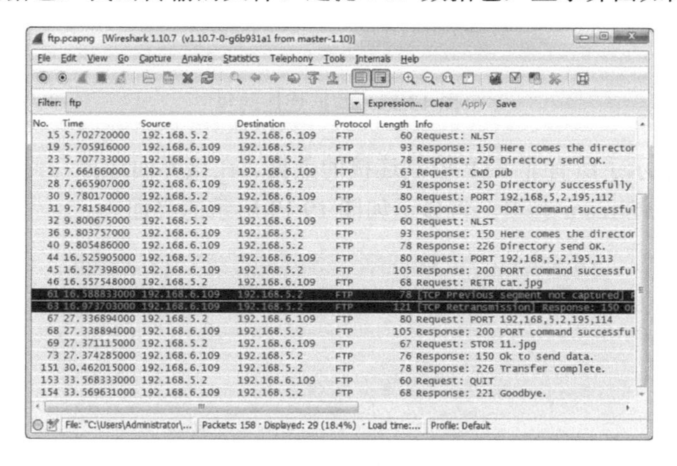

图 19.9　过滤显示的 FTP 数据包

（3）以上显示了过滤出的所有 FTP 数据包。其中，使用控制命令 RETR 和 PORT 的数据包分别为上传和下载的数据包。这里以下载的文件为例，过滤传输该文件的数据包及组合传输的文件信息。在图 19.9 中选择 46 帧并单击右键将显示如图 19.10 所示的菜单。

（4）在该菜单中单击 Follow TCP Stream 选项，将显示如图 19.11 所示的界面。

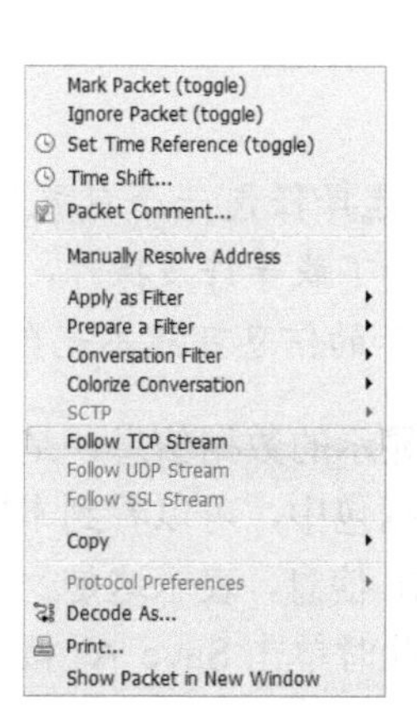

图 19.10　右键菜单

图 19.11　Follow TCP Stream

（5）在该界面显示了所有 FTP 传输的信息。如果要查看传输的数据，就需要将这些信息去掉。此时，在该界面单击 Filter Out This Stream 按钮，Follow TCP Stream 对话框将关闭，Wireshark 显示如图 19.12 所示的界面。

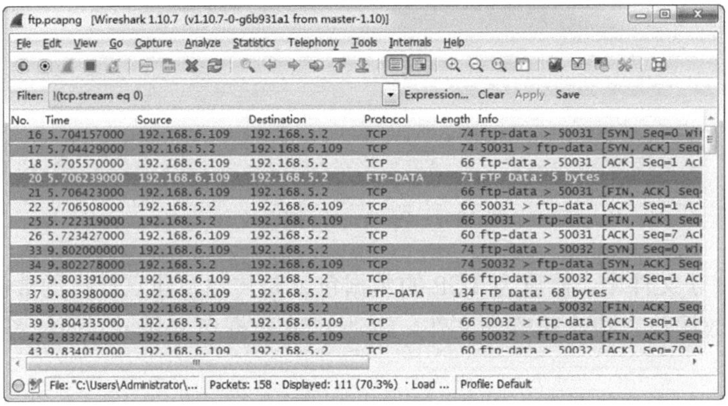

图 19.12　数据连接的包

（6）该界面显示了所有非 FTP 控制连接的数据。在该界面选择任何一个包，并单击右键选择 Follow TCP Stream 选项，将显示如图 19.13 所示的界面。

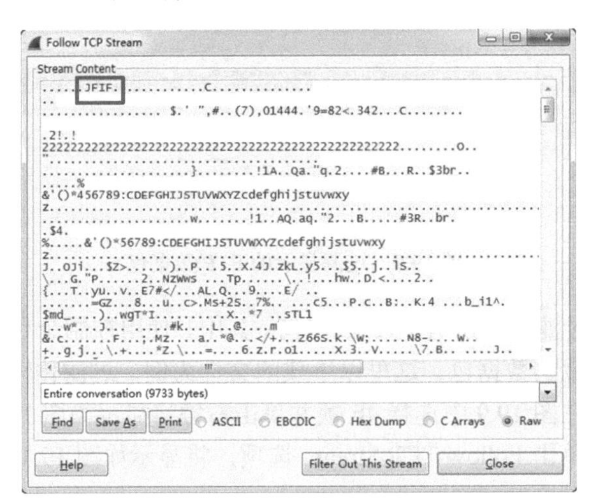

图 19.13　传输的文件

注意： 在捕获的文件中如果只传输了一个文件的话，选择任何一个包就可以看到图 19.13 类似的信息。如果进行了查看文件、上传和下载等许多操作，在选择数据包时就需要确定该包大概所在的位置。否则，显示的信息可能不是自己想要的。

（7）在该界面显示了传输的包的详细信息。在该界面显示的数据信息，是未处理的二进制格式，所以，看起来像乱码似的。在过滤出的 FTP 数据包中，可以看到本例中下载的文件为.jpg。所以，在 Follow TCP Stream 对话框中看到 JFIF 信息，表示这是一个在前面传输的文件。这里将该信息保存，将会显示原文件的内容。此时单击 Save As 按钮，将弹出如图 19.14 所示的界面。

（8）在该界面选择保存该文件的位置及文件名。这里将该文件保存为与传输时相同的文件名 cat.jpg，然后单击 Save 按钮。

（9）此时打开保存的文件，将显示如图 19.15 所示的界面。

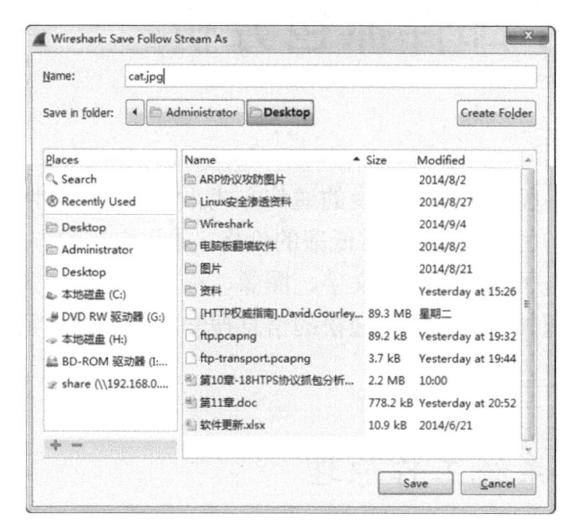

图 19.14　保存传输的文件

图 19.15　传输的原文件

（10）从该界面可以看到，用户从 FTP 服务器上下载了一张图片。用户可以根据以上方法，重新组合并查看所有传输的文件信息。如果用户想查看传输该文件的包信息时，则返回到 Wireshark 界面，将看到如图 19.16 所示的界面。

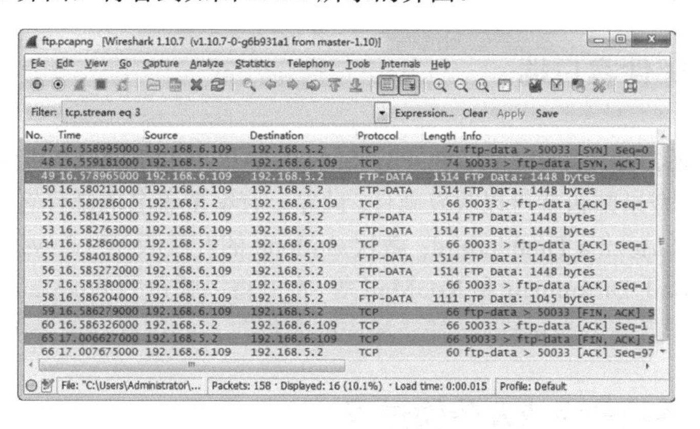

图 19.16　传输 cat.jpg 文件的数据包

（11）在该界面显示的数据包就是传输 cat.jpg 文件的所有数据包。在传输该文件的过程中，经过了 TCP 三次握手和四次断开连接。

第 20 章　电子邮件抓包分析

电子邮件（标志为@）是一种用电子手段提供信息交换的通信方式，它曾是互联网应用最广的服务。通过网络的电子邮件系统，用户可以以非常低廉的价格、非常快速的方式，与世界上任何一个角落的网络用户联系。电子邮件可以是文字、图像、声音等多种形式。同时，用户可以得到大量免费的新闻和专题邮件，并实现轻松的信息搜索。本章将介绍电子邮件抓包分析。

20.1　邮件系统工作原理

电子邮件是一种服务，所以对应的就会有邮件客户端。该服务与其他各种 Internet 服务相比，电子邮件服务相对比较复杂，要牵涉到 POP3、MSTP 和 IMAP 等多种协议。而且，一个实际的邮件服务系统往往由很多相互独立的软件包组成，需要解决它们之间集成时的接口问题。本节将介绍邮件客户端、邮件系统组成及工作原理等内容。

20.1.1　什么邮件客户端

邮件客户端通常指使用 IMAP、POP3、SMTP、APOP 和 ESMTP 协议收发电子邮件的软件。用户不需要登录邮箱就可以收发邮件。世界上有很多著名的邮件客户端，如 Windows 自带的 Outlook 和 Mozilla Thunderbird；微软 Outlook 的升级版 Windows Live Mail；国内客户端三剑客 FoxMail、Dreammail 和 KooMail 等。本书将以腾讯的 FoxMail 邮件客户端为例，进行收发邮件。然后使用 Wireshark 捕获相应的数据包，并进行详细分析。

20.1.2　邮件系统的组成及传输过程

虽然邮件系统也是基于客户端/服务器模式的，但邮件从发件人的客户端到收件人的客户端的过程中，还需要邮件服务器之间的相互传输。因此，与其他单纯的客户端/服务器工作模式（如 FTP、Web 等）相比，电子邮件系统相对要复杂。电子邮件系统的组成和传输过程如图 20.1 所示。

图 20.1 所示就是邮件传输的整个过程，从该图中可以看到此过程中是由多个软件程序组成的。下面首先介绍一下这几个内容软件程序，如下所示。

- MUA（Mail User Agent，邮件用户代理）：一般被称为邮件客户端软件。MUA 软件的功能是为用户提供发送、接收和管理电子邮件的界面。在 Windows 中常用的 Outlook、FoxMail 等都属于 MUA。

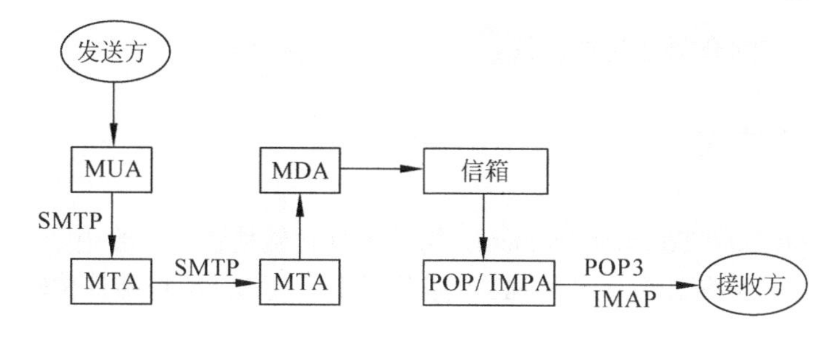

图 20.1　邮件传输过程

- MTA（Mail Transfer Agent，邮件传输代理）：一般被称为邮件服务器软件。MTA 软件负责接收客户端软件发送的邮件，并将邮件传输给其他的 MTA 程序，是电子邮件系统中的核心部分。Exchange 和 Sendmail、Postfix 等服务器软件都属于 MTA。
- MDA（Mail Delivery Agent，邮件分发代理）：MDA 软件负责在服务器中将邮件分发到用户的邮箱目录。MDA 软件比较特殊，它并不直接面向邮件用户，而是在后台默默地工作。有时候 MDA 的功能可以直接集成在 MTA 软件中，因此经常被忽略。

图 20.1 所示的详细过程如下所示。

（1）MUA 使用 SMTP 协议将邮件发送给 MTA。

（2）MTA 收下邮件后，要根据收件人的信息决定下一步的动作。如果收件人是自己系统上的用户，则直接投递。如果收件人是其他网络系统的用户，则需要把邮件传递给对方网络系统的 MTA。此时，可能要经过多个 MTA 的转发才真正到达目的地。如果邮件无法投递给本地用户，也无法转交给其他 MTA 处理，则要把邮件退还给发件人，或者发通知邮件给管理员。

（3）邮件最终到达了收件人所在网络的 MTA，于是该 MTA 发现收件人是本地系统的用户，就交给了 MDA 处理，MDA 再把邮件投递到收件人的信箱里。信箱的形式可以是普通的目录，也可以是专用的数据库。不管是哪种方式，这些邮件都需要有一种长期保存的机制。

（4）邮件被放入信箱后，就一直保存在那里，等待收件人来收取。收件人也是通过 MUA 来读取邮件的，但此时 MUA 要联系的并不是发邮件时所联系的 MTA，而是另一个提供 POP/IMAP 服务的软件。而且读取邮件时所采用的协议也不是 SMTP，而是 POP3 或者 IMAP。

图 20.1 所示的两个 MTA 分别承担了发邮件和收邮件的功能。实际上，任何 MTA 都可以同时承担收邮件和发邮件的功能。即除了接受 MUA 的委托，将邮件投递到收件人所在的邮件系统外，还可以接收另一个 MTA 发来的邮件，然后根据收件人信息决定是投递给本地用户还是转发给其他 MTA。

20.2　邮件相关协议概述

在前面介绍的邮件传输过程中，需要使用到邮件传输的相关协议，如 SMTP、POP 和

IMAP 等。本节将详细介绍这几种协议。

20.2.1　SMTP 协议

SMTP（Simple Mail Transfer Protocol，简单邮件传输协议）主要用于发送和传输邮件，MUA 使用 SMTP 协议将邮件发送到 MTA 服务器中，而 MTA 将邮件传输给其他 MTA 服务器时同样也使用 SMTP 协议。SMTP 协议使用的 TCP 端口号为 25，对应支持发信认证的邮件服务器，将会采用扩展的 SMTP 协议（Extended SMTP）。SMTP 的工作模式如图 20.2 所示。

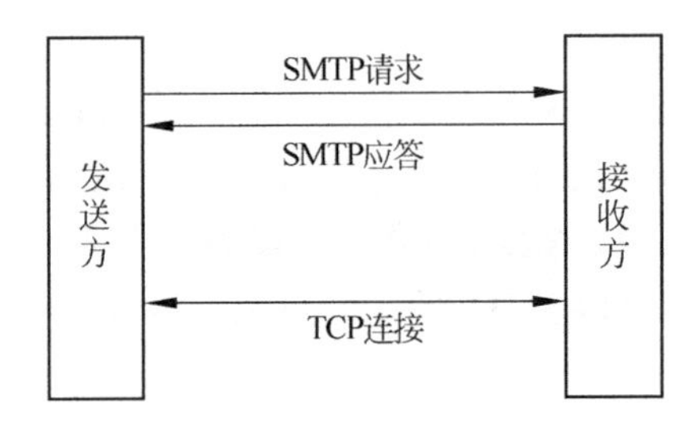

图 20.2　SMTP 工作模型

图 20.2 所示的详细过程如下所示。

（1）发送方首先向接收方的 25 号端口发起 TCP 连接请求，接收方收到请求后，就建立了 TCP 连接。

（2）建立连接后，发送方就可以向接收方发送 SMTP 命令了。

（3）接收方收到命令后，根据具体情况决定是否执行，然后给发送方返回相应的应答。

SMTP 协议属于请求/应答范式，请求和应答都基于 ASCII 文本，并以 CR 和 LF 符结束。应答包括一个 3 位数字的代码，以及供人阅读的文本介绍。常见的 SMTP 命令如表 20-1 所示，其中包括捕获扩展的 SMTP 命令。

表 20-1　常见的SMTP命令

命令名称及格式	功　能
HELO <客户机域名>	鉴别对方是否支持 SMTP 协议，应该是发送方的第一条命令
EHLO	鉴别接收方是否支持 ESMTP 协议，接收方返回所支持的扩展命令
AUTH	表示要进行认证
MAIL FROM:<发件人地址>	告诉接收方即将发送一个新邮件，并对所有的状态和缓冲区进行初始化
RCPT TO:<收件人地址>	标识各个邮件接收者的地址，该命令可以发送多个，表示有多个收件人
DATA	告诉接收方此后的内容是邮件正文，直到以“.”为唯一内容的一行为止
REST	退出/复位当前的邮件传输
NOOP	空操作，用于使 TCP 连接保持，并有助于命令和应答的同步
QUIT	要求停止传输并关闭 TCP 连接
VRFY <字符串>	验证给定的邮箱是否存在，出于安全考虑，SMTP 服务器一般都禁止该命令
EXPN <字符串>	查询是否有邮箱属于给定的邮箱列表，出于安全考虑，经常禁止使用该命令
DEBUG	如果被接收，接收方将处于调试状态
HELP	返回帮助信息，包括服务器所支持的命令

SMTP 接收方收到命令后，将根据具体情况给发送方返回应答。应答包括应答码和供人阅读的文本解释。所有的应答码及解释如表 20-2 所示。

表 20-2　SMTP应答及含义

应答	含　义
200	表示成功执行了命令，不是标准的响应
211	系统状态或系统帮助回复
214	帮助信息
220	<域名称>服务已准备就绪
221	<域名称>服务正在关闭传输通道
250	所请求的命令已成功执行
251	收件人非本地用户，将根据收件人地址进行转发
354	开始邮件输入，以<CDLF>.<CDLF>结束
421	<域名称>服务无效，关闭传输通道
450	因邮箱无效，所请求的 MAIL 命令没有执行（如邮箱繁忙）
451	因本地处理错误，放弃执行所请求的命令
452	因系统存储不够，所请求的命令没有执行
500	语法错误，命令不被承认
501	命令的参数存在语法错误
502	命令没有被实现
503	不正确的命令次序
504	命令参数未实现
521	<域名称>不接收邮件
530	拒绝访问
550	因邮箱无效，所请求的 MAIL 命令没有执行（如邮箱未找到，或者不可访问）
551	非本地用户
552	因超过存储分配，MAIL 命令被放弃
553	因信箱名称未被允许，请求的命令没有执行
554	传输事务失败

20.2.2　POP 协议

POP（Post Office Protocol，邮局协议）主要用于从邮件服务器收取邮件，目前 POP 协议的最新版本为 POP3。大多数 MUA 软件都支持使用 POP3 协议，因此应用最广泛。POP3 协议使用的 TCP 端口为 110。POP3 工作模型如图 20.3 所示。

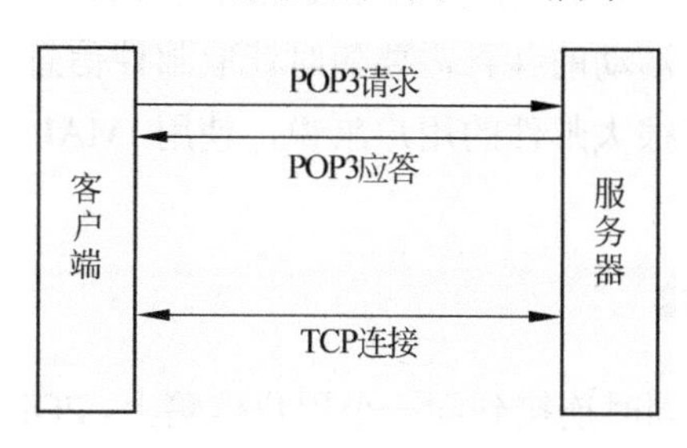

图 20.3　POP3 工作模型

图 20.3 所示的详细过程如下所示。

（1）客户端首先向 POP3 服务器的 110 端口号发起 TCP 连接请求，服务器接受了请求后就建立了 TCP 连接。

（2）建立连接后，客户端就可以向服务器发送 POP3 命令了。

（3）服务器收到命令后，根据具体情况决定是否执行，然后给客户端回复相应的应答。

POP3 协议也是属于请求/应答范式的，请求和应答都是基于 ASCII 文本，并以 CR 和 LF 符结束。应答包括确认和错误两种情况，以及供人阅读的文本解释。常用的 POP3 命令如表 20-3 所示。

表 20-3　常用的POP3 命令

命令名称	功　能
USER <用户名>	提交用户名
PASS <密码>	提交密码
STAT	请求服务器返回信箱统计资源，如邮件数、邮件总字节数等
LIST <n>	列出第 n 封邮件的信息
RETR <n>	返回第 n 封邮件的全部内容
DELE <n>	删除第 n 封邮件，只有 QUIT 命令执行后才真正删除
RSET	撤销所有的 DELE 命令
UIDL <n>	返回第 n 封邮件的标识
TOP <n，m>	返回第 n 封邮件的前 m 行内容
NOOP	空操作。用于使 TCP 连接保持，并有助于命令和应答的同步
QUIT	结束会话，退出

20.2.3　IMAP 协议

IMAP（Internet Message Access Protocol，互联网消息访问协议）同样用于收取邮件，目前 IMAP 协议的最新版本是 IMAP4。与 POP3 相比较，IMAP4 协议提供了更为灵活和强大的邮件收取和邮件管理功能。IMAP4 协议使用的 TCP 端口为 143。

IMAP 和 POP3 是最常见的读取邮件的 Internet 协议标准，目前在用的绝大部分邮件客户端和服务器都支持这两种协议。虽然这两种协议都允许邮件客户端访问服务器上存储的邮件信箱，但它们之间有很大的差别。IMAP 协议主要的特点如下所示。

1．在线和离线两种操作模式

当使用 POP3 时，客户端连接到服务器并读取所有邮件后，就要断开连接。但对 IMAP 来说，只要用户邮件代理是活动的并且需要随时读取邮件信息，客户端就可以一直连接在服务器上。对于有很多或者很大邮件的用户来说，使用 IMAP 方式可以更加方便地获取邮件，加快访问速度。

2．用户信箱的多重连接

IMAP 支持多个客户端同时连接到同一个用户信箱上。POP3 协议要求信箱当前的连接是唯一的，而 IMAP 协议允许多个客户端同时访问同一个用户的信箱。另外还提供一种机制使任一个客户端可以知道当前连接的其他客户端所做的操作。

3. 在线浏览

IMAP 可以只读取邮件消息中 MIME 内容的一部分。几乎所有的 Internet 邮件都是以 MIME 格式传输的。MIME 允许消息组织成一种树状结构，这种树状结构中的叶节点都是独立的消息，而非叶节点是其附属的叶节点内容的集合。IMAP 协议允许客户端读取任何独立的 MIME 消息以及附属在同一非叶节点上的那部分 MIME 消息。这种机制使得用户无需下载附件，就可以浏览邮件内容或者在读取内容的同时进行浏览。

4. 在服务器保留邮件的状态信息

IMAP 可以在服务器上保留邮件的状态信息。通过使用 IMAP 协议中定义的标志，客户端可以跟踪邮件的状态。例如，邮件是否已被读取、回复或者删除。这些标志存储在服务器上，所以多个客户端在不同时间访问同一个信箱时，可以知道其他客户端所做的操作。

5. 支持多信箱

IMAP 支持在服务器上访问多个信箱。用户信箱通常以文件夹的形式存在于邮件服务器的文件系统中，IMAP 客户端可以创建、改名或删除这些信箱。除了支持多信箱外，IMAP 还支持客户端对共享的和公共的文件夹进行访问。

6. 服务端搜索

IMAP 支持服务端搜索。IMAP4 提供了一种机制，使客户端可以让服务器搜索多个信箱中符合条件的邮件，然后再读取这些邮件，而不是把所有的邮件下载到客户端后再进行搜索。这种方式可以减少网络中不必要的数据流量。

7. 良好的扩展机制

IMAP 还提供了一种良好的扩展机制。吸取早期 Internet 协议的经验，IMAP 为其扩展功能定义了一种明确的机制，使得协议扩展起来非常方便。目前，很多对原始协议的扩展都已经成为标准，并得到广泛的使用。

8. 支持密文传输

IMAP 协议本身还直接定义了密文传输机制。由于加密机制需要客户端和服务器相互配合才能完成，因此，IMAP 还保留明文密码传输机制，以便不同类型的客户端和服务器能进行邮件传输。另外，使用 SSL 也可以对 IMAP 的通信进行加密。

常见的 IMAP 命令如表 20-4 所示。

表 20-4　常见的IMAP命令列表

命令名称	功　能
CREATE	创建一个新邮箱，信箱名称通常是带路径的目录全名
DELETE	删除指定名字的信箱。信箱名通常是带路径的目录全名，信箱删除后，其中的邮件也不再存在
RENAME	修改信箱的名称，信箱名通常是带路径的目录全名
LIST	列出信箱内容

续表

命 令 名 称	功　　能
APPEND	使客户端可以上传一个邮件到指定的信箱
SELECT	让客户端选定某个信箱，表示以后的操作默认时是对该信箱进行的
FETCH	用于读取邮件的文本信息，仅用于显示目的
STORE	用于修改邮件的属性。包括给邮件打上已读标记、删除标记等
CLOSE	表示客户端结束对当前信箱的访问并关闭邮箱。该信箱中所有标记为 DELETED 的邮件将被彻底删除
EXPUNGE	在不关闭信箱的前提下删除所有标记为 DELETED 的邮件
EXAMINE	以只读方式打开信箱
SUBSCRIBE	在客户机的活动邮箱列表中添加一个新信箱
UNSUBSCRIBE	在客户机的活动邮箱列表中去除一个信箱
LSUB	与 LIST 命令相似，但 LSUB 命令只列出那些由 SUBSCRIBE 命令设置的活动信箱
STATUS	查询信箱的当前状态
CHECK	用来在信箱上设置一个检查点
SEARCH	根据指定的条件在处于活动状态的信箱中搜索邮件，然后加以显示
COPY	把邮件从一个信箱复制到另一个信箱
UID	与 FETCH、COPY、STORE 或者 SEARCH 命令一起使用，代替信箱中邮件的顺序号
CAPABILITY	请求返回 IMAP 服务器支持的命令列表
NOOP	空操作。防止因长时间处于不活动状态而导致 TCP 连接被中断，服务器对该命令的应答始终为肯定
LOGOUT	当前登录用户退出登录并关闭所有已打开的邮箱，任何标记为 DELETED 的邮件都将被删除

20.3　捕获电子邮件数据包

前面对电子邮件及使用的相关协议进行了详细介绍。本节将介绍使用 Wireshark 工具捕获电子邮件数据包，获取到邮箱登录的信箱和发送邮件的信箱。然后根据捕获的数据包，对 POP3 协议和 SMTP 协议进行详细分析。

20.3.1　Wireshark 捕获位置

在捕获电子邮件数据包之前，首先需要配置网络环境，如 Wireshark 的位置、邮件客户端 Foxmail 的位置等。本例中的实验环境如图 20.4 所示。

图 20.4 所示为本例中的实验环境。在该环境中的发送方和接收方分别安装及配置了 Foxmail 邮件客户端，并将 Wireshark 安装在发送方主机上。其中，发送方和接收方都是 Windows 7 操作系统。

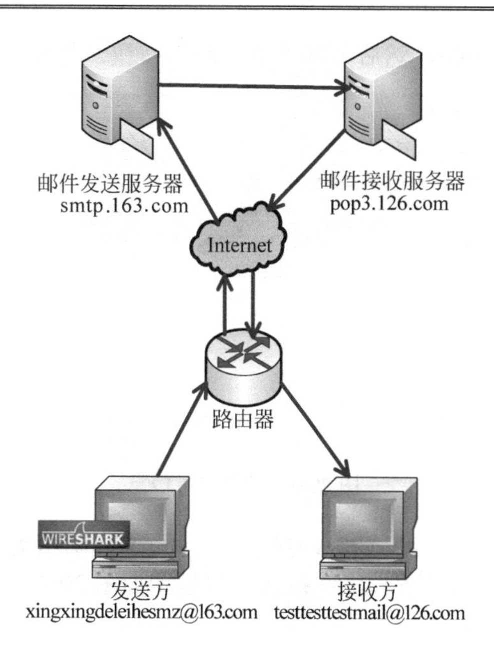

图 20.4　实验环境

20.3.2　Foxmail 邮件客户端的使用

准备好实验环境后，就可以捕获数据包了。但是，可能很多人不太了解 Foxmail 邮件客户端，所以这里先介绍下该软件的使用方法。Foxmail 邮件客户端在 Windows 操作系统中默认是没有安装的，所以首先需要将该软件安装到系统中才可使用。

Foxmail 的官方网站为 http://www.foxmail.com，用户可以到该网站下载最新版本的 Foxmail 软件，然后安装。由于在 Windows 系统中安装软件的方法比较简单，所以这里就不介绍该软件的安装了。当 Foxmail 软件安装成功后，将会在桌面上创建一个 Foxmail 的快捷方式图标（）。用户双击该图标，将打开 Foxmail 的图形界面。

Foxmail 软件安装成功后，默认没有添加任何邮件用户。所以在第一次运行 Foxmail 时，将会弹出新建账号向导的界面，如图 20.5 所示。

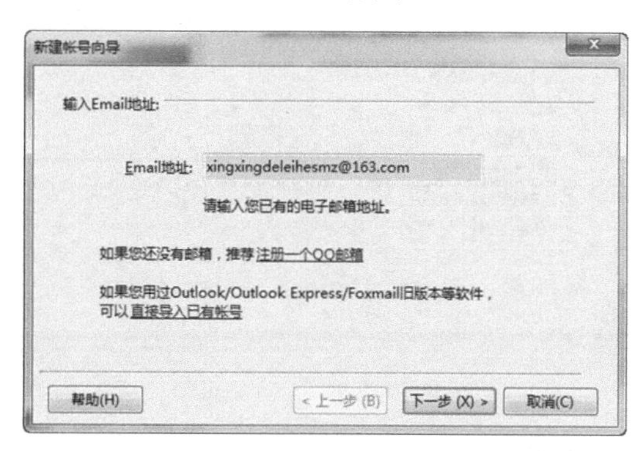

图 20.5　输入 Email 地址

在该界面“Email 地址”文本框中输入一个电子邮件地址，这里输入的邮件地址为

xingxingdeleihesmz@163.com，然后单击“下一步”按钮，将显示如图 20.6 所示的界面。

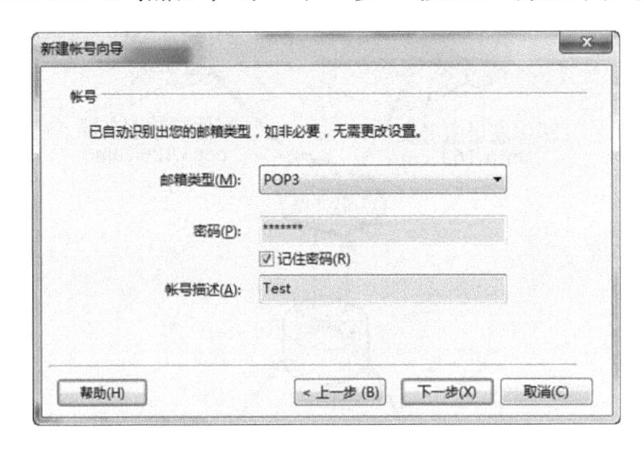

图 20.6　设置账号信息

在该界面设置邮箱类型、密码和账号描述。这里选择邮箱类型为 POP3，账号描述可以随便填。设置完后，单击“下一步”按钮，将显示如图 20.7 所示的界面。

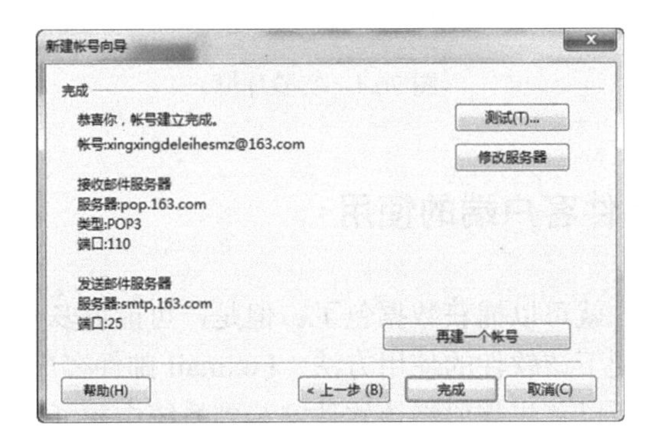

图 20.7　账号创建完成

从该界面可以看到邮件账号已添加完成。为了确保该邮件账号工作正常，这里进行测试一下。在该界面单击“测试”按钮，将显示如图 20.8 所示的界面。

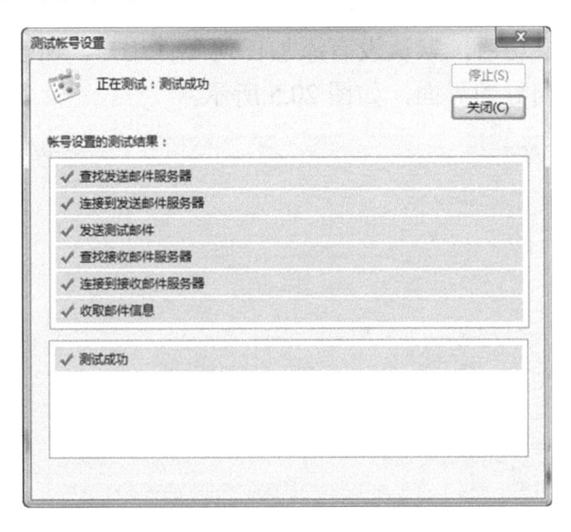

图 20.8　测试添加的账号

从该界面可以看到测试成功。如果添加的邮件账号有问题的话，将提示相应的错误信息。此时单击“关闭”按钮，返回到图 20.7 所示的界面。然后单击“完成”按钮，将显示如图 20.9 所示的界面。

图 20.9　Foxmail 的界面

该界面就是 Foxmail 的图形界面，在该界面可以看到收件箱中有 5 封邮件。这时候，该用户就可以与其他邮件用户进行发送和接收邮件了。

20.3.3　捕获电子邮件数据包

上一小节对 Foxmail 的使用进行了介绍，接下来通过使用该软件进行收发邮件，使得 Wireshark 能够捕获到电子邮件数据包。由于邮件服务使用的协议（如 SMTP、POP）都是基于 TCP 协议的，所以用户可以通过使用 tcp 捕获过滤器来捕获数据包。这样，尽可能地减少捕获一些无用的数据包。本小节将介绍捕获电子邮件数据包。

使用 Wireshark 工具捕获电子邮件数据包。具体操作步骤如下所示。

（1）启动 Wireshark 工具。

（2）在 Wireshark 的主界面菜单栏中依次选择 Capture|Options 命令，或者单击工具栏中的◉（显示捕获选项）图标打开 Wireshark 捕获选项窗口，如图 20.10 所示。

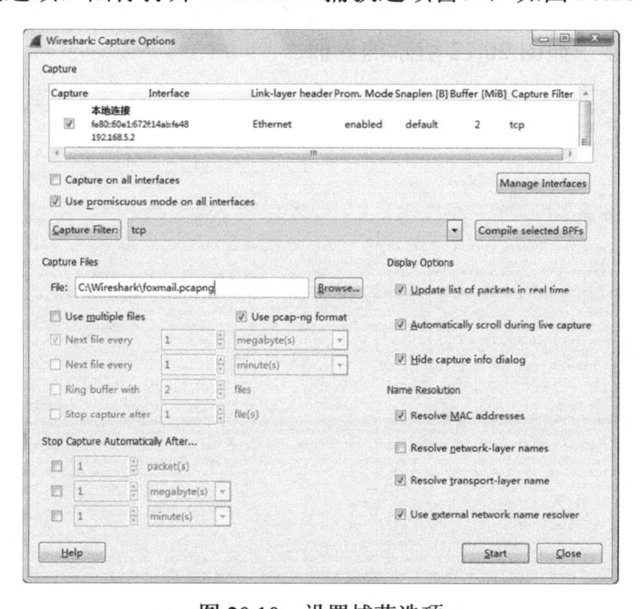

图 20.10　设置捕获选项

（3）在该界面选择捕获接口、设置捕获过滤器及捕获文件的保存位置，如图 20.10 所示。配置完以上信息后，单击 Start 按钮开始捕获数据包。

（4）此时使用 Foxmail 发送或接收邮件，以产生供 Wireshark 捕获的数据包。这里使用 Foxmail 中添加的邮件账号 xingxingdeleihesmz@163.com，向 testtesttestmail@126.com 邮件账号发送或接收邮件，以产生相应的电子邮件数据包。当发送或接收邮件操作完成后，返回到 Wireshark 界面，停止捕获数据包，将显示如图 20.11 所示的界面。

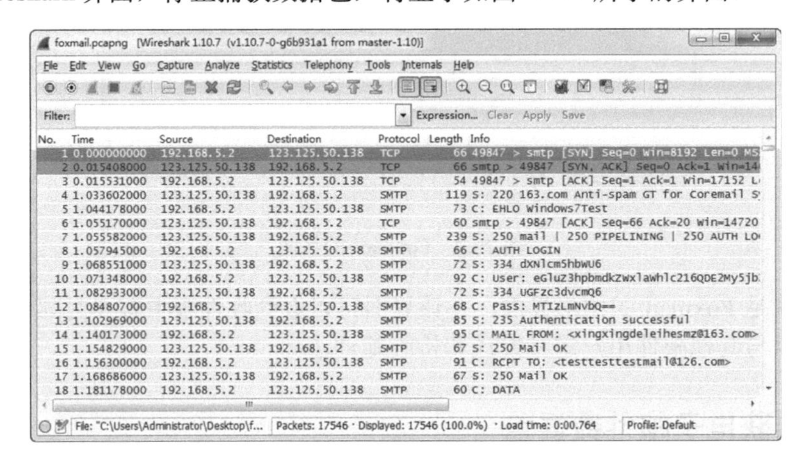

图 20.11　捕获的数据包

（5）该界面显示了以上操作过程中，捕获到的所有数据包。如果在 Protocol 列看到有 TCP、POP 和 SMTP 协议，表示成功捕获到了电子邮件数据包。

20.4　分析发送邮件的数据包

下面以 foxmail.pcapng 为例，分析发送电子邮件的数据包。打开捕获文件 foxmail.pcapng，将显示如图 20.12 所示的界面。

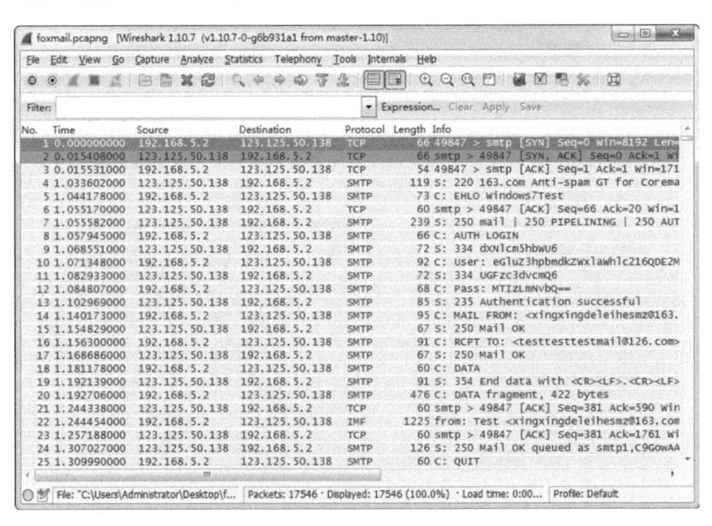

图 20.12　foxmail.pcapng 捕获文件

在该界面 Packet List 面板中的 Protocol 列，可以看到显示的协议有 TCP 和 SMTP。由于 SMTP 协议是基于 TCP 协议的，所以在使用 SMTP 协议发送邮件之前，首先要通过 TCP 三次握手建立连接。所以，在该界面的前 3 个数据包是 TCP 的三次握手。其他的 TCP 包都是一些确认包。下面主要分析 SMTP 协议的数据包。

20.4.1　分析 SMTP 工作流程

在 Wireshark 中，可以使用 smtp 显示过滤器过滤所有 SMTP 的数据包。显示过滤后的结果如图 20.13 所示。

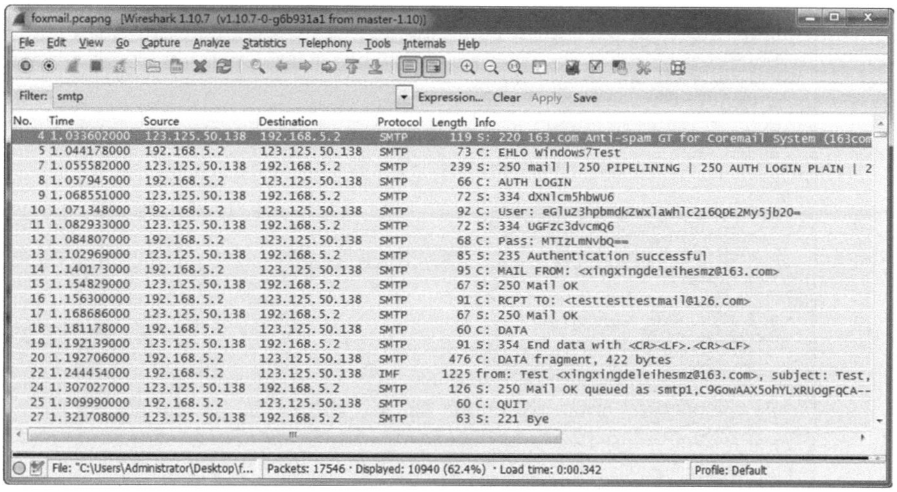

图 20.13　过滤出的 SMTP 数据包

在 Wireshark 的 Packet List 面板中的 Info 列，可以看到 SMTP 中的一些命令及相应码。发送邮件的整个详细过程如下所示。

- 第 5 帧是客户端向服务器发送的 EHLO 指令，向服务器表明自己身份。从包的详细信息中，可以看到该客户端的主机名为 Windows7Test。
- 第 8 帧是客户端发送的 AUTH LOGIN 指令，请求登录认证。第 10 和 12 帧客户端分别使用 User 和 Pass 命令，输入了登录邮箱的用户名和密码。用户可以看到这里输入的用户名和密码都是加密的，这是因为 SMTP 不接收明文，必须要通过 64 位编码后再发送。第 13 帧表示成功登录邮箱。
- 第 14 帧是发送邮件的账户，本例中是 xingxingdeleihesmz@163.com。
- 第 16 帧是接收邮件的账户，本例中是 testtesttestmail@126.com。
- 第 18 帧是客户端发送的内容。第 19 帧使用<CR><LF>接收了文本的内容。
- 第 20 帧显示了发送的数据大小，共为 422 个字节。如果发送的数据过大，会将这些内容分布在许多个包中。
- 第 22 帧显示了发送邮件的账户及主题信息。
- 第 25 帧表示断开与邮件服务器的连接。

20.4.2　查看邮件内容

以上就是发送邮件的整个过程。如果用户想查看发送邮件的详细信息，可以选择任何一个包单击右键并选择 Follow TCP Stream 命令进行查看。如图 20.14 所示。

图 20.14　Follow TCP Stream

在该界面显示的邮件信息比较清晰，其中红色部分为客户端发送的信息，蓝色部分是服务器响应的信息。在该界面，可以看到客户端的主机名、邮件账户、使用的邮件客户端、邮件内容类型和传输格式等。更重要的是，还可以看见发送的内容，本例中发送的信息为 This is a test mail!。中间部分内容是将发送的邮件内容转换为 base64 位格式的信息。如果发送的邮件中包括有附件的话，在 Follow TCP Stream 对话框中，可以看到附件名，如图 20.15 所示。

在图中用红色框选中的内容就是邮件中的附件信息，红色框下面的内容就是加密的邮件内容信息。

图 20.15　邮件中包括的附件信息

20.5　分析接收邮件的数据包

下面还以 foxmail.pcapng 捕获文件为例，介绍接收邮件的数据包信息。在 Wireshark 中，提供了过滤接收邮件协议 pop 显示过滤器。所以，首先要将接收邮件的数据包过滤出来，避免受一些无关的数据包影响。

20.5.1　分析 POP 工作流程

使用 pop 显示过滤器过滤 foxmail.pcapng 捕获文件中接收邮件的数据包，显示结果如图 20.16 所示。

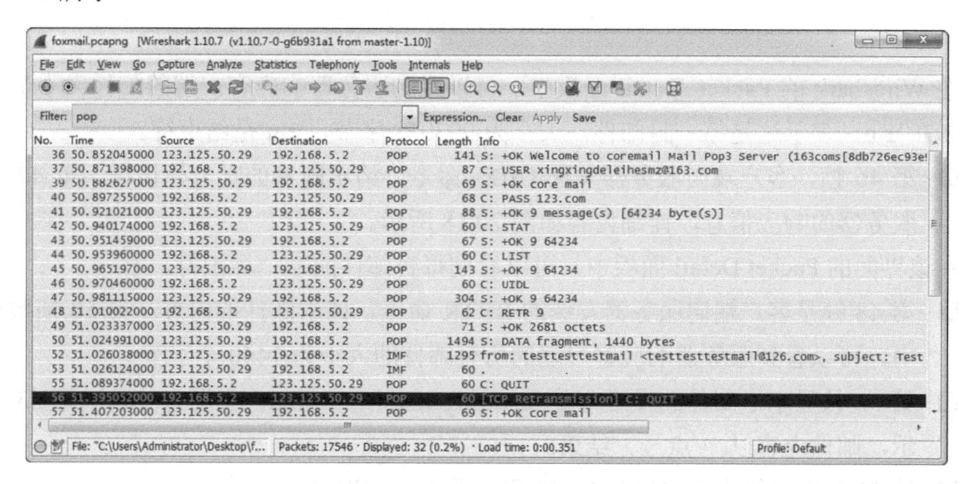

图 20.16　过滤出的 POP 数据包

在该界面显示的数据包就是接收邮件的详细过程。下面将详细介绍该过程中的信息。

POP 也是基于 TCP 协议的，所以在使用 POP 接收数据包之前同样会经过 TCP 三次握手。在该界面的 36 帧，是服务器对客户端的响应，表示允许客户端连接服务器。

- ❑ 第 37 帧使用 USER 命令输入了用户名，这里的用户名为 xingxingdeleihesmz@163.com。由于 POP 允许明文传输，所以这里输入的用户名和密码等信息都是以明文传输的。
- ❑ 第 40 帧是客户端输入的密码，这里的密码为 123.com。
- ❑ 第 41 帧表示服务器收到了 9 封邮件，大小共为 64234 个字节。
- ❑ 第 42 帧是客户端向服务器发送的 STAT 命令，用于统计邮件信息。
- ❑ 第 44 帧发送了 LIST 命令，用于列出邮件的大小。第 45 帧回复了每封邮件的大小，如图 20.17 所示。

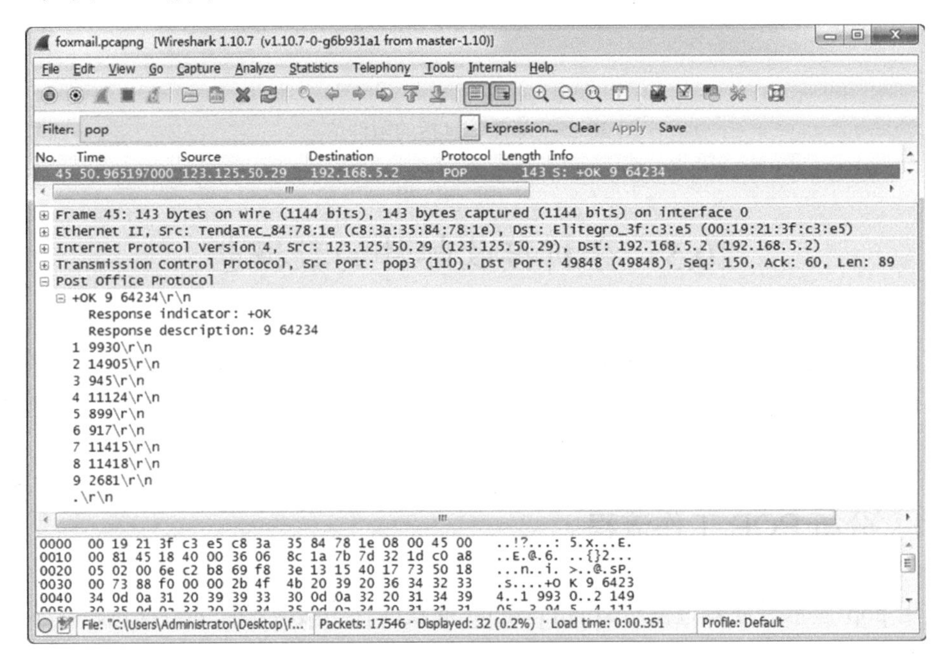

图 20.17　9 封邮件的大小情况

在 Wireshark 的 Packet Detail 面板中，可以看到服务器响应客户端的邮件大小情况。如 1 9930 \r\n，表示这是第一封邮件，大小为 9930 个字节，\r\n 是结束符。

- ❑ 第 46 帧，客户端向服务器发送 UIDL 命令，请求邮件的唯一标识符。第 47 帧是服务器的响应信息，详细内容如图 20.18 所示。

在该界面的 Packet Detail 面板中，可以看到每封邮件的唯一标识符。

- ❑ 第 48 帧是客户端向服务器发送的 RETR 命令，请求邮件的内容。第 50 帧数据包中，可以看到服务器响应客户端的所有邮件的大小为 1440 个字节。
- ❑ 第 52 帧显示了邮件的发送方是 testtesttestmail@26.com，主题为 Test。第 53 帧表示，邮件内容以.（点号）结束。
- ❑ 第 55 帧表示终止客户端与 POP3 服务器之间的连接。

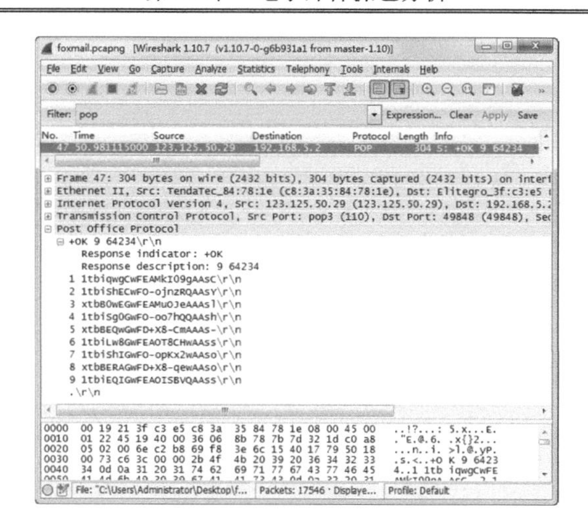

图 20.18　邮件的唯一标识符

20.5.2　查看邮件内容

根据上一小节的描述，可以知道接收邮件的整个过程。接下来查看一下邮件内容信息。在捕获到的数据包中，选择任何一个包单击右键并选择 Follow TCP Stream 命令，将显示如图 20.19 所示的界面。

图 20.19　接收的邮件内容

在该界面显示了接收邮件的消息，如接收邮件的用户名、密码、邮件大小、邮件的唯一标识符及邮件的全部文本内容等。

第 3 篇　实战篇

第 21 章　操作系统启动过程抓包分析

操作系统（Operating System，OS）是管理和控制计算机硬件与软件资源的计算机程序，是直接运行在“裸机”上的最基本的系统软件。任何其他软件都必须在操作系统的支持下才能运行。本章将通过抓包的方式分析 Windows 7 系统启动的顺序。

21.1　操作系统概述

操作系统是用户和计算机的接口，同时也是计算机硬件和其他软件的接口。操作系统的功能包括管理计算机系统的硬件、软件及数据资源，控制程序运行，改善人机界面，为其他应用软件提供支持等。它使计算机系统所有资源最大限度地发挥了作用，提供了各种形式的用户界面，使用户有一个好的工作环境，为其他软件的开发提供必要的服务和相应的接口。实际上，用户是不用接触操作系统的，操作系统管理着计算机硬件资源，同时按照应用程序的资源请求，为其分配资源，如划分 CPU 时间、内存空间的开辟、调用打印机等。操作系统所在的位置如图 21.1 所示。

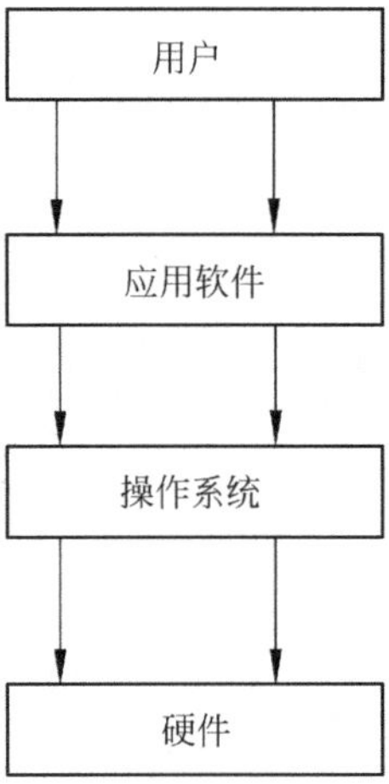

图 21.1　操作系统所在的位置

以上就是操作系统在一台计算机中所处的位置。操作系统的种类很多，各种设备的操作系统从简单到复杂，可分为智能卡操作系统、实时操作系统、传感节点操作系统、嵌入式操作系统、个人计算机操作系统、多处理器操作系统、网络操作系统和大型机操作系统。按应用领域划分主要有 3 种：桌面操作系统、服务器操作系统和嵌入式操作系统。下面将详细介绍这 3 种操作系统。

1. 桌面操作系统

桌面操作系统主要用于个人计算机。个人计算机市场从硬件架构上来说主要分为两大阵营，PC 和 Mac 机。从软件上主要分为两大类，分别为类 Unix 操作系统和 Windows 操作系统。

（1）Unix 和类 Unix 操作系统：包括 Mac OS X 和 Linux 发行版（如 Debian、Ubuntu、Linux Minit、Fedora 和 RHEL 等）。

（2）微软公司 Windows 操作系统：包括 Windows 98、Windows XP、Windows Vista、Windows 7、Windows 8 和 Windows 8.1 等。

2．服务器操作系统

服务器操作系统一般指的是安装在大型计算机上的操作系统，如Web服务器、应用服务器和数据库服务器等。服务器操作系统主要集中在三大类，如下所示。

（1）Unix系列：SUNSolaris、IBM-AIX、HP-UX、FreeBSD和OS X Server等。

（2）Linux系列：Red Hat Linux、CentOS、Debian和Ubuntu Server等。

（3）Windows系列：Windows NT Server、Windows Server 2003、Windows Server 2008和Windows Server 2008 R2等。

3．嵌入式操作系统

嵌入式操作系统是应用在嵌入式系统的操作系统。嵌入式系统广泛应用在生活的各个方面，涵盖范围从便携设备到大型固定设施，如数码相机、手机、平板电脑、家用电器、医疗设备、交通灯等。越来越多的嵌入式系统安装有实时操作系统。

在嵌入式领域常用的操作系统有嵌入式Linux、Windows Embedded和VxWorks等，以及广泛使用在智能手机或平板电脑等消费电子产品上的操作系统，如Android、IOS、Symbian、Windows Phone和BlackBerry OS等。

21.2　捕获操作系统启动过程产生的数据包

下面以Windows 7操作系统为例，捕获该系统启动过程的数据包。实验环境如图21.2所示。

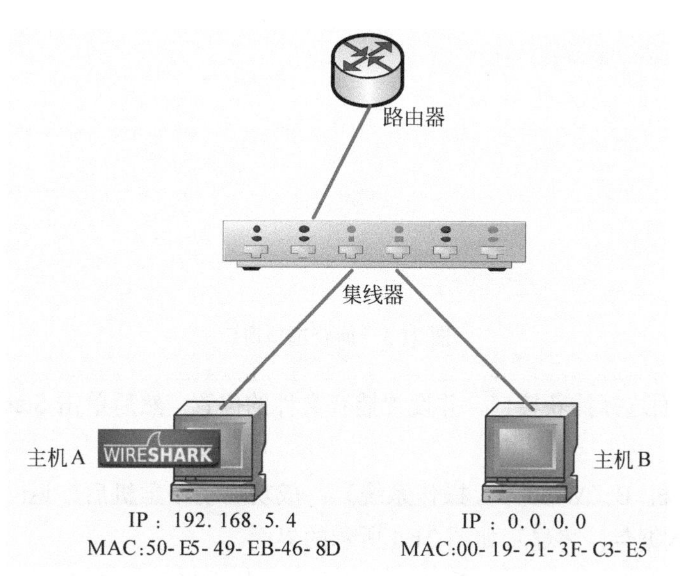

图21.2　实验环境

根据以上的介绍配置好实验环境，然后就可以开始抓包了。在以上实验环境中主机A

是 Linux 操作系统，主机 B 是 Windows 操作系统。本例中选择抓取 Windows 操作系统的包，所以在主机 A 上开启 Wireshark 工具进行抓包。

捕获 Windows 系统启动过程的数据包。具体操作步骤如下所示。

（1）启动 Wireshark 工具。

（2）在 Wireshark 的主界面菜单栏中依次选择 Capture|Options 命令，或者单击工具栏中的◉（显示捕获选项）图标打开 Wireshark 捕获选项窗口，如图 21.3 所示。

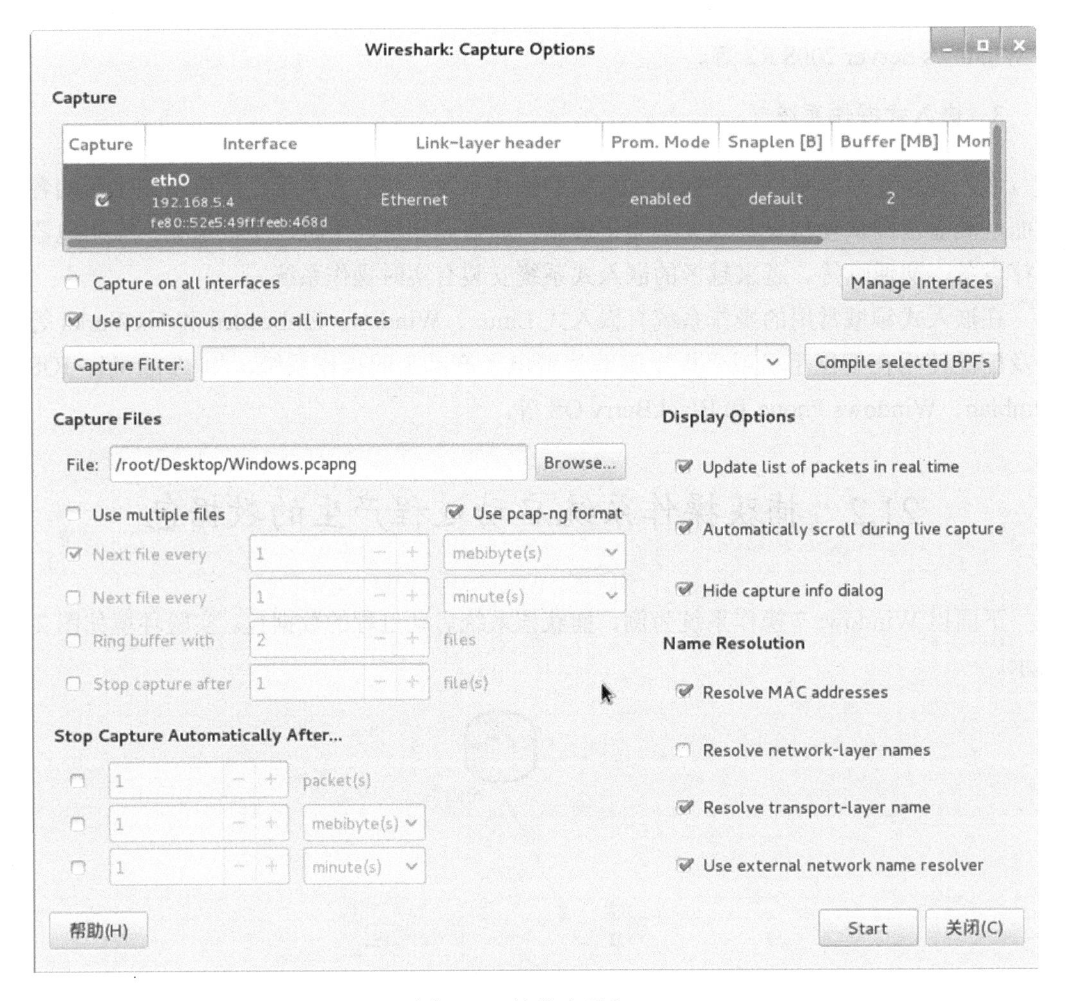

图 21.3　捕获选项窗口

（3）在该界面选择捕获接口，并设置捕获文件的位置。然后单击 Start 按钮，开始捕获数据包。

（4）启动主机 B（Windows 操作系统）。成功启动该主机后，返回到主机 A，停止 Wireshark 捕获数据包，将显示如图 21.4 所示的界面。

（5）该界面显示了 Windows 系统启动整个过程的数据包。在 Wireshark 的 Packet List 面板中，Protocol 列可以看到有 IGMPv3、LLMNR、ARP 和 DHCP 等协议的数据包。后面将对产生的这些数据包，进行详细分析。

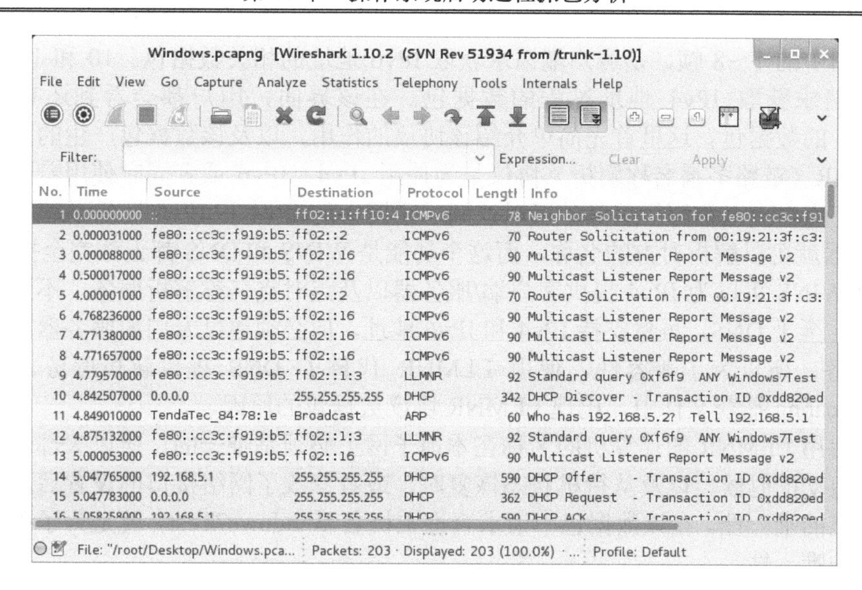

图 21.4　系统启动过程捕获的数据包

21.3　分析数据包

通过以上对操作系统的描述及数据包的捕获，已成功捕获到了操作系统启动过程的数据包。接下来，本节将介绍对捕获到的数据包进行分析。

21.3.1　获取 IP 地址

当处在一个网络中的主机启动后，首先要从 DHCP 服务器上获取 IP 地址。下面以 Windows.pcapng 捕获文件为例，分析 Windows 7 操作系统启动过程获取 IP 地址的数据包。打开 Windows.pcapng 捕获文件，显示结果如图 21.5 所示。

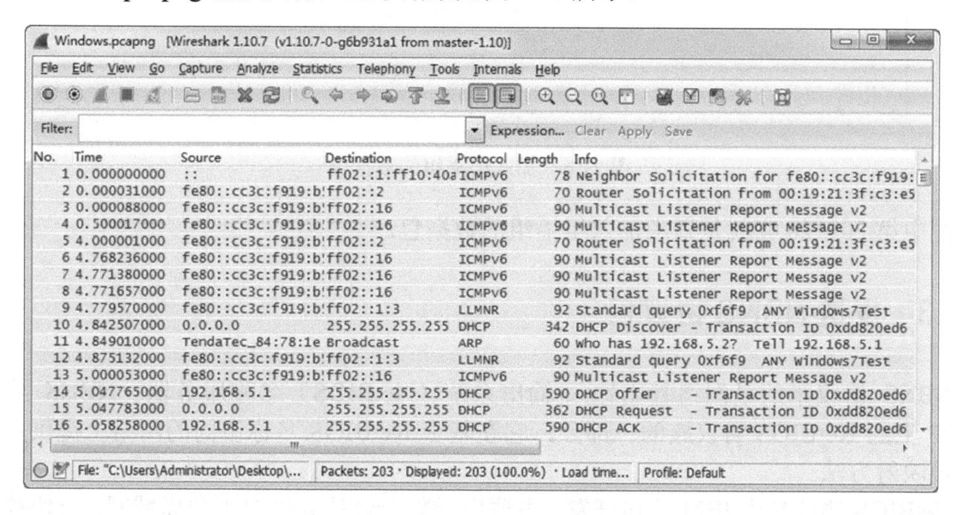

图 21.5　Windows.pcapng 捕获文件

在该图中的 1～8 帧，是客户端请求获取 IPv6 地址的相关数据包。10 和 14～16 帧，是客户端请求获取 IPv4 地址过程的数据包。在该界面，用户都会看到还有一种协议（LLMNR）的数据包。这里首先简单介绍该协议的作用，以及该数据包产生的原因。

LLMNR（链路多播名称解析）协议是为使用 IPv4、IPv6 或者同时使用着两种地址的设备提供了点对点名称解析服务，可以让同一子网中的 IPv4 和 IPv6 设备不需要 WINS 或 DNS 服务器就可以解析对方的名称，而这个功能是 WINS 和 DNS 都无法完全提供的。

虽然 WINS 可以为 IPv4 提供客户端/服务器以及点对点名称解析服务，不过并不支持 IPv6 地址。至于 DNS，虽然支持 IPv4 和 IPv6 地址，但必须通过专门的服务器才能提供名称解析服务。所以为了兼容性，使用 LLMNR 代替了 DNS 提供解析服务。这也是在 Windows.pcapng 捕获文件中，出现 LLMNR 协议数据包的原因。

由于启用 LLMNR 的计算机的名称在本地子网上必须是唯一的，所以大部分情况下，计算机在启动的时候，以及从待机状态恢复时，或者修改了网络接口的设置后，计算机都会检查自己的唯一性。在该数据包中请求查询主机名 Windows7Test，就是为了确定自己计算机名称的唯一性。

21.3.2　加入组播组

当客户端获取到 IP 地址后，将会请求加入一个组播组中。当加入一个组播组后，可以识别并接收以该 IP 组播地址为目的地址的 IP 报文。通过组播传输数据，可以提高数据传输效率，并减少了网络出现拥塞的可能性。本例中请求加入组播组的数据包，如图 21.6 所示。

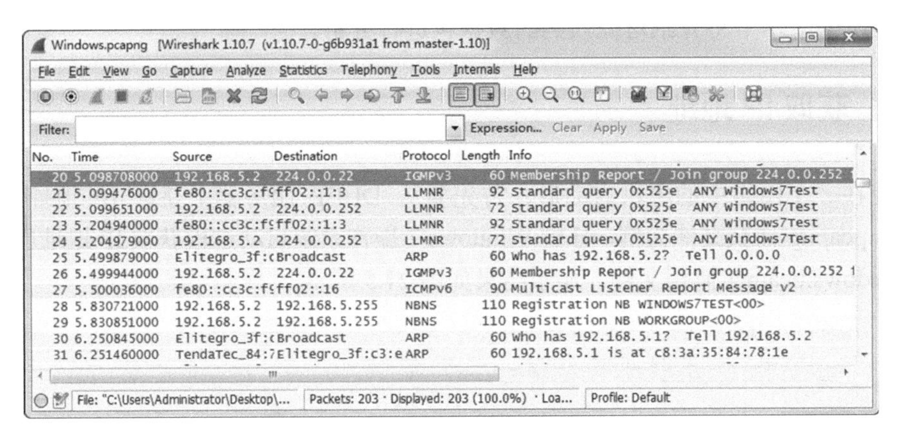

图 21.6　加入组播组的数据包

图中第 20、26 帧就是请求加入组播组的数据包。

21.3.3　发送 NBNS 协议包

NBNS 协议指的是网络基本输入/输出系统（NetBIOS）名称服务器。NBNS 协议是 TCP/IP 上的 NetBIOS 协议族的一部分，它在基于 NetBIOS 名称访问的网络上提供主机名和地址映射方法。

NetBIOS 协议是由 IBM 公司开发，主要用于数十台计算机的小型局域网。该协议是一种在局域网上的程序可以使用的应用程序编程接口（API），为程序提供了请求低级服务的统一命令集，作用是为局域网提供网络以及其他特殊功能。系统可以利用 WINS 服务、广播及 Lmhost 文件等多种模式将 NetBIOS 名（指基于 NetBIOS 协议获得计算机名称）解析为相应的 IP 地址，以实现通信。所以，在局域网内部使用 NetBIOS 协议可以方便地实现消息通信及资源的共享。因为它占用系统资源少，传输效率高，所以几乎所有的局域网都是在 NetBIOS 协议的基础上工作的。

在 Windows 系统中，NetBIOS 协议默认是开启的。所以将使用 NBNS 协议广播自己的主机名和工作组信息，以访问网络中的共享资源。NBNS 的数据包如图 21.7 所示。

Windows.pcapng [Wireshark 1.10.7 (v1.10.7-0-g6b931a1 from master-1.10)]

No.	Time	Source	Destination	Protocol	Length	Info
28	5.830721000	192.168.5.2	192.168.5.255	NBNS	110	Registration NB WINDOWS7TEST<00>
29	5.830851000	192.168.5.2	192.168.5.255	NBNS	110	Registration NB WORKGROUP<00>
30	6.250845000	Elitegro_3f:c3:e5	Broadcast	ARP	60	Who has 192.168.5.1? Tell 192.168.5.2
31	6.251460000	TendaTec_84:78:1e	Elitegro_3f:c3:e	ARP	60	192.168.5.1 is at c8:3a:35:84:78:1e
32	6.499955000	Elitegro_3f:c3:e5	Broadcast	ARP	60	Who has 169.254.64.171? Tell 0.0.0.0
33	6.499966000	Elitegro_3f:c3:e5	Broadcast	ARP	60	Who has 192.168.5.2? Tell 0.0.0.0
34	6.578269000	192.168.5.2	192.168.5.255	NBNS	110	Registration NB WORKGROUP<00>
35	6.578312000	192.168.5.2	192.168.5.255	NBNS	110	Registration NB WINDOWS7TEST<00>
36	7.328240000	192.168.5.2	192.168.5.255	NBNS	110	Registration NB WINDOWS7TEST<00>
37	7.328272000	192.168.5.2	192.168.5.255	NBNS	110	Registration NB WORKGROUP<00>

File: "C:\Users\Administrator\Desktop\... Packets: 203 · Displayed: 203 (100.0%) · Load time: 0:00.015 Profile: Default

图 21.7 NBNS 数据包

在图 21.7 中，28～29 和 34～37 数据帧都是客户端发送的 NBNS 协议包，以告知局域网中所有主机的主机名和工作组环境。从以上包信息中，可以看到当前系统提供的主机名为 WINDOWS7TEST，所处的环境为工作组 WORKGROUP。

21.3.4 ARP 协议包的产生

由于当前主机要访问网络中的共享资源，所以必须通过路由器转发获取。由于系统刚启动，还没有记录任何主机的 ARP 条目，所以这里首先使用 ARP 协议请求获取到路由器（网关）的 MAC 地址，然后才可连接到网络。在 Windows.pcapng 捕获文件中，捕获到的 ARP 包如图 21.8 所示。

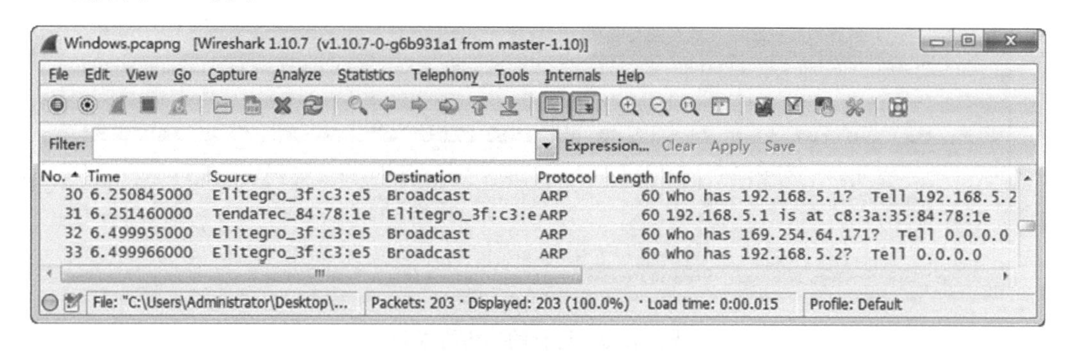

图 21.8 ARP 包

在该界面的 30～33 帧，就是在该系统启动后发送的 ARP 数据包。当请求到路由器的 MAC 地址后，就可以连接到网络进行数据通信了。

21.3.5　访问共享资源

本例中的操作系统中通过 SMB 协议成功访问了一个共享资源。所以，捕获到了如图 21.9 所示的数据包。

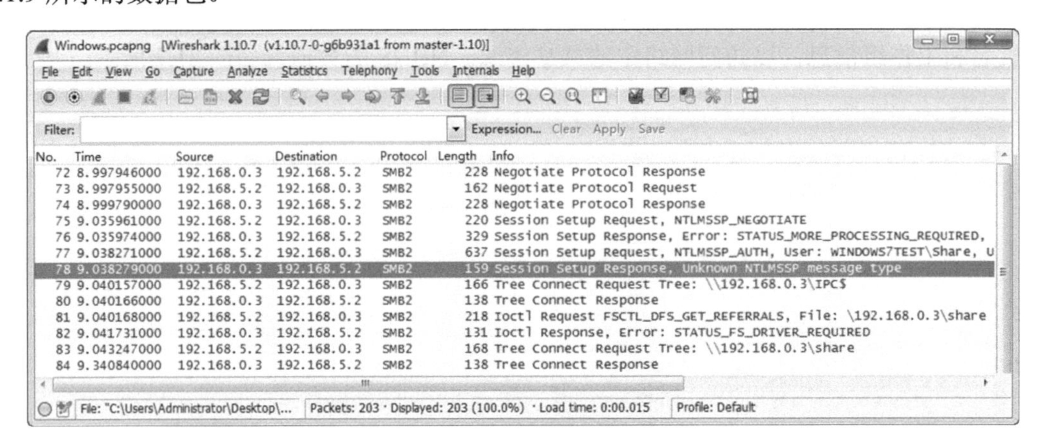

图 21.9　共享资源

以上数据包，就是当前系统访问共享资源的数据包。从第 77 帧可以看到访问共享资源使用的用户认证信息。第 83 帧表示客户端使用 UNC 路径（\\192.168.0.3\share）成功连接到了共享服务器。

21.3.6　开机自动运行的程序

本例中安装了迅雷下载工具，所以捕获到连接迅雷网站的一些相关数据包，如图 21.10 所示。

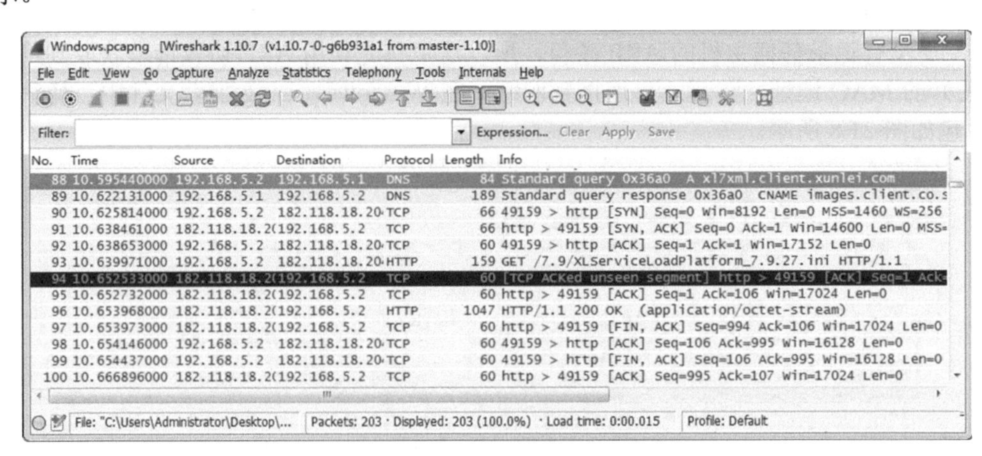

图 21.10　运行的迅雷程序包

在该界面显示了运行的迅雷程序包。在第 88 帧请求解析 x17xml.client.xunlei.com 域名的 IP 地址，第 89 帧获取到了该域名的 IP 地址。在第 93 帧，客户端向解析出的地址发送了 HTTP GET 请求。第 96 帧，服务器响应了客户端请求的信息。